食品多尺度结构与品质功能调控

王　强　主编

科　学　出　版　社

北　京

内 容 简 介

"多尺度（multiscale）"通常指长度或时间的跨度，"多尺度科学（multiscale science）"是一门研究不同长度尺度或时间尺度相互耦合现象的跨学科科学，是复杂系统的重要分支之一，具有丰富的科学内涵和研究价值。食品科学领域多尺度问题同样备受关注。本书梳理了食品科学领域多尺度结构研究的内涵与外延，从多尺度结构角度阐述了食品组分品质功能调控相关最新进展，为丰富食品科学基础理论、助推食品加工精准调控与高效制造提供支撑。

本书可供科研院所与高等院校相关专业的师生，以及食品加工领域的企业家、技术人员阅读参考。

图书在版编目（CIP）数据

食品多尺度结构与品质功能调控/王强主编. —北京：科学出版社，2024.6
ISBN 978-7-03-077485-9

Ⅰ. ①食⋯ Ⅱ. ①王⋯ Ⅲ. ①食品科学–研究 Ⅳ. ①TS201

中国国家版本馆 CIP 数据核字(2024)第 010070 号

责任编辑：李秀伟 白 雪 / 责任校对：郑金红
责任印制：肖 兴 / 封面设计：无极书装

科学出版社 出版
北京东黄城根北街 16 号
邮政编码：100717
http://www.sciencep.com

中煤（北京）印务有限公司印刷
科学出版社发行 各地新华书店经销
*

2024 年 6 月第 一 版 开本：787×1092 1/16
2025 年 1 月第二次印刷 印张：31 1/2
字数：750 000
定价：398.00 元
(如有印装质量问题，我社负责调换)

《食品多尺度结构与品质功能调控》编委会

主　编　王　强

副主编　李　琳　饶平凡　沈新春　郑家荣　敬　璞　石爱民

编　委（按姓氏笔画排序）

马　真	马　越	马晓杰	王　丹	王　波	王　珺
王正武	王立峰	王丽丽	王启明	王金水	王洪霞
车黎明	丑述睿	叶发银	付　余	冯新玥	毕金峰
朱　杰	乔旭光	伍久林	刘　宾	刘　璇	刘会朋
刘宇佳	刘树滔	刘晓珍	许小娟	芦　鑫	李　斌
李玉婷	李宁阳	李沅鸿	李启赛	肖　珊	吴金鸿
吴雪娥	何　东	何　宁	何　旭	何　荣	余祥英
汪　芳	汪少芸	汪惠勤	张玉洁	张宇昊	张金阁
张炜佳	张洪斌	张敏莲	张意锋	陈　旭	陈　冲
陈　雨	陈　峰	陈思谦	陈琼玲	明　建	周建武
赵文婷	赵国华	胡　晖	柯李晶	钟　建	凌雪萍
高观祯	郭　芹	郭亚龙	黄纪念	崔　妍	梁　赢
焦　博	谭　慧	熊文飞	戴宏杰	鞠兴荣	

前　言

　　食品是一类多组分多相复杂体系，碳水化合物、蛋白质、脂肪、活性成分等是其主要组成成分，固、液、气及相互形成的固-液-气多相体系是其主要结构特征。从地球上出现生命开始，食品业已存在，但从科学的角度开展食品研究也不过近百年。通常来说，食品研究是对其组成成分的研究，如大豆中蛋白质变性、凝固，使其形成豆腐；稻米中淀粉吸水溶胀，受热糊化，使其变成米饭；油脂中甘油酯氧化产生脂肪酸，导致其酸败。构效关系的研究是食品研究的核心和基础，然而，随着材料科学、化学、生物学等的发展，人们对于大分子结构的研究更加深入，传统意义的构效机制已经不足以支撑和解释其中微观到宏观的变化过程，如超亲水/超疏水材料及纳米材料的尺度效应、超分子组装、量子化学反应等，在这些研究的背后，物质的多尺度结构解析至关重要。

　　"多尺度（multiscale）"通常指长度或时间的跨度，"多尺度科学（multiscale science）"是一门研究不同长度尺度或时间尺度相互耦合现象的跨学科科学，是复杂系统的重要分支之一，具有丰富的科学内涵和研究价值。多尺度问题是流体动力学、材料科学、生物学、环境科学、化学、地质学、气象学和高能物理学等不同领域的核心问题。简而言之，多尺度科学跨越了几乎所有的学科。食品科学领域多尺度问题同样备受关注，如食品纳米组装、功能性多糖的结构解析、蛋白质聚集与凝胶化等，但现有研究仍比较零散。为此，2016 年科技部启动了"十三五"国家重点研发计划首批基础研究类项目"食品加工过程中组分结构变化及品质调控机制研究"（2016YFD0400200），依托该项目，作者开展了系统的研究与探索，进行了食品特征组分多尺度结构解析，并结合食品加工条件明晰了食品多尺度结构与其品质功能的关系，也在食品品质功能精准调控方面做出了有益的探索与尝试。

　　本书来源于该"十三五"国家重点研发计划项目，包含"食品多尺度研究导论""食品原料及其制品品质与组分多尺度结构的关联""食品特征组分多尺度结构变化与其品质功能精准调控""基于多尺度结构的食品组分互作与品质功能调控""基于多尺度结构的食品关键结构（域）形成新机制"五章内容，旨在梳理食品科学领域多尺度结构研究的内涵与外延，从多尺度结构角度阐述了相关最新进展，为丰富食品科学基础理论、助推食品加工精准调控与高效制造提供支撑。

　　参与本书编写、整理、实验过程的成员除了编委会人员外，还有黑雪、李闪闪、吴超、张鑫煜、李振源、秦晶晶、黄雪港、雷珍、郭峰，他（她）们为本书涉及的研究内容、书稿整理做出了自己的贡献，同时作者在编写过程中参考了国内外有关专家学者的著作与论文，在此表示衷心的感谢。由于受材料、手段、研究方法及作者水平所限，本书不可避免地会存在一些观点、结论方面的问题和不足，衷心地希望读者在阅读本书的过程中给予批评和指正。

王　强

2023 年 8 月

目　　录

第1章 食品多尺度研究导论

1.1 食品多尺度结构内涵与外延

"多尺度"概念源自材料领域，一般对材料行为层次的描述分为四种（Li et al.，2004），其多尺度特征为：宏观（试样）→介观（材料微结构中比较大的部分，多个夹杂、薄层、梯度的组合体）→微观（位错、单位体积孔隙和夹杂）→纳观（原子水平）（表1.1）。

表1.1 多尺度特征的基本定义

尺度	对应空间长度范围（m）	特点
宏观	10^{-2} 以上	宏观体系的特点是物理量具有自平均性，即可以把宏观物体看成是由许多小块所组成的，每一小块具有统计独立性，整个宏观物体所表现出来的性质是各小块的平均值
介观	10^{-4}	介观一般指介于宏观和微观之间，尺度在纳米和微米之间，这时量子相干效应起很大作用（有的学者认为其特征尺度为 $10^{-9}\sim10^{-7}$m）
微观	10^{-6}	微观世界的各层次都具有波粒二象性，服从量子力学规律
纳观	10^{-9}	对应于原子层次

随着"多尺度"概念的进一步拓展和延伸，在现代科学各个领域，均能看到有关"多尺度"的研究，这主要得益于数学、物理学、化学、材料科学、生物学、流体力学等各个领域科学家的共同努力，其研究的实质在于解决复杂系统背后的科学本质，包括多尺度现象的描述、多尺度现象的机制和多尺度现象的关联（Li and Kwauk，2003）。而"多尺度"在食品领域的研究与应用刚刚起步（卞华伟等，2020），相关概念并不清晰，基于前期研究，食品领域"多尺度"现象多种多样（图1.1），既包括物理"空间"多尺度、数学"时间"多尺度，也包括化学"浓度"多尺度、"因素"多尺度，尽管相关概念可能还存在争议，但是食品体系作为一类典型的复杂系统，其多尺度研究体系的提出与建立迫在眉睫。

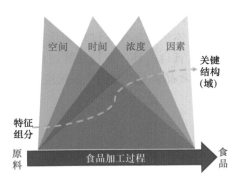

图1.1 食品加工过程中多尺度的基本概念

1.1.1 多尺度的基本概念

1.1.1.1 "空间"多尺度

"空间"多尺度主要指食品体系中特征组分的大小，包括宏观、介观、微观、纳观。在食品体系中，现有研究针对特征组分结构（Ke et al.，2017；Wei et al.，2018；Cao et al.，2018；Lv et al.，2019；Ding et al.，2019a），已深入到单分子链结构变化，如多酚、短肽、脂质、蛋白质、淀粉，也包括特征组分互作形成的复合物（Ding et al.，2019b；Zhang et al.，2019a；Qian et al.，2019），如蛋白微球、淀粉微球、蛋白质-多糖复合物、蛋白质-脂质复合物等，在此基础上，在宏观食品体系中，这些复合物又产生一些交联、聚集、组装，如蛋白凝胶网络、淀粉结晶、脂质油水界面等，最终赋予食品体系多种多样的宏观理化特性、感官特性与加工特性。食品加工过程中特征组分"空间"多尺度结构变化与食品宏观特性密切相关，既可以反映食品原料的基本特性、揭示食品品质功能的形成机制，也有助于开展食品品质功能精准调控。常见的食品体系"空间"多尺度研究方法源于物理学领域的常规设备，纳观层面主要有扫描电子显微镜、透射电子显微镜、冷冻扫描电子显微镜、核磁共振及光谱设备等，微观层面主要有激光粒度仪、激光扫描共聚焦显微镜、显微成像设备等，介观层面主要有等光学显微镜、光散射仪、层析设备等。

1.1.1.2 "时间"多尺度

"时间"多尺度主要指食品体系中特征组分参与物理、化学、生物反应的长短，包括从毫秒、秒、小时、天、年等。通常来说，食品体系的各类反应大多介于毫秒至天，包括食品原料组分的溶解、分散等物理反应过程，食品组分的耦合、组装、共价反应等化学反应过程，以及食品组分的酶解、酶交联、催化、发酵等生物反应过程（Li et al.，2021；Chen et al.，2021；Chou et al.，2020；Yue et al.，2019；Dai et al.，2020；Xia et al.，2018；Zhao et al.，2018），此外，也有一些特殊的反应过程会持续更长时间，如酿酒、茶叶发酵、陈皮陈化等。总体来说，食品体系中"时间"多尺度直接影响各类反应是否进行，即存在一个"量变"到"质变"的过程，"量变"时间的积累是"质变"的基础。同时，在大多数食品体系中，"量变"时间的积累伴随着过渡态的存在，如物质的溶解过程中，在最初的极短时间内，体系局部存在过饱和状态；脂质氧化过程中，在反应开始，组分某些基团上会产生过量氧自由基；淀粉发酵过程中，酶的用量蓄积到一定程度才能启动发酵过程。目前，围绕食品体系"时间"多尺度研究的主要方法包括相图分析、反应动力学、量子化学等。

1.1.1.3 "浓度"多尺度

"浓度"多尺度主要指食品体系中特征组分参与物理、化学、生物反应的数量，包括稀溶液、浓溶液、饱和溶液、过饱和溶液等。食品作为一类复杂体系，其中组分浓度的大小势必会影响食品中各类物理化学反应的强度，从而导致食品呈现不同的品质功能，如食品乳化剂在不同浓度条件下会呈现单分子、胶束、乳液等状态（Jin et al., 2017），蛋白质在感胶离子序（lyotropic series）中不同盐溶液浓度下会呈现不同的聚集结构和力学强度（He et al., 2017），相对于单纯物理"空间"多尺度和数学"时间"多尺度，"浓度"的高低直接决定参与食品各类反应的物质量的多少，是决定物理化学反应能否启动的关键，同样，食品体系中各类成分的"浓度"高低也会影响组分结构的"空间"多尺度，如蛋白质在低浓度时多为分散的胶体形态，粒径较小，高浓度时多会团聚形成大的聚集体，粒径较大，而在"时间"层面，"浓度"高低也会造成各类反应"时间"的不同，如底物浓度的高低直接决定酶催化反应的快慢，氧自由基含量的高低直接决定氧化反应的快慢。当然，"浓度"多尺度的概念在食品体系中也有其独有的特征，主要体现在各类食品组分在食品体系中，由于加工条件和环境因素的不同，大多存在着"浓度"不均一分散现象，尤其是在工业化生产中，受限于加工设备的处理能力和构造特点，各种食品组分的"浓度"在整个体系中均是动态变化的，因而绘制食品体系中各类组分"浓度"的分布图，结合"浓度"多尺度对食品反应过程的影响，将极大地推动食品加工的精准调控。目前，围绕食品体系"浓度"多尺度研究的主要方法包括数值模拟、计算流体动力学（computational fluid dynamics，CFD）等。

1.1.1.4 "因素"多尺度

"因素"多尺度主要指食品加工中因素叠加的多少，包括单一、复合、多重等。食品加工的实质是一类多组分多因素生物化学反应过程，其中多因素是食品加工的重要特征，如食品挤压过程，既有物理的挤压作用，也有螺杆旋转产生的热效应，还有食品组分在高温条件下分解产生小分子化合物带来的 pH 变化、盐离子浓度变化，同时也有食品组分中酶带来的生物催化反应等，多种因素的耦合造成食品加工过程重现性差、模拟难度大、机制不清等（Chen et al., 2021；Zhang et al., 2019b）。近年来，有关食品加工过程的多因素模拟研究刚刚起步，笔者认为，食品加工过程中各种因素从单一到多重因素耦合，实际上也是一类多尺度体系，即"因素"多尺度，这类多尺度体系的建立可以帮助我们更加系统地认识到食品加工条件在食品各类物理化学反应中的作用，如单一 pH 因素条件下蛋白质溶解性的呈现，随 pH 变化，蛋白质溶解性先降低后增加，而在耦合因素条件下，单一 pH 因素条件下蛋白质溶解性变化规律又会呈现不同，但是其总体趋势都是一致的，这种一致性将有助于耦合因素条件研究。目前，围绕食品体系加工过程中"因素"多尺度研究的主要思路包括耦合场、能量场等引入。

1.1.2　食品多尺度的外延

基于上述多尺度的基本概念，食品体系中不同尺度实际上是相互交织、相互影响的，又逐步形成了诸多新概念、新方向。

1.1.2.1　食品原料特征指纹图谱研究

"指纹图谱"通常指某些复杂物质，如中药，某种生物体、某种组织或细胞的 DNA

和蛋白质经适当处理后，采用一定的分析手段，得到的能够标示其化学特征的色谱图或光谱图。针对食品这一复杂原料，必然也会存在能反映其类型的核心指标，如油料中的核心指标是脂肪、蛋白质，大米中的核心指标是淀粉、蛋白质。随着现代食品分析技术与方法的进步，有关食品原料中特征指纹图谱的研究也逐步深入，美国农业部农业科学研究院（ARS）等针对花生（Sundaram et al.，2010）、猪肉（Barbin et al.，2012）等原料建立了蛋白质、油脂指纹图谱库，中国农业科学院农产品加工研究所、南京财经大学等单位在不同品种花生蛋白含量图谱（王强，2013）（图1.2）、大豆蛋白含量图谱（Wang et al.，2020）等方面进行了初步探索。此外，通过结合食品原料基础特性，食品原料特征指纹图谱也被用于产地溯源、真假判别等；通过深入挖掘食品原料中特征组分的含量、组成、多尺度结构等指纹图谱信息，并与制品品质进行关联，也能用于开展食品原料加工适宜性研究，从而筛选加工专用品种（Wang et al.，2017；Gong et al.，2018）。

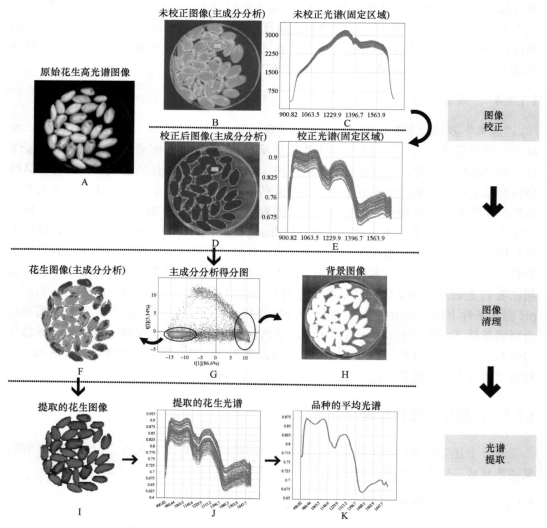

图1.2　基于高光谱技术的花生中蛋白质和脂肪特征指纹图谱（引自王强，2013）

1.1.2.2　食品反应的过渡态研究

"过渡态"是指反应物体系转变成产物体系过程中，经过的能量最高状态或称活化络合物。过渡态这一概念，对于理解有机反应机制具有很重要的作用。过渡态理论认为，化学反应不是通过反应物分子的简单碰撞就可以完成的，而是在反应物到生成物的过程中，经过了一个高能量的过渡态（Doona et al.，2016）。而在食品加工中，过渡态理论同样适用，尤其是在"时间"和"浓度"多尺度研究中。例如，张旻（2009）报道酸在pH 3.0 和 pH 4.0～4.5 时均成功诱导了 α-乳白蛋白的平衡中间态结构，并且油酸能够诱导 α-乳白蛋白中间体形成具有显著毒性的蛋白质结构；马芸（2016）研究了番茄红素、β-胡萝卜素、飞燕草色素、牵牛花色素等四种天然植物化合物抗氧化特性，番茄红素和β-胡萝卜素的两端较为活泼，而飞燕草色素和牵牛花色素的几个位点中，O22 和 O21 到达过渡态所需越过的能垒较小，充分说明了这两个位点活性较大；李安（2013）探究了大豆油不饱和脂肪酸热致异构化机制，而在此过程中油酸异构化包含 1 种过渡态和 1 条途径，亚油酸异构化包含 4 种过渡态和 2 条途径，亚麻酸异构化包含 12 种过渡态和 6 条途径。然而，食品中各类组分、反应条件差异较大，现有过渡态理论的研究和应用仍然有限。

1.1.2.3　食品特征组分分形研究

分形的概念是由美籍法国数学家伯努瓦·B. 芒德布罗（Benoit B. Mandelbrot）于 1973 年首先提出，该词源自拉丁语 *frāctus*，有"零碎""破裂"之意，又称碎形、残形，通常被定义为"一个粗糙或零碎的几何形状，可以分成数个部分，且每一部分都（至少近似的）是整体缩小后的形状"（Mandelbrot，1967，1977）。食品体系作为一类复杂体系，其组分众多、体系复杂、加工技术方法多样，包括各种物理、化学、生物反应过程，而想要更深入揭示其中的各类非线性问题，如食品组分的构象变化、溶质的凝聚、晶体的生长、胶囊的形成等，分形理论是一类有效的方法，近年来其在食品科学中的应用迅速增加，这其中既涉及"空间"多尺度，也包含"浓度"和"时间"多尺度研究。蛋白质链分形维数的高低与其肽链的伸展程度密切相关，肽链越伸展，其分形维数越低，蛋白质二级结构中的 β 折叠最为伸展，随着 β 折叠的增加，蛋白质肽链的分形维数便减小，而在三级结构中，随着蛋白质肽链盘绕、卷曲和回折程度的增加，其分形维数便增大，蛋白质的分形维数为 1.30～1.68，大部分为 1.50～1.60（彭鑫等，2010）。目前食品组分结构的分形研究正在进一步深入，从整体分形向多重分形发展，从单纯的分形维数研究向与加工过程的关联研究发展（Su et al.，2020；Bi et al.，2020，2018；栾兰兰，2018）。

1.1.2.4　食品特征组分超分子组装研究

由两个分子或多个分子通过非共价键作用结合形成的多分子集团称为超分子组装（supermolecular assembly），它们是具有一定结构与功能的多分子集团，它们的形状可以是球形、棒形或片状，尺寸范围可以从纳米级别到微米级别。超分子组装的本质即分子与分子之间的弱相互作用力，而食品体系中广泛存在着弱相互作用，如氢键、范德瓦耳斯力、盐桥、疏水相互作用力等，能够形成各类超分子组装结构，直接影响食品品质与功能。刘璐（2019）研究了胶原蛋白多肽与脯氨酸及甘氨酸在不同蛋白酶作用下进行的超分子组装，结果表明，胶原蛋白多肽与甘氨酸在胰蛋白酶及木瓜蛋白酶作用下可以发生超分子组装，小分子多肽比重增加可以提高胶原蛋白多肽抗冻活性；Zhang 等（2019b）借助高水分挤压技术实现蛋白质、淀粉、脂质的超分子组装，形成具有丰富纤维网络结构的植物基肉制品（图1.3）；马明放（2017）研究表明β-环糊精能够包合姜黄素组装成姜黄素超分子囊泡，得到的姜黄素囊泡对外部刺激如竞争性客体分子、酶和金属离子具有良好的刺激响应性，当向姜黄素囊泡中加入月桂酸醋、α淀粉酶和铜离子时，囊泡发生解离，姜黄素被释放出来，实现了姜黄素的可控释放。目前，"超分子组装"在食品体系中主要用来阐述各类食品品质和功能的形成机制，而从特征组分超分子组装角度来精准调控食品品质和功能的研究刚刚起步，亟待深入研究。

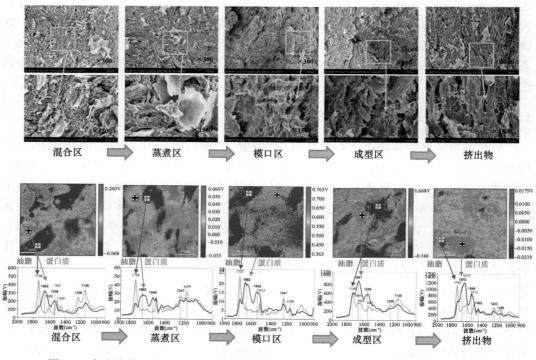

图1.3　高水分挤压过程中蛋白质-多糖-脂质超分子组装机制（Zhang et al., 2019b）

1.1.2.5　食品加工中"场理论"研究

"场"是指物质在空间的分布情况，在数学上是指一个向量到另一个向量或数的映射，可以分为标量场和矢量场，如温度场为标量场、速度场为矢量场，是基于物质的粒子理论来表达物质的存在形式。食品加工过程中常见的有温度、磁场、电场、光及多物理耦合场等物理场，也包括 pH、离子、油水相等化学场，还有酶浓度、微生物等非传统意义的生物场，"场理论"的应用能够较好地体现食品中各类成分对多种加工条件的总体反应，也能够较为真实地反映实际食品加工过程（Li et al., 2004）。段爱鹏等（2017）

总结了几种物理量及场理论对果蔬保鲜的影响，提出了果蔬物理保鲜技术的要点：①控制温度场的均匀性和波动性，以减缓新陈代谢和水分流失；②适当的光照强度、电场强度和磁场强度也能够提高果蔬的贮藏时间，减少营养物质的流失。袁添瑶和陆启玉（2019）研究表明，超声波与抗坏血酸联合使用能有效降低全麦粉中多酚氧化酶（PPO）活性，防止全麦粉面条酶促褐变；Xue 等（2008）研究发现，利用微波对面团进行间歇加热制成部分糊化的面条，其在 100℃时的吸水速率比未处理的面条快，缩短了面条的蒸煮时间。总体来说，"场理论"主要局限在物理加工过程中，对于化学场、生物场的研究还未见报道，而结合"因素"多尺度、"浓度"多尺度、"时间"多尺度，"场理论"能够更好地反映实际加工过程中食品组分的相互作用和理化反应过程，这方面亟待深入研究。

　　总体来说，围绕食品体系"多尺度"研究，越来越多的新原理、新理论被引入食品科学研究中，2016~2021 年"食品加工过程中组分结构变化及品质调控机制研究"项目组开展了系统探索和研究，初步构建了食品多尺度研究的理论框架与方法论，并在实际研究中进行了应用，尤其是在食品品质功能调控方面取得了一些新进展。

1.2　食品加工过程中组分结构变化

　　本研究通过系统探索与研究，初步构建了以"空间""时间""浓度""因素"为架构的多尺度研究体系，确立了相应的方法论，在此基础上，整合了一系列新原理、新理论，对食品加工过程中特征组分多尺度结构变化与品质功能调控进行了系统探究。

1.2.1　碳水化合物

　　Duan 等（2019）和 Li 等（2017）基于"浓度"多尺度概念，研究发现天然多糖的结构直接决定其功能特性，利用多糖的两亲性结构特点，增加三螺旋香菇多糖（一类葡聚糖）水溶液的浓度（0.26mg/mL），从而改变其多尺度结构：通过糖链上羟基间的氢键作用诱导糖链平行排列形成树枝状纳米微纤，随着浓度升高，树枝链相互缠结进一步组装形成"渔网"聚集态结构。基于多糖的三螺旋结构——无规线团三螺旋结构构象转变的独特性质，通过氢键诱导，两条多糖单链与一条特殊序列的 DNA 单链发生特异性相互作用，形成新的复合三螺旋结构；并基于香菇多糖/DNA 的复合三螺旋结构，构建了多糖/DNA 递送系统，用于靶向递送药物、目标基因、诊断试剂等，赋予香菇多糖新的品质功能。

　　Li 等（2020）基于"浓度"多尺度和"空间"多尺度概念研究发现，如图 1.4 所示，蛋白质-晚期糖基化终末产物（AGE）（一类蛋白质糖化产物）复合物的多尺度结构决定了其消化性，糖化作用通过调节蛋白质链内、链间的空间位阻及表面疏水性和二硫键的形成显著影响了蛋白质的无定形聚集行为，使得聚集体构象由刚性球状结构向结构松散的枝杈状结构转变。Li 等（2020）首次揭示了 AGE 在消化物中的分布规律，羧甲基赖氨酸相对于赖氨酸更多地分布于高分子量消化物中，加热末期生成的 AGE 更多地分布于高分子量消化物中，为进一步探讨 AGE 在小肠处的吸收及其在体内的代谢提供了宝贵的研究基础。

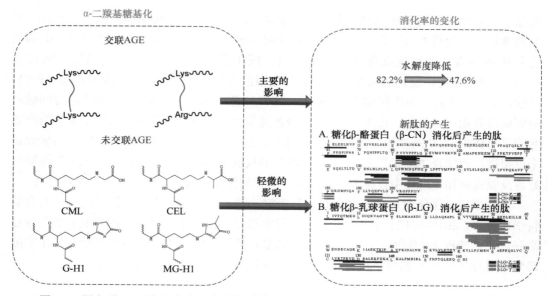

图 1.4 蛋白质-AGE 复合物多尺度结构变化与消化性改变的关联机制（Zhao et al.，2017）
CML：羧甲基赖氨酸；CEL：羧乙基赖氨酸；G-H1：乙二醛修饰精氨酸脱水咪唑啉酮；MG-H1：丙酮醛修饰精氨酸脱水咪唑啉酮

Gao 等（2018）基于"空间"多尺度理论，从挖掘番茄表皮关键结构域入手，系统探究了超声辅助番茄去皮机制，结果表明，超声辅助碱液去皮显著提高去皮率，改善去皮番茄色泽，提高番茄红素的提取率，而在达到相同去皮率时，超声辅助碱液去皮有效降低碱液浓度，其主要机制是超声处理产生的空穴效应可以进一步破坏表皮结构，使皮和皮下组织分离，使其横截面结构发生变化，从而降低表皮的力学性质，促进番茄红素的溶出。

1.2.2 蛋白质

食品加工过程中，蛋白质在热、离子（盐）、pH 等条件影响下易发生分子结构变化、聚集而产生微纳米蛋白颗粒或纤维，它们广泛存在于家庭烹饪和工业加工食品中，尤其对液体、半液态食品的品质功能具有决定性的影响，但其微纳米结构变化规律不明、调控机制不清。针对这个问题，本研究从"空间""浓度""时间"等多尺度角度，以 11S 球蛋白、大豆分离蛋白（SPI）、鸡肉肌球蛋白、鱼胶原蛋白等为例，发现球蛋白受热时其亚基链间二硫键发生断裂和重组，产生新的亚基二聚体，进而在氢键和疏水相互作用的驱动下自组装形成纳米颗粒（Lin et al.，2020），可高效装载、保护和递送白藜芦醇、大豆苷元、番茄红素、儿茶素、姜黄素等活性小分子成分，进而提高其生物利用率（Zhang et al.，2019c；Zhou et al.，2019；Lv et al.，2019）。此外，Wang 等（2019）发现猪骨胶原蛋白与猪脂质和多糖在一定的临界浓度下可自组装成为性质优异的功能性纳米颗粒，并展现良好的胞内活性氧自由基清除能力，通过乳化改变胶粒微结构可直接调控这种抗氧化活性。而蛋白质浓度和美拉德反应产物可调控肌球蛋白的受热自组装行为，影响成胶或成颗粒性能；鱼胶原蛋白制备的明胶纳米颗粒，在表面活性剂的辅助下具优良 Pickering 乳液的稳定性能（Ding et al.，2020；Zhang et al.，2020b）。

水凝胶是一类高吸水、高保水材料，广泛用于农业、日化、医疗、石油化工、建筑等领域，而以蛋白质为原料的水凝胶在力学性能上很柔软、脆弱，力学性能差，这极大地限制了其应用。He 等（2017）针对上述问题，首次利用感胶离子序（盐浓度梯度）对水凝胶的多尺度结构进行调控，建立了一个不需对原料进行修饰，也不需添加任何化学交联剂的简单、高效的调控，尤其是大幅增强水凝胶机械性能的方法，将明胶水凝胶直接浸泡在硫酸铵或其他保护剂的盐溶液中，使其三股螺旋链形成链缠结，赋予明胶水凝胶超强的机械性能，其压缩与拉伸断裂压强从处理前的数十千帕提升到处理后的十几兆帕，同时断裂形变也从原先的 70%（压缩）和 90%（拉伸）提升到超过 99%（压缩）和 500%（拉伸）（图 1.5）。同时，处理后的水凝胶还具有较好的形变恢复能力、能量消散能力、抗疲劳能力等。

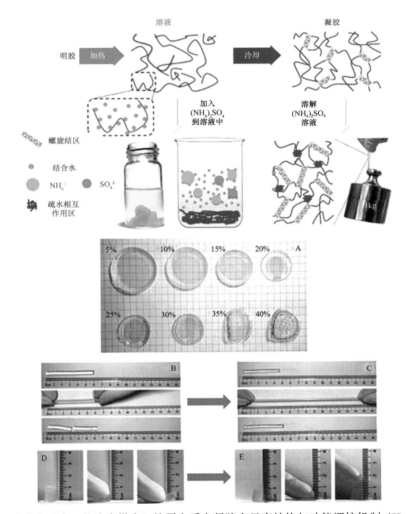

图 1.5　基于感胶离子序（盐浓度梯度）的蛋白质水凝胶多尺度结构与功能调控机制（He et al.，2017）
A 为浸入各种浓度(NH₄)₂SO₄ 溶液的原始明胶水凝胶；B、D 分别为拉伸和压缩下的原始明胶水凝胶；C、E 分别为拉伸和压缩下的 G10A20 水凝胶，G10A20 表示将明胶溶解于去离子水中的浓度为 10%，随后将明胶水凝胶浸入(NH₄)₂SO₄ 溶液的浓度为 20wt%

此外，项目组王强研究团队还借助多尺度的基本概念，系统探究了高水分挤压过程中植物蛋白纤维结构的形成机制（Zhang et al.，2019a，2020a），即在花生蛋白原料中，蛋白质分子主要是以"小的球状"形式存在。在混合区，挤压机起到了混合搅拌作用，伴球蛋白和球蛋白吸水溶胀，从"小球"变成"大球"，但分子链并没有完全展开。从混合区到蒸煮区，机筒温度从 90℃升高到 155℃，螺杆构型也由输送元件变为剪切元件，从温和的反应条件转变为剧烈的反应条件。此时，伴球蛋白分子链完全展开并与还原糖类发生美拉德反应，而球蛋白分子则变为一种被拉长的"椭球形"。从蒸煮区到模口区，伴球蛋白开始有限聚集，形成可溶的聚集体。球蛋白分子链完全展开，并很快团聚形成不可溶的聚集体。在成型区，由伴球蛋白形成的可溶的聚集体被分散和拉长，同时，由球蛋白形成的不溶的聚集体相互交联，形成多层结构。成型区之后的冷却保温过程，为稳定和增强新的蛋白质构象创造了有利条件，与此同时，经过长时间的层状流动和与模具内壁的摩擦，由球蛋白形成的多层结构彼此接近并交联，促进网络状纤维结构形成（图 1.6）。

1.2.3 脂肪

围绕脂质在热加工过程中反式脂肪酸（TFA）的形成机制，本研究通过大量实验建立了 TFA 的红外快检模型，R^2 为 0.9998，检出限为 0.03%，显著低于现行同类方法的检出限（0.27%～5%），检测仅需 40s，比气相色谱/气相色谱质谱联用仪（GC/GC-MS）更具优势，揭示了食用油不饱和脂肪酸在热加工过程中由 TFA 形成的自由基异构、直接异构和质子转移异构机制；并采用酯化、绿色提取技术制得了酸酯类（L-抗坏血酸棕榈酸酯）和酚类（十五烷基酚和银杏酚等）抗异构剂，其抗异构率达 20%～60%（Guo et al.，2020）。

针对新型乳化剂玉米纤维胶（CFG），对比同样具有高分子量、支化结构、低黏特性的三种两亲性多糖[辛烯基琥珀酸酐（OSA）改性淀粉、阿拉伯胶和大豆多糖]，本项目组系统研究了其水溶液的本体及气/液和液/液界面的流变性质（Wei et al.，2020，2021）（图 1.7），评估了这四种天然高分子乳化乳液的稳定性，并结合多糖分子结构特征，阐明了其流变性质及界面吸附动力学过程，揭示了其乳化机制及乳液稳定性与界面黏弹性的复杂关系，阐述了上述天然乳化剂乳化稳定机制，研究结果不仅有助于发展多糖类天然高分子乳化剂的乳化理论，也为进一步拓展其工业化应用提供了坚实的技术支持。

Ding 等（2019a）基于明胶分子开发了明胶纳米颗粒，并研究了其稳定鱼油乳液的机制，分析了加工因素对鱼油乳滴多尺度结构的影响规律，发现 pH 和均质时间变化与乳滴尺寸存在线性降低关系，而明胶浓度变化与乳滴尺寸存在指数性降低关系。随后，Ding 等（2020）分析了明胶分子和明胶纳米颗粒稳定鱼油乳液的区别，结果表明，它们主要影响乳滴大小、乳液剂型和乳析指数（图 1.8）。Zhang 等（2020b）研究了明胶/小分子表面活性剂稳定鱼油乳液的机制，结果表明小分子表面活性剂及制备乳液时的 pH 对乳滴和乳液剂型具有明显的影响，发现了明胶/小分子表面活性剂协同（Span 80，明胶）或竞争[Tween 80，十二烷基硫酸钠（SDS）]吸附在鱼油乳液界面上的机制（图 1.8）。

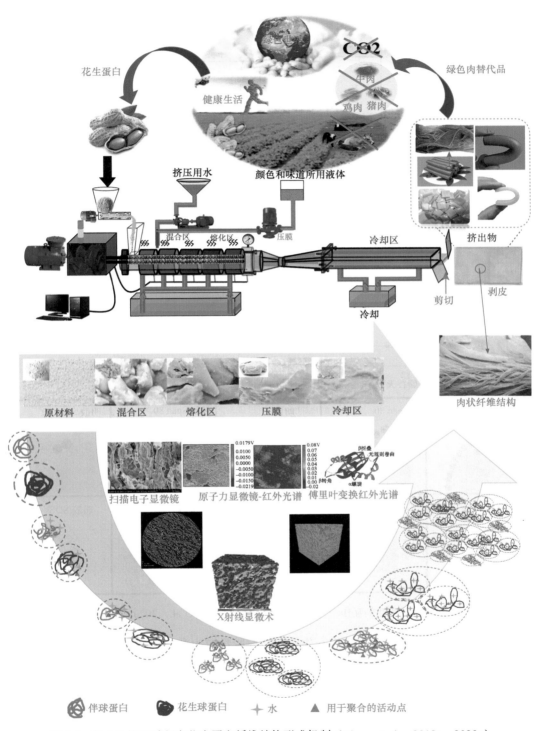

图 1.6　高水分挤压过程中花生蛋白纤维结构形成机制（Zhang et al.，2019a，2020a）

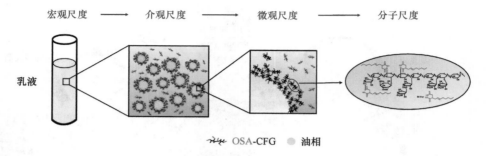

图 1.7　乳液的多尺度结构示意图（Wei et al.，2020）

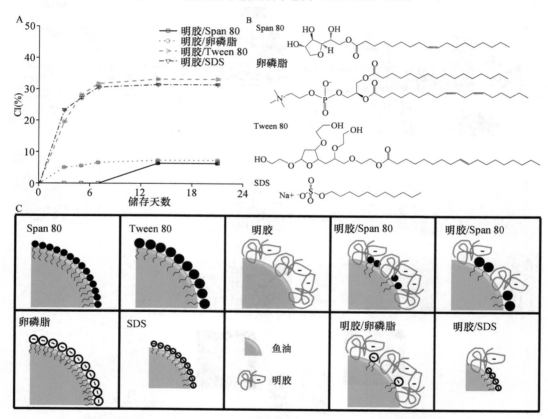

图 1.8　明胶/小分子表面活性剂互作稳定鱼油乳液的机制（Ding et al.，2020；Zhang et al.，2020b）

　　项目组王强研究团队以亲水性花生蛋白微凝胶颗粒为乳化剂,成功研发出一种新型食品高内相 Pickering 乳液（Jiao et al.，2018）（图 1.9）。冷冻扫描电子显微镜（Cryo-SEM）和激光扫描共聚焦显微镜（CLSM）观察结果表明，这种高内相 Pickering 乳液的主要稳定机制为吸附在液滴周围的颗粒形成"弹性界面膜"，与外相中颗粒构建三维网络结构共同阻止了液滴的聚结失稳，且颗粒浓度-界面膜结构-乳液稳定性存在显著正相关。制备的 Pickering 乳液内相质量分数高达 87%，在所有已报道的食品级 Pickering 乳液中是最高的，其外部形态、流变特性等功能性质与人造奶油相近，是极有潜力的人造奶油替代品。该成果可为高品质人造奶油替代品研发提供理论支撑。

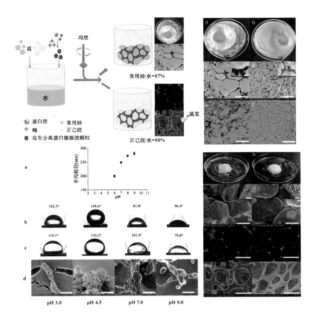

图 1.9　基于花生蛋白微凝胶颗粒的高内相 Pickering 乳液稳定机制（Jiao et al.，2018）

1.2.4　活性成分

　　Zhang 等（2019c）以白藜芦醇为例，指出海藻酸钠与大豆分离蛋白-白藜芦醇复合物（SPI-RES）在 pH 3.5 时通过静电相互作用会自组装成 204.5nm±12.1nm 的纳米颗粒，通过海藻酸钠的进一步作用，SPI-RES 颗粒对热和盐的稳定性进一步增强。该研究又对番茄红素-壳聚糖-酪蛋白复合乳液的稳定性进行了研究，发现酪蛋白-壳聚糖对乳液的稳定性及对番茄红素的保护作用均要高于纯蛋白质体系的酪蛋白乳液。该研究同时还探究了超声结合 pH 偏移等加工条件对大豆分离蛋白包埋白藜芦醇的影响。超声结合 pH 偏移能提高包埋率，包埋率的增加可能是由于表面疏水性的提高。此外包埋还提高了 SPI-RES 颗粒体外抗氧化能力。

　　此外，Zhang 等（2019c）利用蛋白质自组装现象，通过 Ca^{2+} 诱导制备得到花生蛋白微球，其形态均一、粒度分布均匀、呈球形且分散性好，平均粒径为 94.66nm±0.53nm。Jiao 等（2018）借助蛋白质-多酚非共价相互作用，制备了高负载白藜芦醇的花生蛋白微球，负载率可达 82.7%，粒径 90～100nm，且经 10h 光照后保留率高达 45%，缓释时间长达 11h，具有显著的缓释效果，体外释放规律符合 Ritger-Peppas 方程：$\ln Q = 0.7097 \ln t - 1.692$（$R^2$=0.9950），其中 Q 为白藜芦醇溶出度、t 为缓释时间。释放机制为扩散和骨架溶蚀协同作用，如图 1.10 所示。体外细胞实验结果表明，载白藜芦醇花生蛋白微球对人胃癌细胞 BGC823 和人肝癌细胞 HepG2 的增殖活力有极显著的抑制作用，且对 HepG2 的抑制效果更佳，具有良好的抑瘤作用。

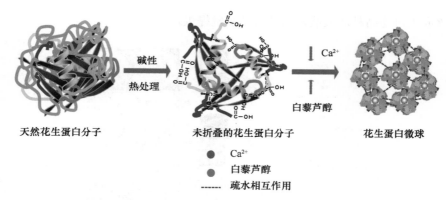

图 1.10　基于蛋白自组装的载白藜芦醇花生蛋白微球形成机制（Zhang et al.，2019c）

1.3　结　　语

总体来说，食品体系作为多相、多组分复杂体系，多相变化、多组分互作将伴随整个加工过程，并直接影响食品品质与功能。本项目自 2016 年立项以来，以食品加工过程中特征组分为切入点，初步构建了加工过程、组分结构变化、食品品质功能三者之间的相互关系，并架构了食品多尺度结构与品质功能调控研究的总体思路，进行了一些有益的探索与尝试，初步形成了以"空间"多尺度、"时间"多尺度、"浓度"多尺度、"因素"多尺度为基本概念，以食品原料特征指纹图谱研究、食品反应的过渡态研究、食品特征组分分形研究、食品特征组分超分子组装研究、食品加工中"场理论"研究为外延的"食品多尺度结构"研究新理论。该理论的建立将有助于形成有别于物理、化学、生物学、材料科学等学科的食品加工理论与技术体系，也将助力食品精准营养与高效制造。

参 考 文 献

卞华伟, 郑波, 陈玲, 等. 2020. 干热处理对青稞淀粉多尺度结构和理化性质的影响. 食品科学, 41(7): 93-101

段爱鹏, 刘斌, 邸倩倩, 等. 2017. 几种物理量及场理论对果蔬保鲜的影响. 制冷学报, 38(4): 110-118

李安. 2013. 大豆油不饱和脂肪酸热致异构化机理及产物安全性分析. 中国农业科学院博士学位论文

李琳. 2004. 食品加工工业的基础科学问题探讨. 食品工业科技, (11): 14-16

刘璐. 2019. 酶解罗非鱼皮胶原蛋白制备抗冻多肽及其活性改良的初步研究. 广东海洋大学硕士学位论文

栾兰兰. 2018. 冷冻带鱼冰晶生长预测模型及分形维数品质评价体系的建立. 浙江大学博士学位论文

马明放. 2017. 基于大环分子和生物活性分子的超分子功能材料. 山东大学博士学位论文

马芸. 2016. 四种天然抗氧化植物化学物抗氧化活性的量子化学和实验研究. 南昌大学硕士学位论文

彭鑫, 张雨薇, 齐威, 等. 2010. 基于盒维数原理计算蛋白质的分形维数. 化学学报, 68(11): 1143-1147

孙玉敬, 叶兴乾. 2010. 定量构效关系在食品科学中的研究进展. 中国食品学报, 10(5): 212-216

王强. 2013. 花生加工品质学. 北京: 中国农业出版社

王强, 石爱民, 刘红芝, 等. 2017. 食品加工过程中组分结构变化与品质功能调控研究进展. 中国食品学报, (1): 1-11

吴倩. 2018. 蛋白质基超疏水表面在生物大分子结晶及食品包装中的应用. 陕西师范大学硕士学位论文

袁添瑁, 陆启玉. 2019. 物理场对小麦面粉及面条品质的影响. 粮食与油脂, 32(7): 24-26

张旻. 2009. α-乳白蛋白错误折叠产物诱导肿瘤细胞凋亡机制研究. 武汉大学博士学位论文

张有林, 苏东华. 2004. 食品科学的历史、现状及发展. 食品工业科技, (1): 139-141

Barbin D, Elmasry G, Sun D W, et al. 2012. Near-infrared hyperspectral imaging for grading and classification of pork. Meat Science, 90(1): 259-268

Bi C, Li L, Zhu Y, et al. 2018. Effect of high speed shear on the non-linear rheological properties of SPI/κ-carrageenan hybrid dispersion and fractal analysis. Journal of Food Engineering, 218: 80-87

Bi C, Wang P, Sun D, et al. 2020. Effect of high-pressure homogenization on gelling and rheological properties of soybean protein isolate emulsion gel. Journal of Food Engineering, 277: 109923

Boire A, Renard D, Bouchoux A, et al. 2019. Soft-matter approaches for controlling food protein interactions and assembly. Annual Review of Food Science and Technology, 10: 521-539

Cao X, Han Y, Li F, et al. 2019. Impact of protein-nanoparticle interactions on gastrointestinal fate of ingested nanoparticles: Not just simple protein corona effects. NanoImpact, 13: 37-43

Cao Y, Chen X L, Sun Y, et al. 2018. Hypoglycemic effects of pyrodextrins with different molecular weights and digestibilities in mice with diet-induced obesity. Journal of Agricultural and Food Chemistry, 66(11): 2988-2995

Chen N, Zhao M, Chassenieux C, et al. 2017. The effect of adding NaCl on thermal aggregation and gelation of soy protein isolate. Food Hydrocolloids, 70: 88-95

Chen Y, Liang Y, Jia F, et al. 2021. Effect of extrusion temperature on the protein aggregation of wheat gluten with the addition of peanut oil during extrusion. International Journal of Biological Macromolecules, 166: 1377-1386

Chou S R, Li B, Tan H, et al. 2020. Effect of ultrahigh pressure on structural and physicochemical properties of rice and corn starch in complexes with apple polyphenols. Journal of the Science of Food and Agriculture, 100: 5395-5402

Dai H J, Li X Y, Du J, et al. 2020. Effect of interaction between sorbitol and gelatin on gelatin properties and its mechanism under different citric acid concentrations. Food Hydrocolloids, 101: 105557

Ding L, Huang Y, Cai X X, et al. 2019a. Impact of pH, ionic strength and chitosan charge density on chitosan/casein complexation and phase behavior. Carbohydrate Polymers, 208: 133-141

Ding M, Zhang T, Zhang H, et al. 2020. Gelatin molecular structures affect behaviors of fish oil-loaded traditional and Pickering emulsions. Food Chemistry, 309: 125642

Ding M, Zhang T, Zhang H, et al. 2019b. Effect of preparation factors and storage temperature on fish oil-loaded crosslinked gelatin nanoparticle pickering emulsions in liquid forms. Food Hydrocolloids. 95: 326-335

Doona C J, Kustin K, Feeherry F E, et al. 2016. Mathematical models based on transition state theory for the microbial safety of foods by high pressure//Balasubramaniam V M, Barbosa-Cánovas G V, Lelieveld H L M. High Pressure Processing of Food: Principles, Technology and Applications. New York: Springer: 331-349

Duan B, Li M, Sun Y, et al. 2019. Orally delivered antisense oligodeoxyribonucleotides of TNF-α via polysaccharide-based nanocomposites targeting intestinal inflammation. Advanced Healthcare Materials, 8(5): 1801389

Fish J. 2009 Multiscale Methods: Bridging the Scales in Science and Engineering. New York: Oxford University Press

Gao R, Ye F, Lu Z, et al. 2018. A novel two-step ultrasound post-assisted lye peeling regime for tomatoes: Reducing pollution while improving product yield and quality. Ultrasonics Sonochemistry, 45: 267-278

Gong A N, Shi A M, Liu H Z, et al. 2018. Relationship of chemical properties of different peanut varieties to peanut butter storage stability. Journal of Integrative Agriculture, 17(5): 1003-1010

Guo Q, Ai L, Cui S. 2019. Methodology for Structural Analysis of Polysaccharides. Cham: Springer

Guo Q, Li T, Qu Y, et al. 2020. Molecular formation mechanism of *trans* linolenic acid in thermally induced α-linolenic acid. LWT-Food Science and Technology, 130: 109595

Guo Q, Li T, Qu Y, et al. 2021. Action of phytosterols on thermally induced *trans* fatty acids in peanut oil. Food Chemistry, 344: 128637

He Q Y, Huang Y, Wang S Y. 2017. Hofmeister effect-assisted one step fabrication of ductile and strong gelatin hydrogels. Advanced Functional Materials, 28(5): 1705069

Jiao B, Shi A, Wang Q, et al. 2018. High-internal-phase Pickering emulsions stabilized solely by peanut-protein-isolate microgel particles with multiple potential applications. Angewandte Chemie International Edition, 130(30): 9418-9422

Jin Q, Li X, Cai Z, et al. 2017. A comparison of corn fiber gum, hydrophobically modified starch, gum arabic and soybean soluble polysaccharide: Interfacial dynamics, viscoelastic response at oil/water interfaces and emulsion stabilization mechanisms. Food Hydrocolloids, 70: 329-344

Ke L J, Wang H Q, Gao G Z, et al. 2017. Direct interaction of food derived colloidal micro/nanoparticles with oral macrophages. npj Science of Food, 1: 3

Li J, Kwauk M. 2003. Exploring complex systems in chemical engineering-the multi-scale methodology. Chemical Engineering Science, 58(3-6): 521-535

Li J, Zhang J, Ge W, et al. 2004. Multi-scale methodology for complex systems. Chemical Engineering Science, 59(8-9): 1687-1700

Li M, Chen P, Xu M, et al. 2017. A novel self-assembly lentinan-tetraphenylethylene composite with strong blue fluorescence in water and its properties. Carbohydrate Polymers, 174: 13-24

Li Y T, He D, Li B, et al. 2021. Engineering polyphenols with biological functions via polyphenol-protein interactions as additives for functional foods. Trends in Food Science & Technology, 110: 470-482

Li Y T, Qi H P, Fan M Q, et al. 2020. Quantifying the efficiency of *o*-benzoquinones reaction with amino acids and related nucleophiles by cyclic voltammetry. Food Chemistry, 317: 126454

Lin D, Lin W, Gao G, et al. 2020. Purification and characterization of the major protein isolated from *Semen Armeniacae Amarum* and the properties of its thermally induced nanoparticles. International Journal of Biological Macromolecules, 159: 850-858

Lv L, Fu C L, Zhang F, et al. 2019. Thermally-induced whey protein isolate-daidzein co-assemblies: protein-based nanocomplexes as an inhibitor of precipitation/crystallization for hydrophobic drug. Food Chemistry, 275(1): 273-281

Mandelbrot B B. 1967. How long is the coastline of Great Britain? Nature, 155: 636-638

Mandelbrot B B. 1977. Fractals: Form, Chance and Dimension. San Francisco: Freeman

Qian X L, Fan X Y, Su H, et al. 2019. Migration of lipid and other components and formation of micro/nano-sized colloidal structure in Tuna (*Thunnus obesus*) head soup. LWT-Food Science and Technology, 111: 69-76

Shi A, Chen X, Liu L, et al. 2017a. Synthesis and characterization of calcium-induced peanut protein isolate nanoparticles. RSC Advances, 7(84): 53247-53254

Shi A, Wang Q, Chen X, et al. 2017b. Calcium-induced peanut protein nanoparticles for resveratrol delivery. Journal of Controlled Release, 259: e6-e7

Su D, Zhu X, Adhikari B, et al. 2020. Effect of high-pressure homogenization on the rheology, microstructure and fractal dimension of citrus fiber-oil dispersions. Journal of Food Engineering, 277: 109899

Sundaram J, Kandala C V, Holser R A, et al. 2010. Determination of in‐shell peanut oil and fatty acid composition using near-infrared reflectance spectroscopy. Journal of the American Oil Chemists' Society, 87(10): 1103-1114

Wang F, Meng J, Sun L, et al. 2020. Study on the tofu quality evaluation method and the establishment of a model for suitable soybean varieties for Chinese traditional tofu processing. LWT-Food Science and Technology, 117: 108441

Wang H, Gao G, Ke L, et al. 2019. Isolation of colloidal particles from porcine bone soup and their interaction with murine peritoneal macrophage. Journal of Functional Foods, 54: 403-411

Wang Q, Liu H Z, Shi A M, et al. 2017. Review on the processing characteristics of cereals and oil seeds and their processing suitability evaluation technology. Journal of Integrative Agriculture, 16(12): 2886-2897

Wei D X, Qiao R R, Dao J W, et al. 2018. Soybean lecithin-mediated nanoporous PLGA microspheres with highly entrapped and controlled released BMP-2 as a stem cell platform. Small, 14: 1800063.

Wei Y, Xie Y, Cai Z, et al. 2020. Interfacial and emulsion characterisation of chemically modified polysaccharides through a multiscale approach. Journal of Colloid and Interface Science, 580: 480-492

Wei Y, Xie Y, Cai Z, et al. 2021. Interfacial rheology, emulsifying property and emulsion stability of glyceryl monooleate-modified corn fiber gum. Food Chemistry, 343: 128416

Xia W Y, Ma L, Chen X K, et al. 2018. Physicochemical and structural properties of composite gels prepared with myofibrillar protein and lecithin at various ionic strengths. Food Hydrocolloids, 82: 135-143

Xue C, Sakai N, Fukuoka M. 2008. Use of microwave heating to control the degree of starch gelatinization in noodles. Journal of Food Engineering, 87(3): 357-362

Yue Y K, Sheng G, Yue S, et al. 2019. Interaction mechanism of flavonoids and zein in ethanol-water solution based on 3D-QSAR and spectrofluorimetry. Food Chemistry, 276: 776-781

Zang J, Chen H, Zhang X, et al. 2019. Disulfide-mediated conversion of 8-mer bowl-like protein architecture into three different nanocages. Nature Communications, 10(1): 1-11

Zhang J, Liu L, Jiang Y, et al. 2019a. Converting peanut protein biomass waste into "double green" meat substitutes using a high-moisture extrusion process: A multiscale method to explore a process for forming a meat-like fibrous structure. Journal of Agricultural and Food Chemistry, 67(38): 10713-10725

Zhang J, Liu L, Jiang Y, et al. 2020a. High-moisture extrusion of peanut protein-/carrageenan/sodium alginate/wheat starch mixtures: Effect of different exogenous polysaccharides on the process forming a fibrous structure. Food Hydrocolloids, 99: 105311

Zhang J, Liu L, Liu H, et al. 2019b. Changes in conformation and quality of vegetable protein during texturization process by extrusion. Critical Reviews in Food Science and Nutrition, 59(20): 3267-3280

Zhang L T, Zhang F, Fang Y P, et al. 2019c. Alginate-shelled SPI nanoparticle for encapsulation of resveratrol with enhanced colloidal and chemical stability. Food Hydrocolloids, 90: 313-320

Zhang T, Ding M, Zhang H, et al. 2020b. Fish oil-loaded emulsions stabilized by synergetic or competitive adsorption of gelatin and surfactants on oil/water interfaces. Food Chemistry, 308: 125597

Zhao D, Li L, Le T T, et al. 2017. Digestibility of glyoxal-glycated β-casein and β-lactoglobulin and distribution of peptide-bound advanced glycation end products in gastrointestinal digests. Journal of Agricultural and Food Chemistry, 65(28): 5778-5788

Zhao D, Li L, Xu D, et al. 2018. Application of ultrasound pretreatment and glycation in regulating the heat-induced amyloid-like aggregation of β-lactoglobulin. Food Hydrocolloids, 80: 122-129

Zhou J, Zhang J, Gao G, et al. 2019. Boiling licorice produces self-assembled protein nanoparticles: A novel source of bioactive nanomaterials. Journal of Agricultural and Food Chemistry, 67(33): 9354-9361

第2章　食品原料及其制品品质与组分多尺度结构的关联

我国食品原料品种丰富，为不同类型食品的加工提供了丰富的选材。然而，由于原料品种间加工特性的相关研究还不够全面，不同品种原料种质间差异较大，目前由于缺乏原料特性与制品品质间的评价体系，所以难以筛选出适用于加工的专用品种。因此，本章首先介绍不同食品原料的加工物质基础，通过对不同原料品种间特性的分析，并将其与制品品质相关联，构建食品原料加工适宜性评价模型，继而从不同原料所含特征组分多尺度结构的维度，深入阐述组分结构与原料及其制品之间的关联性，从而为食品加工行业择优育种提供理论依据，更好地推动我国食品行业的发展。本章主要由三部分构成，从粮食（稻米、小麦）、油料（大豆、花生）、果蔬（苹果、番茄）三个角度，分别对其原料特性、制品品质、原料与制品间的相关性、加工适宜性评价模型的构建、组分多尺度结构与原料及其制品相关性进行了阐述。本章对各类不同品种的原料及其制品品质特性分析数据做出了整理归纳，并为基础数据库的建立奠定了基础，创新性地将数据建模理论应用于食品加工适宜性研究中，并在不同原料加工的特征组分研究方面有了突破性的进展。

2.1　粮食原料及其制品品质与组分多尺度结构的关联

2.1.1　稻米

稻（*Oryza sativa*）是一种可食用的谷物，一年生草本植物，性喜温湿，中国南方俗称其为"稻谷"或"谷子"。稻的栽培起源于中国，其历史可追溯到一万多年前（潘艳，2011）。稻是世界上食用人口最多、种植范围最广的农作物，也是我国的主要粮食作物之一。稻米不仅是食粮，同时还可以作为酿酒、制作饴糖的原料（徐鑫等，2019），主要种植在亚洲、欧洲南部、热带美洲及非洲部分地区，其总产量居世界粮食作物产量第三位，仅低于玉米和小麦（Altan et al.，2008）。

目前世界上的稻属植物可能超过 14 万种，且新稻种的研发还在进行中，因此具体的稻品种数量很难估算（刘笑然等，2014）。不同类型的稻米呈现不同的口感，主要分为籼稻、粳稻和糯稻三种（杨忠义等，2007）。其中稻米的淀粉成分也存在差异，分为直链淀粉及支链淀粉两种，支链淀粉越多，煮熟后黏性会越高（陈龙，2015）。在我国，籼稻主要种植于江苏、浙江、湖南、湖北、广东、广西、云南、贵州、四川等地；粳稻主要种植于东北地区，另外，在河北、山西、陕西、甘肃、宁夏、新疆等地也广泛种植。

稻米的营养价值高，其主要营养成分有蛋白质、糖类、钙、磷、铁、葡萄糖、果糖、麦芽糖、维生素 B_1、维生素 B_2 等。大米是稻谷脱壳后再碾磨除去麸皮的产物，中医认为大米性味甘平，有补中益气、健脾养胃、益精强志、和五脏、通血脉、聪耳明目、止烦、止渴、止泻的功效，多食能令人强身好颜色，且大米中含有丰富的人体必需的营养物质，如蛋白质、碳水化合物、脂肪、维生素等，可以补充人体每天必需营养（王璋等，2015）。此外，其颜色、风味、低过敏性，是制作新的谷类零食、预煮早餐谷类食品、改性淀粉、动物饲料和包括饮料在内的饮食类食品的合适原料（Guha and Ali, 2006）。随着世界经济的发展和人们生活水平的提高，生产稻米不只是为了获取主食，获取高蛋白的营养食品也是另一个重要目的。本书收集了我国东北、广西、浙江、江苏等稻米主产区的 30 个稻米品种。

2.1.1.1　稻米原料特性

1）稻米感官特性

稻米品种的感官特性包括粒长、长宽比、千粒重 3 个指标。不同地区稻米的粒长、长宽比和千粒重见表 2.1。对不同地区稻米千粒重的分析发现（表 2.2），千粒重的变化范围最大，最高可达 28.23g，最低达到 22.09g。千粒重最高的稻米为东北地区的稻米，品种分别是吉粳 83、长白 20、吉粳 515、吉粳 89。千粒重最低的稻米为广西的兆香 1号。长宽比的变异系数最大，为 32.33%，说明各个品种的长宽比差异较大。比较均值和中位数发现，3 个指标的变化都非常小，说明各个品种的这些指标分布均匀，基本没有极端值。

表 2.1　稻米感官特性含量

样品名称	粒长（mm）	长宽比	千粒重（g）
沈农 265	4.67	1.78	24.46
宁粳 43	5.38	2.12	27.36
武运	4.47	1.78	24.46
吉粳 88	5.53	1.69	27.11
兆香 1 号	6.99	3.83	22.09
Y 两优一号	4.77	3.18	26.76
天丰优 316	5.64	2.88	23.83
丰两优四号	6.71	2.92	26.65
天优 998	5.42	2.92	24.85
南粳 46	5.40	1.79	26.72
特优 582	5.90	2.22	23.24
宁 81	5.69	1.75	25.19
辽星 1 号	4.88	1.98	24.37
桂育 9 号	6.84	3.49	23.18
中嘉早 17	6.01	2.19	22.98
吉粳 81	4.72	2.15	24.93
吉粳 529	4.60	1.56	25.96
吉粘 10	6.76	3.36	23.04
吉粳 83	4.91	2.91	28.23
吉粳 112	5.25	1.45	26.66

续表

样品名称	粒长（mm）	长宽比	千粒重（g）
吉粳 306	5.49	1.72	25.98
长白 9	4.89	2.17	23.66
长白 19	5.08	1.23	23.78
吉粳 89	5.45	1.30	27.58
吉粳 809	4.95	2.54	25.38
吉粳 515	5.45	3.38	27.69
长白 20	4.87	1.39	27.72
吉粳 511	4.81	2.39	24.89
吉粳 512	5.36	3.61	25.10
吉粘 9	6.39	2.02	22.44

表 2.2　稻米感官品质描述性分析

因子	变化范围	均值	变异系数（%）	中位数
粒长（mm）	4.47～6.99	5.44±0.71	13.05	5.39
长宽比	1.23～3.83	2.32±0.75	32.33	2.16
千粒重（g）	22.09～28.23	25.2±1.75	6.94	25.02

2）理化特性

稻米的主要化学成分包括淀粉、蛋白质、可溶性膳食纤维和不溶性膳食纤维，以及棕榈酸、油酸、亚油酸等脂质，并且稻米中含有丰富的微量元素，包括 Ca、Mg、P、Na、K、Fe、Zn、Cu 和 Se 等（鞠兴荣等，2011），这些组成在质和量上的差异，对稻米品质起着决定性的作用。

（1）稻米主要化学成分分析

稻米主要化学成分的含量及其描述性分析见表 2.3 和表 2.4。由表可知，各品种稻米的水分含量都小于等于 14%，说明所有品种的水分都在安全水分含量范围之内[《大米》（GB/T 1354—2018）]。粗蛋白含量的变化范围为 5.23%～8.98%，最高的为兆香 1 号。粗脂肪含量的变化范围是 0.21%～1.40%，最高的为宁粳 43。陈能等（2006）分析了粳稻和籼稻的化学成分，测得粳稻的蛋白质含量为 6.90%～13.60%（平均 7.43%），籼稻的蛋白质含量为 6.30%～15.70%（平均 8.57%）。夏凡等（2018）分析了不同品种的稻米，得出粗脂肪含量范围为 0.56%～1.49%。这与本书研究结果大体一致。Sitakalin 和 Meullenet（2001）的研究表明，对于不同品种的稻米，其直链淀粉的含量与蒸煮后的黏度呈负相关，而与硬度呈正相关。表 2.4 显示直链淀粉的含量为 12.22%～25.92%，其中中嘉早 17、吉粳 809、天优 998 稻米的直链淀粉含量较高，其生产的大米经蒸煮后硬度较大。支链淀粉的含量为 42.27%～76.69%，其中东北地区的稻米支链淀粉含量较高，分别为长白 19、长白 9、吉粳 515、吉粘 9、吉粳 809、吉粳 512、吉粳 306、吉粳 511、长白 20 稻米，其支链淀粉含量高达 60%以上，其生产的大米经蒸煮后黏度较大。

表 2.3　稻米部分化学成分的含量（%）

样品名称	粗蛋白	粗脂肪	水分	直链淀粉	支链淀粉	总淀粉	可溶性膳食纤维	不溶性膳食纤维
沈农 265	7.25	1.36	13.30	15.69	43.16	57.15	4.71	0.45
宁粳 43	7.49	1.40	13.10	14.12	48.69	60.81	8.68	0.49
武运	6.18	1.38	12.90	15.12	51.96	69.08	3.25	0.39
吉粳 88	6.65	1.36	13.60	12.22	55.83	65.05	3.68	0.31
兆香 1 号	8.98	1.37	12.40	15.36	56.07	73.43	4.16	0.54
Y 两优一号	8.78	1.38	12.60	14.56	52.29	76.85	5.23	0.37
天丰优 316	7.08	1.36	13.20	21.83	49.83	74.66	3.99	0.30
丰两优四号	7.83	1.37	12.70	16.08	44.98	65.06	7.98	0.60
天优 998	7.94	1.35	12.80	23.13	42.27	67.40	6.56	0.54
南粳 46	8.81	1.38	13.50	15.01	55.59	67.60	5.89	0.47
特优 582	8.62	1.34	13.10	21.59	50.59	71.18	7.62	0.38
宁 81	8.64	1.36	13.60	15.61	53.59	70.20	3.65	0.52
辽星 1 号	8.14	1.38	14.00	17.36	59.52	75.88	4.12	0.30
桂育 9 号	7.44	1.39	12.30	12.85	57.16	70.01	3.13	0.43
中嘉早 17	8.48	1.33	12.40	25.92	42.38	74.30	7.12	0.57
吉粳 81	5.72	0.89	13.45	21.50	58.98	81.59	5.55	0.56
吉粳 529	6.16	0.36	13.11	18.88	53.23	71.11	5.12	0.38
吉粘 10	6.00	0.82	13.63	19.90	55.29	75.19	5.56	0.31
吉粳 83	5.73	0.55	13.17	17.99	54.04	72.03	6.12	0.32
吉粳 112	6.56	0.21	13.22	22.43	56.70	79.13	5.23	0.32
吉粳 306	6.43	0.57	13.78	16.63	61.88	78.51	3.18	0.30
长白 9	6.13	0.57	13.63	13.91	72.94	86.85	5.57	0.60
长白 19	6.20	0.78	12.97	14.44	76.69	91.13	6.21	0.48
吉粳 89	5.85	1.38	13.75	19.20	50.68	69.88	5.36	0.53
吉粳 809	5.25	0.66	13.29	23.94	64.11	88.05	4.69	0.53
吉粳 515	5.23	0.99	13.53	13.90	68.36	82.26	8.37	0.31
长白 20	6.39	0.81	12.92	18.69	61.26	79.95	5.35	0.48
吉粳 511	5.85	0.61	13.46	20.48	61.67	82.15	7.92	0.49
吉粳 512	5.72	1.18	13.36	13.76	62.21	75.97	5.35	0.32
吉粘 9	6.29	0.38	13.09	20.76	64.54	85.30	4.91	0.33

表 2.4　稻米部分理化特性分析（%）

因子	变化范围	均值	变异系数	中位数
水分	12.30~14.00	13.20±0.43	3.26	13.21
粗蛋白	5.23~8.98	6.93±1.18	17.03	6.50
粗脂肪	0.21~1.40	1.04±0.40	38.46	1.34
总淀粉	57.15~91.13	74.59±8.00	10.72	74.48
直链淀粉	12.22~25.92	17.76±3.63	20.44	17.00
支链淀粉	42.27~76.69	56.22±8.20	14.58	55.71
可溶性膳食纤维	3.13~8.68	5.48±1.56	28.47	5.35
不溶性膳食纤维	0.30~0.60	0.43±0.10	0.23	0.44

　　稻米中的脂肪含量较少，一般含量为 0.21%～1.40%，但是稻米中脂肪含量是影响米饭可口性的主要因素。稻米脂肪含量较其他组分对稻米食味品质有更大的影响，脂肪含量越高的稻米，其米饭光泽越好，并且不同品种稻米中脂肪酸组成几乎没有差别（Xu et al.，2016）。稻米脂肪主要沉积在麸皮中，内胚乳中含量较低，在大米贮藏、加工和烹饪品质方面发挥着重要的作用。稻米各脂肪酸占脂肪总量的百分比及其描述性分析见表 2.5 和表 2.6，由表可见，不同品种的稻米脂肪中亚油酸含量最高，可达 40%以上，其次是油酸，可达 30%以上，棕榈酸也占脂肪总量的 20%左右。其中，吉林地区的稻米品种亚油酸含量较高，分别为吉粳 511、吉粳 512、吉粘 10、吉粳 83；油酸含量最高的稻米品种是兆香 1 号，并且吉粳 306、吉粳 511、中嘉早 17 的油酸含量与其相差很小；而棕榈酸含量最高的是辽星 1 号，其次为江苏地区的稻米。比较均值和中位数发现，5 种脂肪酸含量的变化都非常小，说明各个品种间这些指标分布均匀，基本没有极端值。稻米脂肪中含有丰富的不饱和脂肪酸，如亚油酸、油酸和亚麻酸等，而棕榈酸属于饱和脂肪酸，适量食用有利于脂肪代谢，因此稻米具有很高的营养价值。

表 2.5　稻米主要脂肪含量（%）

样品名称	棕榈酸	硬脂酸	油酸	亚油酸	α-亚麻酸
沈农 265	20.35	2.89	32.17	43.58	1.18
宁粳 43	20.56	2.38	30.85	41.39	1.57
武运	21.71	1.80	34.55	43.61	1.65
吉粳 88	21.05	3.00	31.78	43.59	1.91
兆香 1 号	20.15	1.78	35.88	43.81	1.32
Y 两优一号	21.31	1.71	31.65	40.14	1.32
天丰优 316	20.09	2.66	35.24	41.18	1.74
丰两优四号	21.67	2.39	30.05	41.28	1.58
天优 998	20.64	1.89	34.35	42.26	1.89
南粳 46	22.86	1.55	33.79	42.59	1.74
特优 582	21.95	1.52	32.80	40.76	1.92
宁 81	22.48	2.35	33.93	41.78	2.05
辽星 1 号	23.05	2.90	30.36	42.85	0.98
桂育 9 号	22.13	2.72	30.92	41.15	0.91
中嘉早 17	22.76	2.11	35.52	42.58	1.18
吉粳 81	20.02	1.84	35.09	40.73	1.69
吉粳 529	19.75	1.92	32.90	42.21	1.54
吉粘 10	22.08	1.96	32.67	43.93	2.00
吉粳 83	20.37	1.77	30.41	43.82	1.77
吉粳 112	20.88	2.90	34.85	41.10	1.84
吉粳 306	22.41	2.07	35.80	41.45	0.97
长白 9	22.06	2.02	33.87	41.26	2.18
长白 19	19.82	2.45	33.01	41.83	1.05
吉粳 89	20.51	2.18	35.15	40.70	1.42
吉粳 809	19.72	2.30	33.48	40.36	1.17

续表

样品名称	棕榈酸	硬脂酸	油酸	亚油酸	α-亚麻酸
吉粳 515	22.10	1.89	33.73	42.49	1.88
长白 20	21.63	2.09	30.45	41.13	1.14
吉粳 511	20.95	1.57	35.60	43.99	1.93
吉粳 512	20.49	2.55	31.01	43.96	0.95
吉粘 9	21.62	1.75	31.50	40.18	2.16

表 2.6　稻米脂肪特性描述性分析（%）

因子	变化范围	均值	变异系数	中位数
亚油酸	40.14～43.99	42.06±1.27	30.19	41.81
油酸	30.05～35.88	33.11±1.87	5.65	33.25
棕榈酸	19.72～23.05	21.24±1.01	4.76	21.18
硬脂酸	1.52～3.00	2.16±0.44	20.37	2.08
α-亚麻酸	0.91～2.18	1.55±0.39	25.16	1.62

（2）不同品种稻米主要蛋白质组成含量差异分析

Amagliani 等（2017）根据蛋白质溶解性的不同，将贮藏蛋白分为 4 种，即碱溶性的谷蛋白、醇溶性的醇溶蛋白、水溶性的白蛋白和盐溶性的球蛋白，它们在水稻蛋白质中所占的百分比分别约为 80%、5%、5% 和 10%。不同地区稻米主要蛋白质组成的含量及其描述性分析见表 2.7 和表 2.8，由表可知，谷蛋白含量最高，占稻米总成分的 4.54%～10.51%，其中含量最高的稻米品种是中嘉早 17，其次是东北地区的稻米；球蛋白含量变化范围是 0.32%～0.90%，其中含量最高的是东北地区的稻米，这与它独特的地域优势是分不开的。

表 2.7　稻米主要蛋白质组成含量（%）

样品名称	白蛋白	球蛋白	醇溶蛋白	谷蛋白
沈农 265	0.41	0.61	0.64	8.55
宁粳 43	0.52	0.55	0.57	9.48
武运	0.31	0.45	0.64	8.41
吉粳 88	0.26	0.45	0.51	4.59
兆香 1 号	0.33	0.45	0.74	5.35
Y 两优一号	0.20	0.52	0.82	6.30
天丰优 316	0.51	0.58	0.62	8.24
丰两优四号	0.37	0.53	0.83	4.54
天优 998	0.19	0.39	0.41	5.31
南粳 46	0.31	0.57	0.86	6.04
特优 582	0.43	0.55	0.74	6.29
宁 81	0.21	0.51	0.75	6.62
辽星 1 号	0.34	0.52	0.71	5.52
桂育 9 号	0.33	0.46	0.74	6.23
中嘉早 17	0.44	0.44	0.64	10.51

样品名称	白蛋白	球蛋白	醇溶蛋白	谷蛋白
吉粳 81	0.48	0.77	0.56	9.23
吉粳 529	0.35	0.46	0.85	9.34
吉粘 10	0.56	0.32	0.68	8.88
吉粳 83	0.40	0.34	0.62	7.09
吉粳 112	0.16	0.36	0.81	6.84
吉粳 306	0.55	0.82	0.56	5.52
长白 9	0.17	0.56	0.76	8.91
长白 19	0.40	0.80	0.73	7.51
吉粳 89	0.51	0.63	0.70	6.41
吉粳 809	0.23	0.74	0.77	6.81
吉粳 515	0.48	0.90	0.55	9.89
长白 20	0.30	0.56	0.76	9.53
吉粳 511	0.18	0.65	0.67	8.71
吉粳 512	0.25	0.57	0.68	9.29
吉粘 9	0.47	0.66	0.70	8.32

表 2.8　稻米蛋白组成特性描述性分析（%）

因子	变化范围	均值	变异系数	中位数
白蛋白	0.16～0.56	0.36±0.12	33.33	0.35
球蛋白	0.32～0.90	0.56±0.14	25.00	0.55
醇溶蛋白	0.41～0.86	0.69±0.10	14.49	0.70
谷蛋白	4.54～10.51	7.48±1.68	22.46	7.30

　　氨基酸是蛋白质的最小组成单位，本研究提取了 30 个品种稻米的蛋白质，水解后用氨基酸分析仪测定了 17 种氨基酸的含量。经分析可知（表 2.9），测定的 30 个稻米品种的蛋白氨基酸中，谷氨酸（Glu）含量最高，半胱氨酸（Cys）含量最低，变异系数也最大，脯氨酸（Pro）变异系数最低，甲硫氨酸（Met）是必需氨基酸中变异系数最大的氨基酸，这表明在所有品种中，半胱氨酸（Cys）的含量差异最大，说明品种的差异直接导致了半胱氨酸（Cys）的含量差异，而脯氨酸（Pro）在不同品种的大米中含量相对稳定；比较均值和中位数发现，天冬氨酸（Asp）和谷氨酸（Glu）存在差异，说明各个品种的天冬氨酸（Asp）和谷氨酸（Glu）分布不太均匀。在 30 个稻米品种中，宁 81 的天冬氨酸（Asp）含量最高，天丰优 316 的苏氨酸（Thr）、异亮氨酸（Ile）、酪氨酸（Tyr）、苯丙氨酸（Phe）、赖氨酸（Lys）、组氨酸（His）和脯氨酸（Pro）含量最高，丰两优四号的丝氨酸（Ser）、谷氨酸（Glu）、甘氨酸（Gly）、苯丙氨酸（Phe）、半胱氨酸（Cys）、缬氨酸（Val）、亮氨酸（Leu）和精氨酸（Arg）含量最高，Y 两优一号的甲硫氨酸（Met）含量最高。

表 2.9　稻米蛋白氨基酸含量描述性分析（g/100g）

因子	变化范围	均值	变异系数（%）	中位数
Asp	1.56～3.88	2.48±0.84	33.77	2.07
Thr	0.77～2.98	1.82±0.56	30.67	1.81
Ser	1.22～2.79	2.02±0.47	23.16	1.96
Glu	1.53～6.71	3.59±1.72	47.94	2.99
Gly	1.50～3.56	2.54±0.65	25.45	2.37
Ala	1.42～3.55	2.50±0.58	23.21	2.45
Cys	0.01～0.26	0.11±0.08	66.58	0.11
Val	0.17～2.88	1.86±0.61	32.78	1.85
Met	0.30～2.73	1.66±0.73	44.11	1.93
Ile	0.81～2.27	1.67±0.36	21.72	1.72
Leu	1.53～3.52	2.29±0.60	26.11	2.07
Tyr	0.74～2.27	1.74±0.48	27.73	1.91
Phe	0.92～2.48	1.82±0.39	21.25	1.87
Lys	0.62～2.48	1.75±0.45	25.42	1.80
His	0.46～2.28	1.54±0.50	32.70	1.52
Arg	1.31～2.93	2.10±0.47	22.45	2.07
Pro	1.02～2.30	1.94±0.29	14.91	2.00

2.1.1.2　稻米原料指纹图谱

Agboola 等（2005）建立了 30 份稻米蛋白亚基电泳指纹图谱。十二烷基硫酸钠-聚丙烯酰胺凝胶电泳（SDS-PAGE）和凝胶排阻色谱的结果显示，不同类型蛋白在其亚基组成和分子量分布方面均存在差异。具体为，白蛋白分子量主要分布在 40～55kDa，球蛋白分子量主要分布在 16～25kDa，醇溶蛋白分子量主要分布在 13kDa 左右，谷蛋白分子量主要由 30～40kDa（α 亚基或酸性亚基）和 19～23kDa（β 亚基或碱性亚基）两个部分组成（Chrastil and Zarins，1992）。稻米样品蛋白亚基的 SDS-PAGE 图谱如图 2.1 所示，图 2.1A 中数字对应的品种分别为：1-沈农 265、2-宁粳 43、3-武运、4-吉粳 88、5-兆香 1 号、6-Y 两优一号、7-天丰优 316、8-丰两优四号、9-天优 998、10-南粳 46、11-特优 582、12-宁 81、13-辽星 1 号、14-桂育 9 号、15-中嘉早 17；图 2.1B 中数字对应的品种分别为：1-吉粳 81、2-吉粳 529、3-吉粘 10、4-吉粳 83、5-吉粳 112、6-吉粳 306、7-长白 9、8-长白 19、9-吉粳 89、10-吉粳 809、11-吉粳 515、12-长白 20、13-吉粳 511、14-吉粳 512、15-吉粘 9。由图 2.1A 可知，7-天丰优 316、8-丰两优四号、9-天优 998、11-特优 582、14-桂育 9 号、15-中嘉早 17 等 6 个品种缺失 25kDa 的亚基；5-兆香 1 号的 SDS-PAGE 条带不清晰，这可能与它的蛋白质含量有关。由图 2.1B 可知，1-吉粳 81、2-吉粳 529、3-吉粘 10、4-吉粳 83、5-吉粳 112、10-吉粳 809 等 6 个品种缺失 14.4～22kDa 的亚基。对比图 2.1A、B，图 2.1B 中的稻米品种在 31～43kDa 分子量之间缺少亚基，各个品种之间 SDS-PAGE 条带存在明显差异。

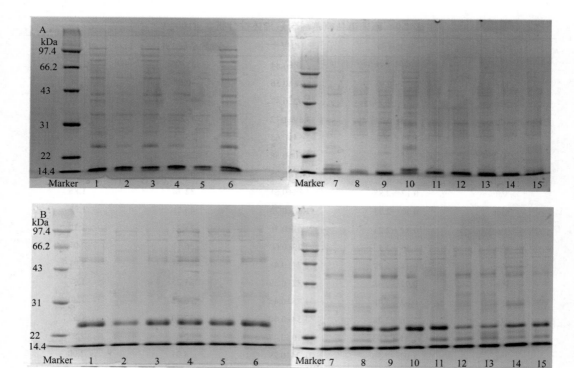

图 2.1　稻米样品蛋白亚基的 SDS-PAGE 图谱

2.1.1.3　稻米制品品质

水稻的蒸煮与食用品质通常用表观直链淀粉含量（apparent amylose content，AAC）、糊化温度（gelatinization temperature，GT）、胶稠度（gel consistency，GC）这 3 个理化指标进行评价（苏文丽等，2014）。淀粉作为稻米最重要的组成部分，它的理化特性，如 AAC 和黏度特性，决定了包括食味品质在内的稻米品质的各个方面（Bao et al.，2004）。非淀粉组分，包括蛋白质、脂肪和氨基酸等，也会对稻米的食味品质产生很大影响（蔡一霞等，2004）。探索水稻品质与各种理化特性之间的相关性，可以为改善水稻食味品质提供理论依据。

1）大米糊化特性

（1）稻米品质与大米糊化峰值黏度之间的相关性

将 30 种稻米的主要组分含量和外观品质等指标与米饭的糊化峰值黏度进行相关性分析（表 2.10），结果表明，粗蛋白和粗脂肪含量与峰值黏度呈极显著正相关，总淀粉含量与峰值黏度呈极显著负相关，支链淀粉和谷蛋白含量与峰值黏度呈显著负相关，氨基酸中只有甘氨酸与峰值黏度呈极显著负相关。因此，粗蛋白、粗脂肪、总淀粉、支链淀粉、谷蛋白、甘氨酸含量可能是影响大米糊化特性的重要指标。

表 2.10　稻米组分含量和外观品质与大米糊化峰值黏度之间的相关性

指标	峰值黏度	指标	峰值黏度
粒长	0.157	谷氨酸	−0.264
长宽比	0.049	甘氨酸	−0.577**
千粒重	−0.154	丙氨酸	−0.277
粗蛋白	0.833**	半胱氨酸	−0.339
粗脂肪	0.704**	缬氨酸	−0.117
总淀粉	−0.554**	甲硫氨酸	0.332
支链淀粉	−0.396*	异亮氨酸	0.143
水分	0.108	亮氨酸	−0.056
白蛋白	−0.245	酪氨酸	0.173
球蛋白	−0.266	苯丙氨酸	0.053
醇溶蛋白	0.065	赖氨酸	−0.232
谷蛋白	−0.415*	组氨酸	0.213
天冬氨酸	−0.341	精氨酸	−0.119
苏氨酸	−0.068	脯氨酸	0.022
丝氨酸	−0.293		

注：*表示在 0.05 水平上的相关显著性，**表示在 0.01 水平上的相关显著性

（2）大米品质与大米糊化温度之间的相关性

将 30 种稻米的外观品质等指标与米饭的糊化温度进行相关性分析（表 2.11），结果表明，千粒重、支链淀粉含量、甘氨酸含量与糊化温度呈显著负相关，粗蛋白和粗脂肪含量与糊化温度呈极显著正相关。因此，千粒重、粗蛋白、粗脂肪、支链淀粉、甘氨酸可能是影响大米糊化温度的重要指标。

表 2.11　稻米组分含量和外观品质与大米糊化温度之间的相关性

指标	糊化温度	指标	糊化温度
粒长	0.208	谷氨酸	−0.116
长宽比	0.156	甘氨酸	−0.457*
千粒重	−0.371*	丙氨酸	−0.158
粗蛋白	0.700**	半胱氨酸	−0.236
粗脂肪	0.511**	缬氨酸	0.051
总淀粉	−0.339	甲硫氨酸	0.351
支链淀粉	−0.442*	异亮氨酸	0.242
水分	−0.002	亮氨酸	−0.117
白蛋白	−0.170	酪氨酸	0.048
球蛋白	−0.247	苯丙氨酸	0.18
醇溶蛋白	−0.150	赖氨酸	−0.101
谷蛋白	−0.129	组氨酸	0.190
天冬氨酸	−0.129	精氨酸	−0.011
苏氨酸	−0.084	脯氨酸	0.128
丝氨酸	−0.219		

注：*表示在 0.05 水平上的相关显著性，**表示在 0.01 水平上的相关显著性

2）米饭质构特性

按照《粮油检验 稻谷、大米蒸煮食用品质感官评价方法》（GB/T 15682—2008）对大米进行蒸煮，将得到的米饭用质构仪进行质构分析（texture profile analysis，TPA），可得米饭的硬度、弹性、黏聚性、胶着度、咀嚼性和回复性数据。这6组数据存在一定的相关性，因此以米饭的硬度作为衡量米饭质构的指标，探索米饭的硬度与其他指标之间的关系，会得到品质优良的稻米品种。

将30种稻米的外观品质等指标与米饭的硬度进行相关性分析（表2.12），结果表明，米饭的硬度与稻米的水分呈极显著负相关，与粗脂肪含量呈显著负相关，因此，水分和粗脂肪可能是影响米饭硬度的重要指标。

表2.12　稻米组分含量和外观品质与米饭硬度之间的相关性

指标	硬度	指标	硬度
粒长	0.053	谷氨酸	0.079
长宽比	−0.081	甘氨酸	0.234
千粒重	−0.120	丙氨酸	0.039
粗蛋白	−0.230	半胱氨酸	0.015
粗脂肪	−0.417*	缬氨酸	0.054
总淀粉	0.331	甲硫氨酸	0.096
支链淀粉	0.138	异亮氨酸	0.028
水分	−0.510**	亮氨酸	−0.333
白蛋白	0.201	酪氨酸	−0.010
球蛋白	0.234	苯丙氨酸	0.019
醇溶蛋白	−0.270	赖氨酸	0.326
谷蛋白	0.339	组氨酸	0.204
天冬氨酸	−0.020	精氨酸	0.167
苏氨酸	−0.210	脯氨酸	0.162
丝氨酸	−0.029		

注：*表示在0.05水平上的相关显著性，**表示在0.01水平上的相关显著性

2.1.1.4　基于大米糊化特性的加工适宜性评价模型

本研究采用主成分回归分析建立适合大米糊化特性的稻米品质评价模型。通过该模型可以预测未知品种淀粉的糊化特性，找到糊化特性好的稻米品种，不仅可以增加稻米的附加值，同时为开发可产生优质米饭的稻米专用品种提供依据。

1）峰值黏度模型的建立

由表2.10稻米组分含量和外观品质与大米糊化峰值黏度之间的相关性可知，粗蛋白、粗脂肪、总淀粉、支链淀粉、谷蛋白、甘氨酸是影响大米糊化特性的重要指标。通过主成分分析和统计分析系统（statistical analysis system，SAS）计算得出：

$$糊化峰值黏度=-0.695×总淀粉+0.320×粗蛋白+0.384×粗脂肪$$
$$-0.671×支链淀粉-0.306×谷蛋白-0.031×甘氨酸$$

2）糊化温度模型的建立

由表 2.11 稻米组分含量和外观品质与大米糊化温度之间的相关性可知，千粒重、粗蛋白、粗脂肪、支链淀粉、甘氨酸是影响大米糊化温度的重要指标。通过主成分分析和SAS 计算得出：

$$糊化温度=-0.273×千粒重+1.203×粗蛋白+1.170×粗脂肪-1.531×支链淀粉-0.116×甘氨酸$$

3）糊化模型的建立

通过主成分分析和 SAS 计算得出：

$$糊化特性=0.075×峰值黏度+0.121×谷值黏度+0.028×崩解值黏度+0.155$$
$$×最终黏度+0.181×回复值黏度+0.229×峰值时间+0.210×糊化温度$$

由上述模型可知糊化黏度和糊化温度的相关数据，得出：

$$糊化特性=0.075×(0.695×总淀粉-0.320×粗蛋白-0.384×粗脂肪+0.671×支链淀粉+0.306$$
$$×谷蛋白+0.031×甘氨酸)+0.121×谷值黏度+0.028×崩解值黏度+0.155$$
$$×最终黏度+0.181×回复值黏度+0.229×峰值时间+0.210×(0.273×千粒重$$
$$+1.203×粗蛋白+1.170×粗脂肪-1.531×支链淀粉-0.116×甘氨酸)$$

最终计算结果为：

$$糊化特性=0.057×千粒重+0.229×粗蛋白+0.217×粗脂肪+0.052×总淀粉-0.271$$
$$×支链淀粉+0.023×谷蛋白-0.022×甘氨酸+0.121×谷值黏度+0.028$$
$$×崩解值黏度+0.155×最终黏度+0.181×回复值黏度+0.229×峰值时间$$

2.1.1.5　米粉的重构和品质调控

稻米加工过程中，稻米的品种、实际操作的不同工艺流程等对稻米产品品质特性具有重要的意义。不同的稻米品种、工艺不仅影响产品的最终质量，对生产过程中的能源消耗也有很大的影响，并影响企业的利益。而加工适宜性分子机制是集实践与技艺于一体的复杂机制，它是从分子方面阐述生产出优质稻米产品的方法，从而为大米的加工精度提供更多的参考依据。其中稻米的品种选择归根到底是稻米淀粉与蛋白质的比例问题，因此本节对大米特征组分重构比例进行研究，探索重构米粉的品质特性。

1）不同配比重构米粉的快速黏度仪（RVA）糊化特性测定

将由特优 582 稻米中提取的蛋白质和淀粉冻干样品，分别按照蛋白质占淀粉 0、2%、4%、6%、8%的比例重构米粉，按照重构米粉质量与蒸馏水的比例为 1∶2 配制样品。不同配比的重构米粉 RVA 糊化的参数如表 2.13 所示，由表可知，随着蛋白质添加量的增加，重构米粉峰值黏度由 2198cP±96.8cP 下降到 1754cP±111.6cP，最终黏度从 2523cP±72.9cP下降到 2112cP±101.1cP。不同蛋白质添加量（从 0 增加到 8%）间黏度参数的显著性差异说明蛋白质可以显著改变重构米粉的糊化性质，且影响程度与蛋白质的含量呈正相关，添加 4%后显著性降低。蛋白质的加入将引起复配体系的峰值黏度、崩解值黏度和回复值黏度的下降,峰值黏度与淀粉颗粒吸水溶胀、直链淀粉溶出、浸出的直链淀粉与未完全糊化的淀粉颗粒对自由水的竞争有关(Qiu et al.,2016)。所以峰值黏度的下降,可能是由于蛋白质-淀粉分子通过水合作用形成蛋白质-淀粉网络提高了对水分子的竞争力,蛋白质的加入使淀粉颗粒不能达到最大吸水量从而阻止淀粉颗粒破裂(Zhang et al.,2018)。

表 2.13　不同配比重构米粉的糊化参数

配比	峰值黏度 (cP)	谷值黏度 (cP)	崩解值黏度 (cP)	最终黏度 (cP)	回复值黏度 (cP)	峰值时间 (min)	糊化温度 (℃)
0	2198±96.8a	1333±68.8a	865±56.9a	2523±72.9ab	1191±24.6a	5.53±0.09a	72.4±0.4a
2%	2076±53.0b	1547±63.3b	530±47.4b	2565±62.8a	1018±32.0b	5.90±0.08b	73.4±0.7ab
4%	1960±72.0c	1558±75.7b	402±31.0c	2441±61.0b	883±25.1c	6.05±0.09bc	74.2±0.8bc
6%	1890±45.9c	1540±36.8b	349±72.2c	2312±43.4c	772±63.5d	6.18±0.17c	75.3±1.6c
8%	1754±111.6d	1425±123.9a	329±69.3c	2112±101.1d	688±62.8e	6.25±0.25c	75.6±1.8c

注:同列不同小写字母表示有显著性差异($P<0.05$)

随着蛋白质含量的增加,糊化温度和达到峰值黏度所需的时间也增加,糊化温度由 72.4℃±0.4℃增加到 75.6℃±1.8℃。蛋白质添加量从 0 到 8%使得崩解值黏度从 865cP±56.9cP 下降到 329cP±69.3cP,说明蛋白质的加入可以有效抑制重构米粉中淀粉颗粒破损,使颗粒破损程度降低,但是米粉糊耐高温的稳定性降低,当添加量高于 4%时,抑制作用没有之前显著。蛋白质的加入,一部分吸附在淀粉颗粒表面,阻止淀粉进一步吸水;一部分与溶出的可溶性淀粉颗粒结合包裹在淀粉颗粒表面,进一步阻止淀粉颗粒充分糊化的同时也阻止重构米粉回生。

回复值黏度是最终黏度和谷值黏度的差值,随着添加量的增加,回复值黏度由 1191cP±24.6cP 降低到 688cP±62.8cP。在降温期间,淀粉分子链通过氢键重新聚集形成凝胶网状结构,说明米粉糊可以在短期快速回生。蛋白质分子可能与淀粉分子发生作用,从而降低了直链淀粉分子间的作用而使其重新排序,这在一定程度上抑制了重构米粉的短期老化。

2) 不同配比重构米粉的差示扫描量热仪(DSC)糊化曲线

不同配比重构米粉的 DSC 糊化的参数如表 2.14 所示,随着蛋白质添加量的增加,起始温度(T_o)、峰值温度(T_p)都有不同程度的增加,而糊化焓变($\triangle H$)随着蛋白质含量的增加而降低。T_p 可体现淀粉的微晶质量,蛋白质添加量的增加使得淀粉晶度下降。$\triangle H$ 是直链淀粉双螺旋结构损失及晶体质量和数量的体现(Wani et al.,2012),糊化焓变由峰面积积分而得,蛋白质添加量的增加使混合体系的糊化焓下降,从 10.09J/g 降到 5.83J/g,表明混合体系中蛋白质比例增加使重构米粉不完全糊化量增加。

表 2.14　不同配比重构米粉的 DSC 糊化参数

配比	T_o(℃)	T_p(℃)	峰面积(mJ)	$\triangle H$(J/g)	终止温度(℃)
0	58.610	65.620	34.300	10.088	79.750
2%	59.540	65.790	29.885	8.301	73.590

续表

配比	T_o（℃）	T_p（℃）	峰面积（mJ）	$\triangle H$（J/g）	终止温度（℃）
4%	60.550	66.840	30.605	8.670	74.790
6%	60.020	65.930	21.836	6.422	74.790
8%	60.810	65.410	19.637	5.827	73.290

2.1.1.6　稻米及其制品品质与组分多尺度结构的关联

从上文描述可以发现，蛋白质和淀粉是决定稻米及其制品品质的最关键组分。因此，本节分别从稻米蛋白和淀粉多尺度结构层面来阐述相关机制。

首先，对于稻米蛋白而言，其主要包含白蛋白、球蛋白、谷蛋白和醇溶蛋白，分别占稻米中总蛋白含量的 5%～10%、7%～17%、75%～81% 和 3%～6%（表 2.7）。此外，对稻米蛋白氨基酸组成的分析（表 2.9）表明，米糠富含白蛋白，与糙米或精米相比，其赖氨酸含量更高。另外，由于醇溶蛋白含量低，大米的赖氨酸含量高于其他谷物。至于其他必需氨基酸，白蛋白的组氨酸和苏氨酸含量最高，而醇溶蛋白的异亮氨酸、亮氨酸和苯丙氨酸的含量最高。含硫氨基酸半胱氨酸和甲硫氨酸以球蛋白含量最高、醇溶蛋白含量最低。根据它们的氨基酸组成，在水稻蛋白质组分中，白蛋白的生物学效价最高，醇溶蛋白的生物学效价最低。需要指出的是，稻米蛋白四种组分的等电点、亚基组成、分子量等可能会由于水稻品种、提取方法和所用分析工具的差异而产生不同结果。此外，稻米蛋白的加入降低了大米淀粉凝胶结合水向游离水的转化，提高了大米淀粉凝胶的持水能力，抑制了大米淀粉凝胶在贮藏过程中的收缩。添加大米蛋白后，淀粉凝胶的微观结构更加致密、均匀。添加大米蛋白抑制淀粉有序结构的形成及淀粉重结晶，抑制效果与大米蛋白浓度有关。推测大米蛋白对大米淀粉回生的抑制作用主要是由于大米蛋白的加入引入了空间限制，使淀粉分子的交联度降低，形成有序结构。这些结果可能有助于通过使用不同的大米品种（不同的蛋白质含量）来延长米制品的货架期和增加经济效益，从而改善大米产品在食品加工过程中的储存质量。

其次，直链淀粉含量较高的大米在蒸煮后往往具有较硬、较不黏的质地，更准确地说，直链淀粉粒径较小、直链淀粉短链比例较高的大米，煮后质地往往较硬，这可能是由于这些直链淀粉分子可能与结晶片层中的支链淀粉链缠结和（或）共结晶，从而在米饭蒸煮过程中造成有限的淀粉膨胀而形成较硬的质地。这种有限的膨胀也会限制淀粉在蒸煮过程中从淀粉颗粒和米粒中渗出，这可能会影响煮熟的米粒之间的黏性。

最后，米饭的质地主要受最长支链（聚合度 DP 为 92～98）和最短支链（DP≤25）的比例控制，而不是中间链（DP 为 43～68）的控制。硬饭往往有较高的直链淀粉含量（或直链淀粉∶支链淀粉的值），软蒸煮大米支链淀粉更长，这一特点被认为可以促进支链淀粉与稻米中其他成分（如蛋白质、脂肪和非淀粉多糖）更广泛的分子内和（或）分子间相互作用，从而产生更牢固的质构。支链淀粉结构的不同可以解释为什么具有相似直链淀粉含量的大米具有不同的质构特性。

2.1.2 小麦

小麦是小麦属植物的统称，代表种为普通小麦（*Triticum aestivum*）。小麦为禾本科植物，是世界上最早栽培的农作物之一，已经成为世界各地广泛种植的谷类作物（朱文达等，2013）。小麦是营养价值最高的粮食作物之一，其颖果总产最高、贸易额最多，将其磨成面粉后可制作面包、馒头、饼干、面条等食物，发酵后可制成啤酒、酒精、白酒（如伏特加）或生物质燃料（刘茜茜，2015）。小麦是三大谷物之一，几乎全作食用，仅约六分之一作为饲料使用。两河流域是世界上最早栽培小麦的地区，中国是世界较早种植小麦的国家之一（李裕，1997）。其制品为大多数北方人的主食，这其中尤以鲜湿面条为典型代表。鲜湿面条的品质特性不仅与原料小麦的品种、产地有着重要的联系，更与小麦所包含的特征组分存在密切的相关性。基于此，本书以我国小麦主产区选取的30个小麦品种（陕农33、农麦88、明麦133、瑞华麦520、陕麦139、镇麦12号、郑麦9023、泰科麦33、江麦23、西农511、徐麦33、邯6172、鲁原502、偃展4110、济麦22号、保麦6号、淮麦26、苏麦11、临麦4号、山农22号、山农30号、泰农18、杨辐麦4号、华麦1028、烟农1212、杨麦16号、烟农24号、杨麦23、农麦126、宁麦13）为研究对象，依次系统地比较分析品种间小麦籽粒、粉体性能、面团及鲜湿面条品质特性的差异性，并结合相关性和主成分分析，揭示了前三者对鲜湿面条食用品质的影响，为小麦加工适宜性的建立奠定一定的基础。

2.1.2.1 小麦原料特性

1）小麦籽粒感官品质分析

不同品种小麦籽粒感官品质指标的含量及其描述性分析如表 2.15 和表 2.16 所示。籽粒硬度变幅在 57.83～66.30，硬度平均值为 61.42，达到《小麦品种品质分类》（GB/T 17320—2013）中筋和中强筋小麦标准，其中明麦 133、淮麦 26、郑麦 9023 表现出较高的硬度，而杨辐麦 4 号、山农 22 号、烟农 1212 的硬度较低。Katyal 等（2016）表示谷物硬度是指谷物的抗破碎性及生产优质面粉的能力，与小麦品种的碾磨性能有关。容重变幅在 859.03～919.35g/L，平均值为 898.55g/L，达到《小麦》（GB 1351—2008）一级标准，变异系数为 1.65%，其中农麦 88、镇麦 12 号、农麦 126 表现较高的容重，而鲁原 502 的容重较低。千粒重变幅在 38.40～47.33g，平均值为 43.33g，变异系数为 5.19%。张桂英（2010）对陕西关中小麦籽粒品质性状的分析结果表明，陕西关中小麦容重和籽粒硬度平均分别为 775.1g/L±18.86g/L 和 59.21±4.24。可见，淮海经济区小麦籽粒容重明显高于陕西关中小麦容重。不同地区小麦籽粒硬度、容重和千粒重差异较大，可能是由小麦品种、种植环境和气候等因素造成的。

表 2.15　不同品种小麦籽粒感官品质指标含量

样品名称	千粒重（g）	容重（g/L）	籽粒硬度
陕农 33	42.97	902.29	63.83
农麦 88	41.07	919.35	63.40

续表

样品名称	千粒重（g）	容重（g/L）	籽粒硬度
明麦 133	41.60	912.01	66.30
瑞华麦 520	40.77	910.80	61.37
陕麦 139	41.57	914.67	62.93
镇麦 12 号	45.93	919.21	63.30
郑麦 9023	45.73	907.67	64.07
泰科麦 33	42.97	901.27	58.63
江麦 23	44.63	898.22	62.23
西农 511	46.43	906.53	63.87
徐麦 33	43.90	904.82	61.23
邯 6172	44.00	905.55	60.57
鲁原 502	45.25	859.03	59.03
偃展 4110	45.43	885.58	58.67
济麦 22 号	46.29	908.60	63.63
保麦 6 号	38.40	896.21	63.57
淮麦 26	42.77	890.52	64.43
苏麦 11	43.23	905.99	59.60
临麦 4 号	46.53	891.64	59.87
山农 22 号	41.50	875.02	57.87
山农 30 号	47.23	899.10	59.33
泰农 18	41.70	885.21	59.97
杨辐麦 4 号	40.70	908.13	57.83
华麦 1028	42.53	911.79	58.60
烟农 1212	42.37	894.58	58.00
杨麦 16 号	47.33	879.40	64.03
烟农 24 号	41.33	900.10	60.43
杨麦 23	40.97	872.97	64.03
农麦 126	42.20	915.81	60.07
宁麦 13	42.52	874.48	61.87

表 2.16　小麦籽粒感官品质描述性分析

因子	变化范围	均值	变异系数（%）	中位数
籽粒硬度	57.83～66.30	61.42±2.36	3.85	61.30
容重（g/L）	859.03～919.35	898.55±14.86	1.65	901.78
千粒重（g）	38.40～47.33	43.33±2.25	5.19	42.87

2）小麦粉理化指标分析

不同品种小麦粉基本理化指标的含量及其描述性分析如表 2.17 和 2.18 所示。小麦粉水分含量变幅在 10.63%～13.40%，平均值为 11.76%。粗蛋白含量变幅在 12.21%～15.10%，平均值为 13.66%，变异系数为 6.77%。灰分含量变幅在 0.55%～0.72%，平均值为 0.61%，变异系数为 7.39%。麸皮会使产品颜色变暗（Katyal et al.，2016），灰分含量决定了碾磨过程中麸皮颗粒对面粉的污染程度，同时提供了碾磨过程中麸皮和胚乳与胚芽分离程度的估计值。除农麦 88 灰分含量（0.72%）高于行业面条用粉标准《面条用小麦粉》（LS/T 3202—1993）对灰分含量（≤0.70%）的要求外，其余均达到行业面条标准。灰分含量和小麦籽粒硬度呈极显著正相关（$r=0.700$，$P<0.01$）（详见附表 1），与胡瑞波和田纪春（2006）研究结果一致。蛋白质含量是衡量小麦品质的重要指标，它受遗传和非遗传因素的影响。早期，赵清宇（2012）测定了我国 100 种小麦的基本理化特性，结果表明，面粉水分含量变幅在 10.22%～14.47%，灰分含量变幅在 0.32%～1.32%，蛋白质含量变幅在 9.17%～15.70%。

表 2.17　不同品种小麦粉基本理化指标的含量

序号	样品名称	水分（%）	粗蛋白（%）	灰分（%）	总淀粉（%）	湿面筋（%）	降落数值（s）
1	陕农 33	11.68	14.53	0.63	72.39	32.83	291.53
2	农麦 88	10.93	15.01	0.72	70.55	33.97	281.27
3	明麦 133	11.51	14.52	0.66	72.49	34.07	300.68
4	瑞华麦 520	11.67	14.85	0.64	68.32	33.67	414.95
5	陕麦 139	11.29	15.10	0.65	72.34	35.7	301.81
6	镇麦 12 号	11.34	14.77	0.66	71.25	33.43	362.67
7	郑麦 9023	11.44	13.46	0.63	74.40	36.03	310.78
8	泰科麦 33	10.63	14.84	0.57	72.10	36.40	261.38
9	江麦 23	11.53	14.17	0.65	66.94	30.26	331.11
10	西农 511	11.36	14.42	0.70	74.59	34.33	332.36
11	徐麦 33	10.86	14.50	0.66	67.74	33.47	336.55
12	邯 6172	12.84	14.23	0.57	67.47	32.24	286.65
13	鲁原 502	11.25	13.74	0.56	70.53	29.57	279.53
14	偃展 4110	12.27	13.12	0.57	75.30	28.03	357.98
15	济麦 22 号	12.20	13.53	0.59	70.93	31.77	355.53
16	保麦 6 号	10.96	13.77	0.66	71.56	30.17	305.38
17	淮麦 26	11.80	14.39	0.63	67.35	32.37	410.29
18	苏麦 11	10.93	13.76	0.59	67.41	25.93	373.34
19	临麦 4 号	12.81	13.17	0.55	69.88	35.75	339.14
20	山农 22 号	12.90	12.97	0.55	71.21	28.32	236.83
21	山农 30 号	11.31	12.66	0.60	72.47	27.70	342.88
22	泰农 18	13.26	12.73	0.59	70.25	31.32	289.49
23	杨辐麦 4 号	10.80	12.21	0.57	66.63	25.00	305.92
24	华麦 1028	12.37	12.68	0.58	69.19	25.90	407.75
25	烟农 1212	12.94	12.31	0.55	71.88	32.07	341.37
26	杨麦 16 号	11.80	14.27	0.57	73.00	28.45	226.64
27	烟农 24 号	13.40	12.71	0.59	66.88	29.21	347.39
28	杨麦 23	11.66	12.28	0.64	73.45	28.89	201.65
29	农麦 126	10.76	12.48	0.64	71.47	23.67	376.48
30	宁麦 13	12.35	12.48	0.64	69.95	26.56	353.37

表 2.18　小麦粉基本理化指标描述性分析

因子	变化范围	均值	变异系数（%）	中位数
水分（%）	10.63～13.40	11.76±0.79	6.68	11.63
粗蛋白（%）	12.21～15.10	13.66±0.92	6.77	13.72
灰分（%）	0.55～0.72	0.61±0.05	7.39	0.62
总淀粉（%）	66.63～75.30	70.66±2.17	3.31	65.90
湿面筋（%）	23.67～36.40	30.90±3.47	11.23	31.55
降落数值（s）	201.65～414.95	322.09±51.42	15.97	331.74

不同品种小麦粉总淀粉含量在 66.63%～75.30%，平均值为 70.66%，变异系数为 3.31%。湿面筋含量变幅在 23.67%～36.40%，平均值为 30.90%，变异系数为 11.23%，基本涵盖了《小麦品种品质分类》（GB/T 17320—2013）中筋和强筋小麦的范围。除苏麦 11（25.93%）、华麦 1028（25.90%）、杨辐麦 4 号（25.00%）、农麦 126（23.67%）湿面筋含量低于面条小麦用粉行业标准对湿面筋含量（≥26%）的要求外，其他品种小麦粉的湿面筋含量均满足行业标准的要求。湿面筋含量和蛋白质含量呈极显著正相关（$r=0.672$，$P<0.01$）（详见附表 1）。降落数值反映 α 淀粉酶活性，实验品种小麦的降落数值变幅在 201.65～414.95s，平均值为 322.09s，达到我国《小麦品种品质分类》（GB/T 17320—2013）标准的要求（≥250s）。全部小麦样品的降落数值均在 200s 以上，达到《面条用小麦粉》（LS/T 3202—1993）标准的要求。

3）小麦粉溶剂保持力（SRC）分析

不同品种小麦粉溶剂保持力测定描述性分析结果如表 2.19 所示。不同品种小麦粉水 SRC、乳酸 SRC、蔗糖 SRC、碳酸钠 SRC 变幅分别在 52.33%～83.11%、87.52%～116.75%、74.70%～102.63%、64.08%～94.86%。早期，Duyvejonck 等（2011）等对欧洲小麦品种溶剂保持力进行了测定，表示水 SRC、碳酸钠 SRC、蔗糖 SRC 和乳酸 SRC 变幅分别在 56%～66%、74%～88%、90%～102%和 106%～147%；Moiraghi 等（2011）报道了阿根廷软小麦品种的三种溶剂保持力，即碳酸钠 SRC、乳酸 SRC 和蔗糖 SRC 变幅分别在 62.23%～91.35%、74.35%～139.73%、82.60%～122.29%。

表 2.19　小麦粉溶剂保持力描述性分析（%）

因子	变化范围	均值	变异系数	中位数
蔗糖 SRC	74.70～102.63	90.82±7.74	8.52	90.37
碳酸钠 SRC	64.08～94.86	82.60±7.15	8.66	82.70
水 SRC	52.33～83.11	63.43±5.97	9.41	62.26
乳酸 SRC	87.52～116.75	103.75±7.80	7.52	104.28

溶剂保持力参数均与灰分含量显著相关（详见附表 1），这与伍娟（2016）研究得到的溶剂保持力参数均与灰分含量达不到显著相关的结果不一致，这可能是由实验样品差异及实验方法不同造成的。碳酸钠 SRC 是衡量面粉破损淀粉含量的指标。郑麦 9023 有较高的碳酸钠 SRC，而临麦 4 号的碳酸钠 SRC 值较低，平均值为 82.60%。碳酸钠 SRC

与水 SRC、蔗糖 SRC 有很强的相关性（详见附表 1）。乳酸 SRC 大小与面粉的谷蛋白特性有关（Gaines，2000），乳酸 SRC 与蛋白质含量呈极显著正相关（$r=0.499$，$P<0.01$）（详见附表 1），与湿面筋含量呈显著正相关（$r=0.406$，$P<0.05$）（详见附表 1），这与倪芳妍等（2006）的研究结果一致。Xiao 等（2006）和 Katyal 等（2016）也表示乳酸 SRC 与蛋白质含量有显著相关性。蔗糖 SRC 平均值为 90.82%，变异系数为 8.52%，陕农 139 蔗糖 SRC 最大，而临麦 4 号蔗糖 SRC 最小。蔗糖 SRC 与蛋白质含量呈显著正相关（$r=0.453$，$P<0.05$）（详见附表 1），这与王晓曦等（2003）的研究结论一致。

4）小麦粉色泽分析

不同品种小麦粉色泽描述性分析如表 2.20 所示。不同品种小麦粉的 L^*、a^*、b^* 值和黄色素含量变幅在 88.91～94.78、0.31～1.39、7.06～14.23 和 2.35～4.13mg/kg。陕西关中地区小麦粉色泽的早期测定结果表明，小麦粉的 L^*、a^*、b^* 值分别为 91.99±0.96、−1.39±0.24 和 7.60±1.02（张桂英，2010），不同地区小麦粉颜色的感官品质存在显著性差异。L^* 值代表面粉的亮度，本研究中 L^* 平均值为 91.59，变异系数为 1.71%，面粉的颜色越深，灰分含量越高，L^* 值越低。L^* 值和面粉的灰分含量呈极显著负相关（$r=-0.723$，$P<0.01$）（详见附表 1），Katyal 等（2016）也得到相似的结论。农麦 88 的 a^* 值最高，而烟农 24 号的 a^* 值最低，a^* 反映了面粉的红绿值，平均值为 0.77，变异系数 36.15%，面粉的 a^* 值与灰分含量呈极显著正相关（$r=0.815$，$P<0.01$）（详见附表 1）。L^* 值与蛋白质含量呈极显著负相关（$r=-0.656$，$P<0.01$），a^* 值与蛋白质含量呈极显著正相关（$r=0.634$，$P<0.01$）（详见附表 1），这表明面粉的深色是由较高的麸皮污染造成的，因为矿物质集中在糠层（Katyal et al.，2016）。b^* 平均值为 10.26，变异系数为 17.49%，淮麦 26（14.23）、瑞华麦 520（13.20）、陕农 33（12.02）、西农 511（13.60）和江麦 23（12.91）表现出较高的 b^* 值（≥12）。临麦 4 号 b^* 值最低（7.06），淮麦 26 的 b^* 值最高，表明淮麦 26 面粉表现出更多的黄色，这可能是由叶黄素的存在造成的。面粉 b^* 值和黄色素含量呈极显著正相关（$r=0.696$，$P<0.01$）（详见附表 1）。不同品种面粉的颜色参数差异可能是由叶黄素、灰分的变化分布造成的。面粉 b^* 值与籽粒硬度和蛋白质含量呈极显著正相关（$r=0.557$、0.678，$P<0.01$）（详见附表 1），这与胡瑞波和田纪春（2006）的研究结果相一致，该研究表示面粉色泽 b^* 值主要由小麦的蛋白质含量、硬度和出粉率贡献。

表 2.20　小麦粉色泽描述性分析

因子	变化范围	均值	变异系数（%）	中位数
面粉 L^*	88.91～94.78	91.59±1.57	1.71	91.42
面粉 a^*	0.31～1.39	0.77±0.28	36.15	0.745
面粉 b^*	7.06～14.23	10.26±1.79	17.49	10.26
黄色素含量（mg/kg）	2.35～4.13	3.11±0.52	16.64	3.06

5）小麦粉风味品质分析

由主成分分析结果可知，第一主成分贡献率为 89.44%，第二主成分贡献率为 7.12%，总贡献率为 96.56%（图 2.2A、B）。判定该结果可以准确地反映 30 种小麦样品间主成分的差异。由于第一主成分的贡献率大，横坐标上样品的数值差异更能代表样品之间的差异；第二主成分的贡献率较小，样品在纵坐标上距离的大小不能清楚地反映样品之间的差异（朱先约等，2008）。根据主成分分析图中样品在横坐标上的聚集程度可以看出，30 种不同品种小麦可被分为三类（图 2.2A、B）。

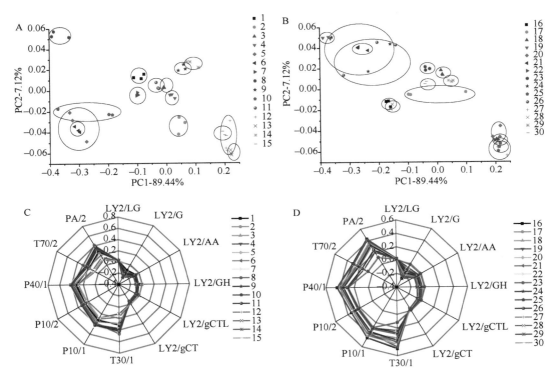

图 2.2 不同品种小麦粉风味品质主成分分析（A、B）和雷达指纹图（C、D）

图中序号 1~30 见表 2.17。下同

电子鼻是通过气体传感器响应曲线对待测气体进行识别和分析（谢同平，2012）。根据各个传感器之间的响应数值，建立不同品种小麦粉风味雷达指纹图，观察不同品种小麦粉风味品质性状。由图 2.2C、D 可知，不同品种小麦粉雷达指纹图曲线大致相似，说明其挥发性物质相似。T30/1、P10/1、P40/1 和 PA/2 响应值较大，说明小麦粉中酸类物质、酮类物质含量较高，会对小麦粉及最终制品的风味产生影响。T70/2 响应值代表小麦中芳香类物质，郑麦 9023、泰科麦 33 和保麦 6 号小麦品种的 T70/2 响应值较大，表明其芳香类物质含量较高，风味较好。

6）原料特性间的相关关系

本研究参照方丝云（2017）的方法对小麦品质性状进行主成分分析。由表 2.21 小麦粉基本理化指标特征值及方差贡献率可知，前 5 个主成分的累计方差贡献率已达到 76.603%，包含的信息量可以反映出 17 个基本理化指标参数的大部分信息，各成分的特征值（$\lambda > 1$）

分别为 6.845、2.137、1.573、1.391 和 1.075，分别能够解释总体方差的 40.267%、12.572%、9.253%、8.185%、6.326%的信息。

表 2.21 特征值及方差贡献率

成分	1	2	3	4	5
特征值 λ	6.845	2.137	1.573	1.391	1.075
方差贡献率（%）	40.267	12.572	9.253	8.185	6.326
累计方差贡献率（%）	40.267	52.839	62.092	70.277	76.603

表 2.22 为原始载荷矩阵经正交旋转法转化得到的结果。由表 2.22 可知，主成分 1 上载荷值较高的有蛋白质、灰分、籽粒硬度、湿面筋、黄色素和 b*值。这 6 个指标主要反映小麦粉黄度和蛋白质含量；主成分 2 上载荷值较高的有蔗糖 SRC、碳酸钠 SRC、水 SRC、乳酸 SRC，这 4 个指标主要反映的是小麦粉溶剂保持力（SRC）；主成分 3 上载荷值较高的有水分、L*值和 a*值，其反映的是小麦粉的色度；主成分 4 上载荷值较高的有容重、淀粉和降落数值，其反映的是小麦粉的淀粉性状；主成分 5 上载荷值较高的有千粒重，其反映的小麦籽粒品质。由各指标的总贡献率可知，各指标对小麦粉基本理化指标均有影响，表明选择测定的小麦粉基本理化指标具有代表性。

表 2.22 方差最大正交旋转后主成分矩阵

项目	主成分					共同度
	1	2	3	4	5	
水分	−0.085	−0.116	−0.888	−0.012	−0.027	0.810
蛋白质	0.667	0.429	0.234	0.057	0.124	0.702
灰分	0.618	0.253	0.530	0.039	−0.275	0.804
籽粒硬度	0.763	0.215	0.189	−0.241	−0.079	0.728
容重	0.061	0.466	0.476	0.510	−0.097	0.718
千粒重	0.064	0.006	−0.067	−0.013	0.940	0.892
淀粉	−0.040	0.178	0.203	−0.692	0.404	0.717
湿面筋	0.506	0.491	−0.115	−0.154	0.139	0.553
降落数值	0.014	−0.040	0.035	0.853	0.119	0.745
蔗糖 SRC	0.153	0.877	0.126	0.126	−0.099	0.834
碳酸钠 SRC	0.234	0.696	0.286	−0.150	0.185	0.678
水 SRC	0.254	0.778	0.042	−0.225	−0.061	0.727
乳酸 SRC	0.083	0.749	0.361	0.064	0.042	0.704
黄色素	0.699	0.005	−0.016	0.487	0.160	0.751
面粉 L*	−0.576	−0.268	−0.684	0.204	0.023	0.913
面粉 a*	0.490	0.436	0.680	−0.056	−0.090	0.904
面粉 b*	0.861	0.120	0.211	0.207	0.039	0.844

7）面团热机械学特性分析

不同品种小麦面团热机械学特性描述性分析结果如表 2.23 所示。吸水率是指谷物和水混合后，达到目标扭矩 1.1Nm±0.05Nm 的加水量，吸水率决定着粮食加工的经济性（李娟等，2017）。不同品种小麦粉吸水率变幅在 51.00%～61.50%，平均值为 57.20%，变异系数为 3.76%，达到了我国《小麦品种品质分类》（GB/T 17320—2013）中筋和中强筋小麦品种的标准（≥56%）。形成时间是指谷物和水混合后，达到目标扭矩 1.1Nm±0.05Nm 所需要的时间，反映谷物成形的快慢。稳定时间是指谷物和水混合后，在揉和过程中达到较高稠度值并保持稳定的时间。形成时间在 1.45～4.15min，平均值为 2.56min，变异系数为 26.81%；稳定时间在 1.85～8.93min，平均值 4.43min（≥3min），已达到了我国《小麦品种品质分类》（GB/T 17320—2013）中筋和中强筋小麦品种的标准，变异系数为 37.33%。李娟等（2017）利用 Mixolab 混合仪检测出不同小麦品种间在形成时间和稳定时间上的差异，这反映了不同品种小麦蛋白质成分在数量和质量上存在差异。形成时间与稳定时间呈显著正相关（$r=0.425$，$P<0.05$）（详见附表 2），这与朱玉萍（2018）的研究结果一致。稠度最小值 C2 代表面粉和水在混合过程中蛋白质弱化的程度，变幅在 0.21～0.48Nm，平均值为 0.37Nm，变异系数为 15.79%，C1-C2 代表面粉和水混合过程中的总弱化值，变幅为 0.34～0.87Nm，平均值为 0.72Nm，变异系数为 12.27%。回生终点值 C5 反映面团最终达到的冷黏度，冷黏度越高越易于凝沉；C5-C4（回复值）的大小可以反映冷黏度的稳定性，数值越高，随时间变化其冷黏度越大。C5-C4（回复值）变幅为 0.59～1.93Nm，平均值为 1.04Nm，变异系数达 25.84%。

表 2.23　小麦面团热机械学特性描述性分析

因子	变化范围	均值	变异系数（%）	中位数
吸水率（%）	51.00～61.50	57.20±2.15	3.76	57.25
C2（Nm）	0.21～0.48	0.37±0.06	15.79	0.38
C3（Nm）	0.40～1.91	1.27±0.46	36.16	1.47
形成时间（min）	1.45～4.15	2.56±0.69	26.81	2.49
稳定时间（min）	1.85～8.93	4.43±1.65	37.33	4.03
C5-C4（Nm）	0.59～1.93	1.04±0.27	25.84	0.99
C1-C2（Nm）	0.34～0.87	0.72±0.09	12.27	0.73

8）面团糊化特性分析

不同品种小麦面团糊化特性描述性分析如表 2.24 所示。除糊化温度外，RVA 参数之间存在显著的正相关关系（详见附表 2），这与姜艳（2015）的研究结果一致。峰值黏度范围在 1317.67～2954.67cP，平均值为 2306.04cP，变异系数为 18.38%，苏麦 11、华麦 1028 的峰值黏度较高，而西农 511 峰值黏度较低。保持强度范围在 636.33～1916.33cP，平均值为 1395.71cP，变异系数为 23.67%，保麦 6 号保持强度最高，而西农 511 较低；衰减度变幅在 578.33～1188.33cP，平均值为 910.33cP，变异系数为 18.28%，苏麦 11 衰减度较高，说明苏麦 11 小麦粉淀粉糊的稳定性最差；最终黏度范围在 1409.67～3244.67cP，平均值为 2553.35cP，变异系数为 18.78%；回复值黏度在 773.33～1363.33cP，平均值为 1157.64cP，变异系数为 13.43%，回复值表示淀粉糊的老化性，华麦 1028 回复值黏度最高，表明其制作的面制品易老化；峰值时间变幅在 5.47～6.29min，平均值为

5.95min，变异系数为 3.39%；糊化温度变幅为 67.68～86.10℃，平均值为 77.91℃，变异系数为 9.02%，江麦 23 糊化温度最高，说明此小麦不易糊化或糊化需要吸收较高热量（朱玉萍，2018）。董凯娜（2012）以不同品种的小麦为研究对象，研究小麦淀粉特性的分布，结果表明糊化温度为 61～67℃，峰值黏度为 48～746cP，谷值黏度为 13～486cP，最终黏度为 25～893cP，降落数值为 35～286cP，回复值为 13～499cP，可以看出不同小麦品种糊化特性差异显著。

表 2.24　小麦面团糊化特性描述性分析

因子	变化范围	均值	变异系数（%）	中位数
峰值黏度（cP）	1317.67～2954.67	2306.04±423.80	18.38	2368.15
保持强度（cP）	636.33～1916.33	1395.71±330.35	23.67	1497.67
衰减度（cP）	578.33～1188.33	910.33±116.40	18.28	855.84
最终黏度（cP）	1409.67～3244.67	2553.35±479.50	18.78	2758.73
回复值黏度（cP）	773.33～1363.33	1157.64±155.47	13.43	1201.34
峰值时间（min）	5.47～6.29	5.95±0.20	3.39	6.01
糊化温度（℃）	67.68～86.10	77.91±7.02	9.02	81.47

9）面团动态流变特性分析

面团的动态振荡特性是面团的主要流变特性之一，对面团制品的质量起着重要作用。频率扫描技术常用于测量面团的储能模量（G'）和损耗模量（G''），二者分别反映了面团的弹性和黏度，是频率扫描的两个重要指标。由图 2.3 可知，鲁原 502（编号 13）、

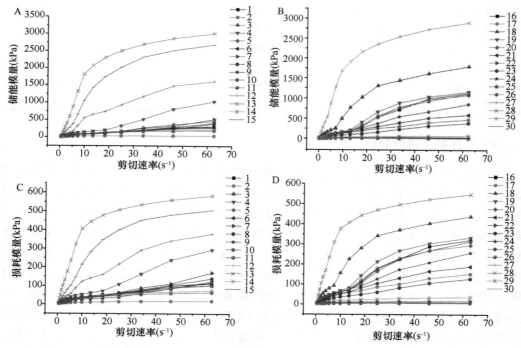

图 2.3　不同品种小麦面团储能模量（G'）（A、B）和损耗模量（G''）（C、D）图谱

济麦 22 号（编号 15）、邯 6172（编号 12）、杨麦 23（编号 28）、苏麦 11（编号 18）的储能模量和损耗模量较高，表明这 5 种小麦的面团黏弹性优于其他小麦品种，而其他品种小麦面团黏弹性差异不大。Gómez 等（2011）研究表明，就频率扫描结果而言，不同品种面粉频率扫描结果无显著差异。

10）原料特性相关性分析

由表 2.25 可知，主成分 1、主成分 2 和主成分 3 的特征值均大于 1，且 3 组分的累计贡献率高达 81.517%，因此选取这 3 个主成分来对小麦面团的糊化和热机械学特性进行表征。

表 2.25　特征值及方差贡献率

成分	1	2	3
特征值 λ	5.297	1.683	1.171
方差贡献率（%）	52.974	16.833	11.710
累计方差贡献率（%）	52.974	69.807	81.517

表 2.26 为原始载荷矩阵经正交旋转法转化得到的结果。由表 2.26 可知，主成分 1 上载荷值较大的有峰值黏度、保持强度、最终黏度、回复值黏度和峰值时间，这 5 个指标反映的是淀粉糊化特性；主成分 2 上载荷值较大的有吸水率、形成时间和稳定时间，其反映了面团的热机械学特性；主成分 3 上载荷值较大的是衰减值和糊化温度；经过总贡献率分析可知，影响面团糊化和混合品质的主要因素为峰值黏度、保持强度、衰减度、最终黏度、回复值黏度、峰值时间和稳定时间。

表 2.26　方差最大正交旋转后主成分矩阵

项目	主成分			共同度
	1	2	3	
峰值黏度	0.903	−0.108	0.408	0.993
保持强度	0.971	−0.193	0.074	0.986
衰减度	0.371	0.110	0.892	0.946
最终黏度	0.983	−0.137	0.088	0.993
回复值黏度	0.967	−0.012	0.115	0.949
峰值时间	0.863	−0.373	−0.119	0.898
糊化温度	−0.056	−0.415	0.609	0.546
吸水率	−0.326	0.620	−0.215	0.537
形成时间	0.035	0.536	−0.508	0.547
稳定时间	−0.186	0.849	0.036	0.756

2.1.2.2　小麦制品品质

1）鲜湿面条色泽分析

鲜湿面条色泽描述性分析结果如表 2.27 所示。不同品种小麦面条色泽 L^* 值在 72.56～

81.06，山农 22 号的 L^* 值最高，陕农 33 的 L^* 值最低，平均值为 76.81，变异系数为 2.90%。a^* 值变幅在 1.34～3.84，农麦 88 的 a^* 值最大，山农 22 号的 a^* 值最小，变异系数为 23.60%。b^* 值变幅在 15.45～23.78，瑞华麦 520 的 b^* 值最大，变异系数为 12.35%，面粉色泽 L^*、a^*、b^* 值和面条色泽 L^*、a^*、b^* 值呈极显著正相关（r=0.563、0.770、0.714，$P<0.01$）（详见附表 4），表明面粉的色泽反映面条的色泽，且面条 b^* 与黄色素呈极显著正相关（r=0.707，$P<0.01$）（详见附表 4）。

表 2.27　小麦鲜湿面条色泽描述性分析（%）

因子	变化范围	均值	变异系数	中位数
面条 L^*	72.56～81.06	76.81±2.23	2.90	76.81
面条 a^*	1.34～3.84	2.54±0.60	23.60	2.55
面条 b^*	15.45～23.78	19.21±2.37	12.35	18.48

2）鲜湿面条蒸煮特性分析

面条的蒸煮品质主要包括蒸煮损失率和吸水率，是评价面条品质的重要指标之一。蒸煮损失率主要指煮面的汤中含有的干物质总量，如直链淀粉和一些水溶性的蛋白质，由于这些物质的溶出，面条汤变得浑浊而黏稠（骆丽君，2015）。吸水率主要指面条在煮制过程中的膨胀程度（周妍，2008）。面条的吸水率过高，会使面条黏性增加，嚼劲变差，口感变得松软（Ajila et al.，2010；岳凤玲，2017）。不同品种小麦鲜湿面条蒸煮损失率和吸水率描述性分析如表 2.28 所示。鲜湿面条吸水率变幅在 88.32%～99.62%，明麦 133 鲜湿面条吸水率最高，农麦 88 鲜湿面条吸水率最低，所有面条平均吸水率为 94.77%，变异系数为 2.83%。蒸煮损失率变幅在 6.16%～18.72%，杨辐麦 4 号鲜湿面条蒸煮损失率最高，泰科麦 33 鲜湿面条蒸煮损失率最低，变异系数为 28.92%，表明不同品种鲜湿面条蒸煮品质差异较大。

表 2.28　小麦鲜湿面条蒸煮特性描述性分析（%）

因子	变化范围	均值	变异系数	中位数
吸水率	88.32～99.62	94.77±2.68	2.83	94.77
损失率	6.16～18.72	10.51±3.04	28.92	10.06

3）鲜湿面条质构品质特性分析

面条的质构特性是其品质的重要指标之一（Ajila et al.，2010；岳凤玲，2017）。采用物性分析仪评价面条的品质，具有较高的灵敏度和客观性，并且全质构的参数与主观感官评定的参数具有一定的相关性（孙彩玲等，2007；赵延伟等，2011）。不同品种小麦鲜湿面条质构特性描述性分析如表 2.29 所示。鲜湿面条 TPA 硬度变幅在 3663.71～5703.03，平均值为 4557.82，变异系数为 9.85%；鲜湿面条弹性和咀嚼性差异较大，其变异系数分别为 40.56% 和 39.60%，淮麦 26 鲜湿面条的咀嚼性（6545.29）最高，而华麦 1028 鲜湿面条的弹性（0.69）和咀嚼性（1558.40）最低。李曼（2014）认为面条的咀嚼性和硬度主要和蛋白质特性相关，黏聚性和弹性则主要和淀粉糊化特性相关。黏聚性变幅在 0.56～0.67，平均值为 0.60，变异系数为 5.00%；面条的拉伸距离和拉伸力分布相对集中，分别在 27.83～34.93 和 43.30～68.38。综上所述，根据变异系数可知不同品种小麦鲜湿面条的弹性和咀嚼性差别较大。

表 2.29　小麦鲜湿面条质构品质特性描述性分析

因子		变化范围	均值	变异系数（%）	中位数
TPA	硬度	3663.71～5703.03	4557.82±449.06	9.85	4577.25
	弹性	0.69～2.48	1.01±0.41	40.56	0.89
	黏聚性	0.56～0.67	0.60±0.03	5.00	0.60
	胶着度	2184.44～3410.56	2727.12±324.47	11.90	2682.23
	咀嚼性	1558.40～6545.29	2775.85±1099.15	39.60	2427.93
	回复性	0.20～0.29	0.23±0.02	8.16	0.23
剪切品质	剪切硬度	153.90～229.18	179.24±15.96	8.91	178.91
	剪切力	663.88～1294.25	863.60±133.74	15.49	848.32
拉伸性能	拉伸力	43.30～68.38	49.56±5.69	11.47	48.29
	拉伸距离	27.83～34.93	30.34±1.44	4.74	30.16
感官评价		78.50～89.17	84.26±2.41	2.86	84.67

4）小麦基础理化指标与鲜湿面条品质的相关性分析

由小麦基础理化指标与鲜湿面条品质之间的相关性分析可知，小麦品种性状中对面条的色泽产生主要影响的有灰分含量、黄色素含量、蛋白质含量、籽粒硬度和 SRC 参数等（表 2.30），这与胡瑞波（2004）、张影全等（2012）的研究结果一致。面粉的灰分含量反映了面粉磨制过程中的污染程度和麦麸与胚芽的分离程度，灰分会影响面条的色泽（刘锐等，2013），主要影响 L^* 值。灰分与面条色泽 L^* 值呈显著负相关（$r=-0.383$，$P<0.05$），与面条色泽 a^* 值呈极显著正相关（$r=0.682$，$P<0.01$）。He 等（2010）研究表明，灰分含量的升高对面粉色泽和面条品质起到负面影响。李志博等（2004）研究发现，灰分含量与面条色泽呈显著负相关，与其他感官指标相关性不显著。

表 2.30　小麦基础理化指标与鲜湿面品质相关性分析

项目	水分	蛋白质	灰分	籽粒硬度	容重	千粒重	淀粉	湿面筋	降落数值	蔗糖 SRC	碳酸钠 SRC	水 SRC	乳酸 SRC	黄色素
面条 L^*	0.474**	-0.246	-0.383*	-0.417*	-0.219	-0.014	-0.412*	-0.014	0.239	-0.162	-0.176	0.007	-0.276	-0.205
面条 a^*	-0.655**	0.536**	0.682**	0.464**	0.583**	-0.044	0.160	0.204	0.063	0.507**	0.402*	0.391*	0.549**	0.375*
面条 b^*	-0.118	0.462*	0.231	0.154	0.200	0.112	-0.299	0.289	0.395*	0.185	0.060	-0.027	0.291	0.707**
吸水率	0.396*	-0.355	-0.496**	-0.094	-0.238	0.239	0.049	-0.206	0.145	-0.136	-0.287	0.002	-0.207	-0.161
损失率	0.062	-0.183	0.074	0.156	-0.006	0.094	-0.108	-0.130	0.053	-0.100	-0.087	-0.045	0.012	0.306
TPA 硬度	-0.278	0.420*	0.052	-0.091	0.297	0.201	0.143	0.508**	0.056	0.158	0.403*	0.055	0.220	-0.086
弹性	-0.196	0.208	0.075	0.089	0.036	0.038	-0.450*	-0.093	0.317	-0.005	0.061	-0.147	-0.094	0.345
黏聚性	-0.198	-0.229	0.039	-0.004	0.134	-0.198	0.059	-0.479**	-0.016	0.032	-0.072	-0.083	-0.082	-0.058
胶着度	-0.627**	0.530**	0.387*	0.219	0.408*	-0.007	0.182	0.362*	-0.019	0.377*	0.475**	0.309	0.494**	0.013

续表

项目	水分	蛋白质	灰分	籽粒硬度	容重	千粒重	淀粉	湿面筋	降落数值	蔗糖SRC	碳酸钠SRC	水SRC	乳酸SRC	黄色素
咀嚼性	-0.335	0.385*	0.311	0.262	0.143	0.065	-0.279	0.136	0.288	0.104	0.205	0.009	0.058	0.452*
回复性	-0.070	-0.213	0.103	0.026	0.180	-0.251	0.077	-0.406*	0.128	0.124	-0.033	0.074	-0.063	-0.087
剪切硬度	-0.388*	0.499**	0.238	0.035	0.406*	-0.094	0.118	0.363*	0.022	0.261	0.377*	0.172	0.360	-0.120
剪切力	-0.333	0.483**	0.339	0.216	0.242	-0.089	0.267	0.419*	-0.073	0.205	0.417*	0.153	0.257	-0.003
拉伸力	-0.263	0.402*	0.353	0.258	0.453*	-0.090	0.250	0.496**	-0.029	0.339	0.365*	0.299	0.430*	-0.176
拉伸距离	-0.082	-0.311	0.052	0.006	0.197	-0.114	-0.069	-0.304	0.083	-0.010	-0.107	-0.167	0.059	-0.167
感官评价	-0.109	0.139	0.000	-0.084	0.307	-0.409*	-0.369*	0.091	0.060	0.268	0.023	-0.001	0.170	-0.314

注：*表示在 0.05 水平上的相关显著性，**表示在 0.01 水平上的相关显著性

黄色素作为小麦籽粒中最主要的天然色素，可以使某些食品呈现特有的黄色，受到消费者青睐（陈杰，2013；孙建喜，2014）。面粉黄色素含量与面条的 $a*$ 值和 $b*$ 值呈正相关（$r=0.375$，$P<0.05$；$r=0.707$，$P<0.01$），与 $L*$ 值呈负相关，但相关性不显著。华为（2005）研究也表明，黄色素含量与面条 $a*$ 值高度相关。籽粒硬度与面条色泽 $L*$ 值呈显著负相关（$r=-0.417$，$P<0.05$），与面条色泽 $a*$ 值呈极显著正相关（$r=0.464$，$P<0.01$）。SRC 参数均与面条色泽 $a*$ 值呈正相关。

小麦中的蛋白质、湿面筋含量是另外两个影响鲜湿面条品质的重要指标。蛋白质含量与面条 $a*$ 值和 $b*$ 值呈正相关（$r=0.536$，$P<0.01$；$r=0.462$，$P<0.05$），与面条 TPA 硬度、拉伸力呈显著正相关（$r=0.420$，0.402，$P<0.05$），与剪切硬度、剪切力呈极显著正相关（$r=0.499$、0.483，$P<0.01$）；湿面筋与面条 TPA 硬度和拉伸力呈极显著正相关（$r=0.508$、0.496，$P<0.01$），与剪切硬度、剪切力呈显著正相关（$r=0.363$、0.419，$P<0.05$），这与潘治利等（2017）的研究结果一致。碳酸钠 SRC 与面条 TPA 硬度、拉伸力、剪切硬度、剪切力呈显著正相关（$r=0.403$、0.365、0.377、0.417，$P<0.05$），与面条胶着度呈极显著正相关（$r=0.475$，$P<0.01$）。乳酸 SRC 与面条胶着度呈极显著正相关（$r=0.494$，$P<0.01$），与拉伸力呈显著正相关（$r=0.430$，$P<0.05$）。

5）面团糊化特性与鲜湿面条品质的相关性分析

面团糊化特性与鲜湿面条品质各指标的相关性分析结果见表 2.31。小麦面团糊化特性与鲜湿面条色泽相关性不显著，表明小麦面团糊化特性对鲜湿面条色泽影响较小。除峰值时间和糊化温度外，其他 RVA 参数都与 TPA 硬度呈显著或极显著负相关（$r=-0.509$、-0.394、-0.515、-0.418、-0.451），峰值黏度对鲜湿面条品质影响最大，其与煮后面条胶着度、拉伸力、剪切硬度呈显著负相关（$r=-0.441$、-0.462、-0.378，$P<0.05$），与剪切力呈极显著负相关（$r=-0.546$，$P<0.01$），这与潘治利等（2017）、宋亚珍等（2005）、徐荣敏（2006）的研究结果一致。相关研究表明，小麦面团糊化特性显著影响面条评分。宋健民等（2008）研究表明，除糊化温度外，糊化各项指标与面条总分的相关性均达到

极显著水平，与绝大多数面条单项评分也达到了显著或极显著相关水平。RVA 参数峰值黏度、稀释值、回复值黏度、峰值时间和糊化温度与面条评分呈显著或极显著相关，说明黏度性状可以作为面条小麦预测和筛选的重要评价指标之一（王宪泽等，2004），这与本研究结果一致。

表 2.31　面团糊化特性与鲜湿面条品质相关性分析

项目	峰值黏度	保持强度	衰减度	最终黏度	回复值黏度	峰值时间	糊化温度
面条 L*	0.072	0.066	0.054	0.049	0.012	0.043	0.153
面条 a*	−0.277	−0.277	−0.154	−0.243	−0.161	−0.301	−0.453*
面条 b*	−0.283	−0.132	−0.460*	−0.144	−0.163	0.022	−0.103
吸水率	0.233	0.168	0.259	0.173	0.177	0.195	0.224
损失率	−0.245	−0.335	0.041	−0.340	−0.337	−0.283	0.376*
TPA 硬度	−0.509**	−0.394*	−0.515**	−0.418*	−0.451*	−0.265	−0.241
弹性	0.093	0.117	0.003	0.085	0.012	0.164	0.277
黏聚性	0.284	0.090	0.544**	0.111	0.153	−0.003	0.231
胶着度	−0.441*	−0.447*	−0.234	−0.446*	−0.424*	−0.432*	−0.297
咀嚼性	−0.213	−0.180	−0.185	−0.204	−0.247	−0.087	0.169
回复性	0.300	0.112	0.543**	0.152	0.231	−0.001	0.165
剪切硬度	−0.378*	−0.298	−0.372*	−0.300	−0.291	−0.234	−0.320
剪切力	−0.546**	−0.517**	−0.364*	−0.511**	−0.476**	−0.458*	−0.248
拉伸力	−0.462*	−0.451*	−0.282	−0.422*	−0.343	−0.459*	−0.323
拉伸距离	0.125	−0.057	0.432*	−0.045	−0.018	−0.213	0.469**
感官评价	0.395*	0.413*	0.186	0.424*	0.043*	0.303	−0.197

注：*表示在 0.05 水平上的相关显著性，**表示在 0.01 水平上的相关显著性

6）面团热机械学特性与鲜湿面条品质的相关性分析

不同品种小麦面团热机械学特性与鲜湿面条品质各指标相关性分析结果见表 2.32。吸水率与面条品质相关性不显著，而形成时间和稳定时间则与面条吸水率呈极显著负相关（r=−0.517、−0.465，$P < 0.01$）。面条的吸水率与面团的稳定时间呈极显著负相关，是因为面团的稳定时间越长，面筋网络结构结合越牢固，导致内部结构紧密，在蒸煮过程中水分不易渗透到面条中，面条的吸水率低（岳凤玲，2017）。形成时间与面条的拉伸力和剪切力呈极显著正相关（r=0.400、0.475，$P < 0.01$），稳定时间与面条的拉伸力和剪切力呈显著正相关（r=0.382、0.378，$P < 0.05$）。李梦琴等（2007）研究发现，形成时间、稳定时间和面条的品质呈极显著相关。杨金（2002）则认为面粉的形成时间、稳定时间与面条质地呈显著正相关，与面条色泽、表观状态和光滑性呈显著负相关。张雷等（2014）研究认为小麦粉粉质曲线中稳定时间是所有参数中最主要的。上述结果与本研究结果相似。

表 2.32　面团热机械学特性与鲜湿面条品质相关性分析

品种	吸水率	形成时间	稳定时间
面条 $L*$	−0.213	−0.447*	−0.223
面条 $a*$	0.516**	0.535**	0.436*
面条 $b*$	0.019	0.398*	−0.181
吸水率	−0.005	−0.517**	−0.465**
损失率	0.022	−0.242	−0.049
TPA 硬度	0.022	0.394*	0.181
弹性	0.029	0.129	−0.096
黏聚性	−0.069	−0.177	−0.092
胶着度	0.195	0.322	0.316
咀嚼性	0.119	0.284	0.064
回复性	0.031	−0.147	−0.051
剪切硬度	0.070	0.525**	0.302
剪切力	0.211	0.475**	0.378*
拉伸力	0.295	0.400*	0.382*
拉伸距离	−0.063	−0.093	−0.124
感官评价	−0.069	0.127	−0.060

注：*表示在 0.05 水平上的相关显著性，**表示在 0.01 水平上的相关显著性

2.1.2.3　鲜湿面条加工适宜性评价模型

本书采用相同的加工工艺和烹饪条件制作鲜湿面条，利用统计学方法分析鲜湿面条品质与小麦基本理化指标及面团流变性质的相关性，并探讨了小麦粉质量与鲜湿面条质量的关系，采用主成分分析法（PCA）对鲜湿面条质量进行综合评价，为面粉企业采购小麦原料、小麦育种和实际生产提供了参考。对不同品种小麦鲜湿面条品质指标面条色泽 $L*$、$a*$、$b*$ 及面条吸水率、TPA 硬度、弹性、黏聚性、胶着度、咀嚼性、回复性、拉伸力、拉伸距离、剪切硬度、剪切力共 14 个品质性状进行主成分分析，根据主成分贡献率，将小麦鲜湿面条 14 个质构指标压缩为 4 个主成分。第一主成分主要反映面条的硬度，第二主成分主要反映面条的黏聚性，第三主成分主要反映面条的弹性，第四主成分主要反映面条的色泽。将主成分特征向量与标准化的数据（详见附表 5）（X_1、X_2、X_3、X_4、X_5、X_6、X_7、X_8、X_9、X_{10}、X_{11}、X_{12}、X_{13}、X_{14}）相乘，得出主成分的线性组合：

$$Y_1 = -0.168X_1 + 0.239X_2 + 0.165X_3 - 0.324X_4 + 0.350X_5 + 0.147X_6 - 0.005X_7 + 0.370X_8 + 0.243X_9 - 0.037X_{10} + 0.357X_{11} + 0.086X_{12} + 0.403X_{13} + 0.380X_{14}$$

$$Y_2 = -0.183X_1 + 0.052X_2 - 0.296X_3 + 0.015X_4 - 0.112X_5 - 0.146X_6 + 0.542X_7 - 0.004X_8 - 0.141X_9 + 0.559X_{10} + 0.148X_{11} + 0.434X_{12} + 0.032X_{13} + 0.070X_{14}$$

$$Y_3 = -0.179X_1 + 0.188X_2 + 0.207X_3 + 0.047X_4 - 0.177X_5 + 0.332X_6 + 0.153X_7 + 0.069X_8 + 0.319X_9 + 0.095X_{10} - 0.177X_{11} - 0.005X_{12} - 0.124X_{13} - 0.172X_{14}$$

$$Y_4 = 0.536X_1 - 0.542X_2 - 0.092X_3 + 0.019X_4 + 0.081X_5 + 0.421X_6 + 0.025X_7 + 0.003X_8 + 0.316X_9 + 0.076X_{10} + 0.050X_{11} + 0.339X_{12} + 0.032X_{13} + 0.039X_{14}$$

$$Y = 0.353Y_1 + 0.188Y_2 + 0.152Y_3 + 0.106Y_4$$

式中，Y_1、Y_2、Y_3、Y_4、Y 分别是主成分 1 得分、主成分 2 得分、主成分 3 得分、主成分 4 得分、总得分。

2.1.2.4 小麦粉的重构和品质调控

小麦加工过程中，小麦的品种、实际操作的不同工艺流程等对小麦产品品质特性具有重要的意义。不同的小麦品种、工艺不仅影响产品的最终质量，对生产过程中的能源消耗也有很大的影响，并影响企业的利益。而加工适宜性分子机制是集实践与技艺于一体的复杂机制，它从分子方面阐述生产优质小麦产品的方法。淀粉和蛋白质是小麦粉的两种主要成分，其中淀粉含量约为 75%，蛋白质含量约为 12%。淀粉糊化是影响小麦粉制品质量的最重要的因素。

1）不同配比小麦粉快速黏度仪（RVA）糊化特性测定

不同麦醇溶-麦谷蛋白配比的面筋淀粉混合物的糊化特性见表 2.33。结果表明，在糊化过程中，除小麦粉的分解外，其他材料的黏度均低于天然淀粉。这可能是由于通过疏水作用将面筋吸附到淀粉颗粒上，可能会限制水向淀粉颗粒的扩散，从而抑制淀粉膨胀和糊化。由于淀粉糊化受水分利用率的影响，对上述行为的进一步解释可能是面筋和淀粉的竞争水合作用，导致淀粉的相对浓度和糊化温度升高，糊化程度、膨胀度和黏度降低。与小麦粉相比，混合物的糊化温度较高，黏度较低，但回复值黏度除外。这可能是由于混合物中缺乏非淀粉多糖和其他水溶性成分，导致其黏度低于小麦粉。

表 2.33 不同麦醇溶-麦谷蛋白配比的面筋淀粉混合物的糊化特性

样品	峰值黏度 （cP）	谷值黏度 （cP）	崩解值黏度 （cP）	最终黏度 （cP）	回复值黏度 （cP）	峰值时间 （min）	糊化温度 （℃）
小麦粉	3342.50±58.69b	2231.00±135.76bc	1111.50±194.45a	3810.50±160.51b	1479.50±166.17c	6.29±0.05b	66.45±0.49a
淀粉	3918.00±63.64a	3155.00±231.93a	763.00±168.29c	4860.50±303.35a	1705.50±71.42ab	6.88±0.14a	83.10±0.00a
10∶0	2498.00±42.43e	1625.50±16.26e	872.50±26.16bc	3255.50±50.20e	1630.00±66.47abc	5.42±0.14e	76.23±17.78a
7∶3	2662.50±19.09d	1730.00±16.97dc	932.50±2.12abc	3443.50±9.19cde	1713.50±26.16a	5.48±0.14de	69.3±8.06a
5∶5	2769.50±40.31c	1788.50±24.75dc	981.00±15.56ab	3550.50±0.71bcd	1762.50±25.46a	5.72±0.09d	72.13±10.78a
3∶7	2779.50±38.89c	1890.00±11.31d	889.50±27.58bc	3591.50±40.31bcd	1701.50±28.99ab	5.99±0.09c	74.68±8.38a
0∶10	2800.50±0.71c	2354.00±7.07b	446.50±7.78d	3333.50±44.55de	979.50±37.48d	6.75±0.14a	80.30±8.49a

注：同列不同小写字母表示有显著性差异（$P < 0.05$）

由表 2.33 可知，随着麦醇溶-麦谷蛋白比率的增加，混合物的峰谷黏度显著降低。这说明谷蛋白组成对混合物的黏度有重要影响，醇溶蛋白对淀粉的影响大于谷蛋白。已有研究发现，相对于大的蛋白质分子，较小的蛋白质分子更能降低淀粉的黏度，并且小蛋白如醇溶蛋白倾向于与支链淀粉形成复合物。因此，随着麦醇溶-麦谷蛋白比率的增加，混合物的淀粉糊化黏度降低，这可能是由于麦醇溶蛋白的分子量比麦谷蛋白小。

一般来说，麦谷蛋白的变性温度（90℃）高于麦醇溶蛋白（>70℃）。高温导致麦谷蛋白通过链间和链内共价键交联聚合成麦谷蛋白大分子聚合物（GMP），不易分散。由于极疏水 GMP 的体积排斥作用，麦谷蛋白结合的水分含量低于麦醇溶蛋白，导致淀粉与麦谷蛋白混合膨胀，随着麦谷蛋白相对含量的增加，峰谷黏度逐渐增大。麦醇溶蛋白稳定麦谷蛋白网络以限制水的流动性，导致峰值黏度逐渐降低。回复值黏度是在加热的面粉悬浮液冷却过程中直链淀粉发生再结晶时的黏度。如表 2.33 所示，淀粉的回复值黏度高于小麦粉。当麦醇溶-麦谷蛋白比值从 0：10 增加到 3：7 时，混合物的回复值黏度从 979.50cP 增加到 1701.50cP，当麦醇溶-麦谷蛋白比值从 3：7 进一步增加到 10：0 时，回复值黏度无显著变化。据报道，直链淀粉-谷蛋白复合物的形成可能导致谷蛋白降低淀粉的逆行或回复值黏度（Olayinka et al.，2008）。

2）不同配比小麦粉的 DSC 参数

混合物的 DSC 参数如表 2.34 所示，其中糊化温度和焓变是 DSC 的主要参数。如表所示，天然小麦粉的变性峰值温度（T_p）（64.64℃）高于天然淀粉（62.68℃），这可能是由于淀粉颗粒表面的通道被变性蛋白质阻断。此外，随着麦醇溶-麦谷蛋白比值的降低，混合物的 T_p 没有显著变化，且所有混合物的 T_p 低于小麦粉。麦醇溶-麦谷蛋白比为 0：10 时的 T_p 与小麦粉的相近，麦醇溶-麦谷蛋白比为 10：0 时的 T_p 与天然淀粉的相近。这可能是由于麦谷蛋白的疏水性高于麦醇溶蛋白。此外，谷蛋白和醇溶蛋白本身的 T_p 也可能影响结果。Tester 和 Morrison（1990）指出△H 主要与相对结晶度有关，而糊化温度范围（T_c-T_o）则表明晶体结构的完整性和稳定性。如表 2.34 所示，小麦粉△H（4.48）低于淀粉（9.28），随着麦醇溶-麦谷蛋白比值的增加，混合物的焓变逐渐增加。这表明面筋组成对淀粉结晶结构的稳定性有显著影响。球形醇溶蛋白的亲水性极性基团保留在表面，而疏水性非极性基团位于分子内部（Wang et al.，2014），这也可能导致含有更高麦醇溶蛋白的淀粉具有更稳定的双螺旋结构。

表 2.34 不同麦醇溶-麦谷蛋白配比的面筋淀粉混合物的热特性参数

样品	T_o（℃）	T_p（℃）	T_c（℃）	△H（J/g）	T_c-T_o（℃）
小麦粉	60.75±1.49a	64.64±0.51a	71.19±0.71c	-4.48±0.22a	10.44±0.39a
淀粉	58.17±0.86ab	62.68±0.65b	75.29±0.85a	-9.28±0.28c	17.12±0.34a
10：0	57.3±0.71b	62.3±0.71b	75.06±0.21a	-9.05±0.08c	17.76±0.04a
7：3	58.17±0.71ab	63.23±0.61b	75.20±0.71a	-8.04±0.28b	17.02±0.28a
5：5	58.97±1.41ab	63.35±0.91ab	73.40±0.49b	-7.38±0.78b	14.42±0.10b
3：7	58.09±1.20ab	62.26±0.70ab	73.84±0.71ab	-7.18±0.35b	15.74±0.62b
0：10	59.61±0.89ab	63.83±0.82ab	69.74±0.71c	-4.79±0.21a	10.13±0.18c

注：同列不同小写字母表示有显著性差异（$P<0.05$）

3）不同配比小麦粉的热重分析参数

热重法（thermogravimetry）是一种检测物质温度-质量变化关系的方法。混合物的热重分析参数如表 2.35 所示。由表可知，小麦粉的降解温度（T_d）（309.30℃）高于天然淀粉（306.13℃），而小麦粉的失重率（77.54%）低于天然淀粉（81.67%），这可能是由于打破小麦粉中蛋白质共价键所需的能量高于打破淀粉中的多羟基所需的能量。由此可以推断，麦醇溶蛋白中的分子 S—S 键在高温下很难与其他蛋白质交联，而麦谷蛋白多肽链之间的 S—S 键很容易断裂,因此麦谷蛋白比重的增加使小麦粉结构更稳定。此外,醇溶蛋白具有球形结构,且球形蛋白中的氢键在加热过程中很难断裂,导致醇溶蛋白淀粉的降解温度较高。结果表明,醇溶蛋白淀粉的热稳定性高于谷蛋白淀粉,与 DSC 结果一致。

表 2.35　不同麦醇溶-麦谷蛋白配比的面筋淀粉混合物的降解温度和失重指标

样品	T_d（℃）	失重率（%）
小麦粉	309.30±2.35a	77.54±1.09b
淀粉	306.13±2.65a	81.67±0.86a
10∶0	306.63±1.89a	75.49±0.93b
7∶3	307.05±0.36a	74.07±1.08bc
5∶5	306.23±1.16a	75.24±2.12a
3∶7	305.65±2.03a	74.57±0.26b
0∶10	305.29±1.08a	76.00±0.54b

注:同列不同小写字母表示有显著性差异（$P<0.05$）

研究表明,不同的麦醇溶-麦谷蛋白配比对面筋淀粉混合物的理化性质有显著影响。在黏性条件下,醇溶蛋白的作用大于谷蛋白。随着麦醇溶-麦谷蛋白比值的增加,混合物的峰值黏度、谷值黏度和焓变均降低,且均低于天然淀粉。随着温度的变化,疏水力和氢键影响淀粉与蛋白质的相互作用。研究小麦面筋蛋白质组分的变化及其对淀粉热性质和分子结构的影响,有助于优化蛋白质组分的配比,控制淀粉与面粉的结构特性和配比,获得理想的小麦产品（Li et al.,2020）。

2.1.2.5　小麦及其制品品质与组分多尺度结构的关联

从前文的描述可以发现,淀粉和蛋白质是小麦粉的两个主要成分,其中淀粉含量约为 75%,蛋白质含量约为 12%。因此,两者是决定小麦原粮及其制品品质的最关键组分。谷蛋白和醇溶蛋白是小麦胚乳中的两种主要贮藏蛋白,占小麦蛋白质总量的 85%以上。醇溶蛋白是一种单链多肽（根据其一级结构进一步分为 α-醇溶蛋白、γ-醇溶蛋白和 ω-醇溶蛋白）,不含肽间二硫键和亚基链。谷蛋白是一种多链聚合蛋白质[包括低分子量（LMW）亚基和高分子量（HMW）亚基],其中单个多肽被认为通过分子间二硫键和氢键连接成网络。醇溶蛋白和谷蛋白对面团性质的贡献已被广泛研究,有人认为醇溶蛋白一般对面团黏度有贡献,谷蛋白对面团弹性有贡献。另外,淀粉糊化是影响小麦粉制品质量的重要因素之一。添加面筋会降低淀粉的糊化转变焓,但会提高淀粉的转变温度。这可能是由于面筋在糊化过程中淀粉可利用的水分减少了,从而糊化程度降低。众所周知,在淀粉-面筋模型体系中,水化性质在糊化过程中起主要作用。淀粉糊化是一个氢键断裂和重排的过程,面筋的加入会影响这些键的变化。除了水合作用的影响外,淀粉和面筋之间的分子相互作用对淀粉糊化的影响也很重要,但这方面的研究很少。

也有人认为,馒头的体积与醇溶蛋白（gli）-谷蛋白（glu）比值显著相关。不同的

gli-glu 比值对面筋淀粉混合物的理化性质有显著影响。在低黏度的情况下，醇溶蛋白的作用大于谷蛋白。随着 gli-glu 比值的增加，共混物的峰值黏度、通流黏度和焓变都有所降低，并且这些都低于在天然淀粉中观察到的值。随着温度的变化，疏水力和氢键会影响淀粉与蛋白质之间的相互作用。醇溶蛋白淀粉在酰胺 II 带中的吸附峰比谷蛋白淀粉明显，醇溶蛋白表面富含亲水性残基，导致水分子与醇溶蛋白的结合增强，糊化淀粉的黏度降低。对于不同 gli-glu 比值的样品，$1022cm^{-1}$ 处的光谱强度随着淀粉糊化先增大后减小，但吸收峰的范围不同，说明 gli-glu 比值对淀粉颗粒在加热过程中形成无定形区和结晶区有显著影响。深入理解面筋蛋白质组分的变化及其对淀粉热性质和分子结构的影响，有助于优化蛋白质组分的比例，控制淀粉和面粉的结构特性和配比，以获得理想的小麦制品。

另外，对于面条而言，高顺滑性意味着低黏附性，这是优质面条的理想特性，与面条的结构和组成密切相关的是淀粉。含高直链淀粉的小麦粉可以赋予面条优良的颜色且增加表面光滑度。淀粉结晶度的降低使得面条在制作过程中容易吸水，这增加了淀粉与面筋网络对水分的竞争，从而降低了面筋网络的水化程度。优质面筋网络的形成通过减少支链淀粉双螺旋的破坏和蒸煮过程中直链淀粉的溶解，降低面条的黏附性。增加小颗粒淀粉的数量可以使面粉的水化迅速而均匀，从而使面条表面光滑。面条烹调是一个限制淀粉膨胀的过程，面条表面高度膨胀的淀粉颗粒会导致其附着力低。淀粉的膨胀变化与无定形区和结晶区中的链相互作用有关，这些区域受直链淀粉和支链淀粉含量、链长分布（CLD）和构象的影响。增加的中聚合度支链淀粉（DP13~24）通过增强晶体区域的分子堆积和稳定性来抑制淀粉膨胀。此外，支链淀粉短链的数量与淀粉膨胀力呈正相关。面条的黏附性主要取决于支链淀粉的链长分布，而不是直链淀粉。在聚合度（DP）为 6~12 时，面条的黏附性与支链淀粉短链的数量呈正相关，与长链（25<DP≤36）数量呈负相关。另外，短支链与直链淀粉比例的降低和 37<DP≤100 的超长支链数量的增加，都会导致面条的黏附性降低。

2.2 油料原料及其制品品质与组分多尺度结构的关联

中国不仅是油料油脂生产大国，也是油脂消费大国。我国的油脂加工能力也属世界之最，油脂加工是指对原油料等基本原料进行处理制成成品食用油或其制品的一个过程，通常将含油量高于 10%的植物性原料称为油料。本节详细介绍了大豆、花生两种油料作物的加工原料物质基础，通过对不同油料品种间的特性分析，并将其与制品品质相关联，构建各油料加工适宜性评价模型。

2.2.1 大豆

本书所选取的 72 种大豆原料（58 种用于建模、14 种用于验证），由南京农业大学国家大豆改良中心、河南省农业科学院、山东省嘉祥县诚丰种苗研究所、黑龙江省农业科学院提供，均于 2017 年秋收获，品种编号及名称见表 2.36。

表 2.36　72 个大豆品种

编号	品种名称	编号	品种名称	编号	品种名称
X_1	东农 64	X_{25}	NG94-156	X_{49}	科丰 1 号
X_2	东农 66	X_{26}	南农 86-4	X_{50}	灌豆 2 号
X_3	251	X_{27}	南农 1405	X_{51}	山西野/agh-5
X_4	252	X_{28}	南农 1502	X_{52}	冀豆 7 号
X_5	东农 42	X_{29}	南农 48	X_{53}	浙春 3 号
X_6	14④	X_{30}	南农 96B-4	X_{54}	中豆 83-19
X_7	小粒-3	X_{31}	南农 95C-13	X_{55}	N7241
X_8	5-1-6-1	X_{32}	八月白	X_{56}	AGH
X_9	冀豆 4 号	X_{33}	六月白	X_{57}	新六青
X_{10}	山宁 16	X_{34}	大青豆	X_{58}	中豆 19
X_{11}	五星 3 号	X_{35}	中黄 13	V1	黑农 26
X_{12}	荷豆 22	X_{36}	阜 0435	V2	中品 661
X_{13}	开心绿	X_{37}	邯豆 5 号	V3	Beeson
X_{14}	台 292	X_{38}	豫黄 0311	V4	滁豆 1 号
X_{15}	辽鲜	X_{39}	开豆 46	V5	中豆 32
X_{16}	呼伦贝尔	X_{40}	冀 12	V6	DHP
X_{17}	东北大豆	X_{41}	豫豆 22	V7	南农大黄豆
X_{18}	巴西转基因	X_{42}	周豆 25	V8	邯郸里外青
X_{19}	吉育 30	X_{43}	长义豆 3 号	V9	苏鲜 21
X_{20}	南农 493-1	X_{44}	科豆 17	V10	B295
X_{21}	南农 1138-2	X_{45}	油 96-4	V11	NG4690
X_{22}	南农 26	X_{46}	Graham	V12	南农 30
X_{23}	南农 99-10	X_{47}	通豆 7 号	V13	PI597384
X_{24}	南农 99-6	X_{48}	荷 95-1	V14	PI508266

2.2.1.1　大豆原料特性

1）大豆原料千粒重、水分、粗蛋白、粗脂肪、总酚、脂肪氧化酶（LOX）的差异性分析

千粒重是指一千粒种子的质量，它是体现种子大小与饱满程度的一项指标，是检验种子质量和作物考种的内容，也是田间预测产量时的重要依据（周奕菲，2018）。大豆中粗蛋白和粗脂肪是主要成分，大豆中一般约含 40% 的粗蛋白和 20% 的粗脂肪，是我国重要的油料作物之一。本书所选 58 种大豆原料千粒重、水分、粗蛋白、粗脂肪、总酚、脂肪氧化酶活性的测定结果及其差异性分析见表 2.37。

表 2.37　58 种大豆千粒重、水分、粗蛋白、粗脂肪、总酚及脂肪氧化酶活性的差异性分析

因子	最小值	最大值	平均值	标准偏差	变异系数（%）
千粒重（g）	97.60	452.80	246.23	67.14	27.27
水分（%）	4.29	12.40	8.25	1.52	18.47

续表

因子	最小值	最大值	平均值	标准偏差	变异系数（%）
粗蛋白（%）	31.04	42.16	36.20	0.02	6.46
粗脂肪（%）	15.54	23.80	19.24	0.02	8.88
总酚（mg/g）	1.04	3.70	2.59	0.66	25.30
LOX1（U/g）	16 073.00	26 532.00	20 985.05	3 180.15	15.15
LOX2（U/g）	6 016.00	8 574.00	6 926.93	585.36	8.45
LOX3（U/g）	5 405.00	8 638.00	7 135.97	938.22	13.15

由表 2.37 可知，粗蛋白含量、粗脂肪含量及 LOX2 活性这三个指标的变异系数小于 10%，其余指标均大于 10%，表明 58 个大豆品种的千粒重、水分、总酚、LOX1、LOX3 这 5 个指标的离散程度较大，差异性显著，说明本书所选取的 58 个品种的大豆原料间存在显著差异，不同大豆品种基因型对大豆原料特性有显著影响。

2.2.1.2　大豆原料指纹图谱

1）大豆原料脂肪酸组成指纹图谱

大豆是我国重要的油料作物，大豆油的成分主要为由脂肪酸与甘油形成的甘油三酯，其中主要脂肪酸有 5 种，分别为棕榈酸（16:0）、油酸（18:0）、硬脂酸（18:1）、亚油酸（18:2）、亚麻酸（18:3）。其中，不饱和脂肪酸含量占 80%以上，包括亚油酸、亚麻酸等人体不能通过自身合成的必需脂肪酸。研究显示，不饱和脂肪酸不仅可降低血液胆固醇含量，且是某些生理调节物质的前体。缺少人体必需脂肪酸，会引起中枢神经系统异常等生理性疾病（夏剑秋和张毅方，2007）。因此，大豆原料中脂肪酸的组成及含量是衡量大豆原料特性的重要指标。

不同品种大豆脂肪酸组分的差异性分析见表 2.38。

表 2.38　58 种大豆原料脂肪酸组分差异性分析（mg/g）

因子	均值	变幅	标准差	变异系数（%）
棕榈酸	18.11	14.25～28.34	2.75	15.21
硬脂酸	8.18	5.48～11.79	1.63	19.98
油酸	55.05	29.04～81.78	12.21	22.17
亚油酸	134.22	86.97～186.22	23.10	17.21
亚麻酸	23.19	18.03～33.68	3.95	17.05

由表 2.38 可知，5 种脂肪酸的变异系数均大于 10%，表明不同品种大豆的脂肪酸组成有显著性差异，其中油酸的变异系数最大，为 22.17%，差异性最小的为棕榈酸，变异系数为 15.21%。亚油酸和亚麻酸为人体不能自发合成而需要从食物中摄取的两种必需脂肪酸，这两者的变异系数分别达到了 17.21%和 17.05%，表明不同品种大豆中亚油酸和亚麻酸含量具有显著性差异，导致不同品种大豆油品质也有所不同，从而影响大豆油的加工品质。

2）大豆原料 *sn*-2 位脂肪酸组成指纹图谱

目前，研究甘油三酯 *sn*-2 位脂肪酸已成为热点（王俊芳等，2019；冯西娅等，2019；姜泽放等，2019）。大豆中的甘油三酯几乎很少含有 3 个相同的酰化脂肪酸，几乎每一个侧链都由多种不同的脂肪酸构成。甘油三酯中侧链长短、构成侧链的脂肪酸种类及数量、双键数目及位置都对油脂的理化特性和营养品质有较大的影响。因此，大豆油中 *sn*-2 位脂肪酸的组分及含量是衡量大豆油品质优劣的重要指标。不同品种大豆 *sn*-2 位脂肪酸组分的差异性分析见表 2.39。

表 2.39　58 种大豆原料 *sn*-2 位脂肪酸组分差异性分析（%）

	均值	最小值	最大值	变幅	标准差	变异系数
棕榈酸	19.24	16.27	22.37	16.27～22.37	0.01	7.05
硬脂酸	17.97	15.63	22.48	15.63～22.48	0.01	7.24
油酸	19.28	15.94	21.44	15.94～21.44	0.01	7.17
亚油酸	28.00	21.19	34.71	21.19～34.71	0.03	10.14
亚麻酸	15.52	11.35	22.45	11.35～22.45	0.02	10.82

由表 2.39 可知，5 种 *sn*-2 位脂肪酸的变异系数仅有亚油酸和亚麻酸大于 10%，其中亚麻酸的变异系数最大，为 10.82%，差异性最小的为棕榈酸，变异系数为 7.05%。亚麻酸是含有 3 个双键的不饱和脂肪酸，它的含量差异会影响大豆油品质，从而影响加工品质。

3）大豆原料维生素 E 组成指纹图谱

维生素 E 是一种具有抗氧化功能的脂溶性维生素（李珉等，2018），主要包括生育酚和三烯生育酚两类共 8 种同系物。维生素 E 是一种自由基清除剂，对人体健康至关重要，具有预防肿瘤及心血管疾病的功能。大豆中富含维生素 E，因此研究大豆中的维生素 E 含量有利于大豆资源的开发利用。

大豆种子的维生素 E 组成中，α-生育酚与 δ-生育酚、γ-生育酚相比含量较低，但由于其活性较高，α-生育酚也被认为是大豆中重要的特征维生素 E 组分，58 个不同大豆品种间维生素 E 组成的差异性分析见表 2.40。

表 2.40　58 种大豆原料维生素 E 组分差异性分析（mg/100g）

因子	均值	最小值	最大值	变幅	标准差	变异系数（%）
δ-生育酚	87.91	60.43	119.03	60.43～119.03	11.83	13.46
γ-生育酚	217.98	164.50	260.72	164.50～260.72	23.37	10.72
α-生育酚	20.06	13.56	25.82	13.56～25.82	3.02	15.05

从表 2.40 可以看出，δ-生育酚、γ-生育酚、α-生育酚的变异系数均大于 10%，表明不同大豆品种中维生素 E 组分含量差异显著，其中 α-生育酚的变异系数最大，为 15.05%，其次为 δ-生育酚，变异系数为 13.46%，γ-生育酚的变异系数最小，为 10.72%，该结果与罗健等（2017）的研究结果一致。

4）大豆原料异黄酮组成指纹图谱

大豆异黄酮属于黄酮类化合物，是大豆生长中形成的一类次级代谢产物，又称植物雌激素（李紫微等，2019）。天然的大豆异黄酮主要分为游离型的苷元和结合型的糖苷两种。研究显示，大豆异黄酮可预防心血管疾病，防治骨质疏松、肾病，以及对糖尿病患者代谢紊乱也有一定的调节作用（王燕等，2013）。不同大豆品种间异黄酮组分的差异分析结果见表2.41。

表 2.41   58 种大豆原料异黄酮组分差异性分析（mg/100g）

因子	均值	最小值	最大值	变幅	标准差	变异系数（%）
大豆苷	583.35	112.81	1342.49	112.81～1342.49	247.21	42.38
黄豆黄素苷元	211.37	19.72	374.53	19.72～374.53	85.50	40.45
染料木苷	582.57	151.45	1270.83	151.45～1270.83	258.16	44.31
大豆黄素	127.77	45.14	478.58	45.14～478.58	80.34	62.87
黄豆黄素	3.01	1.06	8.79	1.06～8.79	1.58	52.46
染料木素	118.32	107.84	178.40	107.84～178.40	14.02	11.85

由表 2.41 可知，不同大豆原料的异黄酮组成差异十分显著，除染料木素外，其余 5 项指标的变异系数均大于 40%，其中大豆黄素的变异系数最高，达到了 62.87%，这表明不同品种的大豆原料其大豆黄素含量具有显著性差异。相比于 α-生育酚，γ-生育酚和 δ-生育酚的变异系数较小，这与沈丹萍（2014）的研究结果一致。

2.2.1.3 大豆制品品质

大豆油作为我国的食用植物油脂之一，可以为人体提供营养素，如脂溶性维生素及需从食物中摄取的人体必需脂肪酸。但在实际应用中，大豆油品质受到诸多因素影响，导致油脂的品质发生改变，且油脂的二级氧化产物在体内难以被代谢，会损伤人体组织器官，导致癌症等重大疾病。由于不同大豆原料的组分各异，所制成的豆油品质也有所差异。因此，有必要研究不同品种大豆原料特性与豆油品质之间的关系，为油用加工原料的优化提供理论基础。本书提供了不同品种大豆原料特性及大豆油制品的品质，并通过相关性分析法分析了大豆原料组分特性与大豆油制品的各项品质指标之间的关系，可明确大豆原料加工油脂制品的特征性组分，明确大豆原料的加工适宜性，为大豆油生产过程中原料的优化提供参考。

1）大豆油物理特性分析

在本书中，大豆油的物理特性采用色泽和水分及挥发物这两个指标来衡量。在实际生产中，由于油料籽粒中的色素溶解于油脂中而使油脂呈现出不同程度的色泽，如淡黄、深黄，甚至红棕色等。劣质大豆原料制得的大豆油的品质也会较差，蛋白质和糖类的分解会使油脂颜色变深、变暗，因此测定油脂色泽可以辨别油脂的品质情况（陈刘杨，2010）。而油脂中的水分及挥发物则会影响油脂品质，导致油脂裂变。本书选取的大豆原料，其大豆油制品物理特性差异性分析见表 2.42。

表 2.42　不同品种大豆原料所制得大豆油物理特性差异性分析

物理指标	均值	最小值	最大值	变幅	标准差	变异系数（%）
L^*	93.04	85.85	96.37	85.85～96.37	1.97	2.12
a^*	2.36	−3.79	10.11	−3.79～10.11	3.54	150.06
b^*	120.67	83.16	140.47	83.16～140.47	16.36	13.56
水分及挥发物（%）	0.04	0.01	0.12	0.01～0.12	0.02	51.95

从表 2.42 中可以看出，大豆油色泽品质特性的 3 个指标的变异系数差异较大，L^* 值的变异系数不大，表明不同品种大豆加工成的大豆油的明暗程度差异不大。a^* 值的变异系数达到 150.06%，波动较大，表明 58 个不同品种的大豆油色泽在红绿色上有较大差异，大豆油的色泽品质差异主要体现在 a^* 和 b^* 这两个指标上，这可能与籽粒种皮颜色有关，大豆分为黄大豆、青大豆、黑大豆及其他大豆，在本书所选品种中，14④为棕红色种皮，南农 26、科丰 1 号为黑色种皮。不同品种大豆油的水分及挥发物差异也较大，油脂水分也是衡量油脂品质的重要指标之一，水分含量高的油脂品质较差。

2）大豆油化学品质分析

在本书中，大豆油的化学品质采用油脂酸价、碘值、过氧化值、茴香胺值及全氧化值这 5 个指标来衡量。本书选取的不同品种大豆原料，其大豆油的化学品质差异性分析见表 2.43。

表 2.43　不同品种大豆原料所制得大豆油化学品质差异性分析

化学品质	均值	最小值	最大值	变幅	标准差	变异系数（%）
酸价	0.47	0.15	0.88	0.15～0.88	0.18	38.14
碘值	175.52	118.86	221.07	118.86～221.07	21.11	12.03
过氧化值	25.39	15.24	54.58	15.24～54.58	7.26	28.61
茴香胺值	3.30	2.45	4.66	2.45～4.66	0.56	17.05
全氧化值	54.08	33.71	112.96	33.71～112.96	14.55	26.90

从表 2.43 中可以看出，不同品种大豆油化学品质指标的变异系数在 12.03%～38.14%，酸价的变异系数最大，碘值的变异系数最小。从表 2.43 中可以直观看到，大豆油的 5 个化学品质指标的变异系数均大于 10%，表明不同品种大豆原料所制得的大豆油的化学品质都存在着较大的差异，大豆原料特性对制得的大豆油的化学性质有重要影响。

3）大豆油氧化稳定性分析

在实际贮藏过程中，油脂随着时间劣变主要是由于油脂的氧化反应，因此氧化稳定性指数（OSI）也是衡量油脂品质的重要指标之一。不同品种大豆油在同一温度下的氧化稳定性指数越大，说明该油脂的氧化稳定性越好（谢丹，2012）。本书所选取的不同品种大豆原料，其大豆油氧化稳定性指数差异性分析见表 2.44。

从表 2.44 中可以看出，不同品种大豆油氧化稳定性指标的变异系数为 9.18%，小于 10%，表明不同品种大豆原料所制得的大豆油的氧化稳定性不具有显著性差异。

表 2.44　不同品种大豆原料所制得大豆油氧化稳定性差异性分析

化学品质	均值	最小值	最大值	变幅	标准差	变异系数（%）
氧化稳定性	2.53	2.13	3.00	2.13~3.00	0.23	9.18

2.2.1.4　大豆油品质与原料组分多尺度结构的关联

为了进一步研究大豆油制品品质与大豆原料组分特性之间的关系，对大豆原料粗蛋白、粗脂肪、脂肪酸、维生素 E 含量等 27 个原料特性指标与 10 个大豆油品质指标进行相关性分析，分析结果见表 2.45。

表 2.45　大豆油品质与组分多尺度结构相关性分析

指标	L^*	a^*	b^*	水分及挥发物	酸价	碘值	过氧化值	茴香胺值	全氧化值	氧化稳定性
千粒重	−0.241	−0.04	0.148	0.323*	0.239	0.216	0.174	0.124	0.217	0.239
水分	−0.221	−0.271*	−0.234	0.319*	0.315*	0.129	0.304*	0.138	0.282*	−0.302*
粗蛋白	−0.296*	0.23	0.185	−0.14	−0.035	−0.034	0.052	0.186	0.059	−0.114
粗脂肪	−0.227	0.263*	0.293*	0.173	0.375**	0.102	0.343*	0.041	0.295*	0.168
大豆苷	0.174	−0.153	−0.232	−0.106	−0.09	0.146	−0.384**	0.012	−0.365**	0.298*
黄豆黄素苷元	0.11	−0.13	−0.248	0.202	0.012	−0.082	−0.112	0.166	−0.029	0.314*
染料木苷	0.254	−0.224	−0.197	−0.163	0.011	0.138	−0.328*	0.026	−0.327*	0.204
大豆黄素	0.024	−0.201	−0.192	−0.041	−0.1	−0.077	−0.155	0.075	−0.152	0.146
黄豆黄素	−0.122	0.036	0.058	−0.047	−0.018	−0.154	−0.052	−0.049	−0.053	0.256
染料木素	−0.151	−0.195	−0.154	−0.022	0.03	0.107	−0.132	−0.019	−0.132	0.311*
总酚	0.203	−0.174	−0.139	−0.213	−0.02	0.195	−0.466**	0.101	−0.461**	0.397**
棕榈酸	0.124	−0.218	−0.21	−0.178	0.027	0.116	−0.179	0.002	−0.178	0.301*
硬脂酸	0.203	−0.144	−0.149	−0.151	−0.131	−0.04	−0.384**	−0.094	−0.387**	0.292*
油酸	0.183	−0.153	−0.125	0.176	−0.061	0.289*	0.339**	−0.149	0.332*	−0.353**
亚油酸	−0.074	−0.14	−0.247	0.078	−0.025	0.291*	0.222	−0.078	0.219	−0.283*
亚麻酸	−0.215	−0.249	−0.173	0.122	0.068	0.448**	0.39**	0.127	0.394**	−0.492**
sn-2 位棕榈酸	0.125	−0.130	−0.093	−0.109	0.103	0.111	−0.195	0.048	−0.123	0.123
sn-2 位硬脂酸	0.212	−0.150	−0.095	−0.086	−0.094	−0.142	−0.009	−0.211	−0.007	0.045
sn-2 位油酸	0.013	−0.099	−0.121	0.124	−0.124	0.129	0.098	−0.121	0.103	−0.012
sn-2 位亚油酸	−0.009	−0.008	−0.128	0.044	−0.084	0.204	0.204	−0.123	0.139	−0.128
sn-2 位亚麻酸	−0.221	−0.098	−0.198	0.139	0.083	0.048	0.092	0.048	0.098	−0.193
δ-生育酚	0.22	0.126	0.187	−0.007	0.081	−0.191	−0.121	−0.16	−0.127	0.152
γ-生育酚	0.198	0.288*	0.296*	−0.1	−0.246	0.211	−0.277	0.143	−0.291*	0.184
α-生育酚	0.145	0.315*	0.266*	−0.112	−0.151	0.163	−0.415**	0.138	−0.441**	0.261*
LOX1	0.051	−0.137	−0.038	0.242	−0.081	0.075	0.253	0.198	0.26	−0.108
LOX2	−0.153	0.214	0.167	0.114	0.116	−0.191	0.295*	0.108	0.292*	−0.246
LOX3	−0.185	0.016	−0.028	0.085	−0.011	0.115	0.158	0.197	0.165	−0.202

注：*表示在 0.05 水平上的相关显著性，**表示在 0.01 水平上的相关显著性

脂肪酸是大豆油的主要成分，脂肪酸的组成决定了大豆油的品质。根据饱和度的不同，脂肪酸可分为 3 种类型：饱和脂肪酸（SFA）、单不饱和脂肪酸（MUFA）和多不饱和脂肪酸（PUFA）（Sha et al.，2016）。研究表明，油的不饱和度是影响氧化动力学进程的主要因素，不饱和脂肪酸含量较高的油更容易发生氧化酸败，从而导致货架期缩短、品质下降（Roman et al.，2013）。本研究在大豆中主要检测到 5 种脂肪酸，分别为棕榈酸、硬脂酸、油酸、亚油酸和亚麻酸，这与 Miao 等（2010）的研究结果一致。从表 2.45 中可以看出，棕榈酸含量（$r=0.301$，$P<0.05$）、硬脂酸含量（$r=0.292$，$P<0.05$）与氧化稳定性呈显著正相关。然而，在大豆油中，硬脂酸含量与过氧化值（$r=-0.384$，$P<0.01$）、全氧化值（$r=-0.387$，$P<0.01$）均存在显著负相关。对于不饱和脂肪酸，油酸含量与碘值（$r=0.289$，$P<0.05$）、过氧化值（$r=0.339$，$P<0.01$）、全氧化值（$r=0.332$，$P<0.05$）呈显著正相关。油酸含量与氧化稳定性（$r=-0.353$，$P<0.01$）、亚油酸与氧化稳定性（$r=-0.283$，$P<0.05$）呈显著负相关。亚油酸含量和碘值呈显著正相关（$r=0.291$，$P<0.05$）。此外，亚麻酸含量与碘值（$r=0.448$，$P<0.01$）、过氧化值（$r=0.39$，$P<0.01$）、全氧化值（$r=0.394$，$P<0.01$）呈极显著正相关。另外，亚麻酸含量和氧化稳定性呈极显著负相关（$r=-0.492$，$P<0.01$）。该结果与前人的研究结果一致，具有较高不饱和脂肪酸含量的大豆油更容易氧化酸败，这将增加过氧化值并降低油的氧化稳定性。因此，本研究结果表明，脂肪酸是大豆油质量的主要贡献者，为大豆加工豆油的特征组分。

表 2.45 还列出了大豆异黄酮含量与大豆油品质指标之间的相关性。结果表明，大豆种子中大豆苷含量与过氧化值（$r=-0.384$，$P<0.01$）、全氧化值（$r=-0.365$，$P<0.01$）呈显著负相关，大豆苷与氧化稳定性呈显著正相关（$r=0.298$，$P<0.05$）。同时，黄豆黄素苷元含量与氧化稳定性呈显著正相关（$r=0.314$，$P<0.05$），而染料木苷含量与全氧化值（$r=-0.327$，$P<0.05$）、过氧化值（$r=-0.328$，$P<0.05$）呈显著负相关。这些结果表明，大豆异黄酮对大豆油的品质有正向作用。研究结果还显示，总酚含量与过氧化值（$r=-0.466$，$P<0.01$）、全氧化值之间（$r=-0.461$，$P<0.01$）呈极显著负相关，氧化稳定性（$r=0.397$，$P<0.01$）呈极显著正相关。这可能是由于多酚对脂质过氧化具有重要的拮抗作用。结果表明，大豆异黄酮对大豆油具有抗氧化作用，这可能是因为酚羟基可以向脂质氧化形成的自由基提供游离氢，从而阻止自由基与未氧化脂质的反应并终止自动氧化的链式反应（Tovar et al.，2001）。

目前，已经有大量关于大豆种子中生育酚含量与油脂品质之间关系的研究。生育酚是被公认的抗氧化剂（Takenaka et al.，1991），但近年的研究发现生育酚在某些条件下具有促氧化作用（Athira et al.，2018）。在本书中，γ-生育酚含量与 a^*（$r=0.288$，$P<0.05$）、b^*（$r=0.296$，$P<0.05$）呈显著正相关，α-生育酚含量与 a^*（$r=0.315$，$P<0.05$）、b^*（$r=0.266$，$P<0.05$）呈显著正相关。这可能与油色反转的机理有关。Komoda 和 Harada（1969）发现，水分含量较高的大豆油中生育酚含量较低，因此更容易出现油色还原。同时，不饱和脂肪酸的氧化可促进油色还原的发生，而 γ-生育酚对油色还原具有抑制作用（Komoda and Harada，1969）。此外，从表 2.45 中可以发现，脂肪氧化酶的活性与油脂品质之间的相关性很小，这可能是由于大多数脂肪氧化酶在精炼过程中已经失活了（Mustakas et al.，1969）。

2.2.1.5 大豆油加工适宜性评价模型

箱形图 (box-plot),又称盒须图、盒式图或箱线图,是一种用于反映原始数据分布特征的统计图,常用于识别被统计数据的离群点及异常值(林丽,2007)。本书通过箱形图法检测了 58 种大豆油理化品质指标的异常情况,品种 1、8、17、24、32、36 和 46 被检测为异常值。除去了这 7 个品种,对其余 51 个品种进行进一步统计分析。

1) 大豆油综合品质评价模型构建

在剔除 7 个离群点后,使用主成分分析法对剩余 51 个品种大豆油 10 个理化品质指标进行分析,并根据对应主成分的特征根计算不同主成分的线性组合系数。

由图 2.4 可知,通过降维处理后,用于反映大豆油品质的 10 个理化品质指标由 5 个新的主成分表示,PC1 侧重于反映大豆油的 L^* 值(r=-0.607)、a^* 值(r=-0.699)、b^* 值(r=-0.674)、水分及挥发物(r=-0.665)、过氧化值(r=0.835)及全氧化值(r=0.834),PC3 倾向于映射大豆油的碘值(r=0.688)、茴香胺值(r=0.675),PC4 倾向于反映大豆油的氧化稳定性(r=0.776),而 PC5 更倾向于反映大豆油的酸价(r=0.722)。PC1~PC5 这 5 个主成分的方差贡献率分别为 32.523、20.793、12.990、10.610 及 9.282。根据每项指标在每种主成分上的因子载荷数及每个主成分对应的特征值,可计算出 10 种大豆油理化品质指标在每个主成分上的线性组合系数,进而对 10 种大豆油品质指标进行权重分配,并建立大豆油综合品质评价模型:

综合品质得分 Y=0.051×L^*+0.03×a^*+0.001×b^*+0.213×水分及挥发物+0.049×酸价+0.011

×碘值+0.206×过氧化值+0.106×茴香胺值+0.133×全氧化值+0.2×氧化稳定性

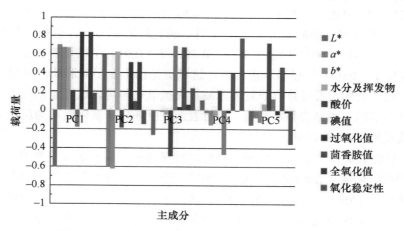

图 2.4 通过主成分分析加权的 10 个指标的要素载荷图

大豆油的综合品质侧重于氧化稳定性、水分及挥发物含量及一、二级氧化产物的多少,对于油脂的自动氧化而言,二级氧化产物的生成即标志着油脂产生哈喇味,从而影响食用品质(易志,2016)。

2）大豆油品质评价体系构建

由于大豆油核心指标的维度不同，故在计算大豆油品质综合评分时需要将 10 个核心指标标准化，以消除不同维度的影响。品质指标值越大，大豆油品质越好，则这一类指标被认为是正向的（效益型指标）。当品质指标值越小代表油脂品质越好时，这类指标被视为负面指标（成本型指标）（Zhang et al.，2019）。这些指标的计算公式如下：

$$效益型指标 = \frac{X_{ij} - \min X_{ij}}{\max X_{ij} - \min X_{ij}}$$

$$成本型指标 = \frac{\max X_{ij} - X_{ij}}{\max X_{ij} - \min X_{ij}}$$

式中，X_{ij} 是第 i 个样本的第 j 个指标的原始测量值。

根据大豆油综合品质评价模型，计算出去除离群点后用于构建品质评价模型的 51 种大豆油样品的综合品质得分 Y，并进一步对其进行系统聚类分析，并将 51 个品种大豆油划分为三个品质区间。51 种大豆油经系统聚类分析后，其品质得分被划分为三类，其中 Grade I 为高品质，分布于该组的大豆样品有 42、51、11、57、54、9、52、19、22、25、18、44、30、29、35、48、33、43、50、15、45、53、12、39、47、55、38、26、40、10、20；Grade II 为中等品质，分布于该组的大豆样品有 23、49、34、58、2、4、3、21、28、37、41、5、7；Grade III 为低品质，分布于该组的大豆样品有 13、16、6、56、14、27、31（表 2.46）。

表 2.46　大豆油综合品质等级划分标准

大豆油品质分类	大豆油品质等级	划分标准	样品个数	样品编号
高品质	Grade I	$Y > 15.31$	31	42、51、11、57、54、9、52、19、22、25、18、44、30、29、35、48、33、43、50、15、45、53、12、39、47、55、38、26、40、10、20
中等品质	Grade II	$6.13 < Y \leqslant 15.31$	13	23、49、34、58、2、4、3、21、28、37、41、5、7
低品质	Grade III	$Y \leqslant 6.13$	7	13、16、6、56、14、27、31

区间划分标准是以上一类品质的最低分为区分界限，划分三类大豆油品质的得分范围，并统计每类品质的样品个数。

将 Grade I 组、Grade II 组和 Grade III 组分别作为大豆油品质评价体系中的高品质、中等品质和低品质，以此来构建大豆油品质评价体系。在该评价体系中，综合品质得分大于 15.31 的大豆油属于高品质油脂，本研究有 31 个样品具有高品质大豆油；综合品质得分在 6.13～15.31 范围内的大豆油属于中等品质油脂，本研究有 13 个样品在该区间内；综合品质得分小于 6.13 的大豆油属于低品质油脂，本研究有 7 个样品在该区间内。

3）基于加速贮藏实验的大豆油品质评价体系的验证

本研究通过主成分分析、系统聚类分析等方法，建立了大豆油品质评价模型及品质评价体系，为了对所得模型和评价体系做进一步验证，从每一等级的大豆油中随机选取 5 组进行加速贮藏实验，15 组大豆油在贮藏过程中的化学品质变化如图 2.5 至图 2.7 所示。

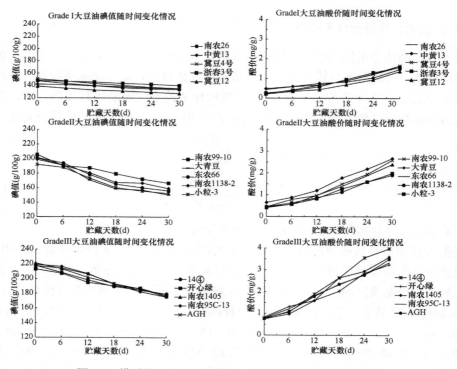

图 2.5　模型验证组大豆油碘值、酸价在贮藏过程中的变化

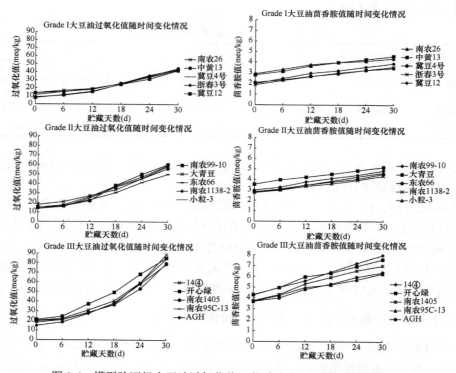

图 2.6　模型验证组大豆油过氧化值、茴香胺值在贮藏过程中的变化

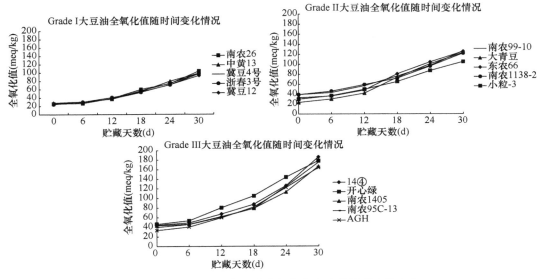

图 2.7　模型验证组大豆油全氧化值在贮藏过程中的变化

从图 2.5 至图 2.7 中可以看出，相同的条件贮藏同样的时间，品质等级越高的大豆油，品质劣变的速度越慢。Grade I 组的大豆油在贮藏 30d 后酸价均未超过 2mg/g，Grade II 组的 5 个验证样品中有 3 个品种大豆油在贮藏 30d 后酸价达到了 2mg/g 以上，而 Grade III 组的验证样品在贮藏 30d 后均达到了 3mg/g 以上，说明等级越高的大豆油在贮藏过程中越不容易分解出游离脂肪酸。大豆油的碘值反映的是油脂不饱和脂肪酸含量的多少，Grade I 组大豆油在贮藏过程中碘值变化幅度不大，下降幅度小于 20g/100g，而 Grade III 组大豆油碘值的下降幅度达到 40g/100g，该结果表明，等级低的大豆油与等级高的相比，油脂内的不饱和脂肪酸更易发生氧化。过氧化值反映的是油脂一级氧化产物的多少，从图 2.6 中可以看出，Grade I 组大豆油在 30d 后过氧化值均未超过 50meq/kg，而 Grade III 组大豆油在贮藏结束后过氧化值均在 70~90meq/kg，表明等级高的大豆油的一级氧化产物生成较少。对于茴香胺值而言，Grade I 组和 Grade II 组大豆油的茴香胺值增幅差异不大，而 Grade III 组大豆油的茴香胺值增幅较前两组大，说明等级低的大豆油更易产生二级氧化产物。全氧化值的增长趋势与过氧化值相同。综上所述，等级高、品质优的大豆油在贮藏过程中氧化劣变速度较慢，该结果与本书所构建的大豆油品质评价体系相吻合。

2.2.1.6　大豆油综合品质预测模型的构建

本书统计了大豆原料千粒重、水分、粗蛋白、粗脂肪、总酚、脂肪氧化酶活性、脂肪酸组成、sn-2 位脂肪酸组成、生育酚组成、异黄酮组成等 27 个品质特性指标与大豆油综合品质得分 Y 的关系，相关性分析结果见表 2.47。

表 2.47　大豆油综合品质得分与大豆原料特征指标的相关性分析

大豆原料特征指标	相关系数	大豆原料特征指标	相关系数
千粒重	0.264	亚油酸	−0.234
水分	−0.295[*]	亚麻酸	−0.395[**]

续表

大豆原料特征指标	相关系数	大豆原料特征指标	相关系数
粗蛋白	-0.271	sn-2 位棕榈酸	0.139
粗脂肪	0.302*	sn-2 位硬脂酸	0.176
大豆苷	0.324**	sn-2 位油酸	0.142
黄豆黄素苷元	0.237	sn-2 位亚油酸	0.125
染料木苷	0.329**	sn-2 位亚麻酸	0.153
大豆黄素	0.135	δ-生育酚	0.135
黄豆黄素	0.243	γ-生育酚	0.241
染料木素	0.129	α-生育酚	0.363**
总酚	0.402**	LOX1	-0.243
棕榈酸	0.191	LOX2	-0.289*
硬脂酸	0.299*	LOX3	-0.165
油酸	-0.277*		

注：*表示在 0.05 水平上的相关显著性，**表示在 0.01 水平上的相关显著性

由表 2.47 可以看出，以 $P<0.05$ 为筛选标准，与大豆油综合品质相关的大豆原料特性指标共有 10 个，分别是水分（r=-0.295*）、粗脂肪（r=0.302*）、大豆苷（r=0.324**）、染料木苷（r=0.329**）、总酚（r=0.402**）、硬脂酸（r=0.299*）、油酸（r=-0.277*）、亚麻酸（r=-0.395**）、α-生育酚（r=0.363**）、LOX2（r=-0.289*）。将这 10 种指标作为评价大豆油综合品质的特征指标，用于进一步的统计分析。

本书将以上 10 种大豆原料特征指标作为自变量引入，将大豆油综合品质得分 Y 作为因变量，通过逐步回归法，构建了基于大豆原料特性指标的大豆油综合品质预测模型：品质预测得分 F=0.098×粗脂肪+0.073×大豆苷+0.024×总酚+0.012×硬脂酸-0.025

$$×亚麻酸+0.014×\alpha\text{-生育酚}+16.287$$

在上式中，将 10 个指标进行逐步回归分析后，保留了粗脂肪、大豆苷、总酚、硬脂酸、亚麻酸、α-生育酚这 6 个特征指标，用于构建大豆油品质预测模型，模型决定系数 R^2 为 0.9713。进而根据大豆油品质预测模型，将原料特征指标数据代入，计算得出 51 种大豆油的品质预测得分 F，并比较大豆油品质预测得分 F 与综合品质得分 Y 之间的误差，51 个品种大豆油的 F 变幅在 4.88～24.23、Y 变幅在 4.98～23.98。在参与构建预测模型的 51 种大豆油中，预测模型对所有品种大豆油的预测结果误差均小于 10%，说明预测结果较好，表明所得预测模型能较好地预测不同特性大豆品种加工大豆油的品质效果。

1）大豆油综合品质预测模型的验证

本书另外选取了 14 个大豆品种原料作为预测模型的验证组，用于验证大豆油品质预测模型的稳定性及精确性，实验测定了模型验证组中 14 个大豆品种的粗脂肪、大豆苷、总酚、硬脂酸、亚麻酸、α-生育酚含量及其加工成大豆油的理化品质指标和氧化稳定性。模型验证组中的 14 个品种大豆原料的粗脂肪含量变幅在 16.54%～22.11%，大豆苷含量变幅在 173.88～1048.59mg/100g，总酚含量变幅在 1.61～3.78mg/g，硬脂酸含量

变幅在 5.85～10.48mg/g，亚麻酸含量变幅在 17.60～27.84mg/g，α-生育酚含量变幅在 18.23～20.20μg/g。结果表明，模型验证组所选的 14 个大豆品种原料与用于构建模型的 51 个大豆品种原料相比，各特征组分指标的数据均在正常范围内，可以用于进一步统计分析。

将模型验证组所使用的 14 个品种大豆原料的特征指标数据代入大豆油品质预测模型中，可计算出大豆油品质预测得分 F；将以验证组大豆加工的大豆油的理化品质指标数据代入大豆油综合品质评价模型中，可得到大豆油综合品质得分 Y，具体结果见表 2.48。

表 2.48　模型验证组大豆油品质预测得分 F 与综合品质得分 Y 的误差分析

编号	大豆品种	F	Y	相对误差（%）
V1	黑农 26	9.77	10.49	-6.86
V2	中品 661	11.42	11.81	-3.30
V3	Beeson	14.01	13.02	7.60
V4	滁豆 1 号	11.39	11.58	-1.64
V5	中豆 32	9.02	8.35	8.02
V6	DHP	6.13	5.98	2.51
V7	南农大黄豆	16.28	17.12	-4.90
V8	邯郸里外青	7.99	8.63	-7.42
V9	苏鲜 21	9.58	9.99	-4.10
V10	B295	5.79	5.60	3.39
V11	NG4690	8.34	8.22	1.16
V12	南农 30	8.69	8.17	6.36
V13	PI597384	11.46	10.99	4.28
V14	PI508266	10.65	10.22	3.91

由表 2.48 可知，通过大豆油品质预测模型得到的 14 个验证样品的 F，与通过大豆油综合品质评价模型得到的 14 个验证样品的 Y 之间的相对误差绝对值均小于 10%，说明大豆油品质预测模型可较准确地预测未知大豆品种所加工成的大豆油的品质。该结果表明，本研究构建的基于大豆原料特性指标的大豆油品质预测模型在实际应用中可以较好地预测不同品种大豆油的品质功能，可以作为预测大豆油品质的可行方法之一。

2）大豆油加工适宜性指导标准构建

根据表 2.48 所得的大豆油品质预测得分，对 51 种大豆油品质预测得分进行系统聚类分析，并将聚类的结果划分为三类，其中 Grade Ⅰ 为高品质，分布于该组的大豆样品有 9、54、11、22、52、44、57、42、20、26、10、18、19、25、51、30、55、47、39、40；Grade Ⅱ 为中等品质，分布于该组的大豆样品有 12、45、35、43、29、15、48、50、38、33、2、5、4、53、23、49、34、41、37、7、58；Grade Ⅲ 为低品质，分布于该组的大豆样品有 3、21、28、31、56、6、14、27、16、13。以上一类品质区间的最低值为划分界限，确定三类品质的得分范围，并统计每种品质的样品个数，结果如表 2.49 所示。

表 2.49　大豆油预测品质等级划分标准

加工适宜性分类标准	大豆油品质分类	大豆油品质等级	划分标准	样品个数	样品编号
非常适宜	高品质	Grade I	$F>16.14$	20	9、54、11、22、52、44、57、42、20、26、10、18、19、25、51、30、55、47、39、40
基本适宜	中等品质	Grade II	$5.99<F\leqslant 16.14$	21	12、45、35、43、29、15、48、50、38、33、2、5、4、53、23、49、34、41、37、7、58
不适宜	低品质	Grade III	$F\leqslant 5.99$	10	3、21、28、31、56、6、14、27、16、13

由表 2.49 可以看出，当大豆油品质预测得分大于 16.14 时，该大豆油属于高品质油脂，在本书构建模型所用的 51 种大豆油中，有 20 个样品具有高品质油脂；当品质预测得分在 5.99～16.14 时，该大豆油属于中等品质油脂，在本书构建模型所用的 51 种大豆油中，有 21 个样品具有中等品质油脂；当品质预测得分小于 5.99 时，该大豆油属于低品质油脂，在本书构建模型所用的 51 种大豆油中，有 10 个样品具有低品质油脂。

将 Grade I 组的高品质油脂、Grade II 组的中等品质油脂、Grade III 组的低品质油脂划分标准分别作为非常适宜加工大豆油的评价体系、基本适宜加工大豆油的评价体系、不适宜加工大豆油的评价体系，构建基于大豆油品质预测模型的加工适宜性指导标准。在该指导标准中，品质预测得分大于 16.14 的大豆属于非常适宜加工大豆油的原料品种，本书中有 20 种原料为非常适宜的品种；品质预测得分在 5.99～16.14 的大豆属于基本适宜加工大豆油的原料品种，本书中有 21 种原料为基本适宜的品种；品质预测得分小于 5.99 的大豆属于不适宜加工大豆油的原料品种，本书中有 10 种原料为不适宜的品种。

3）大豆油加工适宜性指导标准与大豆油品质评价体系匹配分析

本书通过大豆油综合品质评价模型建立大豆油品质评价体系，可为实际生产应用中的择优育种提供有效方法；同时，本书还建立了以大豆原料特征指标为基础的大豆油品质预测模型，构建了大豆油加工适宜性指导标准。因此，对于大豆油加工适宜性指导标准与大豆油综合品质评价体系的匹配分析结果将直接影响大豆油加工适宜性指导标准的稳定性及精确性。本书构建的大豆油加工适宜性指导标准和大豆油综合品质评价体系的匹配分析结果见表 2.50。

表 2.50　大豆油加工适宜性指导标准和大豆油品质评价体系的匹配分析

大豆油综合品质评价体系	大豆油综合品质评价模型		加工适宜性分类标准	大豆油综合品质预测模型		加工适宜性标准与大豆油品质评价体系匹配度		
	划分标准	样品个数		划分标准	样品个数	匹配样品数	匹配度（%）	总匹配度（%）
高品质	$Y>15.31$	31	非常适宜	$F>16.14$	20	20/20	100	
中等品质	$6.13<Y\leqslant 15.31$	13	基本适宜	$5.99<F\leqslant 16.14$	21	9/21	42.86	70.95
低品质	$Y\leqslant 6.13$	7	不适宜	$F\leqslant 5.99$	10	7/10	70	

由表 2.50 可知，基于品质预测模型构建的大豆油加工适宜性指导标准与基于综合品质评价模型构建的大豆油品质评价体系之间的匹配度良好，其中，评价体系中的"高品质""中等品质""低品质"分别对应指导标准中的"非常适宜""基本适宜""不适宜"，

两者间的总匹配度为 70.95%。结果表明，本书构建的基于大豆油品质预测模型的加工适宜性指导标准具有较好的预测性。从匹配度来看，"高品质-非常适宜"组的匹配度达到了 100%，通过大豆油品质预测模型预测出的 20 个适宜品种均在大豆油综合品质评价体系的优秀组别中；对于"中等品质-基本适宜"组别，预测模型预测的 21 个基本适宜品种中，有 9 个品种与大豆油综合品质评价体系中相吻合，匹配度为 42.86%；对于"低品质-不适宜"组别，预测结果有 7 个与评价体系结果相吻合，匹配度为 70%。总体而言，本书基于品质预测模型所建立的大豆油加工适宜性指导标准具有较好的预测功能和指导作用，总体的精确度达到了 70.95%。该指导标准可以广泛应用于大豆油加工行业中，具有较高的实际应用价值。

2.2.1.7　大豆油加工适宜性分子机制

本研究构建了大豆油加工适宜性评价体系及预测模型，明确了影响大豆油品质的特征指标：粗脂肪、大豆苷、总酚、硬脂酸、亚麻酸、α-生育酚。为了进一步探讨大豆油加工适宜性分子机制，本研究选择了影响大豆油品质的原料特征组分异黄酮、生育酚及脂肪酸，总结了其生物合成途径中的关键酶及关键基因，从分子层面揭示了对大豆油品质产生影响的目标指示物及关键调控基因。

1）影响生育酚含量的关键酶、关键基因

生育酚合成关键酶为尿黑酸植基转移酶（产生 2-甲基-6-植基-1,4-苯醌，MPBQ）、MPBQ 甲基转移酶（形成 2,3-二甲基-6-叶绿基-1,4-苯醌，DMPBQ）、生育酚环化酶（负责 γ-生育酚和 δ-生育酚合成的酶）及 γ-生育酚甲基转移酶（γ-TMT）（α-生育酚、β-生育酚合成的关键酶）。这四种酶在拟南芥中由基因 *VTE2*、*VTE3*、*VTE1* 和 *VTE4* 编码（Sattler et al.，2004）。Shintani 和 DellaPenna（1998）使用拟南芥中的种子特异性启动子克隆并过表达 γ-TMT 基因，转基因种子的 α-生育酚浓度增加了 80 倍以上。Savidge 等（2002）及 Collakova 和 DellaPenna（2003）在拟南芥中过表达编码尿黑酸叶绿醇转移酶的基因，结果分别获得了比野生型对照植物高 60% 和 40% 的总生育酚含量。单独或组合编码 MPBQ 甲基转移酶和 γ-TMT 的基因的种子特异性表达在转基因拟南芥中并未产生总生育酚含量的显著变化（Shintani and DellaPenna，1998）。在转基因大豆中，过表达 *VTE3* 基因导致种子中 γ-生育酚和 α-生育酚含量增加，β-生育酚和 δ-生育酚含量随之降低（Van Eenennaam et al.，2003）。研究发现，过表达 *VTE4* 基因的大豆积累了生育酚，主要是 α-生育酚，相应的 γ-生育酚、δ-生育酚的含量降低，β-生育酚的含量增加。生育酚生物合成途径中编码关键酶的多个基因的过表达会提高种子的总生育酚含量，这可能导致大豆种子的 α-生育酚含量增加（Sattler et al.，2004）。

2）影响异黄酮含量的关键酶、关键基因

异黄酮合成主要包括两个阶段。第一阶段是以苯丙氨酸为底物，经过苯丙氨酸解氨酶（PAL）、肉桂酸-4-羟化酶（C4H）、4-香豆酸：CoA 连接酶（4CL）催化的一系列酶促反应后，生成黄酮类物质的共同生物合成前体 *p*-香豆酰 CoA（*p*-coumarate CoA）。第

二阶段是 *p*-香豆酰 CoA 在查耳酮合酶（CHS）和查耳酮还原酶（CHR）的催化下形成柚皮素查耳酮（naringenin chalcone）或异甘草素（isoliquiritigenin），然后柚皮素查耳酮或异甘草素在查耳酮异构酶（CHI）的催化下形成甘草素或柚皮素，最后甘草素或柚皮素在异黄酮合酶（IFS）的催化下形成了大豆异黄酮苷元：染料木素、黄豆苷元和黄豆黄素，上述游离苷元在尿苷二磷酸葡萄糖醛酸转移酶（UGT）、乙酰转移酶（AT）及丙二酰基转移酶（MT）的催化下，形成葡萄糖苷型、乙酰基葡萄糖苷型、丙二酰基葡萄糖苷型异黄酮，这一阶段的反应主要存在于豆科植物中，是异黄酮合成的特征途径（Gutierrez-Gonzalez et al., 2010）。

查耳酮合酶（CHS）为类黄酮合成途径中的一个特异性酶。豆科植物中有 8 种，分别为：CHS1、CHS2、CHS3、CHS4、CHS5、CHS6、CHS7 和 CHS8。大豆异黄酮的含量与 CHS 的表达有密切的关系。CHI 基因的表达会直接影响花色素和黄酮类代谢产物的含量。通过异位表达 CHI，转基因番茄果实中总黄酮醇含量是野生型的 48 倍（Lim and Li, 2017）。在西红柿中过表达矮牵牛 CHI 基因，结果导致果皮中黄酮醇的含量比对照增加了 79 倍（Colliver et al., 2002）。异黄酮合酶（IFS）是将苯丙烷代谢途径引入异黄酮代谢支路的关键酶，大豆中包含两种 IFS：IFS1 和 IF2。本研究将 IFS 转化到黄烷酮-3-羟化酶（F3H）和二氢黄酮-4-还原酶（DFR）受抑制的拟南芥中，发现拟南芥中染料木素含量是野生型的 10~50 倍。在其他一些转 IFS 基因植物的研究中，异黄酮含量并没有显著的上升，甚至还有下降趋势，这主要是由于苯丙烷途径中其他代谢支路（如色素和黄酮）参与了对 IFS 催化底物柚皮素的竞争。

3）影响脂肪酸含量的关键酶、关键基因

大豆脂肪酸遗传机制复杂，一般认为是数量性状遗传，并以加性效应为主。有研究显示，大豆脂肪酸含量的遗传涉及主效基因和多个微效基因，控制亚麻酸合成的主效基因遗传率较低，而与油酸、亚油酸、硬脂酸和棕榈酸合成相关的主效基因遗传率均在 70%以上。而大豆中的高油酸含量是由于脂肪酸去饱和酶（FAD）基因的突变引起的（Hoshino et al., 2010）。

大豆脂肪酸合成路径中的主要碳源为葡萄糖，合成过程中的主要催化酶为脂肪酸合酶（FAS）与乙酰 CoA 羧化酶。首先葡萄糖在细胞质中生成丙酮酸等糖代谢产物，然后丙酮酸直接被转运至质体或在线粒体中先合成苹果酸再转运至质体。随后，在丙酮酸脱氢酶（PDH）作用下生成乙酰 CoA，在乙酰 CoA 羧化酶（ACCase）催化下形成丙二酸单酰 CoA（malonyl-CoA）。最后，丙二酸单酰 CoA 在脂肪酸合酶催化下进行连续的聚合反应。其中的丙二酰基与酰基载体蛋白（ACP）结合，并作为脂肪酸合成的碳供体，以每次循环增加两个碳原子的频率合成酰基碳链，碳链与 ACP 结合，直到合成含有酰基载体蛋白的两种饱和脂肪酸 16:0-ACP 和 18:0-ACP，后者在硬脂酰-ACP 去饱和酶（SAD）的催化下生成 18:1-ACP。在脂酰-ACP 硫酯酶（FAT）催化下，脂肪酸从 ACP 上释放出来，最终在酰基转移酶作用下脂肪酸合成停止。终止后不同长度的碳链酰基载体蛋白，在酰基 CoA 合酶的作用下形成酰基 CoA，并从质体转移至内质网或胞质中（Heppard et al., 1996；Yadav et al., 1996；Rahman et al., 1997）。

在乙酰 CoA 作用下，乙酰 CoA 羧化酶生成丙二酸单酰 CoA，这是脂肪酸合成的第一步，是脂肪酸合成调控的关键位点之一（Ohlrogge，1994）。丙二酸单酰 CoA 由三个亚基组成：生物素羧化酶（BC）、生物素羧基载体蛋白（BCCP）和羧基转移酶（CT），只有当这三个亚基聚合成寡聚酶时其才显示生物活性。已有研究证明，在大肠杆菌中，提高乙酰 CoA 羧化酶活性可促进脂肪酸合成（Pidkowich et al.，2007）。脂肪酸去饱和酶的作用是催化脂肪酸链特定位置形成双键。其可以分为两大类：第一类是在引入第一个双键之前起作用，仅有硬脂酰-ACP 去饱和酶这一种；第二类是在形成甘油酯之后起作用，如 *FAD2*、*FAD3* 等（Ohlrogge et al.，1979）。

Haun 等（2014）通过对脂肪酸去饱和酶家族基因的定点突变，获得两个基因 *FAD2-1A* 和 *FAD2-1B* 的突变，这显著改变了大豆种子中的脂肪酸组分，将油酸由 20% 提高至 80%，亚油酸由 50% 降至 4%。Pham 等（2010）将 *FAD2-1A* 和 *FAD2-1B* 两个等位基因突变相累加，显著提高了大豆籽粒中的油酸含量（高达 80%）。此外，从大豆中克隆出的脂肪酸合酶相关基因还包括：催化乙酰 CoA 羧化生成丙二酰 CoA 的 *ACC* 基因、催化丙二酰 ACP 缩合形成棕榈酰 ACP 的 *KAS I* 基因、催化棕榈酰 ACP 延伸生成硬脂酰的 *KAS II* 基因、催化乙酰 CoA 生成丙二酰 ACP 的 *KAS III* 基因、释放自由脂肪酸和 ACP 的 *Fat B* 基因、对饱和脂肪酸起去饱和作用的 *SACPD* 基因及催化不饱和脂肪酸去饱和的 FAD 酶基因等（Dehesh et al.，1996）。

Bilyeu 等（2003）从低亚麻酸含量的大豆品种中成功克隆了 3 个基因：*Gm FAD3A*、*Gm FAD3B* 和 *Gm FAD3C*，它们均与低亚麻酸含量相关的。Heppard 等（1996）曾报道两个编码油酸脱氢酶的基因 *Gm FAD2-1* 和 *Gm FAD2-2*，并提出 *FAD2-2* 基因控制大豆油中的 PUFA 含量，且在种子中特异表达。

综上所述，生育酚生物合成途径中，关键酶为尿黑酸植酸转移酶、MPBQ 甲基转移酶、生育酚环化酶及 γ-TMT。脂肪酸生物合成途径中，关键酶为脂肪酸合酶与乙酰 CoA 羧化酶。异黄酮生物合成途径中，关键酶为查耳酮合酶、查耳酮还原酶、查耳酮异构酶及异黄酮合酶。

2.2.2　花生

花生（*Arachis hypogaea*）属豆科，一年生草本植物，是世界重要的油料作物之一。花生素有"长生果""植物肉""素中之荤""绿色牛乳"等诸多美称，是公认的健康食品，在世界各地广泛栽培。我国是花生生产、加工与消费大国，其产量常年稳居世界首位（占全球总产量的 40%），2022 年花生产量为 1832.94 万 t（国家统计局，2023）。在花生加工方面，花生油产量也稳居世界首位（周垂钦等，2009），2016 年花生油产量为 316 万 t（张雯丽和许国栋，2018）。在我国，由于花生消费需求旺盛，其产量已不能满足市场需求，因此我国由世界第四花生出口国逐渐成为花生进口大国，2016 年花生进口量为 50 万 t。由此可知，花生产业是关系我国国计民生的重要产业。我国花生主要种植在亚热带和寒温带地区，其中黄淮、东南沿海、长江流域是三片相对集中的主产区，尤其以河南、山东、河北、广东、安徽、四川、广西等省区最为集中。

花生营养丰富，是优质油脂与蛋白质的重要来源之一，还含有丰富的维生素 E、矿物质（尤以钾、磷含量最高），以及丰富的白藜芦醇和 β-谷固醇（王强，2013）。此外，研究表明，花生具有平衡膳食及预防肥胖症、糖尿病和心脑血管疾病等多种保健功效（于淼等，2013）。因此，适量食用花生有利于维护人体健康。

目前，我国花生加工水平较落后，不能有效推动与支撑花生消费。花生加工落后体现在两方面：第一，产能分布不合理，产品技术含量低。我国花生加工方式以榨油为主（占消费利用的 49%左右）；20%～30%的花生用于食品加工，其中直接煮食、炒食、作馅料占相当大的比例。我国花生的加工产品较少，高附加值、深加工产品更少。而在发达国家，花生主要以加工系列消费食品为主，占 60%左右，仅有 15%的花生用于榨油（娄正等，2015）。第二，加工技术落后，产品品质较差。以花生制油为例，目前，热榨是主流加工方式，占花生油加工量的 95%，该方式虽然具有工艺简单、技术成熟等优点，但高温加热会造成蛋白质变性，使营养价值降低，影响功能特性，从而导致花生原料利用率降低（徐同成等，2014）。因此，有必要开展相关研究提升花生加工产业的技术水平。

大量研究表明，食品原料组成特性会显著影响加工产品的品质。在花生原料组成特性对花生产品影响的研究中，前人对适宜加工凝胶型蛋白质、溶解型蛋白质及花生油等花生专用品种的 DNA 进行简单序列重复（SSR）标记测定，初步分析了 SSR 标记结果与加工特性之间的相关关系，发现了专用品种 DNA 指纹图谱及其与凝胶性、溶解性的关系（王强，2013）。我国花生资源丰富，2011 年我国种质库共保存花生品种 6075 份（王丽等，2011），随着从国外引进与自主培育，我国种质库持有的花生品种持续增加。不同品种花生的组成差异明显，以高油酸花生为例，其油酸含量要远高于普通花生品种。因此花生原料的加工适宜性评价需要进一步补充与发展，才能跟上时代发展，从而科学指导花生加工，并为花生育种提供方向。因此，本研究采用国内常见的 49 个花生品种，开展花生加工适宜性研究，以期为花生加工提供理论依据与参考。

2.2.2.1　花生原料特性

1）花生外观特性

花生粒型、红衣色泽、百粒重、尺寸、形态、气味是衡量花生外观特性的重要指标。正常的无霉变、无破损的不同品种花生籽粒在形态与气味上无明显差别，而其他指标有明显差别。因此，本研究对 49 种花生（图 2.8）开展了花生粒型、红衣色泽、百粒重、尺寸的相关分析。

目前，花生粒型主要有普通型、龙生型、珍珠豆型、中间型和多粒型。收集到的 49 种花生中，多粒型有 2 种（二粒红、四粒红），龙生型有 7 种（豫花 40、白沙 1016、白沙 308、308、商花 5 号、青花 6 号、花育 42），珍珠豆型有 2 种（花育 23、小白沙），其余均为普通型。

花生红衣色泽方面，L^*、a^*、b^*总体分布见图 2.9 至图 2.11，其 L^*、a^*、b^*分别为 41.64±5.43、20.03±3.13、23.23±5.04。黑花生品种的 L^*、a^*、b^*均显著低于普通花生，造成花生红衣色泽分布图并不连续。有研究表明，花生红衣颜色差异与红衣中黄酮和黄

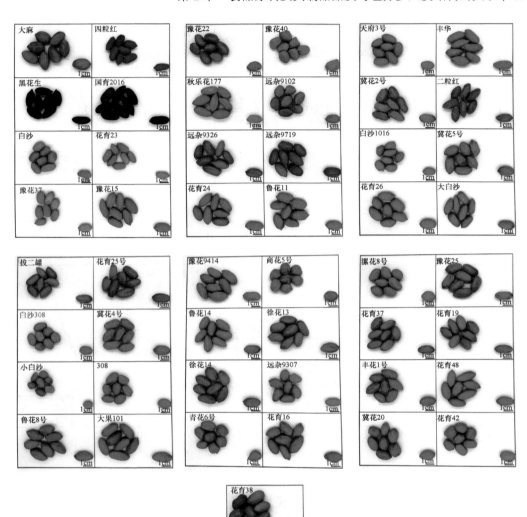

图 2.8　49 种花生外观特征

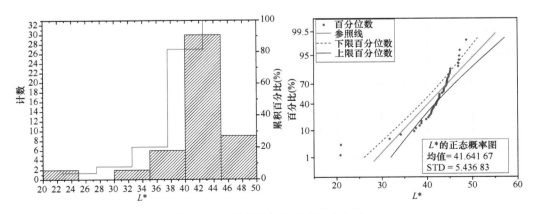

图 2.9　49 种花生红衣亮度值分布图

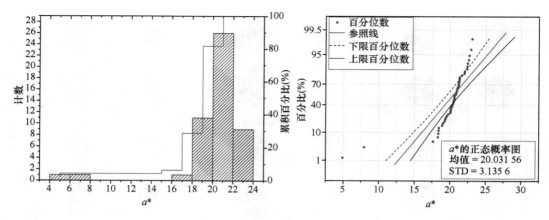

图 2.10　49 种花生红衣红绿值分布图

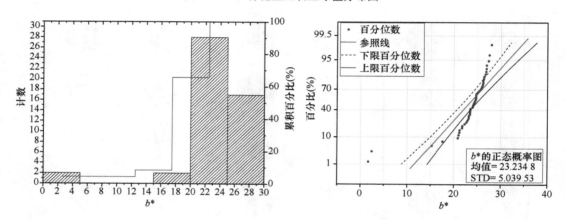

图 2.11　49 种花生红衣黄蓝值值分布图

酮醇生物合成途径中莰菲醇、槲皮素、杨梅素和芦丁 4 种差异代谢物的表达差异有关（图 2.12）。莰菲醇在颜色较深的黑花生红衣中代谢旺盛，而杨梅素和槲皮素则在颜色较浅的花生红衣中代谢旺盛，合成量较多（贾聪等，2019）。

花生百粒重与尺寸分布情况见表 2.51，花生的百粒重、长、宽、高分别为 79.11g±12.26g、17.99mm±2.42mm、10.20mm±1.54mm、8.49mm±0.59mm。不同品种的花生质量与尺寸差异显著，百粒重最小的品种是花育 23（珍珠豆型），百粒重最大的品种是大麻。从变异系数上分析，不同品种花生的质量与尺寸差异较大。

2）花生理化特征

花生主要由脂肪、蛋白质、糖类组成，同时含有维生素 E、甾醇、白藜芦醇、矿物质等组分。由表 2.52 和表 2.53 可知，粗脂肪、粗蛋白、总糖是花生的第一、第二、第三组分，三者变化幅度分别为 43.70%～56.05%、19.44%～27.90%、11.22%～25.83%，上述变化范围与前人研究结果一致。由变异系数可知，花生各组分差异较大，这预示不同花生性质差异显著，具有广泛的代表性，从而有利于筛选出适宜加工成不同产品的专用品种。

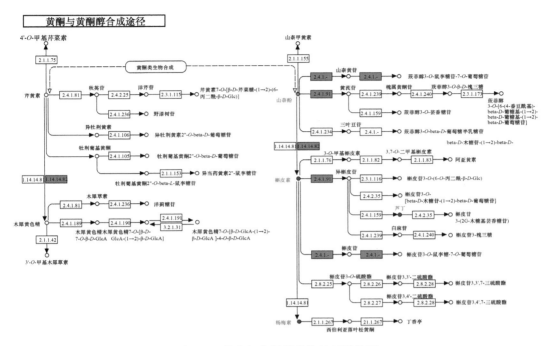

图 2.12　花生红衣差异代谢物途径通路图

表 2.51　花生百粒重与尺寸描述性分析

因子	变化范围	均值	变异系数（%）	中位数
百粒重（g）	50.08～98.52	79.11±12.26	15.49	80.60
长（mm）	13.46～22.61	17.99±2.42	13.44	18.67
宽（mm）	7.52～18.81	10.20±1.54	15.08	10.10
高（mm）	6.94～9.50	8.49±0.59	6.90	8.56

表 2.52　49 种花生基本成分（%）

	粗蛋白	粗脂肪	水分	灰分	总糖
豫花 15	19.47	54.70	6.08	2.92	16.83
豫花 22	20.17	53.67	6.50	2.69	16.97
豫花 40	24.23	50.00	6.36	2.78	16.63
秋乐花 177	23.40	52.30	6.09	2.20	16.01
远杂 9102	22.63	48.17	6.92	2.91	19.37
远杂 9326	19.70	52.63	6.21	2.25	19.21
远杂 9719	21.17	51.17	5.88	2.20	19.58
花育 23	20.16	47.00	6.91	2.01	23.92
花育 24	26.06	47.80	5.89	2.37	17.88
鲁花 11	24.34	49.50	5.29	2.41	18.46
天府 3 号	20.03	49.10	5.65	2.64	22.58
丰华	22.07	45.40	6.08	2.36	24.09
四粒红	27.19	46.00	5.98	2.15	18.68
冀花 2 号	24.33	50.50	8.49	2.39	14.29
二粒红	21.46	46.00	8.88	2.27	21.39

续表

	粗蛋白	粗脂肪	水分	灰分	总糖
白沙 1016	25.32	48.50	6.59	2.45	17.14
冀花 5 号	20.83	49.60	6.17	2.19	21.21
花育 26	24.39	49.00	5.49	2.37	18.75
大白沙	21.15	51.60	5.96	2.31	18.98
拔二罐	27.60	53.50	5.41	2.27	11.22
黑花生	25.74	48.00	8.91	2.36	14.99
白沙	20.94	49.60	8.75	2.74	17.97
花育 25 号	22.52	43.80	5.49	2.36	25.83
白沙 308	23.72	47.40	5.64	2.65	20.59
冀花 4 号	22.63	47.40	6.04	2.54	21.39
国育 2016	22.58	48.10	5.43	2.33	21.56
小白沙	24.61	47.00	5.32	2.54	20.53
308	19.44	49.40	5.95	2.84	22.37
鲁花 8 号	22.80	43.70	6.21	2.29	25.00
大果 101	20.40	48.40	6.35	2.84	22.01
豫花 9414	22.80	49.20	6.49	2.46	19.05
大麻	27.90	45.60	6.52	2.21	17.77
豫花 37	23.20	47.40	6.23	2.48	20.69
商花 5 号	25.30	52.20	4.96	2.40	15.14
鲁花 14	26.40	50.70	5.21	2.40	15.29
徐花 13	24.60	52.40	5.06	2.40	15.54
徐花 14	25.20	51.00	5.17	2.40	16.23
远杂 9307	25.40	50.90	5.26	2.30	16.14
青花 6 号	25.90	50.70	4.00	2.40	17.00
花育 16	25.40	50.80	5.11	2.60	16.09
漯花 8 号	24.90	49.30	5.18	2.20	18.42
豫花 25	25.60	47.30	5.49	2.50	19.11
花育 37	23.60	53.70	4.84	2.40	15.46
花育 19	24.80	49.90	5.48	2.50	17.32
丰花 1 号	23.80	48.80	5.26	2.50	19.64
冀花 20	23.30	56.05	4.35	2.50	13.80
花育 48	24.80	48.70	5.02	2.40	19.08
花育 42	27.40	50.60	5.13	2.40	14.47
花育 38	24.90	50.20	5.50	2.50	16.90

表 2.53 49 种花生基本成分描述性分析表（%）

因子	变化范围	均值	变异系数	中位数
粗脂肪	43.70~56.05	49.48	5.37	49.40
粗蛋白	19.44~27.90	23.60	9.68	23.80
总糖	11.22~25.83	18.54	16.58	18.46
水分	4.00~8.91	5.94	17.59	5.88
灰分	2.01~2.92	2.44	8.27	2.40

　　分析花生中脂肪与蛋白质发现（图 2.13），花生油脂和蛋白质主要集中在 47%～52% 和 23%～26%，脂肪含量最高的品种为冀花 20，最低的是鲁花 8 号；蛋白质含量最高的品种为大麻，最低的是 308。分析花生灰分与糖类发现（图 2.14），多数花生品种灰分集中在 2.20%～2.65%，糖类集中在 16%～20%。

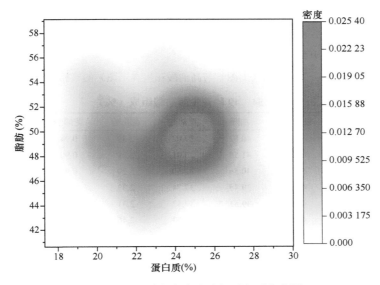

图 2.13　49 种花生中脂肪与蛋白质分布图

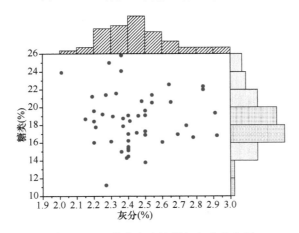

图 2.14　49 种花生中糖类与灰分分布图

（1）花生脂肪

　　花生脂肪酸主要由棕榈酸、硬脂酸、油酸等 8 种脂肪酸组成，另外还有微量的棕榈油酸、亚麻酸等（刘玉兰等，2012；郑畅等，2014），典型花生脂肪酸的气相图谱见图 2.15，主要脂肪酸测定结果见表 2.54 和表 2.55。尽管不同品种花生的脂肪酸组成存在明显差异，尤其是高油酸花生（任小平等，2011），但油酸与亚油酸构成花生脂肪酸的主体，占到总量的 80% 以上，两者的分布情况见图 2.16。

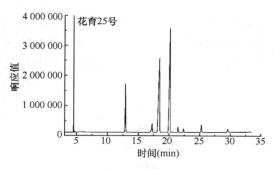 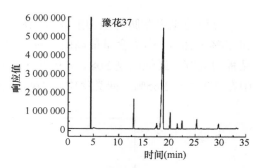

图 2.15　普通花生（上图）与高油酸花生（下图）的气相色谱图

表 2.54　49 种花生脂肪酸组成（%）

	棕榈酸	硬脂酸	油酸	亚油酸	花生酸	花烯酸	山嵛酸	二十四烷酸
豫花 15	10.45	4.70	40.82	37.02	2.39	0.94	2.25	1.43
豫花 22	10.90	4.53	41.55	35.41	2.29	0.90	2.49	1.93
豫花 40	9.44	5.13	40.56	37.50	2.29	0.95	2.56	1.57
秋乐花 177	10.31	4.43	39.45	37.74	2.33	1.05	2.69	2.00
远杂 9102	10.47	4.39	39.51	37.52	2.31	1.07	2.63	2.10
远杂 9326	10.19	4.58	40.82	36.53	2.46	1.00	2.67	1.75
远杂 9719	10.07	4.65	40.02	37.59	2.34	1.02	2.44	1.87
花育 23	10.04	2.67	49.28	31.06	1.33	1.25	2.87	1.49
花育 24	10.10	2.74	49.18	30.98	1.37	1.26	2.89	1.49
鲁花 11	10.39	3.54	50.76	30.49	1.35	0.69	1.79	0.99
天府 3 号	10.89	3.05	46.54	33.10	1.45	0.99	2.71	1.27
丰华	12.07	3.48	40.01	38.12	1.54	0.88	2.67	1.22
四粒红	10.15	3.80	38.13	40.38	1.61	1.12	3.31	1.50
冀花 2 号	11.94	3.82	41.76	37.37	1.44	0.68	2.09	0.89
二粒红	12.19	2.84	37.96	40.64	1.40	0.96	2.67	1.35
白沙 1016	11.16	4.64	39.63	37.93	1.83	0.75	2.92	1.15
冀花 5 号	11.67	3.74	42.25	36.83	1.50	0.72	2.26	1.03
花育 26	10.93	3.57	48.55	32.28	1.31	0.68	1.78	0.89
大白沙	11.04	4.30	40.97	37.79	1.71	0.74	2.38	1.08
拔二罐	10.97	4.64	42.47	35.60	1.88	0.76	2.57	1.11
黑花生	11.71	3.56	40.07	38.04	1.57	0.89	2.71	1.45
白沙	11.13	4.90	42.46	35.12	1.83	0.71	2.76	1.08
花育 25 号	11.18	3.31	38.44	40.79	1.47	0.90	2.59	1.32
白沙 308	10.36	5.57	43.22	34.44	2.01	0.66	2.70	1.03
冀花 4 号	12.25	3.27	39.83	39.17	1.40	0.74	2.28	1.07
国育 2016	11.63	3.65	41.06	38.26	1.45	0.71	2.14	1.11
小白沙	12.21	3.60	37.98	39.64	1.58	0.87	2.87	1.25
308	9.65	6.12	43.40	34.31	2.18	0.64	2.69	1.02
鲁花 8 号	12.01	2.96	49.21	34.19	0.00	0.00	1.63	0.00
大果 101	11.51	3.66	48.93	29.29	1.57	0.81	2.80	1.43
豫花 9414	10.81	3.36	47.15	32.61	1.47	0.79	2.49	1.31
大麻	11.71	4.14	41.59	36.81	0.00	1.68	2.60	1.47
豫花 37	5.67	3.08	84.20	3.71	0.53	1.03	1.59	0.18
商花 5 号	10.90	4.93	42.69	35.32	1.92	0.33	2.81	1.10

续表

	棕榈酸	硬脂酸	油酸	亚油酸	花生酸	花烯酸	山嵛酸	二十四烷酸
鲁花 14	11.66	3.52	39.07	40.63	1.58	0.00	2.82	0.72
徐花 13	11.76	3.86	39.29	39.25	1.53	0.73	2.40	1.18
徐花 14	11.80	2.96	41.38	42.07	0.60	0.39	0.81	0.00
远杂 9307	12.72	3.85	38.79	38.92	1.56	0.72	2.36	1.08
青花 6 号	10.57	5.59	44.08	33.24	2.13	0.64	2.85	0.91
花育 16	11.99	3.68	40.80	37.02	1.62	0.71	2.68	1.35
漯花 8 号	11.81	3.16	35.81	42.32	1.39	1.02	3.06	1.43
豫花 25	12.07	2.82	41.81	41.56	0.52	0.46	0.76	0.00
花育 37	11.79	3.99	41.51	37.29	1.46	0.70	2.41	0.86
花育 19	11.79	3.08	42.28	41.76	0.47	0.00	0.62	0.00
丰花 1 号	11.93	3.69	40.21	37.45	1.43	0.84	2.51	1.12
冀花 20	12.77	3.85	38.16	39.56	1.38	0.72	2.45	1.09
花育 48	10.90	3.43	48.13	32.60	1.49	0.40	2.45	0.61
花育 42	12.23	4.51	45.78	36.10	0.55	0.30	0.53	0.00
花育 38	12.15	4.29	40.23	37.60	1.65	0.70	2.47	0.90

表 2.55　49 种花生脂肪酸组成描述性分析表（%）

因子	变化范围	均值	变异系数	中位数
棕榈酸	5.67～12.77	11.14	10.27	11.18
硬脂酸	2.67～6.12	3.91	20.34	3.74
油酸	35.81～84.20	43.02	16.27	41.38
亚油酸	3.71～42.32	36.14	15.74	37.37
花生酸	0.00～2.46	1.52	38.13	1.53
花烯酸	0.00～1.68	0.77	40.99	0.74
山嵛酸	0.53～3.31	2.38	25.83	2.56
二十四烷酸	0.00～2.10	1.11	46.36	1.11

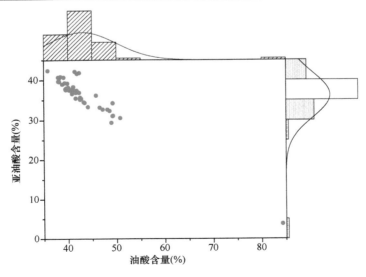

图 2.16　49 种花生中亚油酸与油酸分布图

采用主成分法分析普通花生的主成分，前 4 个主成分累计贡献率可达到 96.60%，其第一、第二、第三、第四主成分的线性方程如下：

$$Z_1=-0.301\,325C_1+0.274\,732C_2-0.305\,508C_3+0.200\,595C_4+0.482\,67C_5+0.323\,646C_6+0.347\,526C_7+0.491\,59C_8\quad(-3.362\,3\leqslant Z_1\leqslant 2.751\,5)$$

$$Z_2=0.509\,356C_1-0.065\,896C_2-0.561\,996C_3+0.605\,494C_4-0.085\,003C_5-0.185\,007C_6+0.066\,301C_7-0.088\,904C_8\quad(-2.985\,0\leqslant Z_2\leqslant 2.417\,6)$$

$$Z_3=0.121\,341C_1-0.622\,237C_2+0.069\,565C_3+0.015\,354C_4-0.362\,488C_5+0.561\,473C_6+0.306\,983C_7+0.228\,328C_8\quad(-2.890\,2\leqslant Z_3\leqslant 2.971\,9)$$

$$Z_4=-0.119\,863C_1+0.241\,717C_2+0.021\,626C_3-0.069\,368C_4-0.214\,103C_5-0.098\,706C_6+0.807\,682C_7-0.462\,594C_8\quad(-1.115\,6\leqslant Z_4\leqslant 1.499\,6)$$

式中，$C_1\sim C_8$ 分别是棕榈酸、硬脂酸、油酸、亚油酸、花生酸、花烯酸、山嵛酸、二十四烷酸含量。

（2）花生蛋白

花生贮藏蛋白中约 10% 为水溶性蛋白，其余 90% 为盐溶性蛋白，主要由花生球蛋白、伴球蛋白 I 和 II 组成，其中花生蛋白主要由 4 个亚基组成，分子量分别为 23.5kDa、35.5kDa、37.5kDa、40.5kDa；伴球蛋白 I 由 3 个亚基组成，分子量分别为 15.5kDa、17kDa、18kDa，而伴球蛋白 II 由大小为 61kDa 的亚基组成（杜寅等，2013；Wang et al.，2014）。49 种花生蛋白的 SDS-PAGE 图见图 2.17 至图 2.19，电泳条带分布情况与前人研究结果基本一致（杜寅等，2013）。

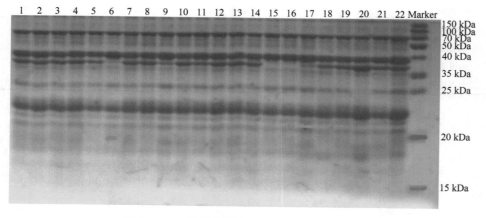

图 2.17　49 种花生蛋白 SDS-PAGE 图（一）

1-花育 23；2-花育 24；3-鲁花 11；4-天府 3 号；5-丰华；6-四粒红；7-冀花 2 号；8-二粒红；9-白沙 1016；10-冀花 5 号；11-花育 26；12-大白沙；13-拔二罐；14-黑花生；15-白沙；16-花育 25 号；17-白沙 308；18-冀花 4 号；19-国育 2016；20-小白沙；21-308；22-鲁花 8 号

由图 2.20 可知，花生球蛋白、伴球蛋白 I 和 II 在不同品种间含量与组成差异明显，不同花生品种之间花生球蛋白/伴球蛋白比值差异较大（1.01±0.16）。前人研究发现，不同花生蛋白功能特性有显著差异，如刘岩等（2013）对球蛋白及伴球蛋白乳化性的研究表明，伴球蛋白的乳化活性指数显著高于球蛋白的乳化活性指数；与花生蛋白组分相比，碱性条件下伴球蛋白的乳化活性指数更高，界面吸附蛋白质浓度更大；伴球蛋白乳液短

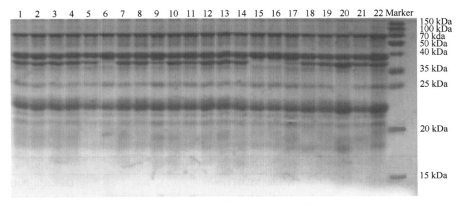

图 2.18　49 种花生蛋白 SDS-PAGE 图（二）

1-大果 101；2-大麻；3-花育 48；4-花育 16；5-鲁花 14；6-商花 5 号；7-豫花 9414；8-花育 19；9-徐花 13；10-徐花 14；11-青花 6 号；12-濮花 8 号；13-豫花 25；14-丰花 1 号；15-远杂 9307；16-花育 37；17-花育 38；18-花育 42；19-冀花 20；20-豫花 37；21-豫花 15；22-豫花 22

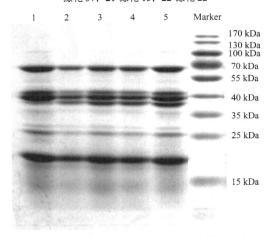

图 2.19　49 种花生蛋白 SDS-PAGE 图（三）

1-远杂 9719；2-远杂 9326；3-远杂 9102；4-秋乐花 177；5-豫花 40

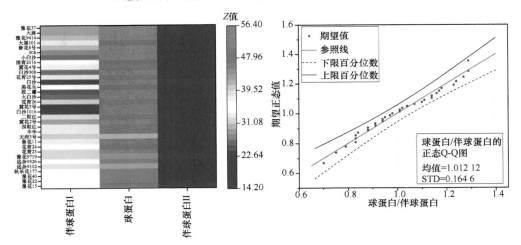

图 2.20　花生球蛋白、伴球蛋白 I 和 II 分布与球蛋白/伴球蛋白图

期内的絮凝和聚结指数更低，乳液稳定性更高（王颖佳等，2019）。因此，上述花生蛋白在功能特性上也有较大差别，为筛选出适宜加工不同产品的花生品种奠定了原料基础。

截至目前，搜索 protein information resource（PIR，蛋白信息资源）发现已解析的花生球蛋白、伴球蛋白共 19 个，具体见表 2.56。相关蛋白质的氨基酸序列与空间结果，可以采用 SWISS-MODEL 进行拟合，举例见图 2.21。

表 2.56　花生中球蛋白与伴球蛋白的信息表

Protein AC/ID	Protein Name	Length	UniRef50
P04149/ARA5_ARAHY	Arachin 25kDa protein	201	UniRef50_P04149
P20780/ARA1_ARAHY	Arachin 21kDa protein	176	UniRef50_P20780
Q647H2/AHY3_ARAHY	Arachin Ahy-3 precursor	484	UniRef50_P11828
A0A2R9ZPY0/A0A2R9ZPY0_ARAHY	Arachin Ahy-2	460	UniRef50_A0A2R9ZPY0
A1DZF0/A1DZF0_ARAHY	Arachin 6	529	UniRef50_B5TYU1
A1DZF1/A1DZF1_ARAHY	Arachin 7（Fragment）	207	UniRef50_Q8LL03
B5TYU1/B5TYU1_ARAHY	Arachin Arah3 isoform	530	UniRef50_B5TYU1
E9LFE8/E9LFE8_ARAHY	11S arachin（Fragment）	260	UniRef50_E9LFE8
E9LFE9/E9LFE9_ARAHY	11S arachin	256	UniRef50_E9LFE9
E9LFF0/E9LFF0_ARAHY	11S arachin（Fragment）	171	UniRef50_Q7M211
Q5I6T2/Q5I6T2_ARAHY	Arachin Ahy-4	531	UniRef50_B5TYU1
Q647H3/Q647H3_ARAHY	Arachin Ahy-2	537	UniRef50_B5TYU1
Q647H4/Q647H4_ARAHY	Arachin Ahy-1	536	UniRef50_B5TYU1
E9LFE7/E9LFE7_ARAHY	7S conarachin（Fragment）	141	UniRef50_A0A2K3KYP3
G0Y6W7/G0Y6W7_ARAHY	Conarachin	300	UniRef50_G0Y6W7
Q647H1/Q647H1_ARAHY	Conarachin	662	UniRef50_Q647H1
Q6PSU3/Q6PSU3_ARAHY	Conarachin（Fragment）	580	UniRef50_P43238
Q6PSU4/Q6PSU4_ARAHY	Conarachin（Fragment）	428	UniRef50_A0A1J7G5F6
Q6PSU6/Q6PSU6_ARAHY	Conarachin（Fragment）	303	UniRef50_P02855

注：Protein AC/ID 表示在 PIR 数据库中的蛋白质编号；Protein Name 表示蛋白质名称；Length 表示组成蛋白质的氨基酸个数；UniRef50 表示 uniprot 数据库中编号

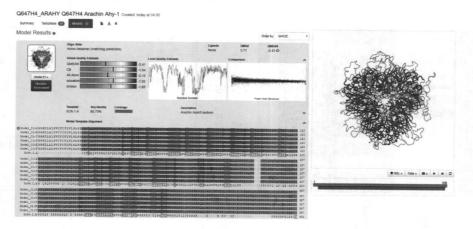

图 2.21　花生球蛋白 Arachin Ahy-1（Q647H4_ARAHY）分子结构
资料来源：https://www.uniprot.org/uniprotkb/Q647H4/entry?version=*

本研究分析 49 种花生蛋白的氨基酸组成发现（图 2.22），谷氨酸、天冬氨酸、精氨酸是花生中含量前三的氨基酸，三者之和约占总氨基酸的 45%，甲硫氨酸、色氨酸、苏氨酸含量是花生中含量后三位的氨基酸，三者之和约占总氨基酸的 4%。甲硫氨酸、酪氨酸、色氨酸含量在不同品种花生间差异较大（变异系数大于 8%），其他氨基酸的变异系数较小，这表明不同品种花生蛋白的一级结构差异较小，组成花生的蛋白质种类基本一致。以品种为控制变量，分析不同氨基酸间的相关系数发现（表 2.57），天冬氨酸与谷氨酸（r=0.766，P<0.01）、天冬氨酸与组氨酸（r=-0.690，P<0.01）、缬氨酸与精氨酸（r=-0.601，P<0.01）、甘氨酸与赖氨酸（r=0.665，P<0.01）存在极显著相关性。

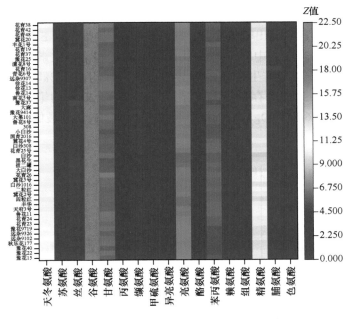

图 2.22　49 种花生的氨基酸含量分布图

表 2.57　花生氨基酸相关性分析

	天冬氨酸	苏氨酸	丝氨酸	谷氨酸	甘氨酸	丙氨酸	缬氨酸	异亮氨酸	亮氨酸	苯丙氨酸	赖氨酸	组氨酸	精氨酸	脯氨酸	色氨酸
天冬氨酸	1	-0.158	0.480**	0.766**	-0.381*	-0.434*	-0.307	-0.269	-0.483**	0.565**	-0.348	-0.690**	-0.052	-0.164	
苏氨酸		1	0.489**	-0.165	0.079	0.279	0.199	0.236	0.227	0.176	0.227	-0.064	-0.506**	-0.135	
丝氨酸			1	0.327	-0.106	-0.229	-0.383	-0.158	-0.203	0.313	-0.045	-0.555**	-0.239	-0.295	
谷氨酸				1	-0.408*	-0.458**	-0.143	-0.201	-0.428*	0.396*	-0.297	-0.534**	-0.114	0.001	
甘氨酸					1	0.405*	0.239	0.097	0.191	0.004	0.665**	0.230	-0.362*	-0.344	
丙氨酸						1	0.358*	0.296	0.376*	-0.103	0.497**	0.552**	-0.421*	0.002	
缬氨酸							1	0.402*	0.381*	0.083	0.044	0.492**	-0.601**	0.299	
异亮氨酸								1	0.366*	-0.267	0.042	0.216	-0.190	0.379*	
亮氨酸									1	-0.473**	-0.052	0.510**	-0.299	-0.014	
苯丙氨酸										1	0.024	-0.448**	-0.440*	-0.187	

续表

	天冬氨酸	苏氨酸	丝氨酸	谷氨酸	甘氨酸	丙氨酸	缬氨酸	异亮氨酸	亮氨酸	苯丙氨酸	赖氨酸	组氨酸	精氨酸	脯氨酸
赖氨酸											1	0.004	−0.216	−0.377[*]
组氨酸												1	−0.197	0.213
精氨酸													1	0.108
脯氨酸														1

注：*表示在 0.05 水平上的相关显著性，**表示在 0.01 水平上的相关显著性

（3）花生维生素 E

不同花生仁中维生素 E 组成情况及具代表性维生素 E 液相色谱图见图 2.23 和表 2.58。由图可知，四种维生素 E 的出峰顺序为：δ-维生素 E、β-维生素 E、γ-维生素 E、α-维生素 E。由表 2.58 可知，花生中维生素 E 以 α-维生素 E 和 γ-维生素 E 为主，占花生总维生素 E 的 90%以上。花生维生素 E 的变异系数较大（均在 18%以上），这表明不同品种的花生在维生素 E 组成上存在较大差异。其中，国育 2016 的维生素 E 含量最高（维生素 E 总和为 17.96mg/100g），冀花 2 号的维生素 E 含量最低（维生素 E 总和为 9.10mg/100g）。

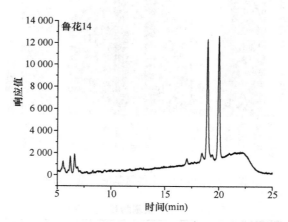

图 2.23　典型花生仁中维生素 E 的高效液相色谱图

表 2.58　49 种花生中维生素 E 含量描述性分析（mg/100g）

因子	变化范围	均值	变异系数（%）	中位数
α-维生素 E	3.96～9.48	6.5±1.35	20.73	6.32
β-维生素 E	0.21～0.78	0.49±0.15	31.79	0.45
γ-维生素 E	3.54～8.26	5.59±1.07	19.05	5.56
δ-维生素 E	0.11～0.92	0.34±0.17	49.05	0.31
总和	9.10～17.96	12.92±2.00	15.47	12.78

将维生素 E 转化为含量百分比，采用主成分分析发现，由前三个主成分即可累计 100%信息，以第一主成分（Z_1）、第二主成分（Z_2）、第三主成分（Z_3）的回归方程构建花生维生素 E 的指纹图谱：

$$Z_1=-0.705\,72C_1+0.132\,493C_2+0.695\,576C_3+0.024\,046C_4\quad(-3.250\,58\leqslant Z_1\leqslant 3.021\,65)$$

$$Z_2=-0.048\,194C_1-0.062\,309C_2-0.071\,403C_3+0.994\,332C_4\quad(-1.311\,35\leqslant Z_2\leqslant 2.968\,99)$$

$$Z_3=0.025\,975C_1+0.984\,945C_2-0.163\,03C_3+0.051\,273C_4\quad(-1.805\,01\leqslant Z_3\leqslant 2.982\,85)$$

式中，$C_1\sim C_4$ 分别是 α-维生素 E、β-维生素 E、γ-维生素 E、δ-维生素 E 占总维生素 E 的百分比。

（4）花生白藜芦醇

表 2.59 和表 2.60 中列出了 49 种不同品种花生中白藜芦醇（苷）的含量，由表可以看出，49 种花生中白藜芦醇（苷）总量范围为 0.12～18.43μg/g，平均含量为 6.48μg/g，不同品种的白藜芦醇含量差异较大，变异系数 0.79%，变幅为 18.31，含量最多的为花育 38，含量最少的是秋乐花 177 和冀花 5 号。其中，白藜芦醇和虎杖苷在所有花生品种中都有检出，白藜芦醇含量范围为 0.01～15.59μg/g，平均含量为 4.94μg/g，变异系数为 0.87%，变幅较大，为 15.58，含量最高的为花育 25 号；虎杖苷含量范围为 0.09～3.60μg/g，平均值为 0.66μg/g；顺式虎杖苷在大部分花生样品中检出，其含量范围为 0～3.17μg/g，平均值为 0.88μg/g。顺反式虎杖苷的种间差异较小，且顺反式虎杖苷在花生仁中的含量大部分低于白藜芦醇的含量。

表 2.59 不同花生品种中白藜芦醇（苷）的含量（μg/g）

样品名称	白藜芦醇	虎杖苷	顺式虎杖苷	总和
豫花 15	5.85	0.69	1.18	7.72
豫花 22	6.37	0.51	2.11	9.00
豫花 40	5.69	0.77	0.99	7.44
秋乐花 177	0.01	0.09	0.02	0.12
远杂 9102	8.72	0.44	1.10	10.26
远杂 9326	11.97	0.76	2.40	15.14
远杂 9719	5.18	0.32	1.57	7.06
花育 23	13.51	1.00	1.00	15.51
花育 24	2.13	0.96	1.56	4.65
鲁花 11	5.63	0.35	0.76	6.73
天府 3 号	0.25	0.27	0.02	0.53
丰华	1.01	0.32	0.32	1.65
四粒红	2.29	0.31	0.58	3.18
冀花 2 号	0.11	0.12	0.00	0.23
二粒红	0.93	0.09	0.02	1.04
白沙 1016	1.03	0.09	0.02	1.14
冀花 5 号	0.01	0.09	0.02	0.12
花育 26	2.16	0.32	0.65	3.13
大白沙	0.01	0.85	0.35	1.21
拔二罐	3.74	0.09	0.02	3.85
黑花生	3.49	0.10	0.02	3.60
白沙	3.41	0.41	0.65	4.47
花育 25 号	15.59	0.30	0.12	16.01

续表

样品名称	白藜芦醇	虎杖苷	顺式虎杖苷	总和
白沙 308	1.99	0.84	0.48	3.32
冀花 4 号	3.41	0.28	0.57	4.26
国育 2016	3.36	0.23	0.51	4.10
小白沙	14.64	0.67	2.70	18.01
308	4.34	1.37	1.19	6.91
鲁花 8 号	11.63	2.92	3.17	17.72
大果 101	1.08	0.33	0.36	1.77
豫花 9414	3.55	0.30	0.74	4.59
大麻	1.55	0.09	0.02	1.65
豫花 37	4.68	0.21	1.00	5.89
商花 5 号	1.13	0.33	0.29	1.76
鲁花 14	14.39	0.26	1.88	16.53
徐花 13	5.45	0.29	1.98	7.72
徐花 14	3.39	0.09	0.02	3.50
远杂 9307	3.26	0.40	0.55	4.20
青花 6 号	6.70	1.58	0.64	8.92
花育 16	2.89	3.24	2.36	8.48
濮花 8 号	2.19	3.08	1.67	6.94
豫花 25	3.94	0.52	0.79	5.24
花育 37	5.96	3.60	1.53	11.08
花育 19	5.55	0.09	0.02	5.66
丰花 1 号	4.37	0.96	0.79	6.12
冀花 20	2.48	0.26	0.44	3.18
花育 48	7.24	0.44	1.02	8.70
花育 42	8.67	0.44	0.02	9.13
花育 38	15.07	0.49	2.87	18.43

表 2.60　不同花生品种中白藜芦醇（苷）含量描述性分析表（μg/g）

因子	变化范围	均值	变异系数（%）	中位数
白藜芦醇	0.01～15.59	4.94	0.87	3.55
虎杖苷	0.09～3.60	0.66	1.26	0.33
顺式虎杖苷	0.00～3.17	0.88	0.97	0.65
总和	0.12～18.43	6.48	0.79	5.24

（5）花生甾醇

本研究采用气相色谱-质谱法（GC-MS）检测发现，花生仁中有 4 种甾醇，分别是菜籽甾醇、豆甾醇、谷甾醇、羟基孕烯醇酮（图 2.24），花生甾醇含量热图见图 2.25。由图 2.24 和表 2.61 可知，由于甾醇是代谢次级产物，不同花生品种的甾醇含量与组成有明显差异，4 种甾醇的变异系数分别为 54.10%、76.88%、50.04%、118.86%，甚至某些花生品种不含甾醇（豫花 22、鲁花 8 号、冀花 4 号）。黑花生（国育 2016、黑花生）

的甾醇含量较高且甾醇种类齐全，具有较高的营养价值。

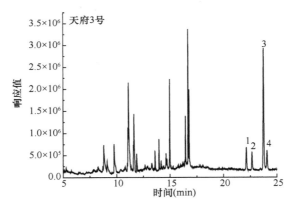

图 2.24　典型花生甾醇的 GC-MS 谱图
1-菜籽甾醇；2-豆甾醇；3-谷甾醇；4-羟基孕烯醇酮

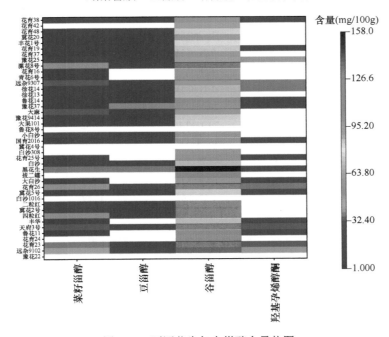

图 2.25　不同花生仁中甾醇含量热图

表 2.61　花生仁中甾醇含量统计表（mg/100g）

因子	菜籽甾醇	豆甾醇	谷甾醇	羟基孕烯醇酮
均值	23.60	17.67	73.21	13.67
标准差	12.77	13.59	36.63	16.25
变幅	0.00～46.21	0.00～51.15	0.00～157.52	0.00～49.38
变异系数（%）	54.10	76.88	50.04	118.86
中位数	25.57	22.64	71.31	0.00

2.2.2.2 花生制品品质

花生加工特性是指与制品品质密切相关的原料特性，如蛋白质、油脂含量、花生球蛋白/伴球蛋白、花生油酸/亚油酸等。目前，花生加工制品可以分成两大类，即花生蛋白与花生油。

花生油的评价指标主要包括酸价、过氧化值、不饱和脂肪酸含量等（刘玉兰等，2012）。本书采用溶剂浸提法提取油脂，评价油脂的脂肪酸组成、酸价、过氧化值、氧化诱导时间、色泽，具体见表 2.62 和表 2.63。

表 2.62 49 种花生原油的脂肪酸组成统计表

因子	变化范围	均值	变异系数（%）	中位数
棕榈酸（%）	5.67~12.77	11.14±1.14	10.27	11.18
硬脂酸（%）	2.67~6.12	3.91±0.80	20.34	3.74
油酸（%）	35.81~84.20	43.02±7.00	16.27	41.38
亚油酸（%）	3.71~42.32	36.14±5.69	15.74	37.37
花生酸（%）	0.00~2.46	1.52±0.58	38.13	1.53
花烯酸（%）	0.00~1.68	0.77±0.31	40.99	0.74
山嵛酸（%）	0.53~3.31	2.38±0.61	25.83	2.56
二十四烷酸（%）	0.00~2.10	1.11±0.51	46.36	1.11
SFA（%）	11.07~22.14	20.06±2.09	10.41	20.69
UFA（%）	77.86~88.93	79.92±2.10	2.62	79.27
PUFA（%）	3.70~42.32	36.14±5.69	15.74	37.37
MUFA（%）	36.83~85.23	43.78±7.02	16.02	41.82
UFA/SFA	3.52~8.04	4.06±0.73	18.09	3.82
O/L	0.85~22.72	1.60±3.09	192.71	1.10

注：O/L 为油酸与亚油酸比值

表 2.63 49 种花生原油的加工品质统计表

因子		变化范围	均值	变异系数（%）	中位数
酸价（mg/g）		0.24~12.82	3.56±2.46	69.09	3.31
过氧化值（meq/kg）		0.01~0.93	0.20±0.23	113.79	0.12
氧化诱导时间（h）		0.55~15.06	1.67±1.99	119.01	1.34
色泽	黄值（Y）	5.00~20.00	9.18±2.17	23.59	9.00
	红值（R）	0.10~0.90	0.42±0.25	58.80	0.30

注：1meq/kg=0.5mmol/kg=0.4mg/100g（李桂华，2006）

不同品种花生原油脂肪酸组成及含量如表 2.62 所示，花生原油中主要的脂肪酸有 8 种，分别是棕榈酸（C16:0）、硬脂酸（C18:0）、油酸（C18:1）、亚油酸（C18:2）、花生酸（C20:0）、花生烯酸（C20:1）、山嵛酸（C22:0）、二十四烷酸（C24:0），其中，油酸与亚油酸是含量最高的两种脂肪酸，因此这两种脂肪酸对花生油及其他花生产品的品质影响较大。研究表明，在合理膳食条件下，食用中长链脂肪酸可显著降低高甘油三酯血症重症患者血液中的低密度脂蛋白胆固醇（LDL-C）和甘油三酯（TG）浓度，而对血液中胆固醇水平无显著影响（张月红等，2010）。花生脂肪中，以中、长链脂肪酸为主，对人体具有保健作用。

前人研究发现，O/L 也是衡量花生油加工类型的重要标准，当 O/L 低于 1.4 时，花生油中亚油酸含量较高，营养价值较高，但产品不耐贮藏；反之，O/L 高于 1.4 时，油酸含量较高，花生油贮藏稳定性好（王强，2013）。本研究中，O/L 大于 1.4 的品种有花育 23、花育 24、鲁花 11、天府 3 号、花育 26、鲁花 8 号、大果 101、豫花 9414、豫花37、花育 48。

由表 2.63 可知，不同品种花生加工产生的花生原油品质差异显著。按照《食品安全国家标准 植物油》（GB 2716—2018）和《花生油》（GB/T 1534—2017）规定，花生原油酸价应小于 3mg/g，过氧化值小于 0.25g/100g。豫花 15、豫花 22、豫花 40、秋乐花177、远杂 9102、远杂 9326、远杂 9719、花育 23、丰华、白沙 308、豫花 9414、豫花37、鲁花 14、远杂 9307、青花 6 号、花育 16、豫花 25、丰花 1 号、冀花 20、花育 48生产的油符合上述标准，适合加工花生油。此外，上述花生油的色泽均符合国标要求。

2.2.2.3　花生及其制品品质与组分多尺度结构的关联

本研究采用相关性分析证实，花生中亚油酸与油酸含量会显著影响花生油的品质（表 2.64）。其中，氧化诱导时间与亚油酸、油酸的相关系数为 -0.873 和 0.895，这表明，提高油酸含量、降低亚油酸含量有利于提高花生油的贮藏稳定性。同时，花生油黄值与氧化诱导时间的相关系数为 0.765，这可能是花生油黄值与类胡萝卜素有关，而类胡萝卜素也具有抗氧化作用，高黄值有利于增加氧化诱导时间。

不同亚基组成的蛋白质其功能性质差异显著，如花生球蛋白的热稳定性及变性的协同性要好于伴球蛋白。刘丽等（2016）通过选择不同亚基组成品种比较蛋白质功能性差异，并采用统计学方法分析花生品质与蛋白质溶解性、凝胶性的关系，得出 23.5kDa亚基与花生蛋白凝胶性显著相关，37.5kDa 亚基、23.5kDa 亚基、15.5kDa 亚基与花生蛋白溶解性显著相关。

2.2.2.4　花生油加工适宜性评价模型

本研究为考察花生适宜加工油脂的特性，将油脂加工分为加工特性和营养功能特性，其中加工特性包括产量、油脂稳定性，出油率与花生的脂肪含量有关，油脂稳定性与油酸、维生素 E、甾醇含量及黄值相关。油脂的营养功能特性主要受油脂的亚油酸、黄值（类胡萝卜素）、甾醇、维生素 E 的影响。

为综合考虑上述因素的影响，使用逼近理想解算法（TOPSIS）对花生品种进行排序时，采用等分法进行加权，总权重为 15，加工与营养各为 5，产量与稳定性各为 2.5，即油脂含量分配权重为 2.5，而在稳定性方面，油酸、维生素 E、甾醇、黄值的权重均为 0.625；在营养特性上，维生素 E、甾醇、黄值、亚油酸含量的权重均为 1.25。因此，油脂含量、油酸、亚油酸、维生素 E、甾醇、黄值的权重分别为 2.5、0.625、1.25、1.875、1.875、1.875。

表 2.64 花生脂肪酸与花生原油品质相关性分析

	酸价	过氧化值	氧化诱导时间	黄值	红值	棕榈酸	硬脂酸	油酸	亚油酸	花生酸	花烯酸	山嵛酸	二十四烷酸	SFA	UFA	PUFA	MUFA	UFA/SFA	O/L
酸价	1																		
过氧化值	-0.381**	1																	
氧化诱导时间	-0.184	-0.146	1																
黄值	-0.238	-0.100	0.765**	1															
红值	-0.056	-0.022	0.279	0.319*	1														
棕榈酸	0.276	-0.091	-0.794**	-0.659**	-0.245	1													
硬脂酸	-0.196	0.371**	-0.160	-0.065	-0.042	-0.169	1												
油酸	-0.052	-0.218	0.895**	0.702**	0.330*	-0.792**	-0.205	1											
亚油酸	0.114	0.178	-0.873**	-0.670**	-0.353*	0.808**	0.05	-0.966**	1										
花生酸	-0.377**	0.387**	-0.268	-0.200	-0.117	-0.025	0.651**	-0.373**	0.188	1									
花烯酸	-0.279	0.056	0.162	0.052	0.098	-0.158	-0.063	0.054	-0.166	-0.014	1								
山嵛酸	-0.053	-0.003	-0.199	-0.223	0.059	0.032	0.24	-0.279	0.077	0.549**	0.438**	1							
二十四烷酸	-0.281	0.25	-0.328*	-0.286	-0.009	0.16	0.239	-0.428**	0.231	0.587**	0.610**	0.761**	1						
SFA	-0.096	0.24	-0.661**	-0.536**	-0.158	0.488**	0.576**	-0.745**	0.552**	0.757**	0.135	0.679**	0.733*	1					
UFA	0.102	-0.243	0.659**	0.547**	0.161	-0.485**	-0.570**	0.743**	-0.548**	-0.757**	-0.143	-0.680**	-0.739**	-0.998**	1				
PUFA	0.114	0.178	-0.873**	-0.670**	-0.353*	0.808**	0.05	-0.966**	1**	0.188	-0.166	0.077	0.231	0.552**	-0.548**	1			
MUFA	-0.063	-0.215	0.899**	0.702**	0.333*	-0.796**	-0.207	0.999**	-0.970**	-0.373*	0.092	-0.261	-0.403*	-0.738**	0.736**	-0.97**	1		
UFA/SFA	0.004	-0.205	0.813**	0.649**	0.196	-0.623**	-0.474**	0.835**	-0.676**	-0.656**	-0.068	-0.598**	-0.666**	-0.969**	0.968**	-0.676**	0.830**	1	
O/L	-0.194	-0.111	0.987**	0.744**	0.261	-0.808**	-0.147	0.889**	-0.873**	-0.252	0.183	-0.174	-0.287	-0.644**	0.641**	-0.873**	0.894**	0.804**	1

注：*表示在 0.05 水平上的相关显著性，**表示在 0.01 水平上的相关显著性

利用 SAS9.2 软件并采用 TOPSIS 法对 49 种花生进行排序，分别将前 10 位花生品种归类为 1 类（优质的适宜加工油脂的品种）、排位 11～25 的花生品种为 2 类（良好的适宜加工油脂的品种）、排位 26～40 的花生品种为 3 类（一般的适宜加工油脂的品种）、排位 41～49 的花生品种为 4 类（不适宜加工油脂的品种）。将上述数据输入 SPSS 中，采用逐步贝叶斯判别分析，建立相应的判别函数，从而构建花生适宜加工油脂的模型（图 2.26）。

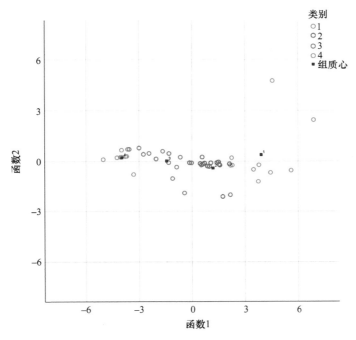

图 2.26　49 种花生适宜加工油脂的判别分类图

TOPSIS 法排序的具体结果见表 2.65。

表 2.65　采用 TOPSIS 法计算 49 种花生加工油脂的适宜性排序

样品	id	d_max	d_min	c	order	类别
花育 23	8	0.1549	0.4046	0.7231	1	1
远杂 9102	5	0.2312	0.429	0.6498	2	1
黑花生	21	0.2488	0.4185	0.6272	3	1
花育 26	18	0.2409	0.3607	0.5996	4	1
濮花 8 号	41	0.2509	0.3568	0.5871	5	1
豫花 37	33	0.2588	0.3607	0.5822	6	1
天府 3 号	11	0.2588	0.3599	0.5817	7	1
花育 19	44	0.2592	0.3151	0.5487	8	1
二粒红	15	0.2721	0.3146	0.5362	9	1
冀花 2 号	14	0.2668	0.3083	0.5361	10	1
徐花 14	37	0.2719	0.3111	0.5336	11	2

续表

样品	id	d_max	d_min	c	order	类别
远杂 9307	38	0.3046	0.3359	0.5244	12	2
四粒红	13	0.3089	0.335	0.5203	13	2
豫花 25	42	0.2792	0.3008	0.5186	14	2
小白沙	27	0.2868	0.2912	0.5038	15	2
冀花 5 号	17	0.2872	0.285	0.4981	16	2
徐花 13	36	0.2936	0.2827	0.4905	17	2
大麻	32	0.2928	0.2795	0.4884	18	2
花育 38	49	0.2955	0.2783	0.485	19	2
国育 2016	26	0.2983	0.2647	0.4702	20	2
鲁花 14	35	0.3052	0.2701	0.4695	21	2
白沙	22	0.3003	0.2612	0.4652	22	2
大果 101	30	0.2968	0.2531	0.4603	23	2
豫花 9414	31	0.2985	0.2542	0.4599	24	2
丰华	12	0.3104	0.2581	0.454	25	2
冀花 20	46	0.3251	0.251	0.4357	26	3
大白沙	19	0.3214	0.245	0.4326	27	3
花育 25 号	23	0.3319	0.2447	0.4244	28	3
花育 48	47	0.3248	0.2394	0.4243	29	3
丰花 1 号	45	0.3498	0.2555	0.4221	30	3
鲁花 11	10	0.3214	0.2252	0.412	31	3
花育 37	43	0.3479	0.2306	0.3986	32	3
花育 16	40	0.3526	0.214	0.3777	33	3
青花 6 号	39	0.3581	0.2006	0.359	34	3
白沙 308	24	0.3831	0.1963	0.3388	35	3
花育 42	48	0.3888	0.1967	0.336	36	3
拔二罐	20	0.3867	0.1905	0.33	37	3
冀花 4 号	25	0.4483	0.2182	0.3274	38	3
秋乐花 177	4	0.4416	0.2059	0.318	39	3
豫花 15	1	0.4433	0.1932	0.3035	40	3
远杂 9719	7	0.4448	0.1896	0.2989	41	4
豫花 40	3	0.4498	0.1878	0.2945	42	4
鲁花 8 号	29	0.4487	0.1756	0.2813	43	4
商花 5 号	34	0.4502	0.1761	0.2812	44	4
豫花 22	2	0.4512	0.1764	0.2811	45	4
白沙 1016	16	0.4545	0.1769	0.2802	46	4
308	28	0.4467	0.1715	0.2774	47	4
花育 24	9	0.418	0.1589	0.2754	48	4
远杂 9326	6	0.461	0.1657	0.2644	49	4

注：id 为进行 TOPSIS 时对花生样品的编号；d_max 为距理想最优解的距离；d_min 为距理想最劣值的距离；c 为相对接近程度；order 为位次。下同

在此基础上，对上述结果进行判别分析，其主要分析结果见表 2.66。

表 2.66　判别函数的特征值

函数	特征值	方差百分比（%）	累计百分比（%）	典型相关性
1	7.706	98.8	98.8	0.941
2	0.096	1.2	100.0	0.296
3	0.000	0	100	0.013

由表 2.66 可知，判别分析构建了 3 个维度的判别函数，其中第一个判别函数解释了所有变异的 98.8%，第二函数解释了 1.2%的变异。由表 2.67 可知 4 类重心在空间中的坐标位置，计算出各观测值的具体坐标位置后，根据它们与各重心的距离来计算分类，可获得 4 个类别的贝叶斯判别函数式：

1 类=−144.531+8.721×维生素 E+0.508×甾醇+7.122×黄值

2 类=−104.361+7.814×维生素 E+0.411×甾醇+5.848×黄值

3 类=−77.787+6.981×维生素 E+0.316×甾醇+5.164×黄值

4 类=−58.066+6.196×维生素 E+0.224×甾醇+4.402×黄值

表 2.67　各类别间重心坐标

类别	判别函数		
	1	2	3
1	3.920	0.386	0.003
2	1.190	−0.402	0.006
3	−1.424	0.017	−0.018
4	−3.965	0.213	0.017

由表 2.68 可知，通过构建贝叶斯辨别模型，对原有花生品种进行辨别，正确率达到 85.7%，主要的错误分类出现在将 3 个 1 类品种分到 2 类中和 1 个 3 类品种划分到 2 类中，但上述错误分类基本不影响对花生适宜加工油脂的预测，且对不适宜加工品种的判别正确率达到 100%，因此本花生品种适宜加工油脂的评价模型建立成功。

表 2.68　适宜油脂加工品种的贝叶斯判别分析结果的留一法验证

	类别	预测组成员信息				总计
		1.00	2.00	3.00	4.00	
原始	计数					
	1.00	7	3	0	0	10
	2.00	0	15	0	0	15
	3.00	0	1	11	3	15
	4.00	0	0	0	9	9
	该类别所占百分比（%）					
	1.00	70.0	30.0	0.0	0.0	100.0
	2.00	0.0	100.0	0.0	0.0	100.0
	3.00	0.0	6.7	73.3	20.0	100.0
	4.00	0.0	0.0	0.0	100.0	100.0

类别		预测组成员信息				总计
		1.00	2.00	3.00	4.00	
交叉验证 [a]	计数					
	1.00	7	3	0	0	10
	2.00	0	15	0	0	15
	3.00	0	4	8	3	15
	4.00	0	0	0	9	9
	该类别所占百分比（%）					
	1.00	70.0	30.0	0.0	0.0	100.0
	2.00	0.0	100.0	0.0	0.0	100.0
	3.00	0.0	26.7	53.3	20.0	100.0
	4.00	0.0	0.0	0.0	100.0	100.0

a. 仅针对分析中的个案进行交叉验证。在交叉验证中，每个个案都由那些该个案以外的所有个案派生的函数进行分类

2.2.2.5 花生蛋白加工适宜性评价模型

花生蛋白的应用受其功能特性的影响，蛋白质的功能特性分为水溶、凝胶与界面三大类。因此，分别建立适宜加工成为水溶、凝胶与界面的 49 种花生品种排序。基于花生球蛋白对于花生蛋白持水性呈显著正相关，伴球蛋白 I 与蛋白质溶解性呈显著正相关，伴球蛋白 II 与蛋白质乳化能力呈显著正相关。在建立适宜水溶型花生蛋白产品的模型时，考察蛋白质含量（加工特性）、8 种必需氨基酸含量（营养特性）、伴球蛋白 I 含量（加工特性），它们的权重：蛋白质为 2.5、8 种必需氨基酸为 0.625、伴球蛋白 I 为 2.5。采用 SAS9.2 软件进行 TOPSIS 排序，分别将前 16 位花生品种归为 1 类（适宜加工水溶型花生蛋白的品种），排位 17～33 的花生品种为 2 类（基本适宜加工水溶型花生蛋白的品种），排位在 34～49 的花生品种为 3 类（不适宜加工水溶型花生蛋白的品种）。将上述数据输入 SPSS 中，采用逐步贝叶斯判别分析，建立相应的判别函数，从而构建花生适宜加工水溶型蛋白的模型（图 2.27）。同理，构建花生适宜加工凝胶型花生蛋白、界面型花生蛋白的模型（图 2.28、图 2.29）。

TOPSIS 法排序的具体结果见表 2.69。

在此基础上，对上述结果进行判别分析，其主要分析结果见表 2.70。

由表 2.70 可知，判别分析构建了 2 个维度的判别函数，其中第一个判别函数解释了所有变异的 98.2%，第二函数解释了 1.8%的变异。由表 2.71 可知 3 类重心在空间中的坐标位置，计算出各观测值的具体坐标位置后，根据它们与各重心的距离来计算分类，可获得 3 个类别的贝叶斯判别函数式：

$$1 \text{类} = -2683.805 + 59.666\text{PC} + 361.649\text{Thr} + 744.122\text{Met} + 668.509\text{Trp} + 88.515\text{PS1}$$
$$2 \text{类} = -2488.520 + 57.448\text{PC} + 349.712\text{Thr} + 715.733\text{Met} + 641.861\text{Trp} + 85.159\text{PS1}$$
$$3 \text{类} = -2325.456 + 55.547\text{PC} + 338.823\text{Thr} + 694.499\text{Met} + 623.815\text{Trp} + 81.830\text{PS1}$$

式中，PC 为花生蛋白含量；PS1 为花生伴球蛋白 I 含量。

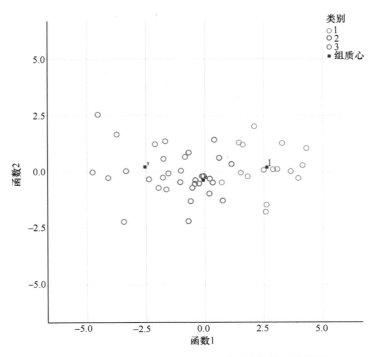

图 2.27　49 种花生适宜加工水溶型蛋白的辨别分类图

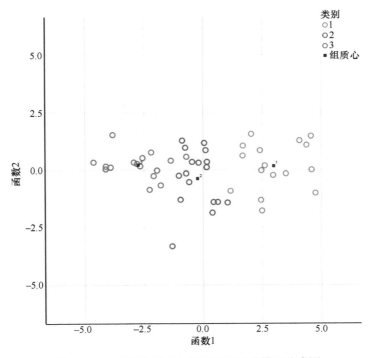

图 2.28　49 种花生适宜加工凝胶型蛋白辨别分类图

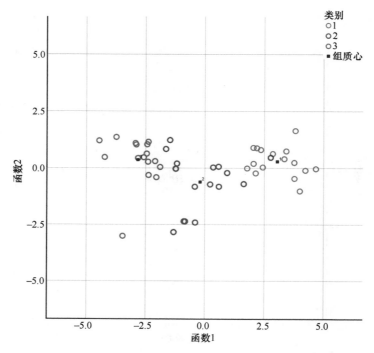

图 2.29 49 种花生适宜加工界面型蛋白辨别分类图

表 2.69 适宜加工水溶型花生蛋白的花生品种排序

样品	id	d_max	d_min	c	order	类别
豫花 40	3	0.0698	0.1336	0.6568	1	1
远杂 9719	7	0.0777	0.1434	0.6486	2	1
花育 25 号	23	0.0763	0.1371	0.6425	3	1
花育 26	18	0.0838	0.1451	0.6339	4	1
冀花 2 号	14	0.0802	0.1292	0.617	5	1
秋乐花 177	4	0.0794	0.1277	0.6166	6	1
白沙 308	24	0.0808	0.1276	0.6123	7	1
白沙	22	0.0955	0.1449	0.6027	8	1
鲁花 14	35	0.0901	0.1324	0.5951	9	1
拔二罐	20	0.0931	0.1345	0.5909	10	1
白沙 1016	16	0.0879	0.1231	0.5834	11	1
远杂 9102	5	0.0903	0.1256	0.5818	12	1
鲁花 11	10	0.0967	0.126	0.5658	13	1
花育 42	48	0.0993	0.1263	0.5598	14	1
黑花生	21	0.0944	0.1195	0.5587	15	1
花育 24	9	0.0956	0.1197	0.556	16	1
四粒红	13	0.0998	0.1245	0.5551	17	2
大果 101	30	0.0986	0.1223	0.5536	18	2
商花 5 号	34	0.0986	0.1206	0.5502	19	2
徐花 13	36	0.0912	0.1106	0.5481	20	2
花育 19	44	0.0921	0.1113	0.5472	21	2

续表

样品	id	d_max	d_min	c	order	类别
丰华	12	0.0989	0.1189	0.5459	22	2
豫花 25	42	0.0945	0.1133	0.5452	23	2
徐花 14	37	0.0927	0.1104	0.5436	24	2
冀花 20	46	0.1026	0.1204	0.5399	25	2
冀花 5 号	17	0.1032	0.1209	0.5395	26	2
花育 37	43	0.0945	0.1098	0.5374	27	2
鲁花 8 号	29	0.104	0.1187	0.533	28	2
天府 3 号	11	0.1082	0.1211	0.5281	29	2
豫花 37	33	0.0992	0.1109	0.5278	30	2
大麻	32	0.1089	0.1204	0.5251	31	2
豫花 22	2	0.1051	0.1159	0.5244	32	2
花育 38	49	0.1028	0.1125	0.5225	33	2
青花 6 号	39	0.1016	0.1085	0.5164	34	3
二粒红	15	0.1101	0.1161	0.5133	35	3
花育 48	47	0.1028	0.1063	0.5084	36	3
308	28	0.1129	0.1147	0.504	37	3
花育 16	40	0.1052	0.105	0.4995	38	3
远杂 9307	38	0.1123	0.1118	0.4989	39	3
豫花 9414	31	0.1082	0.1042	0.4906	40	3
国育 2016	26	0.1115	0.1072	0.4902	41	3
大白沙	19	0.1125	0.1067	0.4868	42	3
小白沙	27	0.1183	0.1095	0.4807	43	3
远杂 9326	6	0.1205	0.1099	0.477	44	3
丰花 1 号	45	0.1164	0.1014	0.4656	45	3
冀花 4 号	25	0.1238	0.1017	0.451	46	3
漯花 8 号	41	0.1202	0.0969	0.4463	47	3
花育 23	8	0.1282	0.0992	0.4362	48	3
豫花 15	1	0.1489	0.1144	0.4345	49	3

表 2.70　适宜加工水溶型花生蛋白判别函数的特征值

函数	特征值	方差百分比（%）	累计百分比（%）	典型相关型
1	4.645	98.2	98.2	0.907
2	0.083	1.8	100.0	0.277

表 2.71　适宜加工水溶型花生蛋白各类别组质心坐标

类别	判别函数	
	1	2
1.00	2.625	0.194
2.00	−0.078	−0.383
3.00	−2.542	0.213

由表 2.72 可知，通过构建贝叶斯辨别模型，对原有花生品种进行辨别，正确率达到

93.9%，主要的错误分类出现在将 1 个 1 类品种分到 2 类中和 2 个 3 类品种分到 2 类中，基本可以有效将适宜加工水溶型花生蛋白的花生品种进行筛选。

表 2.72　适宜加工水溶型花生蛋白品种的贝叶斯判别分析结果的留一法验证

		类别	预测组成员信息			总计
			1.00	2.00	3.00	
原始	计数	1.00	15	1	0	16
		2.00	0	17	0	17
		3.00	0	2	14	16
	该类别所占百分比（%）	1.00	93.8	6.2	0.0	100.0
		2.00	0.0	100.0	0.0	100.0
		3.00	0.0	12.5	87.5	100.0
交叉验证	计数	1.00	15	1	0	16
		2.00	1	16	0	17
		3.00	0	3	13	16
	该类别所占百分比（%）	1.00	93.8	6.2	0.0	100.0
		2.00	5.9	94.1	0.0	100.0
		3.00	0.0	18.8	81.2	100.0

同理，依次构建适宜加工凝胶型花生蛋白的品种筛选模型与适宜加工界面型花生蛋白的品种筛选模型（表 2.73 至表 2.78）。

表 2.73　适宜加工凝胶型花生蛋白判别函数的特征值

函数	特征值	方差百分比（%）	累计百分比（%）	典型相关性
1	5.727	98.7	98.7	0.923
2	0.078	1.3	100.0	0.268

表 2.74　适宜加工凝胶型花生蛋白各类别组质心坐标

类别	判别函数	
	1	2
1.00	2.984	0.172
2.00	−0.231	−0.369
3.00	−2.739	0.221

表 2.75　适宜加工凝胶型花生蛋白品种的贝叶斯判别分析结果的留一法验证

		类别	预测组成员信息			总计
			1.00	2.00	3.00	
原始	计数	1.00	15	1	0	16
		2.00	0	17	0	17
		3.00	0	2	14	16
	该类别所占百分比（%）	1.00	93.8	6.2	0.0	100.0
		2.00	0.0	100.0	0.0	100.0
		3.00	0.0	12.5	87.5	100.0

交叉验证		类别	预测组成员信息			总计
			1.00	2.00	3.00	
	计数	1.00	15	1	0	16
		2.00	0	15	2	17
		3.00	0	2	14	16
	该类别所占百分比（%）	1.00	93.8	6.2	0.0	100.0
		2.00	0.0	88.2	11.8	100.0
		3.00	0.0	12.5	87.5	100.0

表 2.76　适宜加工界面型花生蛋白判别函数的特征值

函数	特征值	方差百分比（%）	累计百分比（%）	典型相关性
1	6.039	96.6	96.6	0.926
2	0.215	3.4	100.0	0.421

表 2.77　适宜加工界面型花生蛋白各类别组质心坐标

类别	判别函数	
	1	2
1.00	3.053	0.291
2.00	−0.211	−0.615
3.00	−2.828	0.363

表 2.78　贝叶斯判别分析适宜界面型花生蛋白加工品种结果的留一法验证

原始		类别	预测组成员信息			总计
			1.00	2.00	3.00	
	计数	1.00	16	0	0	16
		2.00	2	13	2	17
		3.00	0	0	16	16
	该类别所占百分比（%）	1.00	100.0	0.0	0.0	100.0
		2.00	11.75	76.5	11.75	100.0
		3.00	0.0	0.0	100.0	100.0
交叉验证	计数	1.00	16	0	0	16
		2.00	2	13	2	17
		3.00	0	0	16	16
	该类别所占百分比（%）	1.00	100.0	0.0	0.0	100.0
		2.00	11.75	76.5	11.75	100.0
		3.00	0.0	0.0	100.0	100.0

获得 3 个类别适宜凝胶型花生蛋白加工的贝叶斯判别函数式：

1 类=−2815.384+78.683PC+328.046Thr+552.959Met+641.355Trp+25.374PS2

2 类=−2577.728+75.289PC+314.995Thr+529.370Met+615.429Trp+24.198PS2

3 类=-2409.274+72.502PC+306.530Thr+513.423Met+591.233Trp+23.450PS2

式中，PC 为花生蛋白含量；PS2 为花生球蛋白含量。

由表 2.75 可知，构建的适宜加工凝胶型蛋白的模型的准确性为 93.9%，错误的案例是将原有的 1 类样品划分到 2 类中和将 2 个 3 类样品划分到 2 类中，基本可以有效地对花生品种进行科学预测。

获得 3 个类别适宜界面型花生蛋白加工的贝叶斯判别函数式：

1 类=-787.592+224.254Leu+3.014PS3

2 类=-729.677+220.875Leu+0.898PS3

3 类=-756.105+228.280Leu-0.924PS3

式中，PS3 为花生伴球蛋白Ⅱ含量。

由表 2.78 可知，构建的适宜加工界面型蛋白的模型的准确性为 91.8%，错误的案例是将原有的 2 个 2 类样品划分到 1 类中和将 2 个 2 类样品划分到 3 类中，基本可以有效地对花生品种进行科学预测。

2.2.2.6 花生乳加工适宜性评价模型

以花生品种的基本组分及加工成花生乳的出品率、沉淀率、乳析指数和风味特性为评价指标，进行 TOPSIS 排序后，采用 Logistic 回归时，将排名前 15 位的花生品种定义为 1（适宜花生加工），排名 31~45 的花生品种定义为 0（不适宜花生加工）。采用 SPSS 中的二元 Logistic 回归，由于变量较多，采用向前递推法，将步进概率设置为 0.1、移除概率设置为 0.15 后进行预测，结果如表 2.79 所示。

表 2.79 模型系数的 Omnibus 检验

		卡方	自由度	显著性
步骤 1	步长	6.151	1	0.013
	块	6.151	1	0.013
	模型	6.151	1	0.013
步骤 2	步长	3.644	1	0.056
	块	9.796	2	0.007
	模型	9.796	2	0.007
步骤 3	步长	4.944	1	0.026
	块	14.740	3	0.002
	模型	14.740	3	0.002

由表 2.79 可知，整个向前递推过程中，模型能显著保持。

由表 2.80 可知，硬脂酸、谷氨酸、异亮氨酸是具有统计学意义的变量（P 分别为 0.023、0.012、0.047），获得的 Logistic 回归方程如下：

$$\ln[P/(1-P)]=157.282+1.707×硬脂酸-4.711×谷氨酸-18.066×异亮氨酸$$

预测结果统计表与对照表分别见表 2.81 与表 2.82。

表 2.80　**Logistic 回归方程中变量的统计学意义**

		B	标准误差	瓦尔德值	自由度	显著性	Exp（B）	EXP（B）的 95%置信区间	
								下限	上限
步骤 1[a]	谷氨酸	-2.884	1.283	5.053	1	0.025	0.056	0.005	0.691
	常量	61.988	27.583	5.050	1	0.025	8.334×10^{26}		
步骤 2[b]	硬脂酸	0.995	0.558	3.186	1	0.074	2.705	0.907	8.068
	谷氨酸	-3.366	1.441	5.453	1	0.020	0.035	0.002	0.582
	常量	68.473	30.405	5.072	1	0.024	5.461×10^{29}		
步骤 3[c]	硬脂酸	1.707	0.753	5.141	1	0.023	5.514	1.261	24.124
	谷氨酸	-4.711	1.877	6.299	1	0.012	0.009	0.000	0.356
	异亮氨酸	-18.066	9.092	3.948	1	0.047	0.000	0.000	0.781
	常量	157.282	61.453	6.550	1	0.010	2.027×10^{68}		

注：a. 在步骤 1 输入的变量：谷氨酸；b. 在步骤 2 输入的变量：硬脂酸；c. 在步骤 3 输入的变量：异亮氨酸。B 为各变量系数；瓦尔德值为对模型中回归系数（包括常数项）是否为 0 进行的假设检验统计量；Exp（B）表示 e 的 B 次方。空白格表示常数值无上下限

表 2.81　**Logistic 回归方程预测结果统计表** [a]

			预测		
实测			适合		正确百分比
			0.00	1.00	
步骤 1	适合	0.00	10	5	66.7
		1.00	5	10	66.7
	总体百分比				66.7
步骤 2	适合	0.00	11	4	73.3
		1.00	5	10	66.7
	总体百分比				70.0
步骤 3	适合	0.00	11	4	73.3
		1.00	3	12	80.0
	总体百分比				76.7

a. 分界值为 0.500

表 2.82　**采用 Logistic 回归的分类结果与原始结果对照表**

编号	品种	原始分类	预测概率	预测分类
23	花育 25 号	1	0.4623	0
7	远杂 9719	1	0.9170	1
2	豫花 22	1	0.6517	1
5	远杂 9102	1	0.7357	1
33	豫花 37	1	0.4407	0
43	花育 37	1	0.8565	1
18	花育 26	1	0.3135	0
48	花育 42	1	0.6777	1
24	白沙 308	1	0.9869	1
22	白沙	1	0.9790	1

编号	品种	原始分类	预测概率	预测分类
42	豫花 25	1	0.7634	1
19	大白沙	1	0.7244	1
3	豫花 40	1	0.6420	1
29	鲁花 8 号	1	0.9150	1
6	远杂 9326	1	0.6516	1
41	濮花 8 号	0	0.1072	0
9	花育 24	0	0.1092	0
13	四粒红	0	0.1423	0
37	徐花 14	0	0.0553	0
44	花育 19	0	0.7526	1
28	308	0	0.6037	1
26	国育 2016	0	0.2251	0
12	丰华	0	0.2238	0
30	大果 101	0	0.9496	1
10	鲁花 11	0	0.0433	0
27	小白沙	0	0.0696	0
47	花育 48	0	0.3044	0
49	花育 38	0	0.5774	1
38	远杂 9307	0	0.0454	0
36	徐花 13	0	0.0741	0

2.3 果蔬原料及其制品品质与组分多尺度结构的关联

2.3.1 苹果

苹果属于蔷薇科（Rosaceae）苹果属（*Malus*），多为高大乔木或灌木，多年落叶果树。世界约有苹果属植物 35 种，主要分布在北温带，包括亚洲、欧洲和北美洲。有些种类是重要的水果来源，有些种类作为繁殖果树的砧木，还有些种类可供观赏之用。中国现有苹果属植物约 23 种，全国 29 个省、自治县、直辖市有分布。苹果是落叶果树中最重要的果树之一，也是世界上栽培面积最大、产量最多的果树。由于果实的营养价值高，又适宜加工，贮藏期长，便于远距离运输，可以周年供应，不受季节限制，为世界各国所重视。我国苹果品种资源丰富，种植范围广泛，典型产区包括辽宁、河北、山东、河南、山西、陕西、甘肃等 7 个苹果主产省和黑龙江、北京、宁夏、四川、云南、新疆等 6 个特色产区（王璇等，2018）。据联合国粮农组织（FAO）统计，2018 年全球苹果种植面积为 490.4 万 hm^2，面积排在前五位的是中国、印度、波兰、俄罗斯和土耳其；产量为 8614.2 万 t，产量排在前五位的是中国、美国、土耳其、波兰和意大利。2018 年中国苹果种植面积为 207.2 万 hm^2，产量为 3923.5 万 t，分别占世界种植总面积和总产量的 42.25%和 45.55%，居世界首位。

　　苹果富含单糖、有机酸、矿物质、维生素、多酚和多糖等物质，具有丰富的营养健康功能。世界上苹果主要生产国的苹果品质与消费模式存在差异，我国以鲜食为主，以富士为代表的鲜食品种占 65%以上，苹果鲜食占比 70%以上。苹果加工多为鲜食兼用的混杂品种，加工产品以浓缩汁为主，平均每年浓缩汁加工用原料在约 400 万 t，占比在 10%左右，其次少量用于干制等加工方式。然而，发达国家苹果加工比重约为 30%，远高于我国苹果加工比重（张彪，2018）。随着人们对食物营养品质的重视，非浓缩还原（not from concentrate，NFC）苹果汁需求不断增加，因此，苹果汁产品结构也逐渐发生转变。本书收集了我国苹果资源圃及苹果主产地的 210 个苹果品种，并对 206 个品种制汁、制干品质进行了系统分析和评价。

2.3.1.1　苹果原料特性

1）苹果感官特性

　　苹果感官品质是指苹果的外观特征，具体包括单果重、单果体积、果实密度、果实形状、果个大小、果形指数、果实硬度、果皮硬度、色泽（果皮、果肉）、香气等指标，其直接影响苹果的鲜食选购消费及商业利用。本书在归纳总结各品质指标国内外检测方法的基础上，优选测定指标和方法，对我国 161 个苹果品种的感官品质进行了测定并加以分析，初步明确了我国不同苹果品种的感官品质情况。

　　本研究测定的苹果感官指标包括单果重、单果体积、果实密度、果形指数、颜色（果皮和果肉的 $L*$、$a*$、$b*$值）和果皮硬度，并进行数据分析，结果见表 2.83。

表 2.83　161 个品种苹果感官品质分布

因子	平均值	变幅	极差	标准差	变异系数（%）
单果重（g）	123.66	38.43～267.97	229.54	38.02	30.75
单果体积（mL）	151.01	46.33～323.67	277.34	46.80	30.99
果实密度（g/mL）	0.82	0.71～0.92	0.21	0.04	4.71
果形指数	0.83	0.70～1.05	0.35	0.06	7.14
果皮颜色 $L*$	43.18	26.49～57.51	31.02	6.13	14.19
果皮颜色 $a*$	−0.46	−11.12～18.23	29.35	7.82	−1683.80
果皮颜色 $b*$	17.01	4.53～23.61	19.08	4.41	25.93
果肉颜色 $L*$	50.28	28.61～65.65	37.04	7.01	13.94
果肉颜色 $a*$	−1.77	−6.22～8.40	14.62	2.40	−135.86
果肉颜色 $b*$	32.21	13.61～52.72	39.11	7.00	21.74
果皮硬度（g/cm^2）	908.66	427.73～1522.96	1095.23	204.47	22.50

　　苹果感官品质指标在 161 个品种间表现不同程度的差异。其中果皮颜色 $a*$ 和果肉颜色 $a*$ 的变异系数均为较大的负值，分别为−1683.80%和−135.86%，说明果皮颜色 $a*$ 和果肉颜色 $a*$ 在品种间表现出很大的差异性（$a*$值为正时，值越大颜色越接近纯红色，$a*$值为负时，绝对值越大颜色越接近纯绿色）。单果重、单果体积、果皮颜色 $b*$ 和果肉颜

色 $b*$ 的变异系数相对较大，分别为 30.75%、30.99%、25.93% 和 21.74%，说明 161 个品种在单果重、单果体积、果皮颜色 $b*$ 和果肉颜色 $b*$ 指标间具有一定的差异性。果实密度和果形指数具有较小的变异系数，分别为 4.71% 和 7.14%，说明果实密度和果形指数在不同品种间表现出的差异不大。

2）苹果理化特性

苹果的理化营养品质是苹果内在的品质，与苹果的滋味、口感、营养功能等品质密切相关，具体包括粗纤维、粗脂肪、蛋白质、淀粉含量、pH、可滴定酸、可溶性固形物、可溶性糖、钾、钙、镁、苹果酸、维生素 C 和总酚等指标。本书在归纳总结苹果理化品质国内外检测方法的基础上，采用规范的测定方法对我国 161 个品种苹果的理化营养品质进行测定并加以分析，初步确定我国不同苹果品种的理化营养品质情况。

测定的鲜食苹果理化营养品质指标有粗纤维、粗脂肪、蛋白质、淀粉含量、pH、可滴定酸、可溶性固形物、可溶性糖、钾含量、钙含量、镁含量、苹果酸含量、固酸比、维生素 C 含量和总酚含量。本研究选取其中的粗纤维、钾、钙、镁、可溶性固形物、苹果酸含量、固酸比和维生素 C 数据进行分析，分布结果见表 2.84。

表 2.84　161 个品种理化营养品质分布

因子	平均值	变幅	极差	标准差	变异系数（%）
粗纤维（g/100g）	1.07	0.54~2.40	1.86	0.39	36.58
钾（mg/kg）	1005.00	375.32~1730.00	1354.68	199.93	19.89
钙（mg/kg）	67.92	17.01~132.12	115.11	22.22	32.71
镁（mg/kg）	54.15	14.53~138.12	123.59	15.96	29.48
可溶性固形物（%）	10.33	7.96~13.67	5.71	1.13	10.90
苹果酸（%）	0.61	0.20~1.32	1.12	0.23	37.36
固酸比	19.64	8.19~64.67	56.48	8.84	45.01
维生素 C（mg/100g）	3.35	0.20~18.57	18.37	2.28	68.03

理化品质指标在 161 个品种间存在不同程度的差异。其中维生素 C 含量、固酸比、苹果酸含量、粗纤维含量、钙含量、镁含量等品质指标变异系数较大，分别为 68.03%、45.01%、37.36%、36.58%、32.71% 和 29.48%，说明这些品质指标在 161 个品种间表现出较大的差异。钾含量和可溶性固形物含量品质指标变异系数相对较小，说明这 2 个品质指标在 161 个品种间的变化相对较小。

2.3.1.2　苹果制品品质

1）苹果汁（NFC 苹果汁）品质评价分析

苹果汁品质主要包括出汁率和褐变度。研究发现（表 2.85），用于制汁的 203 个苹果品种之间存在较大的出汁率和褐变度差异，苹果汁褐变度的变异系数达到 116.68%，说明各个品种制成的苹果汁褐变度差异非常大。出汁率最大的品种是未希生命，为 84.8%，最小的品种是克鲁斯，为 62.6%；褐变度最大的品种是芳明，为 1.11，最小的品种是奈罗 26 号、乔纳金、新世界和寒富，为 0.01。

表 2.85　苹果汁品质评价指标数据

因子	平均值	变幅	极差	标准差	变异系数（%）
出汁率（%）	75.5	62.6～84.8	22.2	3.7	4.9
褐变度	0.1	0.01～1.11	1.1	0.15	116.68

2）苹果脆片品质评价分析

苹果干制加工品质主要包括产出比、复水比及产品微观结构。

（1）苹果脆片产出比与复水比数据分析

本书对于 206 种苹果的脆片产出比和复水比进行了分析。由表 2.86 可知，产出比和复水比的变异系数分别为 14.50%和 22.38%，说明不同品种苹果制成脆片后，其产出比和复水比存在差异。苹果脆片产出比最高的品种是花丰，为 16.74%，产出比最低的品种是 Ⅱ10-15，为 6.70%；复水比最高的品种是双阳一号，为 4.74，最低的品种是新红，为 1.14。

表 2.86　苹果脆片品质评价指标数据（%）

因子	平均值	变幅	极差	标准差	变异系数
产出比	11.94	6.70～16.74	10.04	1.73	14.50
复水比	2.12	1.14～4.74	3.60	0.47	22.38

（2）苹果脆片微观结构表征

苹果在干制的过程中通常会发生皱缩，从而影响其外观和口感品质，因此，可采用压差处理，实现苹果片在干制过程中体积膨胀，并基于后续工艺实现定型。不同品种苹果脆片的体积膨胀效果不同，内在质构也表现出不同的微观结构图像。果实硬度越高脆片的膨化度越大，这可能是因为果实细胞较为致密的原料在膨化后随着水分的闪蒸，能够形成较为稳定的网状结构，表现为产品体积的增大且口感酥脆；不同品种苹果内部各物质含量有差异，不适合膨化加工的品种原料在抽真空的瞬间无法靠水分闪蒸将体积膨大，而在干燥过程中发生皱缩，其微观结构也未呈现出均匀多孔状。

2.3.1.3　苹果原料及其制品品质与组分多尺度结构的关联

苹果原料的组分决定了苹果原料的加工特性及制品品质，是其品质形成的物质基础。不同品种或等级原料的物质组分与结构不同，其加工特性及制品品质也不同。对不同品种苹果的物质基础、加工品质及制品品质开展系统研究，对推动我国苹果原料高效、高值利用具有重要意义。本研究采用变量因子分析、相关性分析及品质关联模型等数据统计方法，以明确原料及其制品品质与组分多尺度的关联。

1）苹果汁品质与组分的关联

将可滴定酸（TA）含量、可溶性固形物（TSS）含量、可溶性糖（SS）含量、固酸比（RTT）、糖酸比（RST）、单宁（Tn）含量、出汁率（JR）等 7 项指标纳入苹果汁品质适宜性评价指标考察范围，利用因子分析进行简化。因子分析结果显示，前 4 个因子的特征值均超过了 1，为主因子，所包含的信息量占总信息量的 95.18%（表 2.87）。其中，第 1 主因子的代表性指标（因子权重较大的指标）为可滴定酸含量、固酸比和糖酸比，定义为风味因子；第 2 主因子的代表性指标为可溶性固形物含量和可溶性糖含量，定义为营养因子；第 3 主因子的代表性指标为单宁含量，定义为加工因子 I（与鲜榨汁褐变和浑浊有关）；第 4 主因子的代表性指标为出汁率，定义为加工因子 II（与鲜榨汁产量有关）。在风味因子的 3 项代表性指标中，保留固酸比，其因子权重最大。在营养因子的 2 项代表性指标中，保留可溶性固形物含量，该指标不仅测定远较可溶性糖含量简单，其因子权重也大于可溶性糖含量。最终确定果实可溶性固形物含量、固酸比、单宁含量、出汁率等 4 项指标为苹果制汁适宜性评价指标，因此，影响苹果汁品质的原料物质基础是糖、可溶性多糖、有机酸等酸类和酚类物质。

表 2.87　4 个主因子的权重

指标	因子 1	因子 2	因子 3	因子 4
TA	−0.924	0.036	−0.177	−0.020
RTT	0.954	0.247	0.119	0.002
RST	0.932	0.284	0.131	0.015
TSS	0.177	0.948	0.028	0.029
SS	0.182	0.922	0.073	0.087
Tn	−0.213	−0.062	−0.972	−0.074
JR	0.011	0.070	0.069	0.995
特征值	2.740	1.900	1.019	1.005
方差贡献率（%）	39.140	27.140	14.550	14.350

2）苹果制干品质与组分的关联

本研究选定的用于苹果脆片加工适宜性评价的原料品质指标为：感官品质包括单果重（SFW）、体积（V）、密度（D）、果形指数（FSI）、果实硬度（FF）共 5 项指标，理化品质包括粗纤维（CF）、钾（K）、钙（Ca）、镁（Mg）、可溶性固形物（TSS）、水分含量（WC）、维生素 C、苹果酸（MA）共 8 项指标，加工品质包括果心大小（SC）、可食比（ER）、固酸比（SSC/MA）、褐变度（OD420）、果肉细胞大小（PC）共 5 项指标，共计 18 项品质指标。在此基础上对 206 个品种的苹果脆片核心指标与对应的原料指标进行相关性分析，结果发现，苹果脆片的产出比与苹果原料的可溶性固形物含量及钾含量呈极显著正相关，与镁含量、果实硬度、果形指数呈显著正相关，与水分含量和果肉褐变度呈显著负相关；对苹果脆片膨化度影响较为显著的因素主要有果实硬度和果肉褐变度等；苹果原料匀浆褐变度与除脆片 *L**值以外的其他核心指标都呈显著或极显著负相关，原料中粗纤维的含量能够显著影响苹果脆片的亮黄色，能够通过测定原料的粗纤维含量，以及匀浆后的褐变度推断适合加工苹果脆片的品种；此外，苹果原料的单果重与体积、可食比存在极显著相关性。基于品质指标相关性结果，可以采用易于检测的指标替代关联指标。采用主成分分析进一步筛选苹果制干品质核心指标，明确影响制干品质的物质基础。

由主成分分析得出各主成分的特征值、方差贡献率和相应的特征向量。由表 2.88 可知,以特征值 $\lambda>1$ 为标准,提取了前 7 个主成分,其方差累计贡献率为 72.514%,苹果原料各个指标的公因子方差提取效果较好,即提取了苹果原料各个指标的大部分信息(表 2.89)。

表 2.88　解释的总方差

成分	初始特征值			提取平方和载入			旋转平方和载入		
	合计	方差贡献率(%)	累计贡献率(%)	合计	方差贡献率(%)	累计贡献率(%)	合计	方差贡献率(%)	累计贡献率(%)
1	2.460	15.374	15.374	2.460	15.374	15.374	2.143	13.394	13.394
2	2.145	13.407	28.781	2.145	13.407	28.781	2.037	12.731	26.125
3	1.990	12.437	41.218	1.990	12.437	41.218	1.924	12.026	38.15
4	1.540	9.627	50.845	1.540	9.627	50.845	1.488	9.297	47.447
5	1.300	8.124	58.969	1.300	8.124	58.969	1.424	8.901	56.349
6	1.148	7.176	66.145	1.148	7.176	66.145	1.343	8.397	64.746
7	1.019	6.369	72.514	1.019	6.369	72.514	1.243	7.768	72.514
8	0.799	4.993	77.507						
⋮	⋮	⋮	⋮	⋮	⋮	⋮	⋮	⋮	⋮
16	0.101	0.632	100.000						

表 2.89　公因子方差

指标	初始	提取	指标	初始	提取
SFW	1	0.589	SSC	1	0.812
D	1	0.689	WC	1	0.774
FSI	1	0.755	Vc	1	0.644
FF	1	0.741	MA	1	0.895
CF	1	0.589	SC	1	0.704
K	1	0.605	SSC/MA	1	0.867
Ca	1	0.727	OD420	1	0.672
Mg	1	0.792	PC	1	0.747

注:提取方法采用主成分分析法

由表 2.90 可知,第一主成分综合了苹果原料的口感,主要综合了苹果酸含量和固酸比的信息,PC1 即口感因子;第二主成分综合了可溶性固形物、水分含量及钾含量的信息,PC2 即内在品质因子;第三主成分综合了钙含量、镁含量和单果重部分信息,PC3 即营养品质因子;第四主成分综合了粗纤维和褐变度的信息,PC4 即加工品质因子;第五主成分综合了果实硬度和果实密度的信息,PC5 即质构因子;第六主成分综合了果肉细胞大小和维生素 C 及单果重的部分信息,PC6 即加工内在因子;第七主成分综合了果形指数和果心大小的信息,PC7 即加工外在形态因子。综上所述,每个主成分中权重较高的品质指标即加工脆片用苹果原料核心指标,但是加工品质因子因其重要程度及粗纤维与褐变度的权重接近(分别为 0.721 和 0.734)保留为两者。苹果酸含量、可溶性固形物、单果重、粗纤维、褐变度、果实硬度、果肉细胞大小和果形指数 8 个指标即加工脆片用苹果原料核心指标，因此，影响苹果制干品质的物质基础是糖、可溶性多糖、苹果酸、粗纤维、酚类、氨基酸、果胶和矿物质。

表 2.90　旋转成分矩阵

	成分						
	1	2	3	4	5	6	7
SFW	0.165	−0.006	−0.605	−0.160	−0.110	0.365	−0.160
D	−0.165	−0.012	−0.009	−0.262	0.766	0.068	−0.037
FSI	−0.087	0.039	−0.085	0.126	0.037	0.303	0.793
FF	0.028	0.076	0.058	0.108	0.847	−0.040	0.006
CF	0.160	−0.058	−0.013	0.721	−0.042	−0.139	0.138
K	0.103	0.605	0.322	−0.314	−0.157	−0.019	0.043
Ca	0.045	−0.171	0.818	0.134	0.069	0.040	0.058
Mg	0.269	0.362	0.724	−0.106	−0.101	0.090	−0.189
TSS	−0.139	0.844	−0.142	−0.060	0.173	0.167	−0.004
WC	0.053	−0.850	0.022	−0.192	−0.021	0.105	0.010
维生素 C	0.449	0.112	−0.122	0.367	0.010	−0.417	0.325
MA	0.939	0.056	0.045	−0.018	−0.049	0.047	−0.061
SC	−0.041	−0.078	0.392	−0.051	−0.132	−0.363	0.625
SSC/MA	−0.898	0.204	−0.073	0.033	0.087	0.011	0.073
OD420	−0.239	0.045	0.231	0.734	−0.084	0.102	−0.057
PC	0.014	0.035	−0.045	−0.022	0.020	0.851	0.136

2.3.2　番茄

番茄是全球第二大重要的栽培蔬菜（Kalogeropoulos et al.，2012；Lenucci et al.，2013）。每年有数百万吨番茄被生产和加工成多种番茄产品，包括糊状、浓汤、罐装番茄、果汁和酱汁（Cuccolini et al.，2013）。大量食用番茄能有效减小心血管疾病等发生的概率（Sharoni et al.，2012）。这种效应主要是由其内部含有的氧化剂的不同化学性质引起的，如胡萝卜素（番茄红素及 β-胡萝卜素）、抗坏血酸及生育酚和酚类化合物（绿原酸、咖啡酸、阿魏酸和柚苷配基）（García-Valverde et al.，2013）。

2.3.2.1　番茄原料特性

1）番茄感官特性

从参试品种的果实性状可以看出，早熟品种和晚熟品种并无明显差异。在早熟品种中 PT-2 在纵径、果实耐压力和果重方面均为最高值。在晚熟品种中，PT-22 横径为最高值；PT-24 的纵径和果重为最高值；PT-40 的果实耐压力为最高值（表 2.91）。

表 2.91　不同品种果实性状

编号	纵径（mm）	横径（mm）	耐压力（N/果）	十果重（kg）	编号	纵径（mm）	横径（mm）	耐压力（N/果）	十果重（kg）
PT-1	6.36	5.36	64.90	1.10	PT-23	5.95	5.03	46.50	0.93
PT-2	6.70	5.31	68.60	1.19	PT-24	6.41	4.93	52.80	0.93
PT-3	6.01	5.07	64.20	0.97	PT-25	6.32	4.81	68.20	0.84
PT-4	5.74	4.88	62.90	0.82	PT-26	5.80	4.86	49.40	0.83
PT-5	6.27	5.03	60.80	0.95	PT-27	6.35	4.83	64.60	0.87
PT-6	6.15	5.16	64.90	0.95	PT-28	6.03	5.12	68.70	0.93
PT-7	5.06	4.39	43.20	0.59	PT-29	5.94	4.77	59.00	0.81
PT-8	5.84	5.18	49.40	1.04	PT-30	5.69	4.82	65.30	0.77
PT-9	5.52	4.67	45.20	0.78	PT-31	5.84	5.05	49.10	0.87
PT-10	5.64	5.07	49.50	0.83	PT-32	5.61	5.01	63.50	0.83
PT-11	5.42	4.75	51.40	0.73	PT-33	5.16	4.93	50.40	0.79
PT-12	5.99	4.78	57.40	0.81	PT-34	5.59	5.03	57.90	0.82
PT-13	5.81	4.74	67.90	0.76	PT-35	5.93	4.74	61.80	0.77
PT-14	5.51	4.43	40.90	0.65	PT-36	5.77	4.70	61.40	0.75
PT-15	5.59	4.37	50.50	0.67	PT-37	5.31	4.21	61.00	0.62
PT-16	6.01	4.56	55.20	0.81	PT-38	5.77	4.71	58.30	0.79
PT-17	5.64	4.68	60.00	0.76	PT-39	6.24	4.79	75.90	0.85
PT-18	5.46	4.54	62.60	0.66	PT-40	6.13	4.87	77.30	0.83
PT-19	5.71	4.74	58.20	0.79	PT-41	5.63	5.13	61.60	0.77
PT-20	5.76	4.88	59.10	0.80	PT-42	5.84	5.07	62.90	0.89
PT-21	6.14	4.69	62.80	0.83	PT-43	5.80	4.86	49.90	0.83
PT-22	6.02	5.16	48.00	0.85	PT-44	5.75	5.00	64.00	0.85

2）理化特性

（1）番茄糖类物质分析

a. 总糖分析

PT-1～PT-22 新鲜番茄样品的总糖略高于 PT-23～PT-44 品种，其中 PT-3 新鲜加工番茄样品总糖和还原糖含量最高，分别为 3.54g/100g 和 3.39g/100g，PT-32 新鲜加工番茄样品总糖和还原糖含量最低，分别为 1.80g/100g 和 1.66g/100g（表 2.92）。

表 2.92　番茄原料总糖及还原糖含量（g/100g）

番茄品种	总糖	还原糖
PT-1	2.64	2.59
PT-2	3.15	3.05
PT-3	3.54	3.39
PT-4	2.57	2.52
PT-5	3.31	3.28
PT-6	2.93	2.80
PT-7	2.86	2.81

番茄品种	总糖	还原糖
PT-8	2.58	2.48
PT-9	2.98	2.91
PT-10	2.51	2.38
PT-11	3.13	2.97
PT-12	2.61	2.46
PT-13	2.05	1.96
PT-14	2.94	2.83
PT-15	3.15	2.98
PT-16	3.20	3.00
PT-17	2.81	2.69
PT-18	2.46	2.35
PT-19	2.79	2.65
PT-20	2.36	2.24
PT-21	2.39	2.26
PT-22	2.91	2.78
PT-23	2.56	2.46
PT-24	2.23	2.03
PT-25	2.54	2.44
PT-26	2.64	2.49
PT-27	2.51	2.34
PT-28	2.60	2.52
PT-29	2.35	2.23
PT-30	2.42	2.30
PT-31	2.43	2.35
PT-32	1.80	1.66
PT-33	2.32	2.12
PT-34	2.61	2.50
PT-35	2.37	2.22
PT-36	2.53	2.45
PT-37	2.27	2.23
PT-38	2.46	2.03
PT-39	2.36	2.18
PT-40	2.16	2.04
PT-41	2.18	1.83
PT-42	2.50	2.12
PT-43	2.26	2.14
PT-44	2.35	2.16

b. 单糖物质分析

新鲜加工番茄样品的果糖含量为 0.753～1.595g/100g，其浓缩至番茄酱后的果糖含量增加，达到 6～8.94g/100g。其中 PT-13 新鲜加工番茄样品果糖含量最低，为 0.753g/100g，PT-2 新鲜加工番茄样品果糖含量最高，为 1.595g/100g。而 PT-32 新鲜加工番茄样品葡萄糖含量最低，为 0.705g/100g，PT-5 新鲜加工番茄样品葡萄糖含量最高，为 1.729g/100g（表 2.93）。

表 2.93　番茄原料果糖及葡萄糖含量（g/100g）

番茄品种	果糖	葡萄糖
PT-1	1.114	1.249
PT-2	1.595	1.597
PT-3	1.479	1.595
PT-4	1.165	1.146
PT-5	1.487	1.729
PT-6	1.298	1.309
PT-7	1.047	1.169
PT-8	1.004	1.190
PT-9	1.374	1.472
PT-10	1.026	1.039
PT-11	1.269	1.486
PT-12	1.041	1.116
PT-13	0.753	0.910
PT-14	1.220	1.369
PT-15	1.194	1.393
PT-16	1.229	1.386
PT-17	1.079	1.333
PT-18	0.973	1.142
PT-19	1.257	1.289
PT-20	0.983	1.055
PT-21	1.016	1.002
PT-22	1.220	1.251
PT-23	1.039	1.102
PT-24	0.867	0.892
PT-25	0.947	1.027
PT-26	1.062	1.076
PT-27	1.006	1.117
PT-28	1.176	1.252
PT-29	1.037	1.025
PT-30	0.957	0.939
PT-31	1.027	1.067
PT-32	0.842	0.705
PT-33	0.960	0.909
PT-34	0.970	1.002
PT-35	0.901	0.929

番茄品种	果糖	葡萄糖
PT-36	1.037	1.308
PT-37	1.039	1.092
PT-38	0.879	0.973
PT-39	0.976	0.985
PT-40	0.877	0.878
PT-41	0.901	0.827
PT-42	0.863	0.964
PT-43	0.968	0.913
PT-44	0.882	0.911

（2）番茄红素分析

a. 番茄红素含量分析

早熟番茄品种 PT-1～PT-20 中番茄红素含量有一定差异，番茄红素含量最高的是 PT-14，PT-5、PT-2、PT-4、PT-11、PT-12、PT-17 和 PT-19 也有较高含量，而含量最低的是 PT-8。晚熟番茄品种 PT-21～PT-44 中番茄红素含量相对较高的是 PT-33，PT-29 番茄红素含量最低。早熟 20 个品种中有 10 个品种番茄红素含量在 15mg/100g 以上，而晚熟 24 个品种中仅有 4 个品种在此范围。

b. 番茄红素异构体分析

番茄红素可以通过食物加工异构化为其更具生物可利用性的顺式形式。其中总顺式番茄红素含量最高的是 PT-14，含量最低的是 PT-29。晚熟番茄原料中番茄红素含量相对较高的是 PT-33 和 PT-42。

（3）番茄中果胶物质分析

a. 不同品种番茄的细胞壁物质（CWM）分析

不同品种番茄冻干粉的细胞壁物质含量差异较大。其中 PT-13、PT-21、PT-25、PT-35、PT-36 加工番茄细胞壁物质含量较高，PT-26、PT-43 加工番茄细胞壁物质含量较低。

b. 不同品种番茄的各果胶组分分析

不同品种番茄中各果胶组分含量如表 2.94 所示，果胶含量表示为每克细胞壁物质（CWM）中果胶含量。三种果胶组分中，共价结合型果胶（CSP）的含量最高（0.14～0.59g/g CWM），其次为水溶性果胶（WSP）（0.09～0.30g/g CWM），非淀粉多糖（NSP）的含量最低（0.03～0.13g/g CWM）。PT-31、PT-39 的 CSP 含量较高，PT-43 的 WSP 含量较高，PT-2 的 NSP 含量较高。果胶总含量为 0.41～0.84g/g CWM，PT-21、PT-5 的细胞壁物质中果胶含量最高，PT-32、PT-42 最低。

表 2.94　不同品种番茄的各果胶组分含量描述性分析（g/g CWM）

因子	变化范围	均值	变异系数（%）	中位数
WSP	0.09～0.30	0.19±0.03	18.20	0.19
CSP	0.14～0.59	0.43±0.11	25.58	0.46
NSP	0.03～0.13	0.08±0.02	25.00	0.09
总含量（g/g CWM）	0.41～0.84	0.70±0.10	14.28	0.74

c. 半乳糖醛酸含量分析

不同品种番茄细胞壁物质和各果胶组分的半乳糖醛酸含量如表 2.95 所示。与其他两种果胶相比，WSP 的半乳糖醛酸含量普遍较高，为 19.35%～54.45%，PT-14 最低，PT-32 最高；NSP 的半乳糖醛酸含量为 7.29%～27.44%，PT-1 最低，PT-11 最高；CSP 的半乳糖醛酸含量的范围为 5.60%～23.30%，PT-36 最低，PT-21 最高。CWM 的半乳糖醛酸含量为 5.31%～39.41%，PT-1 最低，PT-43 最高。

表 2.95　不同品种番茄细胞壁物质和各果胶组分的半乳糖醛酸含量描述性分析（%）

因子	变化范围	均值	变异系数	中位数
WSP	19.35～54.45	35.41±7.60	21.46	34.21
NSP	7.29～27.44	16.02±4.46	27.85	17.32
CSP	5.60～23.30	12.84±4.10	31.93	13.30
CWM	5.31～39.41	25.46±11.49	45.13	33.41

d. 不同品种番茄细胞壁物质和各果胶组分的酯化度分析

加工番茄的细胞壁物质和各果胶组分的傅里叶变换红外光谱图（PT-1～PT-4）如图 2.30 所示。各果胶样品在 4000～400cm^{-1} 范围内均含有多糖类化合物的特征吸收峰，3455cm^{-1} 和 2935cm^{-1} 对应的峰分别是 O—H 伸缩振动峰和 C—H 伸缩振动峰，这两个峰是多糖的特征吸收峰。C—H 伸缩振动峰（3000～2800cm^{-1}）与更宽的 O—H 谱带（3600～2500cm^{-1}）重叠。1740cm^{-1} 是酯基（COOCH$_3$）和羧基（COOH）的 C=O 伸缩振动，1630cm^{-1} 对应羧酸根离子（COO—）的 C=O 伸缩振动。1500～400cm^{-1} 为碳水化合物的特征指纹区。1200～900cm^{-1} 对应糖苷键和吡喃环的骨架 C—O 和 C—C 振动。

由图 2.30 可以看出，不同品种和不同果胶组分的官能团组成在 4000～1800cm^{-1} 范围内无显著差异。在 1800～1500cm^{-1} 范围内差异较显著，对于 WSP，在此范围内由两个峰组成，分别是 1740cm^{-1} 和 1630cm^{-1} 处的吸收峰，且这两个峰的峰高比值不同。通常用这两个峰计算果胶酯化度。随酯化度的增大，酯基吸收峰（1740cm^{-1}）的强度和峰面积逐渐增大，而羧基吸收峰（1630cm^{-1}）的强度和峰面积逐渐减弱。由于酯化度（DE）为酯化的羧基占全部羧基的百分数，以 1740cm^{-1} 处的峰面积（COO—R）与 1740cm^{-1}（COO—R）和 1630cm^{-1}（COO—）的峰面积之和的比值作为 DE。对于 CSP 和 NSP 两种果胶组分，仅有 1630cm^{-1} 处一个峰，可能是由于提取过程中果胶皂化脱除甲酯基造成。

不同品种番茄细胞壁物质和 WSP 的酯化度如表 2.96 所示，44 种加工番茄 CWM 的酯化度为 23.34%～32.20%，WSP 的酯化度为 17.45%～27.65%，酯化度均低于 50%，属于低甲氧基果胶。

e. 不同品种番茄各果胶组分的分子量分布

果胶是结构复杂的多聚糖混合物。根据分子聚合度的不同，不同果胶的分子量间存在着很大的差异，从而对其性质产生较大影响，所以分子量分布是评价果胶理化性质和分子结构的重要指标。根据来源不同，果胶分子由几百单位到大约一千单位的单糖组成，对应分子量高达 150kDa。出峰时间越早，保留时间越短，果胶分子量越大。根据不同品种番茄的 WSP、CSP、NSP 的峰位保留时间与标准品分子量的回归线性方程计算峰位分子量，各峰位分子量结果如表 2.97 所示。

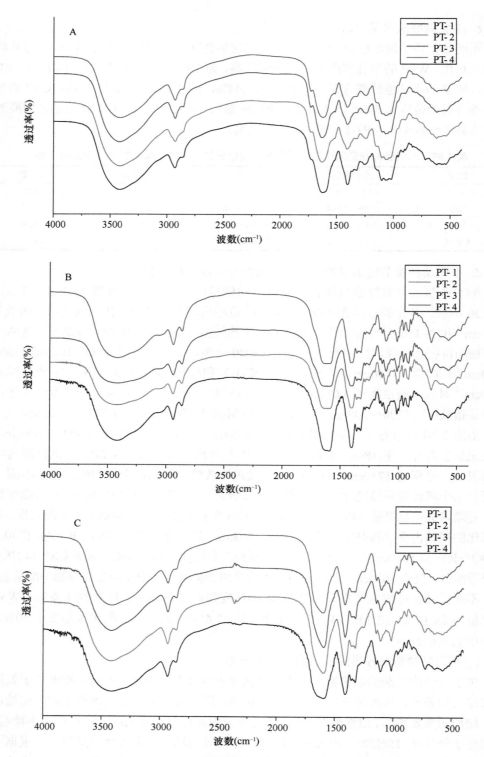

图 2.30 不同品种番茄各果胶组分傅里叶变换红外光谱图
A. WSP；B. CSP；C. NSP

表 2.96 44 种番茄细胞壁物质和 WSP 的酯化度描述性分析（%）

因子	变化范围	均值	变异系数	中位数
CWM	23.34～32.20	27.84±1.90	6.82	27.84
WSP	17.45～27.65	22.93±1.93	8.42	22.57

表 2.97 不同品种番茄各果胶组分的峰位分子量描述性分析（kDa）

因子		变化范围	均值	变异系数（%）	中位数
WSP	峰 I	663.28～848.00	701.72±33.38	4.76	696.93
	峰 II	64.76～141.71	100.74±19.40	19.26	99.55
CSP	峰 I	667.07～749.71	698.52±22.59	3.23	691.21
	峰 II	45.48～476.57	144.82±120.85	83.45	75.23
NSP	峰 I	686.90～965.00	723.59±40.60	5.61	718.97
	峰 II	62.46～500.57	306.20±118.56	38.72	343.62

f. 不同品种番茄各果胶组分的单糖组成

果胶主要包括三个结构域：同型半乳糖醛酸聚糖（homogalacturonan，HG）、鼠李半乳糖醛酸聚糖 I（RG-I）、鼠李半乳糖醛酸聚糖 II（RG-II）。HG 是果胶的主要结构，由线性半乳糖醛酸链组成。RG-I 由鼠李糖和半乳糖醛酸组成的二糖单元重复连接形成，鼠李糖 O-4 位被阿拉伯聚糖或半乳聚糖替代。RG-II 主要由线性半乳糖醛酸链组成，侧链为由鼠李糖、半乳糖、岩藻糖、木聚糖组成的杂多糖。果胶的单糖组成对其性质和生物活性具有重要影响，单糖组成反映果胶结构特征，对果胶性质和生物活性具有重要影响。

不同品种番茄各果胶组分的单糖组成描述性分析如表 2.98 至表 2.100 所示。通过对单糖标准品分别衍生，逐个确定每种单糖的保留时间，进行样品中单糖的定性分析。通过内标（乳糖）确定各单糖化合物的标准曲线线性回归方程。

表 2.98 不同品种番茄 WSP 的单糖组成描述性分析（mol%）

因子	变化范围	均值	变异系数（%）	中位数
Man	2.37～11.87	4.71±2.40	50.00	4.03
Rha	4.65～16.66	8.74±3.29	37.63	8.43
GalA	22.92～69.74	53.68±12.65	23.57	56.81
Glc	3.71～11.49	5.98±2.20	36.75	5.16
Gal	7.01～16.54	10.37±2.19	21.10	9.88
Xyl	1.66～12.57	4.55±2.63	57.79	3.69
Ara	5.05～16.34	8.80±2.52	28.66	8.38
Fuc	0.00～5.36	1.71±1.96	114.84	0.00

注：Man. 甘露糖；Rha. 鼠李糖；GalA. 半乳糖醛酸；Glc. 葡萄糖；Gal. 半乳糖；Xyl. 木糖；Ara. 阿拉伯糖；Fuc. 岩藻糖。下同

表 2.99 不同品种番茄 CSP 的单糖组成描述性分析（mol%）

因子	变化范围	均值	变异系数（%）	中位数
Man	0.00～13.31	5.95±2.49	41.87	5.83
Rha	8.70～22.92	14.47±3.83	26.49	14.21

续表

因子	变化范围	均值	变异系数（%）	中位数
GalA	5.83~55.89	42.30±11.60	27.42	45.04
Glc	0.53~9.58	3.30±1.59	48.06	3.08
Gal	3.80~16.57	7.61±2.77	36.33	6.96
Xyl	1.19~9.58	3.66±1.71	46.77	3.22
Ara	6.55~40.43	14.39±6.72	46.72	13.12
Fuc	0.00~9.57	3.86±4.15	107.61	0.00

表 2.100　不同品种番茄 NSP 的单糖组成描述性分析（mol%）

因子	变化范围	均值	变异系数（%）	中位数
Man	1.78~11.67	7.08±2.47	34.86	6.65
Rha	0.00~31.33	17.18±4.45	25.92	17.74
GalA	0.00~46.10	15.40±12.49	81.11	15.15
Glc	1.92~37.85	9.54±6.65	69.76	7.92
Gal	5.46~41.26	16.20±6.16	38.01	14.77
Xyl	1.52~15.65	7.29±3.16	43.39	7.37
Ara	2.88~53.26	21.75±10.31	47.41	20.41
Fuc	0.00~11.07	2.30±2.79	121.20	0.00

通过各单糖化合物的标准曲线线性回归方程计算单糖和半乳糖醛酸含量。WSP 中半乳糖醛酸、半乳糖和阿拉伯糖是主要的中性糖，其含量显著高于其他单糖组分。CSP 中主要的中性糖为鼠李糖、半乳糖醛酸和阿拉伯糖，与其他单糖组分相比含量显著较高。在 NSP 中鼠李糖、半乳糖、木聚糖和阿拉伯糖的含量相对较高，为主要的中性糖。三种果胶组分中，岩藻糖的含量均显著低于其他单糖。

表 2.101 显示了不同品种番茄各果胶组分的结构组成。其中 GalA/(Rha+Gal+Xyl+Ara+Fuc)代表了果胶的线性程度，其值越大，表示果胶分子的线性程度越大。由表可以看出，三个果胶组分中 WSP 的线性程度最大，CSP 次之，NSP 的线性程度最小。其中 WSP 中的 PT-1、PT-3、PT-4、PT-9 和 PT-14，CSP 中 PT-10、PT-39、PT-40，NSP 中 PT-23 的线性程度相对较大。

表 2.101　不同品种番茄各果胶组分的结构组成

	因子	变化范围	均值	变异系数（%）	中位数
WSP	GalA/(Rha+Gal+Xyl+Ara+Fuc)	0.44~2.92	1.71±0.67	39.18	1.73
	GalA/Rha	1.75~14.79	7.45±3.72	49.93	6.96
	(Ara+Gal)/Rha	1.31~4.33	2.39±0.71	29.71	2.38
CSP	GalA/(Rha+Gal+Xyl+Ara+Fuc)	0.08~2.08	1.09±0.47	43.12	1.05
	GalA/Rha	0.27~6.09	3.22±1.30	40.37	3.11
	(Ara+Gal)/Rha	0.62~3.91	1.62±0.71	43.83	1.44
NSP	GalA/(Rha+Gal+Xyl+Ara+Fuc)	0.00~1.16	0.28±0.26	92.86	0.25
	GalA/Rha	0.00~3.34	0.91±0.77	84.62	0.87
	(Ara+Gal)/Rha	1.10~6.30	2.34±1.10	47.01	2.00

GalA/Rha 能够反映 RG 类型果胶在整个果胶中所占的比例。(Ara+Gal)/Rha 可以反映 RG-I 支化度，即中性侧链在 RG-I 中的比重。PT-1、PT-6、PT-29、PT-30 的 Rha/GalA 比值最高，PT-6、PT-17、PT-36、PT-29 的(Ara+Gal)/Rha 比值最高。

g. 果胶性质变异分析

本研究共选定 8 个细胞壁物质和果胶性质指标。所测 44 种番茄的细胞壁物质和果胶性质如表 2.102 所示。细胞壁物质酯化度、WSP 酯化度和三种果胶组分的大分子量峰（峰 I）的峰位分子量的变异系数小于 10%，即不同品种番茄的这些性质的离散程度较小，品种间没有显著性差异。其他性质指标的变异系数均较大，CSP 的小分子量峰（峰 II）的峰位分子量和 NSP 的单糖组成结构的变异系数较大，即这些指标在品种间差异较显著。比较中位数和均值，WSP 的半乳糖醛酸含量、CSP 的半乳糖醛酸含量、小分子量峰的峰位分子量、RG-I 支化度、NSP 的半乳糖醛酸含量、小分子量峰的峰位分子量、RG-I 支化度性质指标数据变差均大于 15%，说明这些指标中位数与平均数差别较大，数据的离群点较多。

表 2.102　不同品种番茄细胞壁物质及果胶性质描述性分析

	因子	变化范围	均值	变异系数（%）	中位数
CWM	含量（g/gDW）	0.21～0.35	0.27±0.03	12.38	0.27
	GalA（%）	10.64～76.74	33.13±10.21	30.82	33.45
	DE（%）	23.34～32.20	27.84±1.92	6.90	27.84
	果胶含量（%DW）	10.04～29.58	19.21±3.96	20.59	19.52
WSP	含量（g/gCWM）	2.31～6.83	5.11±0.96	18.69	5.23
	GalA（%）	19.43～99.59	49.25±22.07	44.81	33.65
	DE（%）	17.45～27.65	22.93±1.96	8.55	22.56
	峰 I（kDa）	663.28～848	701.73±33.77	4.81	696.93
	峰 II（kDa）	64.76～141.71	100.74±19.62	19.48	99.54
	线性程度	0.44～2.92	1.71±0.68	39.77	1.73
	1/(RG 比重)	1.75～14.79	7.45±3.77	50.60	6.96
	RG-I 支化度	1.31～4.33	2.39±0.72	30.13	2.38
CSP	含量（g/gCWM）	4.31～19.80	11.84±3.62	30.56	12.13
	GalA（%）	5.60～29.76	17.80±5.61	31.52	14.24
	峰 I（kDa）	667.07～749.71	698.52±22.85	3.27	691.21
	峰 II（kDa）	45.48～476.57	144.82±122.25	84.42	75.22
	线性程度	0.08～2.08	1.09±0.48	44.04	1.05
	RG 比重	0.27～6.09	3.22±1.32	40.99	3.10
	RG-I 支化度	0.62～3.91	1.62±0.72	44.44	1.44
NSP	含量（g/gCWM）	0.81～3.88	2.26±0.57	25.25	2.35
	GalA（%）	14.59～54.89	22.31±7.27	32.59	17.40
	峰 I（kDa）	686.90～965	723.59±41.07	5.68	718.96
	峰 II（kDa）	62.46～500.57	306.20±119.93	39.17	352.93
	线性程度	0.00～1.16	0.28±0.26	92.86	0.26
	RG 比重	0.00～3.34	0.91±0.78	85.71	0.90
	RG-I 支化度	1.10～6.30	2.34±1.12	47.86	1.98

2.3.2.2 番茄制品品质

1）番茄酱糖类物质分析

（1）番茄酱总糖及还原糖分析

a. 总糖分析

由表 2.103 可以看出 PT-14 番茄酱样品总糖含量最高，为 19.8g/100g，PT-44 番茄酱样品总糖含量最低，为 13.4g/100g。而 PT-7 番茄酱样品还原糖含量最高，为 19.6g/100g，PT-44 番茄酱样品还原糖含量最低，为 13.19g/100g。制酱后样品总糖和还原糖含量的变化，可能是因为番茄在浓缩过程中还原糖与非还原糖受热或接触空气，某些种类的单糖或双糖之间相互进行了转化。

表 2.103 番茄酱总糖及还原糖含量（g/100g）

番茄品种	总糖	还原糖
PT-1	19.60	19.20
PT-2	16.90	16.60
PT-3	18.20	17.50
PT-4	16.90	16.40
PT-5	17.90	17.40
PT-6	17.30	17.00
PT-7	19.70	19.60
PT-8	18.00	17.80
PT-9	15.60	15.40
PT-10	17.00	16.90
PT-11	17.70	17.53
PT-12	16.80	16.70
PT-13	17.40	16.50
PT-14	19.80	18.50
PT-15	18.97	18.72
PT-16	18.50	18.20
PT-17	16.80	16.80
PT-18	18.40	17.50
PT-19	16.80	16.50
PT-20	16.20	15.20
PT-21	15.98	15.72
PT-22	19.00	18.60
PT-23	16.70	15.10
PT-24	17.10	15.60
PT-25	18.90	18.70
PT-26	18.20	16.90
PT-27	18.00	16.83
PT-28	16.10	15.40

续表

番茄品种	总糖	还原糖
PT-29	16.40	15.64
PT-30	16.30	15.27
PT-31	18.80	17.50
PT-32	15.90	14.50
PT-33	15.90	15.10
PT-34	16.80	16.20
PT-35	15.70	14.60
PT-36	15.00	14.90
PT-37	16.00	15.60
PT-38	17.20	16.90
PT-39	17.50	17.00
PT-40	16.40	16.30
PT-41	17.10	16.43
PT-42	17.00	16.65
PT-43	16.50	16.42
PT-44	13.40	13.19

b. 单糖物质分析

由表 2.104 可以看出，44 个加工番茄酱主要单糖类物质为果糖和葡萄糖，两者互为同分异构体，均为还原性单糖。PT-44 番茄酱样品果糖和葡萄糖含量最低，分别为 6g/100g 和 6.25g/100g，PT-7 样品果糖和葡萄糖含量最高，分别为 8.94g/100g 和 9.64g/100g。经浓缩工艺，糖类物质得以富集，同时在制酱受热或存放过程中，部分淀粉、纤维素或多糖分解成以果糖和葡萄糖为主的还原性单糖物质。

表 2.104　番茄酱果糖及葡萄糖含量（g/100g）

番茄品种	果糖	葡萄糖
PT-1	8.620	8.960
PT-2	6.990	8.360
PT-3	7.730	7.730
PT-4	6.930	7.610
PT-5	7.660	8.970
PT-6	7.010	8.830
PT-7	8.940	9.640
PT-8	7.790	8.500
PT-9	6.620	7.820
PT-10	7.940	8.310
PT-11	8.170	8.660
PT-12	7.560	8.120
PT-13	7.330	8.010
PT-14	8.600	8.720

续表

番茄品种	果糖	葡萄糖
PT-15	8.770	9.170
PT-16	8.390	8.590
PT-17	7.700	8.360
PT-18	7.800	8.530
PT-19	7.370	8.520
PT-20	7.470	7.230
PT-21	7.530	7.210
PT-22	8.430	9.040
PT-23	7.020	7.140
PT-24	6.980	7.060
PT-25	8.370	8.390
PT-26	7.290	7.910
PT-27	7.180	8.440
PT-28	6.460	7.520
PT-29	7.220	7.720
PT-30	7.510	7.100
PT-31	8.130	8.510
PT-32	6.100	7.070
PT-33	7.350	7.310
PT-34	7.300	7.870
PT-35	6.770	7.350
PT-36	6.900	7.100
PT-37	7.210	6.860
PT-38	7.690	7.890
PT-39	7.260	7.860
PT-40	7.760	7.430
PT-41	7.820	7.780
PT-42	7.920	7.770
PT-43	7.420	8.080
PT-44	6.000	6.250

（2）番茄红素分析

通过工业生产模拟将不同番茄加工成番茄酱，其番茄红素含量有显著差别，早熟番茄品种加工成番茄酱后番茄红素含量相对较高的是 PT-2、PT-4、PT-6、PT-8 和 PT-9，含量均高于 15mg/100g，其中 PT-2 和 PT-4 加工后对番茄红素的保持效果较好。晚熟番茄品种加工成番茄酱后番茄红素含量比早熟的偏低，其中品种 PT-28、PT-31、PT-32 和 PT-33 含量相对较高。

番茄红素可以通过食物加工异构化为其更具生物可利用性的顺式形式。44 种番茄加工成番茄酱后总顺式番茄红素含量最高的是 PT-9，最低的是 PT-41。44 种番茄经加工后发生了异构化，使得总顺式番茄红素含量占比增大。与早熟番茄相比，晚熟番茄的总顺式番茄红素占比相对较高，其中 PT-37 占比最高，增加了 2.64 倍。

2.3.2.3　番茄原料及其制品品质与组分多尺度结构的关联

1）番茄整体品质评价模型

建立番茄加工适宜性评价模型可以通过原料特性预测番茄酱品质，为番茄酱加工提供指导，同时为开发适宜加工的番茄品质提供依据。

本研究以 44 个番茄品种为研究对象，通过离群点分析，去除编号为 PT-1、PT-2、PT-3 的品种，并以 PT-38～PT-44 等 7 个品种作为验证品种，对剩余 34 种番茄的 14 个指标进行了主成分分析，并根据对应主成分的特征根，计算了不同主成分的线性组合系数。经过主成分分析，根据每个指标在每种主成分上的因子载荷数及每个主成分对应的特征值，计算出 14 种番茄品质指标在每个主成分上的线性组合系数，对 14 种番茄品质指标进行权重分配，建立番茄整体品质评价模型，具体见表 2.105。

表 2.105　番茄整体品质评价模型构建参数

番茄品质指标	指标权重系数	模型系数
硬度（质构）	−0.097	−0.113
出汁率（物化）	−0.052	−0.060
可滴定酸	0.087	0.102
pH	0.121	0.141
可溶性固形物	0.197	0.229
L^*（色泽）	−0.124	−0.145
a^*	−0.119	−0.138
b^*	−0.125	−0.145
总糖（营养）	0.232	0.269
还原糖	0.212	0.247
果糖	0.213	0.248
葡萄糖	0.212	0.247
总顺式番茄红素	0.119	0.138
总番茄红素	0.123	0.143
番茄整体品质评价模型	综合品质得分 Y=−0.113×质构硬度−0.060×物化出汁率+0.102×可滴定酸+0.141×pH+0.229×可溶性固形物−0.145×色泽 L^*−0.138×a^*−0.145×b^*+0.269×营养总糖+0.247×还原糖+0.248×果糖+0.247×葡萄糖+0.138×总顺式番茄红素+0.143×总番茄红素	

用于构建番茄品质评价模型的 14 个特征指标经过逐步回归分析后，质构硬度、物化出汁率、色泽 L^*、a^*、b^* 这 5 个指标被剔除，剩余 9 个指标被用于构建番茄品质评价模型。

综合品质得分 Y=0.102×可滴定酸+0.141×pH+0.229×可溶性固形物+0.269×营养总糖+0.247×还原糖+0.248×果糖+0.247×葡萄糖+0.138×总顺式番茄红素+0.143×总番茄红素。

可见总糖、果糖、葡萄糖三种指标共占据了总权重的 76.4%，表明对于中国消费者而言，理想的番茄产品应具有较好的营养品质。

2）番茄整体品质预测模型

（1）特征指标的筛选

本书统计了番茄原料硬度、出汁率、可滴定酸、pH、可溶性固形物、L^*、a^*、b^* 等 14 个品质指标与番茄综合品质得分 Y 的关系，相关性分析结果见表 2.106。

表 2.106 番茄整体品质与番茄品质指标相关性分析

番茄品质指标	番茄综合品质得分 Y
硬度（质构）	−0.318
出汁率（物化）	−0.334
可滴定酸	0.642**
pH	0.093
可溶性固形物	0.274
L^*（色泽）	−0.754**
a^*	−0.807**
b^*	−0.737**
总糖（营养）	0.528**
还原糖	0.535**
果糖	0.481**
葡萄糖	0.494**
总顺式番茄红素	0.225
总番茄红素	0.158

注：**表示在 0.01 水平上的相关显著性

由表 2.106 可以看出，以 $P < 0.01$ 为筛选标准，与番茄整体品质相关的品质指标共有 8 个，分别是可滴定酸（$r=0.642^{**}$）、色泽 L^*（$r=-0.754^{**}$）、a^*（$r=-0.807^{**}$）、b^*（$r=-0.737^{**}$）、总糖（$r=0.528^{**}$）、还原糖（$r=0.535^{**}$）、果糖（$r=0.481^{**}$）、葡萄糖（$r=0.494^{**}$）。这 8 个指标可被作为评价番茄整体品质的特征指标，用于进一步的统计分析。

（2）番茄整体品质预测模型的构建

本书将上文中的 8 个特征指标作为自变量组合，将番茄综合品质得分 Y 作为因变量，通过逐步回归的方法，构建了基于番茄品质指标的番茄整体品质预测模型，预测模型参数见表 2.107。

表 2.107 番茄品质指标与番茄整体品质回归显著性分析

模型参数	模型系数	标准误差	T 值	显著性
模型常数	0.125	0.833	−9.770	0.000
可滴定酸	0.041	0.086	5.542	0.000
色泽 L^*	−5.670	0.086	−5.879	0.000
a^*	−4.387	0.086	−4.596	0.000
b^*	−3.826	0.086	−4.035	0.000
总糖	0.703	0.086	0.494	0.000

续表

模型参数	模型系数	标准误差	T 值	显著性
还原糖	0.614	0.086	0.405	0.000
果糖	0.266	0.086	0.057	0.009
葡萄糖	0.285	0.086	0.075	0.005
模型决定系数			$R^2=0.308$	

用于构建番茄品质预测模型的 8 个特征指标经过逐步回归分析后，最终的模型决定系数 $R^2=0.308$。色泽 L^*、a^*、b^* 这 3 个指标被剔除，剩余 5 个指标被用于构建番茄品质预测模型。

品质预测得分 F=0.041×可滴定酸+0.703×总糖+0.614×还原糖+0.266×果糖+0.285×葡萄糖+0.125

根据番茄品质预测模型，可计算出 34 种番茄的品质预测得分 F，并将番茄品质预测得分 F 与番茄的综合品质得分 Y 相比较，结果见表 2.108。

表 2.108　34 种番茄综合品质得分 Y 与品质预测得分 F 描述性分析

因子	变化范围	均值	变异系数（%）	中位数
Y	3.987~7.948	5.950±0.947	15.90	6.040
F	2.835~5.355	4.103±0.533	12.98	4.057
相对误差（%）	40.63~48.42	45.0±77.67	22.50	48.88

34 种番茄制品中，预测模型对番茄品种 PT-13、PT-32、PT-33、PT-37 的预测结果相对误差大于 40%，而对剩余的 30 个样品预测结果较好，相对误差均小于 40%。品质预测得分 F 对综合品质得分 Y 的总体预测效果较好，表明该预测模型具有较好的稳定性。

3）番茄酱品质与番茄物质组分的关联

（1）番茄酱流动特性与原料果胶性质相关性分析

经 Pearson 相关性分析发现，果胶总含量、螯合性果胶和细胞壁物质等与表观黏度等多个流动特性显著相关。表 2.109 为原料果胶性质与流动特性相关性分析。

表 2.109　原料果胶性质与流动特性相关性分析

		Bostwick 稠度	表观黏度	σ_0	k	E_a	G_0'	k'	G_0''	k''	E_a'	E_a''	Y 值
CWM	含量	-0.264	0.498**	0.465**	0.439**	0.220	0.429**	0.343*	0.405**	0.402**	0.023	-0.059	0.457**
	GalA	-0.228	0.236	0.227	0.151	0.047	0.260	0.198	0.234	0.183	-0.193	-0.139	0.255
	DE	-0.153	0.123	0.171	0.030	0.014	0.116	0.013	0.061	0.038	-0.210	-0.316*	0.101
	果胶含量	-0.062	0.348*	0.297*	0.314*	0.267	0.222	0.141	0.207	0.155	0.091	-0.011	0.259
WSP	含量	0.018	0.201	0.099	0.263	0.030	0.124	0.091	0.098	0.213	-0.152	-0.294	0.139
	GalA	-0.168	0.078	0.008	0.150	0.081	0.141	0.077	0.080	0.200	-0.174	-0.126	0.106
	DE	0.034	-0.041	-0.029	-0.080	-0.062	-0.036	0.126	0.058	-0.010	0.031	0.099	-0.001
	峰Ⅰ	-0.003	0.024	0.034	-0.079	-0.035	0.126	0.254	0.170	0.066	0.096	0.116	0.123
	峰Ⅱ	-0.100	-0.095	-0.060	-0.027	0.013	-0.205	-0.208	-0.192	-0.083	-0.209	-0.211	-0.180

续表

		Bostwick稠度	表观黏度	σ_0	k	E_a	G_0'	k'	G_0''	k''	E_a'	E_a''	Y值
WSP	线性程度	0.175	-0.193	-0.160	-0.180	-0.085	-0.385**	-0.324*	-0.336*	-0.345*	0.406**	0.298*	-0.332*
	GalA/Rha	0.145	-0.173	-0.136	-0.116	-0.110	-0.295	-0.232	-0.262	-0.214	0.289	0.098	-0.263
	RGI支化度	-0.008	0.015	0.096	0.075	-0.064	-0.021	-0.017	-0.048	0.115	0.007	-0.236	-0.024
CSP	含量	-0.026	0.273	0.244	0.221	0.278	0.151	0.066	0.139	0.048	0.113	0.067	0.185
	GalA	-0.292	0.361*	0.289	0.227	0.105	0.370*	0.244	0.334*	0.205	-0.246	-0.138	0.370*
	峰I分子量	0.032	-0.120	-0.104	-0.063	0.008	-0.058	0.040	-0.021	0.034	-0.003	0.007	-0.062
	峰II分子量	-0.028	-0.111	-0.057	-0.101	0.024	-0.079	-0.041	-0.064	-0.028	0.007	0.056	-0.085
	线性程度	-0.008	0.153	0.100	0.089	0.096	0.134	0.100	0.142	-0.015	-0.184	0.139	0.148
	GalA/Rha	-0.182	0.293	0.273	0.251	0.209	0.240	0.184	0.250	0.100	-0.239	-0.004	0.269
	RG-I支化度	-0.354*	0.310*	0.441**	0.270	0.179	0.310*	0.255	0.275	0.357*	-0.212	-0.398**	0.310*
NSP	含量	-0.297*	0.343*	0.346*	0.333*	0.036	0.370*	0.407**	0.388**	0.416**	0.169	-0.009	0.387**
	GalA	0.034	0.065	0.083	-0.012	0.146	0.036	-0.002	0.009	0.020	-0.021	0.055	0.034
	峰I分子量	0.344*	-0.152	-0.154	-0.106	0.120	-0.274	-0.179	-0.239	-0.191	0.030	0.176	-0.240
	峰II分子量	0.077	-0.132	-0.004	-0.264	-0.220	-0.250	-0.233	-0.246	-0.279	0.225	0.255	-0.229
	线性程度	-0.224	0.232	0.210	0.166	0.182	0.335*	0.211	0.286	0.184	-0.303*	-0.204	0.303*
	GalA/Rha	-0.169	0.218	0.188	0.165	0.206	0.313*	0.202	0.270	0.163	-0.281	-0.176	0.285
	RG-I支化度	0.087	-0.088	0.059	-0.131	-0.143	-0.123	-0.009	-0.082	0.014	0.129	-0.100	-0.103

注：*表示相关性在 0.05 水平上显著；**表示相关性在 0.01 水平上显著

（2）番茄红素含量与番茄酱色泽相关性分析

不同品种番茄的番茄红素含量不同，经制酱后番茄红素的降解率也不同。由图 2.31 可以看出，PT-3 等 8 个品种降解率较小，制酱后番茄红素含量较高。番茄红素含量与产品色泽呈正相关，含量高的产品色泽较好。

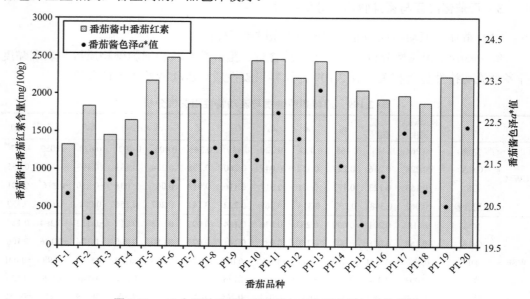

图 2.31 44 个品种番茄红素含量与番茄酱色泽相关性分析

2.3.3　果蔬原料及其制品品质与组分多尺度结构的差异

不同品种苹果汁品质评价指标主要包括固形物含量、固酸比、单宁含量、出汁率 4 项，因此，影响苹果汁品质的原料物质基础是糖、可溶性多糖、有机酸等酸类和酚类物质。加工脆片用苹果原料核心指标主要包括苹果酸含量、可溶性固形物、单果重、粗纤维、褐变度、果实硬度、果肉细胞大小和果形指数 8 个指标，因此，影响苹果制干品质的物质基础是糖、可溶性多糖、苹果酸、粗纤维、酚类、氨基酸、果胶和矿物质。

番茄的品质评价核心指标包括可滴定酸、pH、可溶性固形物、总糖、还原糖、果糖、葡萄糖、总顺式番茄红素、总番茄红素。其中可滴定酸所占比重最高，其次为还原糖、果糖和葡萄糖，以总番茄红素所占比重最低。影响番茄酱色泽和流动性关联的物质主要是番茄红素和果胶等多糖。

苹果的主要加工方式是制汁和制干，苹果汁品质主要是糖酸、色泽，苹果干品质主要是糖酸、色泽和质构（硬度），因此，其主要关联的物质类别为：糖类、酸类、酚类、氨基酸、果胶、纤维素等。番茄以制酱为主，番茄酱品质主要是糖酸、色泽、流变（黏稠度），因此，其主要关联的物质类别为：糖类、番茄红素、酸类、果胶等。因此，苹果与番茄制品品质的共同品质指标主要以可溶性固形物、可滴定酸、固酸比等指标为主，在苹果汁、番茄酱等液态食品产品体系中尤为明显，主要影响制品的滋味。相较于液态食品体系，固态食品体系如苹果脆片品质与干物质相关，如与果实硬度、果肉细胞大小相关的果胶、粗纤维等，从而影响制品的质构。基于前期制品与原料物质关联关系研究，将苹果制品与番茄制品品质所关联的物质组分进行汇总和比较，主要差异见表 2.110。

表 2.110　苹果与番茄制品品质核心指标及关联物质

制品	指标类型或物质类别	品质指标或物质组分名称
苹果汁	核心品质指标	固形物含量、固酸比、单宁含量、出汁率
	关联物质类别	糖、可溶性多糖、有机酸、酚类
	与甜度关联的物质组分	蔗糖、葡萄糖、果糖
	与酸度关联的物质组分	苹果酸、柠檬酸、酒石酸
	与色泽关联的物质组分	儿茶素、绿原酸、咖啡酸、表儿茶素、香草醛、对香豆酸、阿魏酸、芦丁、根皮苷、槲皮素
苹果脆片	核心品质指标	可溶性固形物、粗纤维、单果重、果实硬度
	关联物质类别	糖、可溶性多糖、苹果酸、粗纤维、酚类、氨基酸、果胶、矿物质
	与甜度关联的物质组分	蔗糖、葡萄糖、果糖
	与酸度关联的物质组分	苹果酸、柠檬酸、酒石酸
	与色泽关联的物质组分	儿茶素、绿原酸、咖啡酸、表儿茶素、香草醛、对香豆酸、阿魏酸、芦丁、根皮苷、槲皮素
	与质构关联的物质组分	果胶、可溶性多糖、纤维素、半纤维素
番茄酱	核心品质指标	可滴定酸、pH、可溶性固形物、营养总糖、还原糖、果糖、葡萄糖、总顺式番茄红素、总番茄红素
	与甜度关联的物质组分	果糖、葡萄糖、蔗糖
	与色泽关联的物质组分	番茄红素
	与流动性关联的物质组分	果胶、螯合性果胶、螯合性果胶 RG-I、碱溶性果胶、细胞壁物质

参 考 文 献

毕金峰. 2016. 苹果加工品质学. 北京: 中国质检出版社

蔡一霞, 徐大勇, 朱庆森. 2004. 稻米品质形成的生理基础研究进展. 植物学通报, (4): 419-428

陈杰. 2013. 小麦籽粒和面粉颜色相关性状的基因型鉴定及其功能标记开发. 河南农业大学硕士学位论文

陈刘杨. 2010. 不同品种和生产工艺对芝麻油和芝麻蛋白影响的研究. 河南工业大学硕士学位论文

陈龙. 2015. 普鲁兰多糖对大米淀粉性质的影响及机理研究. 江南大学硕士学位论文

陈能, 罗玉坤, 谢黎虹, 等. 2006. 我国水稻品种的蛋白质含量及与米质的相关性研究. 作物学报, (08): 1193-1196

董凯娜. 2012. 小麦品种淀粉特性与面条质量关系的研究. 河南工业大学硕士学位论文

杜寅, 王强, 刘红芝, 等. 2013. 不同品种花生蛋白主要组分及其亚基相对含量分析. 34(9): 42-46

方丝云. 2017. 陕西关中小麦品质性状及蒸煮面食品加工适应性研究. 西北农林科技大学硕士学位论文

冯西娅, 张玉, 索化夷, 等. 2019. 青海牦牛乳脂肪 Sn-2 位脂肪酸组成分析. 食品与机械, 35(7): 58-62

胡瑞波. 2004. 小麦面粉与面条色泽的影响因素及其稳定性分析. 山东农业大学硕士学位论文

胡瑞波, 田纪春. 2006. 小麦主要品质性状与面粉色泽的关系. 麦类作物学报, 26(3): 96-101

华为. 2005. 小麦多酚氧化酶活性分析及与面片色泽关系的研究. 安徽农业大学硕士学位论文

贾聪, 芦鑫, 高锦鸿, 等. 2019. 基于代谢组学分析不同颜色花生红衣的组成差异. 食品科学, 40(19): 46-51

姜艳. 2015. 小麦品种(系)主要品质性状及面条和馒头品质研究. 安徽农业大学硕士学位论文

姜泽放, 白新鹏, 高巍, 等. 2019. 利用 Sn-2 位富含多不饱和脂肪酸的改性椰子油制备低热量型有机凝胶及其特性研究. 中国油脂, 44(5): 56-62

鞠兴荣, 何荣, 易起达, 等. 2011. 全谷物食品对人体健康最重要的营养健康因子. 粮食与食品工业, 18(6): 1-6+16

李桂华. 2006. 油料油脂检验与分析. 北京: 化学工业出版社

李娟, 许雪儿, 尹仁文, 等. 2017. 黑小米与黄小米 Mixolab 流变学特性差异研究及其产品应用. 食品与发酵工业, 43(12): 61-65

李曼. 2014. 生鲜面制品的品质劣变机制及调控研究. 江南大学博士学位论文

李梦琴, 张剑, 冯志强, 等. 2007. 面条品质评价指标及评价方法的研究. 麦类作物学报, (4): 625-629

李珉, 张莉, 余婷婷, 等. 2018. 基于凝胶渗透色谱及液相色谱串联质谱测定油脂性食品中的维生素 A、D、E. 现代食品科技, 34(9): 256-262

李裕. 1997. 中国小麦起源与远古中外文化交流. 中国文化研究, (3): 51-58

李志博, 尚勋武, 魏亦农. 2004. 面粉理化品质性状与兰州拉面品质关系的研究. 麦类作物学报, (4): 71-74

李紫微, 曹庸, 苗建银. 2019. 大豆异黄酮及其苷元的研究进展. 食品工业科技, 40(20): 348-355

林丽. 2007. 两组独立数据差异性统计检验方法及应用的研究. 上海交通大学硕士学位论文

刘丽, 石爱民, 刘红芝, 等. 2016. 花生蛋白亚基结构与性质研究进展. 中国粮油学报, 31(10): 151-156

刘茜茜. 2015. 四川不同小麦品种的生物活性物质及抗氧化特性的基因型与环境及其互作效应分析. 四川农业大学硕士学位论文

刘锐, 魏益民, 邢亚楠, 等. 2013. 小麦淀粉与面条质量关系的研究进展. 麦类作物学报, 33(5): 1058-1063

刘笑然, 兰敦臣, 李越. 2014. 2014 年中国稻米产业研究. 中国粮食经济, (12): 47-52

刘岩, 赵冠里, 苏新国. 2013. 花生球蛋白和伴球蛋白的功能特性及构象研究. 现代食品科技, 29(9): 2095-2101

刘玉兰, 刘瑞花, 钟雪玲, 等. 2012. 不同制油工艺所得花生油品质指标差异的研究. 中国油脂, 37(9): 6-10

娄正, 刘清, 师建芳, 等. 2015. 我国主要油料作物加工现状. 粮油加工, (2): 28-34+38

罗健, 冯雷, 李冬梅, 等. 2017. 不同大豆品种籽粒维生素 E 含量积累比较分析. 大豆科学, 36(2): 250-255

骆丽君. 2015. 冷冻熟面加工工艺对其品质影响的机理研究. 江南大学硕士学位论文

倪芳妍, 张国权, 李劲, 等. 2006. 优质强筋小麦粉乳酸保持能力的影响因素分析. 粮食与饲料工业, (3): 10-13

潘艳. 2011. 长江三角洲与钱塘江流域距今 10 000-6 000 年的资源生产: 植物考古与人类生态学研究. 复旦大学博士学位论文

潘治利, 田萍萍, 黄忠民, 等. 2017. 不同品种小麦粉的粉质特性对速冻熟制面条品质的影响. 农业工程学报, 33(3): 307-314

任小平, 廖伯寿, 张晓杰, 等. 2011. 中国花生核心种质中高油酸材料的分布和遗传多样性. 植物遗传资源学报, 12(4): 513-518

沈丹萍. 2014. 不同产地大豆中矿质元素及异黄酮含量分析. 苏州大学硕士学位论文

宋健民, 刘爱峰, 李豪圣, 等. 2008. 小麦籽粒淀粉理化特性与面条品质关系研究. 中国农业科学, (1): 272-279

宋亚珍, 闫金婷, 胡新中. 2005. 面粉糊化特性与鲜湿及煮后面条质构特性关系. 中国粮油学报, (6): 12-14+24

苏文丽, 向珣朝, 徐艳芳, 等. 2014. 非糯水稻的可溶性淀粉合成酶 II a 基因(SSII-3)对稻米淀粉黏滞性谱(RVA 谱)特征的影响. 农业生物技术学报, 22(3): 289-297

孙彩玲, 田纪春, 张永祥. 2007. TPA 质构分析模式在食品研究中的应用. 实验科学与技术, (2): 1-4

孙超才, 方光华, 赵华. 1990. 八个甘蓝型(Brassica napus L.)优质油菜新品种(系)丰产性. 上海农业科技, (2): 18-19

孙建喜. 2014. 小麦籽粒多酚氧化酶活性和黄色素含量性状的基因检测. 河南农业大学硕士学位论文

王俊芳, 杨国良, 王荣艳. 2019. 婴幼儿配方奶粉中甘油三酯 Sn-2 位脂肪酸的检测. 中国乳业, (7): 67-70

王丽, 王强, 刘红芝, 等. 2011. 花生加工特性与品质评价研究进展. 中国粮油学报, 26(10): 122-127

王强. 2013. 花生加工品质学. 北京: 中国农业出版社

王宪泽, 阚世红, 于振文. 2004. 部分山东小麦品种面粉粘度性状及其与面条品质相关性的研究. 中国粮油学报, (6): 8-10

王晓曦, 曹维让, 李丰荣. 2003. SRC 法测定面粉品质与其他方法比较研究初探. 粮食与饲料工业, (9): 6-8

王璇, 刘军弟, 邵砾群, 等. 2018. 我国苹果产业年度发展状况及其趋势与建议. 中国果树, (3): 101-104+108

王燕, 王艳春, 范红艳, 等. 2013. 大豆异黄酮药理作用的研究进展. 吉林医药学院学报, 34(3): 225-228

王颖佳, 章绍兵, 刘汝慧, 等. 2019. 花生蛋白及其组分乳化性质的研究. 食品科技, 44(4): 261-266

王璋, 许时婴, 汤坚. 2015. 食品化学. 北京: 中国轻工业出版社, 236-273

伍娟. 2016. 小麦粉 SRC 及糯小麦粉配粉与挂面品质关系的研究. 江苏大学硕士学位论文

夏凡, 董月, 朱蕾, 等. 2018. 大米理化性质与其食用品质相关性研究. 粮食科技与经济, 43(5): 100-107

夏剑秋, 张毅方. 2007. 大豆中主要营养成分和微量元素的功能作用. 中国油脂, 32(1): 71-73

谢丹. 2012. 精炼及储藏对菜籽油品质的影响. 江南大学硕士学位论文

谢同平. 2012. 稻谷储藏品质电子鼻快速判定技术研究. 南京财经大学硕士学位论文

徐荣敏. 2006. 小麦胚乳结构中各部位淀粉的理化特性及其与面条品质的关系. 河南工业大学硕士学位论文

徐同成, 杜方岭, 刘丽娜, 等. 2014. 微波加热对热榨和冷榨花生油理化性质的影响. 粮油食品科技, (1): 42-46

徐鑫, 覃永华, 刘虹, 等. 2019. 大米蛋白综合利用研究进展. 现代农业科技, (6): 204-205+209

杨金. 2002. 我国优质冬小麦品种面包和干面条品质研究. 新疆农业大学硕士学位论文

杨忠义, 曹永生, 苏艳, 等. 2007. 论中国杂交粳稻种质资源的类型. 西南农业学报, (4): 829-834

易志. 2016. 亚麻籽油贮藏稳定性研究. 华南农业大学硕士学位论文

于淼, 王小鹤, 鲁明. 2013. 花生加工及其副产物利用研究. 农业科技与装备, (7): 55-57

岳凤玲. 2017. 面粉特性及组成对冷冻熟面品质影响的研究. 江南大学硕士学位论文

张彪. 2018. 中国苹果产业近 7 年产量、加工和贸易状况分析. 中国果树, (4): 106-108

张桂英. 2010. 陕西关中大田小麦品质性状分析及馒头评价体系构建. 西北农林科技大学硕士学位论文

张雷, 李国德, 史宝中, 等. 2014. 两种面粉粉质曲线描述与比较分析. 粮食加工, (6): 17-19

张曼, 王岸娜, 吴立根, 等. 2015. 蛋白质、多糖和多酚间相互作用及研究方法. 粮食与油脂, 28(4): 46-50

张雯丽, 许国栋. 2018. 2017 年油料和食用植物油市场形势分析及 2018 年展望. 农业展望, (2): 8-12+25

张影全, 张波, 魏益民, 等. 2012. 面条色泽与小麦品种品质性状的关系. 麦类作物学报, 32(2): 344-348

张月红, 刘英华, 王觐, 等. 2010. 中长链脂肪酸食用油降低超重高甘油三酯患者血脂和低密度脂蛋白胆固醇水平的研究. 中国食品学报, 10(2): 20-27

赵清宇. 2012. 小麦蛋白特性对面条品质的影响. 河南工业大学硕士学位论文

赵延伟, 吕振磊, 王坤, 等. 2011. 面条的质构与感官评价的相关性研究. 食品与机械, 27(4): 25-28+39

郑畅, 杨湄, 周琦, 等. 2014. 高油酸花生油与普通油酸花生油的脂肪酸、微量成分含量和氧化稳定性. 中国油脂, 39(11): 40-43

郑文华, 许旭. 2005. 美拉德反应的研究进展. 化学进展, 17(1): 122-129

周垂钦, 祝清俊, 段友臣, 等. 2009. 我国花生油产业发展现状与前景. 中国油脂, 34(10): 5-8

周妍. 2008. 基于数据挖掘的面条品质评价方法研究. 安徽农业大学硕士学位论文

周奕菲. 2018. 野生三叶木通资源特性调查与多倍体诱变研究. 河南农业大学硕士学位论文

朱文达, 曹坳程, 李林, 等. 2013. 小麦与紫茎泽兰竞争效应研究//吴孔明. 创新驱动与现代植保: 中国植物保护学会第十一次全国会员代表大会暨 2013 年学术年会. 北京: 中国农业科学技术出版社

朱先约, 宗永立, 李炎强, 等. 2008. 利用电子鼻区分不同国家的烤烟. 烟草科技, (3): 27-30

朱玉萍. 2018. 小麦面粉对陕西 Biangbiang 面加工品质的影响. 西北农林科技大学硕士学位论文

邹苑. 2018. 玉米醇溶蛋白-单宁酸复合颗粒对界面主导食品体系的调控研究. 华南理工大学博士学位论文

Adebowale K O, Afolabi T A, Oluowolabi B I. 2005. Hydrothermal treatments of Finger millet (*Eleusine coracana*) starch. Food Hydrocolloids, 19(6): 974-983

Agboola S, Ng D, Mills D. 2005. Characterisation and functional properties of Australian rice protein isolates. Journal of Cereal Science, 41(3): 283-290

Ahmadi-Abhari S, Woortman A J J, Hamer R J, et al. 2015. Rheological properties of wheat starch influenced by amylose-lysophosphatidylcholine complexation at different gelation phases. Carbohydrate Polymers, 122: 197-201

Ajila C M, Aalami M, Leelavathi K, et al. 2010. Mango peel powder: a potential source of antioxidant and dietary fiber in macaroni preparation. Innovative Food Science & Emerging Technologies, 11(1): 219-224

Altan A, Mccarthy K L, Maskan M. 2008. Evaluation of snack foods from barley-tomato pomace blends by extrusion processing. Journal of Food Engineering, 84(2): 231-242

Amagliani L, O'Regan J, Kelly A L, et al. 2017. The composition, extraction, functionality and applications of rice proteins: A review. Trends in Food Science & Technology, 64: 1-12

Athira M, Nickerson M T, Supratim G. 2018. Oxidative stability of flaxseed oil: effect of hydrophilic, hydrophobic and intermediate polarity antioxidants. Food Chemistry, 266: 524-533

Bao J, Kong X, Xie J, et al. 2004. Analysis of genotypic and environmental effects on rice starch. 1. Apparent amylose content, pasting viscosity, and gel texture. Journal of Agricultural and Food Chemistry, 52(19): 6010-6016

Bilyeu K D, Palavalli L, Sleper D A, et al. 2003. Three microsomal omega-3 fatty-acid desaturase genes contribute to soybean linolenic acid levels. Crop Science, 43: 1833-1838

Burton-Freeman B, Talbot J, Park E, et al. 2012. Protective activity of processed tomato products on postprandial oxidation and inflammation: A clinical trial in healthy weight men and women. Molecular Nutrition & Food Research, 56(4): 622-631

Byars J A, Fanta G F, Felker F C. 2009. Rheological properties of dispersions of spherulites from jet-cooked high-amylose corn starch and fatty acids. Cereal Chemistry, 86(1): 76-81

Casanova F, Chapeau A L, Hamonn P, et al. 2018. pH- and ionic strength-dependent interaction between cyanidin-3-O-glucoside and sodium caseinate. Food Chemistry, 267: 52-59

Chen G, Ehmke L, Sharma C, et al. 2019. Physicochemical properties and gluten structures of hard wheat flour doughs as affected by salt. Food Chemistry, 275: 569-576

Chen X, He X, Fu X, et al. 2015. *In vitro* digestion and physicochemical properties of wheat starch/flour modified by heat-moisture treatment. Journal of Cereal Science, 63: 109-115

Chrastil J, Zarins Z M. 1992. Influence of storage on peptide subunit composition of rice oryzenin. Journal of Agricultural and Food Chemistry, 40(6): 927-930

Collakova E, DellaPenna D. 2003. Homogentisate phytyltransferase activity is limiting for tocopherol biosynthesis in Arabidopsis. Plant Physiology, 131(2): 632-642

Colliver S, Bovy A, Collins G, et al. 2002. Improving the nutritional content of tomatoes through reprogramming their flavonoid biosynthetic pathway. Phytochemistry Reviews, 1(1): 113-123

Cuccolini S, Aldini A, Visai L, et al. 2013. Environmentally friendly lycopene purification from tomato peel waste: Enzymatic assisted aqueous extraction. Journal of Agricultural and Food Chemistry, 61(8): 1646-1651

Dai L, Sun C, Wei Y, et al. 2017. Characterization of Pickering emulsion gels stabilized by zein/gum arabic complex colloidal nanoparticles. Food Hydrocolloids, 74: 239-248

Dehesh K, Jones A, Knutzon D S, et al. 1996. Production of high levels of 8: 0 and 10: 0 fatty acids in transgenic canola by overexpression of *Ch FatB2*, a thioesterase cDNA from *Cuphea hookeriana*. The Plant Journal, 9(2): 167-172

Delano W L. 2002. The PyMOL Molecular Graphics System. Proteins Structure Function & Bioinformatics, 30: 442-454

Delcour J A, Joye I J, Pareyt B, et al. 2012. Wheat gluten functionality as a quality determinant in cereal-based food products. Annual Review of Food Science and Technology, 3(1): 469-492

Donhowe E G, Kong F. 2014. Beta-carotene: Digestion, microencapsulation, and *in vitro* bioavailability. Food and Bioprocess Technology, 7(2): 338-354

Duyvejonck A E, Lagrain B, Pareyt B, et al. 2011. Relative contribution of wheat flour constituents to solvent retention capacity profiles of European wheats. Cereal Sci, 53: 312-318

Ferrer E G, Gomez A V, Anon M C, et al. 2011. Structural changes in gluten protein structure after addition of emulsifier. A Raman spectroscopy study. Spectrochimica Acta Part A: Molecular and Biomolecular Spectroscopy, 79(1): 278-281

Ferrero C. 2017. Hydrocolloids in wheat breadmaking: A concise review. Food Hydrocolloids, 68: 15-22

Gaines C S. 2000. Collaborative study of methods for solvent retention capacity profiles (AACC method 56-11). Cereal Foods World, 45(7): 303-306

García-Valverde V, Navarro-González I, García-Alonso J, et al. 2013. Antioxidant bioactive compounds in selected industrial processing and fresh consumption tomato cultivars. Food and Bioprocess Technology, 6(2): 391-402

Genkina N K, Wasserman L A, Noda T, et al. 2004. Effects of annealing on the polymorphic structure of starches from sweet potatoes (Ayamurasaki and Sunnyred cultivars) grown at various soil temperatures. Carbohydrate Research, 339(6): 1093-1098

Gómez A, Ferrero C, Calvelo A, et al. 2011. Effect of mixing time on structural and rheological properties of wheat flour dough for breadmaking. International Journal of Food Properties, 14(3): 583-598

Guerrero P, Kerry J P, de la Caba K. 2014. FTIR characterization of protein-polysaccharide interactions in extruded blends. Carbohydrate Polymers, 111(6): 598-605

Guha M, Ali S Z. 2006. Extrusion cooking of rice: Effect of amylose content and barrel temperature on product profile. Journal of Food Processing and Preservation, 30(6): 706-716

Gunaratne A, Hoover R. 2002. Effect of heat-moisture treatment on the structure and physicochemical properties of tuber and root starches. Carbohydrate Polymers, 49(4): 425-437

Guo X, Wei X, Zhu K. 2017. The impact of protein cross-linking induced by alkali on the quality of buckwheat noodles. Food Chemistry, 221: 1178-1185

Gutierrez-Gonzalez J J, Guttikonda S K, Tran L S, et al. 2010. Differential expression of isoflavone biosynthetic genes in soybean during water deficits. Plant and Cell Physiology, 51(6): 936-948

Haun W, Coffman A, Clasen B M, et al. 2014. Improved soybean oil quality by targeted mutagenesis of the fatty acid desaturase 2 gene family. Plant Biotechnology Journal, 12(7): 934-940

He Z, Xia X, Zhang Y. 2010. Breeding noodle wheat in china//Hou G G. Asian Noodles: Science, Technology, and Processing. Hoboken: John Wiley & Sons, Inc.

Heppard E P, Kinney A J, Stecca K L, et al. 1996. Developmental and growth temperature regulation of two different microsomal [omega]-6 desaturase genes in soybeans. Plant Physiology, 110(1): 311-319

Hoshino T, Takagi Y, Anai T. 2010. Novel *GmFAD2-1b* mutant alleles created by reverse genetics induce marked elevation of oleic acid content in soybean seeds in combination with *GmFAD2-1a* mutant alleles. Breeding Science, 60(4): 419-425

Huang G, Sun Y, Xiao J, et al. 2012. Complex coacervation of soybean protein isolate and chitosan. Food Chemistry, 135(2): 534-539

Hyunjung C, Qiang L, Hoover R. 2009. Impact of annealing and heat-moisture treatment on rapidly digestible, slowly digestible and resistant starch levels in native and gelatinized corn, pea and lentil starches. Carbohydrate Polymers, 75(3): 436-447

Jane J, Chen Y Y, Lee L F, et al. 1999. Effects of amylopectin branch chain length and amylose content on the gelatinization and pasting properties of starch. Cereal Chemistry, 76(5): 629-637

Jia J J, Gao X, Hao M H, et al. 2017. Comparison of binding interaction between beta-lactoglobulin and three common polyphenols using multi-spectroscopy and modeling methods. Food Chemistry, 228: 143-151

Jia N, Wang L, Shao J, et al. 2017. Changes in the structural and gel properties of pork myofibrillar protein induced by catechin modification. Meat Science, 127: 45-50

Jiang L, Wang Z, Li Y, et al. 2015. Relationship between surface hydrophobicity and structure of soy protein isolate subjected to different ionic strength. International Journal of Food Properties, 18(5): 1059-1074

Johnson W C. 2015. Analyzing protein circular dichroism spectra for accurate secondary structures. Proteins Structure Function & Bioinformatics, 35(3): 307-312

Joye I J, Davidov-Pardo G, Ludescher R D, et al. 2015. Fluorescence quenching study of resveratrol binding to zein and gliadin: Towards a more rational approach to resveratrol encapsulation using water-insoluble proteins. Food Chemistry, 185: 261-267

Joye I J, Nelis V A, McClements D J. 2015. Gliadin-based nanoparticles: Fabrication and stability of food-grade colloidal delivery systems. Food Hydrocolloids, 44: 86-93

Kalogeropoulos N, Chiou A, Pyriochou V, et al. 2012. Bioactive phytochemicals in industrial tomatoes and their processing byproducts. LWT-Food Science and Technology, 49(2): 213-216

Karre L, Lopez K, Getty K J K. 2013. Natural antioxidants in meat and poultry products. Meat Science, 94: 220-227

Katyal M, Virdi A S, Kaur A, et al. 2016. Diversity in quality traits amongst Indian wheat varieties I: Flour and protein characteristics. Food Chemistry, 194: 337-344

Komoda M, Harada I. 1969. A dimeric oxidation product of γ-tocopherol in soybean oil. Journal of the American Oil Chemists' Society, 46: 18-22

Lai L N, Karim A A, Norziah M H, et al. 2002. Effects of Na_2CO_3 and NaOH on DSC thermal profiles of selected native cereal starches. Food Chemistry, 78(3): 355-362

Lan H, Hoover R, Jayakody L, et al. 2009. Impact of annealing on the molecular structure and physicochemical properties of normal, waxy and high amylose bread wheat starches. Food Chemistry, 111(3): 663-675

Lee H C, Kang I, Chin K B. 2014. Effect of mungbean [*Vigna radiata* (L.) Wilczek] protein isolates on the microbial transglutaminase-mediated porcine myofibrillar protein gels at various salt concentrations. International Journal of Food Science and Technology, 49: 2023-2029

Lee H, Choue R, Lim H. 2017. Effect of soy isoflavones supplement on climacteric symptoms, bone biomarkers, and quality of life in Korean postmenopausal women: a randomized clinical trial. Nutrition Research & Practice, 11(3): 223-231

Lenucci M S, Durante M, Anna M, et al. 2013. Possible use of the carbohydrates present in tomato pomace and in byproducts of the supercritical carbon dioxide lycopene extraction process as biomass for bioethanol production. Journal of Agricultural and Food Chemistry, 61(15): 3683-3692

Li K, Yin S, Yin Y, et al. 2013. Preparation of water-soluble antimicrobial zein nanoparticles by a modified antisolvent approach and their characterization. Journal of Food Engineering, 119: 343-352

Li M F, Yue Q H, Liu C, et al. 2020. Effect of gliadin/glutenin ratio on pasting, thermal, and structural properties of wheat starch. Journal of Cereal Science, 93: 102973

Li T, Guo X, Zhu K, et al. 2018. Effects of alkali on protein polymerization and textural characteristics of textured wheat protein. Food Chemistry, 239: 579-587

Lim W, Li J. 2017. Synergetic effect of the Onion *CHI* gene on the *PAP1* regulatory gene for enhancing the flavonoid profile of tomato skin. Scientific Reports, 7(1): 12377

Liu C H, Hao G, Su M, et al. 2017. Potential of multispectral imaging combined with chemometric methods for rapid detection of sucrose adulteration in tomato paste. Journal of Food Engineering, 215: 78-83

Liu R, Shi C, Song Y, et al. 2018. Impact of oligomeric procyanidins on wheat gluten microstructure and physicochemical properties. Food Chemistry, 260: 37-43

López-Barón N, Gu Y, Vasanthan T, et al. 2017. Plant proteins mitigate *in vitro* wheat starch digestibility. Food Hydrocolloids, 69: 19-27

Matuda T G, Chevallier S, Pessoa Filho P D A, et al. 2008. Impact of guar and xanthan gums on proofing and calorimetric parameters of frozen bread dough. Journal of Cereal Science, 48(3): 741-746

Miao X F, Zhu M X, Xu W P, et al. 2010. Rapid determination on fatty acids content by gas chromatography in soybean. Soybean Science, 23: 358-360

Moiraghi M, Vanzetti L, Bainotti C, et al. 2011. Relationship between soft wheat flour physicochemical composition and cookie-making performance. Cereal Chemistry, 88: 130-136

Molina-Ortiz S E, Puppo M C, Wagner J R. 2004. Relationship between structural changes and functional properties of soy protein isolates–carrageenan systems. Food Hydrocolloids, 18(6): 1045-1053

Montero P, Hurtado J L, Pérez-Mateos M. 2000. Microstructural behaviour and gelling characteristics of MyoSystem protein gels interacting with hydrocolloids. Food Hydrocolloids, 14(5): 455-461

Mujaffar S, Sankat C K. 2005. The air drying behaviour of shark fillets. Canadian Biosystems Engineering, 47(3): 11-21

Mustakas G C, Albrecht W J, Mcghee J E, et al. 1969. Lipoxidase deactivation to improve stability, odor and flavor of full-fat soy flours. Journal of the American Oil Chemists' Society, 46: 623-626

Navdeep, Banipal T S, Kaur G, et al. 2016. Nanoparticle surface specific adsorption of zein and its self-assembled behavior of nanocubes formation in relation to On-Off SERS: Understanding morphology control of protein aggregates. Journal of Agricultural and Food Chemistry, 64: 596-607

Ohlrogge J B. 1994. Design of new plant products: Engineering of fatty acid metabolism. Plant Physiology, 104(3): 821-826

Ohlrogge J B, Kuhn D N, Stumpf P K. 1979. Subcellular localization of acyl carrier protein in leaf protoplasts of *Spinacia oleracea*. Proceedings of the National Academy of Sciences of the United States of America, 76(3): 1194-1198

Olayinka O O, Adebowale K O, Olu-Owolabi B I. 2008. Effect of heat-moisture treatment on physico-chemical properties of white sorghum starch. Food Hydrocolloids, 22(2): 225-230

Olufunmi O O, Kayode O A, Bamidele I O, et al. 2008. Effect of heat-moisture treatment on physicochemical properties of white sorghum starch. Food Hydrocolloids, 22(2): 225-230.

Patel A R, Heussen P C M, Hazekamp J, et al. 2012. Quercetin loaded biopolymeric colloidal particles prepared by simultaneous precipitation of quercetin with hydrophobic protein in aqueous medium. Food Chemistry, 133: 423-429

Patel A R, Velikov K P. 2014. Zein as a source of functional colloidal nano- and microstructures. Current Opinion in Colloid and Interface Science. 19: 450-458

Periago M J, García-Alonso J, Jacob K, et al. 2009. Bioactive compounds, folates and antioxidant properties of tomatoes (*Lycopersicum esculentum*) during vine ripening. International Journal of Food Sciences and Nutrition, 60(8): 15

Pham A T, Lee J D, Shannon J G, et al. 2010. Mutant alleles of *FAD2-1A* and *FAD2-1B* combine to produce soybeans with the high oleic acid seed oil trait. BMC Plant Biology, 10(1): 195-207

Pidkowich M S, Nguyen H T, Heilmann I, et al. 2007. Modulating seed β-ketoacyl-acyl carrier protein synthase II level converts the composition of a temperate seed oil to that of a palm-like tropical oil. Proceedings of the National Academy of Sciences of the United States of America, 104(11): 4742-4747

Pietsch V L, Emin M A, Schuchmann H P. 2016. Process conditions influencing wheat gluten polymerization during high moisture extrusion of meat analog products. Journal of Food Engineering, 198(22): 55-60

Porter C J, Trevaskis N L, Charman W N. 2007. Lipids and lipid-based formulations: Optimizing the oral delivery of lipophilic drugs. Nature Reviews Drug Discovery, 6(3): 231-248

Qiu S, Yadav M P, Liu Y, et al. 2016. Effects of corn fiber gum with different molecular weights on the gelatinization behaviors of corn and wheat starch. Food Hydrocolloids, 53: 180-186

Rahman S M, Takagi Y, Kinoshita T. 1997. Genetic control of high stearic acid content in seed oil of two soybean mutants. Theoretical and Applied Genetics, 95(5-6): 772-776

Raphaelides S N, Georgiadis N. 2008. Effect of fatty acids on the rheological behaviour of amylomaize starch dispersions during heating. Food Research International, 41(1): 75-88

Razi M A, Wakabayashi R, Tahara Y, et al. 2018. Genipin-stabilized caseinate-chitosan nanoparticles for enhanced stability and anti-cancer activity of curcumin. Colloids and Surfaces B: Biointerfaces, 164: 308-315

Roman O, Heyd B, Broyart B, et al. 2013. Oxidative reactivity of unsaturated fatty acids from sunflower, high oleic sunflower and rapeseed oils subjected to heat treatment, under controlled conditions. LWT-Food Science and Technology, 52: 49-59

Sattler S E, Gilliland L U, Magallanes-Lundback M, et al. 2004. Vitamin E is essential for seed longevity and for preventing lipid peroxidation during germination. Plant Cell, 16: 1419-1432

Savidge B, Weiss J D, Wong Y-H H. 2002. Isolation and characterization of homogentisate phytyltransferase genes from *Synechocystis* sp. PCC 6803 and Arabidopsis. Plant Physiology, 129(1): 321-332

Sha K, Lang Y M, Sun B Z, et al. 2016. Changes in lipid oxidation, fatty acid profile and volatile compounds of traditional kazakh dry-cured beef during processing and storage. Journal of Food Processing and Preservation, 41: e13059

Sharoni Y, Linnewiel-Hermoni K, Khanin M, et al. 2012. Carotenoids and apocarotenoids in cellular signaling related to cancer: A review. Molecular Nutrition & Food Research, 56(2): 259-269

Shewry P R, Popineau Y, Lafiandra D, et al. 2000. Wheat glutenin subunits and dough elasticity: Findings of the EUROWHEAT project. Trends in Food Science & Technology, 11(12): 433-441

Shi J, Lei Y T, Shen H X, et al. 2018. Effect of glazing and rosemary (*Rosmarinus officinalis*) extract on preservation of mud shrimp (*Solenocera melantho*) during frozen storage. Food Chemistry, 272: 604-612

Shimada M, Takai E, Ejima D, et al. 2015. Heat-induced formation of myosin oligomer-soluble filament complex in high-salt solution. International Journal of Biological Macromolecules, 73: 17-22

Shintani D, DellaPenna D. 1998. Elevating the vitamin E content of plants through metabolic engineering. Science, 282(5396): 2098-2100

Singh J, Dartois A, Kaur L. 2010. Starch digestibility in food matrix: A review. Trends in Food Science & Technology, 21(4): 168-180

Sitakalin C, Meullenet J F C. 2001. Prediction of cooked rice texture using an extrusion test in combination with partial least squares regression and artificial neural networks. Cereal Chemistry, 78(4): 391-394

Srichuwong S, Sunarti T C, Mishima T, et al. 2005. Starches from different botanical sources II: Contribution of starch structure to swelling and pasting properties. Carbohydrate Polymers, 62(1): 25-34

Takenaka Y, Miki M, Yasuda H, et al. 1991. The effect of alpha-tocopherol as an antioxidant on the oxidation of membrane protein thiols induced by free radicals generated in different sites. Archives of Biochemistry & Biophysics, 285: 344-350

Tang C B, Zhang W G, Dai C, et al. 2014. Identification and quantification of adducts between oxidized rosmarinic acid and thiol compounds by UHPLC-LTQ-Orbitrap and MALDI-TOF/TOF tandem mass spectrometry. Journal of Agricultural and Food Chemistry, 63: 902-911

Tester R F, Morrison W R. 1990. Swelling and gelatinization of cereal starches. I. Effects of amylopectin, amylose, and lipids. Cereal chemistry (USA), 67: 551-557

Tovar M J, Motilva M J, Romero M P. 2001. Changes in the phenolic composition of virgin olive oil from young trees (*Olea europaea* L. cv. Arbequina) grown under linear irrigation strategies. Journal of Agricultural and Food Chemistry, 49: 5502-5508

Trehan S, Singh N, Kaur A. 2018. Characteristics of white, yellow, purple corn accessions: Phenolic profile, textural, rheological properties and muffin making potential. Journal of Food Science and Technology, 55: 2334-2343

Van Eenennaam A L, Lincoln K, Durrett T P, et al. 2003. Engineering vitamin E content: From Arabidopsis mutant to soy oil. The Plant Cell, 15(12): 3007-3019

Wang B, Li D, Wang L J, et al. 2012. Effect of high-pressure homogenization on microstructure and rheological properties of alkali-treated high-amylose maize starch. Journal of Food Engineering, 113(1): 61-68

Wang L, Liu H, Liu L, et al. 2014. Protein contents in different peanut varieties and their relationship to gel property. International Journal of Food Properties, 17: 1560-1576

Wang S, Zhang Y, Chen L, et al. 2017. Dose-dependent effects of rosmarinic acid on formation of oxidatively stressed myofibrillar protein emulsion gel at different NaCl concentrations. Food Chemistry, 243: 50-57

Wang W, Shen M, Liu S, et al. 2018. Gel properties and interactions of *Mesona blumes* polysaccharide-soy protein isolates mixed gel: The effect of salt addition. Carbohydrate Polymers, 192: 193-201

Wani A A, Singh P, Shah M A, et al. 2012. Rice Starch diversity: effects on structural, morphological, thermal, and physicochemical properties: a review. Comprehensive Reviews in Food Science & Food Safety, 11(5: 417-436

Watcharatewinkul Y, Puttanlek C, Rungsardthong V, et al. 2009. Pasting properties of a heat-moisture treated canna starch in relation to its structural characteristics. Carbohydrate Polymers, 75(3): 505-511

Wilde S C, Keppler J K, Palani K, et al. 2016. β-Lactoglobulin as nanotransporter for allicin: Sensory properties and applicability in food. Food Chemistry, 199: 667-674

Xiao Z S, Park S H, Chung K, et al. 2006. Solvent retention capacity values in relation to hard winter wheat and flour properties and straight-dough breadmaking quality. Cereal Chem, 83: 465-471

Xu G, Liang C, Huang P, et al. 2016. Optimization of rice lipid production from ultrasound-assisted extraction by response surface methodology. Journal of Cereal Science, 70: 23-28

Yadav N S, Wierzbicki A, Aegerter M, et al. 1996. Cloning of higher plant ω-3 fatty acid desaturases. Plant Physiology, 103(2): 467-476

Yue Y, Geng S, Shi Y, et al. 2019. Interaction mechanism of flavonoids and zein in ethanol-water solution based on 3D-QSAR and spectrofluorimetry. Food Chemistry, 276: 776-781

Zavareze E D R, Dias A R G. 2011. Impact of heat-moisture treatment and annealing in starches: A review. Carbohydrate Polymers, 83(2): 317-328

Zhang B, Bai B, Pan Y, et al. 2018. Effects of pectin with different molecular weight on gelatinization behavior, textural properties, retrogradation and *in vitro* digestibility of corn starch. Food Chemistry, 264(30): 58-63

Zhang B, Liu X, Bi J F, et al. 2019. Suitability evaluation of apple for chips-processing based on bp artificial neural network. Scientia Agricultura Sinica, 52: 129-142

Zhang S, Zhang Z, Lin M, et al. 2012. American Chemical Society, United States, pp. 12029-12035

Zhang Y, Cui L, Li F, et al. 2016. Design, fabrication and biomedical applications of zein-based nano/micro-carrier systems. International Journal of Pharmaceutics, 513: 191-210

Zhou Y, Zhao D, Foster T J, et al. 2014. Konjac glucomannan-induced changes in thiol/disulphide exchange and gluten conformation upon dough mixing. Food Chemistry, 143: 163-169

Zhu Y, Wang Y, Li J, et al. 2017. Effects of water-extractable arabinoxylan on the physicochemical properties and structure of wheat gluten by thermal treatment. Journal of Agricultural and Food Chemistry, 65(23): 4728-4735

Zou Y, Guo J, Yin S W, et al. 2015. Pickering emulsion gels prepared by hydrogen-bonded Zein/Tannic acid complex colloidal particles. Journal of Agricultural and Food Chemistry, 63(33): 7405-7414

第 3 章 食品特征组分多尺度结构变化与其品质功能精准调控

食品中含有大量的两性化合物，如多糖、蛋白质和油脂，容易发生成分之间的自组装形成微纳米尺度的胶体颗粒。典型加工条件下，对食物特征组分发生自组装形成微纳米结构进行系统研究，可能会使蛋白质、多糖等食品特征组分成为新的纳米材料。典型食品加工过程可以产生纳米颗粒，意味着通过控制温度、pH 和离子等因素，食品加工可以实现绿色、安全、高效的纳米颗粒的精准制造。

本章以大米淀粉、苹果和番茄果胶为对象，以酸-热加工为例，阐述典型的物理和化学加工方法对大米淀粉多尺度结构的影响，包括直链淀粉含量、支链淀粉链长分布、支化度、分子量和尺寸、粒径及分布、形貌与结晶度等，以及对溶解度、热性质、糊化性、黏弹性及消化性等理化特性的影响，并分析了离子强度对粳米/籼米/糯米淀粉的溶胀性、凝胶性和糊化性的调控作用。同时，比较了几种常规加工技术和创新加工技术（盐酸提取、柠檬酸提取、氢氧化钠提取、纤维素酶提取、微波辅助提取和超声波辅助提取），对苹果和番茄来源的果胶的形貌、产率、重均分子量、特性黏度、特征结构、流变性质和抗氧化活性的影响，并重点介绍了由柠檬酸法提取的苹果果胶（AP）和草酸铵法提取的番茄果胶（TP）的化学结构、链构象和聚集态结构。介绍了 4 种典型的加工条件，即高温、碱、果胶酶和超声处理，对柠檬酸法提取的 AP 和草酸铵法提取的 TP 两种样品结构的影响；阐明了果胶的稳态剪切流变行为及其与链构象的关系。典型加工条件处理后，AP 和 TP 的半乳糖醛酸的含量都增加，重均分子量和特性黏度降低；高酯果胶（AP）的酯化度明显降低，而 TP 酯化度变化较小；典型加工提高了果胶的结晶度。以上研究揭示出不同加工条件主要影响各种碳水化合物的得率和分子量，而对其高级结构基本无影响的科学规律。

本章以球蛋白、醇溶蛋白、肌原纤维蛋白和胶原蛋白等常见的食品蛋白质为例，以消化道黏膜相关细胞作为生理学效应评估模型，系统论述典型加工条件对它们的多尺度结构变化及其感官、理化、质构和生理学效应的影响，并揭示食品蛋白质的多尺度结构变化与品质功能之间的相关关系。研究发现，多种水溶性球蛋白均可在受热时受静电排斥力、疏水作用和二硫键等的作用，发生分子链断裂和重排，自组装形成纳米胶粒或交联形成凝胶网状结构。小麦醇溶蛋白在特定 pH 条件下可与过氧化氢酶形成具双层结构的复合纳米颗粒，即过氧化氢酶-小麦醇溶蛋白纳米颗粒（CAT-GNP），表现出较好的温度抗逆性；纳米化显著影响蛋白质的细胞胞内抗氧化活性。鸡肉肌原纤维蛋白的分子相互作用具有蛋白质浓度依赖性，表现为低浓度下成颗粒，高浓度下成胶；模式美拉德反应产物（MRP）可调控肌原纤维蛋白溶液表面疏水性和巯基、持水性、凝胶强度、储能模量、损耗因子及凝胶微结构。鳗鱼胶原蛋白在水相体系中可参与形成纳米胶粒并具有抗氧化活性，其凝胶可受加热温度、加热强度、pH、盐离子的影响而发生网络结构和力学特性等改变，研究发现蒸煮温度是调控鱼肉胶原蛋白结构、鱼丸质构的关键因素，高温有利形成孔状结构、提高凝胶强度和蛋白质水溶性。

结构脂质具有独特的营养和（或）功能，用途广泛，可通过化学法、酶法和基因工程等合成。结构脂质的理化性质对食品的品质和安全产生的重要影响，一方面取决于脂质的化学结构和聚集态结构，另一方面也受诸多加工条件（如温度和剪切）和其他食品组分的影响。同时，本章以植物结构脂质乳液和猪骨汤、鱼油及其微纳米乳液为例，阐述了乳化剂、酶（过氧化物酶）、机械力、pH 等对油水乳液体系的乳化性、乳液稳定性、流变性质和胞内外自由基清除活性等品质功能的影响，提出"微纳米胶粒或乳滴的油水界面可以加速食品或生物体基质中的活性氧自由基的电子传递从而调控氧化还原平衡"的新机制，以及适用于食品微纳米颗粒体外黏膜免疫活性评价的原代巨噬细胞模型，以及适用于食品微纳米颗粒胞内抗氧化活性评价的黏膜上皮细胞模型。

本章还论述了花生-白藜芦醇、大豆-大豆苷元、番茄-番茄红素、苹果-多酚及姜黄-姜黄素等特征植物生物活性物质，在食品模拟体系中与蛋白质、多糖等常见组分形成的复合多尺度结构（纳米颗粒），探究热、高压、pH、盐等典型加工条件对食品多尺度结构的影响规律，以及对食品品质、纳米构造的载体功能及生物活性的影响机制。

3.1 碳水化合物

3.1.1 淀粉

淀粉是大米的主要成分，占大米干重的 90%（Souza et al.，2016），具有良好的生物相容性和生物可降解性，是一种应用广泛的可再生碳水聚合物。它是大多数绿色植物的能量储存库，也是人类饮食中最常见的碳水化合物之一。植物中提取的淀粉通常以白色不溶性的半结晶粉状颗粒的形式存在，密度约 $1.5g/cm^3$，粒径为 $2\sim100\mu m$，具体大小取决于植物来源（Sen et al.，2020）。众所周知，淀粉的分子式为 $(C_6H_{10}O_5)_n$，基本构成单位为 $\alpha\text{-}D\text{-}$吡喃葡萄糖。淀粉主要由两种大分子组成，即直链淀粉和支链淀粉，两者糖残基的键接方式不同，共同构成淀粉的复杂结构。直链淀粉是一种线性大分子，由葡萄糖单元通过 $\alpha\text{-}1,4\text{-}$糖苷键连接而成，存在少量分支，分子量为 $10^5\sim10^6$，聚合度（DP_n）为 $920\sim1100$，平均链长（CL）为 $250\sim370$（Wang and Copeland，2015；Copeland et al.，2009；Wang et al.，2014a）。在天然淀粉中，直链淀粉有两种存在方式，即游离直链淀粉和脂质复合直链淀粉。支链淀粉仍主要由葡萄糖单元通过 $\alpha\text{-}1,4\text{-}$糖苷键连接而成，但其中大约 5%的葡萄糖残基的 C6 位通过 $\alpha\text{-}1,6\text{-}$糖苷键形成分支点，其分子量为 $10^7\sim10^9$，DP_n 为 $8200\sim12\,800$，CL 为 $19\sim23$（Takeda et al.，1987），远远低于直链淀粉的值。支链淀粉结构通常使用多模态链长分布（Susumu and Hizukuri，1986）和非随机分支的簇状模型（Thompson，2000）进行描述。

在实际应用中，为了克服淀粉的低溶解性、低抗剪切性、高黏度、易回生、不耐强酸强碱等固有弊端，通常对其进行加工处理。最常见的加工方法有物理方法、化学方法和酶方法，它们通过改变淀粉的微观结构，达到调控淀粉性能的目的（Seligra et al.，2016）。Cao 等（2018a）发现，热加工后产生的玉米糊精，能够减缓血糖的运输速率，改善肥胖小鼠的降血糖作用和肝脏代谢。Seligra 等（2016）以柠檬酸作为交联剂，制备可降解的淀粉膜材料，发现柠檬酸的加入能够调节淀粉的糊化过程，使淀粉体系糊化温度降低 5℃。Li 等（2017）发现，脱支处理能够有效改变马铃薯淀粉的理化性质，降低糊化焓变和糊化峰值黏度，提高糊化温度。淀粉的加工参数复杂多变，加工条件的微小变化也会导致淀粉最终性能的千差万别。例如，玉米淀粉先湿热处理后酸水解，其糊化温度高于先酸水解后湿热处理（Xing et al.，2017），即仅改变加工顺序，仍会导致淀粉糊化特性的差异。

因此，研究淀粉微观结构和性能对人类的生产与生活至关重要。然而，目前关于加工前后淀粉的构效关系仍有待阐明（Sun et al.，2014）。本书拟采用典型的物理和化学加工方法，将热处理与酸处理组合，用于大米淀粉改性，并系统研究其微观结构和功能特性的变化，探究淀粉微观结构与功能特性之间的相关性。

3.1.1.1　酸-热加工对大米淀粉多尺度结构的调控

本书所用大米淀粉标记为 US，以 1∶1.5（W/W）的比例分散于超纯水中，用 0.5mol/L HCl 将 pH 调至 3，在室温下搅拌 30min，然后在 40℃空气烘箱中干燥 72h，将干燥后的试样过 100 目筛，得到酸处理淀粉（AS）；US 和 AS 在 170℃电热鼓风干燥箱中分别加热 0.5h、2h 和 4h，得到最终热处理淀粉（HS）和酸-热处理淀粉（AHS），依次标记为 HS-0.5、HS-2、HS-4、AHS-0.5、AHS-2 和 AHS-4。对酸-热处理后大米淀粉的多尺度结构进行表征，包括直链淀粉含量、支链淀粉链长分布、支化度、分子量和尺寸、粒径及分布、形貌与结晶度。

1）酸-热加工对大米淀粉直链淀粉含量的调控

通过经典的碘比色法确定直链淀粉（AM）的含量，该方法基于直链淀粉螺旋链与碘之间相互作用形成蓝色络合物的原理。当直链淀粉链长度过短（少于 10 个葡萄糖残基）时，不能形成螺旋结构，此时直链淀粉与碘的结合能力较弱，无法形成碘复合物。因此，直链淀粉与碘的结合能力降低表明链长超过 10 个葡萄糖残基的直链淀粉含量减少。值得注意的是，由于支链淀粉中的长侧链（葡萄糖残基数量大于 10）同样存在螺旋结构，也可以与碘结合，导致淀粉中直链淀粉含量测量值偏高。即该方法测得的直链淀粉含量包含支链淀粉的长侧链，并且连接长侧链的分支点是否断裂不影响直链淀粉的含量。

如表 3.1 所示，US 的直链淀粉含量为 17.0%，证实大米淀粉中主要成分是支链淀粉，与常见的天然淀粉相似，其直链淀粉含量为 20%～30%，支链淀粉含量为 70%～80%。但令人惊讶的是，酸处理后直链淀粉的含量为 17.2%，与 US 相比没有显著性差异。通常，直链淀粉和支链淀粉分支点构成无定形区，其链结构与结晶区相比更加疏松，因此容易被酸水解。由此推断，可能发生了直链淀粉的弱水解和支链淀粉分支点的水解，这几乎不影响淀粉螺旋链与碘的结合，导致直链淀粉含量的测量值变化不大。因此，与

US 相比，加工程度较弱的试样 AS、AHS-0.5 和 HS-0.5 中直链淀粉含量的变化都较小。有趣的是，在酸-热处理下，随着加热时间的延长，直链淀粉含量显著降低，表明酸-热处理使淀粉链发生断裂，直链和长侧链被降解为少于 10 个葡萄糖残基的短链，导致淀粉与碘的结合能力降低。热处理 2h 后，同样观察到直链淀粉含量显著下降。HS-4 的直链淀粉含量接近于 AHS-2 的直链淀粉含量，而远大于 AHS-4 的直链淀粉含量，表明酸和热处理对断裂直链淀粉链和支链淀粉长侧链具有协同作用。

表 3.1 大米淀粉中直链淀粉（AM）含量与支链淀粉链长分布

样品	AM 含量（%）	f_A（DP6~12）（%）	f_{B1}（DP13~24）（%）	f_{B2}（DP25~36）（%）	f_{B3}（DP≥37）（%）	DP_{ave}
US	17.0±0.1a	22.8±2.1c	52.7±0.7a	12.3±0.6a	12.1±2.1a	20.9±0.9a
AS	17.2±0.0a	21.8±1.3c	53.1±2.4a	12.9±0.3a	12.2±3.9a	21.2±1.6a
AHS-0.5	17.3±0.4a	23.1±2.0c	53.6±2.2a	12.4±0.6a	10.8±3.9a	20.5±1.6a
AHS-2	15.4±0.5c	26.7±0.3b	54.3±0.3a	11.4±0.4b	7.6±0.5ab	18.9±0.1ab
AHS-4	13.5±0.1d	31.9±0.1a	54.3±0.5a	9.4±0.0c	4.3±0.6b	17.1±0.2b
HS-0.5	17.4±0.6a	22.4±0.2c	53.6±0.8a	12.7±0.4a	11.3±1.4a	20.7±0.5a
HS-2	16.3±0.2b	23.4±1.6c	53.0±0.3a	12.4±0.0a	11.1±1.8a	20.5±0.8a
HS-4	15.9±0.2bc	23.9±0.6bc	53.8±0.6a	12.3±0.6ab	10.0±0.6a	20.1±0.1a

注：DP_n 代表分支链的聚合度；f 代表某确定聚合度的分支链的百分含量；DP_{ave} 代表平均聚合度，$DP_{ave}=(\sum X \times N)/\sum N$，$X$ 代表分支链的聚合度，N 代表链的数量。同列不同小写字母表示有显著性差异（$P<0.05$）

2）酸-热加工对大米支链淀粉链长分布的调控

作为另外一种组成淀粉颗粒的大分子，支链淀粉的内部结构对淀粉的理化性质有重要作用。如表 3.1 所示，支链淀粉是大米淀粉中的主要成分，占 80% 以上。本研究采用荧光辅助糖电泳（FACE）对支链淀粉链长分布进行研究。通常，根据链的长度可以将淀粉支链分为 4 类：A 链，聚合度（DP）为 6~12；B1 链，DP 为 13~24；B2 链，DP 为 25~36；B3 链，DP≥37；它们分别代表最外侧未分支的链、单分支的侧链、跨越两个簇的支链和跨越三个及以上簇的支链。从实验结果可以发现，所有淀粉试样均包含两个峰，一个峰是 DP 为 13 的主峰，另一个是 DP 约为 45 的次峰。根据链长的类别，通过积分计算出 A~B3 链的相对含量（f），如表 3.1 所示。显然，所有试样均显示 A 和 B1 链的含量较高，而 B2 和 B3 链的含量较低。其中，DP 为 13~24 的 B1 链占 50% 以上。酸、热及短时间的酸-热处理几乎不影响链长分布，与直链淀粉含量的结果一致，表明无定形区中的分支点更容易断裂。但是，酸-热处理 2h 以上，A 链含量显著增加，B2 和 B3 链含量显著下降（AHS-2 和 AHS-4）。具体来说，对于 AHS-4，与 US 相比，A 链的含量从 22.8% 上升到 31.9%，而 B2 和 B3 链的含量分别从 12.3% 和 12.1% 下降到 9.4% 和 4.3%，导致平均聚合度（DP_{ave}）从 20.9 降低至 17.1。由此推断，具有较长链长的 B2 和 B3 链由于跨越至少两个结晶薄片，位于晶片间（无定形区）的片段更容易被破坏，降解为链长为 6~12 的短链；而单分支的 B1 链，由于分布在结晶薄片中，经过酸-热处理后得以留存。这些结果表明，酸-热处理能够破坏长支链，显著改变支链淀粉的链长分布。

3）酸-热加工对大米淀粉支化度的调控

淀粉试样的核磁共振氢谱（^{1}H NMR）和支化度（DB）如图 3.1A 所示。α-1,4-糖苷键和 α-1,6-糖苷键中自由还原端异头质子的化学位移不同。如图 3.1A 所示，α-1,4-糖苷键中异头质子的化学位移为 5.41ppm[①]，而 α-1,6-糖苷键中异头质子的化学位移为 4.98ppm，与文献报道的大米淀粉中 α-1,4-糖苷键化学位移 5.4～5.0ppm 和 α-1,6-糖苷键化学位移 5.0～4.8ppm 保持一致。原淀粉 US 中，DB 为 4.85%。与 US 相比，短时间的酸-热处理使 DB 下降，表明 α-1,6-糖苷键在酸或热处理下更容易受到攻击，产生更多的线性链。AS、AHS-0.5 和 HS-0.5 的 DB 分别降低至 3.60%、3.52%和 4.61%。有趣的是，AHS-2 和 AHS-4 的 DB 反而增加，表明长时间的酸-热处理导致更多的 α-1,4-糖苷键断裂，使 α-1,6-糖苷键的相对含量增加。酸-热处理能够破坏淀粉中的 α-1,4-糖苷键和 α-1,6-糖苷键，与直链淀粉和支链淀粉长侧链的含量显著降低一致。

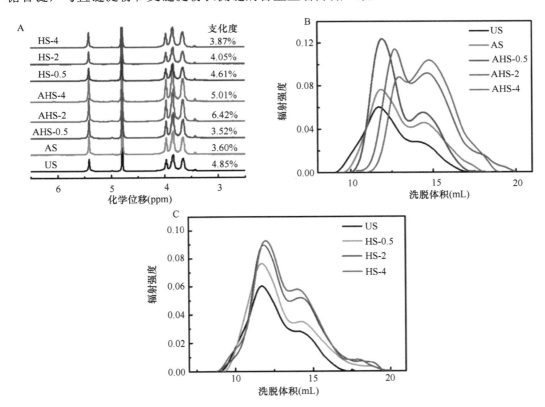

图 3.1　大米淀粉的 ^{1}H NMR 谱和支化度（A）及在 60℃下大米淀粉溶解在 0.05mol/L LiBr/DMSO 的尺寸排阻色谱（SEC）图谱（B 和 C）

4）酸-热加工对大米淀粉分子量和尺寸的调控

分子量、分子量分布和分子尺寸（R_g）是证明淀粉是否发生水解和降解的可视化指

_____

① 1ppm=10^{-6}

标。图 3.1B 示出了淀粉试样的尺寸排阻色谱（SEC）结果。显然，所有试样均有两个峰，一个主峰和一个肩峰，分别代表分子量较高和较低的两个组分。通常，支链淀粉的分子量要比直链淀粉高得多。因此，应将主峰归于高分子量支链淀粉的组分，而肩峰则对应于低分子量直链淀粉和支链淀粉的组分，这同样表明支链淀粉是大米淀粉中的主要成分。经过酸或酸-热处理后，主峰和肩峰的位置及曲线的起点和终点都从低洗脱体积转移到高洗脱体积，并伴随峰宽度变宽。该结果表明两个组分都被破坏，并且降解成大小不一的链，导致分子量分布变宽。此外，肩峰的面积也随着处理时间的延长而增加，而主峰的面积则随着处理时间的延长而减少，这表明更多的具有较高分子量的组分被降解为较小分子量的组分，这也与链长分布中较长的 B2 和 B3 链优先降解为短链的结果相一致。对于 AHS-4，最初的主峰变成了肩峰，表明大多数支链淀粉被降解为小片段，导致分子量和尺寸的急剧下降。与之相反，热处理后的曲线没有明显变化，包括峰的宽度、峰的形状及峰的起点（图 3.1C）。仅主峰位置和曲线终点稍微向右移动，这表明相对少量的支链淀粉被降解为分子量较低的片段，因而导致分子量和 DB 仅略有下降。

试样的重均分子量（M_w）、数均分子量（M_n）和 Z-均回转半径（R_g）如表 3.2 所示。原淀粉 US 中 M_w 和 M_n 的数值高达数量级 10^7，表明它是高度分支的。处理后，分子量（M_w 和 M_n）和尺寸（R_g）均显著下降，尤其是酸-热处理下。AHS-4 的分子量甚至下降至数量级 10^5，与 SEC 谱图中的结果一致。湿淀粉颗粒可以看作多孔的可渗透基质，氢离子容易扩散到淀粉基质中。另外，加热加速了氢离子在淀粉颗粒内的扩散，导致更多的淀粉大分子降解，因此分子量的降低更加显著。值得注意的是，与 US 相比，酸或热处理淀粉的 M_n 降低达到 50% 以上（HS-0.5 除外），而尺寸 R_g 降低却少于 21%，表明酸和热首先破坏无定形区中连接短侧链的分支点，导致分子量显著降低，而尺寸降低较少，这也表明高支化聚合物的尺寸对分子量的敏感性较低。Zhang 等（2005）对香菇和黑木耳多糖进行超声处理，发现超声处理容易引发高分子量多糖的降解，而当分子量降低到一定值时，多糖的降解非常缓慢。由此，我们提出这样的假设：类似于超声处理，酸或热处理容易攻击高分子量的部分将其降解为中等大小的片段，但很难将中等大小的片段继续降解为较小的片段，导致淀粉的多分散性变化不大。

表 3.2　大米淀粉在 60℃下溶解于 0.05mol/L LiBr/DMSO 溶液中所测得的 M_w、M_n、R_g 和 $[\eta]$

样品	M_w（$\times 10^6$）	M_n（$\times 10^6$）	R_g（nm）	$[\eta]$（mL/g）
US	48.1±8.6a	32.8±7.0a	146.5±1.9a	144.8
US	48.1±8.6a	32.8±7.0a	146.5±1.9a	144.8
AS	26.2±2.4c	16.2±0.3c	124.9±6.8c	123.5
AHS-0.5	12.4±2.7d	6.9±1.5d	91.7±0.4e	65.7
AHS-2	1.8±0.0e	0.6±0.0e	50.3±3.3f	41.7
AHS-4	0.9±0.0e	0.3±0.0e	36.8±0.3g	30.8
HS-0.5	38.5±0.3b	23.4±1.9b	138.9±1.7b	141.1
HS-2	15.6±1.5d	9.5±1.3d	117.6±2.0d	133.3
HS-4	16.0±3.5d	9.2±1.3d	116.0±1.0d	106.0

注：M_w 代表重均分子量；M_n 代表数均分子量；R_g 代表 Z-均回转半径；$[\eta]$ 代表在 25℃下测得的特性黏度。同列不同小写字母代表有显著性差异（$P<0.05$）

淀粉试样的特性黏度也列于表 3.2，它反映了聚合物在溶液中的流体力学尺寸。只有酸-热处理能够引起特性黏度的急剧下降，进一步表明支链淀粉在酸-热处理下发生强烈降解。同 R_g 的变化趋势一致，酸或热处理的淀粉试样（HS-4 除外）的特性黏度下降不到 15%，进一步证实在高支化的淀粉中，分子尺寸对分子量的依赖性弱，这是由于连接短侧链的分支点更容易被攻击。综上所述，大米淀粉中的直链淀粉和支链淀粉在经过酸、热和酸-热处理后发生了水解和降解，特别是在酸-热处理下，大米淀粉的分子量和尺寸的降低幅度最大，表明酸和热具有协同作用。

本研究通过激光粒度分析仪测定大米淀粉试样的粒径及分布。如表 3.3 所示，经过酸或热处理后，所有试样的颗粒尺寸表现出稳定的增长，并且曲线的起点和终点都由低粒度分布转移到高粒度分布。与 US 相比，AHS-4 的 $D_{[4,3]}$（体积平均值）由 25.0μm 增加到 149.3μm，而 $D_{[3,2]}$（表面积平均值）由 10.9μm 增加到 45.2μm。据文献报道，$D_{[3,2]}$ 主要受小颗粒的影响，而 $D_{[4,3]}$ 则受大颗粒的影响；$D_{[3,2]}$ 对小颗粒敏感，而 $D_{[4,3]}$ 则对大颗粒敏感。$D_{[4,3]}$ 的增长幅度更高，表明酸-热处理后大颗粒的数量增加更加显著，证明酸或热处理产生的小颗粒发生重新聚集。经过酸-热处理后，淀粉试样的 SpSA 降低，其中 AHS-4 的改变最大，由 0.6m²/cm³ 降低至 0.1m²/cm³。SpSA 的变化暗示酸-热处理存在改善淀粉消化性的可能。综上所述，酸-热处理能够显著改变淀粉粒径及分布，并且酸和热之间具有协同作用。

表 3.3　大米淀粉的粒径分布、颗粒尺寸、有序片层的厚度和结晶度

样品	$D_{[3,2]}$（μm）	$D_{[4,3]}$（μm）	SpSA（m²/cm³）	颗粒尺寸（μm）	片层厚度（nm）	RC（%）
US				3.8±0.2a	110.0±0.0a	18.7±0.0a
US	10.9±0.6g	25.0±1.6c	0.6±0.0a	3.8±0.2a	110.0±0.0a	18.7±0.0a
AS	24.8±0.8d	99.6±2.7b	0.3±0.0d	3.7±0.1a	92.5±17.1b	13.6±0.0f
AHS-0.5	34.5±1.3c	121.9±4.8ab	0.2±0.0e	3.8±0.2a	70.0±10.0cd	14.4±0.2e
AHS-2	40.0±1.2b	119.5±1.3ab	0.2±0.0ef	3.6±0.1a	55.0±5.8de	15.1±0.4d
AHS-4	45.2±1.3a	149.3±64.4a	0.1±0.0f	3.8±0.4a	50.0±0.0e	15.9±0.1c
HS-0.5	15.1±1.2f	33.5±1.1c	0.4±0.0b	3.8±0.3a	82.7±6.9bc	18.3±0.6ab
HS-2	18.7±0.3e	40.5±0.5c	0.3±0.0c	3.6±0.4a	71.5±0.3c	17.8±0.5b
HS-4	19.1±0.2e	41.1±0.3c	0.3±0.0c	3.9±0.5a	70.0±5.8cd	18.0±0.5b

注：$D_{[4,3]}$ 代表体积平均值，$D_{[3,2]}$ 代表表面积平均值，SpSA 代表比表面积；RC 代表相对结晶度；颗粒尺寸以 SEM 图片统计。同列不同小写字母代表有显著性差异（$P<0.05$）

5）酸-热加工对大米淀粉分子链和颗粒形貌的调控

原淀粉 US 溶解在 DMSO 中室温下自然干燥后的 SEM 图像和对应的高度图见图 3.2。试样呈球状，在最低浓度 0.01μg/mL 下，淀粉呈球状，其高度约为 4nm。这归因于干燥过程中，DMSO 逐渐挥发，淀粉溶液被浓缩，高度分支的支链淀粉链相互缠绕，发生聚集。随着淀粉浓度的增加，更多的淀粉分子在干燥过程中发生缔合形成更大的聚集体。因此，图像中颗粒的高度和宽度明显增加。

图 3.2　淀粉颗粒及通过 α 淀粉酶处理后的 SEM 图像

　　利用 SEM 观察大米淀粉的表观形貌。酸-热处理前后的淀粉颗粒均表现出几乎完整的表观结构，具有多面体形状和光滑表面（图 3.2），其大小均匀，约为 4.0μm（表 3.3）。据文献报道，酸水解对淀粉颗粒形貌的影响随着淀粉来源和酸水解程度的不同而不同，并且低水解程度不会显著破坏其表面形貌，尽管淀粉颗粒的理化性质已发生变化。

　　为了更清楚地观察淀粉颗粒的内部结构，使用 α 淀粉酶（作用于 α-1,4-糖苷键的淀粉酶）部分水解大米淀粉。SEM 图像表明（图 3.2），所有淀粉颗粒在被 α 淀粉酶水解后，均出现由片层和空隙所组成的类洋葱状结构。随着酸-热处理时间的延长，观察到更清晰的同心圆环，表明留存下的片层对应于半结晶生长环，而层间空隙对应于连接有序片层的无定形生长环。结合 SEM 图像及直链淀粉含量和分子量随酸-热处理时间延长而降低的结果（表 3.1 和表 3.2），可证实由直链淀粉和支链淀粉分支点构成松散排列的无定形生长环容易受到攻击。据文献报道，大米淀粉颗粒由无定形和半结晶生长环组成，它们交替排列形成完整的颗粒结构。由 SEM 图像可知，原淀粉 US 中片层的厚度粗略估计为 110nm（表 3.3），与已报道的玉米和小麦淀粉中半结晶径向生长环的厚度 120～400nm 相近。随着酸-热处理时间的延长，片层的厚度减小（表 3.3），表明半结晶生长环同样受到了侵蚀。通过比较未被 α 淀粉酶水解的淀粉和被 α 淀粉酶水解的淀粉（图 3.2）推测，淀粉颗粒外表面为直链淀粉和松散堆积的支链淀粉侧链所构成的无定形区。经 α 淀粉酶水解后，淀粉颗粒表面的无定形区首先被水解，从而暴露淀粉颗粒的内部结构。随着酸-热处理时间的延长，更多的无定形区（颗粒表面和无定形生长环）被破坏，暴露出更清晰的片层结构，甚至出现中空结构。结合直链淀粉含量的变化趋势，可以推断大米淀粉的直链淀粉主要分布在淀粉颗粒的内核中，随着酸-热处理时间的延长，更多的氢离子扩散到淀粉颗粒内部，导致直链淀粉被降解，其含量显著下降。综上所述，大米淀粉属于高支化的聚合物，酸-热处理破坏颗粒的无定形区和结晶区，但不会改变淀粉颗粒的表观结构。

6）酸-热加工对大米淀粉结晶度的调控

大米淀粉试样的 X 射线衍射（XRD）图谱如图 3.3 所示。所有试样在 15°～30°的范围内出峰，证明大米淀粉的结晶性。15°和 23°的单峰及 17°和 18°未分离开的双峰，表明大米淀粉是典型的 A 型晶体。在酸-热处理后，所有试样的 XRD 峰形没有改变，表明酸-热处理不会改变淀粉的晶型。相对结晶度（RC）可由无定形峰和结晶峰的峰面积计算得到。淀粉试样的 RC 列于表 3.3 中，与 US 相比，AS 的 RC 由 18.7%急剧降低至 13.6%，这主要是由于在酸处理下，氢离子通过空腔渗透至颗粒中，破坏淀粉的晶体结构。有序环的厚度减小（表 3.3）也证实了这一结果。有趣的是，与 AS 相比，酸-热处理后，RC 随处理时间的延长反而增加，AHS 的 RC 由 13.6%增加至 15.9%，这主要是由于酸处理形成的小尺寸晶体重新排序，或水解后的短链回生形成双螺旋，从而改善了晶体的尺寸和完整性。结晶度下降与酸-热处理后支链淀粉中 A 链增加、DP_{ave} 降低的结果保持一致。热处理后，RC 略有下降，与 DB 的变化规律相似。综上所述，酸和热处理对大米淀粉具有强降解力，分支点更容易被攻击，无定形区和结晶区均被破坏，降低结晶度，但不会改变大米淀粉的晶型。

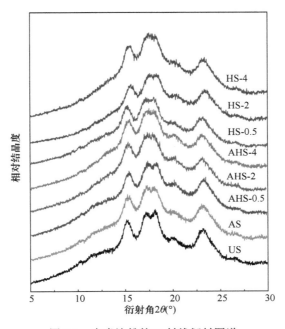

图 3.3　大米淀粉的 X 射线衍射图谱

综合上述实验结果可知，酸-热处理有效改变了大米淀粉的微观结构，大米淀粉的直链淀粉含量、支链淀粉链长分布、支化度、分子量和尺寸、粒径及分布、形貌与结晶度都发生了显著改变，并且酸和热具有协同作用。在酸-热加工过程中，α-1,6-糖苷键（分支点）易于断裂，随加工时间的延长，α-1,4-糖苷键也发生断裂，主要分布于淀粉颗粒内部的直链淀粉含量开始下降。此外，支链淀粉的长侧链被破坏，形成短链，改变支链淀粉的链长分布。酸-热加工后，淀粉的分子量和尺寸显著降低，降解形成的小颗粒能够进一步凝聚，导致淀粉的粒径增加。酸-热加工不改变淀粉的表观形貌，但能够破坏内部无定形区和结晶区的结构。酸-热加工后小尺寸晶体的聚集可形成更完美的晶体结构。

3.1.1.2 酸-热加工对大米淀粉性能的调控

本研究对酸-热加工后大米淀粉的理化特性进行表征，包括溶解度、热性质、糊化性、黏弹性及消化性。

1）酸-热加工对大米淀粉溶解性的调控

众所周知，淀粉在室温下的溶解度较低。本研究测定了85℃时淀粉试样在水中的溶解度。如图 3.4A 所示，原淀粉 US 的溶解度最低，只有 13.7%。单独酸或热处理后，淀粉试样（AS、HS-0.5、HS-2 和 HS-4）的溶解度仅表现出略微增加，其浑浊程度与 US 相比，肉眼看来基本没有差异（图 3.4B）。而经过酸-热处理后，淀粉试样的溶解度急剧增加，均达到 50%以上，并且随处理时间的延长，溶解度增加更加显著，AHS-4 的溶解度甚至达到了 95.3%，其溶液澄清透亮。通常，聚合物溶解包括两个过程：首先溶剂小分子快速移动扩散到聚合物中，导致聚合物体积增大，发生溶胀；然后聚合物的分子链分散在溶剂中。据报道，淀粉溶解本质上是直链淀粉和支链淀粉的外侧链在颗粒溶胀过程中发生解离和扩散。因此，直链淀粉含量、支链淀粉的链长、分子量、分子尺寸及相对结晶度等结构特征将对大米淀粉的溶解度起至关重要的作用。

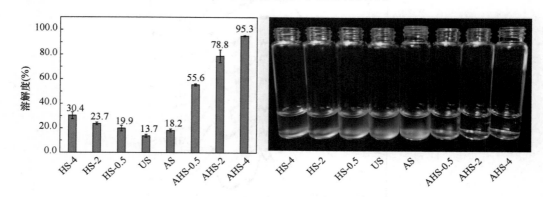

图 3.4 大米淀粉的溶解度

图 A 中的误差线表示从 3 个独立实验中获得的平均值的标准偏差

2）酸-热加工对大米淀粉热性质的调控

淀粉的热性质通常使用差示扫描量热法（DSC）进行研究，结果如图 3.5 所示，相关参数见表 3.4，包括糊化过程中的相转变温度（起始温度 T_o、峰值温度 T_p、终止温度 T_c）和吸热焓变（$\triangle H$）。本研究发现，与 US 相比，试样经过酸处理或 0.5h 以内的热处理，相转变温度几乎没有变化，而在酸-热处理后相转变温度开始下降，并随着处理时间的延长，温度的降低更显著。有研究者在高粱淀粉、糯玉米淀粉和稻米淀粉中发现类似的现象，将其归因于加工处理后，直链淀粉断裂和支链淀粉水解，导致分子量降低，甚至于直链淀粉和支链淀粉侧链在水中溶解。

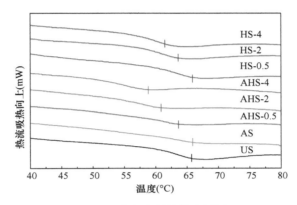

图 3.5   大米淀粉的热分析图

表 3.4   大米淀粉的热性质

样品	T_o（℃）	T_p（℃）	T_c（℃）	$\triangle H$（J/g）
US	59.0±0.1a	66.4±0.1a	78.1±1.1a	7.1±0.6a
AS	58.7±0.6a	66.5±0.3a	76.9±0.5a	3.8±0.1d
AHS-0.5	55.8±1.2b	64.1±0.4b	76.4±0.8a	4.0±0.2d
AHS-2	53.7±0.5c	60.4±0.3c	70.7±1.9b	4.2±0.1d
AHS-4	51.3±0.4d	58.5±0.4d	69.8±1.0b	5.3±0.4c
HS-0.5	58.8±0.3a	66.1±0.9a	78.1±1.7a	7.0±0.1ab
HS-2	56.8±0.2b	64.1±0.2b	76.5±1.1a	6.7±0.2ab
HS-4	56.4±0.1b	63.6±0.4b	76.1±0.70a	6.5±0.3b

注：同列不同小写字母代表有显著性差异（$P < 0.05$）

表 3.4 中的焓变（$\triangle H$）对应 DSC 曲线（图 3.5）中吸热峰的峰面积。与 US 相比，AS 的 $\triangle H$ 值从 7.1J/g 降低至 3.8J/g，这归因于无定形区和结晶区均发生水解，淀粉的有序结构被破坏，该结果与相对结晶度的变化趋势一致，AS 的 RC 由 18.7% 降低至 13.6%。与 AS 相比，AHS 的 $\triangle H$ 值随酸-热处理时间的延长而回升，这可能是因为降解后的小片段结构有序性增加，促进重结晶。在 HS 中，同样观察到焓变趋势与结晶度变化保持一致。结合结晶度的结果，本研究得出，具有较高相对结晶度的淀粉试样具有更高的 $\triangle H$ 值。

3）酸-热加工对大米淀粉糊化性的调控

淀粉糊化是一个复杂的过程，主要取决于以下因素：直链淀粉浸出、支链淀粉链长、颗粒溶胀、颗粒间的摩擦和结晶度。淀粉的糊化性可通过淀粉水溶液在加热-冷却循环过程中的黏度变化来评价。随着时间或温度的增加，所有试样的黏度在加热-冷却循环中都呈现类似的趋势，即黏度首先略有下降后急剧增加，达到最大值，然后下降并保持稳定，最后缓慢回升。黏度随着温度升高而骤升，是因为在水的高温和增塑作用下，维持淀粉颗粒完整性的氢键被削弱，在过量的水中，淀粉与水之间的氢键增加，颗粒吸水溶胀，颗粒间摩擦增加。在完全糊化时，颗粒吸水程度最大，达到峰值黏度。膨胀后的淀粉颗粒脆弱不耐剪切，随分子热运动的加快，淀粉颗粒破裂，黏度降低。

当温度降低时，淀粉链重新缔合，颗粒间摩擦再次增加，黏度回升（图 3.6A、B）。与 US 相比，酸和酸-热处理得到的试样，其峰值黏度（PV）、最高温度下的谷值黏度（HPV）、将温度降至 25℃后的最终黏度（CPV）、崩解值黏度（BDV=PV−HPV）和消退值（SBV=CPV−HPV）均显著降低（表 3.5）。这归因于无定形区和结晶区糖苷键的水解，产生了分子量相对较低的小片段，最终导致黏度降低。

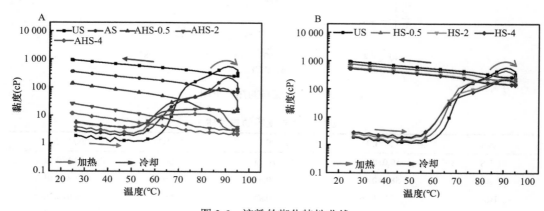

图 3.6　淀粉的糊化特性曲线

表 3.5　大米淀粉的糊化特性

样品	PV（cP）	HPV（cP）	CPV（cP）	BDV（cP）	SBV（cP）	PT（℃）
US	613.2±36.4a	265.7±7.9a	999.3±75.3a	347.5±30.2a	733.7±67.9a	58.2±1.2a
AS	243.1±4.5cd	70.2±1.4d	364.2±9.8e	172.9±5.4c	294.0±8.7d	54.9±0.0b
AHS-0.5	97.0±1.9e	14.9±0.5e	138.7±2.6f	82.2±1.6e	123.8±2.8e	52.9±0.0c
AHS-2	18.5±0.3f	3.2±0.1e	26.0±0.6g	15.3±0.5f	22.8±0.6f	50.9±0.0d
AHS-4	11.6±0.4f	2.3±0.2e	12.0±0.3g	9.2±0.5f	9.7±0.4f	50.9±0.0d
HS-0.5	493.9±34.2b	213.6±19.3b	778.6±14.1b	280.3±15.1b	565.0±12.1b	54.9±0.0b
HS-2	251.7±3.3c	144.0±4.0c	579.1±4.5c	107.7±3.8d	435.1±2.3c	54.2±1.2b
HS-4	218.7±3.0d	135.0±2.4c	530.0±15.0d	83.7±2.7e	395.0±12.6c	53.6±1.1bc

注：PV 代表峰值黏度；HPV 代表谷值黏度；CPV 代表最终黏度；BDV 代表崩解值黏度；SBV 代表消退值；PT 代表糊化温度。同列不同小写字母代表有显著性差异（$P<0.05$）。

4）酸-热加工对大米淀粉回生性质的调控

当糊化后的淀粉置于室温或低于室温（通常 4℃）的条件下，缓慢冷却，其浑浊度增加，溶解度减少，溶液变得不透明甚至凝结而沉淀。这种由于分子相互作用（淀粉链之间氢键作用）而导致由无序态向有序态转变的现象称为淀粉回生。我们通过研究淀粉试样糊化后在 4℃下储存不同时间（0d、1d、7d、14d 和 28d）后的黏弹性来评价淀粉的回生性质。测定参数包括储能模量（G'）、损耗模量（G''）和损耗角正切（$\tan\delta$）。在流变学中，G'代表材料发生形变而储存的能量大小，反映试样的弹性；G''代表材料发生形变而损耗的能量大小，反映试样的黏性；$\tan\delta=G''/G'$，反映试样的黏弹比例。G'通常用来评估淀粉的短期回生程度。如图 3.7 所示，随着在 4℃储存时间的延长，所有淀粉试样的 G' 和 G'' 均有所增加，并且 G' 的增加幅度要高于 G''，因而 $\tan\delta$ 下降，表明所有试样均发生了回生。值得注意的是，AS 是唯一在储存过程中发生相转变的试样。在第 0 天，即糊化后立刻在 4℃测试，G'为 9.0Pa，G''为 13.2Pa，G'小于 G''，此时 AS 主要发生黏性形变，呈液态；而在 4℃储存 1 天后，G'为 467.1Pa，G''为 116.8Pa，G'大于 G''，此时 AS 主要发生弹性形变，呈固态。在之后的 21 天内，AS 中 G'始终大于 G''，表明

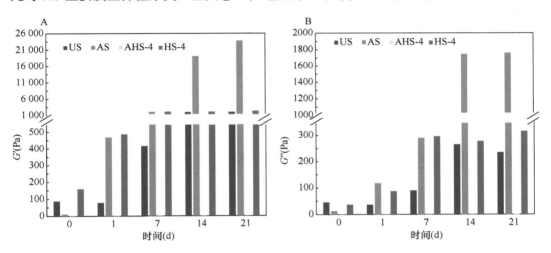

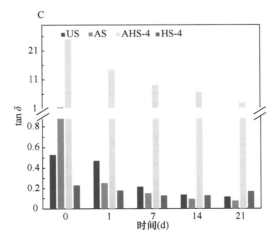

图 3.7　淀粉的黏弹性

在储存的 21 天内，AS 只发生了一次相转变。AS 的 G' 和 G'' 在第 14 天急剧上升，远大于其他试样，并且 $\tan\delta$ 越来越小，表明 AS 发生了显著的回生。在酸处理时，分支点更容易被攻击，晶体结构破坏，结晶度下降，导致在第 0 天试样呈现液体性质，与文献中报道的结晶度下降、回生程度降低的结论一致。结合淀粉结构的研究结果，酸处理后的支链淀粉链长和直链淀粉含量并未改变，而分支点破坏使空间位阻降低，增强了链的迁移性，有利于长链之间重新缔合，因此 AS 回生程度最显著。在储存的 21 天内，AHS-4 的 G' 始终小于 G''，呈液态，其回生程度最低。这是因为酸-热处理后直链淀粉和支链淀粉被降解成低分子量的短链片段，不利于回生。HS-4 的回生程度则介于 US 和 AS 之间，与支化度的结果一致。

5）酸-热加工对大米淀粉体外消化性的调控

为了研究酸-热处理对大米淀粉体外消化性的影响，本研究测定了淀粉试样糊化前后的快消化淀粉（RDS）、慢消化淀粉（SDS）和抗性淀粉（RS）的含量（表 3.6）。在淀粉试样未糊化的实验中，与 US 相比，几乎所有处理后的淀粉试样，其 RDS 增加而 SDS 下降，尤其是在酸-热处理下，其趋势更加显著，表现出酸和热处理间的协同作用。RDS 和 SDS 的改变归因于酸-热处理破坏了淀粉颗粒的紧密结构，使消化酶对糖苷键的可及性增大。而在 RS 变化上，与 US 相比，除了 AS、AHS-4 和 HS-4 中 RS 保持不变，其余试样的 RS 明显下降，所有试样的抗消化性都表现出下降的趋势。这可以解释为酸-热处理破坏了淀粉颗粒中的天然抗性淀粉。

表 3.6　大米淀粉糊化前后的快消化淀粉（RDS）、慢消化淀粉（SDS）和抗性淀粉（RS）的含量（%）

样品	糊化之前			糊化之后		
	RDS	SDS	RS	RDS	SDS	RS
US	43.7±1.6e	36.3±2.5a	20.0±1.5abc	80.7±0.2a	3.2±0.3d	16.1±0.1e
AS	48.3±3.4cde	30.5±3.1bc	21.2±0.8ab	75.1±0.7c	4.9±0.5c	20.0±0.2b
AHS-0.5	51.4±2.0c	31.6±1.0abc	16.9±1.6c	76.4±0.8b	7.3±0.4b	16.3±0.4e
AHS-2	59.4±1.2b	24.1±0.4d	16.5±1.1c	76.6±0.5b	3.6±0.2d	19.9±0.3b
AHS-4	70.6±2.7a	7.5±4.1e	21.9±2.3a	70.3±0.7e	4.7±0.4c	25.0±0.2a
HS-0.5	46.1±2.6de	35.5±3.5a	18.4±1.6abc	73.1±0.1d	7.8±0.1b	19.2±0.2c
HS-2	48.4±1.7cde	33.9±1.7ab	17.7±3.3bc	73.5±0.2d	8.8±0.1a	17.7±0.2d
HS-4	50.8±5.1cd	29.0±1.7c	20.1±3.5abc	74.6±0.0c	7.8±0.1b	17.6±0.1d

注：同列不同小写字母代表有显著性差异（$P<0.05$）

在将淀粉试样糊化后，与未糊化的试样相比，其 RDS 增加，而 SDS 和 RS 降低。这是因为糊化过程会先将淀粉分散在超纯水中，然后沸水浴加热以获得完全糊化的淀粉糊，随后将温度平衡至 37℃。这意味着，无论是无定形区还是结晶区都会在沸水浴中被完全破坏，然后在冷却过程中重新缔合。由表 3.6 可知，与 US 相比，所有处理的试样表现出更低的 RDS，更高的 SDS 和 RS，与未糊化试样呈现出完全相反的趋势。据报道，分支点的移除和长直链淀粉的降解加速了淀粉的回生。据此推测，沸水浴破坏淀粉双螺旋结构，经过酸-热降解后的淀粉短链更容易发生重排，从而形成更加紧密堆积的微晶区域（Köksel et al.，2007）。微晶区域降低了消化酶的可及性从而增加淀粉试样的 RS。由此可知，加热-冷却的循环增强了酸-热处理后淀粉的抗消化性。

3.1.1.3　大米淀粉微观结构与性能的相关性分析

对大米淀粉微观结构与性能进行 Pearson 相关性分析，结果如下。

1）微观结构与溶解度的相关性

如表 3.7 所示，溶解度与淀粉的支链链长分布 f_A 和 f_{B1} 正相关，这是因为 A 和 B1 单元链的链长相对较短，其分子量也较低，表现出更高的溶解度。而溶解度与分子量、直链淀粉含量、结晶度、f_{B2}、f_{B3} 和 DP_{ave} 负相关，较高的分子量、结晶度及长的支链淀粉链长使淀粉结构更加紧密，不利于水分子的渗入和直链淀粉的渗出，因此水溶性较差。Cuevas 等（2010）通过比较糯米淀粉中水溶和不溶部分结构的差异，也发现了同样的规律，淀粉不溶部分平均链长更长，水合分子更大，并且结晶度更高。值得注意的是，直链淀粉含量与溶解度呈负相关。但是，大量研究表明直链淀粉能够溶于热水。结合直链淀粉含量的研究结果，溶解度最高的淀粉试样 AHS-4，其直链淀粉含量最低，只有 13.5%（US 为 17.0%）。酸-热处理下，直链淀粉被水解生成溶解性更好的小片段，直链淀粉含量降低，导致直链淀粉含量与溶解度之间呈负相关。

表 3.7　大米淀粉微观结构与溶解度、热性质和糊化性之间的相关性

样品	溶解度	T_o	T_p	T_c	$\triangle H$	PV	PT
AM	−0.800[*]	0.898[**]	0.928[**]	0.895[**]	0.084	0.624	0.688
M_w	−0.832[*]	0.884[**]	0.860[**]	0.826[*]	0.553	0.978[**]	0.951[**]
M_n	−0.810[*]	0.860[**]	0.834[*]	0.798[*]	0.555	0.978[**]	0.960[**]
R_g	−0.985[**]	0.971[**]	0.957[**]	0.967[**]	0.540	0.884[**]	0.915[**]
$[\eta]$	−0.977[**]	0.932[**]	0.896[**]	0.901[**]	0.618	0.882[**]	0.891[**]
RC	−0.437	0.320	0.235	0.376	0.988[**]	0.672	0.500
f_A	0.890[**]	−0.931[**]	−0.942[**]	−0.918[**]	−0.164	−0.627	−0.715[*]
f_{B1}	0.856[**]	−0.826[*]	−0.839[**]	−0.823[*]	−0.365	−0.746[*]	−0.903[***]
f_{B2}	−0.865[**]	0.901[**]	0.906[**]	0.881[**]	0.133	0.564	0.644
f_{B3}	−0.927[**]	0.957[**]	0.970[**]	0.945[**]	0.224	0.700	0.808[*]
DP_{ave}	−0.913[**]	0.948[**]	0.963[**]	0.935[**]	0.180	0.662	0.770[*]
A/B1	0.872[**]	−0.919[**]	−0.930[**]	−0.905[**]	−0.143	−0.603	−0.683

注：*表示在 0.05 水平上的相关显著性，**表示在 0.01 水平上的相关显著性

2）微观结构与热性质的相关性

在微观结构与热特性的相关性分析中，相转变温度与分子量、尺寸、特性黏度、直链淀粉含量、f_{B2}、f_{B3} 和 DP_{ave} 呈正相关，而与 f_A 和 f_{B1} 呈负相关（表 3.7）。上述的结构参数可以分为高分子量和低分子量两类。高分子量是指淀粉试样中存在的长链（如高直链淀粉含量）和支链淀粉的长支链（如 B2 和 B3 链），从而导致更高的 DP_{ave}、尺寸和特性黏度；与之相反，低分子量则指较低的直链淀粉含量和短支链淀粉，如 A 和 B1 单元

链。即高分子量会导致高相转变温度，表现出正相关性。也就是说，相转变温度主要受支链淀粉结构和直链淀粉含量的控制。为了进一步证明直链淀粉含量对相转变温度的影响，本研究利用 DSC 对不同比例的直链淀粉和支链淀粉的混合物进行热分析，如图 3.8 所示，具有较高直链淀粉含量的试样表现出较高的相转变温度和较低的吸热峰面积。支链淀粉比例降低，导致结晶度降低，因而 $\triangle H$ 较低。在图 3.8 中我们观察到纯直链淀粉在实验范围（40～90℃）内没有出现熔变峰，即无相转变。综上所述，淀粉的热特性主要受支链淀粉结构（如分子量、大小）、支链长度分布及直链淀粉含量控制。

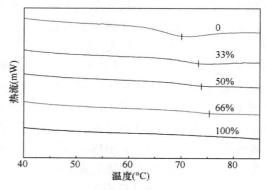

图 3.8 不同直链淀粉含量的热分析图

3）微观结构与糊化性的相关性

在微观结构与糊化特性的相关性分析中，所有的淀粉结构参数（除 f_A 和 f_{B1}）都与 PV 呈正相关（表 3.7），表明高分子量和大尺寸在糊化黏度中起着关键作用。这也与溶液中聚合物黏度的普遍规律保持一致。黏度将随着 R_g 的增加而增加，较高的 R_g 和分子量将会导致淀粉糊的黏度增大。因此，A 和 B1 单元链的链长较短，导致 f_A 和 f_{B1} 与 PV 呈负相关。短链难以与其他支链淀粉分子链缠结，如果淀粉试样具有高比例的短链，则淀粉分子可能更倾向于分散而不是溶胀，从而导致淀粉溶液黏度低。据文献报道，糊化后的支链淀粉的重新聚合与末端链有关，长链倾向于聚集并支链淀粉侧链缠结，导致分子间的重新聚合和回生。根据相关系数大小，分子量对糊化特性的影响大于支链淀粉链长对其的影响，这与文献报道的一致。此外，对于酸-热处理的试样，松散和破损的分子结构会导致溶胀颗粒的硬度降低，从而导致 BDV 的降低，而 SBV 的降低可能归因于直链淀粉含量的降低。然而，在单独的热处理下，所有的糊化参数只有轻微改变，这可能是因为 HS 的分子量变化较小。由此可以得出结论，酸-热处理对糊化黏度的影响远大于单独酸或热处理的影响，表明酸和热处理对降低黏度的具有协同作用。由图 3.5 可以得到糊化温度，其具体数值列于表 3.7。糊化温度（PT）代表颗粒开始发生溶胀时的温度。PT 与糊化黏度具有相似的相关性，即 PT 与分子量参数、f_{B3} 和 DP$_{ave}$ 呈正相关，而与 f_A 和 f_{B1} 呈负相关。淀粉试样 PT 的变化趋势与 DSC 中相转变温度的结果相似。

4）微观结构与回生性质的相关性

如表 3.8 所示，tan δ 与 R_g、$[\eta]$、f_{B2}、f_{B3} 及 DP$_{ave}$ 呈负相关，而与 f_A 和 A/B1 呈正相

关，表明淀粉分子的尺寸大小和支链淀粉链长分布对淀粉回生有重要作用。淀粉在低温下的早期储存（数小时）阶段，初始凝胶网络结构的发展受直链淀粉的聚集支配，而长期回生则与支链淀粉重结晶密切相关。据文献报道，在糊化淀粉中，试样的弹性源于淀粉链交联形成的凝胶网络和溶胀颗粒的复合体系，G' 越高表示淀粉试样交联的凝胶网络结构越强，G'' 则代表分子网络结构的黏性。$\tan\delta$ 则是用于衡量动态黏弹比。$\tan\delta$ 与 R_g 和支链淀粉长链含量呈负相关，与支链淀粉短链含量呈正相关，表明长链之间更有利于分子链之间相互缠绕，增强交联网络结构的强度，从而使弹性增强；而短链难以发生缠绕，更趋向于分散在溶液中，增强体系的黏性。

表 3.8　大米淀粉微观结构与回生性和体外消化性之间的相关性

样品	$\tan\delta$ (0d)	$\tan\delta$ (1d)	$\tan\delta$ (7d)	$\tan\delta$ (14d)	$\tan\delta$ (21d)	RDS (之前)	SDS (之前)	RS (之前)	RDS (之后)	SDS (之后)	RS (之后)
AM	-0.921	-0.931	-0.933	-0.936	-0.944	-0.881**	0.907**	-0.408	0.506	0.351	-0.804*
M_w	-0.735	-0.725	-0.731	-0.736	-0.744	-0.813*	0.723*	0.162	0.515	-0.052	-0.510
M_n	-0.694	-0.682	-0.688	-0.693	-0.701	-0.791*	0.699	0.180	0.548	-0.109	-0.503
R_g	-0.963*	-0.959*	-0.961*	-0.963*	-0.966*	-0.952**	0.875**	0.052	0.426	0.298	-0.681
$[\eta]$	-0.944	-0.942	-0.945	-0.947	-0.952*	-0.901**	0.822*	0.083	0.318	0.307	-0.572
RC	-0.254	-0.210	-0.211	-0.206	-0.187	-0.361	0.331	0.027	-0.028	0.389	-0.260
f_A	0.974*	0.982*	0.982*	0.983*	0.988*	0.964**	-0.957**	0.284	-0.524	-0.337	0.814*
f_{B1}	0.760	0.761	0.766	0.771	0.783	0.824*	-0.751*	-0.083	-0.519	-0.094	0.632
f_{B2}	-0.975*	-0.985*	-0.984*	-0.985*	-0.988*	-0.940**	0.945**	-0.328	0.481	0.378	-0.797*
f_{B3}	-0.952*	-0.959*	-0.960*	-0.963*	-0.969*	-0.979**	0.953**	-0.196	0.558	0.278	-0.807*
DP_{ave}	-0.959*	-0.967*	-0.968*	-0.970*	-0.975*	-0.971**	0.950**	-0.217	0.542	0.296	-0.804*
A/B1	0.976*	0.984*	0.985*	0.986*	0.989*	0.953**	-0.952**	0.306	-0.512	-0.347	0.808*

注：*表示在 0.05 水平上的相关显著性，**表示在 0.01 水平上的相关显著性

5）微观结构与消化性的相关性

淀粉微观结构与体外消化率的相关性分析结果见表 3.8。在淀粉未糊化的条件下，RDS 与 f_A、f_{B1}、A/B1 呈正相关，而与直链淀粉含量、分子量、尺寸、特性黏度、f_{B2}、f_{B3} 和 DP_{ave} 呈负相关。SDS 的相关性则与 RDS 相反，即 SDS 与 f_A、f_{B1}、A/B1 呈负相关，而与直链淀粉含量、分子量、尺寸、特性黏度、f_{B2}、f_{B3} 和 DP_{ave} 呈正相关。这进一步证明淀粉结构的破坏降低其抗消化性。经过酸-热处理后，淀粉分子量和尺寸均下降，长链被降解为短链，紧密的分子结构被破坏，使空间位阻下降，促进了消化酶的酶促反应，消化性增强。

在淀粉糊化的条件下，RS 与 f_A 和 A/B1 呈正相关，而与直链淀粉含量、f_{B2}、f_{B3} 和 DP_{ave} 呈负相关，表明短链能够增强糊化后淀粉的抗消化性。结合酸-热处理后淀粉结构变化的实验结果，酸-热处理能够降解淀粉，破坏其内部结构，使分子量、尺寸和链长均显著下降，从而产生大量的短链，增强了分子的迁移性。在糊化冷却后短链重排而形成的紧密微晶区域，一方面，阻碍酶底物复合物的形成；另一方面，空间位阻增大，延迟了消化酶和淀粉的接触。因此，与 US 相比，糊化后淀粉试样的抗消化性能得以改善。

综上所述，在酸-热加工条件下，淀粉的消化性由两个方面决定：天然抗性淀粉破坏和短链重排。在未糊化实验中，天然抗性淀粉破坏占主导地位；而在糊化实验中，加热-冷却的循环促进了短链的重排，抗性淀粉含量回升。

3.1.1.4 离子强度对粳米/籼米/糯米淀粉的溶胀性、凝胶性和糊化性的调控

1）粳米/籼米/糯米淀粉的表观特性

采用碱浸法从粳米、籼米和糯米中提取淀粉，分别命名为粳米淀粉（JRS）、籼米淀粉（IRS）和糯米淀粉（WRS），它们均为白色粉末。大米及其淀粉形貌如图 3.9 所示，粳米和籼米均呈透亮，但是籼米更狭长。糯米与籼米具有相似的细而长的形貌，而糯米呈乳白色。

图 3.9 大米及其淀粉实物图

各图分别为粳米（A）、籼米（B）和糯米（C）及其淀粉（D、E、F）

对淀粉的形貌结构进一步分析，如图 3.10 显示，三种大米淀粉颗粒均表现出相似的形态，为不规则的多边形结构，边缘具有突起，与文献中报道的大米淀粉颗粒的形态一致（Cai et al.，2015）。粒径统计分析表明，淀粉的粒径分布为 2~7μm，其平均粒径在 4.18~4.76μm，揭示淀粉的来源差异与颗粒形态之间的依赖性关系较弱。

2）粳米/籼米/糯米淀粉的组成和结构特性

粳米/籼米/糯米淀粉的组成如表 3.9 所示，三种淀粉的含水量均小于 10%。元素分析结果表明，三种淀粉的氮含量和灰分含量较低。同时，籼米淀粉（IRS）具有最高的直链淀粉含量，为 17.39%；粳米淀粉（JRS）的直链淀粉含量为 10.61%；糯米淀粉（WRS）基本不含直链淀粉。即糯米淀粉基本由支链淀粉组成，而 IRS 和 JRS 由直链淀粉和支链淀粉组成，支链淀粉为主要成分，约占 80%。

（1）分子量

三种淀粉的分子量结果如表 3.10 所示。三种淀粉的重均分子量（M_w）和数均分子量（M_n）在 10^7 数量级，具有较高的分子量，表明它们是高度支化的。支链淀粉的分子量一般大于直链淀粉（Bian and Chung，2016）。因此，糯米淀粉（WRS）具有最高的分子量。由于分子量较高，WRS 的回转半径 R_g 比 JRS 和 IRS 的大。

图 3.10　淀粉形貌及粒径统计

表 3.9　淀粉组成成分分析（%）

样品	含水量	氮	灰分	直链淀粉
JRS	5.78±0.51	0.03	0.33	10.61±2.96
IRS	6.07±0.57	未检测到	0.27	17.39±1.73
WRS	6.33±0.42	未检测到	0.22	0

表 3.10　以尺寸排阻色谱-激光光散射联用（SEC-LLS）法测定的不同大米淀粉在 0.05mol/L LiBr/DMSO 溶液中 60℃下的相对分子量

样品	M_n（$\times 10^7$）	M_w（$\times 10^7$）	R_g（nm）
JRS	6.77±0.28	8.93±0.28	172.93±0.40
IRS	4.78±0.08	7.15±0.07	172.30±1.04
WRS	9.12±0.48	11.16±0.89	177.73±3.04

注：M_w 代表重均分子量；M_n 代表数均分子量；R_g 代表 Z-均回转半径

（2）支化度

用 ^{1}H NMR 分析各大米淀粉的结构及支化度。如图 3.11 所示，淀粉在 4.75ppm 的化学位移归因于 α-1,6-糖苷键，5.11ppm 处的化学位移为 α-1,4-糖苷键。经计算，籼米淀粉（IRS）、粳米淀粉（JRS）和糯米淀粉（WRS）的支化度分别为 7.19%、8.20% 和 12.82%。显然，WRS 具有最高的支化度，表明 WRS 具有更高含量的 α-1,6-糖苷键，与其支链淀粉的含量最高相吻合。

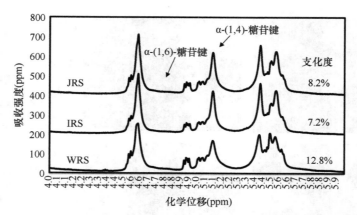

图 3.11　三种大米淀粉在 DMSO-d6 中 25℃检测的核磁共振氢谱（^{1}H NMR）图

（3）支链淀粉的链长分布

本研究通过 FACE 测定大米淀粉的支链链长分布。如图 3.12 所示，所有样品的支链淀粉链长分布曲线趋势没有显著差异。链长分布曲线均存在两个峰值，一个峰值为聚合度（DP）13 处的最大峰，另一个为较小的峰，DP 为 40～45。其中，DP12～13 的线性低聚糖含量是线性链长分布中最丰富的部分。

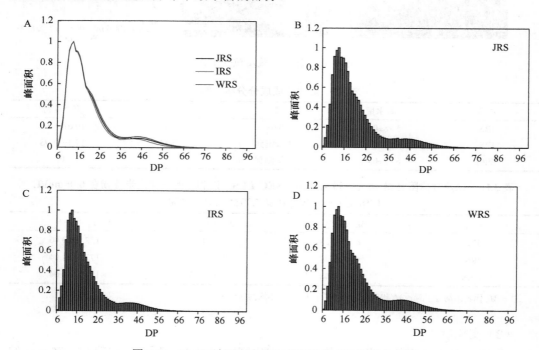

图 3.12　FACE 法测定大米支链淀粉的支链链长分布图

不同淀粉的相对链长占比见表 3.11。所有样品的 A 和 B1 链含量较高，B2 和 B3 链含量相对较低。其中，粳米淀粉（JRS）和籼米淀粉（IRS）的 A 和 B1 链比例较高，但 B2 和 B3 链的比例较低；糯米淀粉（WRS）的 B2 和 B3 比例较高，A 链和 B1 链比例较低。在这三种淀粉中，DP 值为 13-24 的 B1 链占最大比例（超过 50%）。此外，较高直链淀粉含量的籼米淀粉（IRS）具有较高的 A 链含量和较低的 B2 和 B3 链含量。这证实了直链淀粉含量与链长分布之间的相关性，即具有较高直链淀粉含量的淀粉具有较大的 A 链，以及较少的 B2 和 B3 链。

表 3.11　粳米/籼米/糯米淀粉的支链链长分布统计

样品	支链链长分布（%）				DP$_{ave}$
	f_A（DP6～12）（%）	f_{B1}（DP13～24）（%）	f_{B2}（DP25～36）（%）	f_{B3}（DP≥37）（%）	
JRS	22.53±0.41	53.01±0.98	13.31±0.27	11.14±1.66	20.77±0.60
IRS	23.60±0.30	55.11±0.92	12.35±0.15	8.95±1.36	19.73±0.40
WRS	21.92±0.40	51.96±0.83	14.08±0.22	12.05±1.45	21.20±0.53

注：DP$_n$ 代表分支链的聚合度；f 代表某确定聚合度的分支链的百分含量；DP$_{ave}$ 代表平均聚合度，DP$_{ave}$ = $(\sum X \times N)/\sum N$，X 代表分支链的聚合度，N 代表链的数量

（4）光谱特征

三种淀粉的傅里叶变换红外光谱（FTIR）谱图如图 3.13 所示，它们的特征吸收峰没有明显的差异。在 3380cm^{-1} 和 2930cm^{-1} 处存在吸收峰，分别为—OH 和 C—H 的弹性振动；在 1367cm^{-1} 处的吸收峰为 C—H 的弯曲振动；在 1047cm^{-1} 和 1020cm^{-1} 处的吸收峰为 C—H—O 弯曲振动。通常用 1047cm^{-1} 与 1020cm^{-1} 吸收峰的强度比反映淀粉表面有序结构的变化（Capron et al.，2006）。经计算，这两个吸收峰强度之比的大小顺序为籼米淀粉（IRS）＞粳米淀粉（JRS）＞糯米淀粉（WRS），比例分别为 1.99、1.96 和 1.77，IRS 的比例最大，表明 IRS 表面具有更强的分子有序性。

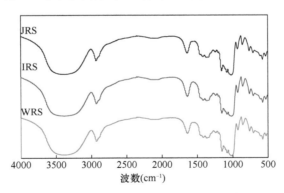

图 3.13　粳米/籼米/糯米淀粉的 FTIR 谱图

各淀粉的拉曼光谱图如图 3.14 所示，各淀粉具有相似的特征吸收峰，均可以分为＜800cm^{-1}、1500～800cm^{-1} 及 3000～2800cm^{-1} 三个部分。Łabanowska 等（2013）将光谱图中的局部拉曼峰（cm^{-1}）和拉曼谱带归属进行分析，详见表 3.12。

（5）结晶度

根据支链淀粉侧链的双螺旋和直链淀粉的单螺旋的排列，淀粉的晶体结构描述为 A、B、C 型。其中，A 型主要与谷类淀粉有关，B 型通常由块茎淀粉获得，C 型是 A 型和 B 型的混合物。淀粉的 X 射线衍射（XRD）结果如图 3.15 所示。大米淀粉分别在

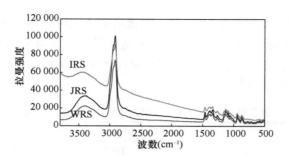

图 3.14　粳米/籼米/糯米淀粉的拉曼光谱图

表 3.12　淀粉的局部拉曼峰（cm⁻¹）和拉曼谱带归属

JRS	XRS	WRS	基团
2916	2914	2916	$\nu_{as}(CH_2)$
1461	1461	1461	$\delta(CH_2)$ twisting，CH bending
1382	1382	1382	δ(C—H)，CH bending，CH scissoring
1342	1342	1342	$\delta(CH_2)$，C—OH bending
1264	1264	1264	$\delta(CH_2)$，CH_2OH (side chain) related mode
1128	1128	1128	ν(C—OH) bending, ν(C—O), δ(C—OH)
1083	1086	1086	ν(C—O—C) ring mode, C—OH bending
1052	1052	1052	δ(C—OH), ν(C—OH)
943	943	943	ν_s(C—O—C) α-1,4-glycosidic linkage
869	869	869	ν_s(C—O—C) ring mode，C1—H bending α-configuration
771	771	771	ν(C—O)
579	579	579	Skeletal modes
478	478	478	skeletal mode involving (C—O—C) ring mode, δ(C—C—O)
410	410	410	δ(C—C—O)

资料来源：Łabanowska et al.，2013

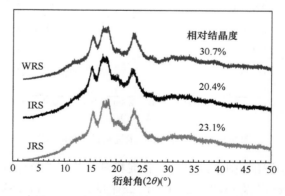

图 3.15　粳米/籼米/糯米淀粉的 XRD 图谱

2θ 为 15°、17°、18°和 23°处显示较强的衍射峰，表明三种淀粉为 A 型晶体结构（Chi et al.，2018）。三种淀粉虽然表现出相似的峰趋势，但是它们之间的峰强度存在差异，表明淀粉的结晶度不同。经计算，籼米淀粉（IRS）、粳米淀粉（JRS）和糯米淀粉（WRS）的相对结晶度分别为 20.37%、23.05% 和 30.73%。结晶区由支链淀粉中的双螺旋结构形成

（Zobel，1988），并且与支链淀粉含量呈正相关。因此，支链淀粉含量最高的 WRS 的相对结晶度最高。

3）粳米/籼米/糯米淀粉的品质功能

（1）热性质

三种大米淀粉的热重分析（TGA）结果如图 3.16 所示，它们由于具有相似的结构特征而显示出相似的热稳定性。淀粉的热降解过程分为三个阶段：第一阶段为低于 100℃温度下淀粉颗粒中吸附水的蒸发；第二阶段为 250～350℃温度范围内的降解，由直链淀粉和支链淀粉的分解引起；第三阶段是在高于 400℃时发生的分解，为碳骨架分解形成碳质残留物。此外，根据热重分析微分曲线（DTG），在 300～335℃的温度范围内出现最大的分解速度。其中，籼米淀粉（IRS）、粳米淀粉（JRS）和糯米淀粉（WRS）的最大热降解温度分别为 309.75℃、308.68℃和 312.09℃，表明三种淀粉具有良好的热稳定性。显然，它们的最大热降解温度对支化度和样品来源的依赖性较弱。这主要是由于淀粉分子由 α-1,4-糖苷键和 α-1,6-糖苷键组成，而且 α-1,4-糖苷键是主要的键接方式，它的热降解对淀粉热降解的贡献最大，所以支化度变化不大的大米淀粉具有相近的热降解温度。

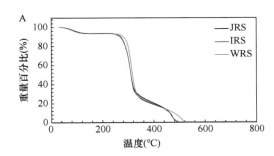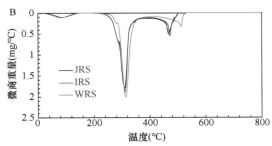

图 3.16　粳米/籼米/糯米淀粉的 TGA（A）和 DTG（B）

（2）消化功能

三种大米淀粉的体外消化性结果如表 3.13 所示。籼米淀粉（IRS）具有最高的抗性淀粉含量，为 23.35%；糯米淀粉（WRS）的抗性淀粉含量最低，为 19.85%。抗性淀粉含量与直链淀粉之间的相关性结果表明，抗性淀粉含量与直链淀粉含量呈正相关，然而慢消化淀粉则随着直链淀粉含量的增加而降低。

表 3.13　粳米/籼米/糯米抗性淀粉含量（%）

样品	RDS	SDS	RS
JRS	32.73±2.19	44.42±1.47	22.85±0.89
IRS	34.02±5.59	42.63±5.76	23.35±0.79
WRS	34.5±2.72	45.15±2.55	19.85±0.39

4）离子强度对粳米/籼米/糯米淀粉溶胀性及糊化性的调控

本书以硫酸钾（K₂SO₄）为例，主要介绍离子强度对粳米/籼米/糯米淀粉溶胀性及糊化性的调控。

（1）溶胀性

淀粉的溶胀特性反映了淀粉颗粒的吸水能力和溶胀过程中直链淀粉的浸出程度（Tester and Morrison，1990）。如表 3.14 所示，三种淀粉的溶胀能力顺序为糯米淀粉（WRS）＞粳米淀粉（JRS）＞籼米淀粉（IRS），与支链淀粉含量呈正相关。这归因于支链淀粉中的支链形成的网络结构，使更多的水扩散到淀粉颗粒中，导致链的伸展，体积增大。由于 WRS 的支链淀粉含量较高，表现出更高的溶胀能力。

表 3.14　70℃时粳米/籼米/糯米淀粉在不同 K_2SO_4 浓度时的溶胀性

盐浓度（mol/L）	JRS（%）	IRS（%）	WRS（%）
0	15.36±0.58a	11.64±1.41a	27.33±3.15a
0.05	7.26±0.16b	7.70±0.23b	5.22±0.60b
0.1	5.51±0.56c	6.49±0.48c	4.36±0.06bc
0.2	4.34±0.12d	5.72±0.42c	3.10±0.09bc
0.4	2.60±0.14e	3.86±0.28d	2.51±0.07c
0.6	2.36±0.04e	2.87±0.09d	2.45±0.06c

注：同列不同小写字母代表有显著性差异（$P<0.05$）

加入硫酸钾后，三种大米淀粉的溶胀性显著下降，与硫酸钾的浓度呈依赖性关系。尤其在 0～0.6mol/L 的硫酸钾浓度范围内，糯米淀粉（WRS）的溶胀性从 27.33% 降低至 2.45%。聚合物的溶胀行为被认为是聚合物链的伸展，溶剂分子扩散到聚合物内部导致聚合物体积膨胀。在硫酸钾存在的情况下，由于离子效应，K^+ 和 SO_4^{2-} 与淀粉颗粒发生了强的相互作用，导致向淀粉颗粒内部扩散的水分子减少，淀粉链之间的交联增加，淀粉分子难以伸展，导致溶胀能力降低。相应地，由于淀粉颗粒中的水较少，浸出的直链淀粉逐渐被抑制（表 3.15）。

表 3.15　70℃下粳米/籼米/糯米淀粉中直链淀粉的浸出统计

盐浓度（mol/L）	JRS（%）	IRS（%）	WRS（%）
0	5.06±1.40a	3.74±1.19a	0a
0.05	0.63±0.35b	1.54±0.45b	0a
0.1	0.18±0.32b	1.15±0.25b	0a
0.2	0b	0.73±0.38bc	0a
0.4	0b	0c	0a
0.6	0b	0c	0a

注：同列不同小写字母代表有显著性差异（$P<0.05$）

（2）糊化性

透光率是衡量透明度的指标，反映了糊化淀粉的行为，它取决于淀粉颗粒的大小、溶胀能力、直链淀粉含量、直链淀粉/支链淀粉的比例及溶胀或未溶胀的颗粒（Singh et al.，2006）。三种淀粉颗粒的透明度结果如表 3.16 所示，透明度大小依次为糯米淀粉（WRS）＞粳米淀粉（JRS）＞籼米淀粉（IRS），与它们在水中的溶胀能力结果相符。

即较高的溶胀能力意味着淀粉颗粒内部存在更多的水,晶体的有序结构被破坏,从而导致更高的透明度。因此,硫酸钾显著降低了淀粉的透光率。

表 3.16　糊化淀粉的透光率

盐浓度(mol/L)	JRS(%)	IRS(%)	WRS(%)
0	13.34±0.37a	11.85±0.28a	16.92±1.75a
0.05	7.60±1.32b	4.59±0.46b	15.14±3.40a
0.1	5.70±1.49c	4.13±0.36c	14.85±3.26a
0.2	5.16±1.14c	4.07±0.21c	14.96±2.99a
0.4	4.15±0.37c	3.70±0.22c	14.56±2.23a
0.6	4.17±0.28c	3.71±0.18c	15.40±1.87a

注:同列不同小写字母代表有显著性差异($P<0.05$)

三种大米淀粉的糊化特性参数(糊化温度 PT 和糊化焓变△H)统计见表 3.17。结果表明,糯米淀粉(WRS)比籼米淀粉(IRS)和粳米淀粉(JRS)具有更高的 PT 和△H。众所周知,淀粉中存在结晶区,并在糊化过程中逐渐被破坏。因此,较高的结晶度导致较高的 T_p 和△H。三种大米淀粉的 T_p 和△H 与相对结晶度具有相同顺序。添加硫酸钾后,三种大米淀粉的 T_p 和△H 显著增加,与硫酸钾的浓度呈正相关。这可以解释为硫酸钾增强了淀粉大分子之间的交联,导致糊化温度和糊化焓变增加。

表 3.17　粳米/籼米/糯米淀粉的糊化特性参数

样品	盐浓度(mol/L)	PT(℃)	△H(J/g)
JRS	0	74.50±1.02f	7.57±1.31b
	0.05	76.77±0.44e	8.23±0.93b
	0.1	78.13±0.14d	8.64±0.44a
	0.2	79.76±0.13c	9.09±0.58a
	0.4	83.44±0.38b	9.96±1.33a
	0.6	85.68±0.06a	10.28±1.11a
IRS	0	72.65±0.61e	7.28±0.68b
	0.05	74.16±1.52d	7.93±0.91b
	0.1	73.98±0.50de	8.17±0.96a
	0.2	76.23±0.06c	8.67±0.47a
	0.4	80.09±0.74b	8.93±0.84a
	0.6	82.32±0.65a	9.37±0.68a
WRS	0	76.83±1.80d	7.91±0.54b
	0.05	79.81±1.24c	8.71±0.79b
	0.1	81.37±0.88c	9.65±1.49a
	0.2	82.31±0.57c	9.92±1.98a
	0.4	86.01±0.50b	10.38±0.188a
	0.6	88.56±0.95a	10.48±0.43a

注:同列不同小写字母代表有显著性差异($P<0.05$)

淀粉的糊化是在过量水存在的情况下，以加热时淀粉的糊化黏度增加为代表的行为。加热会破坏淀粉的内部结构，使直链淀粉浸出。同时，淀粉晶体结构中的氢键不稳定，淀粉大分子与水之间的氢键容易形成，导致淀粉溶胀和糊化（Joshi et al.，2013）。三种大米淀粉的糊化特性如图 3.17 所示。随着时间延长或温度升高，各淀粉首先经历了黏度的轻微增加，然后降低并又增加，最后达到最大值。随着温度的降低，溶胀淀粉颗粒之间的摩擦增加，导致黏度再次增加。加入硫酸钾后，三种淀粉的糊化温度逐渐增加，峰值黏度逐渐降低，崩解值黏度有所降低（表 3.18）。这归因于硫酸钾的加入，形成了更多的交联网络而降低了淀粉的溶胀能力，从而抑制了淀粉的糊化，最终导致黏度降低。

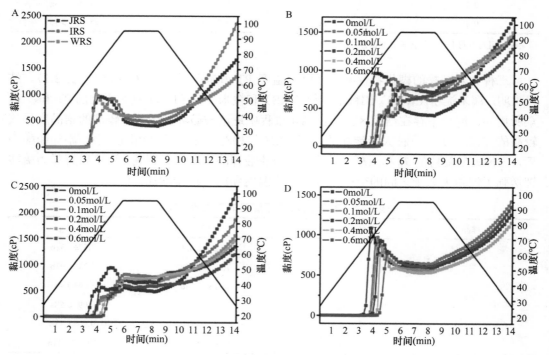

图 3.17　淀粉糊化性能分析

表 3.18　淀粉的糊化测试结果统计

样品	盐浓度（mol/L）	PT（℃）	PV（cP）	HPV（cP）	BDV（cP）
	0	65.57±2.27e	906.18±48.32a	417.33±97.66b	488.85±84.70a
	0.05	68.88±1.98d	878.48±20.91a	663.76±58.92a	214.72±65.86b
	0.1	71.61±1.16c	822.54±84.88a	690.13±87.90a	132.41±145.72b
JRS	0.2	72.91±0.03c	797.04±177.59a	736.67±193.09a	60.37±52.79bc
	0.4	76.24±1.21b	612.52±151.05b	684.25±76.40a	−71.73±160.36c
	0.6	78.89±0.02a	483.49±83.92b	619.01±29.55a	−135.52±110.18c
	0	65.58±1.14e	888.51±62.89a	476.66±69.07c	411.85±64.38a
IRS	0.05	68.90±0.02d	859.62±97.56a	859.39±97.75a	0.23±0.39b
	0.1	70.90±0.06c	812.33±85.60ab	810.12±83.18ab	2.21±3.77b
	0.2	72.23±1.19c	678.74±170.58a	661.81±149.18bc	16.93±24.68b

续表

样品	盐浓度（mol/L）	PT（℃）	PV（cP）	HPV（cP）	BDV（cP）
IRS	0.4	74.88±0.03b	543.76±178.40b	643.95±112.32b	−100.19±191.15b
	0.6	78.22±1.14a	623.80±47.83b	673.98±74.45b	−50.18±45.45b
WRS	0	64.86±2.01e	1108.45±199.92a	595.71±97.92a	512.74±104.43a
	0.05	70.88±0.02d	985.21±83.27a	648.94±74.14a	336.27±31.11b
	0.1	71.57±1.13c	968.93±32.34a	565.07±26.06a	403.86±58.37b
	0.2	72.89±0.05c	899.75±185.99a	610.54±93.57a	289.21±104.89bc
	0.4	76.92±0.07b	866.09±29.12b	636.75±59.67a	229.34±36.29bc
	0.6	78.92±0.05a	840.04±153.00a	654.02±82.99a	186.02±80.15c

注：同列不同小写字母代表有显著性差异（$P < 0.05$）

综上所述，籼米/粳米/糯米淀粉颗粒均具有多边形结构，表现为 A 型晶体结构。其中，糯米淀粉基本由支链淀粉组成，具有最大的支化度、分子量和结晶度。硫酸钾（K_2SO_4）对三种大米淀粉的溶胀性、凝胶性和糊化性有显著影响。K_2SO_4 作为离子桥，促进淀粉大分子之间的交联形成，导致溶胀性、糊化透明度和糊化黏度显著降低。其中，糯米淀粉（WRS）的溶胀性下降最为显著，从 27.33% 下降到 2.45%。这归因于 WRS 中具有更多的支链，更有利于形成网络结构。K_2SO_4 使三种大米淀粉的糊化温度提高了 10～13℃，并显著降低了淀粉糊的峰值黏度，对 K_2SO_4 表现出显著的依赖性。同时，K_2SO_4 增加了三种大米淀粉的凝胶温度和焓变。

3.1.2　果胶

果胶是一种结构性杂多糖，广泛存在于高等植物的初生壁和细胞中间片层区域。苹果、橙子、木瓜、草莓、葡萄和芒果（杧果）等水果的果皮是果胶的重要来源，也存在于诸如番茄、马铃薯、南瓜、胡萝卜、甜菜根、豌豆等蔬菜中（Grassino et al.，2018）。果胶结构复杂，主要是由 *D*-半乳糖醛酸以 α-1,4-糖苷键连接而成，其次是 *D*-半乳糖和阿拉伯糖，此外，还有少量的鼠李糖、*D*-甘露糖、*L*-岩藻糖等多种单糖（谢明勇等，2013）。

果胶根据其分子主链和支链结构的不同，主要被分为三种聚合形式，即同型半乳糖醛酸聚糖（HG）、鼠李半乳糖醛酸聚糖 I（RG-I）和鼠李半乳糖醛酸聚糖 II（RG-II）。HG 是长而连续、平滑的 α-1,4-糖苷键连接的半乳糖醛酸（*D*-GalA）聚合体，约占果胶的 65%，其中 *D*-GalA 单元可以在 C-6 处部分甲酯化，在 O-2 或 O-3 位置乙酰化，果胶甲基酯化度（DE）大于 50% 时为高酯果胶，反之为低酯果胶（DE<50%）（Ping et al.，2017）。酯化度对果胶的凝胶特性具有重要作用，一般来说，酯化度越高，凝胶能力越弱。低酯果胶中半乳糖醛酸 O-6 未被取代的羧基可以与高价的金属离子（如 Ca^{2+}）形成"鸡蛋盒"似的网状结构，可增强果胶的凝胶强度。RG-I 是一个具有侧链区域的骨架结构，由几十甚至超过 100 个重复鼠李半乳糖醛酸二糖构成，通常 RG-I 中的鼠李糖残基的 C-4 位被中性糖（如阿拉伯糖、半乳糖和木糖等）支链取代，而 RG-I 的支链长度和种类与果胶原料来源和提取方式有关。RG-II 结构非常复杂，并且是多分支的，由至少

12 种不同的单糖以 20 多种不同的键接方式连接（张学杰等，2010）。可以看出，果胶的化学结构非常复杂，直到现在果胶确切结构的鉴定仍然是一个很大的挑战。

果胶生产工艺包括以下步骤：提取、纯化和干燥。为了最大化其产量和质量，使用合适的方法来提取果胶是很重要的。果胶提取方法主要有传统酸提法、碱提法、酶法、微生物法、微波辅助法、超声波辅助法、离子交换法、草酸铵提取法等。在工业水平上，果胶是通过传统的酸提取化学方法获得的（Marić et al.，2018）。从植物材料中提取的果胶的结构和组成取决于植物来源、前处理方法、提取方法、沉淀方法、纯化程度及分析与表征方法。而果胶分子量、特性黏度、酯化度、半乳糖醛酸含量、总酚含量、蛋白质含量、颜色、中性糖成分和流变性质可用于确定提取的果胶的质量。

众所周知，聚合物的性质和功能不仅由化学结构决定，而且还与聚合物的链构象和聚集状态有关。例如，具有三重螺旋的 β-葡聚糖形式的香菇具有较高的抗肿瘤活性，而其单链的抗肿瘤活性较低（Surenjav et al.，2006；Zhang et al.，2005）。而且，多糖聚集会导致生物利用度降低，如高剂量的香菇由于聚集也会使其抗肿瘤活性降低（Zheng et al.，2017）。

果胶由于复杂的化学结构和连接方式，结构与功能之间的构效关系和调控机制尚未阐明，严重阻碍了高质量、高营养的功能性食品的开发。本书采用传统提取方法分别从苹果和番茄中提取果胶，深入研究温度、pH、离子、酶解等典型加工条件对其多尺度结构的影响，以及果胶在水溶液中的链构象及剪切流变行为与果胶链构象的相关性，构建结构与食品功能和生物活性间的构效关系，为果胶研究与应用领域提供重要的科学依据。

3.1.2.1 提取方法对果胶理化性质的影响

1）不同提取方法对果胶产率的影响

一般而言，果胶在不同植物中的含量不同，在同一植物的不同器官中的含量也不一样，果实中的果胶含量一般相对较高，而根茎叶中果胶含量相对较少。不同来源的植物组织中果胶的含量差异巨大。目前国内外食品工业上主要由柑橘皮、脐橙皮和苹果渣等提取果胶。不同来源的果胶其结构和物理化学性质亦有所差异，主要包括果胶中的半乳糖醛酸的含量、甲酯化程度和乙酰化程度等，这些性质决定着果胶作为诸如凝胶剂、乳化剂或稳定剂的效果，其差异对果胶在食品、医疗或化妆品等行业、领域的实际应用影响较大。

本研究选取果胶含量较高的苹果和番茄作为原料，比较了几种常规和创新加工技术（酸提取、碱提取、纤维素酶提取、微波辅助提取和超声波辅助提取等）对果胶产率和结构的影响。盐酸提取苹果果胶标记为 AP-H，微波辅助提取苹果果胶标记为 AP-M，超声辅助提取苹果果胶标记为 AP-U，柠檬酸提取苹果果胶标记为 AP-C，纤维素酶提取苹果果胶标记为 AP-E，氢氧化钠提取苹果果胶标记为 AP-A，草酸铵提取番茄果胶标记为 TP。

如表 3.19 所示，除了 AP-E 和 AP-A，其他样品的产率都在 10%左右。AP-E 产率略低可能是由于在植物细胞壁中不仅有与纤维素结合的果胶，还有与半纤维素、离子等结合的果胶部分未被提取出来；AP-A 产率略低可能是由于碱性条件果胶易产生 β 消除，使果胶损失较大。果胶的灰分含量见表 3.19，我国食品添加剂果胶的现行质量标准《食

品添加剂　果胶》（QB 2484—2000）对果胶灰分含量要求在 5% 以下，本书提供的所有果胶样品均达到国家标准。

表 3.19　由不同方法提取果胶的产率和灰分（%）

样品	AP-H	AP-M	AP-U	AP-C	AP-E	AP-A	TP
产率	11.2	10.1	10.0	10.9	7.8	7.1	11.1
灰分	4.79	4.03	2.10	2.81	3.64	4.86	2.25

2）不同提取方法对果胶形貌的影响

从苹果果渣、番茄果渣中提取出 7 个果胶样品，如图 3.18 所示。前果渣呈褐色，提取纯化后呈柔软的白色棉花状，各样品无很大差别。与大部分天然多糖的形貌是一致的。

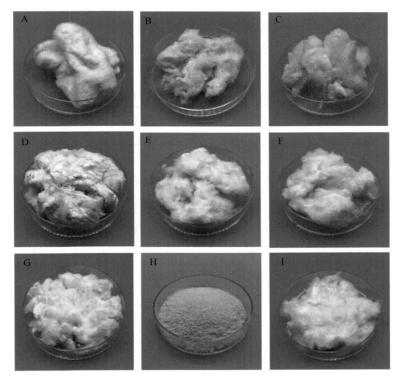

图 3.18　不同提取方法的果胶的照片

A. AP-H；B. AP-M；C. AP-U；D. AP-A；E. AP-E；F. AP-C；G. TP；H. 果渣；I. SP（商用果胶）：购自 Sigma 公司的商用果胶

3）不同提取方法对果胶半乳糖醛酸含量的影响

果胶样品的半乳糖醛酸含量测定结果如表 3.20 所示。除了 AP-C 和 TP，其他果胶样品的半乳糖醛酸（GalA）含量均在 80% 左右，AP-C 的半乳糖醛酸含量比其他果胶的半乳糖醛酸含量低，这可能由于柠檬酸为有机酸，条件较温和，对果胶分子影像较小，中性糖侧链得到较大程度的保护，表现出半乳糖醛酸含量偏低。相比而言，番茄果胶

TP 具有更低的半乳糖醛酸含量,说明番茄果胶 TP 的半乳糖醛酸含量与苹果果胶 AP 的半乳糖醛酸含量具有显著性差异,不同植物来源是果胶半乳糖醛酸含量的重要影响因素。

表 3.20　不同提取方法的果胶半乳糖醛酸含量

样品	AP-H	AP-M	AP-U	AP-C	AP-E	AP-A	TP	SP
GalA（%）	80.55	78.65	81.41	71.7	79.68	79.57	66.64	79.53

4）不同提取方法对果胶总糖含量的影响

果胶样品的总糖含量测定结果如表 3.21 所示。各个果胶样品（除 AP-A、AP-E、TP）具有较高的糖含量,显示较高的纯度。基于半乳糖醛酸含量的测量结果,样品吸光度值采用半乳糖醛酸分子量进行校正。按照果胶水解每分子糖醛酸增加一个水分子,以吸光度值×176÷194×100%进行校正（Santiago et al., 2018）。因为果胶中含有中性糖,用半乳糖醛酸作为标准曲线及用半乳糖醛酸分子量进行校正存在些许误差。AP-A、AP-E 和 TP 的总糖含量相对较低,一方面可能是由于这三种果胶的纯度较其他果胶样品低,另一方面可能是由于含有的中性糖含量不同,采用半乳糖醛酸分子量校正导致总糖含量有一定差别。

表 3.21　不同提取方法的果胶总糖含量（%）

样品	AP-H	AP-M	AP-U	AP-C	AP-E	AP-A	TP	SP
总糖	98.98	103.40	101.54	93.45	84.30	84.88	86.65	99.83

5）不同提取方法对果胶重均分子量（M_w）的影响

如表 3.22 所示,不同提取方法提取的果胶的分子量大不相同,酶提取的果胶分子量最低,可能是由于提取过程中酶对果胶分子的水解程度较大。借助微波超声,可以使提取过程更完全,得到分子量较大的果胶。单纯用酸或碱提取,对果胶的分子量影响较小。

表 3.22　不同提取方法的果胶 M_w 的比较（×10^4）

样品	AP-H	AP-M	AP-U	AP-C	AP-E	AP-A	TP	SP
M_w	27.8	44.1	36.9	28.8	15.0	24.9	1.8	17.8

6）不同提取方法对果胶特性黏度的影响

果胶样品的特性黏度[η]和 Huggins 参数 k'测定结果如表 3.23 所示。各果胶样品的 k'均在 0.3～0.5,表明使用的 0.1mol/L NaCl 溶液是它们的良溶剂,盐离子屏蔽了果胶的负电荷,果胶以分子水平分散在溶剂中。[η]变化趋势与分子量结果基本一致。

表 3.23　不同提取方法的果胶特性黏度[η]和 Huggins 参数 k'

样品	AP-H	AP-M	AP-U	AP-C	AP-E	AP-A	TP	SP
[η]（dL/g）	11.48	10.51	9.25	5.22	8.18	7.72	0.6	2.01
k'	0.48	0.47	0.50	0.35	0.46	0.34	0.40	0.42

注：样品溶于 0.1mol/L NaCl 溶液的测定结果

7）不同提取方法对果胶特征结构的影响

果胶的红外光谱见图 3.19。图中 3400cm⁻¹ 左右的宽峰是—OH 的伸缩振动峰，由糖环的羟基引起；2900cm⁻¹ 左右的峰是—CH 的伸缩振动峰，主要归属于糖环碳—CH 和甲酯化、乙酰化—CH₃ 伸缩振动；1740cm⁻¹、1630cm⁻¹ 吸收峰为—C＝O 甲酯化和—C＝O 离子化的吸收峰，其峰面积比值与果胶分子的酯化度具有线性关系；1300～400cm⁻¹ 是红外光谱的指纹区，该区域振动类型多且复杂，又相互重叠，该区域包含—C—O—H、—O—H 弯曲振动及对称/不对称 C—O—C 伸缩振动等。据文献报道，如有果胶与蛋白质的结合物，将在 1560～1540cm⁻¹ 出峰，结果显示该区域没有出现蛋白质-果胶结合峰，与较低的蛋白质含量结果相吻合（Wang et al.，2014b）。由图 3.19 可看出，每一个果胶样品的出峰位置、出峰面积相似，在指纹区的峰形相似度也很高，说明不同提取方法提取出的果胶化学结构高度相似。

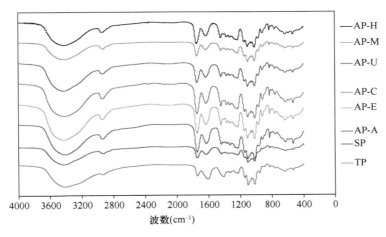

图 3.19　果胶样品的红外图谱

酯化度是衡量样品作为低酯化或高酯化度的度量，一般认为酯化度高于 50%为高酯化果胶，低于 50%为低酯化果胶。对 1740cm⁻¹、1630cm⁻¹ 附近峰面积进行高斯函数分峰处理，计算 1740cm⁻¹ 峰面积/(1740cm⁻¹ 峰面积+1630cm⁻¹ 峰面积)，并以已知酯化度的果胶作为标准品作标准曲线，计算样品的酯化度（Methacanon et al.，2014）。以标准曲线 $y=81.525x+23.402$ 计算果胶的酯化度（表 3.24）。从表中可看出苹果来源的果胶为高酯果胶，且酯化度均在 60%～70%，与商用 SP 酯化度相近；番茄果胶酯化度为 44.29%，为低酯果胶。对于苹果果胶来说，微波处理会促进果胶脱酯，而用温和的柠檬酸提取能较好地保护果胶的甲氧基。

表 3.24　果胶样品的酯化度（DE）（%）

样品	AP-H	AP-M	AP-U	AP-C	AP-E	AP-A	TP	SP
DE	66.44	67.05	61.72	68.02	63.88	65.62	44.29	62.88

果胶样品的 X 射线衍射结果见图 3.20。从图中可看出，果胶样品有弱结晶区存在。

果胶同型半乳糖醛酸聚糖（HG）类型的片段（无支链）以每三个半乳糖醛酸为一个单元卷曲形成单螺旋结构，这种结构可能是果胶中表现出具有微区结晶态的根源。但是图中峰形较宽且峰强不高，说明结晶微区内的晶体平均粒径较小，这与果胶的结构有关。因为在果胶分子中只有同型半乳糖醛酸聚糖类型片段可形成单螺旋结构，在片段左右连接其他片段的结构如鼠李半乳糖醛酸聚糖 I（RG-I）、鼠李半乳糖醛酸聚糖 II（RG-II）等将阻断继续形成单螺旋结构，导致果胶分子的结晶平均粒径较小。不同提取方法提取的果胶样品出峰位置均在 13.5°和 22.5°，说明形成的小晶体的晶面间距相同。番茄果胶 TP 的结晶峰显著强于苹果果胶，这可能是由于 TP 的 HG 区域较长，支链较短，较刚性，更容易有序排列形成结晶区。

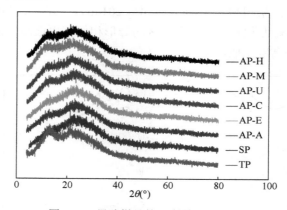

图 3.20　果胶样品的 X 射线衍射结果

8）不同提取方法对果胶流变性质的影响

图 3.21 为果胶样品的流变性质测试结果。从图中可看出，AP-M、AP-U、AP-A 的黏度均随剪切速率的增大而降低，表现出剪切变稀行为，是一种典型的非牛顿流体——假塑性流体；AP-H、AP-E 和 AP-C 在低剪切速率区呈牛顿流体流动行为，而在高剪切速率区间呈剪切变稀行为；而 SP 在整个剪切速率范围几乎呈牛顿流体流动行为。这可能跟它们的分子量、糖醛酸含量和甲酯化程度有关，它们与稳态剪切行为的准确关系需要进一步详细研究。

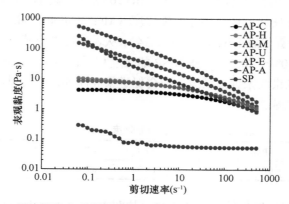

图 3.21　果胶样品表观黏度对剪切速率的依赖性（样品浓度为 3%）

　　果胶溶液的动态剪切结果见图 3.22。由图可看出，AP-M、AP-U 和 AP-A 在一定的角频率出现了溶液-凝胶转变，表现出交联网络体系（浓溶液）的性质。AP-M 的交点在 1.05rad/s 处，AP-U 交点在 15.85rad/s 处，AP-A 的交点在 19.95rad/s 处，样品溶液均为 3%水溶液，AP-M 更易于形成交联网络体系。弹性模量、损耗模量交点的不同可能与果胶的分子量、糖醛酸含量和酯化度密切相关，其他样品在整个角频率范围内均为损耗模量大于弹性模量，且在高频时损耗模量和弹性模量彼此相接近，表现出黏性溶液性质。

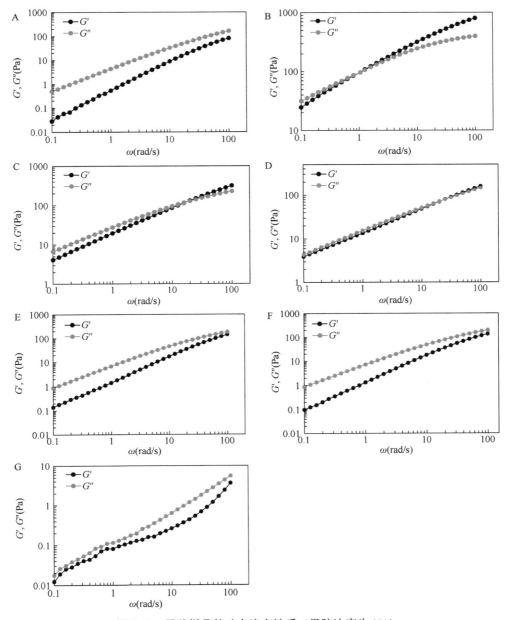

图 3.22 果胶样品的动态流变性质（果胶浓度为 3%）
A. AP-H；B. AP-M；C. AP-U；D. AP-A；E. AP-E；F. AP-C；G. SP

9）不同提取方法对果胶抗氧化活性的影响

如图 3.23 所示，果胶样品对 DPPH 自由基的清除结果。果胶与 DPPH 反应 30min 时，AP-A、AP-E 的自由基清除能力较强，其余样品自由基清除能力基本在 15%～20%，无显著区别。反应 24h 后，AP-A、AP-E 的清除能力达到 70%，其他样品的清除能力稍微增加，在 25%～35%，说明果胶与 DPPH 在 30min 内反应不完全，这可能是由于反应体系内的甲醇使部分果胶析出，不能够与溶液中 DPPH 充分反应。AP-A、AP-E 的抗氧化能力较强，这可能与其相对较低的分子量和较高的半乳糖醛酸含量有关。

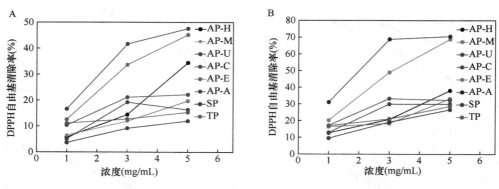

图 3.23 果胶样品的 DPPH 自由基清除率
A. 孵育 30min；B. 孵育 24h

本书以盐酸法（85℃，pH 2.0）、微波辅助盐酸法（pH 2.0，480W）、微波-超声辅助盐酸法（pH 2.0，480W，600W）、柠檬酸法（2%，85℃）、酶法（纤维素酶，40℃）和碱法（pH 12.0，4℃）从苹果渣中提取出苹果果胶（AP）。采用草酸铵-草酸从番茄中提取出番茄果胶（TP）。实验结果表明，当固液比较低时（1∶50），果胶提取率较高（11.2%）；果渣原料的粒径对产率没有明显影响；削皮等前处理则能够有效降低果胶中的脂质含量；果胶的灰分都达到了国家标准（<5%）。除 AP-C 具有相对较低的半乳糖醛酸含量（71.7%）外，不同提取方法提取的苹果果胶的半乳糖醛酸的含量和甲酯化程度都未表现出明显的差异，番茄果胶的半乳糖醛酸含量（约 66%）明显低于苹果果胶（约 80%），且甲酯化程度较低（TP 为 44%，AP 为 60%～70%）。番茄果胶重均分子量（M_w）约为 $1.80×10^4$，苹果果胶的 M_w 在 $1.5×10^5$～$4.0×10^5$；超声、碱和酶法提取的果胶分子量相对较低。果胶分子的特性黏度大小关系都满足 AP-H＞AP-M＞AP-U＞AP-E＞AP-A＞AP-C，与分子量变化趋势基本一致，即随着提取条件的加剧，果胶的分子链被切断，导致分子量和流体力学体积下降。果胶分子具有一定的结晶性，提取方法对苹果果胶结晶度没有影响，而分子量较低、链刚度较大的番茄果胶显示更强的结晶性。苹果果胶分子在高剪切速率区均表现为一种典型的假塑性流体，动态剪切测得 AP-M 更易于形成交联网络结构。所有果胶分子均表现出抗氧化能力，在 1mg/mL 的浓度下仍具有 10%左右的 DPPH 自由基清除率，其中酶法和碱法提取的苹果果胶显示最强的自由基清除能力，可达 70%。

3.1.2.2 番茄果胶和苹果果胶的多尺度结构

果胶的结构复杂，链构象尚未见报道。本书主要介绍由柠檬酸法提取的苹果果胶（AP）和草酸铵法提取的番茄果胶（TP）的化学结构、链构象和聚集态结构。

1）果胶的化学结构

从不同水果中提取的果胶多糖的结构并不完全相同。如表 3.25 所示，苹果果胶（AP）和番茄果胶（TP）的提取率为 11% 左右，灰分低于 5%，表明果胶的纯度较高，符合国家标准。AP 酯化度为 68.02%，高于 50%，可被确定为高酯果胶，而番茄中提取的 TP 酯化度约 44%，为低酯果胶。由凝胶渗透色谱测得，25℃ 下 0.1mol/L NaNO$_3$ 水溶液中 AP 和 TP 的折光指数 dn/dc 值分别为 0.121mL/g 和 0.131mL/g。与多角度激光光散射法（MALLS）联用测得 AP 的 M_w 为 27 万左右，TP 的 M_w 只有 2 万左右，表明果胶的分子量与其来源相关。通常天然多糖的分子量分布较宽（$d>2$），而 AP 和 TP 的 d 值相对较低，都小于 2，表明这两种果胶多糖具有相对均一的组成和较窄的分子量分布。AP 的 R_Z 为 64.85nm，大约是 TP 的两倍（31.90nm）。

表 3.25 果胶的基本参数

样品	提取率（%）	灰分（%）	酯化度（%）	M_w（×10^4）	d（M_w/M_n）	R_Z（nm）
AP	11.2	4.79±0.22	68.02±0.32	27.34±0.11	1.37±0.03	64.85±0.12
TP	11.1	2.25±0.35	44.29±0.24	2.01±0.15	1.84±0.03	31.90±0.50

注：M_w 表示重均分子量；d（M_w/M_n）表示多分散指数；R_Z 表示 Z-均回转半径

2）果胶的单糖组成

用高压液相色谱法（HPLC）来分析不同来源的两种果胶多糖的单糖组成。如表 3.26 所示，AP 和 TP 的单糖组成相似，包括鼠李糖（Rha）、葡萄糖（Glc）、半乳糖（Gal）、半乳糖醛酸（GalA）、阿拉伯糖（Ara）和木糖（Xyl）6 种，其中 AP 有微量岩藻糖（Fuc），TP 不含 Fuc。GalA 为 AP 和 TP 中的主要单糖。值得注意的是，两种果胶多糖中单糖的摩尔比差异很大。AP 中 GalA 的含量为 47.82%，低于 TP 的 71.03%，Rha、Glc、Gal 和 Ara 等中性糖的含量也高于 TP。

表 3.26 果胶的单糖组成分析

单糖	AP	TP
Rha（mol%）	3.88±0.34a	7.80±1.01b
Glc（mol%）	0.91±0.23	0.80±0.17
Gal（mol%）	7.01±0.60	10.69±0.73
Xyl+Ara（mol%）	40.04±1.53a	9.68±2.13b
Fuc（mol%）	0.34±0.04	ND
GalA（mol%）	47.82±2.17a	71.03±1.45b
Rha/GalA	0.08	0.11

续表

单糖	AP	TP
(Ara+Gal)/Rha	12.13a	2.61b
GalA/(Fuc+Rha+Ara+Gal+Xyl)	0.93a	2.52b

注：Rha/GalA：果胶 RG 结构域的相对丰度；(Ara+Gal)/Rha：侧链的长度；GalA/(Fuc+Rha+Ara+Gal+Xyl)：果胶主链的线性区

基于单糖组成，可确定两种果胶中 HG、RG-I 和 RG-II 结构域的丰度。通过 Rha/GalA 的比值表示 RG 结构域在果胶中的相对丰度。通常，Rha/GalA 的比值越高，对应于与 RG-I 和 RG-II 连接的侧链越多（Zhi et al.，2017）。如表 3.26 所示，TP 的 Rha/GalA 的比值为 0.11，高于 AP（0.08），表明 TP 在 RG-I 和 RG-II 区域中具有更多的侧链。(Ara+Gal)/Rha 的比值反映 RG 区域中性侧链的长度，AP 的比值为 12.13，远高于 TP 的比值（2.61），表明 AP 比 TP 具有更长的侧链结构。果胶的线性区——HG 可以通过 GalA/(Fuc+Rha+Ara+Gal+Xyl)来证明，TP 的比值为 2.52，比 AP 的比值（0.93）大两倍以上，表明 TP 的 HG 区域更长。简而言之，AP 的 HG 区域相对较短，侧链较长且稀疏，而 TP 的 HG 相对较长，侧链较短且较密。

（1）核磁共振

为了获得 AP 和 TP 样品的更多结构信息，本研究进行了核磁氢谱表征。如图 3.24 所示，在 3.798ppm 处有一个非常大的信号来自与 GalA 羧基结合的甲氧基（Liu et al.，2018a），与表 3.26 中 GalA 的主要含量一致，AP 和 TP 中 GalA 的氢质子信号分配如下：H-1，5.087ppm；H-2，3.740ppm；H-3，4.003ppm；H-4，4.130ppm；H-5，4.436ppm。此外，Ara（H-1，5.190ppm；H-5，3.964ppm）和 Rha（H-1，5.148ppm；H-4，5.190ppm）的部分质子信号也被检测出来（Wang et al.，2016）。根据异头质子的化学位移来看，GalA、Ara 和 Rha 的三种糖均为 α-构型。与 AP 相比，TP 的 ^{1}H NMR 谱在 5.190ppm 和 3.964ppm 处显示出较强的 GalA 信号和较弱的 Ara 信号，与 TP 具有较高的 GalA 含量（较长的 HG）和较低的 Ara 含量的结果一致（表 3.26）。

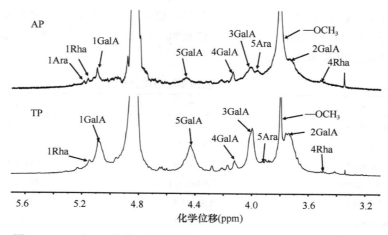

图 3.24　AP 和 TP 的核磁共振氢谱（溶于氘代水，浓度为 50mg/mL）

（2）键接方式

为了进一步阐明 AP 和 TP 的键接方式,本研究对果胶甲基化修饰后,又采用 GC-MS 方法分析其键接方式。根据 GC 中每个峰的保留时间和 MS 中的碎片特征,表 3.27 中总结了糖残基类型及其结合方式。AP 中,非还原末端 Araf 主要存在(1→3)和(1→5)两种键接方式；Arap 存在(1→2,3)和(1→2,4)键接方式。其中,还原末端 T-Araf 和(1→5)-L-Araf 含量较高,表明 AP 高度分支,且(1→5)-L-Araf 作为连接支点。通过 α-1,4 键连接的 GalAp 摩尔比为 35.63%（最高）,(1→3)、(1→6)、(1→2,4)、(1→3,4)和(1→4,6)的键接方式也被检测到,表明由 α-1,4-GalA 作为 AP 的线性骨架,在 C2、C3、C4 位可发生取代（Wang et al.,2016）。检测到(1→2,4)Rha,表明 RG-I 侧链由 Rha 通过 1,2 键与 GalA 相连。然而,在 TP 中糖残基的含量不同。除 α-1,4 GalAp（主链）外,Ara 的含量最高,主要以(1→5)链接存在,但未检测到(1→3)键。TP 含量（3.24%）低于 AP 含量（11.38%）,表明 TP 由较低的支链结构组成。同时,甲基化分析中某些化合物的信号由于痕量而无法汇总。

表 3.27　通过甲基化分析 AP 和 TP 的键接方式

全甲基醛糖醇乙酸酯	连锁模式	AP 含量（%）	TP 含量（%）	离子碎片（质荷比 m/z）
2,3,5-Me$_3$-Ara	T-L-Araf	11.38	3.24	71、87、102、118、129、161
2,3,4-Me$_3$-Ara	1,3-L-Araf	1.52	ND	87、99、118、129、159、189、233
2,3-Me$_2$-Ara	1,5-L-Araf	16.89	11.55	87、102、118、129、189
2,3,4,6-Me$_4$-Gal	T-D-GalAp	3.28	5.26	87、102、118、129、145、205
4-Me-Ara	1,2,3-L-Arap	5.54	9.65	100、117、128、159、202、261
3-Me-Rha	1,2,4-L-Rhap	2.87	ND	88、101、130、143、190、203
2,3,6-Me$_3$-Gal	1,4-D-GalAp	35.63	44.41	87、99、118、131、173、233
1,2,4,5-Ac$_5$-Ara	1,2,4-L-Arap	2.91	2.74	85、103、116、145、188、218、290
2,4,6-Me$_3$-Gal	1,3-D-Galp	0.89	ND	87、101、118、129、161、234、277
2,3,4-Me$_3$-Gal	1,6-D-Galp	1.07	7.99	87、99、101、118、129、161、178、189
2,3,4-Me$_3$-Glc	1,6-D-Glcp	ND	6.75	87、99、118、129、161、173、189
2,6-Me$_2$-Gal	1,3,4-D-GalAp	1.25	ND	87、118、129、143、185、231、305
3,6-Me$_2$-Gal	1,2,4-D-GalAp	1.02	0.79	87、99、113、130、190、233
2,3-Me$_2$-Gal	1,4,6-D-Galp	1.14	1.01	85、102、118、127、261
2,3-Me$_2$-Glc	1,4,6-D-Glcp	4.22	ND	85、86、102、118、127、256、261
2,4-Me$_2$-Glc	1,3,6-D-Glcp	0.72	1.03	87、99、118、129、289、233、305
未知成分	未知	9.69	5.58	—

注：ND 表示未检测到；"—"表示无数据

3）果胶的分子链构象

通常,特性黏度（[η]）反映了溶液中聚合物的流体动力学体积和链刚性。果胶含大量的半乳糖醛酸,为聚阴离子电解质,在水溶液中分子链之间由于存在静电排斥作用而比较伸展,黏度较大,且随溶液浓度降低而迅速升高。盐离子通常用于屏蔽水溶液中聚电解质的静电排斥，这里使用 NaNO₃ 屏蔽果胶的负电荷，探究 NaNO₃ 浓度对果胶[η]的影响。

如图 3.25A 所示，随着 NaNO₃ 浓度的增加，AP 的[η]急剧下降。当 NaNO₃ 浓度高于 0.01mol/L 时，[η]趋于稳定，表明 AP 水溶液中的静电排斥作用已被盐完全屏蔽。而 TP 由于其较高的 GalA 含量和较低的酯化度，屏蔽其负电荷的临界盐浓度增加为 0.05mol/L（图 3.25C）。完全屏蔽静电排斥后，AP 和 TP 的[η]值分别确定为 7.95dL/g 和 0.53dL/g。它们的[η]值差异源于 AP 的 M_w 和 R_z 较高，流体动力学体积比 TP 大得多。

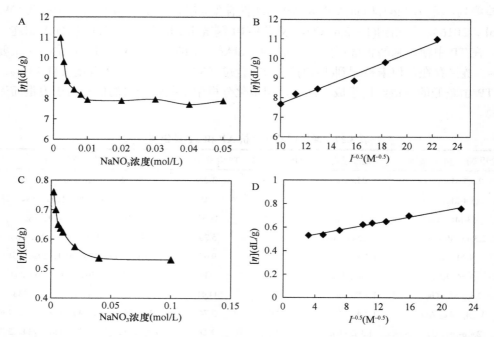

图 3.25　在 25℃下不同离子强度的水溶液中 AP 和 TP 的特性黏度对盐离子浓度和离子强度（$I^{-0.5}$）的依赖性

M 表示相对分子质量

果胶的链构象可通过经验方法——"B 值"法根据以下公式进行评价（Smidsrød and Haug，1971；Xu et al.，2009）：

$$[\eta]=[\eta]_{0.1}+S\left(I^{-0.5}-0.1^{-0.5}\right) \tag{3.1}$$

$$S=B[\eta]_{0.1}^{\rho} \tag{3.2}$$

式中，$[\eta]_{0.1}$ 是在 0.1mol/L NaNO₃ 浓度下的特性黏度（dL/g）；ρ 是独立于聚合物的常数，为 1.3；B 即"B 值"，与链刚性有关。如图 3.25B、D 所示，两个果胶样品中[η]与盐浓度（$I^{-0.5}$）呈线性相关。计算得出，AP（0.025）和 TP（0.029）的 B 值显著高于刚性黄原胶（0.005 25）的 B 值，远低于柔性羧甲基直链淀粉（0.2）的 B 值，并且接近半刚性羧甲基纤维素（0.043）或海藻酸盐（0.032），表明 AP 和 TP 在 25℃的 NaNO₃ 溶液中均为半刚性链（Xu et al.，2009）。

原子力显微镜（AFM）可直观地观察果胶的链形态，为防止果胶在溶液中聚集，制样前将其在室温下静置大于 5d。如图 3.26A、B 所示，AP 和 TP 均呈延伸形状铺在云母片上。统计 AP 链的高度为 0.4～0.6nm，TP 链的高度为 0.5～0.8nm，小于水溶液中的香菇多糖、裂褶菌素和小核菌聚糖等具有三重螺旋构象的多糖的高度（0.8～1.3nm）（Zhang et al.，2004；Wang et al.，2008；McIntire and Brant，1998）。AP 的链较长，为 600～1000nm，可观察到明显的分支结构存在，这是因为 AP 链较长，部分发生缠结；TP 链较短，链长为 200～400nm，呈棒状，表明 TP 的刚性更强。

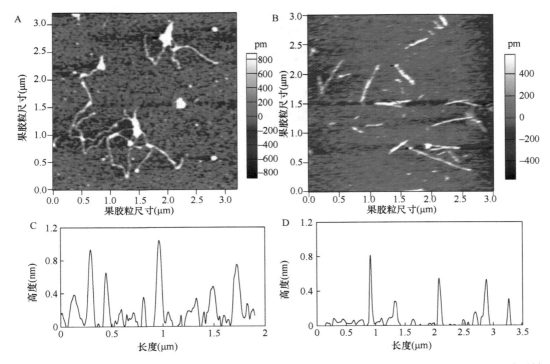

图 3.26　AP（A）和 TP（B）的 AFM 图像，以及 A 和 B 中红线所指示的 AP（C）和 TP（D）分子链的高度图

AP 和 TP 溶于纯水，浓度为 1.0μg/mL，然后沉积在新鲜裂解的云母上，风干后观察

综上所述，AP 和 TP 由于 GalA 含量高，在水溶液中表现出强烈的静电排斥作用，可以用 NaNO₃ 完全将其屏蔽。AP 和 TP 在 NaNO₃ 溶液中呈半刚性链构象，而在纯水中由于静电排斥链刚性增强。

4）果胶的分子链聚集形态

利用扫描电子显微镜（SEM）观察果胶的聚集态结构，用液氮快速冷冻溶解在水中的果胶样品，最大限度地减少冰晶形成对宏观结构的影响。如图 3.24A～C 所示，随着 AP 浓度的降低（1mg/mL 降至 0.01mg/mL），聚集态结构从不规则薄片变为纤维网状结构，网孔大小约为 300nm，纤维直径为 50nm 左右。而 TP 显示较少的薄片和纤维结构（图 3.27D～F），这归因于分子量较低，分子链较短。

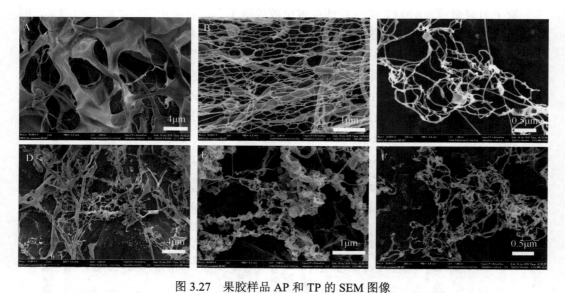

图 3.27 果胶样品 AP 和 TP 的 SEM 图像

A、B 和 C 分别是在 1mg/mL、0.1mg/mL 和 0.01mg/mL 溶液中 AP 的 SEM 图像；D、E 和 F 分别是在 1mg/mL、0.1mg/mL 和 0.01mg/mL 溶液中 TP 的 SEM 图像

3.1.2.3 番茄果胶和苹果果胶的品质功能

1）果胶的稳态剪切流变行为及其与链构象的关系

聚合物的流变行为对于预测食品质量和指导食品行业新产品的开发非常重要。本书探究了果胶在不同 $NaNO_3$ 浓度水溶液中的稳态剪切流变行为。如图 3.28A、B 所示，AP 和 TP 的表观黏度随离子强度和剪切速率的增加而降低。当剪切速率 $>1s^{-1}$ 时，表现出剪切稀化行为，类似于大多数多糖溶液的稳定剪切流变行为。值得注意的是，AP 转换为剪切稀化行为的临界剪切速率小于 $1s^{-1}$，远低于半乳甘露聚糖的临界剪切速率（10^4s^{-1}）。聚合物溶液的低临界剪切速率通常归因于它们的延伸和半刚性构象使其在剪切作用下更容易定向排列（Colodel et al.，2019）。AP 在水溶液中呈伸展的半刚性链，可以预测到，它们应该具有较低的临界剪切速率，与实验数据吻合。

有趣的是，在低剪切速率（$<1s^{-1}$）下观察到异常的剪切行为。即浓度为 20mg/mL 的 AP 溶液的表观黏度随剪切速率的增加而增加，即剪切增稠（图 3.28A）。随后，随着剪切速率（$>1s^{-1}$）的增加，剪切变稀行为逐渐恢复。为了解释该现象，本书做了不同 AP 浓度下（5～30mg/mL）AP 表观黏度随剪切速率的变化曲线。由图 3.28C 发现，AP 浓度在高于 15mg/mL 时才会出现该现象，由此推测，半刚性的 AP 链在高浓度溶液（＞15mg/mL）中发生局部有序排列，在低剪切作用下，AP 局部缠结形成较大的网络结构，导致黏度上升；高剪切速率下（大于 $1s^{-1}$），缠结的分子链网络由于受到较强的剪切力作用而被破坏，分子链将优先沿着剪切方向排列，表现剪切变稀性质。对于表观黏度远低于 AP 的 TP 溶液，也观察到了类似的现象（图 3.28B），但比 AP 弱的原因是，TP 分子量较低，分子链较短，缠结的网络结构形成较少。

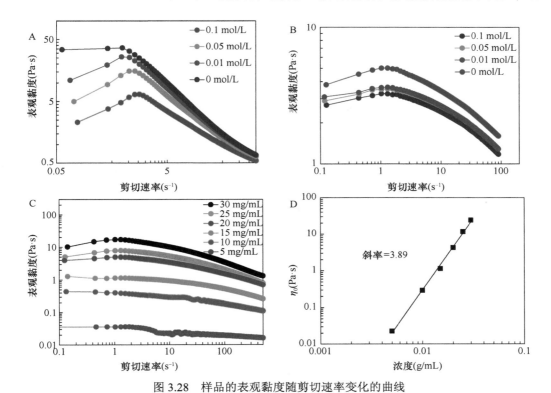

图 3.28　样品的表观黏度随剪切速率变化的曲线

A、B. 分别是 AP 和 TP 在不同浓度 NaNO₃ 溶液（0～0.1mol/L）中的表观黏度与剪切速率的关系；C. 不同浓度的 AP（5～30mg/mL）在水中的表观黏度与剪切速率的关系；D. AP 的零剪切黏度（η_0）对浓度的依赖性

在水溶液中 AP 的零剪切黏度（η_0）对浓度的依赖性如图 3.28D 所示。显然，η_0 与 $c^{3.89}$（表示浓度的 3.89 次方）呈线性相关，斜率 3.89 在 2.7～5.1，表明 AP 在该条件下形成了缠结网络，证实了上面的推测。由此，当剪切速率 $<1s^{-1}$ 时，AP 和 TP 多糖的低剪切增稠行为主要受分子量和链刚性调控。

2）果胶的体外抗炎症

果胶不仅具有高黏度特性而且还具有保健作用通常在食品中用作添加剂，由于肠道炎症的普遍发生，本书对 AP 和 TP 的抗炎作用进行了初步评估。通过噻唑蓝（MTT）比色法评估 AP 和 TP 的细胞毒性（图 3.29A），用 AP 和 TP 处理后 RAW 264.7 细胞的相对生长率（RGR）达到 100%以上，表明两个果胶样品对 RAW 264.7 细胞均没有毒性。

用 LPS 诱导该细胞产生炎症因子 NO，用格里斯试验测 NO 含量以检测果胶抗炎症效果（图 3.29B）（Sun et al.，2019）。结果发现，LPS 显著提高了 RAW 264.7 细胞中 NO 的含量，而 AP 和 TP 的加入抑制了 NO 的产生，降低了约 38%，表明 AP 和 TP 在体外具有潜在的抗炎作用。

上述实验结果表明，苹果果胶（AP）是具有长而稀疏的中性糖侧链的高酯果胶，而番茄果胶（TP）是具有短而密集的中性糖侧链的低酯果胶。AP 和 TP 的重均分子量分别为 270kDa 和 20kDa，表明果胶分子量对材料来源依赖性很大。AP 和 TP 在溶液中呈半刚性构象。由于 AP 的高分子量和半刚性链构象，宏观上呈不规则的薄片和纤维网络

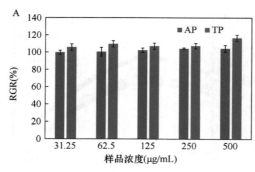
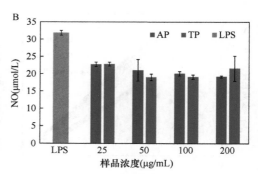

图 3.29 培养 24h 后 AP 和 TP 对 RAW 264.7 细胞的相对增值率（A）及脂多糖（LPS）诱导的经过样品处理的 RAW 264.7 细胞产生的一氧化氮（NO）浓度（B）

结构。高浓度的 AP 和 TP 在高剪切速率下均表现出剪切变稀行为，而在低剪切速率下表现出异常的剪切增稠行为，这是由高分子量和半刚性链构象导致的链缠结效应。此外，AP 和 TP 均显示出潜在的抗炎症效果。

3.1.2.4 典型加工条件对果胶多尺度结构的调控

研究加工条件对果胶结构和性能的影响对果胶改性、促进果胶在食品领域的进一步应用具有重要的指导意义。本书以柠檬酸法提取的苹果果胶（AP）和草酸铵法提取的番茄果胶（TP）为研究对象，并以购自 Sigma 公司的苹果果胶（SP）为对照，研究典型模拟加工体系，包括酶、温度、力、pH 等条件，对果胶分子的结构及功能的调控及可能机制，为构建果胶的结构与功能之间的构效关系提供科学依据。

1）典型加工条件对果胶半乳糖醛酸的调控

半乳糖醛酸是果胶的特征结构，加工后各果胶样品的半乳糖醛酸含量测定结果如表 3.28 所示。TP 的半乳糖醛酸含量为 66.64%，加工后半乳糖醛酸含量均有所增加，其中高温加工对 TP 果胶的半乳糖醛酸含量影响最小，其他三种加工条件对 TP 半乳糖醛酸含量的影响无显著不同；SP 果胶的半乳糖醛酸含量为 79.53%，加工后半乳糖醛酸含量均有所降低，其中高温加工对 SP 果胶的半乳糖醛酸含量影响最小；AP 的半乳糖醛酸含量为 71.70%，加工后半乳糖醛酸含量均有所增加。即加工改变了半乳糖醛酸的含量：4 种加工条件都不同程度地增加了果胶 AP 和 TP 的半乳糖醛酸含量，而降低了对照果胶 SP 的半乳糖醛酸含量，这可能与样品本身的中性糖含量有关，果胶分子的主链骨架主要由半乳糖酸组成，中性糖单元常常作为侧基，而侧基更容易被攻击切断，导致加工后半乳糖糖醛酸含量升高；而 SP 中性糖含量较低，即侧基较少，加工对主链的攻击概率增加，导致主链的半乳糖醛酸含量降低。这说明果胶半乳糖醛酸含量不仅与加工条件有关，也与果胶固有的半乳糖醛酸含量密切相关。

表 3.28 典型加工条件下果胶的半乳糖醛酸含量的变化（%）

加工方式	加工前	高温处理	超声处理	碱处理	酶处理
AP	71.10	80.37	80.27	82.86	82.32
TP	66.64	69.70	75.31	73.25	73.58
SP	79.53	77.78	73.68	76.48	69.55

2）典型加工条件对果胶重均分子量的调控

根据凝胶渗透色谱法测得的果胶样品重均分子量（M_w）如表 3.29 所示。对于 AP 和 TP，加工使分子量下降，其中超声对 AP 的分子量影响较大，酶和高温对 TP 的分子量影响显著。AP 为高酯果胶，TP 为低酯果胶，对于相同的加工条件，高酯化度有可能有利于提高果胶分子的稳定性。超声是切断高分子链的一种有效手段，但它对高分子量的链敏感，而对分子量较低的链不敏感，一定频率的超声处理降低分子量达到某一数值或某一区域时超声频率不足以以相同效率继续降低分子量，超声处理的效率下降，表现出分子量降低不明显（Wang et al.，2016）。值得注意的是，酶加工对 TP 的分子量影响最大且与其他加工条件相比有明显差别，这与 TP 的低酯化度有关。用果胶酶对果胶进行水解时，酯化度较低时在 C-6 上的空间位阻降低，利于酶与果胶分子的结合，使分子量降低较大。高温处理方式对高酯化度果胶影响较小而对低酯化度果胶具有较大影响。

表 3.29 典型加工条件下果胶的重均分子量的变化（×10⁴）

加工方式	加工前	高温处理	超声处理	碱处理	酶处理
AP	29	25	19	22	23
TP	1.8	1.0	1.4	1.5	0.5
SP	18	18	19	15	17

3）典型加工条件对果胶酯化度的调控

根据红外图谱计算的酯化度结果如表 3.30 所示。对于高酯化果胶 AP，不同加工条件均使果胶分子酯化度下降，且下降程度高温处理＜超声处理＜酶处理＜碱处理，果胶甲酯在碱性条件下易水解，并且不可逆，导致酯化度降低程度最大。果胶酶是一类水解果胶的酶的总称，既含有水解果胶分子链的酶也有去酯化的酶。高温和超声这两种加工条件对果胶的酯化度改变程度相对较低，化学方式比物理方式对果胶酯化度的影响大。对于低酯化度果胶 TP，加工后的酯化度均有所增加，推测 4 种加工方式对果胶链上半乳糖醛酸的进攻选择性高于对半乳糖醛酸酯的选择性。

表 3.30 典型加工条件下果胶样品酯化度的变化（%）

加工方式	加工前	高温处理	超声处理	碱处理	酶处理
AP	68.02	63.92	63.40	53.24	60.31
TP	44.29	47.13	51.34	48.32	47.44

4）典型加工条件对果胶结晶度的调控

果胶样品的 XRD 图谱见图 3.30。加工后果胶的结晶度增加，表明加工首先破坏了果胶的无定形区的分子链，导致结晶区含量增加。但不同的加工条件对果胶结晶度影响区别不大。

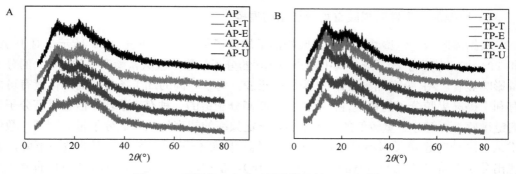

图 3.30　不同加工方式下果胶样品的 XRD 图谱

3.2 蛋　白　质

在食品组分中，蛋白质是一种重要的两性生物大分子，其自组装是食品加工中常见的现象。随着对其自组装行为规律的了解，食品来源的蛋白质逐渐显示了它在营养素纳米载体等应用领域的巨大潜力，如植物来源的大豆分离蛋白（Tang，2019）、玉米醇溶蛋白（Yuan et al.，2019）和小麦醇溶蛋白 gliadin（Joye et al.，2015），动物来源的牛血清白蛋白（Ferrado et al.，2019）和鸡卵清白蛋白（Visentini et al.，2019）等。

除了可以成为理想的纳米载体原材料外，蛋白质在食品加工过程中以自组装行为作为代表的多尺度结构变化还能对食品品质造成决定性的影响。该多尺度结构变化包括蛋白质结构变化（一级序列完整性、二级结构变化、表面疏水性、巯基含量和电荷密度等）、蛋白质自组装形成微纳米结构和蛋白质聚集行为等。食品典型的加工条件（温度、力、pH、离子和酶等）往往在多个维度上同时对蛋白质有影响，造成了蛋白质结构变化的多尺度和复杂性，如酶的使用可以产生具有特定生物活性的肽，同时也可以改变蛋白质的自组装行为，造成质构的变化。

该多尺度结构变化影响的不仅是质构、流变性、凝胶性、色泽风味和稳定性等传统意义上的食品品质，还影响食品的健康功能品质。其中特别值得关注的是食品加工过程中蛋白质自组装形成的微纳米颗粒对食品健康功能品质的影响。

因为加工方式契合了蛋白质自组装为纳米颗粒的要求，许多食品中含有丰富的纳米颗粒。众所周知，物质的纳米尺寸化会带来新的物理化学特性和生理效应（Deloid et al.，2017；Mcclements and Xiao，2017）。作为一种大量、长期且反复被人体摄入的纳米物质，蛋白质纳米颗粒对人体产生的影响必然有别于游离的食品蛋白质成分，它对人体可能产生的生理学效应值得关注。合成纳米颗粒的相关研究显示，纳米颗粒经口摄入后可以与消化道黏膜相关细胞直接发生作用，进而通过转运对淋巴或血管系统造成影响，或更进一步对不同脏器甚至大脑和骨髓带来影响（Yada et al.，2014；Rae et al.，2005）。

为了进一步了解食品加工中蛋白质多尺度结构变化对食品品质功能的影响，本研究选取了球蛋白、醇溶蛋白、肌原纤维蛋白和胶原蛋白等常见的食品蛋白质作为研究对象，以消化道黏膜相关细胞作为生理学效应评估模型，系统研究典型加工条件对它们的多尺度结构变化及其感官、理化、质构和生理学效应的影响，并尝试揭示其多尺度结构变化与其品质功能之间的相关关系。

3.2.1　球蛋白

3.2.1.1　热处理时间对 11S 球蛋白多尺度结构的调控

纯化的 11S 球蛋白在水溶液中形成纳米颗粒的过程可以运用动态光散射进行监测，图 3.31 显示了在 95℃下热处理不同时间内，体系浊度、光散射强度、颗粒平均粒径的变化过程。

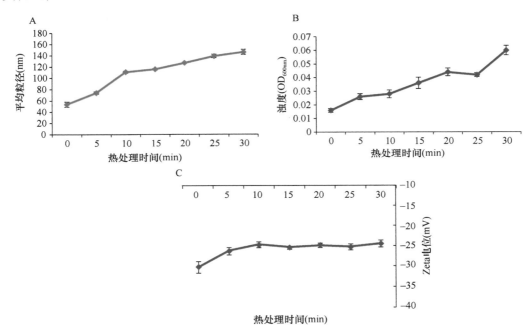

图 3.31　不同加热时间对 11S 球蛋白溶液胶体性质及浊度的影响

A. 11S 球蛋白溶液的平均粒径随加热时间的变化；B. 11S 球蛋白溶液光散射强度随加热时间的变化；C. 11S 球蛋白溶液浊度随加热时间的变化；D. 11S 球蛋白溶液的 Zeta 电位值随加热时间的变化

11S 球蛋白溶液（2mg/mL）经 95℃热处理 10min 后，形成了直径约为 110nm 的胶体微粒（图 3.31A）。热处理 30min 后，粒径增大至 146nm 左右，此时光散射强度却出现下降趋势，这可能与颗粒之间发生聚集而产生沉淀有关。热处理 25～30min 阶段，浊度有一个显著增加的趋势（图 3.31B），显示了大颗粒聚集体的形成。表面电荷测定结果（图 3.31C）显示，初始状态 11S 球蛋白的 Zeta 电位值为-30.4mV，热处理 10min 后形成纳米颗粒，此时 Zeta 电位值变为-24.7mV，随后的时间 Zeta 电位值基本维持稳定，变化并不明显。

以上结果证明，热处理可以诱导 11S 球蛋白质发生组装形成纳米颗粒，不同的热处理时间可以影响纳米颗粒的结构性质。

3.2.1.2　蛋白质浓度对 11S 球蛋白多尺度结构的调控

蛋白质浓度对 11S 球蛋白热诱导形成纳米颗粒的影响如表 3.31 所示，蛋白质浓度可以影响颗粒的粒径大小，当蛋白质浓度为 5mg/mL 时，经 95℃加热 10min 获得的颗粒粒径约为 157nm，加热 20min，粒径增大近一倍，加热 30min 后可以观察到溶液明显浑浊。而蛋白质浓度为 0.5mg/mL 时，形成纳米颗粒的速率明显减缓，热诱导前 30min 内多分散性指数（PDI）值均大于 0.3，形成非单分散体系，可检测到约 20nm、45nm、1000nm 三种粒子组分，加热至 40min 时才出现单分散性微粒，粒径约为 91nm，随着加热时间的延长，颗粒大致趋于稳定，粒径略有增加；在更低的蛋白质浓度下（0.25mg/mL）则会增加单分散性微粒形成的时间。

表 3.31   不同浓度的 11S 球蛋白在不同热诱导时间里对其多尺度结构的调控

蛋白质浓度 （mg/mL）	粒径（nm）					
	10min	20min	30min	40min	50min	60min
5	157.16±2.33	360.96±7.68	>1000	>1000	>2000	>2000
2.5	90.93±1.17	188.50±1.15	330.10±5.11	>1000	>1000	>1000
1	89.01±1.09	93.44±1.70	95.05±0.31	98.66±1.33	101.30±0.53	104.63±0.45
0.5	37.56±1.34	45.62±1.89	63.03±2.17	91.69±1.20	97.53±4.96	115.50±2.86
0.25	34.54±1.85	47.23±1.56	56.67±2.01	72.19±2.54	102.63±3.57	123.23±2.35

最适合 11S 球蛋白形成纳米颗粒的蛋白质浓度为 1mg/mL，热处理 10min 后可以形成粒径约为 89nm 的纳米颗粒，随着热诱导时间的延长，单分散体系一直保持稳定的，平均粒径略有增加（表 3.31）。

3.2.1.3   加工条件对 11S 球蛋白纳米颗粒形成的影响

温度影响蛋白质自组装的过程受蛋白质相变温度 T_m 值的影响。经差示扫描量热仪（DSC）测定 11S 球蛋白的 T_m 为 76.31℃。

低于 75℃的热处理则很难使 11S 球蛋白形成单分散的稳定纳米结构。在考察高于 T_m 值的热诱导温度时（图 3.32），发现 85℃、90℃下热处理需要 30min 才能达到相对平衡的颗粒分布，90℃下获得的颗粒粒径明显大于 85℃颗粒。而 95℃、100℃下热处理 10min 即可获得稳定的颗粒结构，100℃下获得的颗粒粒径大于 95℃颗粒。以上结果显示，热诱导温度不仅影响了颗粒形成的速率，同时也影响了微粒的尺寸。

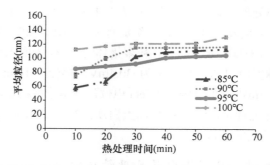

图 3.32   不同热诱导温度在不同时间下对 11S 球蛋白多尺度结构的调控

pH 的影响。在 95℃，蛋白质浓度为 2.5mg/mL 条件下考察 pH 对纳米颗粒形成的影响。如表 3.32 所示，pH 7.0 时，加热时间为 10min 与 30min 时，PDI 值均大于 0.4，表明此时体系并非单分散体系；pH 8.0，加热时间为 30min 时，平均粒径达到约 92nm，PDI 值为 0.102，但 Zeta 电位值仅为−3.81mV，体系并不稳定。pH 10.0 时，形成的颗粒粒径则大于 200nm。pH 9.0 为最合适的 pH 条件，热诱导 10min 后，可形成粒径约为 91nm 的颗粒，体系 PDI 值为 0.08，对应 Zeta 电位值为−24.83mV，说明 11S 球蛋白体系中颗粒组分单一，分布均匀，成单分散体系，多次构建的颗粒体系中平均粒径的标准差<1.0，表明重复性好。

表 3.32　不同 pH 对 11S 球蛋白在不同的热诱导时间里形成颗粒体系的影响

pH	粒径（nm）		电位（mV）	
	10min	30min	10min	30min
7.0	42.29±0.23	76.51±0.26	−18.60±0.21	−17.20±0.71
8.0	57.82±0.35	92.15±0.93	−18.13±2.52	−3.81±0.67
9.0	91.41±0.09	265.71±1.10	−24.83±1.10	−22.13±0.85
10.0	201.23±1.87	275.10±3.40	−23.50±1.44	−21.30±1.32

3.2.1.4　11S 球蛋白多尺度结构形成过程中二硫键的变化

SDS-PAGE 结果显示，热处理会导致 11S 球蛋白亚基之间二硫键的变化，如图 3.33 所示，未经热处理的 11S 球蛋白在非还原状态下的电泳条带为 62kDa 左右，经 30min 热处理后可发现在 70～88kDa 区间内出现新的蛋白质条带，这可能为亚基之间通过二硫键重排产生的现象。

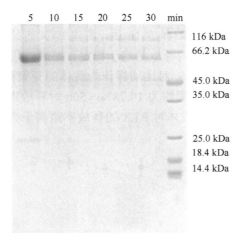

图 3.33　11S 球蛋白加热不同时间后 SDS-PAGE 图

通过检测热处理过程蛋白质巯基浓度的变化，可以推测二硫键在热处理过程中的变化。如图 3.34 所示，0～5min 时巯基浓度并无明显变化，热处理至 10min 时，体系中巯基浓度明显下降，此时 SDS-PAGE 图中则出现了中间产物条带（图 3.33）。随着时间延伸，巯基浓度逐渐下降，30min 后，巯基浓度接近零，此过程则伴随着 SDS-PAGE 中间产物条带浓度加大的趋势。由此可以推测，热处理过程中，11S 球蛋白高级结构受到破坏，造成半胱氨酸的暴露，高温还导致了半胱氨酸侧链上的巯基（—SH）被氧化形成二硫键残端（—S—），二硫键残端的不稳定导致其容易再次形成二硫键。

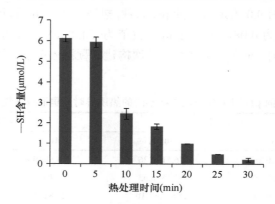

图 3.34　11S 球蛋白加热不同时间—SH 含量变化图

11S 球蛋白含有分子量为 40kDa 左右的酸性亚基和分子量为 20kDa 左右的碱性亚基，两个亚基通过二硫键相连，加热造成亚基之间的二硫键断裂重排，在酸性亚基之间形成二硫键，产生了两个酸性亚基组成的二聚体，即热处理过程产生的中间产物。

3.2.1.5　11S 球蛋白多尺度结构的生物学效应

1）11S 球蛋白纳米颗粒药物体外释放能力

11S 球蛋白纳米颗粒对紫杉醇（PTX）的装载效率较高，且 PTX 释放过程具有明显的缓释效果。如图 3.35 所示，起始释放 1h 后，游离 PTX 占比为 12.6%，1～10h 范围内释放量持续增长，20～50h 范围内释放量趋于稳定。整个过程的释放量大致呈现对数增长状态，最大释放比例接近 60%。对比同样作为载体的壳聚糖，包封 PTX 同样具备缓释效果，释放 2h 时 PTX 的释放率约为 19.78%，50h 时释放率为 51.29%（Gupta et al.,
2017），而 11S 球蛋白纳米颗粒载体对 PTX 的释放率略高于壳聚糖载体。

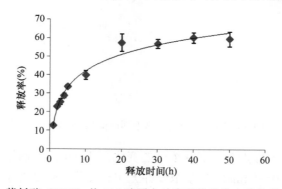

图 3.35　紫杉醇（PTX）从 11S 球蛋白纳米颗粒载体上的体外释放能力

2）11S 球蛋白纳米颗粒装载 PTX（NPs-PTX）后提高 PTX 对癌细胞的抑制作用

由表 3.33 可知，PTX 呈现明显的细胞选择性，PTX 对乳腺癌细胞 MCF-7 的抑制率为 45.73%，对黑色素瘤细胞 A375 的抑制率为 35.26%。将 PTX 装载于 11S 球蛋白纳米载体后，对敏感性 MCF-7 细胞的抑制率提升到 65.34%，对 A375 则提升到 46.12%。对 PTX 抑制效果不明显的 HeLa 细胞、Caco-2 细胞等的测试结果显示，PTX 装载于 11S 球蛋白纳米载体后也能提高抑制效果。

表 3.33　紫杉醇与 11S 球蛋白装载后对肿瘤细胞的抑制效果

细胞种类	100μg/mL 增殖抑制率（%）		PTX 抑制提高率（%）
	NPs-PTX	PTX	
TE-1	23.67±3.67	18.55±1.06	27.60±2.16
A375	46.12±2.63	35.26±3.44	30.80±1.21
Hela	8.65±0.79	7.59±0.94	13.97±2.00
Hep-G2	22.13±2.07	17.54±1.48	26.17±0.53
Caco-2	6.41±0.18	7.78±0.24	−17.61±1.05
MCF-7	65.34±4.01	45.73±2.92	42.88±1.49

3.2.2　鸡肉蛋白

在肉类加工过程中，鸡肉盐溶蛋白的功能特性与产品的品质有很大关系，鸡肉中影响其盐溶蛋白功能特性的因素很多，其中肌原纤维蛋白是一个重要的因素。肌原纤维蛋白含有肌球蛋白、肌动蛋白和肌钙蛋白等，它们与肉类产品的功能特性如成胶特性紧密相关。不同浓度的肌原纤维蛋白具有不同的特性，表现为低浓度下不成胶，而高浓度下具有很好的成胶特性。

3.2.2.1　不同条件对鸡肉肌原纤维蛋白的调控

1）温度对鸡肉肌原纤维蛋白的调控

将鸡肉肌原纤维蛋白溶于 20mmol/L、pH 6.5 的磷酸缓冲液中，其最终浓度为 0.5mg/mL，考察不同温度对鸡肉肌原纤维蛋白的响应性。结果如图 3.36 所示，0.5mg/mL 的肌原纤维蛋白溶液在升温过程中，光散射强度随温度的上升呈上升趋势，平均粒径则随温度的升高而呈下降趋势。降温过程中，体系平均粒径稳定在 200nm 左右，光散射强度也保持在 12 000 上下。

2）热诱导对鸡肉肌原纤维蛋白多尺度结构的调控

将 0.5mg/mL 的鸡肉肌原纤维蛋白溶液在不同温度下进行热诱导，形成的胶体体系的性质见图 3.37。结果显示，在蛋白质浓度较低的情况下，鸡肉肌原纤维蛋白能形成胶体颗粒，而非成胶。且低浓度下的肌原纤维蛋白热诱导成颗粒不仅有浓度依赖性，还表现出温度依赖性。如图 3.37 所示，肌原纤维蛋白体系在 70℃温度以下形成的颗粒平

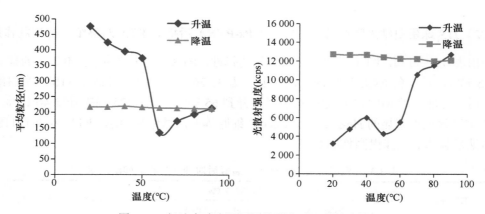

图 3.36　低浓度鸡肉肌原纤维蛋白对温度响应性

温度(℃)	90	80	70	60	50	40
平均粒径(nm)	209.53	218.47	216.03	17 315.67	1 522.67	12 092.67
光散射强度(kcps)	1 202.17	766.83	549.07	1 038.60	228.67	162.87

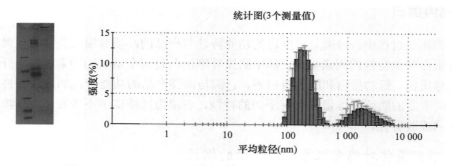

图 3.37　低浓度鸡肉肌原纤维蛋白经热诱导形成的胶体颗粒的性质

均粒径均>1μm，在温度高于 70℃后才能形成粒径较为均一的胶体颗粒。图 3.37 中 SDS-PAGE 显示了在 90℃热诱导前后鸡肉肌原纤维蛋白电泳行为的变化，泳道 2 为经热诱导体系形成胶体颗粒后，溶液中原有的肌动蛋白、肌球蛋白等条带均消失，却在浓缩胶和分离胶之间显示了一个蛋白质组分条带，这是由肌原纤维中蛋白质之间相互作用后形成分子量巨大的聚集体造成的现象。

3）热诱导对鸡肉肌原纤维蛋白成胶的调控

将较高浓度的肌原纤维蛋白分别溶于含不同浓度 KCl 的 pH 6.5、20mmol/L 的磷酸缓冲液中，肌原纤维蛋白的终浓度为 15mg/mL，配置 3 份肌原纤维蛋白溶液，分别置于不同温度下加热，观察其成胶现象，结果如图 3.38 所示。

由图 3.38 可见，盐浓度越高，肌原纤维蛋白缓冲体系越容易形成凝胶，但在 KCl 盐浓度低于 0.28mol/L 的体系中则无法成胶，盐浓度为 0.6mol/L 时，体系形成的凝胶硬度则明显大于 0.3mol/L 盐浓度下形成的凝胶。考察盐浓度为 0.6mol/L 时体系凝胶形成的过程，其黏度在不同加热时间下凝胶的形成情况，结果说明，随着加热时间的延长，肌原纤维蛋白体系成胶的黏度越来越大，当加热时间达到 50min 时，体系胶的硬度趋于稳定。

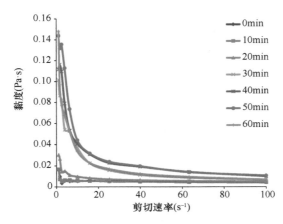

图 3.38　高浓度的鸡肉肌原纤维蛋白经热诱导成胶现象

3.2.2.2　美拉德反应产物对鸡肉肌原纤维蛋白溶液理化性质的调控

食品在加工过程中，由于其中羰基化合物之间发生了非酶促反应而生成的产物，被称为美拉德反应产物（Maillard reaction product，MRP）。MRP 除了赋予食品丰富的色泽和风味外，还具有抗氧化活性（Asghar et al.，1985；Yilmaz and Toledo，2005；Echavarría et al.，2012），有可能降低了肌原纤维蛋白的表面疏水性和巯基的浓度（Cao et al.，2018b），进而阻碍了肌原纤维蛋白凝胶的形成。本研究考察模式美拉德反应产物（葡萄糖与精氨酸）对肌原纤维蛋白的作用，以初步探讨食品加工过程中美拉德反应对肌原纤维蛋白的理化和凝胶性质的影响。

1）MRP 对鸡肉肌原纤维蛋白溶液表面疏水基和巯基的调控

疏水作用是蛋白质结构及其凝胶网络形成和维持的重要因素（Liu et al.，2018b），表面疏水性可作为蛋白质变性的指标（McCormick，1994）。如图 3.39A 所示，MRP 可

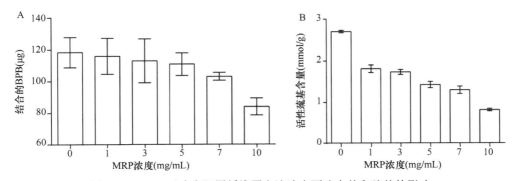

图 3.39　MRP 对鸡肉肌原纤维蛋白溶液表面疏水基和巯基的影响

A. 对表面疏水基的影响；B. 对巯基的影响

以降低肌原纤维蛋白的表面疏水性（$P<0.05$）。与较低浓度相比，当 MRP 的浓度高于 5mg/mL 时，结合的溴酚蓝（BPB）的含量下降得更快，如 10mg/mL 的 MRP 结合的 BPB 含量降至其初始值的 72.1%。蛋白质的表面疏水性与其表面分布的疏水性残基相关（Feng et al.，2017），这意味着 MRP 可使更多的肌原纤维蛋白发生聚集。BPB 与表面疏水基团的结合呈下降趋势，这表明 MRP 与肌原纤维蛋白之间相互作用阻止 BPB 以竞争方式与肌原纤维蛋白表面疏水基团结合。

二硫键不是鸡肉中肌球蛋白成胶的必要条件，但它有助于蛋白质形成凝胶网络。如图 3.38B 所示，在所有浓度下，添加 MRP 均会降低鸡肉肌原纤维蛋白中巯基的含量（$P<0.05$），如 10mg/mL 的 MRP 的加入会使肌原纤维蛋白中巯基含量降低到其初始值的 30.4%。这与之前报道的结果类似（Shults and Wierbicki，2006；Wachirasiri et al.，2016；Careche et al.，1998）。但 MRP 中没有酚类化合物，结合表面疏水性的结果（图 3.39A），推断巯基含量的减少可能是由于 MRP 附着到肌球蛋白头部从而阻止了巯基与 5,5'-二硫代双(2-硝基苯甲酸)（DTNB）的键合。

2）MRP 对鸡肉肌原纤维蛋白溶液凝胶持水性和凝胶强度的调控

持水性是凝胶的基本质量指标（Chen et al.，2014b）。如图 3.40A 所示，添加 MRP 使得鸡肉肌原纤维蛋白凝胶的持水量（WHC）降低，且持水量的降低呈浓度依赖性。以 MRP 添加浓度为 0.5mg/mL 为界，低于这个浓度时，蛋白凝胶的持水性下降，如添加量为 5mg/mL 时，凝胶的持水性下降为原来的 78.3%；然后当添加量为 5～7mg/mL 时，凝胶的持水性却反而增强；但当添加量高于 7mg/mL 时，凝胶的持水性又呈下降趋势。实验结果表明，不同浓度的 MRP 对鸡肉肌原纤维蛋白凝胶的持水性具有不同的影响，这与 MRP 对凝胶的疏水基团的影响结果不完全一致，究其原因，可能是由于凝胶的持水性不仅受疏水性的影响，还受静电力等诸多因素的影响（Abu Zarim et al.，2018）。

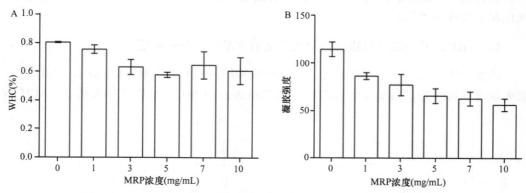

图 3.40　MRP 对鸡肉肌原纤维蛋白溶液凝胶持水性和凝胶强度的影响
A. 对持水性的影响；B. 对凝胶强度的影响

此外，MRP 对肌原纤维蛋白凝胶强度的影响显著，随着加入浓度的增加，凝胶强度呈下降趋势（$P<0.05$，图 3.40B），当 MRP 达到 10mg/mL 时，凝胶的强度降至原来的 49.2%。结合 MRP 对蛋白凝胶疏水基和巯基的影响分析，MRP 对肌原纤维蛋白凝胶强度的影响可能是由改变了蛋白质三维凝胶网络结构造成的。

3）MRP 对鸡肉肌原纤维蛋白溶液凝胶储能模量的影响

储能模量（G_0）值与弹性部分的储能相关，可反映凝胶的强度。而损耗因子（$\tan\delta$）是溶液转变成弹性凝胶的表现，反映的是黏弹性行为（Oh et al.，2017）。实验通常采用 G_0 和 $\tan\delta$ 来表征凝胶的热力学行为。实验所加入的 5 个不同浓度的 MRP 对蛋白凝胶的 G_0 的影响不同（图 3.41A、B）。当温度从 20℃升至 44℃时，各个浓度 MRP 均未改变 G_0 值，说明各个浓度的 MRP 对鸡肉肌原纤维的流动性还没有影响。但当温度在 44~58℃ 时 G_0 值降低，MRP 与对照组之间的 G_0 差值随 MRP 浓度的增加而增加。当 G_0 值在 50℃ 达到峰值时，$\triangle G_0$ 值为最大值。温度在 44~50℃ 范围内的变化可能是由于二硫键的形成及从黏性溶液到弹性网络的转变引起的（Yilmaz and Toledo，2005）。MRP 较低的 G_0 值和巯基含量表明，MRP 可能是通过中断二硫键的形成而降低凝胶强度，这对于形成肌原纤维蛋白的凝胶网络很重要。在 58~70℃ 的温度范围内，用 MRP 处理的样品的 G_0 值仍低于对照，而峰温度基本保持相同水平。但是，在 50~60℃ 范围内，鸡肉盐溶性蛋白并未发生类似情况（Echavarría et al.，2012），这可能是由于蛋白质种类不同所致。在第六个温度范围（70~80℃）中，G_0 值的增加可能是由于形成了更多的永久性和不可逆的肌球蛋白丝或复合物（Kitts et al.，2012）。在此温度范围内，MRP 使 G_0 值降低，这可能是由蛋白质之间的交联减少所致，损害了凝胶基质，形成了粗糙而疏松的凝胶。

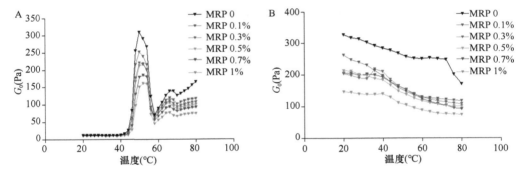

图 3.41　MRP 对鸡肉肌原纤维蛋白溶液凝胶储能模量（G_0）的影响
A. 升温过程；B. 降温过程

如图 3.42 所示，肌原纤维蛋白加热过程中加入 MRP 对其 $\tan\delta$ 没有明显影响。

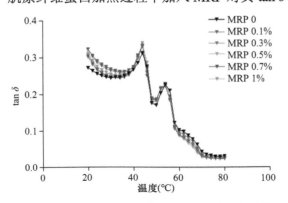

图 3.42　MRP 对鸡肉肌原纤维蛋白溶液凝胶相角值的影响

4）MRP 对鸡肉肌原纤维蛋白溶液凝胶微结构的调控

凝胶网络结构是肌原纤维蛋白凝胶功能特性（如持水性、凝胶强度和动态流变特性）的重要决定因素（Dittrich et al.，2003）。如图 3.43 所示，图 A1、A2 显示了未添加 MRP 的肌原纤维蛋白凝胶构造（Raghavan and Kristinsson，2008）。与其相比，添加 MRP 的凝胶显示了更粗糙的结构（图 B1、B2）。MRP 浓度为 0.3%时，微观结构（图 C1、C2）显示出较大的空洞，而在 0.5%（图 D1、D2）时，鸡肉肌原纤维蛋白溶液凝胶网络结构发生了显著变化，并且凝胶的粗糙度进一步加深。随着 MRP 浓度的增加（图 E1、E2、F1、F2），显微组织中显示出较大的裂缝，三维网络结构变得松散且不规则。凝胶的结构特征通常与它的持水性和凝胶强度等特性紧密相关，具有均匀、连续和多孔结构特征的凝胶能具有更高的持水性和凝胶强度（Xia et al.，2018）。加入 MRP 会造成肌原纤维

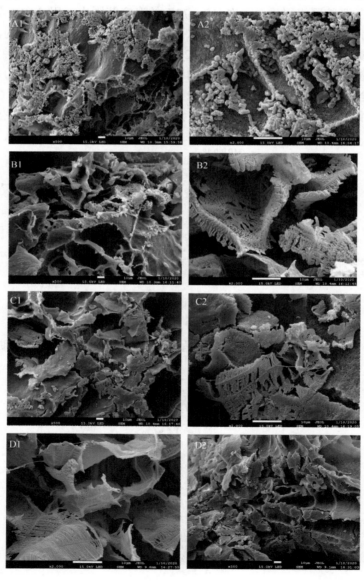

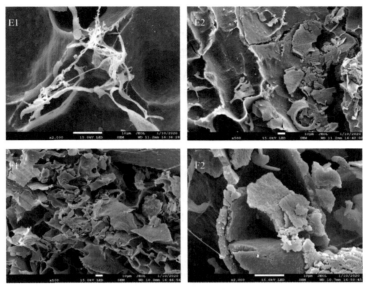

图 3.43　MRP 对鸡肉肌原纤维蛋白溶液凝胶微结构的影响

A～F MRP 浓度分别为 0、0.1%、0.3%、0.5%、0.7%、1%

蛋白凝胶微结构变得粗糙、空腔变大和不连续，其影响程度和浓度呈正相关。MRP 对凝胶微结构的影响与其能降低肌原纤维蛋白持水性和凝胶强度的现象高度吻合。

3.3　脂　　质

油脂是日常膳食中人体的主要能量来源之一，并能提供必需脂肪酸和脂溶性营养素等。在食品工业上，油脂可作为传热介质，也是一种重要的食品原料，赋予人造奶油、蛋黄酱、巧克力、冷冻甜食和烘焙食品等脂肪基食品以独特的质构、风味和口感。天然油脂主要由甘三酯组成（约 98%），还有少量甘一酯、甘二酯、磷脂、糖脂，以及游离脂肪酸、甾醇和其他微量成分（Shahidi，2005）。然而，大多数天然来源的油脂由于特定的脂肪酸和甘三酯组成，在一定程度上限制了其利用价值（Ribeiro et al.，2009）。人乳脂和可可脂具有天然优良的功能性，但是由于受社会和环境因素影响，尚不能满足食品工业对婴幼儿营养食品及巧克力生产的需求。例如，在受生理条件制约或个人选择限制的情况下，通过母乳喂养获得必需的脂质营养难以实现（Faustino et al.，2016）；同样地，天然可可脂的供给和价格受气候条件影响而波动较大（Bahari and Akoh，2018）。随着科学研究的深入和公众健康意识的提高，膳食中过量油脂及饱和脂肪酸、反式脂肪酸摄入引发的心血管疾病、肥胖等问题等日益受到关注（Akoh，2017；Shahidi，2005）。因此，调整脂质的组成和结构，开发具有不同功能和营养的新型结构脂质产品成为亟待解决的问题，也引发了广泛的研究兴趣。

3.3.1　结构脂质简介

3.3.1.1　定义和分类

结构脂质（structured lipid，SL）是指通过脂质改性技术或基因工程手段，调整天然油脂的脂肪酸组成、分布和酰基甘油组成而制得的一类具有特定功能或营养的功能性脂质（Kadhum and Shamma，2017；Osborn and Akoh，2002）。科学界对结构脂质的认识和界定经历了一个发展变化的过程，在早期的研究中结构脂质特指那些脂肪酸组成和（或）位置分布改变的甘三酯（Osborn and Akoh，2002；Shahidi，2005），随着研究和认识的深化，结构脂质的范围逐渐扩大，包括甘一酯、甘二酯及甘油磷脂在内的脂质分子也被纳入结构脂质的范畴（Akoh，2017；Kim and Akoh，2015）。

结构脂质可以按照化学组成和结构特点分为甘油三酯（TAG）、甘油二酯（DAG）和单甘油酯（MAG）等，以甘油分子作为基本骨架、分别与1~3个脂肪酸通过酯基连接而成，而甘油磷脂则是甘油与两个脂肪酸和一个磷脂酸以酯基相连接。对于TAG，在研究中也常常根据其用途（功能和营养）进行分类，如常见的属于TAG的结构脂质包括零反式脂肪酸、类可可脂（CBE）、人乳脂替代脂（HMFS）和中长链甘三酯（MLCT）等。

3.3.1.2 合成方法

（1）化学法。化学法合成SL的步骤为首先将TAG水解获得所需的中链脂肪酸（MCFA）和长链脂肪酸（LCFA），与甘油随机混合后，在碱金属或碱金属烷基化物催化下发生酯化反应。反应一般在高温、无水条件下进行。化学法成本较低，容易实现大规模生产，但反应无特异性，产物随机，不能控制最终产物中脂肪酸的位置分布，还可能生成大量难分离的副产物，增加了后续纯化过程的难度（Akoh，2017；Osborn and Akoh，2002）。

（2）酶法。相比于化学法，酶法催化具有诸多优点，如化学选择性、区域选择性和立体选择性等，而且作用条件温和、环保安全，可催化酯化、水解和酯交换等多种类型的反应（Bornscheuer，2018）。酶法合成SL常用脂肪酶和磷脂酶，脂肪酶根据其位置专一性分为两类：sn-1,3-专一性脂肪酶和非专一性脂肪酶。酶法催化合成SL有酯化、酸解、甘油解和酯交换等多种方法，主要根据产品需求和底物类型进行选择，尤其是固定化酶技术的研究和应用，使采用酶法制备SL前景可期。

（3）酯化法。在酶的催化下，游离脂肪酸与甘油按比例混合后直接酯化合成SL。酯化反应同时也伴随着水解，应及时除去反应中生成的水，以使平衡向有利于酯化的方向进行（Akoh，2017）。

$$R_1-CO-OH+R-OH \rightarrow R_1-CO-OR+H_2O$$

（4）酸解法。酸解法是甘油酯和游离脂肪酸之间交换酰基或自由基的一种酯交换反应，将所需脂肪酸接到甘油骨架上得到目标SL（Akoh，2017）。

$$R_1-CO-OR+R_2-CO-OH \rightarrow R_2-CO-OR+R_1-CO-OH$$

（5）甘油解法。甘油解法利用甘油和甘油酯在酶的催化作用下反应生成SL（Akoh，2017）。

$$R-CO-OR_1+R_2-OH \rightarrow R-CO-OR_2+R_1-OH$$

（6）酯交换法。酯交换反应涉及两类酯之间交换酰基，广泛应用于脂质改性及SL的合成（Akoh，2017）。

$$R_1-CO-OR_2+R_3-CO-OR_4 \rightarrow R_1-CO-OR_4+R_3-CO-OR_2$$

3.3.1.3 固定化酶技术

尽管酶法合成优点众多，但也存在脂肪酶价格昂贵、加工稳定性较差且难以回收利用等问题，在一定程度上限制了其在生产上的应用（Mateo et al.，2007）。而固定化酶技术有助于解决这些问题，目前市场上可见的许多商品化脂肪酶通常以固定化酶的形式应用，如 Lipozyme TLIM、Lipozyme RM IM、Lipozyme 435 和 Novozym 435。固定化酶一般可采用物理吸附、物理包裹、共价键合或化学交联的方式将游离的脂肪酶固定在载体上，具有稳定性强、可连续生产和易回收利用等优点（Facin et al.，2019；Mateo et al.，2007）。物理吸附主要利用范德瓦耳斯力、氢键和疏水作用等弱相互作用力将脂肪酶固定在载体表面；物理包裹是以包裹的方式将脂肪酶限定在载体的内部；化学法固定则是通过脂肪酶（蛋白质）的氨基与载体的功能性基团之间直接形成或通过交联剂形成共价键将脂肪酶固定在载体材料上（Facin et al.，2019；Shuai et al.，2017）。许多研究者致力于构建新型载体，以期提高固定化酶的稳定性和使用效果，用于合成特定功能的结构脂质。本研究团队采用层层自组装技术构建了天然多糖功能化的磁性微球，通过 1-乙基-(3-二甲基氨基丙基)碳酰二亚胺（EDC）和 N-羟基丁二酰亚胺（NHS）反应使脂肪酶上氨基与透明质酸（HA）上羧基交联用于固定脂肪酶，并成功合成人乳脂替代脂 1,3-二油酸-2-棕榈酸甘油三酯（OPO）。固定化酶具有良好的热稳定性和贮藏稳定性，循环使用 9 次后，仍可保持原来 85%的活性（Cai et al.，2019）。

3.3.1.4 基因工程技术

传统育种方法主要利用植物品种的自然多样性（基因突变），将一种植物的优良性状转移到另一种植物中，但是该方法用于改造结构脂质的脂肪酸组成有一定的局限性。随着基因工程技术的发展，已实现将某一种植物中编码脂质合成的基因分离出来，经过修饰或改造后，克隆并转移到另一种植物中，达到特定的油脂改性目的（Zam，2015）。例如，van Erp 等（2019）以拟南芥为模型油料，利用基因工程技术调整 TAG 的代谢途径，成功合成了 HMFS（超过 70%的棕榈酸分布在 sn-2 位）。增加油酸含量，同时降低亚油酸和亚麻酸含量，可改善油脂的氧化稳定性（Wilkes，2008）。在国外市场上高油酸葵花籽油产品（油酸含量 75%～90%）已有销售，在北美地区高油酸菜籽油广泛用于商业煎炸和食品加工（Akoh，2017），国内市场近年来也出现了高油酸花生油（油酸含量≥75%）。采用基因工程手段降低油料中脂肪酸的不饱和度，赋予油脂适当的固体脂肪含量，可替代部分氢化植物油，减少反式脂肪酸的摄入和危害（Akoh，2017）。除了传统的油料作物之外，微生物包括某些真菌、藻类和细菌也引起了研究者的关注，可作为鱼油的替代品提供多不饱和脂肪酸（PUFA），避免鱼油中因重金属富集而产生食品安全隐患（Béligon et al.，2016；Gupta et al.，2012；Sijtsma and de Swaaf，2004）。

3.3.1.5 营养和功能

脂质改性的主要目的在于赋予其一定的营养和（或）功能，一般而言，结构脂质的营养和功能主要是由它的脂肪酸组成（链长、不饱和度和位置分布）和酰基甘油组成决定的，也可能受到加工和贮藏条件的影响。改善结构脂质营养的最简单的方式是引入 PUFA，如 n-3 和 n-6，已有许多关于 n-3 和 n-6 PUFA 生理功能的研究报道（Czernichow et al.，2010；Ma et al.，2016；Monteiro et al.，2014；Nicholson et al.，2013）。由于这类脂肪酸的不饱和度较高、对环境条件十分敏感，在加工和贮藏当中应特别注意避免因发生氧化作用而使其营养价值损失，甚至产生对人体健康有害的物质。对于 MLCT、1,3-DAG 和 HMFS 等结构脂质，其特定的组成、结构和代谢性质决定了它们的营养价值。通过在 TAG 的 sn-1(3)位引入中链脂肪酸（某些研究还同时在 sn-2 位引入 PUFA），可以获得 MLCT，这类结构脂质在消化和代谢过程中释放出中链脂肪酸，其可在胃或小肠中直接被人体吸收，最终被肝脏代谢，能够快速为人体提供能量，适合于烧伤患者和运动员等特殊群体（Abed et al.，2018；He et al.，2018）。研究发现，DAG 尤其是 1,3-DAG 具有降低血清甘三酯、胆固醇水平和抑制肥胖等诸多生理作用（Lee et al.，2019），这同样与其消化代谢性质有关，TAG 在消化时可释放出 sn-1(3)位的两个脂肪酸，同时形成 2-MAG，2-MAG 是人体重新合成 TAG 的主要中间产物，而 1,3-DAG 在消化时无法生成 2-MAG，可以阻断 TAG 的重新合成（Ferreira and Tonetto，2017；Yanai et al.，2007）。以人乳脂的脂肪酸组成和结构特点为标准，可以合成 HMFS，在婴幼儿配方奶粉中具有广泛的应用。OPO 是最为常见的 HMFS，也是母乳中甘三酯的主要存在形式，由于棕榈酸可在人体内与钙离子结合形成不溶性的钙盐，而 OPO 的棕榈酸主要分布在 sn-2 位、油酸分布在 sn-1(3)位，这样的结构特征可以避免在消化过程形成钙盐，从而促进人体对棕榈酸和钙离子的吸收（Şahin-Yeşilçubuk and Akoh，2017）。

对于零反式脂肪酸和类可可脂，在合成和应用时主要关注它们的功能性（如固体脂肪含量、结晶和熔化行为及流变性质）。零反式脂肪酸主要用于替代氢化植物油和动物脂肪，而类可可脂则旨在为巧克力生产提供稳定价廉的原料。氢化植物油的开发和利用已有 100 多年的历史，曾广泛用于加工人造奶油和起酥油，但是氢化过程中产生的反式脂肪酸会引发心血管疾病等健康问题，许多国家和地区都开始限制食品中反式脂肪的含量。动物脂肪虽然功能性良好，但是饱和酸含量过高而且含有胆固醇，同样对人体健康不利，而零反式脂肪酸则能克服上述不足。氢化植物油和动物脂肪因具有特定的脂肪酸和甘三酯组成，在结晶过程中倾向于形成细小的 β' 晶型，可赋予食品细腻爽滑的质构和口感，其特殊的固体脂肪含量-温度（SFC-T）变化曲线使产品在冷藏温度（约 4℃）和室温下保持固态而不会渗油，并且在 25℃ 时容易铺展、便于加工。天然可可脂的结构特征在于油酸主要分布在 sn-2 位，而长链饱和脂肪酸（如棕榈酸和硬脂酸）主要分布在 sn-1(3)位，其甘三酯组成和含量满足棕榈酸-油酸-棕榈酸型甘油三酯（POP）（13.6%～15.5%）、棕榈酸-油酸-硬脂酸型甘油三酯（POS）（33.7%～40.5%）和硬脂酸-油酸-硬脂酸型甘油三酯（SOS）（23.8%～31.2%），这有助于形成 β 晶型，使巧克力在室温下呈固态而在接近人的体温时快速熔化，赋予凉爽的口感，而且稳定的 β 晶体可避免巧克力在贮藏过程中出现"起霜"现象。因此，为了获得类似于氢化植物油或动物脂肪及天然可可脂的功能性，在开发零反式脂肪酸和类可可脂时，往往需要控制原料的组成、合成方法和加工条件，此内容将在"3.3.3.1 结晶和熔化行为"中作详细介绍。

3.3.2 结构脂质的多尺度结构

3.3.2.1 结构脂质的分子结构

结构脂质的分子结构可理解为在单分子水平上脂质分子的化学组成和结构特点。如上所述，不同类型的结构脂质如 TAG、DAG、MAG 和甘油磷脂均是以甘油作为分子骨架，以酯基的形式连接 1～3 个脂肪酸或 2 个脂肪酸和 1 个磷脂酸。脂肪酸根据链长分为短链脂肪酸（short chain fatty acid，SCFA）、中链脂肪酸（medium chain fatty acid，MCFA）、长链脂肪酸（long chain fatty acid，LCFA），而 LCFA 又可分为长链饱和脂肪酸（LCSFA）和长链不饱和脂肪酸（LCUFA）。根据第一个双键距离甲基端碳原子数的不同，不饱和脂肪酸可分为：n-3、n-6 和 n-9 脂肪酸（Akoh，2017）。只有一个双键的称为单不饱和脂肪酸，如油酸（18:1 n-9）；而含有一个以上双键的称为多不饱和脂肪酸。最典型的多不饱和脂肪酸是必需脂肪酸，如亚油酸（18:2 n-6）、亚麻酸（18:3 n-3）、二十二碳六烯酸（DHA）（22:6 n-3）和二十碳五烯酸（EPA）（20:5 n-3）等，必需脂肪酸是一类人体不能合成而必须从膳食中获取的脂肪酸（Shahidi，2005）。不同类型脂肪酸的组成、来源和主要特征如表 3.34 所示。从理论上讲，通过改变脂肪酸的组成及其在甘油骨架上的位置分布（sn-1,2,3 位），有望获得具有各种化学组成和结构的脂质分子。但实际上，天然油脂往往具有特定的脂肪酸组成，而且脂肪酸的分布具有区域选择性，如乳脂的丁酸大多分布在 sn-3 位，可可脂中的油酸主要分布在 sn-2 位。相比之下，结构脂质可以更加灵活地改变其分子中脂肪酸的组成和位置分布，但这种灵活性也是有一定限度的，因为结构脂质的合成往往具有特定的营养和（或）功能上的考量。

表 3.34　不同类型脂肪酸的组成、来源及其主要特征

脂肪酸类型	碳原子数	分类	主要油脂来源	举例
SCFA	2～6	—	牛乳脂、棕榈仁油、椰子油	丁酸（C4:0） 己酸（C6:0）
MCFA	6～12	—	椰子油、棕榈仁油、牛乳脂	辛酸（C8:0） 癸酸（C10:0） 月桂酸（C12:0）
LCFA	12～24	ω-3	大豆油、亚麻籽油、鱼油	亚麻酸（C18:3） EPA（C20:5） DHA（C22:6）
		ω-6	大多数植物油（除椰子油、可可脂和棕榈仁油外）	亚油酸（C18:2） 花生四烯酸（C20:4）
		ω-9	橄榄油、花生油、菜籽油和高油酸葵花籽油	油酸（C18:1）
		LCSFA	—	硬脂酸（C18:0）

3.3.2.2 结构脂质的聚集态结构

脂质是一类由不同种类的脂肪酸和甘油酯组成的混合物。对于同种类型的酰基甘油如 TAG 而言，含有长链和（或）饱和脂肪酸的 TAG 通常比那些含有短链和（或）不饱

和脂肪酸的 TAG 具有更高的熔点。在日常生活中，油（oil）和脂（fat）常混为一谈，实际上两者是有区别的，一般来说在室温下呈液态的称为油，而呈固态的称为脂，许多结构脂质如零反式脂肪酸和类可可脂在室温下也呈固态。某一种脂质在给定温度下到底呈现固态还是液态，与脂质的结晶行为及相应的脂质分子的聚集状态有关，在一定温度下呈现固态的脂质实际上是一种通过脂肪结晶包含液态油而形成的网络结构（Acevedo and Marangoni，2015）。许多研究均证实，在脂肪结晶网络中存在自下而上 4 个层次的结构实体，分别是 TAG 分子、层状结构（lamellae）、结晶纳米片（nanoplatelet）和晶体团簇（crystal cluster/aggregate）（Marangoni et al.，2012）。

脂质的结晶过程可分为 4 个阶段：热力学驱动力的发生、成核、晶体生长和重结晶（Hartel，2013），其中成核过程起到主导作用。在晶体成核时，TAG 分子可能采取"音叉式"（tuning fork）或"椅式"（chair）两种构象，分子之间通过"背对背"（back-to-back）或"座对座"（seat-to-seat）的方式相互堆叠形成层状结构；若干层状结构进而通过外延排列形成结晶纳米片（约 100nm），Marangoni 团队首次分离出这一结构实体并采用冷冻透射电镜观察其微观结构，提出结晶纳米片是形成脂肪结晶网络的最小结构单元；结晶纳米薄片之间通过范德瓦耳斯力形成介观尺度的晶体团簇（1~200μm），其形貌特征可通过偏光显微镜观察，可形成球晶、针状晶体、微米薄片和无序团簇等多种形貌；这些晶体团簇进一步发生相互作用（范德瓦耳斯力）形成最终的脂肪结晶网络（Acevedo and Marangoni，2015；Marangoni et al.，2012）。这些结构层次的共同作用决定了脂质的宏观物理性质和功能，而且不同结构层次也会受到外加温度场和流场的影响。

3.3.3 结构脂质的品质功能及其调控机制

3.3.3.1 结晶和熔化行为

如上所述，当油脂在特定温度下冷却时，高熔点组分先于低熔点组分发生结晶，采取一定的结构组织状态，最终形成多尺度的结晶结构（Acevedo and Marangoni，2015；Marangoni et al.，2012）。一旦形成结晶结构，研究其熔化行为同等重要，油脂的结晶和熔化性质共同对脂肪基食品的物理性质产生重要影响。许多表征技术如 DSC、XRD 和偏光显微镜等均可用于脂肪的结晶和熔化行为的研究。

油脂主要有三种多晶型：α 型、β 型和 β' 型，其稳定性和熔点大小为：$\beta > \beta' > \alpha$。表 3.35 总结了它们主要物理性质的差异（Wagh and Martini，2017）。巧克力中可可脂最稳定的晶型是 β 型，若存在不稳定的 β' 型会导致表面起霜，晶体熔化时还能带来冰凉口感。在生产类可可脂时，主要以天然可可脂作为参照，期望获得理想的 β 晶型，可赋予产品特定的光泽、口感和风味释放功能。许多木本油脂包括棕榈仁油（palm kernel oil，主产于东南亚）、芒果仁油（mango seed kernel fat，全球分布）、烛果油（kokum butter，主产于东南亚）、娑罗双树脂（sal fat，主产于东南亚）、乳木果油（shea butter，主产于西非）和雾冰草脂（illipe fat，主产于东南亚），由于具有与可可脂相似的脂肪酸和甘三酯组成，可通过共混或改性的方式进行加工用作类可可脂，具有较大的开发和应用前景（Jahurul et al.，2013；金俊等，2017）。例如，Bahari 和 Akoh（2018）通过雾冰草脂与棕榈中间馏分（palm midfraction，PMF）（10∶3，*W/W*）酶法反应制得酯交换产物（interesterification product，IP）以期替代可可脂（cocoa butter，CB）。结果表明，IP 与 CB 具有相似的甘三酯组成和颗粒状球形晶体，IP 的熔化起始温度（32.7℃）与 CB（30.9℃）接近，主要晶型为 *β* 型，可用作类可可脂。而生产人造奶油和起酥油的理想晶型是 *β′* 型，可赋予产品细腻均匀的组织结构。一般而言，脂肪酸和甘三酯组成越多样，越有利于形成 *β′* 晶型（Pande and Akoh，2013；Ribeiro et al.，2009）。研究发现，通过酯交换技术处理后，反应产物当中甘三酯的种类多于其起始原料和物理共混物（Xu et al.，2018）。Li 等（2018）通过大豆油与全部氢化棕榈油酯交换反应制得零/低反式脂肪结构脂质，其熔化曲线的变化趋势与牛脂相似，新吸热峰的产生表明生成新的甘三酯类型，其结晶温度（29.8℃）低于牛脂（36.4℃），多晶型以 *β′* 型为主，晶体呈扁平状、尺寸小（10～25μm）而密实，可替代牛脂用于生产人造奶油。

表 3.35　不同多晶型的主要特征

多晶型	晶胞	稳定性	密度	熔点	X 射线衍射间距（Å）
α 型	六方晶系	弱	低	低	4.15
β′ 型	正交晶系	居中	居中	居中	3.8 或 4.2
β 型	三斜晶系	强	高	高	4.6

　　MAG 有两种异构体：1-MAG 和 2-MAG，在室温下达到平衡状态时，它们的比例为 95∶5（Krog and Sparsø，2003）。Vereecken 等（2009）利用 DSC 和 XRD 研究了不同链长的饱和、不饱和 MAG 及其两种异构体的结晶和熔化行为。较纯的饱和 MAG（MAG≥99%，包含 1-MAG 和 2-MAG）存在三种多晶型：*β* 型、*α* 型和 sub-*α* 型，它们的熔点依次降低。具有较高链长的饱和 MAG 样品（C18:0、C20:0 和 C22:0），还会观察到第二种 sub-*α* 晶型。随着链长的增加，饱和 MAG 样品的结晶和熔化温度总体上也呈增大趋势。Verstringe 等（2013，2014）后续的一系列研究均观察到相似的实验结果。当单棕榈酸甘油酯与单硬脂酸甘油酯混合时，较之其单一组分，混合物的 *α* 多晶型的结晶及 *α* 到 sub-*α* 多晶型转变均需在更低的温度下才能发生，而且虽有单硬脂酸甘油酯（C18:0）的存在，混合样品仅有一种 sub-*α* 多晶型，这可能是由不同种类 MAG 分子之间的不兼容造成的（Verstringe et al.，2014）。Krog（2001）报道了类似的现象，他也发现 MAG 的混合物比单独的组分具有更低的结晶和熔化温度及更为简单的多晶型。由于 MAG 含有 1-MAG 和 2-MAG 两种异构体，研究这两种异构体的结晶和熔化行为，对于解释由它们组成的 MAG 的总体具有重要的意义。以 1-单硬脂酸甘油酯和 2-单硬脂酸甘油酯为例，研究发现，1-MAG 与上述较纯的饱和 MAG 样品具有相同的结晶和熔化行为，可能是因 1-MAG 是 MAG 样品中的主要组分，而 2-MAG 与之完全不同，表现为更快的结晶速率并且仅存在一种稳定的 *β* 多晶型（Vereecken et al.，2009）。相比之下，不饱和 MAG 的结晶和熔化行为没有饱和 MAG 复杂，不饱和样品的结晶和熔化曲线上均只有一个吸收峰，XRD 结果显示它属于 *β* 多晶型（Vereecken et al.，2009）。然而，有研究发现不饱和 MAG 不止有一种多晶型（Hagemann，1988），因此还有待进一步开展研究，才能获得更为确切的结论。对于不饱和 MAG，当链长一定时，链的不饱和程度

的增加，如单油酸甘油酯（C18:1）、单亚油酸甘油酸（C18:2）和单亚麻酸甘油酯（C18:3）会导致结晶和熔化温度的降低（Vereecken et al.，2009）。近来，He 等（2017）以鱼油为原料，制备出具有不同含量 n-3 PUFA 的 MAG，他们也发现随着 n-3 PUFA 含量的增加，结晶温度会逐渐降低。

同样，DAG 也存在两种异构体：1,3-DAG 和 1,2-DAG，其中 1,3-DAG 是主要的组分（Lo et al.，2008）。当脂肪酸组成相同时，较之 1,2-DAG，1,3-DAG 的结晶速率更快，获得晶体的熔点更高，这可能是由它们不同的层状构象（lamellar conformation）造成的，1,3-DAG 形成 V 形结构，而 1,2-DAG 形成发夹状结构（Lo et al.，2008）。对于构象相同的 DAG，其熔点随着脂肪酸饱和度的增加而增大，Xu 和 Cao（2017）发现纯的 1,3-二油酸甘油酯、1-棕榈酸-2-油酸和 1,3-二棕榈酸甘油酯的熔点分别为 26.33℃、43.63℃和 69.70℃。在 Saitou 等（2012）的研究中，他们先制备菜籽油的甘二酯油（DAG：85%），然后在低温（3℃）冷却结晶，发现所获得的晶体主要由 1,3-DAG 组成，不同 1,3-DAG 组分的结晶顺序为：含两个饱和脂肪酸的 DAG 分子先结晶，然后依次是分别含有一个饱和及不饱和脂肪酸的 DAG 和含两个不饱和脂肪酸的 DAG。另据报道，1,3-DAG 倾向于形成 β 多晶型，而 1,2-DAG 通常形成 α 和 β' 多晶型（Craven and Lencki，2011；Saitou et al.，2012；Xu and Cao，2017）。例如，在棕榈基甘二酯油中，DAG 的含量在 87.43%～92.61%，其中 1,3-DAG 和 1,2-DAG 的比例在 7：4.2 到 7：2.1，XRD 结果表明，所有的甘二酯油主要含有 β 多晶型（78.58%～94.53%），仅有少量的 β' 多晶型（5.47%～22.42%）（Xu et al.，2016）。由于 1,3-DAG 是 DAG 的主要组分，当 TAG 油中存在 DAG 或 DAG 的含量增加时，会带来结晶产物中 β 晶体含量的增加（Miklos et al.，2013；Saberi et al.，2011；Zhao et al.，2018）。

通过改变加工条件比如过冷程度、冷却速率、外力和使用添加剂等，可调整结构脂质的结晶和熔化行为。总体上，较高的过冷程度、较快的冷却速率和施加外力均有助于形成细小晶体（Akoh，2017；Shahidi，2005）。结晶温度决定了过冷程度，是结晶过程的驱动力之一（Metin and Hartel，2005）。Xu 等（2016）研究发现，降低结晶温度（由 25℃下降至 10℃）可加快棕榈基油脂及其甘二酯油的结晶速率，并且增大它们在结晶平衡时的固体脂肪含量。在速冻专用脂的研究中也观察到了类似的现象（Zhu et al.，2019）。在结晶过程中，较低的冷却速率意味着脂质分子有更充分的时间来调整其聚集状态，从而形成更稳定的多晶型（Metin and Hartel，2005）。例如，在含有 DAG 和 TAG 的杂化体系中，与快速冷却相比（25℃/min），慢速冷却（2℃/min）获得的样品具有更高的结晶焓，而且在后续的等温结晶过程中可转化成更稳定的晶体结构（Tavernier et al.，2019b）。施加剪切也会对脂肪结晶产生重要影响，主要通过加速油脂分子成核、生长及诱导脂肪晶体网络的取向来实现（Tran and Rousseau，2016）。研究发现，其他的加工技术如高强度超声（Kadamne et al.，2017；Povey，2017；Wagh et al.，2016）和高压处理（Zulkurnain et al.，2016）也能影响脂肪的结晶行为和物理性质，但是还需要更深入的研究来支撑它们在生产中的实际应用。向结构脂质中添加小分子微量成分也可用于改变其结晶行为。例如，甘二酯油在储存过程中通常会发生"浑浊"（clouding）现象，这主要是由高熔点的 DAG 组分结晶引起的（Saitou et al.，2014）。这一问题可通过添加聚甘油脂肪酸酯（PGFE）加以解决，主要在于 PGFE 可与 DAG 组分形成一种液晶状的超分子复合结构（Saitou et al.，2014，2017）。其他微量成分包括甾醇酯（Daels et al.，2017）、山嵛酸蔗糖酯（Domingues et al.，2016）、卵磷脂（Rigolle et al.，2015）和食糖（West and Rousseau，2017），也具有调节油脂结晶和熔化行为的作用。除此之外，当 MAG 和 DAG 作为微量成分添加到 TAG 体系时，可对体系的结晶和熔化行为产生较为复杂的促进或抑制作用，取决于小分子的种类、添加量及油脂的种类（Alfutimie et al.，2016；da Silva et al.，2017a，2017b；Tavernier et al.，2019a）

3.3.3.2 流变性质

一些结构脂质（如代可可脂和零反式脂肪酸）在室温下呈固态，它们实际上是由液态油脂分布在固态脂肪晶体三维网络中而形成的混合物（Acevedo and Marangoni，2015；Acevedo et al.，2011）。这些脂肪结晶网络的机械性质主要由脂肪晶体的数量、尺寸、形状及它们的结构组织状态共同决定，并进一步影响脂肪基食品的质构特性（Gonzalez-Gutierrez and Scanlon，2018）。振荡剪切流变学在表征脂肪结晶网络的机械性质及研究脂肪体系的结构-功能关系中应用十分广泛。根据所施加的应力或应变幅度的大小，脂肪体系可分为小振幅剪切振荡流变（SAOS）和大振幅剪切振荡流变（LAOS）（Gonzalez-Gutierrez and Scanlon，2018；Rigolle et al.，2018）。典型的振荡流变测试主要通过向待测样品施加一个正弦变化的应力（或应变），然后测定相应的应变（或应力），根据获得的应力-应变曲线计算出不同的流变学参数，如复合模量（G^*）、相角（δ）、储能模量（G'）、损耗模量（G''）和屈服应力（σ_γ）等（Rao，2007）。

SAOS 测试需要保证样品处在线性黏弹区（LVR），此时样品形变可逆且 G' 和 G'' 的变化与给定温度和频率条件下所施加的应力或应变的大小无关。对于脂肪体系而言，由于维持脂肪晶体网络的作用力主要是很弱的范德瓦耳斯力，所以在进行 SAOS 测试时施加的应变非常小，通常在 0.01%～0.1%（Macias-Rodriguez and Marangoni，2018）。一般而言，在线性黏弹区时，脂肪表现出黏弹性固体的行为，具有较高的 G'（$10^5 \sim 10^6$Pa）和较弱的频率依赖性（Macias-Rodriguez and Marangoni，2018）。SAOS 可用于监控结构脂质及结构脂质基食品的结晶过程，并可评价所形成结晶网络的机械性质。Xu 等（2016）通过测定 25℃等温结晶条件下 G^* 随时间的变化，发现棕榈来源制备的甘二酯油（PMF-DAG、PO-DAG）较之相应的甘三酯油（PMF、PO）具有更快的结晶速率。当达到结晶平衡状态时，PMF-DAG 和 PO-DAG 的 G^* 值分别高于 PMF 和棕榈油（PO），表明甘二酯油形成更强的网络结构。Saghafi 等（2018）以棕榈油硬脂和菜籽油为原料通过酯交换技术制备塑性脂肪，用于生产零反式酸蛋糕用起酥油 ZTC，并与两种商业起酥油（CM101 和 CM102）进行了对比。频率扫描（0.1～20Hz）结果显示，所有样品均能形成类固态的结晶网络，表现为 G' 大于 G'' 且频率依赖性较弱，但 ZTC 的 G' 值小于 CM101 和 CM102。从温度扫描测试（5～60℃）可以看出，随着温度的升高，起酥油可发生类固态到类液态的相转变（$G'=G''$/tan δ=1），而且 ZTC 的转变温度（47℃）分别低于 CM101（55℃）和 CM102（48℃），这可能是因为 ZTC 中固体脂肪酸的含量较低（Saghafi et al.，2018）。

SAOS 也是研究结晶脂肪网络的结构-功能关系的有力工具，一些流变物理模型可用于定量描述脂肪体系线性黏弹性与其微结构的关系，尤以分形模型最为常用（Tang and Marangoni，2007；Macias-Rodriguez and Marangoni，2018）。分形模型假定，脂肪晶体网络由脂肪分子自组装形成的分形絮凝体或聚集体所构成，根据这一假定，得出体系的储能模量（G'）与体积分数（Φ）呈幂律关系：

$$G' \approx \Phi^{[(d+x)/(d-D)]} \quad \Phi < 0.1 \tag{3.3}$$

$$G' \approx \Phi^{[1/(d-D)]} \quad \Phi > 0.1 \tag{3.4}$$

式中，d 为嵌入空间的欧式维数（数值通常为 3）；x 是主干分形维数（数值在 1～1.3）；D 为分形维数，与网络的空间分布、紧凑程度和形貌有关，也用于解释网络的聚集机制。然而需要指出的是，在包含结构脂质的脂肪体系中，应用分形模型的研究还非常少，在后续的研究中需加以重视，这对于深入理解和阐明结构脂质形成的物理网络体系的结构-功能关系具有重要意义。

相比之下，LAOS 主要用于研究脂肪体系的非线性黏弹性，对于脂肪基产品的加工和应用具有重要的指导意义，如起酥油的挤出和黄油的涂抹均与此有关（Macias-Rodriguez and Marangoni，2018；Rodriguez，2019）。当施加的应力超过屈服应力时，由于脂肪晶体之间的弱相互作用被破坏，可发生塑性流动；一旦将施加的应力去除，脂肪晶体便可重新组织，恢复其网络结构（Gonzalez-Gutierrez and Scanlon，2018）。与 SAOS 类似，LAOS 在结构脂质体系当中的研究和应用同样匮乏，传统上主要利用质构仪的压缩模式来获得脂肪体系在大形变下的流变学行为，可以得到样品的"硬度"信息（Saghafi et al.，2018；Tavernier et al.，2019b）。可喜的是，通过 LAOS 来充分理解脂肪体系的非线性流变学行为逐渐引起研究者的关注，对于指导新型结构脂质产品的实际应用具有重要价值。

3.3.3.3 乳化性和乳液稳定性

乳液是一种多相、多组分的热力学不兼容的复杂体系，通常包含两种互不相容的液体（如油和水），其中一相以球形液滴的形式分散在另外一相，在乳化剂的作用下，可在一定时间尺度之内表现出动力学的稳定性。根据油相和水相的空间位置分布，乳液主要分为两大类：水包油乳液（oil-in-water，O/W）和油包水乳液（water-in-oil，W/O）。许多天然食品和加工食品均以乳液形式存在，如牛奶、蛋黄酱等属于 O/W 型乳液，而人造奶油、黄油等属于 W/O 型乳液。乳液的物理稳定性是乳液研究当中的热点问题，一般而言，乳液的稳定性与乳化剂的类型和用量、形成的界面膜的性质（如厚度、密度和黏弹性）及油相的组成密切相关，也受到许多加工条件（如温度、pH、离子强度和外力）的影响（Berton-Carabin et al.，2018）。鉴于乳化剂的类型和用量及不同加工条件对乳液稳定性的影响，已有诸多的研究和报道，对其认识也比较全面深入，这一部分重点关注油相组成（如结构脂质作为油相）对乳液物理稳定性的影响及界面黏弹性与乳液稳定性的关系。此外，乳液的化学稳定性，尤其是乳液中脂质的氧化稳定性会对食品的品质和安全产生重要影响，也日益受到关注。

由于 DAG（特别是 1,3-DAG）具有降低血清甘三酯/胆固醇水平、抑制肥胖和调节葡萄糖代谢等诸多生理作用（Lee et al.，2019），在制备乳液中可将 TAG 全部或部分用

DAG 替代来改善其营养价值和功能。相比于 TAG，DAG 分子中由于同时含有亲水的羟基和疏水的脂肪酸链，而表现出一定的表面活性（Cheong et al.，2012）。例如，添加 DAG 到 TAG 中可降低 TAG 的界面张力（图 3.44A）（Chen et al.，2014a；Shimada and Ohashi，2003）。已有研究证实，改变油相组成可显著影响乳化剂的吸附行为、形成的界面膜的黏弹性及乳液的稳定性（Bergfreund et al.，2018；Zare et al.，2016；Zhai et al.，2011）。Long 等（2015）分别以花生油（PO）及其甘二酯油（PO-DAG，纯度 95.95%）为内相构造，由酪蛋白酸钠作为乳化剂稳定的 O/W 型乳液。界面张力测试结果显示，PO/水界面具有较高的界面张力并随着时间延长而逐渐降低，相比之下，PO-DAG/水界面的初始界面张力更低而且几乎保持稳定。而当蛋白质乳化剂达到吸附平衡时，PO/水界面的界面张力略微低于 PO-DAG/水界面（图 3.44B）。Sakuno 等（2008）在比较 β-乳球蛋白在 DAG/水界面和 TAG/水界面的吸附行为和结构变化时也观察到了相似的实验现象，他们发现蛋白质在 TAG/水界面的吸附浓度更高并且结构展开的程度更大。Bergfreund 等（2018）利用模型 O/W 型乳液开展了更进一步的研究，结果表明随着油脂极性增加，蛋白质在界面的吸附和变性会延缓，界面膜的形成速度减慢且机械强度降低。这一研究结果在很大程度上解释了上述以 DAG 替代 TAG 作为油相对乳化剂界面吸附行为的影响（图 3.44C）。

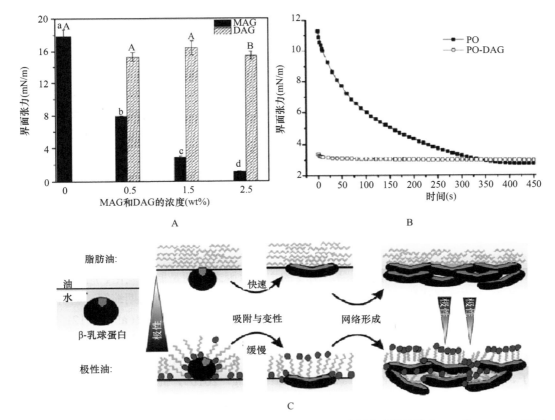

图 3.44　添加 DAG 对 TAG 的界面张力影响（A）；1%（W/W）酪蛋白酸钠溶液在 PO 或 PO-DAG 存在下界面张力随时间的变化（B）；模型体系中油相极性对 β-乳球蛋白吸附和界面膜结构影响的示意图（C）

界面膜的黏弹性与乳液稳定性的关系，一直是乳液物理稳定性研究中极具挑战性的问题。以多糖大分子乳化剂稳定的 O/W 型乳液为例，由于多糖来源、种类、组成及结构的复杂性和多样性，形成的界面膜的结构和性质（如厚度、密度和界面黏弹性）也不尽相同，并且具有时间依赖性，进而对乳液的稳定性产生复杂影响。除此之外，由于测量技术的局限性，精确、原位表征乳液中界面膜的厚度、密度和黏弹性也有诸多困难。界面剪切和膨胀流变技术在一定程度上可以反映乳化剂的界面吸附行为、界面膜的形成过程和黏弹性，而石英微晶天平技术的发展也使得测定乳化剂的吸附量、吸附层厚度和吸附层的黏弹性成为可能。本研究团队以 4 种典型的多糖乳化剂包括玉米纤维胶（CFG）、辛烯基琥珀酸酐改性淀粉（OSA-s）、阿拉伯胶（GA）和大豆可溶性多糖（SSPS）构造的 O/W 型乳液作为模型体系，借助界面剪切流变技术系统比较了这 4 种多糖在柠檬烯-水界面的吸附行为和形成界面膜的黏弹性，并且初步分析了界面黏弹性与乳液宏观稳定性的关系（Jin et al.，2017）。结果表明，虽然这 4 种多糖均可有效稳定乳液，但它们形成的界面膜的性质却有显著不同。CFG 和 OSA-s 在油水界面形成黏性膜，而 GA 和 SSPS 则形成弹性和类固态的界面膜。在相同的乳化剂浓度下（5%，W/W），4 种界面膜强度的大小（用复合模量 G^* 表示）顺序为：SSPS＞GA＞CFG＞OSA-s，而相应的乳液稳定性大小则为：SSPS＞CFG＞GA≈OSA-s。最近，本研究团队合成了一系列不同取代度的辛烯基琥珀酸酐改性的玉米纤维胶（OSA-CFG）作为乳化剂来稳定 O/W 型乳液，首次采用以界面剪切流变和石英微晶天平技术相结合的方式对多糖乳化剂的界面吸附量、吸附厚度和界面黏弹性进行定量表征和系统研究，通过改变多糖的取代度调整界面膜的黏弹性，以期进一步揭示界面黏弹性与乳液稳定性的关系。结果发现，与未改性 CFG 相比，OSA-CFG 可形成更厚的界面膜且具有更高的弹性和黏度，制备的乳液表现出更强的稳定性。除了取代度最高的样品，其他 OSA-CFG 微观的界面黏弹性与宏观的乳液稳定性相一致，即可通过增加界面膜的厚度和强度来增强乳液的稳定性。而最高取代度样品的例外在于，在给定的多糖浓度下，可能发生了排空絮凝作用，这也表明在研究界面黏弹性与乳液稳定性关系时多糖浓度的选择至关重要，建议选择合适的多糖浓度以避免排空絮凝现象的发生。

3.3.3.4　氧化稳定性

在脂肪基食品中，引起食品品质劣变的主要原因之一便是脂肪氧化。脂肪氧化可形成自由基、氢过氧化物及其降解产物、聚合物等，导致食品的货架期缩短、营养损失，也会产生不良的风味，甚至对人体健康有害的物质（Arab-Tehrany et al.，2012；Shahidi and Zhong，2010）。许多内源和外源因素均会对脂质的氧化稳定性产生重要影响，包括脂肪酸组成（不饱和度和位置分布）、微量成分（如游离脂肪酸、MAG 和 DAG）、金属离子、光、热、酶和抗氧化剂等（Shahidi and Zhong，2010），此外脂质的物理存在状态也会影响其氧化稳定性（Berton-Carabin et al.，2014；Decker et al.，2017；Villeneuve et al.，2018；Waraho et al.，2011）。就结构脂质而言，由于其脂肪酸组成、位置分布及酰基甘油组成（如 DAG）可能发生变化，而且其制备过程涉及额外的加工和纯化处理工艺，这些因素均会引起结构脂质氧化稳定性的变化。因此，在一种新型结构脂质合成并应用于食品工业之前，有必要系统评价其氧化稳定性。

一般而言，脂肪酸的不饱和程度越高，氧化稳定性越差。在结构脂质合成中，常常通过引入 PUFA 来提高其营养价值，但是这种类型的脂肪酸由于不饱和度较高，很容易被氧化。相比之下，降低不饱和度则有利于增强氧化稳定性。许多高油酸品种的植物油，均表现出比普通品种更强的氧化稳定性，如高油酸的花生油（Martín et al.，2018；Nepote et al.，2009）、葵花籽油（Roman et al.，2013；Smith et al.，2007）、菜籽油（Merrill et al.，2008；Petersen et al.，2012）和大豆油（Napolitano et al.，2018）。脂肪酸在甘油骨架上的位置分布也会影响其氧化稳定性。Wijesundera 团队的一系列研究工作发现，不管是对于单一的油脂，还是在吐温 40 稳定的 O/W 型乳液中，当 PUFA 分布在 sn-2 位时，油脂的抗氧化能力均强于 PUFA 分布在 sn-1 或 3 位时（Wijesundera，2008；Wijesundera et al.，2008）。他们建议通过改变油脂的种类或乳化剂的类型进行后续深入的研究，以检验这一现象是否具有普适性，并且阐明其作用机制（Shen and Wijesundera，2009）。

对于 MAG-DAG，由于其酰基甘油组成发生改变，也可能导致氧化稳定性的变化。前人在比较甘二酯油与其相应的甘三酯油的氧化稳定性时，得出了相互矛盾的实验结果，有的研究者发现甘二酯油的氧化稳定性降低（Kristensen et al.，2006；Qi et al.，2015；Wang et al.，2010），也有人发现甘二酯油的氧化稳定性与其甘三酯油接近甚至有所增加（Shimizu et al.，2004）。鉴于影响脂质氧化稳定性的因素众多，出现这样的结果并不足为奇。例如，Wang 等（2010）的研究表明，与甘三酯油相比，甘二酯油的氧化诱导时间较短，更容易发生氧化。在这一研究中，甘二酯油是以甘三酯油为原料、通过部分水解法制备并采用两步分子蒸馏法纯化而获得的，作者对比分析了两种油脂的化学组成变化（即酰基甘油组成、脂肪酸组成和抗氧化剂含量），认为甘二酯油氧化稳定性的降低是多种因素造成的，包括 DAG 分子的空间位阻较小、不饱和程度较高及纯化时高温加工的不利影响（Wang et al.，2010）。由此可以看出，当研究某一种因素（如酰基甘油组成）的影响时，应当尽可能地将其他影响因素保持一致。Qi 等（2015）在其研究中便考虑到了这个方面，他们用柱色谱分离技术获得纯化的 DAG 和 TAG 样品，分别研究其氧化稳定性，可以排除某些杂质因素（如抗氧化剂含量），对于阐明酰基甘油组成对氧化稳定性的影响前进了一步，但这一结果还受到脂肪酸组成的影响。因此，建议后续的研究可采用单一脂肪酸组成的模型体系，除酰基甘油组成之外，其他条件均可保持一致，这样才能得到更加确切的结论。

某些结构脂质如甘二酯（Diao et al.，2016；Long et al.，2015；Shin et al.，2016）和人乳脂替代脂（Sproston and Akoh，2016；Zou and Akoh，2015a，2015b）常作为油相用于制备 O/W 型乳液。相比于单一的体相油，在 O/W 型乳液中存在三个物理区域，即油相、界面和水相，这使得乳液中油脂的氧化行为更加复杂。鉴于已有许多高质量的综述围绕这三个物理区域对油脂氧化稳定性影响的理论基础进行了系统总结（Berton-Carabin et al.，2014；Decker et al.，2017；Villeneuve et al.，2018），这里不再赘述，而重点关注 O/W 型乳液体系中脂质氧化控制技术的最新研究进展，包括强化界面层、抑制促氧化因素（如水相金属离子和氧气）和添加界面抗氧化剂。生物聚合物乳化剂形成的界面膜可作为一层物理屏障，隔绝水中的氧气和促氧化剂（Berton-Carabin et al.，

2014）。研究发现，通过高压均质或转谷氨酰胺酶（TG）处理（Phoon et al.，2014）及形成多层膜（Hermund et al.，2016；Lesmes et al.，2010）等手段均可强化界面膜的强度，进而改善乳液的氧化稳定性。除此之外，还能通过控制水相中的金属离子和氧气来抑制脂质氧化。乙二胺四乙酸（EDTA）作为一种经典的金属螯合剂，广泛用于改善油脂的氧化稳定性（Alamed et al.，2006；Lee and Decker，2011；Nielsen et al.，2004），但是公众对"清洁标签"产品的需求日益增加促使科学界开始寻找替代方案，如开发天然的金属螯合剂（Todokoro et al.，2016）或采用具有金属螯合能力的活性包装（Cao et al.，2018b；Tian et al.，2014）。据报道，水相中未吸附的乳化剂也具有抑制脂质氧化的作用。Gumus 等（2017）将 O/W 型乳液中水相未吸附的蛋白质乳化剂洗脱（用缓冲液替代水相），发现乳液的氧化稳定性降低，而在水相中重新添加这些蛋白质后，乳液的氧化稳定性又可恢复，这可能是因为蛋白质具有结合离子的能力。在乳液中添加其他类型的生物聚合物（不用作乳化剂），如酪蛋白（Chen et al.，2017）、柑橘果胶（Celus et al.，2018）和海藻酸钠（Salvia-Trujillo et al.，2016），也表现出一定的抗氧化能力。此外，Johnson 等（2018）发现通过使用一种商业化的除氧包装，鱼油乳液中的氧气含量可降低 95% 以上，显著提高了乳液的氧化稳定性。近年来，许多研究者开始关注界面抗氧化剂在改善乳液氧化稳定性方面的研究和应用（Freiría-Gándara et al.，2018；Yesiltas et al.，2019），一般是通过将抗氧化剂与乳化剂物理和化学结合而赋予乳化剂一定的界面活性（McClements and Decker，2000）。

结构脂质因其独特的营养和（或）功能，在食品工业领域展现出广阔的应用和发展前景，也日益受到学术界和产业界的关注。化学法、酶法和基因工程技术均可用于结构脂质的合成，特别是酶法中的固定化酶技术由于加工稳定性强、易于回收利用且适合于连续生产，为 SL 的规模化生产提供了可能，但其较高的生产成本依然是工业化应用的主要障碍，有必要进一步加以研究解决。结构脂质的理化性质对食品的品质和安全产生重要影响，一方面取决于脂质的化学结构和聚集态结构，另一方面也受到诸多加工条件（如温度和剪切）的影响。作为一种重要的食品配料，结构脂质可广泛应用于人造奶油、配方奶粉、冷冻甜食和烘焙食品等当中，其结构和功能也会受到其他食品组分和加工过程的影响，在后续的研究中有待更加深入的探讨。

3.4 活 性 成 分

在食品体系中，植物生物活性物质与其他物质结合存在，在加工过程中会发生一系列变化。本节选择花生-白藜芦醇、大豆-大豆苷元、番茄-番茄红素、苹果-多酚及姜黄-姜黄素等特征植物生物活性物质，通过构建食品模拟体系而获得活性物质多尺度结构，探究典型加工条件对食品模拟体系的品质及生物活性物质的性能的影响机制。

3.4.1 白藜芦醇

白藜芦醇（resveratrol）是一种非黄酮类的多酚，广泛存在于花生、葡萄等植物中，首次在中药材虎杖中分离纯化得到。白藜芦醇，又名芪三酚，化学名为 3,4′,5-三羟基二苯乙烯（3,4′,5-trihydroxystilbene），相对分子质量为 228.25，分子式为 $C_{14}H_{12}O_3$。白藜芦醇对人体健康有益，具有较高的生物活性，包括对心血管和神经的保护及抗氧化、抗炎症、抗癌和抗肥胖等作用。但是白藜芦醇溶解性和稳定性很差，在乙醇中的溶解度为 50mg/mL，在二甲基亚砜中的溶解度为 16mg/mL，《欧洲药典》中将其溶解性定义为几乎不溶的。除了较低水溶性以外，白藜芦醇具有较高的膜渗透性，因此在生物药剂学分类系统中被分为第二类药物。白藜芦醇具有很强的光敏性，如图 3.45 所示，避光 120min 的样品在 300～330nm 波长范围内有较宽的吸收峰，此时白藜芦醇结构为反式，然而当样品在强光条件下放置 30min，样品吸收光谱发生明显蓝移，从反式结构转化为顺式。基于蛋白质的纳米颗粒是一种能够提高疏水性分子的溶解性和稳定性的运输载体。大豆分离蛋白（SPI）作为一种来源丰富、营养价值高且生物相容性好的植物蛋白，研究其作为纳米载体对白藜芦醇进行包埋和运送，不仅能够开拓疏水性功能成分在食品工业中的应用，还能够提高大豆分离蛋白的利用性，增加大豆分离蛋白的附加值。但是基于蛋白质的纳米颗粒稳定性较差，易受到外界环境因素的影响，又通过引入海藻酸钠，利用静电相互作用构建一种核-壳结构的纳米颗粒。同时，应用超声结合 pH 偏移处理的方法对大豆分离蛋白进行修饰，该方法相较传统的物理修饰方式，修饰效率高，能耗低且速度快，但是该方法对蛋白质作为载体包埋效果的影响鲜有研究。

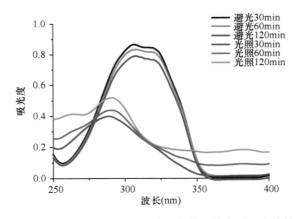

图 3.45 白藜芦醇单体在光照和避光条件下储存时吸光值的变化

3.4.1.1 白藜芦醇-大豆分离蛋白-海藻酸钠纳米尺度结构的构建与表征

1）纳米尺度结构的构建

（1）pH 的影响

利用反溶剂法制备以大豆分离蛋白（SPI）为载体的白藜芦醇纳米颗粒，并通过静电相互作用制备以海藻酸钠为外壳的核-壳结构纳米颗粒。SPI 的等电点在 pH 4.0～5.0，当 pH 低于等电点时，SPI 带正电荷，而此时海藻酸钠带负电荷。在这种情况下，两者由于静电相互作用而互相结合，形成以海藻酸钠为外壳的核-壳结构纳米颗粒。当 pH 大于 2.5 时，纳米颗粒的白藜芦醇包埋率均高于 90%，并且在 pH 3.5 时达到最高，为

91.9%±3.3%；随着 pH 的升高，颗粒的表面电荷降低且 PDI 值上升。造成 PDI 值上升的原因可能在于，随着 pH 的升高，SPI 的表面电荷降低，从而导致 SPI 颗粒之间的斥力下降，进而导致在核-壳结构形成的过程中，生成了不同尺寸的 SPI 内核。在 pH 2.0～4.5 的范围内，纳米颗粒的粒径在 210～270nm。值得注意的是，在 pH 2.0 的条件下，纳米颗粒的白藜芦醇包埋率和 Zeta 电位均达到最低值，分别为 63.1%±4.0%和-5.7mV±1.9mV。这说明海藻酸钠覆盖在纳米颗粒的表面并为其提供表面电荷。综合考虑包埋率、表面电荷及 PDI 的变化情况，选定 pH 3.5 进行纳米颗粒制备。

（2）海藻酸钠含量的影响

随着海藻酸钠浓度的增加，纳米颗粒的粒径和 PDI 上升，而当体系中海藻酸钠浓度大于 0.250mg/mL 时，颗粒的 Zeta 电位稳定在-40mV 左右。然而当海藻酸钠浓度为 0.125mg/mL 时，颗粒产生沉淀，这是由于带有阴离子的海藻酸钠含量较少，不足以完全覆盖 SPI 颗粒的表面，进而成为 SPI 颗粒之间的桥联剂，引发颗粒的聚集沉淀。在海藻酸钠浓度范围为 0.250～0.625mg/mL 时，纳米颗粒的 Zeta 电位与海藻酸钠在 pH 3.5 时的 Zeta 电位相近，均为-40mV 左右，这表明纳米颗粒的表面电荷主要来自海藻酸钠，同时也进一步证明了纳米颗粒的核-壳结构。覆盖在纳米颗粒表面的海藻酸钠在 pH 3.5 的条件下为颗粒提供了足够强的斥力，从而防止颗粒聚集。稳定纳米颗粒的最低海藻酸钠浓度为 0.250mg/mL，更大浓度的海藻酸钠会导致更大的颗粒尺寸和更差的分散均一性。因此，选取 0.250mg/mL 作为最适的海藻酸钠浓度。在 pH 3.5，海藻酸钠浓度为 0.250mg/mL 条件下制备得到的纳米颗粒粒径为 204.5nm±12.1nm，表面电荷为-36.4mV± 1.2mV，白藜芦醇包埋率为 91.9%±3.3%，将其命名为 RSAN；并将相同条件下制备得到的无海藻酸钠外壳的纳米颗粒命名为 RSN。

2）纳米颗粒的表征

（1）白藜芦醇与 SPI 的相互作用

利用荧光光谱和红外光谱对白藜芦醇与 SPI 的相互作用进行分析。荧光光谱分析利用由色氨酸和酪氨酸残基荧光团对环境敏感而引起的蛋白质内源性荧光变化来体现蛋白质构象的变化，而色氨酸和酪氨酸都会在 280nm 的激发波长下发射荧光。随着白藜芦醇的加入以及其浓度的不断上升，最大波长（λ_{max}）向更大波长移动，即发生红移现象，这说明与白藜芦醇的相互结合导致蛋白质中氨基酸的荧光基团移动至亲水性更高的区域。同时，蛋白质的荧光强度不断下降，通过计算 F_{max}/F_0 表征随着白藜芦醇含量增加而导致的荧光猝灭程度，发现 RSN 和 RSAN 中荧光强度的变化规律相似，这表明在 pH 3.5 下，SPI 与白藜芦醇的结合特性与 pH 7.0 下相似，且不会受到海藻酸钠的影响，进而说明 RSN 与 RSAN 中 SPI 和白藜芦醇的结合性质相同。

采用 FTIR 研究白藜芦醇、SPI、海藻酸钠、RSN 和 RSAN 的结构特征。SPI 的主要特征峰为 1655cm^{-1} 处的酰胺 I 带，在 RSN 和 RSAN 中，SPI 的特征峰几乎没有改变，这说明 SPI 与白藜芦醇的复合不涉及 SPI 的酰胺基团。白藜芦醇的特征峰为 1383cm^{-1} 处的 C—C 环拉伸和 1152cm^{-1} 处的 C—O 伸缩振动峰，并且在 RSN 和 RSAN 中也发现白藜芦醇的相关特征峰。这说明与 SPI 的相互结合不会影响白藜芦醇的化学结构。

（2）纳米颗粒的抗氧化活性

通过 DPPH 自由基清除活性评价纳米颗粒的抗氧化活性，其原理是评价抗氧化剂将其氢转移至 DPPH 自由基结构中心氮桥-侧氮原子上未成对电子的能力。在相同浓度下，未包埋白藜芦醇的 RSN 和 RSAN 表现出相对较弱的抗氧化活性，清除率分别仅约 14% 和 18%，而同浓度 RSN 和 RSAN 的抗氧化活性则分别达到了 74.3%±0.7% 和 82.3%±2.7%，均高于游离白藜芦醇的 64.4%±0.7%（图 3.46）。比较纳米颗粒包埋白藜芦醇前后抗氧化活性的变化发现，RSN 和 RSAN 的抗氧化活性均约等于未包埋的 RSN 和 RSAN 与游离白藜芦醇抗氧化活性之和，这说明 RSN 和 RSAN 对白藜芦醇的包埋对其抗氧化活性无负面影响。

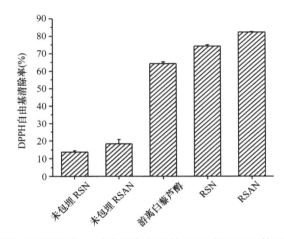

图 3.46　游离白藜芦醇（乙醇溶液）、未包埋与包埋的 RSN 和 RSAN 的 DPPH 自由基清除活性

3.4.1.2　加工条件对白藜芦醇-大豆分离蛋白-海藻酸钠食品模拟体系的影响

1）pH

基于蛋白质的纳米颗粒的缺点之一是颗粒在等电点附近发生聚集沉淀，这导致它们的溶解度低。然而，在食品工业中使用的纳米颗粒不可避免地经历各种 pH 条件。因此，有必要探究基于蛋白质的纳米颗粒在不同 pH 条件下的稳定性。在 pH 4.0 和 5.0 的情况下，RSN 的粒径大幅增加，这表明颗粒发生聚集沉淀。此时 RSN 的表面电荷低，这是由 SPI 处在其等电点附近所致（约为 pH 4.5）。相比之下，RSAN 在 pH 2.0～8.0 的范围内均表现出良好的分散性和稳定性，颗粒粒径均小于 450nm，仅在 pH 2.0 处发生了轻微的聚集，粒径达到了 430.5nm±37.4nm。

RSAN 在 pH 4.0 和 5.0 的条件下表现出良好的胶体稳定性，其稳定性的提高可能是由于其颗粒表面覆盖有电荷量高的海藻酸钠分子。在 pH 4.0 和 5.0 的条件下，RSAN 的 Zeta 电位均接近-50mV，颗粒表面电荷含量高；而在 pH 2.0 下，RSAN 的表面电荷较低，这可能是引起其轻微聚集的原因。值得注意的是，当 pH 高于 6.0 时，RSAN 的表面电荷发生一定程度的下降。这可能是由于在较高 pH 条件下，SPI 和海藻酸钠之间的静电相互作用减弱，使得海藻酸钠的覆盖量减少而 SPI 的暴露更多，由此导致 RSAN 的 Zeta

电位减小，更接近 RSN。

2）金属离子

当 pH 为 4.0、4.5 和 5.0 时，RSN 在 0～500mmol/L NaCl 条件下均发生沉淀，该结果与 pH 稳定性中的结果相一致。此外，当 NaCl 浓度为 500mmol/L 时，RSN 在 pH 3.0 和 3.5 的条件下也发生沉淀。随着 NaCl 浓度的增加，RSN 的 Zeta 电位绝对值均发生下降。相比之下，RSAN 在不同粒子强度条件下的稳定性好，仅在 pH 5.0、NaCl 浓度为 500mmol/L 的条件下发生沉淀。RSAN 的 Zeta 电位同样随着 NaCl 浓度的增加而减少，其表面电荷量整体上高于 RSN。

NaCl 的静电屏蔽效应是引起蛋白质基纳米颗粒表面电荷减小的原因，这也导致在 NaCl 浓度为 500mmol/L、pH 3.0 和 3.5 的条件下，RSN 的 Zeta 电位低于-10mV，从而引起沉淀。而在 RSAN 中，SPI 由静电屏蔽效应导致表面电荷减小，从而引起 SPI 和海藻酸钠的静电相互作用减弱。因此，覆盖在表面的海藻酸钠含量减少，导致 RSAN 的 Zeta 电位减小。尽管受到 NaCl 的影响，RSAN 的表面电荷减小，但是在所有条件下均高于-10mV，都大于 RSN。所以，可以推测海藻酸钠是通过提供更高的表面电荷来起到稳定颗粒的作用。此外，覆盖在 RSAN 表面的海藻酸钠为纳米颗粒提供空间位阻，可以在高离子强度下稳定纳米颗粒。在 pH 5.0、500mmol/L NaCl 条件下，RSAN 的沉淀可能是由于 SPI 自身在该条件下的表面电荷最低，为-3.5mV±3.0mV，使得 SPI 之间的强烈吸引力而造成颗粒聚集。Xu 等（2018）在研究中发现大米谷蛋白水解物-海藻酸钠混合物（0.3：0.1，wt%）中，随着 NaCl 浓度的增加，混合物在各 pH 条件下的 Zeta 电位均降低。

3）光照

白藜芦醇是一种光不稳定的多酚类物质，在受到紫外线照射的情况下极其易发生异构化，使反式白藜芦醇变为顺式白藜芦醇。然而，反式白藜芦醇相比于顺式白藜芦醇具有更高的生物活性。因此，评估白藜芦醇的光稳定性至关重要。白藜芦醇的光稳定性见图 3.47，紫外光照射 30min 时，RSN 中反式白藜芦醇保留率降至 57.1%±9.3%，并在 60min 后达到平衡，保留率约 40%。相比之下，在 30min 内 RSAN 中仅有约 15% 的反式白藜芦醇异构化，紫外线照射 180min 后反式白藜芦醇保留率为 51.3%±2.7%，显著高于 RSN（39.2%±2.1%）。这些现象表明，白藜芦醇在 RSAN 中的包封减缓了其异构化的发生，提高了其光稳定性。纳米颗粒的光保护作用可归因于胶体颗粒自身对光的散射，由此减少光线与白藜芦醇的接触。根据 RSN 和 RSAN 的外观可以发现，RSN 是透明的，而 RSAN 是半透明的，这表明 RSAN 的光散射能力更强。此外，RSAN 的较大粒径也有助于其对白藜芦醇的保护作用。目前已有蛋白质基纳米颗粒包埋白藜芦醇并对其光稳定产生保护作用的研究，但是其保护的效果并不令人满意。Joye 等（2015）在基于蛋白质的纳米颗粒中包封白藜芦醇，发现包封能够阻止反式白藜芦醇的异构化，但保护效果十分有限。在其研究中，尽管玉米醇溶蛋白-果胶纳米颗粒具最高的反式白藜芦醇保留率，但是仍有大约 30% 的反式白藜芦醇在 15min 内异构化并且在 30min 内异构化接近 40%。

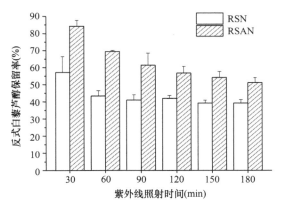

图 3.47 紫外光照射下 RSN 和 RSAN 中反式白藜芦醇的保留率

4）胃肠道模拟液

利用 SDS-PAGE 和顺序优先法（OPA 法）测定在模拟胃肠道消化过程中，蛋白酶诱导的 RSN 和 RSAN 中 SPI 的水解。在模拟胃消化后，RSN 中 β-伴大豆球蛋白和大豆球蛋白的条带消失，形成新的低分子量条带，这意味着 SPI 被水解；而在 RSAN 中，经过模拟胃部消化的样品的条带中仍然可以观察到 SPI 亚基的条带，说明 RSAN 中的 SPI 受到了一定程度的保护。经过模拟胃消化后，RSN 中游离巯基增加 16.0%±0.8%，高于 RSAN 的 12.1%±1.5%。模拟肠道消化后 RSAN 中游离巯基含量为 25.1%±1.2%，显著低于 RSN（34.0%±0.9%）。肠道的中性环境导致 SPI 和海藻酸钠的解离，使 SPI 暴露，从而会与胰酶接触并被酶解。在胃中的保护作用进一步影响肠道中的消化，导致 RSAN 消化较少，这有助于颗粒黏膜黏附到肠壁而延长其在肠道中的停留时间。

3.4.1.3 超声结合 pH 偏移对 SPI-白藜芦醇食品模拟体系的影响

1）超声结合 pH 偏移对 SPI 物理化学特性的影响

将在 pH 12.0、超声功率 540W、超声时间 5min 下处理得到的大豆分离蛋白命名为 U12。同时在 pH 7.0 下相同超声条件处理得到的大豆分离蛋白命名为 U7。U7 表面疏水性由 9393.93±236.70 增加至 11 937.67±264.01，这表明超声处理能够提高 SPI 的表面疏水性。而超声结合 pH 偏移能够更有效地提高 SPI 的表面疏水性，U12 的表面疏水性达到 12 741.00±456.86。超声处理会造成巯基含量的降低，并且超声结合 pH 偏移处理的作用效果更强。一方面，因为硫醇基团在 pH 升高时倾向于形成更具反应性的硫醇离子物质，并且巯基的氧化也在碱性 pH 环境中加速；另一方面，由于超声产生的声空化现象会产生由水分子的破坏引起的高反应性自由基和超氧化物，可以使巯基氧化，生成二硫键。

超声结合 pH 偏移处理之后，U12 的粒径最小，仅 114.6nm±1.2nm；而单独的超声处理会使 SPI 的粒径由 147.0nm±3.4nm 降低至 139.6nm±1.0nm。这说明 U7 对 SPI 粒径大小的影响小于 U12，这可能是由于在碱性条件下，SPI 的结构展开，导致其更容易受到由超声的物理作用力所造成的破坏。Hu 等（2015）利用高强度的超声对大豆蛋白中的 7S 和 11S 分别进行处理，结果发现超声能够减小颗粒的尺寸；同时，处理时间越长，颗粒尺寸越小。而根据粒径分布可以看出，不论是单独的超声处理还是超声结合 pH 偏移的处理方式都能使颗粒的粒径分布更加均一。Wang 和 Xiong（2019）利用高压均质结合 pH 偏移的方式对大麻籽乳饮料进行处理，结果表明，在极端 pH 条件下对蛋白质进行高压均质处理与中性条件下处理相比，能够得到尺寸更小、粒径分布更加均一的乳液颗粒。

2）超声结合 pH 偏移对 SPI 二级结构的影响

圆二色谱（CD 色谱）是一种广泛应用于检测蛋白质二级结构的工具。SPI 的 CD 色谱在 203～216nm 处有一个宽的负峰，表明 SPI 富含 β 折叠结构。U7 和 U12 在该处的负峰强度增大，说明 β 折叠结构的含量增加；该现象与计算得到的 SPI、U7 和 U12 的 β 折叠结构含量的变化相符，U7 和 U12 的 β 折叠结构含量分别为 51.6%±0.9% 和 53.8%±1.9%，高于 SPI 的 50.5%±0.5%。另外，U7 和 U12 的无规则卷曲含量减少，SPI 的无规则卷曲结构在二级结构占比为 38.0%±0.6%，而 U7 和 U12 的无规则卷曲占比分别降至 36.0%±0.2% 和 34.8%±1.3%。

3）超声结合 pH 偏移对 SPI 与白藜芦醇相互作用的影响

随着白藜芦醇的加入，最大荧光波长发生红移，表明与白藜芦醇的相互作用使得蛋白质的荧光基团暴露在更亲水的环境中。根据方程计算结合位点数 n 和结合常数 K_a，结果发现，U7 的 K_a 值和 n 值分别为 5.57×10^3L/mol 和 0.910 41，而 U12 的 K_a 值和 n 值分别为 1.61×10^4L/mol 和 1.0001，这表明 U12 对白藜芦醇具有更好的结合能力。对比其他研究发现，pH 偏移的处理方式都能够提高蛋白质和小分子之间的结合常数和结合位点数。蛋白质结构的展开导致疏水区域的暴露和结合位点增加，从而导致结合常数和结合位点数提高。

4）超声结合 pH 偏移对 SPI 与包埋效果的影响

U12 相比于 SPI 具有更高的表面疏水性和更强的白藜芦醇结合能力，这些变化表明经过超声结合 pH 偏移处理得到的 SPI 在作为载体包裹白藜芦醇方面具有更大的潜力。因此，在本实验中利用 SPI、U7 和 U12 作为载体对体系中浓度为 150μg/mL 的白藜芦醇进行包埋，探究超声结合 pH 偏移对 SPI 与包埋效果的影响。

SPI 的包埋率仅约 50%，而 U7 和 U12 的包埋率则分别达到 83.12%±3.49% 和 91.43%±4.27%（图 3.48A）。包埋率的增加可能是由于表面疏水性的提高。Chen 等（2015）发现 SPI 的表面疏水性是影响其与姜黄素形成复合物的重要因素。图 3.48 显示了 SPI、U7 和 U12 与白藜芦醇复合物的平均粒径和粒径分布。SPI-白藜芦醇复合物和 U7-白藜芦醇复合物具有相似的平均直径，分别为 206.47nm±3.21nm 和 201.95nm±0.21nm，而 U12-白藜芦醇的粒径明显小于它们，为 124.03nm±0.50nm。样品之间的差异与 SPI、U7 和 U12 的粒径差距一致。类似地，U7-白藜芦醇复合物和 U12-白藜芦醇复合物的粒径尺寸分布更均匀。

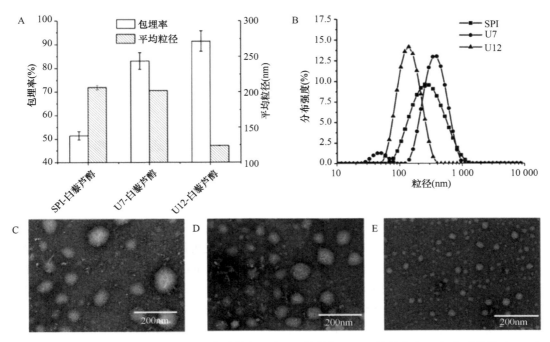

图 3.48 SPI、U7 和 U12 与白藜芦醇的复合物包埋率、平均粒径（A）、粒径分布（B）和形貌图（C～E）

5）白藜芦醇复合物的抗氧化活性

SPI、U7 和 U12 在同一浓度下均具有相对较低的抗氧化活性，三者的 DPPH 自由基清除率均为约 10%（图 3.49）。而 SPI-白藜芦醇复合物、U7-白藜芦醇复合物和 U12-白藜芦醇复合物在相同的颗粒浓度下，抗氧化活性分别为 54.3%±2.3%、56.9%±0.5% 和 63.4%±1.8%，U12-白藜芦醇复合物的抗氧化活性明显高于 SPI-白藜芦醇复合物和 U7-

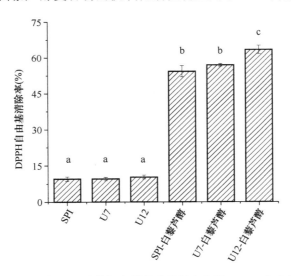

图 3.49 SPI、U7 和 U12 及其与白藜芦醇的复合物的 DPPH 自由基清除活性

不同小写字母表示不同样品间存在显著性差异（$P<0.05$）

白藜芦醇复合物。U12-白藜芦醇复合物的抗氧化活性的提高可能源于其较高的白藜芦醇包封率。Chen 等（2017）通过对乳清分离蛋白进行 pH 偏移处理，以 DPPH 自由基清除活性为指标，对其与表没食子儿茶素没食子酸酯复合物的抗氧化活性进行了表征，结果发现虽然抗氧化活性没有显著提高，但其抗氧化活性的贮藏稳定性得到增强。

3.4.1.4 小结

利用反溶剂法制备以 SPI 为载体的白藜芦醇纳米颗粒，并通过静电相互作用制备以海藻酸钠为外壳的核-壳结构纳米颗粒。以粒径、表面电荷及包埋率为指标，筛选得到制备颗粒的最优 pH 条件为 3.5，最适海藻酸钠浓度为 0.250mg/mL。RSAN 为直径 90nm 左右的球状纳米颗粒。白藜芦醇与 SPI 之间的结合并没有发生化学反应，且 pH 的变化及海藻酸钠的引入没有改变白藜芦醇与 SPI 的相互结合。RSAN 在 pH 2.0～8.0 的范围内具有良好的胶体稳定性，并且在 SPI 等电点附近未发现沉淀。各 pH 条件下的 RSAN 都能够耐受 400mmol/L 的离子强度，仅在离子强度 500mmol/L、pH 5.0 条件下发生沉淀；相比 RSN，RSAN 的离子稳定性得到提高。RSAN 中的反式白藜芦醇在经过 30min 的紫外照射后仅有 15%发生异构化，相较 RSN 低 30%。RSAN 中的蛋白质能够受到保护而不被胃模拟液分解。此外，对白藜芦醇的包埋并未降低其抗氧化活性。

通过超声结合 pH 偏移处理对大豆分离蛋白进行改性从而提高其对白藜芦醇的包埋能力，在蛋白质的物理化学特性方面，U12 的理化性质变化最大，其表面疏水性最强，为 12 741.0±456.9；而巯基含量最低，为 173.7μmol/g±0.4μmol/g。U12 与白藜芦醇的结合常数和结合位点数均高于 U7 和 SPI。U12 对白藜芦醇的包埋率最高，为 91.4%±4.3%，是 SPI 的 1.83 倍；且形成复合物的粒径最小，为 124.0nm±0.5nm，分散均一性最好。

3.4.2 大豆苷元

大豆苷元（daidzein，Dai）是大豆异黄酮（soybean isoflavone）的生物活性成分之一。大豆苷元（4′,7-二羟基异黄酮）分子式为 $C_{15}H_{10}O_4$，分子量为 254.24，主要来源于豆科植物，是大豆生长过程中的次级代谢产物，具有多种生物活性。研究发现，大豆苷元具有抗自由基及抗氧化作用、预防心血管疾病（如高血压、冠心病、动脉粥样硬化）、抗癌及抗肿瘤作用，以及作为雌激素替代疗法（ERT）用于预防和治疗骨质疏松症等作用。目前，在食品和医药领域，含有大豆苷元的制剂和营养补充剂应用广泛。大豆苷元是含有一个芳香环的三苯基化合物，分子的两极含有两个酚羟基。4′位和 7 位间的酚羟基容易形成分子间氢键，此外晶格的排列增加了分子间的作用力，导致大豆苷元的水溶性和油溶性均较差。大豆苷元的溶解性差、油/水分配系数低及较高的代谢强度限制了其生物利用度。

改善大豆苷元溶解度和生物利用度的常规方法是使用基于脂质的载体。然而，基于疏水性化合物低溶解度和高结晶度的特性，在储存期间观察到其从乳液的油相连续转移到水相，生成沉淀或结晶。天然聚合物，如蛋白质，是有效的沉淀抑制剂，其通过与药物递送系统中的疏水性小分子发生相互作用抑制成核和晶体生长。

3.4.2.1　乳清分离蛋白-大豆苷元食品模拟体系的制备表征

1）标准曲线的绘制

大豆苷元分别在 213nm、249nm、305nm 处存在吸收峰，其中 249nm 处为最大吸收波长，故选择 249nm 为检测波长。大豆苷元在 0～10μg/mL 的浓度范围内与吸光值的标准曲线方程为：$y=0.0942x+0.0584$，$R^2=0.9991$。

2）大豆苷元与分离乳清蛋白（WPI）的相互作用

（1）复合物的荧光特性

蛋白质和配体间的相互作用可以通过荧光光谱进行研究。蛋白质的疏水性残基发色团包括酪氨酸（Tyr）、色氨酸（Trp）和苯丙氨酸（Phe），代表了蛋白质的内源性荧光。蛋白质的荧光光谱对发色团附近的分子环境极性的变化敏感。在 280nm 的激发波长下，主要表现为 Trp 和 Tyr 的荧光特性。

游离的大豆苷元荧光信号弱，不影响蛋白质的内源性荧光。WPI 在 332nm 处具有最大的荧光发射峰，是 Trp 和 Tyr 残基的特征荧光谱。随着大豆苷元的加入，WPI 的最大荧光强度逐渐降低，而发射峰的形状没有明显变化。结果表明，大豆苷元没有明显改变蛋白质荧光团的微环境，但分子间的相互作用导致荧光团的量子产率降低，表明大豆苷元能够猝灭 WPI 的内源性荧光。图 3.50 表示在若干浓度大豆苷元存在的情况下，在室温及 75℃、85℃和 95℃下加热 20min 后 WPI 的 F_{max}/F_0。F_{max}/F_0 随着大豆苷元浓度及热诱导变性程度的增加而逐渐降低。结果表明，大豆苷元可以猝灭热诱导变性的 WPI 荧光，并且加热可以增加猝灭程度。以 85℃处理样品为例，组 I 的 F_{max}/F_0 低于组 II（图 3.50 内嵌图），说明热变性的蛋白质经冷却后变性程度部分降低，因此与大豆苷元的作用强度不及组 II。

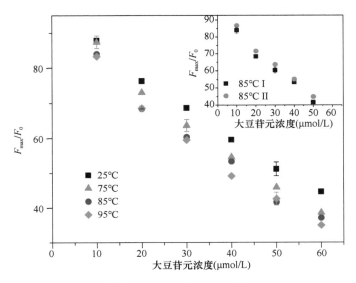

图 3.50　WPI 的 F_{max}/F_0 值

内嵌图为 85℃下组 I 和组 II 的比较

（2）复合物的同步荧光

使用同步荧光进一步研究大豆苷元对 WPI 构象改变的影响。同步荧光可以得到发色团附近的分子环境信息，具有选择性好、灵敏度高、干扰少的优点。氨基酸残基环境的变化可以通过测量发射峰的变化来反映，其对应于发色团分子周围的极性变化。当波长间隔（$\triangle\lambda$）固定在$\triangle\lambda$=15nm 或$\triangle\lambda$=60nm 时，同步荧光光谱分别代表蛋白质 Tyr 和 Trp 残基的特征信息。

大豆苷元对蛋白质同步荧光的影响如图 3.51A 所示。当$\triangle\lambda$=15nm 时，同步荧光光谱没有显著变化，表明大豆苷元与 WPI 的结合对 Tyr 残基附近的微环境几乎没有影响。$\triangle\lambda$=60nm 时，随着大豆苷元逐渐添加，观察到蛋白质的光谱从 342nm 明显红移到 346nm（图 3.51A 内嵌图），表明 Trp 从非极性环境逐渐暴露于水环境或通过氨基形成了氢键。

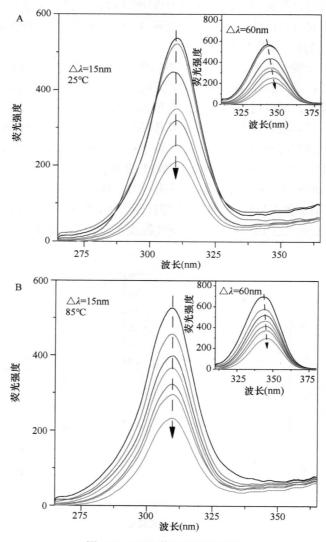

图 3.51　WPI 的同步荧光光谱

天然蛋白（A）和热诱导蛋白（大豆苷元浓度为 0～60μmol/L）（B）。浓度随箭头方向增大

以 85℃为例，与未加热的蛋白质相比，$\triangle\lambda$=60nm 时热变性蛋白的荧光强度显著增强（图 3.51B 内嵌图）。原因是加热后蛋白质结构伸展，掩埋的疏水性残基发色团暴露。在$\triangle\lambda$=15nm 处，观察到变性蛋白的同步光谱没有明显改变。然而，当$\triangle\lambda$=60nm 时，蛋白质光谱检测到从 342nm 到 346nm 的明显红移，并伴随着蛋白质本身从 342nm 轻微红移至 343nm（图 3.51B 内嵌图）。因此，热处理后 WPI 的骨架变得伸展、松散，热变性主要影响 Trp 的微环境。

（3）荧光猝灭机制

荧光猝灭包括动态猝灭和静态猝灭。由激发分子和猝灭剂碰撞引起的荧光猝灭称为动态猝灭；基态荧光分子与猝灭剂通过弱结合形成复合物，导致荧光完全猝灭的现象称为静态猝灭。通常，高温会导致扩散系数的增大和不稳定加合物的减少，因此随着温度的升高，动态猝灭常数增加，而静态猝灭常数则呈现降低的趋势。荧光猝灭机制通常使用 Stern-Volmer 公式进行分析：

$$\frac{F_0}{F} = 1 + K_{sv}[Q] = 1 + K_q\tau_0[Q] \tag{3.5}$$

式中，F_0 和 F 分别是加入猝灭剂（大豆苷元）之前和之后的荧光强度；K_{SV} 是 Sterne-Volmer 猝灭常数；$[Q]$是猝灭剂的浓度；K_q 是双分子猝灭常数；τ_0 是不含猝灭剂的生物分子的平均寿命（$\tau_0\approx10^{-8}$s）。式（3.5）中 F_0/F 对$[Q]$的曲线可以用来计算 K_{SV}。WPI 的 K_{SV} 与温度呈正相关，表明猝灭过程中存在动态猝灭。因为蛋白质结构（主要是 α-乳清蛋白）的灵活性易受到温度的影响，加速了 WPI 和大豆苷元的碰撞速率。然而，K_q 值（表 3.36）远远大于双分子扩散碰撞猝灭常数[2.0×10^{10}L/(mol·s)]，表明大豆苷元对 WPI 的猝灭机制是由静态猝灭引起的。

表 3.36　WPI-Dai 复合物在不同温度下的 Stern-Volmer 猝灭常数（K_{SV}）、双分子猝灭常数（K_q）、结合常数（K_a）和热力学参数

温度（K）	K_{SV}（L/mol）	K_q[L/(mol·s)]	R^2	K_a（L/mol）	n	R^2	$\triangle H^\circ$（kJ/mol）	$\triangle S^\circ$[J/(mol·K)]	$\triangle G^\circ$（kJ/mol）
298	1.17×10^4	1.17×10^{12}	0.9529	7.285×10^3	1.24	0.9943			−22.03
304	1.49×10^4	1.49×10^{12}	0.9271	8.670×10^3	1.22	0.9951	28.22	168.49	−22.92
310	1.66×10^4	1.66×10^{12}	0.9074	1.132×10^4	1.10	0.9929			−24.06

注：$\triangle H^\circ$表示焓变；$\triangle S^\circ$表示熵变；$\triangle G^\circ$表示标准吉布斯自由能变化

探索蛋白汉字和配体猝灭机制的另一种方法是研究紫外吸收光谱。通常，只有静态猝灭会造成紫外光谱形状的变化。WPI 的紫外光谱有两个吸收峰，213nm 附近的强吸收峰代表蛋白质的骨架结构，280nm 附近的弱吸收峰则代表芳香族氨基酸残基（Li and Wang，2015）。在 WPI 溶液中添加大豆苷元，213nm 处的峰强度减小并伴随明显红移，280nm 处的峰强度也发生轻微改变。结果表明，大豆苷元对 WPI 的猝灭过程遵循静态猝灭机制，在 WPI 与大豆苷元的相互作用下，蛋白质的骨架变得伸展和松弛，WPI 有更多的疏水基团暴露于水环境。

（4）结合能力

小分子和大分子的结合参数可以根据式（3.6）计算：

$$\log\left[\frac{F_0 - F}{F}\right] = \log K_a + n\log[Q] \tag{3.6}$$

式中，F_0 和 F 分别是加入猝灭剂（大豆苷元）之前和之后的荧光强度；K_a 和 n 分别是结合常数和结合位点数；$[Q]$ 是猝灭剂的浓度。

K_a 和 n 的值总结在表 3.36 中。结合亲和力的曲线 $R^2 > 0.99$，显示出极好的拟合线性。如表 3.36 所示，随着温度的升高，K_a 略有增加，与 K_{SV} 变化趋势相似。结合常数的大小范围为 $10^3 \sim 10^4 \text{L/mol}$。相对于不同蛋白质与大豆苷元的结合常数范围从 10^5L/mol 到 10^6L/mol，WPI 与大豆苷元的结合归类为中度结合（Nair，2015；Das et al.，2014）。n 值大约等于 1，表明 WPI 与大豆苷元的相互作用存在有一个结合位点。

表 3.37 总结了热变性蛋白对 K_a 的影响，结合亲和力曲线显示出良好的线性关系（$R^2 > 0.98$）。在 280nm 的激发波长下，热诱导蛋白的 K_a 显著高于天然蛋白（Shpigelman et al.，2010）。在给定的大豆苷元浓度下，热变性可导致 F_{max}/F_0 下降。结果表明，蛋白质的热诱导解折叠增加了可接触的结合位点，并且较大的 K_a 值表明疏水性结构域暴露增强了 WPI 和大豆苷元之间的疏水性相互作用。此外，由于蛋白质的伸展和疏水性相互作用，一种更密切的接触作用——氢键得以被促进，并在冷却时得到加强（Shpigelman et al.，2010）。这些结果表明热变性促进了 WPI 与大豆苷元的结合能力。

表 3.37 WPI-Dai 纳米复合物不同温度下的结合常数

温度（℃）	K_a（L/mol）	n	R^2
不加热-I	7.285×10^3	1.24	0.9943
不加热-II	7.943×10^3	1.21	0.9908
75-I	8.855×10^3	1.25	0.9919
75-II	9.116×10^3	1.24	0.9929
85-I	11.647×10^3	1.18	0.9800
85-II	8.784×10^3	1.25	0.9827
95-I	11.458×10^3	1.20	0.9809
95-II	8.151×10^3	1.25	0.9830

注：I：将大豆苷元溶液加入热变性的 WPI 溶液中后，冷却至室温；II：将 WPI 溶液立即加入冰浴中冷却，然后加入大豆苷元

在 85℃和 95℃时，组 II 的 K_a 显著低于组 I。这种现象可能是由热变性蛋白冷却后变性程度降低所致。另外，n 值大约等于 1，没有显著变化。

（5）热力学行为及结合驱动力

小分子和蛋白质之间主要存在 4 种类型的相互作用力：疏水相互作用、氢键、范德瓦耳斯力和静电相互作用。为了阐明 WPI-Dai 复合物形成期间的能量变化，将 van't Hoff 定律用于热力学参数测定。如果在所研究的温度范围内没有显著的 $\triangle H^\circ$，则 $\triangle H^\circ$ 和 $\triangle S^\circ$ 可以被认为是常数，公式如下：

$$\ln K_a = -\triangle H^\circ RT + (\triangle S^\circ)R \tag{3.7}$$

式中，K_a 是相应温度下的结合常数；R 是气体常数。$\triangle H^\circ$ 和 $\triangle S^\circ$ 的值根据式（3.7）中 $\ln K_a$ 对 $1/T$ 的 van't Hoff 的斜率和截距计算。$\triangle G^\circ$ 由以下公式估算：

$$\triangle G°=\triangle H°-T\triangle S°=-RT\ln K_a \tag{3.8}$$

蛋白质结合过程中的主要结合力可以通过热力学参数确定：$\triangle H°>0$ 且 $\triangle S°>0$ 表明主要驱动力是疏水性相互作用，$\triangle H°<0$ 且 $\triangle S°<0$ 表明主要驱动力是范德瓦耳斯力和氢键相互作用，$\triangle H°<0$ 且 $\triangle S°>0$ 表明静电力起主要作用。图 3.52 和表 3.36 给出了大豆苷元结合 WPI 的热力学参数值。$\triangle H°>0$ 和 $\triangle S°>0$ 表明疏水相互作用是主要驱动力。$\triangle G°$ 的负值表明大豆苷元与 WPI 的反应是自发进行的。

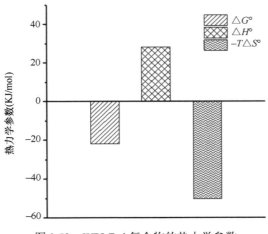

图 3.52　WPI-Dai 复合物的热力学参数

3）粒径、分散性及电位分布

光谱结果表明，WPI 可以与大豆苷元结合形成新的复合物。WPI-Dai 复合物的平均粒径从 232.9nm 到 281.4nm 显著增加（$P<0.05$），表明大豆苷元的添加使 WPI 发生轻微聚集。总体来说，样品的粒径小于 300nm，因此可将复合物视为纳米复合物。

多分散性指数（PDI）是一个重要指标。PDI 值接近 0.05 代表单分散体系，而 PDI 值大于 0.7 代表多分散体系（Sponton et al.，2015）。WPI-Dai 的 PDI 值低于 0.3，表明 WPI-Dai 溶液的分散较为均一。Zeta 电位代表颗粒的表面电荷密度，是反映纳米结构体外稳定性的关键参数。Zeta 电位的绝对值越大表明颗粒之间的静电排斥越强，稳定性越好。在 20μmol/L 和 30μmol/L 的大豆苷元浓度下，体系 Zeta 电位的绝对值轻微增加。结果表明，此浓度下的大豆苷元对溶液的稳定性有利。Zeta 电位和 PDI 的变化趋势相似。然而，随着大豆苷元浓度的增加（超过 30μmol/L），粒径大小和 PDI 增加，而 Zeta 电位的绝对值降低。结果表明，当大豆苷元浓度达到一定限度时，蛋白质的结合位点逐渐饱和，WPI 不能溶解更多的大豆苷元，体系变得不稳定。因此，最终选择 20μmol/L 的大豆苷元进行下一步研究。

与未加热的蛋白质相比，蛋白质的平均粒径随着加热温度的升高而逐渐增加（图 3.53A），这是由于热诱导变性造成了蛋白颗粒的聚集（Xiang et al.，2018；Chen et al.，2015）。加热可诱导蛋白质变性并形成聚集体。85℃和 95℃的变性程度大于 75℃，这与颗粒大小结果一致（图 3.53A）。

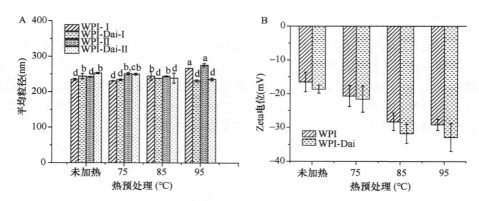

图 3.53 WPI 及 WPI-Dai 纳米复合物在未处理和热变性条件下的粒径（A）及 85℃下的 Zeta 电位（B）比较

不同小写字母代表具有显著性差异 $P < 0.05$，大豆苷元浓度为 20μmol/L

然而，将大豆苷元添加到变性蛋白质中导致了蛋白质的平均粒径变小。该现象表明热变性引起的蛋白疏水腔和氢键位点的暴露，有利于 WPI 和大豆苷元的相互作用，从而导致蛋白质间的作用力减小，蛋白质间的聚集受到抑制，粒径变小。组 I 和组 II 之间（75℃除外）没有显著差异。以 85℃例，蛋白质的 Zeta 电位随着加热温度的升高而显著增加，纳米复合物电位的绝对值略高于蛋白质单体（图 3.53B）。结果表明，热变性蛋白与大豆苷元间的相互作用使蛋白质表面具有更加均匀的电荷，这将导致更高的斥力，从而维持溶液的稳定性。

4）晶体抑制

大豆苷元在水溶液中的溶解度很低，为了验证蛋白质对大豆苷元溶解度的影响，本研究测定了大豆苷元的溶解度极限。将大豆苷元样品平衡 72h 后，在 249nm 处检测到吸光值降低的现象，并伴随针状晶体的形成（图 3.54）。根据线性拟合外推法，测定大豆苷元在磷酸盐缓冲液（PBS）（pH 7.0、5%乙醇）中的溶解度极限约为 9μg/mL。固定大豆苷元浓度为 15μg/mL（溶解度极限以上），使用热变性蛋白作为载体时，肉眼观察 WPI

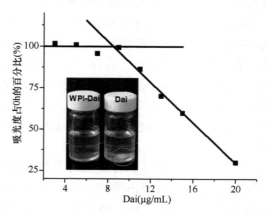

图 3.54 大豆苷元在 72h（相比于 0h）249nm 处的吸光值（两线的交点代表溶解度极限）

内嵌图：大豆苷元的 PBS 溶液（含 5%乙醇），存在 WPI（左）、无 WPI（右）

的存在能否有效抑制大豆苷元晶体的生成，结果如图 3.54 内嵌图所示。右边的玻璃瓶中，可观察到溶液浑浊和沉积物的形成，说明大豆苷元晶体的生成，而在左边的玻璃瓶中，WPI 的存在可以抑制大豆苷元晶体的形成。并且纳米复合物在 4℃条件下储存至少可以稳定 2 个月。

为了进一步研究蛋白质对大豆苷元晶体的抑制作用，使用显微镜的偏振光模式观察大豆苷元和 WPI-Dai 纳米复合物。图 3.55A 中，大豆苷元逐渐聚集形成较大（微米级）的花簇状针状晶体，这是由大豆苷元在水溶液中的溶解度低造成的。当大豆苷元加入WPI 溶液中时，仅观察到较小的微晶（图 3.55B）。观察到的小点可能是游离的大豆苷元（未与蛋白质结合的部分）。实验结果表明，WPI 的存在可以有效抑制大豆苷元的晶体生长，因此提高大豆苷元在水溶液中的溶解度。

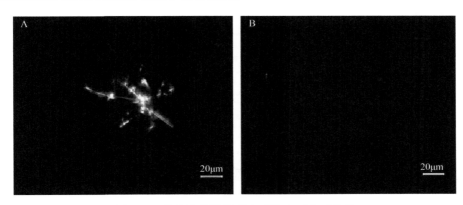

图 3.55　偏振光显微镜观察到的大豆苷元晶体
A. 大豆苷元；B. WPI-Dai。比例尺：20μm

三种大豆苷元浓度与蛋白质不同比例下，目测观察 1d、3d 和 7d 后溶液是否有晶体或沉淀物的出现，结果见表 3.38。数据表明，20μg/mL 除外，至少在 7d 内 WPI 能够抑制大豆苷元晶体的生成。当大豆苷元浓度为 20μg/mL，浓度比为 1∶10 时，3d 后观察到沉淀物；7d 后，所有浓度比例都出现沉淀。原因可能是大量未结合的大豆苷元浓度高于蛋白饱和度（Shpigelman et al.，2014）。然而，未加热的 WPI 溶液在所有浓度比下均在1d 后就观察到可见沉淀物。因此，与未加热的 WPI 相比，热变性蛋白溶液的实际优势更为明显。

表 3.38　不同热诱导 WPI 浓度比下大豆苷元的表观溶解度

大豆苷浓度（μg/mL）	Dai∶WPI											
	1∶0			1∶10			1∶20			1∶40		
	1d	3d	7d	1d	3d	7d	1d	3d	7d	1d	3d	7d
13	+	+	+	—	—	—	—	—	—	—	—	—
15	+	+	+	—	—	—	—	—	—	—	—	—
20	+	+	+	—	+	+	—	—	+	—	—	+

注：+. 可见沉积物；−. 不含可见的沉积物

5）WPI-Dai 纳米复合物的结构表征

（1）X 射线衍射

通过 X 射线粉末衍射测定进一步验证 WPI-Dai 纳米复合物的形成能够抑制大豆苷元的结晶。从图 3.56 可知，大豆苷元的 XRD 图谱中存在许多尖锐的峰，表明大豆苷元粉末是一种晶体物质。在 WPI 和大豆苷元的物理混合物中，仍可以观测到大豆苷元的特征峰。这一现象表明，大豆苷元并没有与蛋白质结合，仍以晶体的形式存在。然而，在 WPI-Dai 纳米复合物中，没有发现大豆苷元的峰，表明大豆苷元以无定形的状态存在于复合物中。由此可以得出，WPI 通过形成纳米复合物抑制大豆苷元的结晶沉淀。

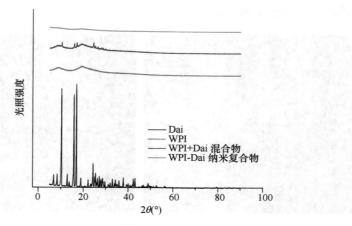

图 3.56　X 射线衍射图像

（2）红外光谱

1700～1600cm^{-1} 和 1550～1500cm^{-1} 分别代表蛋白质的酰胺 I 带和酰胺 II。大豆苷元的光谱中，1631cm^{-1} 代表 C=O 伸展振动，1518cm^{-1} 和 1460cm^{-1} 代表苯环，1240cm^{-1} 为酚羟基的特征峰。观察 WPI-Dai 的红外光谱图，蛋白质的酰胺 I 带从 1651cm^{-1} 蓝移至 1648cm^{-1}，酰胺 II 带从 1538cm^{-1} 红移至 1542cm^{-1}，并且大豆苷元的特征峰消失，说明大豆苷元与 WPI 发生相互作用结构发生改变，WPI 对大豆苷元产生了包合作用。

（3）同步热分析

基于同步热分析获取同一样品的 DSC 和 TGA 信息，可以消除重量、样品均匀性和加热速率一致性等造成的影响。在该实验中，同时进行 DSC-TGA 表征用于研究样品熔点和分解温度之间的关系，以进一步证实 WPI-Dai 络合物是溶剂化物还是水合物。通过 DSC 确定熔点，该熔点是特定化合物的基本热力学性质。大豆苷元的熔融峰位于 343℃，在 WPI-Dai 复合物中该吸热峰消失，说明大豆苷元以无定形或分子状态存在，证明了 WPI 能够抑制大豆苷元结晶。TGA 表明大豆苷元和 WPI 的分解温度分别为 337.4℃、272.0℃。相比之下，该复合物显示出可区分的分解温度，即 250.9℃。WPI 和 WPI-Dai 最初存在部分重量损失，原因可能是样品易吸潮，存在干燥后返潮现象。DSC-TGA 的分析结果表明，复合物与大豆苷元和 WPI 单体相比表现出不同的热性质，WPI-Dai 复合物既不是溶剂化物也不是水合物。

6）WPI-Dai 纳米复合物的形态学表征

使用透射电镜（TEM）观察热变性的 WPI 和 WPI-Dai 纳米复合物的形态，结果见图 3.54。负染使蛋白样品呈现白色。如图 3.57A 所示，游离蛋白具有球形结构。加热后，部分蛋白质聚集成团。随着大豆苷元的加入，与游离蛋白相比，粒径变小（图 3.57B）。WPI-Dai 纳米复合物呈球形，分布均匀，表明通过络合作用，小分子物质可抑制热诱导蛋白质的聚集行为。WPI-Dai 具有小于 100nm 的粒径。其粒径小于动态光散射（DLS）的结果，是因为仪器所测的粒径为水合粒径。

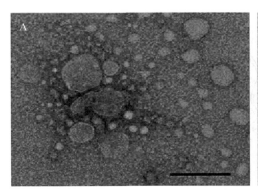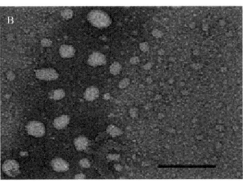

图 3.57　TEM 图像

A. 热变性的 WPI；B. WPI-Dai 纳米复合物。比例尺：200nm

3.4.2.2 WPI-Dai 自微乳给药系统（SMEDDS）的制备及研究

1）HPLC 方法的建立

以大豆苷元标准溶液的浓度为横坐标、峰面积为纵坐标进行线性回归，所得标准曲线方程化：$y=89.08x-3.9484$，$R^2=0.9995$。这表明大豆苷元的峰面积与浓度在 $0\sim60\mu g/mL$ 的范围内具有良好的线性关系。该方法精密度和重现性良好。

2）伪三元相图研究

基于相图构建自微乳化区域。根据预实验结果，制备一系列含有维生素 E 聚乙二醇琥珀酸酯（TPGS）、聚乙二醇 400（PEG400）、油酸乙酯/中链甘油三酯/肉豆蔻酸异丙酯（EO/MCT/IPM）的制剂，并用 37℃的超纯水稀释 100 倍。具有透明外观的分散体被认为是微乳液。肉眼观测结果与液滴粒径大小之间存在良好的关系。伪三元相图如图 3.58 所示。微乳由于具有热力学稳定性，液滴粒径通常很小（Grove et al.，2005）。当油相用量为 10%～30%、TPGS 为 20%～80% 时，体系的乳化效果更好。结果表明，表面活性剂浓度越高，相图中自微乳化区域越大。使用高浓度的表面活性剂可以促进快速有效的自微乳化（Kang et al.，2004）。对比三个相图，发现以 EO 作为油相时，能够形成自微乳的区域更大，因此最终选择 EO 进行接下来的实验。

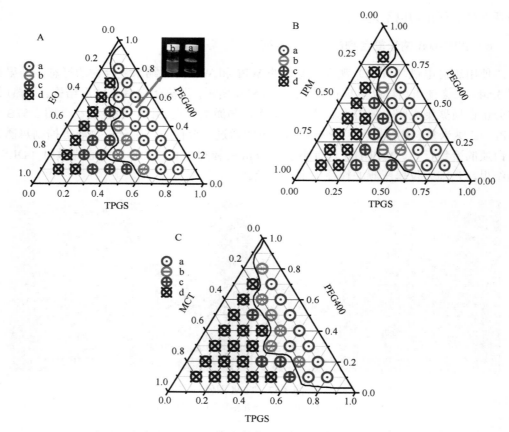

图 3.58　油相 EO（A）、IPM（B）、MCT（C）的伪三元相图

a 和 b 代表 O/W 微乳液区域：a 为澄清透明或微蓝光，b 为蓝白色半透明；c 和 d 代表粗乳液区域：c 为乳白色乳液，d 为灰色略带油滴

3）Box-Behnken 设计-响应面法优化处方

本研究通过预实验和伪三元相图的研究，确定了自微乳的处方组成，需要进一步筛选处方比例。选取表面活性剂、助表面活性剂和油相为考察因素，粒径、Zeta 电位和透光率为评价指标，使用 Box-Behnken 设计（BBD）响应面法确定最佳处方比例。根据优化的最佳处方，按照油相含量最多、表面活性剂含量最少的原则，确定优化处方的质量比为 TPGS：PEG400：EO=5：3：2。

4）WPI 对大豆苷元的包埋及复合物的制备

随着大豆苷元浓度的增加，蛋白质对大豆苷元的包埋率逐渐降低。当大豆苷元终浓度为 40μg/mL，包埋率从 100% 降到 30%，说明蛋白质对大豆苷元的结合位点达到了饱和。考虑到包埋率及最终与蛋白质结合的大豆苷元含量，选取大豆苷元终浓度为 20μg/mL，按照 3）中的方法制备 WPI-Dai 复合物。

5）载药量的确定

随着 SMEDDS 中 WPI-Dai 复合物含量的增加，粒径和 Zeta 电位的绝对值逐渐增大。

当载药量超过 100mg/g 时，微乳液的 Zeta 电位绝对值不再增加，而粒径则显著增大。考虑到载体中大豆苷元的含量和微乳体系的稳定性，提高制剂的载药效率，确定 1g 自乳化浓缩液的载药量为 100mg。

6）WPI-Dai 自微乳给药系统的粒径分析

当载药量为 100mg/g 时，基于 TPGS 的 WPI-Dai 自微乳给药系统（WD-SMEDDS-I）的粒径为 45.81nm±0.5nm，但 PDI 高达 0.463±0.028。基于单一 TPGS 的 SMEDDS 是多分散的。当药物负载过大时，SMEDDS 无法形成稳定的界面膜。蛋白质和 TPGS 在界面处的交联较弱且容易发生置换反应，此外溶液中存在着大量 TPGS 胶束。因此，粒径分布呈双峰，以 TPGS 胶束的粒径占主导。复配表面活性剂在改善微乳活性和稳定性方面的效果通常优于单一表面活性剂。因此在 TPGS 的基础上，选择吐温 20、吐温 80 和聚氧乙烯氢化蓖麻油（RH40）作为复配表面活性剂，并将比例固定在 1∶1。

基于吐温 20、吐温 80 和 RH40 的 WD-SMEDDS 的粒径分别为 109.60nm±3.98nm、54.94nm±3.49nm 和 46.85nm±0.23nm。然而，PDI 分别为 0.198±0.023、0.447±0.034 和 0.427±0.005。基于吐温 20 的微乳液表现为单峰，而其他微乳液则呈双峰分布。综合考虑，选择吐温 20 作为后续实验的复配表面活性剂，吐温 20 与 TPGS 复配的 WPI-Dai 自微乳给药系统命名为 WD-SMEDDS-II。

TPGS∶吐温 20 的比例为 3∶1 至 1∶3，粒径分别为 205.3nm±49.69nm、88.77nm±3.91nm、109.60nm±3.98nm、188.20nm±64.66nm 和 156.80nm±68.61nm，PDI 为 0.378±0.057、0.210±0.031、0.198±0.023、0.305±0.093 和 0.301±0.134。综合考虑，TPGS 与吐温 20 的最终比例定为 1∶1。

7）不同介质和稀释倍数对乳液体系的影响

不同稀释介质的 WD-SMEDDS 的外观没有显著区别。但会导致乳液的粒径和 PDI 发生轻微改变（表 3.39）。WD-SMEDDS-I 具有更大的 PDI 并显示出双峰分布（图 3.59A）。然而，WD-SMEDDS-II 的 PDI 相对较小，表现为单峰分布（图 3.59B）。

表 3.39　稀释介质的 pH 对 WD-SMEDDS 稳定性的影响

	指标	蒸馏水	HCl（pH=1.2）	PBS（pH=6.8）
WD-SMEDDS-I	粒径（nm）	45.81±0.54	40.72±0.02	41.74±0.18
	PDI	0.512±0.005	0.415±0.003	0.437±0.008
WD-SMEDDS-II	粒径（nm）	94.93±1.67	95.23±1.72	98.50±3.27
	PDI	0.216±0.015	0.211±0.011	0.222±0.010

与 WD-SMEDDS-II 相比，不同的稀释倍数对 WD-SMEDDS-I 的影响更大（表 3.40）。稀释引起 WD-SMEDDS-I 的粒径和 PDI 发生显著变化。同时，随着稀释比的增加，SMEDDS 的粒径仅略有增加。WD-SMEDDS-I 是多分散的，但是 WD-SMEDDS-II 则表现为均匀的单分散。另外在 4℃下储存 3 个月，WD-SMEDDS-II 仍保持澄清透明液体，而 WD-SMEDDS-I 在储存过程中逐渐变成半透明液体，带有蓝白色乳光。实验结果表明，

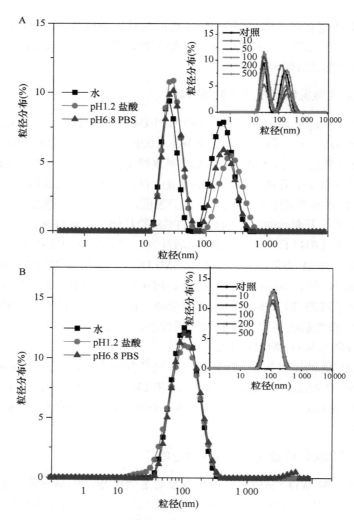

图 3.59　WD-SMEDDS 的粒径分布

A. 稀释介质对 TPGS 体系粒径的影响；B. 稀释介质对复配表面活性剂体系粒径的影响。内嵌图：不同稀释比例的影响

表 3.40　稀释倍数对 WD-SMEDDS 稳定性的影响

稀释比例	WD-SMEDDS-I		WD-SMEDDS-II	
	粒径（nm）	PDI	粒径（nm）	PDI
对照	45.81±0.54	0.516±0.005	94.93±1.67	0.216±0.015
10	36.11±6.46	0.403±0.081	96.41±0.31	0.216±0.015
50	34.77±3.30	0.381±0.055	97.35±0.48	0.219±0.018
100	42.32±3.36	0.450±0.011	100.10±1.18	0.209±0.007
200	57.49±2.79	0.408±0.050	101.54±2.16	0.206±0.009
500	62.47±2.79	0.368±0.253	105.90±3.20	0.218±0.021

复配表面活性剂对基于蛋白质的 SMEDDS 的效果优于单一的 TPGS。复配体系的协同效应进一步提高了微乳液体系的稳定性。

8）形态学观察

（1）透射电镜

在透射电镜下观察，大多数微乳液的液滴具有近似球形、尺寸小且分布均匀的粒径。在装载复合物之前和之后，SMEDDS 的形态几乎没有变化。通过比较发现，基于单一 TPGS 的微乳液液滴的粒径小于复配体系。吐温 20 的添加延长了 TPGS 的结构并增强了其与 WPI 的相互作用。WD-SMEDDS-I 的颗粒发生了轻微聚集，WD-SMEDDS-II 的颗粒则均匀分散在水性介质中。添加吐温 20 使自微乳具有更好的分散性。

（2）激光扫描共聚焦显微镜（LSCM）

LSCM 图像证实了表面活性剂-油-水混合物中蛋白质聚集体的形成。蛋白质呈现绿色荧光，油相呈现红色荧光。图 3.60A、B、C 为 WD-SMEDDS-I 的 LSCM 图像。在该组合物中，未吸附的蛋白质从水相中扩散出来，而不是与包被油滴的聚集蛋白质相关联。结果表明，并非所有的表面活性剂都能与蛋白质结合。在较高浓度的 TPGS 中，游离的表面活性剂（单体+胶束）将会存在于体系中，引起局部相分离。此外，WD-SMEDDS-I 中有许多尺寸较大的形状不规则的聚集体。单一的 TPGS 与蛋白质的结合效果较弱，乳化效果和体系稳定性较差。图 3.60D、E、F 表明复配表面活性剂强烈影响蛋白质在微结构内的分布方式。从图中可以观察到，微乳液的粒径小，没有大量的不规则聚集。结果表明，添加吐温 20 可抑制颗粒的聚集，提高微乳液体系的稳定性。与 WD-SMEDDS-I 相比，WD-SMEDDS-II 中没有与油滴结合的游离蛋白质的量相对较小。聚集的蛋白质的溶解度可能会受到突出的聚氧乙烯基团的影响（Kerstens et al.，2006）。将吐温 20 添加到 TPGS 中会导致蛋白质对油包被的液滴具有高亲和力。在该比例下，大多数吐温 20 可能不会破坏蛋白质吸附层或从界面取代蛋白质。在吐温 20 和 TPGS 的协同作用下，蛋白质可以抵消系统中存在的一部分表面活性剂的竞争性吸附。这些结果表明复配体系的效果优于单一表面活性剂。

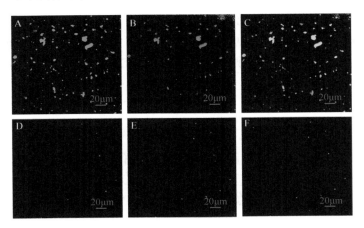

图 3.60　基于 TPGS 的 WD-SMEDDS 的 LSCM 图像（A～C）和基于 TPGS-吐温 20 的 WD-SMEDDS 的 LSCM 图像（D～F）

A、D. 蛋白质荧光（异硫氰酸荧光素 FITC）图像；B、E. 油相荧光（尼罗红）图像；C、F. 来自两种染料的荧光的组合叠加图像

9）体外溶出实验

基于 TPGS-吐温 20 的微乳液的稳定性优于单一的 TPGS 体系。因此，选择 WD-SMEDDS-II 用于随后的体外溶出实验。在 pH 1.2 的 HCl 和 pH 6.8 的 PBS 中测定大豆苷元、WPI-Dai、WD-SMEDDS 和市售片剂的溶出曲线，结果见图 3.61。

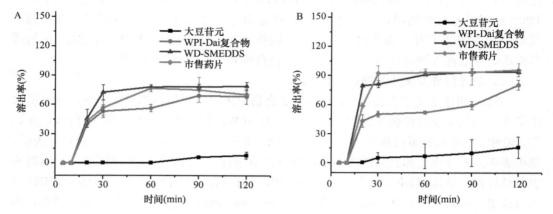

图 3.61　各种大豆苷元制剂在 pH 1.2 的 HCl（A）和 pH 6.8 的 PBS（B）的溶出曲线

由图 3.61 可以看出，在 pH 1.2 的 HCl 中，WD-SMEDDS 制剂中大豆苷元的溶出率最终达到约 80%（图 3.61A）；在 pH 6.8 的 PBS 溶液中，60min 后从 WD-SMEDDS 制剂中释放超过 90% 的大豆苷元（图 3.61B）。然而，大豆苷元粉末表现为低溶解行为，120min 时其在 pH 1.2 的 HCl 和 pH 6.8 的 PBS 中的溶出率分别小于 10% 和 15%，这归因于大豆苷元较差的溶解性。在 pH1.2 的 HCl 和 pH 6.8 的 PBS 中，120min 后 WPI-Dai 复合物中大豆苷元的溶出率分别约为 70% 和 80%。在两种溶出介质中，来自 WD-SMEDDS 的大豆苷元的溶出百分比显著高于 WPI-Dai 复合物。与市售的黄豆苷元药片相比，来自 WD-SMEDDS 的大豆苷元的溶出实现了相同的释放效果，但其溶解速率更快。结果表明，由于较小的液滴粒径，SMEDDS 显著改善了大豆苷元的溶解性，使小分子溶解到水相中的速度更快，其效果优于 WPI-Dai，甚至比市售制剂略胜一筹。此外，研究结果显示，在 1.2～6.8 的 pH 范围内，所开发的 WD-SMEDDS 制剂受溶解介质的离子强度和 pH 的影响相对较小。

3.4.3　番茄红素

番茄红素（lycopene）是一种脂溶性直链型碳氢化合物，化学组成为 $C_{40}H_{56}$，相对分子质量为 536.85，由 11 个共轭及 2 个非共轭碳碳双键组成的，有顺反异构体。番茄红素分子中的共轭双键，使得它的稳定性极差，极易发生顺反异构化和氧化降解。这种不稳定现象在高纯度番茄红素中更易发生。有研究显示，番茄红素具有强大的抗氧化特性，能够抑制癌症细胞增殖和减少脂质氧化，在预防心脏病等重大疾病上也有明显效果。但是番茄红素的水溶性差使得它的生物利用度受限，解决像番茄红素这种类胡萝卜素水溶性差的问题一直是制药和食品科学家的一个挑战。研究表明，通过不同方式制备的纳米乳液可以用来包埋疏水性、亲水性和两亲性成分，通过不同机制促进不同生物活性剂的生物利用度。一方面，纳米乳不易发生液滴聚集具有更好的稳定性，可以延长货架期；另一方面，纳米乳由于颗粒尺寸小，更容易穿透，在消化道内占有的比表面积更大，能够显著提高生物利用度。所以，为了提高番茄红素的生物利用度，科研人员把目光投向了基于乳液包埋的递送系统。

3.4.3.1　不同复合比的壳聚糖-酪蛋白番茄红素乳液的制备与表征

1）乳液颗粒的制备

壳聚糖与酪蛋白的比例分别为 0∶3、0.5∶3、1∶3、1.5∶3。单一酪蛋白的番茄红素乳液的颗粒粒径、分散性和电势都要比复合的壳聚糖-酪蛋白番茄红素乳液要小，其中壳聚糖浓度高的复合乳液的粒径、分散性和电势又要高于壳聚糖浓度低的。当壳聚糖与酪蛋白的复合比为 0.5∶3 时，乳液非常脆弱，会在样品制备过程中发生絮凝。值得注意的是，这种情况更易发生在壳聚糖-酪蛋白复合物发生桥联絮凝点的旁边。由此推测，可能是此时壳聚糖-酪蛋白复合物包覆了油脂，导致颗粒粒径增大，需要更多的壳聚糖包覆在酪蛋白表面，才能形成稳定的壳聚糖-酪蛋白乳液体系。壳聚糖与酪蛋白的复合比为 0.5∶3 的番茄红素乳液发生部分絮凝，导致包埋的番茄红素量很少，乳液颜色上明显弱于其他三种乳液。

2）番茄红素乳液的颗粒形貌表征

通过 TEM 观察不同壳聚糖-酪蛋白复合比的番茄红素乳液的颗粒形貌及分布情况。如图 3.62 所示，包埋了番茄红素的壳聚糖-酪蛋白乳液颗粒整体呈球状，结构颗粒较为

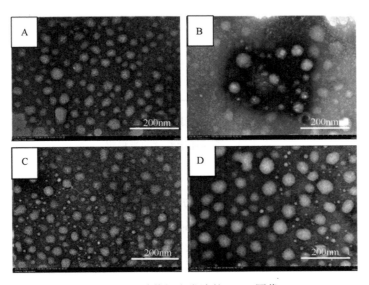

图 3.62　番茄红素乳液的 TEM 图像

A. 壳聚糖与酪蛋白复合比为 0∶3；B. 壳聚糖与酪蛋白复合比为 0.5∶3；C. 壳聚糖与酪蛋白复合比为 1∶3；D. 壳聚糖与酪蛋白复合比为 1.5∶3

圆润，壳聚糖与酪蛋白的复合比为 1.5∶3 的乳液颗粒粒径较其他复合比下的乳液颗粒相对明显增大，在 100nm 左右。不同于其他复合比的壳聚糖-酪蛋白番茄红素乳液，图 3.62B 中的乳液颗粒分散不均一，有堆积现象，在壳聚糖与酪蛋白的复合比为 0.5∶3 时发生乳液不稳定现象。

3）光照对番茄红素乳液的影响

天然色素的稳定性受光照影响非常大，长时间在光照下，番茄红素分子结构中的很多不饱和双键形成的共轭体系会遭到破坏，使得番茄红素发生不同程度的降解，因此探讨包埋后的番茄红素乳液的光稳定性对番茄红素的广泛应用具有实际价值。随着紫外灯光照时间的不断延长，所有复合比的乳液中，番茄红素保留率都呈现一个明显下降趋势。这说明乳液体系不能完全保护番茄红素。但是观察不同复合比乳液之间的番茄红素的光照保留率，壳聚糖浓度较高的壳聚糖-酪蛋白复合乳液对番茄红素的保护作用相对更强，光照 8h 后，壳聚糖-酪蛋白复合比为 0∶3、1∶3 和 1.5∶3 的乳液对应的番茄红素的保留率为 59.35%、68.33% 和 65.41%（图 3.63），这说明形成壳聚糖-酪蛋白复合体系对番茄红素的保护作用更强，能够有效降低光照下番茄红素的损失，其中复合比为 1.5∶3 的壳聚糖-酪蛋白乳液番茄红素的保留率相对于 1∶3 的复合比要低可能与乳液的颗粒尺寸等因素有关。

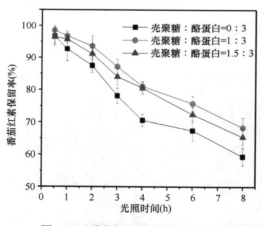

图 3.63　番茄红素乳液的光稳定性

4）温度对番茄红素乳液的影响

温度对番茄红素的稳定性影响主要是改变番茄红素的构象。高温下，番茄红素易从反式结构转变为顺式，利用率降低。图 3.64 为在不同温度条件（25℃、37℃、60℃和 80℃）下水浴加热 8h 后，不同壳聚糖-酪蛋白复合比下的番茄红素保留率的情况，从图可知，番茄红素热稳定性较差，随着加热温度的升高，所有乳液中的番茄红素含量都不断减少，番茄红素的保留率呈现下降趋势，且趋势基本一致，这说明虽然乳液体系赋予了番茄红素一个类似于微胶囊的外壳，能够保护番茄红素，提高其耐热作用，但是这种保护是有限的。对比不同复合比下的壳聚糖-酪蛋白乳液对番茄红素的热保护作用，复合比为 1：3 的壳聚糖-酪蛋白乳液对番茄红素的保护作用要优于复合比为 1.5：3，而复合比为 1.5：3 的乳液对番茄红素的热保护作用又要高于纯酪蛋白乳液，这说明形成的壳聚糖-酪蛋白复合物乳液对番茄红素具有更好的保护作用，复合壁材的保护效应要更优，但高温某种程度上也会破坏壳聚糖的理化性质，这可能与高糖浓度的复合乳液对番茄红素的耐热保护作用减弱有关。Xu 等（2009）关于叶黄素乳液的稳定性研究显示，乳清蛋白和壳聚糖等组成的多层膜更有利于提高叶黄素的物理化学稳定性。

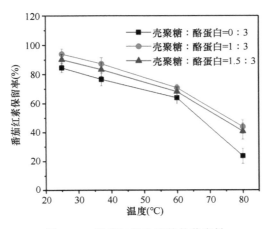

图 3.64 番茄红素乳液的热稳定性

5）贮藏时间对番茄红素乳液的影响

储存一个月后的乳液颗粒整体来说处于一个不错的状态，其中粒径和 PDI 虽然有所增大，但整体增幅较小，Zeta 电位略有降低，这可能和乳液的 pH 发生偏移有关。总体而言，包埋有番茄红素的乳液体系都具有一个良好的稳定性。但值得注意的是，一个月后所有乳液体系中的番茄红素的保留率都比较低，在 20%左右，从图 3.65 能明显发现一个月后番茄红素乳液的颜色变浅程度较大，这和番茄红素的降解和析出有关，一个月后贮藏有番茄红素乳液的小玻璃瓶瓶底会有很多番茄红素晶体析出，这可能与番茄红素的包埋较弱及番茄红素的室温下溶解度降低导致随时间迁移易析出有关，所以制备具有更长的贮藏期的番茄红素乳液是接下来需要考虑的问题。

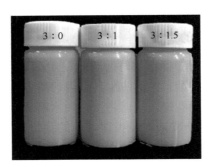

图 3.65 室温下避光贮藏 30d 的番茄红素乳液
数字显示酪蛋白与壳聚糖比例

6）模拟胃液对番茄红素乳液的影响

番茄红素对人体的健康有着重要作用，它的摄入主要来源于各类果蔬中如番茄，而胃是番茄红素消化利用的第一场所，所以模拟番茄红素乳液在体外胃液消化的情况可以有效衡量壳聚糖-酪蛋白乳液体系对胃蛋白酶的耐受性及番茄红素能否有效输送到下一消化系统，对实际的应用具有重要的参考意义。从图 3.66 可以看出不同复合比的壳聚糖-酪蛋白番茄红素乳液颗粒的粒径和 PDI 在胃液中随时间的变化趋势。由图可知，随着消化时间的不断增长，壳聚糖-酪蛋白复合乳液体系的粒径和分散性都有着明显的增大趋势。乳液颗粒的粒径由消化反应前的 300～500nm 增长到 600～800nm，与此同时 PDI 也由最初的 0.2 左右上升到 0.4 左右。这可能与消化过程中，强酸性 pH 环境易造成大分子聚集，同时胃蛋白酶也会造成蛋白质结构的松散有关。但值得注意的是，由壳聚糖-酪蛋白复合物制备的乳液在消化过程中的粒径和分散性变化都要明显小于单一酪蛋白乳液体系，但是壳聚糖-酪蛋白复合比为 1∶3 和 1.5∶3 的乳液在消化 4h 过程中，颗粒的粒径和分散性变化的差异不是很明显，这可能与壳聚糖和酪蛋白之间的复合作用有关。酸性环境中，一方面，颗粒内部及颗粒之间的静电、疏水相互作用依旧可以维持乳液颗粒保持一个较稳定的结构；另一方面，壳聚糖的存在会减弱胃蛋白酶对蛋白质的消化，从而壳聚糖-酪蛋白复合乳液在胃液中具有更好的稳定性。

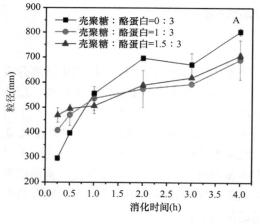 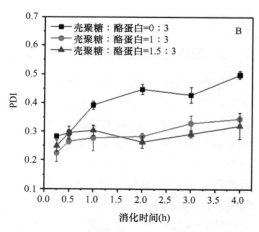

图 3.66　模拟胃液消化过程体系粒径（A）和 PDI（B）变化

7）模拟胃液中番茄红素的释放

蛋白质和脂肪类食物在胃中停留的时间一般在 4h，食物在胃中被消化分解是由于胃液中的高酸环境会激活胃蛋白酶，胃蛋白酶具有内切特异性能够剪切氨基酸间形成的肽键，通常是疏水氨基酸之间的肽键，从而将蛋白质水解为多肽，所以番茄红素的累积释放率是考察壳聚糖-酪蛋白复合乳液在模拟胃液中的稳定性的重要指标。

由图 3.67 可以看出，随着在胃液中消化时间的不断增加，所有乳液中的番茄红素累积释放率都呈不断上升趋势，其中，壳聚糖与酪蛋白复合比为 0∶3 的释放率上升最快，4h 后的累积释放率达到了 77.42%；而壳聚糖与酪蛋白复合比为 1∶3 和 1.5∶3 的乳液中番茄红素的释放相对迟缓，在模拟胃液孵育的最初 2h，番茄红素释放比较快，释放率呈现不断递增的趋势，随后的 2h 开始趋于平稳，最终释放率在 40% 左右。单一的酪蛋白体系包埋的番茄红素乳液的累积释放率要明显高于壳聚糖-酪蛋白复合体系，这是因为单一的酪蛋白乳液体系易在胃液中被胃蛋白酶直接剪切水解，而对于壳聚糖-酪蛋白复合体系而言，壳聚糖与酪蛋白之间的静电作用较强，使得疏水氨基酸能够被很好地保护在疏水核区域内，提高了胃蛋白酶剪切的阻力，但是由于会有一些附着在壳聚糖与酪蛋白胶囊的表面，或包埋较弱从而导致前 2h 孵育过程释放量较大。总体而言，壳聚糖-酪蛋白复合体系乳液对番茄红素的保护作用要高于纯蛋白体系的酪蛋白乳液。

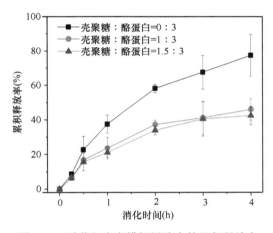

图 3.67　番茄红素在模拟胃液中的累积释放率

3.4.3.2　小结

壳聚糖-酪蛋白乳液体系能够有效提高番茄红素的利用率。在光、热稳定性研究中，发现复合比为 1∶3 的壳聚糖-酪蛋白乳液对番茄红素的热保护作用和光保护作用最好，其次为 1.5∶3 复合物。此外，壳聚糖-酪蛋白复合体系相对于酪蛋白单一体系能够延长番茄红素在胃液中的释放时间，减少在胃中的吸收。

参 考 文 献

金俊, Pembe W M, 郑立友, 等. 2017. 5 种亟待开发的类可可脂木本油料脂肪. 中国油脂, 42: 1-7
王群英, 王继德, 钟慧闽, 等. 2006. 过氧化氢酶对溃疡性结肠炎大鼠肠黏膜内细胞因子表达和 NF-κB 激活的影响. 解放军医学杂志, (2): 112-114
武金宝, 王继德, 王群英, 等. 2004. 重组幽门螺杆菌过氧化氢酶对结肠粘膜上皮细胞氧化应激的影响. 第一军医大学学报, (9): 1045-1047
谢明勇, 李精, 聂少平. 2013. 果胶研究与应用进展. 中国食品学报, 13: 1-14
徐强. 2009. N-3 多不饱和脂肪酸防治慢性放射性肠损伤的研究. 苏州大学硕士学位论文
张学杰, 郭科, 苏艳玲. 2010. 果胶研究新进展. 中国食品学报, 10: 167-174
Abed S M, Wei W, Ali A H, et al. 2018. Synthesis of structured lipids enriched with medium-chain fatty acids via solvent-free acidolysis of microbial oil catalyzed by *Rhizomucor miehei* lipase. LWT-Food Science and Technology, 93: 306-315

Abu Zarim N, Zainul Abidin S, Ariffin F. 2018. Rheological studies on the effect of different thickeners in texture-modified chicken *rendang* for individuals with dysphagia. Journal of Food Science and Technology, 55: 4522-4529

Acevedo N C, Marangoni A G. 2015. Nanostructured fat crystal systems. Annual Review of Food Science and Technology, 6: 71-96

Acevedo N C, Peyronel F, Marangoni A G. 2011. Nanoscale structure intercrystalline interactions in fat crystal networks. Current Opinion in Colloid and Interface Science, 16: 374-383

Akoh C C. 2017. Food Lipids: Chemistry, Nutrition, and Biotechnology. Boca Raton: CRC Press

Alamed J, McClements D J, Decker E A. 2006. Influence of heat processing and calcium ions on the ability of EDTA to inhibit lipid oxidation in oil-in-water emulsions containing omega-3 fatty acids. Food Chemistry, 95: 585-590

Alfutimie A, Al-Janabi N, Curtis R, et al. 2016. The Effect of monoglycerides on the crystallisation of triglyceride. Colloids and Surfaces A: Physicochemical and Engineering Aspects, 494: 170-179

Ando M, Toyohara H, Shimizu Y, et al. 1993. Post-Mortem Tenderization of Fish Muscle due to Weakening of Pericellular Connective Tissue. Nippon Suisan Gakkaishi, 59(6): 1073-1076

Arab-Tehrany E, Jacquot M, Gaiani C, et al. 2012. Beneficial effects and oxidative stability of omega-3 long-chain polyunsaturated fatty acids. Trends in Food Science & Technology, 25: 24-33

Asghar A, Samejima K, Yasui T, et al. 1985. Functionality of muscle proteins in gelation mechanisms of structured meat products. Crit Rev Food Sci Nutr, 22: 27-106

Bahari A, Akoh C C. 2018. Synthesis of a cocoa butter equivalent by enzymatic interesterification of illipe butter and palm midfraction. Journal of the American Oil Chemists' Society, 95: 547-555

Béligon V, Christophe G, Fontanille P, et al.2016.Microbial lipids as potential source to food supplements. Current Opinion in Food Science, 7: 35-42

Bergfreund J, Bertsch P, Kuster S, et al. 2018. Effect of oil hydrophobicity on the adsorption and rheology of β-lactoglobulin at oil–water interfaces. Langmuir, 34: 4929-4936

Berton-Carabin C C, Ropers M H, Genot C. 2014. Lipid oxidation in oil-in-water emulsions: Involvement of the interfacial layer. Comprehensive Reviews in Food Science and Food Safety, 13: 945-977

Berton-Carabin C C, Sagis L, Schroen K. 2018. Formation, structure, and functionality of interfacial layers in food emulsions. Annual Review of Food Science and Technology, 9(9): 551-587

Bian L, Chung H-J. 2016. Molecular structure and physicochemical properties of starch isolated from hydrothermally treated brown rice flour. Food Hydrocolloids, 60: 345-352

Bornscheuer U T. 2018. Enzymes in lipid modification. Annual Review of Food Science and Technology, 9: 85-103

Cai J, Man J, Huang J, et al. 2015. Relationship between structure and functional properties of normal rice starches with different amylose contents. Carbohydrate Polymers, 125: 35-44

Cai Z, Wei Y, Wu M, et al. 2019. Lipase immobilized on layer-by-layer polysaccharide-coated $Fe_3O_4@$ SiO_2 microspheres as a reusable biocatalyst for the production of structured lipids. ACS Sustainable Chemistry & Engineering, 7: 6685-6695

Cao Y, Chen X L, Sun Y, et al. 2018a. Hypoglycemic effects of pyrodextrins with different molecular weights and digestibilities in mice with diet-induced obesity. Journal of Agricultural and Food Chemistry, 66(11): 2988-2995

Cao Y, Ai N, True A D, et al. 2018b. Effects of (–)-epigallocatechin-3-gallate incorporation on the physicochemical and oxidative stability of myofibrillar protein-soybean oil emulsions. Food Chemistry, 245: 439-445

Capron I, Robert P, Colonna P, et al. 2006. Starch in rubbery and glassy states by FTIR spectroscopy. Carbohydrate Polymers, 68(2): 249-259

Careche M, Cofrades S, Carballo J, et al. 1998. Emulsifying and gelation properties during freezing and frozen storage of hake, pork, and chicken actomyosins as affected by addition of formaldehyde. Journal of Agricultural and Food Chemistry, 46: 813-819

Carty E, Rampton D S. 2003. Evaluation of new therapies for inflammatory bowel disease. British Journal of

Clinical Pharmacology, 56(4): 351-361

Celus M, Salvia-Trujillo L, Kyomugasho C, et al. 2018. Structurally modified pectin for targeted lipid antioxidant capacity in linseed/sunflower oil-in-water emulsions. Food Chemistry, 241: 86-96

Chen B, McClements D J, Decker E A. 2014a. Impact of diacylglycerol and monoacylglycerol on the physical and chemical properties of stripped soybean oil. Food Chemistry, 142: 365-372

Chen F, Liang L, Zhang Z, et al. 2017. Inhibition of lipid oxidation in nanoemulsions and filled microgels fortified with omega-3 fatty acids using casein as a natural antioxidant. Food Hydrocolloids, 63: 240-248

Chen F P, Li B S, Tang C-H. 2015. Nanocomplexation of soy protein isolate with curcumin: Influence of ultrasonic treatment. Food Research International, 75: 157-165

Chen X, Chen C G, Zhou Y Z, et al. 2014b. Effects of high pressure processing on the thermal gelling properties of chicken breast myosin containing κ-carrageenan. Food Hydrocolloids, 40: 262-272

Cheong L Z, Guo Z, Lue B M, et al. 2012. Surface active lipids as encapsulation agents and delivery vehicles//Ahmad M U. Lipids in Nanotechnology. New York: AOCS Press: 15-51

Chi C, Li X, Zhang Y, et al. 2018. Understanding the mechanism of starch digestion mitigation by rice protein and its enzymatic hydrolysates. Food Hydrocolloids, 84: 473-480

Colodel C, Vriesmann L C, Lucia de Oliveira Petkowicz C. 2019. Rheological characterization of a pectin extracted from ponkan (*Citrus reticulata* Blanco cv. Ponkan) peel. Food Hydrocolloids, 94: 326-332

Copeland L, Blazek J, Salman H, et al. 2009. Form and functionality of starch. Food hydrocolloids, 23: 1527-1534

Craven R J, Lencki R W. 2011. Crystallization and polymorphism of 1,3-acyl-palmitoyl-*rac*-glycerols. Journal of the American Oil Chemists' Society, 88: 1113-1123

Cuevas R, Gilbert R G, Fitzgerald M A. 2010. Structural differences between hot-water-soluble and hot-water-insoluble fractions of starch in waxy rice (*Oryza sativa* L.). Carbohydrate Polymers, 81(3): 524-532

Czernichow S, Thomas D, Bruckert E. 2010. n-6 Fatty acids and cardiovascular health: A review of the evidence for dietary intake recommendations. British Journal of Nutrition, 104: 788-796

da Silva R C, Soares F A S D M, Maruyama J M, et al. 2017a. Crystallisation of monoacylglycerols and triacylglycerols at different proportions: Kinetics and structure. International Journal of Food Properties, 20: S385-S398

da Silva T L T, Domingues M A F, Chiu M C, et al. 2017b. Templating effects of dipalmitin on soft palm mid-fraction crystals. International Journal of Food Properties, 20: 935-947

Daels E, Foubert I, Goderis B. 2017. The effect of adding a commercial phytosterol ester mixture on the phase behavior of palm oil. Food Research International, 100: 841-849

Das A, Thakur R, Dagar A, et al. 2014. A spectroscopic investigation and molecular docking study on the interaction of hen egg white lysozyme with liposomes of saturated and unsaturated phosphocholines probed by an anticancer drug ellipticine. Physical Chemistry Chemical Physics, 16(11): 5368-5381

Decker E A, McClements D J, Bourlieu-Lacanal C, et al. 2017. Hurdles in predicting antioxidant efficacy in oil-in-water emulsions. Trends in Food Science & Technology, 67: 183-194

Deloid G M, Wang Y, Kapronezai K, et al. 2017. An integrated methodology for assessing the impact of food matrix and gastrointestinal effects on the biokinetics and cellular toxicity of ingested engineered nanomaterials. Particle & Fibre Toxicology, 14: 40

Diao X, Guan H, Zhao X, et al. 2016. Properties and oxidative stability of emulsions prepared with myofibrillar protein and lard diacylglycerols. Meat Science, 115: 16-23

Dittrich R, El-Massry F, Kunz K, et al. 2003. Maillard reaction products inhibit oxidation of human low-density lipoproteins *in vitro*. Journal of Agricultural and Food Chemistry, 51(13): 3900-3904

Domingues M A F, da Silva T L T, Ribeiro A P B, et al. 2016. Sucrose behenate as a crystallization enhancer for soft fats. Food Chemistry, 192: 972-978

Duh P D, Wen J Y, Yen G C. 1999. Oxidative stability of polyunsaturated fatty acids and soybean oil in an aqueous solution with emulsifiers. Journal of the American Oil Chemists' Society, 76: 201-204

Echavarría A P, Pagán J, Ibarz A. 2012. Melanoidins formed by Maillard reaction in food and their biological activity. Food Engineering Reviews, 4: 203-223

Facin B R, Melchiors M S, Valério A, et al. 2019. Driving immobilized lipases as biocatalysts: 10 years state of the art and future prospects. Industrial & Engineering Chemistry Research, 58: 5358-5378

Faustino A R, Osório N M, Tecelão C, et al. 2016. Camelina oil as a source of polyunsaturated fatty acids for the production of human milk fat substitutes catalyzed by a heterologous *Rhizopus oryzae* lipase. European Journal of Lipid Science and Technology, 118: 532-544

Feng X, Zhu Y, Liu Q, et al. 2017. Effects of bromelain tenderisation on myofibrillar proteins, texture and flavour of fish balls prepared from golden pomfret. Food and Bioprocess Technology, 10: 1918-1930

Ferrado J B, Perez A A, Visentini F F, et al. 2019. Formation and characterization of self-assembled bovine serum albumin nanoparticles as chrysin delivery systems. Colloids and Surfaces B: Biointerfaces, 173: 43-51

Ferreira M L, Tonetto G M. 2017.What is the importance of structured triglycerides and diglycerides?// Ferreira M L, Tonetto G M. Enzymatic Synthesis of Structured Triglycerides: From Laboratory to Industry. New York: Springer: 1-16

Freiría-Gándara J, Losada-Barreiro S, Paiva-Martins F, et al. 2018. Enhancement of the antioxidant efficiency of gallic acid derivatives in intact fish oil-in-water emulsions through optimization of their interfacial concentrations. Food & Function, 9: 4429-4442

Gloire G, Legrand-Poels S, Piette J. 2006. NF-kappaB activation by reactive oxygen species: Fifteen years later. Biochemical pharmacology, 72(11): 1493-1505

Gonzalez-Gutierrez J, Scanlon M G. 2018. Rheology and mechanical properties of fats//Marangoni A G. Structure-Function Analysis of Edible Fats. Second Edition. New York: AOCS Press: 119-168

Grassino A N, Barba F J, Brncic M, et al. 2018. Analytical tools used for the identification and quantification of pectin extracted from plant food matrices, wastes and by-products: A review. Food Chemistry, 266: 47-55

Grisham M B, Granger D N. 1988. Neutrophil-mediated mucosal injury. Role of reactive oxygen metabolites. Digestive Diseases and Sciences, 33(3 Suppl): 6S-15S

Grove M, Pedersen G P, Nielsen J L, et al. 2005. Bioavailability of seocalcitol I: Relating solubility in biorelevant media with oral bioavailability in rats-effect of medium and long chain triglycerides. Journal of Pharmaceutical Sciences, 94: 1830-1838

Gumus C E, Decker E A, McClements D J. 2017. Impact of legume protein type and location on lipid oxidation in fish oil-in-water emulsions: Lentil, pea, and faba bean proteins. Food Research International, 100: 175-185

Gupta A, Barrow C J, Puri M. 2012. Omega-3 biotechnology: Thraustochytrids as a novel source of omega-3 oils. Biotechnology Advances, 30: 1733-1745

Gupta U, Sharma S, Khan I, et al. 2017. Enhanced apoptotic and anticancer potential of paclitaxel loaded biodegradable nanoparticles based on chitosan. International Journal of Biological Macromolecules, 98: 810-819

Hagemann J. 1988. Thermal behavior and polymorphism of acylglycerides//Garti N, Sato K. Crystallization and Polymorphism of Fats and Fatty Acids. New York: Marcel Dekker Inc.

Hanashiro I, Abe J-i, Hizukuri S. 1996. A periodic distribution of the chain length of amylopectin as revealed by high-performance anion-exchange chromatography. Carbohydrate Research, 283: 151-159

Hartel R W. 2013. Advances in food crystallization. Annual Review of Food Science and Technology, 4: 277-292

He Y, Li J, Guo Z, et al. 2018. Synthesis of novel medium-long-medium type structured lipids from microalgae oil via two-step enzymatic reactions. Process Biochemistry, 68: 108-116

He Y, Li J, Kodali S, et al. 2017. Liquid lipases for enzymatic concentration of n-3 polyunsaturated fatty acids in monoacylglycerols via ethanolysis: Catalytic specificity and parameterization. Bioresource Technology, 224: 445-456

Hermund D B, Karadağ A, Andersen U, et al. 2016. Oxidative stability of granola bars enriched with multilayered fish oil emulsion in the presence of novel brown seaweed based antioxidants. Journal of Agricultural and Food Chemistry, 64: 8359-8368

Hu H, Cheung I W Y, Pan S Y, et al. 2015. Effect of high intensity ultrasound on physicochemical and functional properties of aggregated soybean beta-conglycinin and glycinin. Food Hydrocolloids, 45: 102-110

Jahurul M, Zaidul I, Norulaini N, et al. 2013. Cocoa butter fats and possibilities of substitution in food products concerning cocoa varieties, alternative sources, extraction methods, composition, and characteristics. Journal of Food Engineering, 117: 467-476

Jin Q W, Li X B, Cai Z X, et al. 2017. A comparison of corn fiber gum, hydrophobically modified starch, gum arabic and soybean soluble polysaccharide: Interfacial dynamics, viscoelastic response at oil/water interfaces and emulsion stabilization mechanisms. Food Hydrocolloids, 70: 329-344

Johnson D R, Inchingolo R, Decker E A. 2018. The ability of oxygen scavenging packaging to inhibit vitamin degradation and lipid oxidation in fish oil-in-water emulsions. Innovative Food Science and Emerging Technologies, 47: 467-475

Joshi M, Aldred P, McKnight S, et al. 2013. Physicochemical and functional characteristics of lentil starch. Carbohydrate Polymers, 92(2): 1484-1496

Joye I J, Nelis V A, Mcclements D J. 2015. Gliadin-based nanoparticles: Fabrication and stability of food-grade colloidal delivery systems. Food Hydrocolloids, 44: 86-93

Kadamne J V, Ifeduba E A, Akoh C C, et al. 2017. Sonocrystallization of interesterified fats with 20 and 30% C16:0 at sn-2 position. Journal of the American Oil Chemists' Society, 94: 3-18

Kadhum A A H, Shamma M N. 2017. Edible lipids modification processes: A review. Critical Reviews in Food Science and Nutrition, 57: 48-58

Kang B K, Lee J S, Chon S K, et al. 2004. Development of self-microemulsifying drug delivery systems (SMEDDS) for oral bioavailability enhancement of simvastatin in beagle dogs. International Journal of Pharmaceutics, 274: 65-73

Karp S M, Koch T R. 2006. Oxidative stress and antioxidants in inflammatory bowel disease. Disease-a-Month, 52(5): 199-207

Kerstens S, Murray B S, Dickinson E. 2006. Microstructure of β-lactoglobulin-stabilized emulsions containing non-ionic surfactant and excess free protein: Influence of heating. Journal of Colloid and Interface Science, 296: 332-341

Kim B H, Akoh C C. 2015. Recent research trends on the enzymatic synthesis of structured lipids. Journal of Food Science, 80: C1713-C1724

Kitts D D, Chen X M, Jing H. 2012. Demonstration of antioxidant and anti-inflammatory bioactivities from sugar-amino acid maillard reaction products. Journal of Agricultural and Food Chemistry, 60(27): 6718-6727

Köksel H, Basman A, Kahraman K, et al. 2007. Effect of acid modification and heat treatments on resistant starch formation and functional properties of corn starch. International Journal of Food Properties, 10: 691-702

Kris-Etherton P M, Harris W S, Appel L J. 2002. Fish consumption, fish oil, omega-3 fatty acids, and cardiovascular disease. Circulation, 106(21): 2747-2757

Kristensen J B, Nielsen N S, Jacobsen C, et al. 2006. Oxidative stability of diacylglycerol oil and butter blends containing diacylglycerols. European Journal of Lipid Science and Technology, 108: 336-350

Krog N. 2001. Crystallization properties and lyotropic phase behavior of food emulsifiers: relation to technical applications//Garti N, Sato K. Crystallization Processes in Fats And Lipid Systems. Boca Raton: CRC Press: 519-540

Krog N J, Sparsø F V, Friberg S, et al. 2003. Food emulsifiers: Their chemical and physical properties// Friberg S E, Larsson K, Sjöblom J. Food Emulsions. 4. New York: Marcel Dekker Inc.: 60-106

Łabanowska M, Wesełucha-Birczyńska A, Kurdziel M, et al. 2013. Thermal effects on the structure of cereal starches. EPR and Raman spectroscopy studies. Carbohydrate Polymers, 92(1): 842-848

Lee J, Decker E A. 2011. Effects of metal chelator, sodium azide, and superoxide dismutase on the oxidative stability in riboflavin-photosensitized oil-in-water emulsion systems. Journal of Agricultural and Food Chemistry, 59: 6271-6276

Lee Y Y, Tang T K, Phuah E T, et al. 2019. Production, safety, health effects and applications of diacylglycerol functional oil in food systems: A review. Critical Reviews in Food Science and Nutrition, 60(15): 2509-2525

Lesmes U, Sandra S, Decker E A, et al. 2010. Impact of surface deposition of lactoferrin on physical and chemical stability of omega-3 rich lipid droplets stabilised by caseinate. Food Chemistry, 123: 99-106

Li P, He X, Dhital S, et al. 2017. Structural and physicochemical properties of granular starches after treatment with debranching enzyme. Carbohydrate Polymers, 169: 351-356

Li X, Wang S. 2015. Binding of glutathione and melatonin to human serum albumin: A comparative study. Colloids and Surfaces B: Biointerfaces, 125: 96-103

Li Y, Zhao J, Xie X, et al. 2018. A low trans margarine fat analog to beef tallow for healthier formulations: Optimization of enzymatic interesterification using soybean oil and fully hydrogenated palm oil. Food Chemistry, 255: 405-413

Liu Q, Fang J, Wang P, et al. 2018a. Characterization of a pectin from *Lonicera japonica* Thunb. and its inhibition effect on $A\beta_{42}$ aggregation and promotion of neuritogenesis. International Journal of Biological Macromolecules, 107: 112-120

Liu R, Lonergan S, Steadham E, et al. 2018b. Effect of nitric oxide on myofibrillar proteins and the susceptibility to calpain-1 proteolysis. Food Chemistry, 276: 63-70

Lo S K, Tan C P, Long K, et al. 2008. Diacylglycerol oil—properties, processes and products: a review. Food and Bioprocess Technology, 1: 223

Long Z, Zhao M, Liu N, et al. 2015. Physicochemical properties of peanut oil-based diacylglycerol and their derived oil-in-water emulsions stabilized by sodium caseinate. Food Chemistry, 184: 105-113

Ma X, Jiang Z, Lai C. 2016. Significance of increasing n-3 PUFA content in pork on human health. Critical Reviews in Food Science and Nutrition, 56: 858-870

Macias-Rodriguez B A, Marangoni A A. 2018. Linear and nonlinear rheological behavior of fat crystal networks. Critical Reviews in Food Science and Nutrition, 58: 2398-2415

Marangoni A G, Acevedo N, Maleky F, et al. 2012. Structure and functionality of edible fats. Soft Matter, 8: 1275-1300

Marić M, Grassino A N, Zhu Z, et al. 2018. An overview of the traditional and innovative approaches for pectin extraction from plant food wastes and by-products: Ultrasound-, microwaves-, and enzyme-assisted extraction. Trends in Food Science & Technology, 76: 28-37

Martín M P, Grosso A L, Nepote V, et al. 2018. Sensory and chemical stabilities of high-oleic and normal-oleic peanuts in shell during long-term storage. Journal of Food Science, 83: 2362-2368

Mateo C, Palomo J M, Fernandez-Lorente G, et al. 2007. Improvement of enzyme activity, stability and selectivity via immobilization techniques. Enzyme and Microbial Technology, 40: 1451-1463

McClements D, Decker E. 2000. Lipid oxidation in oil‐in‐water emulsions: Impact of molecular environment on chemical reactions in heterogeneous food systems. Journal of Food Science, 65: 1270-1282

McClements D J, Xiao H. 2017. Is nano safe in foods? Establishing the factors impacting the gastrointestinal fate and toxicity of organic and inorganic food-grade nanoparticles. npj Science of Food, 1: 6

McCormick R J. 1994. Structure and Properties of Tissues//Kinsman D M, Kotula A W, Breidenstein B C. Muscle Foods: Meat Poultry and Seafood Technology. Boston: Springer

McIntire T M, Brant D A. 1998. Observations of the $(1\rightarrow3)$-β-D-glucan linear triple helix to macrocycle interconversion using noncontact atomic force microscopy. Journal of the American Chemical Society, 120(28): 6909-6919

Merrill L I, Pike O A, Ogden L V, et al. 2008. Oxidative stability of conventional and high‐oleic vegetable oils with added antioxidants. Journal of the American Oil Chemists' Society, 85: 771-776

Methacanon P, Krongsin J, Gamonpilas C. 2014. Pomelo (*Citrus maxima*) pectin: Effects of extraction parameters and its properties. Food Hydrocolloids, 35: 383-391

Metin S, Hartel R W. 2005. Crystallization of fats and oils//Shahidi F. Bailey's Industrial Oil & Fat Products, 6th Edition. Hoboken: John Wiley & Sons

Miklos R, Zhang H, Lametsch R, et al. 2013. Physicochemical properties of lard-based diacylglycerols in blends with lard. Food Chemistry, 138: 608-614

Min H, McClements D J, Decker E A. 2003. Impact of whey protein emulsifiers on the oxidative stability of salmon oil-in-water emulsions. Journal of Agricultural and Food Chemistry, 51(5): 1435-1439

Monteiro J, Leslie M, Moghadasian M H, et al. 2014. The role of n-6 and n-3 polyunsaturated fatty acids in the manifestation of the metabolic syndrome in cardiovascular disease and non-alcoholic fatty liver disease. Food & Function, 5: 426-435

Nair M S. 2015. Spectroscopic study on the interaction of resveratrol and pterostilbene with human serum albumin. Journal of Photochemistry and Photobiology B: Biology, 149: 58-67

Napolitano G E, Ye Y, Cruz‐Hernandez C. 2018. Chemical characterization of a high-oleic soybean oil. Journal of the American Oil Chemists' Society, 95: 583-589

Nepote V, Olmedo R H, Mestrallet M G, et al. 2009. A study of the relationships among consumer acceptance, oxidation chemical indicators, and sensory attributes in high-oleic and normal peanuts. Journal of Food Science, 74: S1-S8

Nicholson T, Khademi H, Moghadasian M H. 2013. The role of marine n-3 fatty acids in improving cardiovascular health: A review. Food & Function, 4: 357-365

Nielsen N S, Petersen A, Meyer A S, et al. 2004. Effects of lactoferrin, phytic acid, and EDTA on oxidation in two food emulsions enriched with long-chain polyunsaturated fatty acids. Journal of Agricultural and Food Chemistry, 52: 7690-7699

Oh J G, Chun S H, Da H K, et al. 2017. Anti-inflammatory effect of sugar-amino acid Maillard reaction products on intestinal inflammation model *in vitro* and *in vivo*. Carbohydrate Research, 449: 47

Osborn H, Akoh C. 2002. Structured lipids‐novel fats with medical, nutraceutical, and food applications. Comprehensive Reviews in Food Science and Food Safety, 1: 110-120

Pande G, Akoh C C. 2013. Enzymatic modification of lipids for *trans*‐free margarine. Lipid Technology, 25: 31-33

Petersen K D, Kleeberg K K, Jahreis G, et al. 2012. Comparison of analytical and sensory lipid oxidation parameters in conventional and high‐oleic rapeseed oil. European Journal of Lipid Science and Technology, 114: 1193-1203

Phoon P Y, Paul L N, Burgner J W, et al. 2014. Effect of cross-linking of interfacial sodium caseinate by natural processing on the oxidative stability of oil-in-water (O/W) emulsions. Journal of Agricultural and Food Chemistry, 62: 2822-2829

Ping Z, Liu T, Xu H, et al. 2017. Construction of highly stable selenium nanoparticles embedded in hollow nanofibers of polysaccharide and their antitumor activities. Nano Research, 10: 3775-3789.

Povey M J. 2017. Applications of ultrasonics in food science-novel control of fat crystallization and structuring. Current Opinion in Colloid and Interface Science, 28: 1-6

Qi J F, Wang X Y, Shin J A, et al. 2015. Relative oxidative stability of diacylglycerol and triacylglycerol oils. Journal of Food Science, 80: 510-514

Rae C S, Khor I W, Qian W, et al. 2005.Systemic trafficking of plant virus nanoparticles in mice via the oral route. Virology, 343: 224-235

Raghavan S, Kristinsson H G. 2008. Conformational and rheological changes in catfish myosin during alkali-induced unfolding and refolding. Food Chemistry, 107: 385-398

Rao M A. 2007. Rheology of Fluid and Semisolid Foods: Principles and Applications, 2nd Edition. New York: Springer

Ribeiro A P B, Grimaldi R, Gioielli L A, et al. 2009. Zero *trans* fats from soybean oil and fully hydrogenated soybean oil: Physico-chemical properties and food applications. Food Research International, 42: 401-410

Rigolle A, Gheysen L, Depypere F, et al. 2015. Lecithin influences cocoa butter crystallization depending on concentration and matrix. European Journal of Lipid Science and Technology, 117: 1722-1732

Rigolle A, Van Den Abeele K, Foubert I. 2018. Conventional and new techniques to monitor lipid crystallization//Sato K. Crystallization of Lipids: Fundamentals and Applications in Food, Cosmetics, and Pharmaceuticals. New Jersey: John Wiley & Sons: 465-492

Rodriguez B A M. 2019. Nonlinear rheology of fats using large amplitude oscillatory shear tests//Marangoni A G. Structure-Function Analysis of Edible Fats. Second Edition. New York: AOCS Press: 169-195

Roman O, Heyd B, Broyart B, et al. 2013. Oxidative reactivity of unsaturated fatty acids from sunflower, high oleic sunflower and rapeseed oils subjected to heat treatment, under controlled conditions. LWT-Food Science and Technology, 52: 49-59

Saberi A H, Tan C P, Lai O M. 2011. Phase behavior of palm oil in blends with palm-based diacylglycerol. Journal of the American Oil Chemists' Society, 88: 1857-1865

Saghafi Z, Naeli M H, Tabibiazar M, et al. 2018. Zero-*Trans* Cake Shortening: Formulation and Characterization of Physicochemical, Rheological, and Textural Properties. Journal of the American Oil Chemists' Society, 95: 171-183

Şahin-Yeşilçubuk N, Akoh C C. 2017. Biotechnological and novel approaches for designing structured lipids intended for infant nutrition. Journal of the American Oil Chemists' Society, 94: 1005-1034

Saitou K, Homma R, Kudo N, et al. 2014. Retardation of crystallization of diacylglycerol oils using polyglycerol fatty acid esters. Journal of the American Oil Chemists' Society, 91: 711-719

Saitou K, Mitsui Y, Shimizu M, et al. 2012. Crystallization behavior of diacylglycerol-rich oils produced from rapeseed oil. Journal of the American Oil Chemists' Society, 89: 1231-1239

Saitou K, Taguchi K, Homma R, et al. 2017. Retardation mechanism of crystallization of diacylglycerols resulting from the addition of polyglycerol fatty acid esters. Crystal Growth & Design, 17: 4749-4756

Sakuno M M, Matsumoto S, Kawai S, et al. 2008. Adsorption and structural change of β-lactoglobulin at the diacylglycerol—water interface. Langmuir, 24: 11483-11488

Salvia-Trujillo L, Decker E A, McClements D J. 2016. Influence of an anionic polysaccharide on the physical and oxidative stability of omega-3 nanoemulsions: Antioxidant effects of alginate. Food Hydrocolloids, 52: 690-698

Santiago J S J, Kyomugasho C, Maheshwari S, et al. 2018. Unravelling the structure of serum pectin originating from thermally and mechanically processed carrot-based suspensions. Food Hydrocolloids, 77: 482-493

Seligra P G, Jaramillo C M, Famá L, et al. 2016. Biodegradable and non-retrogradable eco-films based on starch—glycerol with citric acid as crosslinking agent. Carbohydrate Polymers, 138: 66-74

Sen S, Chakraborty R, Kalita P. 2020. Rice—not just a staple food: A comprehensive review on its phytochemicals and therapeutic potential. Trends in Food Science & Technology, 97: 265-285

Shahidi F. 2005. Bailey's Industrial Oil & Fat Products, 6th Edition. Hoboken: John Wiley & Sons

Shahidi F, Zhong Y. 2010. Lipid oxidation and improving the oxidative stability. Chemical Society Reviews, 39: 4067-4079

Shen Z, Wijesundera C. 2009. Effects of docosahexaenoic acid positional distribution on the oxidative stability of model triacylglycerol in water emulsion. Journal of Food Lipids, 16: 62-71

Shimada A, Ohashi K. 2003. Interfacial and emulsifying properties of diacylglycerol. Food Science and Technology Research, 9: 142-147

Shimizu M, Moriwaki J, Nishide T, et al. 2004. Thermal deterioration of diacylglycerol and triacylglycerol oils during deep‐frying. Journal of the American Oil Chemists' Society, 81: 571-576

Shin J A, Lee M Y, Lee K T. 2016.Oxidation Stability of O/W emulsion prepared with linolenic acid enriched diacylglycerol. Journal of Food Science, 81: 2373-2380

Shpigelman A, Israeli G, Livney Y D. 2010. Thermally-induced protein–polyphenol co-assemblies: beta lactoglobulin-based nanocomplexes as protective nanovehicles for EGCG. Food Hydrocolloids, 24: 735-743

Shpigelman A, Shoham Y, Israeli-Lev G, et al. 2014. β-Lactoglobulin–naringenin complexes: Nano-vehicles for the delivery of a hydrophobic nutraceutical. Food Hydrocolloids, 40: 214-224

Shuai W, Das R K, Naghdi M, et al. 2017. A review on the important aspects of lipase immobilization on nanomaterials. Biotechnology and Applied Biochemistry, 64: 496-508

Shults G W, Wierbicki E. 2006. Effects of sodium chloride and condensed phosphates on the water-holding capacity, pH and swelling of chicken muscle. Journal of Food Science, 38: 991-994

Sijtsma L, de Swaaf M. 2004. Biotechnological production and applications of the ω-3 polyunsaturated fatty acid docosahexaenoic acid. Applied Microbiology and Biotechnology, 64: 146-153

Singh J, McCarthy O J, Singh H, et al. 2006. Morphological, thermal and rheological characterization of starch isolated from New Zealand Kamo Kamo (*Cucurbita pepo*) fruit—A novel source. Carbohydrate Polymers, 67(2): 233-244

Smidsrød O, Haug A. 1971. Estimation of the relative stiffness of the molecular chain in polyelectrolytes from measurements of viscosity at different ionic strengths. Biopolymers: Original Research on Biomolecules, 10: 1213-1227

Smith S A, King R E, Min D B. 2007. Oxidative and thermal stabilities of genetically modified high oleic sunflower oil. Food Chemistry, 102: 1208-1213

Souza D D, Sbardelotto A F, Ziegler D R, et al. 2016. Characterization of rice starch and protein obtained by a fast alkaline extraction method. Food Chemistry, 191: 36-44

Sponton O E, Perez A A, Carrara C R, et al. 2015. Linoleic acid binding properties of ovalbumin nanoparticles. Colloids and Surfaces B: Biointerfaces, 128: 219-226

Sproston M J, Akoh C C. 2016. Antioxidative Effects of a Glucose-Cysteine Maillard Reaction Product on the Oxidative Stability of a Structured Lipid in a Complex Food Emulsion. Journal of Food Science, 81: 2923-2931

Sun Q, Gong M, Li Y, et al. 2014. Effect of dry heat treatment on the physicochemical properties and structure of proso millet flour and starch. Carbohydrate Polymers, 110: 128-134

Sun Y, Shi X, Zheng X, et al. 2019. Inhibition of dextran sodium sulfate-induced colitis in mice by baker's yeast polysaccharides. Carbohydrate Polymers, 207: 371-381

Surenjav U, Zhang L, Xu X, et al. 2006. Effects of molecular structure on antitumor activities of (1→3)-β-*D*-glucans from different *Lentinus edodes*. Carbohydrate Polymers, 63: 97-104

Susumu, Hizukuri. 1986. Polymodal distribution of the chain lengths of amylopectins, and its significance. Carbohydrate Research, 147(2): 342-347

Takeda Y, Hizukuri S, Juliano B O. 1987.Structures of rice amylopectins with low and high affinities for iodine. Carbohydrate Research, 168: 79-88

Tang C H. 2019. Nanostructured soy proteins: Fabrication and applications as delivery systems for bioactives (a review). Food Hydrocolloids, 91: 92-116

Tang D, Marangoni A G. 2007. Modeling the rheological properties and structure of colloidal fat crystal networks. Trends in Food Science & Technology, 18(9): 474-483

Tavernier I, Moens K, Heyman B, et al. 2019a. Relating crystallization behavior of monoacylglycerols-diacylglycerol mixtures to the strength of their crystalline network in oil. Food Research International, 120: 504-513

Tavernier I, Norton I T, Rimaux T, et al. 2019b. Effect of high cooling and shear rate on the microstructural development of hybrid systems containing diacylglycerols and triacylglycerols of palm origin. Journal of Food Engineering, 246: 141-152

Tester R F, Morrison W R. 1990. Swelling and gelatinization of cereal starches. II. Waxy rice starches. Cereal Chemistry, 67: 558-563

Thompson D B. 2000. On the non-random nature of amylopectin branching. Carbohydrate Polymers, 43: 223-239

Tian F, Decker E A, McClements D J, et al. 2014. Influence of non-migratory metal-chelating active packaging film on food quality: Impact on physical and chemical stability of emulsions. Food Chemistry, 151: 257-265

Todokoro T, Fukuda K, Matsumura K, et al. 2016. Production of the natural iron chelator deferriferrichrysin from Aspergillus oryzae and evaluation as a novel food-grade antioxidant. Journal of the Science of Food and Agriculture, 96: 2998-3006

Tran T, Rousseau D. 2016. Influence of shear on fat crystallization. Food Research International, 81: 157-162

Van Erp H, Bryant F M, Martin-Moreno J, et al. 2019. Engineering the stereoisomeric structure of seed oil to mimic human milk fat. Proceedings of the National Academy of Sciences of the United States of

America, 116: 20947-20952

Vereecken J, Meeussen W, Foubert I, et al. 2009. Comparing the crystallization and polymorphic behaviour of saturated and unsaturated monoglycerides. Food Research International, 42: 1415-1425

Verstringe S, Danthine S, Blecker C, et al. 2013. Influence of monopalmitin on the isothermal crystallization mechanism of palm oil. Food Research International, 51: 344-353

Verstringe S, Danthine S, Blecker C, et al. 2014. Influence of a commercial monoacylglycerol on the crystallization mechanism of palm oil as compared to its pure constituents. Food Research International, 62: 694-700

Villeneuve P, Durand E, Decker E A. 2018. The need for a new step in the study of lipid oxidation in heterophasic systems. Journal of Agricultural and Food Chemistry, 66: 8433-8434

Visentini F F, Perez A A, Santiago L G. 2019. Self-assembled nanoparticles from heat treated ovalbumin as nanocarriers for polyunsaturated fatty acids. Food Hydrocolloids, 93: 242-252

Wachirasiri K, Wanlapa S, Uttapap D, et al. 2016. Use of amino acids as a phosphate alternative and their effects on quality of frozen white shrimps (*Penaeus vanamei*). LWT-Food Science and Technology, 69: 303-311

Wagh A, Birkin P, Martini S. 2016. High-intensity ultrasound to improve physical and functional properties of lipids. Annual Review of Food Science and Technology, 7: 23-41

Wagh A, Martini S. 2017. Crystallization behavior of fats: effects of processing conditions//Akoh C C. Food Lipids: Chemistry, Nutrition, and Biotechnology. Boca Raton: CRC Press: 327-348

Wang K, Hasjim J, Wu A C, et al. 2014a. Variation in amylose fine structure of starches from different botanical sources. Journal of Agricultural and Food Chemistry, 62: 4443-4453

Wang Q, Xiong Y L. 2019. Processing, Nutrition, and Functionality of Hempseed Protein: A Review. Comprehensive Reviews in Food Science and Food Safety, 18(4): 936-952

Wang S, Copeland L. 2015. Effect of Acid Hydrolysis on Starch Structure and Functionality: A Review. Critical Reviews in Food Science and Nutrition, 55: 1081-1097

Wang W, Ma X, Jiang P, et al. 2016. Characterization of pectin from grapefruit peel: A comparison of ultrasound-assisted and conventional heating extractions. Food Hydrocolloids, 61: 730-739

Wang X, Chen Q, Lü X. 2014b. Pectin extracted from apple pomace and citrus peel by subcritical water. Food Hydrocolloids, 38: 129-137

Wang X, Xu X, Zhang L. 2008. Thermally induced conformation transition of triple-helical lentinan in NaCl aqueous solution. Journal of Physical Chemistry B, 112(33): 10343-10351

Wang Y, Zhao M, Tang S, et al. 2010. Evaluation of the oxidative stability of diacylglycerol-enriched soybean oil and palm olein under Rancimat-accelerated oxidation conditions. Journal of the American Oil Chemists' Society, 87: 483-491

Waraho T, McClements D J, Decker E A. 2011. Mechanisms of lipid oxidation in food dispersions. Trends in Food Science & Technology, 22: 3-13

West R, Rousseau D. 2017. Modelling sugar, processing, and storage effects on palm oil crystallization and rheology. LWT-Food Science and Technology, 83: 201-212

Wijesundera C. 2008. The influence of triacylglycerol structure on the oxidative stability of polyunsaturated oils. Lipid Technology, 20: 199-202

Wijesundera C, Ceccato C, Watkins P, et al. 2008. Docosahexaenoic acid is more stable to oxidation when located at the sn‐2 position of triacylglycerol compared to sn‐1(3). Journal of the American Oil Chemists' Society, 85: 543-548

Wilkes R S. 2008. Low linolenic soybeans and beyond. Lipid Technology, 20: 277-279

Wu J, Li M, Liu L, et al. 2013. Nitric oxide and interleukins are involved in cell proliferation of RAW264.7 macrophages activated by viili exopolysaccharides. Inflammation, 36: 954-961

Wu L H, Xu Z L, Dong D, et al. 2011. Protective effect of anthocyanins extract from blueberry on TNBS-induced IBD model of mice. Evidence-Based Complementary and Alternative Medicine, 2011: 525462

Xia T, Cao Y, Chen X, et al. 2018. Effects of chicken myofibrillar protein concentration on protein oxidation and water holding capacity of its heat-induced gels. Journal of Food Measurement and Characterization,

12: 2302-2312

Xiang H, Sun-waterhouse D, Cui C, et al. 2018. Modification of soy protein isolate by glutaminase for nanocomplexation with curcumin. Food Chemistry, 268: 504-512

Xing J-j, Liu Y, Li D, et al. 2017. Heat-moisture treatment and acid hydrolysis of corn starch in different sequences. LWT-Food Science and Technology, 79: 11-20

Xu X, Chen P, Wang Y, et al. 2009. Chain conformation and rheological behavior of an extracellular heteropolysaccharide Erwinia gum in aqueous solution. Carbohydrate Research, 344(1): 113-119

Xu Y, Cao D. 2017. Phase behavior of binary mixtures of three different 1,3-diacylglycerols. European Journal of Lipid Science and Technology, 119: 16004971

Xu Y, Wei C, Zhao X, et al. 2016. A comparative study on microstructure, texture, rheology, and crystallization kinetics of palm-based diacylglycerol oils and corresponding palm-based oils. European Journal of Lipid Science and Technology, 118: 1179-1192

Xu Y, Zhu X, Ma X, et al. 2018. Enzymatic production of *trans*-free shortening from coix seed oil, fully hydrogenated palm oil and *Cinnamomum camphora* seed oil. Food Bioscience, 22: 1-8

Yada R Y, Buck N, Canady R, et al. 2014. Engineered nanoscale food ingredients: Evaluation of current knowledge on material characteristics relevant to uptake from the gastrointestinal tract. Comprehensive Reviews in Food Science & Food Safety, 13: 730-744

Yanai H, Tomono Y, Ito K, et al. 2007. Diacylglycerol oil for the metabolic syndrome. Nutrition Journal, 6: 43

Yesiltas B, Sørensen A D M, García-Moreno P J, et al. 2019. Modified phosphatidylcholine with different alkyl chain length and covalently attached caffeic acid affects the physical and oxidative stability of omega-3 delivery 70% oil-in-water emulsions. Food Chemistry, 289: 490-499

Yilmaz Y, Toledo R. 2005. Antioxidant activity of water-soluble Maillard reaction products. Food Chemistry, 93: 273-278

Yuan Y, Li H, Liu C, et al. 2019. Fabrication of stable zein nanoparticles by chondroitin sulfate deposition based on antisolvent precipitation method. International Journal of Biological Macromolecules, 139: 30-39

Zam W. 2015. Structured lipids: methods of production, commercial products and nutraceutical characteristics. Progress in Nutrition, 17: 198-213

Zare D, Allison J R, McGrath K M. 2016. Molecular dynamics simulation of β-lactoglobulin at different oil/water interfaces. Biomacromolecules, 17: 1572-1581

Zhai J, Wooster T J, Hoffmann S V, et al. 2011. Structural rearrangement of β-lactoglobulin at different oil-water interfaces and its effect on emulsion stability. Langmuir, 27: 9227-9236

Zhang L, Li X, Xu X, et al. 2005. Correlation between antitumor activity, molecular weight, and conformation of lentinan. Carbohydrate Research, 340: 1515-1521

Zhang X, Zhang L, Xu X. 2004. Morphologies and conformation transition of lentinan in aqueous NaOH solution. Biopolymers, 75: 187-195

Zhao X, Sun Q, Qin Z, et al. 2018. Ultrasonic pretreatment promotes diacylglycerol production from lard by lipase-catalysed glycerolysis and its physicochemical properties. Ultrasonics Sonochemistry, 48: 11-18

Zheng X, Lu F, Xu X, et al. 2017. Extended chain conformation of β-glucan and its effect on antitumor activity. Journal of Materials Chemistry B, 5: 5623-5631

Zhi Z, Chen J, Li S, et al. 2017. Fast preparation of RG-I enriched ultra-low molecular weight pectin by an ultrasound accelerated Fenton process. Scientific Reports, 7: 541

Zhu T, Zhang X, Wu H, et al. 2019. Comparative study on crystallization behaviors of physical blend-and interesterified blend-based special fats. Journal of Food Engineering, 241: 33-40

Zobel H F. 1988. Starch crystal transformations and their industrial importance. Starch-Stärke, 40: 1-7

Zou L, Akoh C C. 2015a. Antioxidant activities of annatto and palm tocotrienol-rich fractions in fish oil and structured lipid-based infant formula emulsion. Food Chemistry, 168: 504-511

Zou L, Akoh C C. 2015b. Oxidative stability of structured lipid-based infant formula emulsion: Effect of antioxidants. Food Chemistry, 178: 1-9

Zulkurnain M, Maleky F, Balasubramaniam V. 2016. High pressure processing effects on lipids thermo-physical properties and crystallization kinetics. Food Engineering Reviews, 8: 393-413

第4章　基于多尺度结构的食品组分互作与品质功能调控

4.1　引　　言

　　食品是一个多组分共存并相互作用的复杂体系，对食品加工过程中的营养素及生理活性成分的化学结构和生理功能已经基本清晰，但食品的色、香、味、形及安全性与健康性是食品中多组分整体相互作用的表现，并非是各组分单独作用或简单叠加的结果。在特定的加工环境中，食品各组分通过特定功能基团产生物理化学作用，从而改善和赋予食品体系独特的性质。食品中典型组分包括蛋白质类、多糖类、脂类、维生素及其他含量很低的生理活性成分，其品质功能与加工特性是由加工处理后获得的不同链结构特征的组分经过分子相互作用、聚集而形成的分子聚集体、分子间复合物、聚团、凝胶、颗粒等热力学平衡的亚稳态多尺度结构所决定的。因此，典型组分在复杂食品体系中除了作为基本营养素之外，还通过与其他组分发生相互作用，发挥胶凝剂、稳定剂、增稠剂等功能，对食品质构、流变特性等理化性质产生影响。

　　本章介绍物理、化学、生物及其耦合加工条件下引发的食品重要组分蛋白质、碳水化合物、脂质及其复合体系多尺度结构变化及其品质功能和加工特性变化规律。具体内容包括：①基于典型物理、化学、生物及其耦合加工条件，分析碳水化合物和蛋白质复合体系的色泽、风味、抗消化性等品质功能，构建食品体系中碳水化合物和蛋白质互作与其品质功能的内在联系，获得典型加工条件下基于碳水化合物和蛋白质分子作用的关键品质功能调控机制；②不同加工工艺对淀粉-脂质复合物分子结构、结晶结构、微观形态等的影响，同时也涉及脂质对淀粉消化性质、流变性质等食品营养品质和物性学特性的影响；③从化学和物理加工条件对蛋白质和脂肪分子运动行为的影响规律出发，介绍肌原纤维蛋白、凝胶、面筋蛋白和菜籽蛋白与脂质分子间相互作用，进而揭示食品加工条件下蛋白质和脂质分子相互作用的动态转变机制；④基于加工条件差异对蛋白质和多酚的相互作用规律进行研究，为蛋白质的深度利用及多酚的功能性开发提供理论支持。相关结果将为定向控制、调节和预期食品品质提供重要的理论基础，同时为新产品研发提供新思路。

4.2　蛋白质-多糖互作及其品质功能调控

4.2.1　湿热处理对淀粉-大豆肽互作及其复合物结构和品质功能的影响

　　淀粉分子链段在空间上组装与堆砌，形成了涵盖螺旋、结晶、层状结构、生长环等多尺度结构，多层次结构对淀粉酶作用于淀粉分子特征糖苷键产生重要影响。在富含淀粉的食品体系中，蛋白质是影响淀粉消化的重要组分。研究表明，内源蛋白和外源蛋白均会对淀粉的消化酶解特性产生影响（Singh et al.，2010；López-Barón et al.，2017）。近年来，学者开始关注蛋白酶解产物对淀粉消化性的影响，研究发现，蛋白酶解产物较完整蛋白质对淀粉的消化性影响更大，且酶解程度和酶解产物分子结构均会产生不同影响（López-Barón et al.，2017）。本节介绍通过在湿热处理条件下制备不同晶型的淀粉（玉米淀粉和马铃薯淀粉），并与大豆肽的复合物，在不同结构尺度水平，探究大豆肽对淀粉理化、结构和消化特性的影响机制。

4.2.1.1　淀粉-大豆肽复合物的膨胀度

不同晶型淀粉与大豆肽复合物的膨胀度如图 4.1 所示。与物理混合的样品相比，经湿热处理后，不同晶型淀粉和大豆肽复合物的膨胀度显著降低，这归因于在湿热处理过程中水分子迁移进入淀粉颗粒内部，破坏淀粉多层次结构中氢键等相互作用，诱导淀粉多层次结构无序化，随后淀粉内部分子链发生重排，支链淀粉侧链形成更有序的结构，从而限制了淀粉的膨胀行为（Chen et al.，2015；Zavareze and Dias，2011）。与玉米淀粉及大豆肽复合物相比，湿热处理对马铃薯淀粉及大豆肽复合物的膨胀度影响更为显著，这是由不同晶型淀粉的化学组成差异所致，马铃薯淀粉分子中带负电荷基团的磷酸单酯可能与大豆肽中的侧链基团发生相互作用，导致马铃薯淀粉和大豆肽复合物的膨胀度显著降低（Jane et al.，1999）。

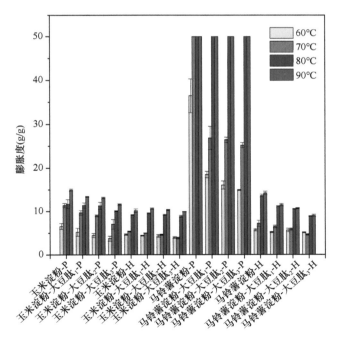

图 4.1　湿热处理条件下淀粉-大豆肽复合物的膨胀度

4.2.1.2 淀粉-大豆肽复合物的黏度特性

湿热处理条件下淀粉-大豆肽复合物的黏度曲线及其黏度特征值如图 4.2 和表 4.1 所示。大豆肽使玉米淀粉和马铃薯淀粉的起糊温度（PT）显著升高，峰值黏度（PV）、热糊黏度（HV）、冷糊黏度（CV）、崩解值黏度（BD）和回复值黏度（SB）显著降低。相比而言，马铃薯淀粉及大豆肽复合物的起糊温度低于玉米淀粉及大豆肽复合物，这归因于在加热过程中马铃薯淀粉中磷酸单酯的排斥作用会加速淀粉颗粒的溶胀。这些结果表明，大豆肽的存在会增强其与淀粉分子链之间的静电相互作用，尤其是马铃薯淀粉含有磷酸单酯基团，倾向于吸引阳离子并排斥阴离子，从而延缓淀粉颗粒的糊化，降低淀粉糊化过程中的黏度（Lai et al.，2002）。

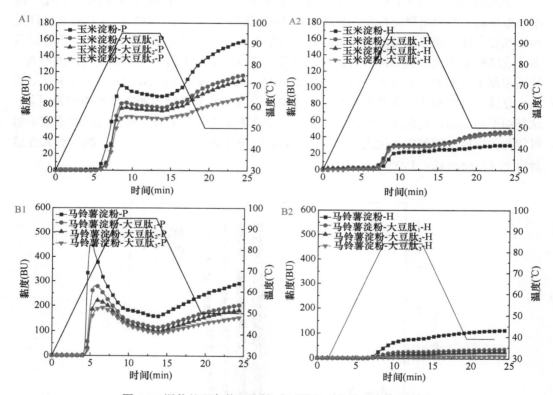

图 4.2 湿热处理条件下淀粉-大豆肽复合物的黏度特征曲线

表 4.1 湿热处理条件下淀粉-大豆肽复合物的黏度特征数据

样品	PT（℃）	PV（BU）	HV（BU）	CV（BU）	BD（BU）	SB（BU）
CS-P	75.1	103	90	136	13	46
CSSPT$_1$-P	80	82	76	101	6	25
CSSPT$_2$-P	80.5	76	72	94	4	22
CSSPT$_3$-P	81.8	65	63	77	2	14
CS-H	92.8	23	23	28	0	5
CSSPT$_1$-H	87	31	30	42	1	12

样品	PT（℃）	PV（BU）	HV（BU）	CV（BU）	BD（BU）	SB（BU）
CSSPT$_2$-H	89.4	30	29	41	1	12
CSSPT$_3$-H	90	29	28	41	1	13
PS-P	60.8	467	159	242	308	83
PSSPT$_1$-P	62.6	281	114	169	167	55
PSSPT$_2$-P	63.1	220	100	150	120	50
PSSPT$_3$-P	63.4	191	92	127	99	35
PS-H	85.7	79	79	104	0	25
PSSPT$_1$-H	90.8	25	25	33	0	8
PSSPT$_2$-H	96.4	17	17	23	0	6
PSSPT$_3$-H	30.4	5	5	8	0	3

注：CS-P 为玉米淀粉-P；CSSPT$_1$-P 为玉米淀粉-大豆肽 $_1$-P；CSSPT$_2$-P 为玉米淀粉-大豆肽 $_2$-P；CSSPT$_3$-P 为玉米淀粉-大豆肽 $_3$-P；CS-H 为玉米淀粉-H；CSSPT$_1$-H 为玉米淀粉-大豆肽 $_1$-H；CSSPT$_2$-H 为玉米淀粉-大豆肽 $_2$-H；CSSPT$_3$-H 为玉米淀粉-大豆肽 $_3$-H；PS-P 为马铃薯淀粉-P；PSSPT$_1$-P 为马铃薯淀粉-大豆肽 $_1$-P；PSSPT$_2$-P 为马铃薯淀粉-大豆肽 $_2$-P；PSSPT$_3$-P 为马铃薯淀粉-大豆肽 $_3$-P；PS-H 为马铃薯淀粉-H；PSSPT$_1$-H 为马铃薯淀粉-大豆肽 $_1$-H；PSSPT$_2$-H 为马铃薯淀粉-大豆肽 $_2$-H；PSSPT$_3$-H 为马铃薯淀粉-大豆肽 $_3$-H。余同

　　与物理混合的样品相比，湿热处理后的淀粉-大豆肽复合物显示出更高的起糊温度和更低的峰值黏度、热糊黏度、冷糊黏度、崩解值黏度和回复值。对于湿热处理的样品，这些结果归因于颗粒无定形区域中分子链之间的缔合作用及湿热处理过程中结晶度的变化（Zavareze and Dias，2011）。起糊温度越高，表明湿热处理样品颗粒内交联增强。湿热处理使崩解值黏度显著降低，表明样品在连续加热和搅拌过程中结构更为稳定（Adebowale et al.，2005；Olayinka et al.，2008；Watcharatewinkul et al.，2009）。此外，湿热处理还会促进直链淀粉-直链淀粉和支链淀粉-支链淀粉之间的相互作用，减少直链淀粉浸出并减少短期回生，从而导致湿热处理的样品回复值降低（Hyunjung et al.，2009；Lan et al.，2009）。

4.2.1.3　淀粉-大豆肽复合物的热力学特性

　　湿热处理条件下淀粉-大豆肽复合物的糊化温度（T_o、T_p 和 T_c）和焓变（$\triangle H$）如表 4.2 所示。支链淀粉分子双螺旋结构的解旋行为可在 DSC 热流曲线中产生信号峰，因此可以对淀粉螺旋、结晶等有序结构的含量及热稳定性的演化进行分析。马铃薯淀粉及大豆肽复合物的糊化温度低于玉米淀粉及大豆肽复合物，这归因于马铃薯中磷酸单酯衍生物的存在增强淀粉分子之间的排斥作用，从而加速淀粉的糊化。湿热处理提高了不同晶型淀粉-大豆肽复合物的糊化温度。总体来说，湿热处理降低了淀粉-大豆肽复合物的焓变，且对马铃薯淀粉影响更为显著。与玉米淀粉和马铃薯淀粉相比，淀粉-大豆肽复合物的 T_o、T_p、T_c 和 $\triangle H$ 增加，大豆肽的添加延迟了玉米淀粉和马铃薯淀粉的糊化。

表 4.2   湿热处理条件下淀粉-大豆肽复合物的热力学特征值

样品	淀粉糊化温度及焓变				
	T_o（℃）	T_p（℃）	T_c（℃）	$\triangle H$（J/g）	T_c-T_o（℃）
CS-P	69.47±0.02g	73.08±0.10f	77.44±0.12f	11.31±1.11a	7.97±0.11c
CSSPT$_1$-P	70.69±0.16f	74.22±0.25e	78.74±0.42e	12.47±0.24a	8.05±0.27c
CSSPT$_2$-P	71.65±0.21e	75.23±0.19d	79.58±0.30d	12.3±1.66a	7.93±0.09c
CSSPT$_3$-P	71.69±0.05e	75.14±0.00d	78.65±0.03e	7.45±0.52c	6.96±0.06d
CS-H	78.69±0.31d	82.16±0.17c	90.09±0.30e	7.46±0.43c	11.40±0.12a
CSSPT$_1$-H	80.24±0.17c	84.34±0.06b	89.15±0.61b	9.90±0.34b	8.91±0.44b
CSSPT$_2$-H	80.74±0.03b	84.50±0.01ab	88.61±0.20c	8.89±0.52b	7.87±0.20c
CSSPT$_3$-H	81.24±0.13a	84.60±0.10a	88.50±0.21c	9.81±0.21b	7.26±0.08d
PS-P	57.45±0.05h	63.57±0.12g	71.86±0.58g	14.89±0.37b	14.41±0.59ab
PSSPT$_1$-P	58.54±0.35g	64.52±0.17f	73.28±0.29f	17.16±0.45a	14.74±0.12ab
PSSPT$_2$-P	59.32±0.10f	65.15±0.17e	73.54±0.25ef	15.99±1.87ab	14.22±0.35b
PSSPT$_3$-P	59.76±0.37e	65.90±0.44e	73.92±0.29e	13.9±0.78b	14.16±0.11b
PS-H	75.14±0.32d	80.76±0.54c	89.55±0.06c	4.97±0.46e	14.41±0.32ab
PSSPT$_1$-H	77.89±0.04a	83.92±0.00a	93.01±0.09a	6.78±0.19d	15.12±0.13a
PSSPT$_2$-H	76.6±0.17b	81.93±0.27b	88.25±0.71c	6.00±0.51d	11.65±0.87c
PSSPT$_3$-H	76.26±0.03c	81.10±0.10c	87.33±0.10d	7.54±0.40c	11.07±0.16c

注：同列不同小写字母表示有显著性差异（$P<0.05$）。H 指湿热处理；P 指物理混合

4.2.1.4   淀粉-大豆肽复合物的结晶特性

湿热处理条件下淀粉-大豆肽复合物的结晶形态、结晶程度等结构特征如图 4.3 所示。玉米淀粉在 15°、17°、18°和 23°处表现出强烈的衍射峰，属于 A 型晶体结构。湿热处理后，玉米淀粉结晶度降低，而玉米淀粉-大豆肽复合物的结晶度呈升高趋势，结晶型均未发生变化。马铃薯淀粉峰值位于 5.5°、17.1°和 22°～24°，属于 B 型晶体结构。湿热处理后，马铃薯淀粉及大豆肽复合物从 B 型晶体结构向 A 型晶体结构转变，表现为 5.5°和 22°～24°处峰强度减弱，17°处峰形增宽。湿热处理通常会导致热力学上较不稳定的 B 型多晶型结构（每个单元内部带有双螺旋的六角堆积和大约 36 个水分子）转变为更稳定的 A 型多晶型单斜晶系结构（内部大约有 6 个水分子）（Genkina et al.，2004；Gunaratne and Hoover，2002）。与物理混合的样品相比，经湿热处理后，原马铃薯淀粉结晶度降低，而马铃薯淀粉-大豆肽复合物结晶度升高。湿热处理后不同晶型淀粉结晶度降低归因于半结晶层中结晶区的减少或无定形区的增加；而湿热处理后不同晶型淀粉-大豆肽复合物的结晶度增加，是由于在湿热处理过程中淀粉分子链可能会与大豆肽侧链基团发生相互作用。

4.2.1.5   淀粉-大豆肽复合物的消化特性

在未蒸煮和蒸煮条件下，湿热处理后淀粉-大豆肽复合物的快消化淀粉（RDS）、慢消化淀粉（SDS）和抗性淀粉（RS）含量如表 4.3 所示。

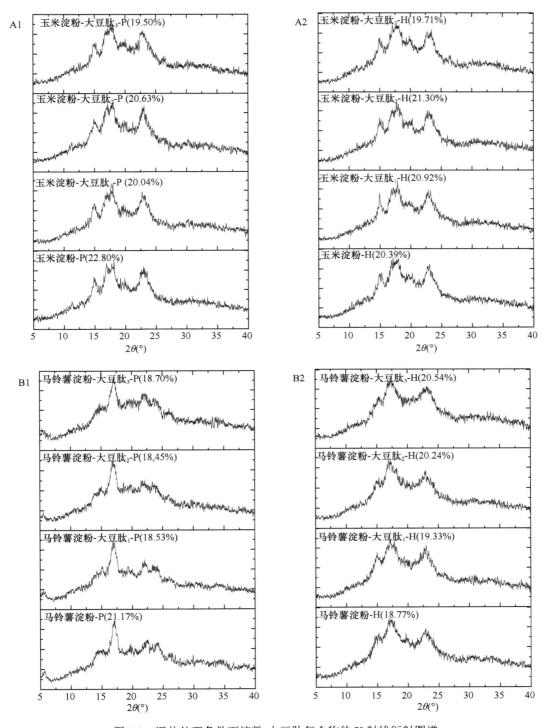

图 4.3　湿热处理条件下淀粉-大豆肽复合物的 X 射线衍射图谱

1）未蒸煮样品

马铃薯淀粉的 RDS 含量低于玉米淀粉，表明 A 型淀粉比 B 型淀粉更容易消化（Srichuwong et al.，2005）。与物理混合的样品相比，湿热处理增加了不同晶型淀粉及大豆肽复合物的 RDS 含量，促进了结晶结构的破坏和双螺旋结构的解离，从而更有利于酶促水解。

对于物理混合的样品，添加少量大豆肽（5%和10%）会轻微增加玉米淀粉的 RDS 含量，而添加大量大豆肽（15%）会降低玉米淀粉的 RDS 含量。湿热处理后，玉米淀粉 RDS 含量随着大豆肽添加量的增加而增加，而马铃薯-大豆肽复合物的 RDS 降低、RS 升高，这归因于在湿热过程中淀粉与肽交联结构的形成能够限制淀粉酶的水解。

2）蒸煮样品

蒸煮后的淀粉及大豆肽复合物比未蒸煮的样品含有更高的 RDS，这归因于蒸煮过程中颗粒结构的破坏使其更容易被淀粉酶水解。与玉米淀粉和马铃薯淀粉相比，湿热处理样品中 RDS 含量降低、RS 含量升高，表明湿热处理的样品比物理混合的样品对酶的抵抗力更高。此外，湿热处理对马铃薯的影响较玉米淀粉更大。

不论物理混合还是湿热处理，添加大豆肽可降低 RDS 含量和提高 RS 含量，且呈剂量依赖关系。RS 增加表明湿热处理过程中淀粉和大豆肽之间发生相互作用，从而部分限制了酶作用于淀粉分子的可及性。此外，与物理混合的样品相比，湿热处理后大豆肽限制了淀粉链的迁移，并抑制了淀粉的消化。

表 4.3　湿热处理条件下淀粉-大豆肽复合物的体外消化性（%）

样品	未蒸煮			蒸煮		
	RDS	SDS	RS	RDS	SDS	RS
CS-P	24.96±0.08e	57.36±1.12a	17.68±1.20c	95.92±0.16a	3.98±0.15ab	0.10±0.01f
CSSPT₁-P	25.29±0.60e	51.92±0.31b	22.78±0.29b	89.80±1.40c	0.95±0.35b	9.25±1.05d
CSSPT₂-P	26.32±0.08e	49.77±0.21c	23.91±0.29b	85.21±0.98d	3.41±2.03b	11.38±1.05c
CSSPT₃-P	20.89±0.38f	51.26±0.78bc	27.85±1.15a	81.66±0.57e	1.93±0.14b	16.41±0.42b
CS-H	65.62±0.43a	25.22±1.58f	9.16±1.15d	93.07±1.31b	2.85±1.64b	4.09±0.32e
CSSPT₁-H	57.35±0.93b	33.85±0.18d	8.80±0.76d	86.64±0.29d	5.51±1.23ab	7.85±0.93d
CSSPT₂-H	55.03±1.52c	27.05±0.17e	17.91±1.69c	81.35±1.36e	6.35±0.62a	12.30±0.74c
CSSPT₃-H	51.04±0.55d	19.25±0.09g	29.71±0.46a	79.77±0.95e	1.16±0.84b	19.08±0.11a
PS-P	23.28±1.47d	18.93±1.00c	57.79±0.47c	97.03±0.34a	2.36±0.15a	0.60±0.19f
PSSPT₁-P	13.45±0.57ef	24.29±0.48ab	62.26±0.09b	93.33±1.71bB	1.65±1.54a	5.02±0.17e
PSSPT₂-P	15.30±0.30e	19.19±0.08c	65.51±0.22a	85.38±1.38c	1.59±1.66a	13.03±0.28c
PSSPT₃-P	12.96±0.49f	24.98±0.49a	62.06±0.98b	81.72±0.96c	2.49±2.33a	15.79±1.36c
PS-H	60.11±0.93a	22.94±0.80b	16.95±0.13g	92.50±0.67b	0.74±0.54a	6.76±0.14d
PSSPT₁-H	54.94±0.64b	23.30±0.93b	21.76±1.57f	85.39±1.18c	1.58±1.44a	13.03±0.26c
PSSPT₂-H	54.59±0.42b	11.25±0.27c	34.16±0.15e	80.21±0.16de	0.46±0.25a	19.33±0.09a
PSSPT₃-H	42.53±0.94c	20.00±0.84c	37.47±1.79d	78.85±1.15e	2.70±1.23a	18.45±0.08a

注：同列不同小写字母表示有显著性差异（$P<0.05$）

4.2.2　盐离子强度对小麦面筋蛋白-羧甲基纤维素互作及其复合物结构和品质功能的影响

小麦在饮食中起着重要的作用，它以各种形式来满足人类的食用需求，如面包、馒头、面条。小麦粉能够形成面团，主要是由于小麦面筋蛋白（gluten，G）的存在（Delcour et al.，2012）。根据在水和乙醇中的溶解性划分，面筋蛋白有两个组分，分别为不溶性高分子谷蛋白（glutenin，Glu）（30%～40%）和可溶性单体醇溶蛋白（gliadin，Glia）（40%～50%）。醇溶蛋白赋予面团黏性，而谷蛋白则赋予面团弹性。然而，伴随小麦粉加工精度的提高，膳食纤维等营养元素流失，长期食用精加工小麦粉不利于人体内营养素的补充。因此，在改善小麦粉品质的同时，保证其营养是研究者关注的重点。目前，亲水胶体已经被用于面食制品中，可以改善小麦面筋蛋白的理化性质，如稳定性、质地和外观等（Ferrero，2017；Matuda et al.，2008）。羧甲基纤维素（CMC）作为天然纤维素的衍生物，是一种典型的阴离子多糖，既可以直接补充人们所需的膳食纤维，也通常作为典型的亲水胶体应用在食品体系中。这部分研究内容探索了在不同氯化钠含量条件下，CMC 对面筋蛋白流变与质构特性的影响。同时借助 SDS-PAGE、FTIR、拉曼光谱（Raman spectrum）、DSC、SEM 等手段，研究 CMC 与面筋蛋白及其两个组分（谷蛋白、醇溶蛋白）的相互作用，以此探究不同氯化钠含量条件下，CMC 对面筋蛋白及其组分的影响，为扩展面筋蛋白在食品工业中的深入应用提供参考。

4.2.2.1　氯化钠对 CMC-面筋蛋白（C-G）流变特性的影响

如图 4.4 所示，添加氯化钠，CMC-面筋蛋白体系与对照组的黏性模量、弹性模量均降低。然而，有学者发现氯化钠的添加使面团的黏性模量、弹性模量都增加，这可能与小麦品种、面团体系及面筋质量有关（Chen et al.，2019）。

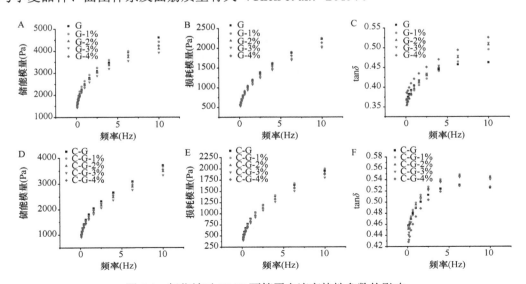

图 4.4　氯化钠对 CMC-面筋蛋白流变特性参数的影响

1%、2%、3%、4%为 NaCl 添加量

4.2.2.2　氯化钠对 CMC-面筋蛋白质构特性的影响

图 4.5 描述了小麦面筋蛋白和 CMC-面筋蛋白体系在不同氯化钠含量条件下的质构特性（硬度、咀嚼性、黏聚性）。如图 4.5A 所示，不管是否添加氯化钠，CMC-面筋蛋白体系的硬度都小于对照组面筋蛋白，添加 4% NaCl 时，面筋蛋白的硬度大大提高。与不加 NaCl 相比，面筋蛋白和 CMC-面筋蛋白体系的硬度在添加 2% NaCl 时明显降低，继续增加 NaCl 含量，两种体系的硬度增加。如图 4.5B 可知，添加 CMC，面筋蛋白的咀嚼性降低，当 NaCl 处于低水平（1%）或高水平（4%）时，CMC-面筋蛋白体系的咀嚼性较好。氯化钠的添加使面筋蛋白的咀嚼性降低，而添加 NaCl 可使 CMC-面筋蛋白体系的咀嚼性增加，增加幅度因氯化钠含量的不同而呈现差异，在 1% NaCl 条件下，CMC-面筋蛋白体系的咀嚼性达 18.6mJ。由图 4.5C 可以看出，不同氯化钠含量条件下，两体系的黏聚性变化均较小。综上所述，CMC-面筋蛋白体系在不同氯化钠含量条件下的质构特性存在变化，推测可能是因为 CMC 与面筋蛋白的交联受氯化钠的影响。

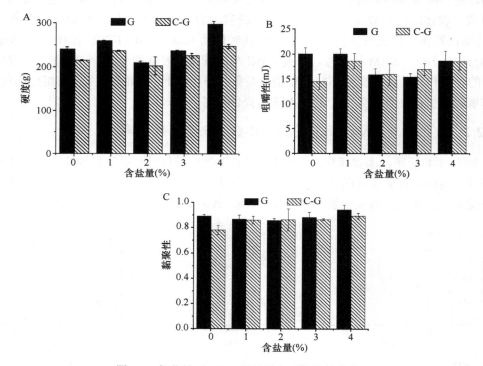

图 4.5　氯化钠对 CMC-面筋蛋白质构特性的影响

4.2.2.3　表面疏水性分析

如图 4.6 所示，随着氯化钠含量的增加，CMC-面筋蛋白体系和对照组的表面疏水性不断增加，更多的疏水残基从疏水区转移到分子表面（Jiang et al.，2015）。加入 CMC 后，面筋蛋白表面疏水性降低，表明 CMC 可以直接结合和屏蔽面筋中的疏水位点（Molina et al.，2004）。随着氯化钠含量的增加，谷蛋白、CMC-谷蛋白（C-Glu）、醇溶蛋白和 CMC-醇溶蛋白（C-Glia）表面疏水性降低。与面筋蛋白一样，添加 CMC 后，谷蛋白的表面疏水性降低；相反，加入 CMC 后，醇溶蛋白的表面疏水性增加，这可能与不同蛋白质的溶解性有关。

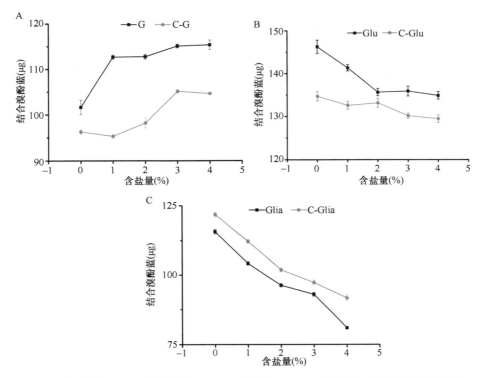

图 4.6　氯化钠对 CMC-面筋蛋白、CMC-谷蛋白、CMC-醇溶蛋白表面疏水性的影响

4.2.2.4　游离巯基含量分析

氯化钠对 CMC-面筋蛋白、CMC-醇溶蛋白、CMC-谷蛋白体系游离巯基含量的影响如图 4.7 所示。CMC 的加入使面筋蛋白和醇溶蛋白中的游离巯基含量均降低，谷蛋白的游离巯基含量略微降低，表明 CMC 与三种蛋白质有一定程度的交联，使蛋白质聚集。随着氯化钠含量的增加，面筋蛋白的游离巯基含量显著降低，蛋白质聚集程度增加。添加 2% NaCl 时，CMC-面筋蛋白体系的游离巯基含量最低，可能是共价键与非共价键协同作用使蛋白质聚集造成。通常亲水胶体上的阴离子基团可以与蛋白质上带正电的基团相互作用（Montero et al.，2000），低含量的氯化钠可以保护静电相互作用，高含量的氯化钠可以屏蔽聚合物电荷（Wang et al.，2018）。谷蛋白的游离巯基含量随氯化钠的增加而增加，氯化钠可能使谷蛋白的二硫键轻微地断裂。不同氯化钠含量条件下，CMC-谷蛋白的游离巯基含量不同，即氯化钠的含量影响 CMC 与谷蛋白的相互作用。如图 4.7C 所示，CMC 的添加降低醇溶蛋白的游离巯基含量，CMC-醇溶蛋白体系的游离巯基含量在不同氯化钠含量下变化较小，推测可能是氯化钠的含量对 CMC 与醇溶蛋白的相互作用影响较小。

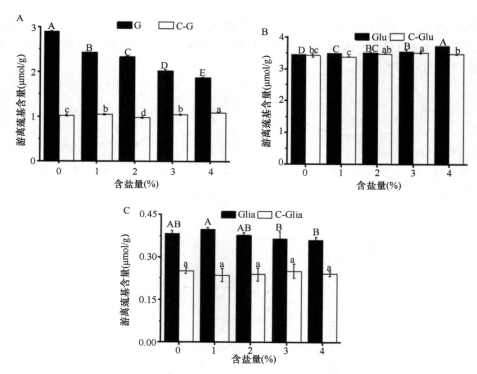

图 4.7　氯化钠对 CMC-面筋蛋白、CMC-谷蛋白、CMC-醇溶蛋白游离巯基含量的影响

4.2.2.5　SDS-PAGE 结果分析

不同氯化钠含量条件下面筋蛋白、谷蛋白、醇溶蛋白的亚基分布如图 4.8 所示。面筋蛋白中的分子量在 66～150kDa 的条带（图 4.8A）属于高分子量谷蛋白亚单位（HWM-GS），37～50kDa 条带是 ω-醇溶蛋白，25～37kDa 条带是低分子量谷蛋白亚单位（LWM-GS）和 α/β、γ-醇溶蛋白的混合物，13.9～27.7kDa 条带是含量极少的白蛋白和球蛋白。与对照组（图 4.8A）相比，CMC-面筋蛋白体系（图 4.8B）的电泳条带颜色明显变浅，这可能是由于非共价键的形成或二级结构的改变（Liu et al.，2018）。加入氯化钠后，面筋蛋白的电泳条带强度明显增加（图 4.8A），说明氯化钠促使面筋蛋白中更多的二硫键形成。随着氯化钠含量的增加，CMC-面筋蛋白条带强度先增加后降低，说明氯化钠对蛋白质与 CMC 相互作用的影响是较为复杂的。

如图 4.8D 所示，CMC-谷蛋白体系的电泳条带强度明显低于谷蛋白（图 4.8C）。随氯化钠含量的增加，谷蛋白电泳条带强度先增加后降低，说明氯化钠含量在一定范围内时，谷蛋白形成更多的二硫键，当氯化钠含量高于 3% 时，非共价作用力占重要地位（Guo et al.，2017）。添加 CMC 后，谷蛋白 85kDa 以下的电泳条带颜色明显变浅（图 4.8D），CMC 更容易与低分子量谷蛋白亚基反应。CMC-谷蛋白的电泳条带在不同氯化钠含量条件下无明显变化（图 4.8D）。在未添加氯化钠时，加入 CMC 后，醇溶蛋白的电泳条带强度增加（图 4.8E）。当氯化钠含量在一定范围内（1%～3%），CMC-醇溶蛋白的条带强度随着氯化钠含量的增加而增加，当氯化钠含量达 4% 时，条带强度降低（图 4.8F），说明当氯化钠含量小于 4% 时，主要是二硫键引起醇溶蛋白聚合，氯化钠含量高于 4% 时其他非共价作用力使醇溶蛋白聚合，从而降低条带的强度（Li et al.，2018）。

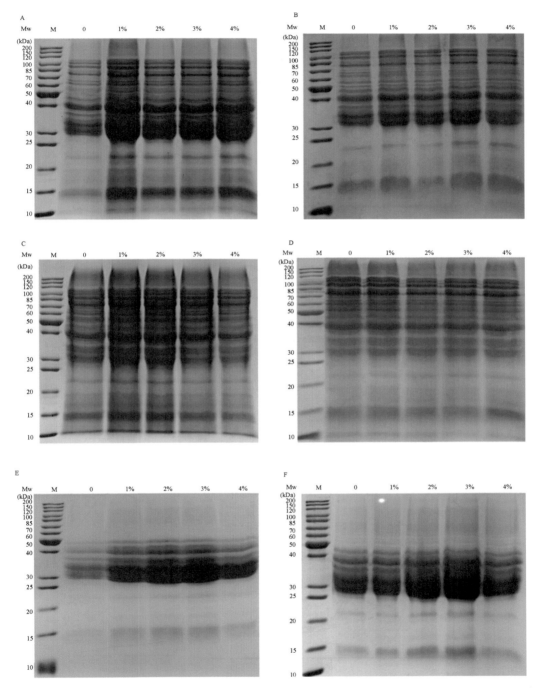

图 4.8　不同氯化钠含量（0～4%）条件下 CMC-面筋蛋白、CMC-谷蛋白、CMC-醇溶蛋白的电泳图谱
A. 面筋蛋白；B. CMC-面筋蛋白；C. 谷蛋白；D. CMC-谷蛋白；E. 醇溶蛋白；F. CMC-醇溶蛋白；Mw：分子量；M：标准分子量标记

4.2.2.6 紫外-可见吸收光谱分析

如图 4.9 所示，面筋蛋白、谷蛋白、醇溶蛋白在 200～400nm 的近紫外光区均出现 2

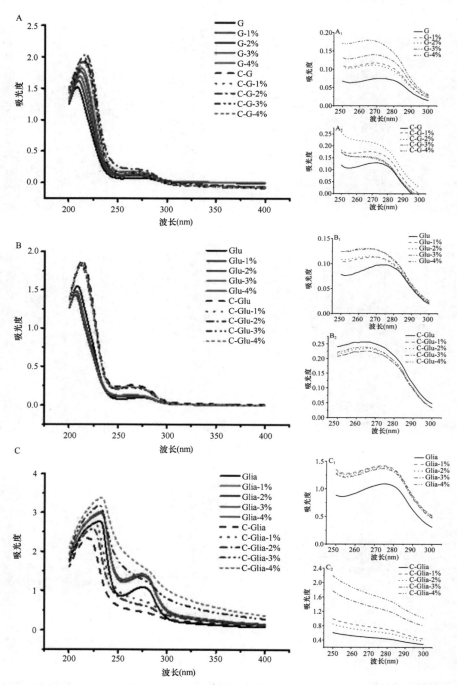

图 4.9 不同氯化钠含量条件下 CMC-面筋蛋白、CMC-谷蛋白、CMC-醇溶蛋白的紫外吸收光谱图

A. 面筋蛋白与 CMC-面筋蛋白；B. 谷蛋白与 CMC-谷蛋白；C. 醇溶蛋白与 CMC-醇溶蛋白

个特征峰，两峰从左到右分别由肽键的 C=O、色氨酸和酪氨酸等芳杂环 π-π*跃迁引起。添加 CMC，面筋蛋白 210nm 的峰位置明显红移，且吸收强度增加，说明 CMC 使面筋蛋白主链构象发生了变化，降低了生色团基态与激发态的能量差，使肽骨架上电子的激发能降低而引起峰位的红移（刘惠君等，2004）。同时，氯化钠的添加也使面筋蛋白的肽键吸收峰红移，并且吸收强度也增加，这可能和溶解性有关。由图 4.9A$_1$、A$_2$ 可知，添加氯化钠，CMC-面筋蛋白体系和对照组在 275nm 附近的吸收峰均蓝移，强度增强，即发色基团所处的微环境改变。在不同氯化钠含量条件下，CMC-谷蛋白体系的两个吸收峰强度均高于对照组，与溶解性结果对应。添加 CMC，谷蛋白的肽键峰红移（图 4.9B），表明 CMC 与谷蛋白相互作用并引起蛋白质构象的改变（盛良全等，2007）。随着氯化钠含量的增加，谷蛋白 270nm 附近的吸收峰强度增加，而 CMC-谷蛋白体系的吸收峰强度降低（图 4.9B$_1$、B$_2$），说明氯化钠和 CMC 均能影响谷蛋白的生色基团微环境。随着氯化钠含量增加，CMC-醇溶蛋白体系在 200~400nm 范围内的吸收强度增加（图 4.9C）。添加 CMC，醇溶蛋白生色基的吸收峰趋于消失（图 4.9C），说明醇溶蛋白的生色基团微环境也发生改变。紫外光谱通常只用于定性分析，关于蛋白质生色基团微环境究竟如何改变，仍需进一步研究。

4.2.2.7　二级结构含量分析

如图 4.10 所示，面筋蛋白、谷蛋白、醇溶蛋白二级结构含量大小均为：β 折叠>α 螺旋>无规则卷曲>β 转角。随着氯化钠含量的增加，面筋蛋白的 β 折叠结构增加，α 螺旋含量降低（图 4.10A），表明氯化钠可诱导面筋蛋白形成氢键。CMC-面筋蛋白体系在 1%~4%氯化钠条件下的二级结构变化较小（图 4.10A），说明 CMC 能在一定程度上抑制氯化钠对面筋蛋白二级结构的影响。如图 4.10B 所示，添加 1%~3%氯化钠，谷蛋白的 β 折叠含量显著增加，α 螺旋含量降低。添加 4%氯化钠时，β 折叠含量降低，但仍然高于未添加氯化钠的对照组，这可能是由疏水相互作用导致（Zhu et al.，2017）。在未添加氯化钠的情况下，添加 CMC，谷蛋白的 β 折叠含量增加，α 螺旋含量降低。随着氯化钠含量的增加，CMC-谷蛋白体系的 β 折叠含量先略增加后降低，α 螺旋含量先略降低后增加，说明 CMC 能在一定程度上抑制氯化钠对谷蛋白二级结构的影响。在未添加氯化钠的条件下，添加 CMC，醇溶蛋白的 β 折叠含量降低，α 螺旋含量增加。随着氯化钠含量的增加，CMC-醇溶蛋白体系的 β 折叠、α 螺旋含量均降低，无规则卷曲含量增加，蛋白质结构趋于无序化。

4.2.2.8　二硫键构型分析

二硫键的特征谱带为 $550\sim500\text{cm}^{-1}$，在该范围内拉曼位移与振动模式对应关系为：$510\sim500\text{cm}^{-1}$ 为左旋-左旋-左旋（gauche-gauche-gauche，g-g-g）构型，$525\sim515\text{cm}^{-1}$ 为左旋-左旋-反式（gauche-gauche-*trans*，g-g-t）构型，$545\sim535\text{cm}^{-1}$ 处为反式-左旋-反式（*trans*-gauche-*trans*，t-g-t）构型（Zhou et al.，2014）。如表 4.4 所示，随着氯化钠含量的增加，面筋蛋白 g-g-g 二硫键构型逐渐降低，t-g-t 构型逐渐增加，即氯化钠的添加使面筋蛋白二硫键由 g-g-g 构型和 g-g-t 构型逐渐转变为 t-g-t 构型，面筋蛋白的二硫键

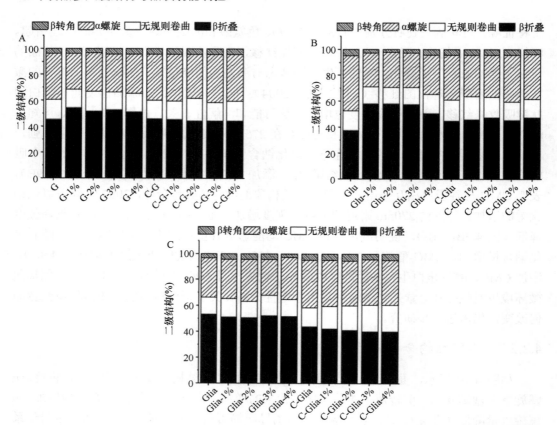

图 4.10　不同氯化钠含量条件下 CMC-面筋蛋白、CMC-谷蛋白、CMC-醇溶蛋白的二级结构含量变化

趋于不稳定状态。这种不稳定性可能是由蛋白质异常折叠和亚单位聚集引起的多肽链移位紊乱所致（Zhou et al.，2014）。CMC-面筋蛋白体系的二硫键构型含量在不同氯化钠含量条件下变化较小。g-g-t 构型是典型的链内二硫键构型，g-g-g 构型是主要的链间二硫键构型（Ferrer et al.，2011）。氯化钠可减少面筋蛋白部分分子间二硫键，降低蛋白质二硫键的稳定性，而 CMC 能在一定程度上抑制氯化钠对面筋蛋白二硫键构型的影响。

表 4.4　氯化钠对 CMC-面筋蛋白二硫键构型的影响（%）

NaCl 含量	G			C-G		
	g-g-g	g-g-t	t-g-t	g-g-g	g-g-t	t-g-t
0	48.51	33.69	17.80	53.15	31.25	15.61
1%	47.59	25.43	26.97	52.26	30.92	16.82
2%	44.85	29.08	26.07	53.16	30.50	16.33
3%	41.74	29.30	28.95	54.83	30.00	15.17
4%	42.01	26.80	31.19	53.51	30.26	16.24

　　如表 4.5 所示，随着氯化钠含量的增加，谷蛋白 g-g-g 二硫键构型含量逐渐降低，二硫键趋于不稳定状态。在不同氯化钠含量条件下，CMC-谷蛋白的 g-g-t 构型随着氯化钠含量的增加而有轻微的降低。氯化钠会使谷蛋白的 g-g-g、g-g-t 构型含量降低，使 t-g-t

构型含量增加，而添加 CMC 可以一定程度上抑制氯化钠的影响，继续维持谷蛋白的二硫键构型。

表 4.5 氯化钠对 CMC-谷蛋白二硫键构型的影响（%）

NaCl 含量	Glu			C-Glu		
	g-g-g	g-g-t	t-g-t	g-g-g	g-g-t	t-g-t
0	49.15	32.64	18.21	51.36	31.47	17.17
1%	47.71	23.91	28.38	52.97	30.72	16.31
2%	42.92	20.64	36.44	50.67	31.65	17.68
3%	40.41	27.44	32.14	49.42	32.63	17.95
4%	39.21	27.78	33.00	49.92	31.87	18.20

如表 4.6 所示，随着氯化钠含量的增加，醇溶蛋白的 g-g-g 二硫键构型含量逐渐降低，二硫键趋于不稳定状态，而 g-g-t 构型含量降低，t-g-t 构型含量增加，降低/增加幅度因氯化钠含量有所不同。随着氯化钠的添加，CMC-醇溶蛋白体系的二硫键构型含量表现出了一种非线性变化趋势，g-g-g 构型含量有不同程度的降低，g-g-t 和 t-g-t 构型含量有不同程度的增加。但是在不同氯化钠含量条件下，CMC-醇溶蛋白体系的 g-g-g 构型含量均高于醇溶蛋白。

表 4.6 氯化钠对 CMC-醇溶蛋白二硫键构型的影响（%）

NaCl 含量	Glia			C-Glia		
	g-g-g	g-g-t	t-g-t	g-g-g	g-g-t	t-g-t
0	50.58	31.45	17.97	54.41	29.33	16.25
1%	42.11	26.35	31.53	49.51	33.97	16.52
2%	41.63	22.49	35.88	48.99	32.73	18.29
3%	41.97	26.48	31.55	48.33	32.89	18.78
4%	41.43	26.38	32.19	50.03	32.76	17.21

综上所述，氯化钠会使面筋蛋白、谷蛋白、醇溶蛋白的二硫键构型不稳定，而 CMC 能在一定程度上抑制氯化钠对蛋白质二硫键构型的影响，继续维持蛋白质二硫键构型稳定。

4.2.2.9 热力学性质分析

如表 4.7 所示，随着氯化钠含量的增加，CMC-面筋蛋白、CMC-谷蛋白、CMC-醇溶蛋白的变性温度均有不同程度的增加。络合通常能提高蛋白质的稳定性，并能防止蛋白质变性（Huang et al.，2012）。添加 2% NaCl，面筋蛋白的变性温度从 71.96℃增加到 76.47℃。当氯化钠含量达 4% 时，面筋蛋白的变性温度稍微下降（75.87℃）。同样地，2% NaCl 使 CMC-面筋蛋白体系的变性温度从 78.08℃增加到 79.00℃；继续添加氯化钠，CMC-面筋蛋白体系的变性温度又降低到 76.72℃。2% NaCl 使 CMC-谷蛋白、CMC-醇溶蛋白的变性温度均增加，在高含量的氯化钠条件下，CMC-谷蛋白、CMC-醇溶蛋白的变性温度均稍微下降。一般情况下，变性温度越高，说明变性所需的能量越大，即变性焓变（$\triangle H$）越大。

表 4.7 氯化钠对 CMC-面筋蛋白、CMC-谷蛋白、CMC-醇溶蛋白热力学性质的影响

热力学因素	G	C-G	Glu	C-Glu	Glia	C-Glia
T_p（℃）						
0 NaCl	71.96	78.08	77.27	77.34	74.80	77.42
2% NaCl	76.47	79.00	77.60	79.47	76.20	77.74
4% NaCl	75.87	76.72	76.45	77.09	75.03	77.51
$\triangle H$（J/g）						
0 NaCl	104.29	188.18	142.82	137.28	106.26	155.95
2% NaCl	163.21	172.19	180.84	155.60	149.38	121.15
4% NaCl	154.41	197.80	164.06	153.76	136.38	145.29

4.2.3 酶解对蛋白质-多糖互作及其复合物结构和品质功能的影响

蛋白质和多糖是食品中两类重要的大分子物质，两者都是食品加工过程中影响质构特性的重要因素。蛋白质-多糖相互作用会导致体系内部微观结构变化，影响体系的物理化学性质，最终对食品微观结构和质地产生重大影响。蛋白质与多糖之间的相互作用是由共价键、静电作用力、氢键、范德瓦耳斯力、疏水作用及离子键等平均作用的结果，哪种作用力占主导取决于分子的组成和结构特点（张曼等，2015）。蛋白质和多糖能够发生美拉德反应，两者之间的交联会改变蛋白质的电荷、构象及溶解性。美拉德反应能够促进糖基化，减少褐变反应，并在一定程度上提高食品的色泽风味及营养（郑文华和许旭，2005）。在酶解条件下，蛋白质片段的分子量变小，因此其和多糖的相互作用相比酶解前也会有很大改变。本研究基于多尺度研究，以谷蛋白水解物及淀粉（小麦或大米）的相互作用为例，以超声处理作为参照，考察了不同分子量大小的谷蛋白水解物片段与不同分子量大小的大米淀粉、小麦淀粉的相互作用，并系统研究了其理化性质、结构特征、微观形貌、抗氧化性、乳化性及流变性质，以及对美拉德反应等相关性质的影响。

4.2.3.1 谷蛋白抗氧化性及 Zeta 电位

如图 4.11 所示，酶解（GE）及超声（GC）处理均能显著提高谷蛋白水解物的抗氧化活性，其顺序为 GE＞GC＞GO（未处理）。其抗氧化性的提高可能原因是谷蛋白由于酶解及超声处理产生不同分子量大小的多肽片段，使大量的抗氧化氨基酸基团暴露，从而使其自由基清除能力显著增强。此外，Zeta 电位分析结果表明，GE 及 GC 处理均能显著提高谷蛋白水解物的 Zeta 电位。谷蛋白肽在中性 pH 下表现出负电位，这是由于谷氨酸和天冬氨酸的羧基离子化，而谷氨酰胺转化为谷氨酸的脱酰胺作用会增加负电荷。超声和酶解可以打破面筋的高级结构，使其暴露在 Glu 和 Asp 中，从而改变了其 Zeta 电位。

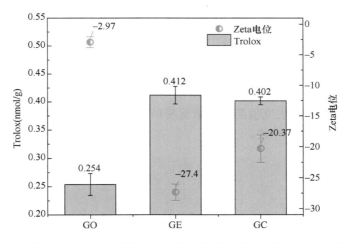

图 4.11　发酵及超声处理后及未处理前的谷蛋白抗氧化性及 Zeta 电位分析

Trolox 表示 6-羟基-2,5,7,8-四甲基色烷-2-羧酸

4.2.3.2　谷蛋白-淀粉互作产物的性能分析

美拉德反应中的光学特性主要包括色度、294nm 和 420nm 处的吸光值（注：294nm 处吸光值反映的是美拉德反应过程中产生的无色中间产物量的变化，420nm 处吸光值反映的是美拉德反应过程中产生的有色中间产物量的变化）。如图 4.12 所示，谷蛋白在酶解及超声条件下均能显著提高其与淀粉（小麦淀粉、大米淀粉）产生美拉德反应的褐变程度，且小麦淀粉混合物的美拉德反应程度低于大米淀粉。这可能是由于大米淀粉比小麦淀粉具有更小的粒径、更高的抗性淀粉含量和更高的溶解度。在酶解及超声条件下美拉德产物的抗氧化性均高于处理前，与前面的谷蛋白抗氧化性趋势相同，其原理可能也与多肽分子量有关。

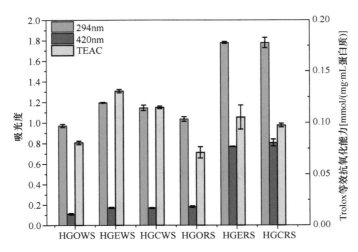

图 4.12　不同条件下处理的谷蛋白与淀粉（小麦淀粉、大米淀粉）美拉德反应的
程度及其产物的抗氧化性

HGORS 表示大米淀粉在未处理时的美拉德反应产物；HGOWS 表示小麦淀粉在未处理时的美拉德反应产物；HGERS 表示大米淀粉在酶解处理后的美拉德反应产物；HGEWS 表示小麦淀粉在酶解处理后的美拉德反应产物；HGCRS 表示大米淀粉在超声处理后的美拉德反应产物；HGCWS 表示小麦淀粉在超声处理后的美拉德反应产物。下同

4.2.3.3 谷蛋白-淀粉互作产物的色泽分析

如图 4.13 及表 4.8 所示，利用电子眼分析了不同条件下处理的谷蛋白与淀粉（小麦淀粉、大米淀粉）间美拉德反应产物产生的色泽。结果表明，在酶解及超声条件下谷蛋白与淀粉美拉德反应产物的明度减小，即褐变程度增加，这与前面的褐变分析结果是一致的。小麦淀粉结合物的明度值高于大米淀粉结合物，即其美拉德反应程度相对比较低，这也与前面褐变分析结果一致。

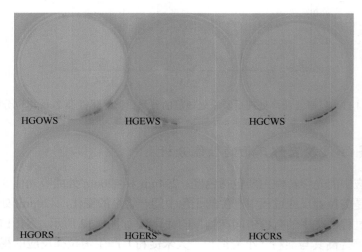

图 4.13　不同条件下处理的谷蛋白与淀粉（小麦淀粉、大米淀粉）发生美拉德产物色泽

表 4.8　不同条件下处理的谷蛋白与淀粉（小麦淀粉、大米淀粉）发生美拉德产物色度

样品	L^*	a^*	b^*	C^*	W^*	$\triangle E^*$
HGOWS	96.90±0.08a	−0.50±0.14b	−5.35±0.15a	5.37±0.13c	80.76±0.96a	0.93±0.64a
HGEWS	95.23±0.06bc	0.22±0.01a	−7.00±0.41bc	7.01±0.41a	64.06±3.14b	1.01±0.69a
HGCWS	94.93±0.56c	−0.56±0.01b	−6.09±0abc	6.11±0abc	68.35±2.83b	0.67±0.28a
HGORS	96.05±0.37ab	−0.57±0.04b	−6.81±0.64bc	6.83±0.64ab	68.70±5.84b	0.32±0.30a
HGERS	94.54±0.21bc	0.32±0a	−6.24±0.13abc	6.24±0.14abc	65.56±0.28b	0.63±0.08a
HGCRS	94.36±0.03c	−0.44±0.01b	−5.70±0.11ab	5.72±0.11bc	67.78±0.76b	0.25±0.24a

注：同列不同小写字母表示有显著性差异（$P<0.05$）。C^*表示色彩纯度或彩度；W^*、$\triangle E^*$表示色泽变化

4.2.3.4 谷蛋白-淀粉互作产物的风味分析

主成分分析（PCA）和判别函数分析（DFA）的线性拟合结果如图 4.14 所示，相同样品构成数据集的重心距离如表 4.9 所示（用于 DFA）。两种淀粉偶联物在 PCA 方法下的总方差解释变异率（TEV）分别为 97.74% 和 95.72%，而在 DFA 的总方差解释变异率（TEV）均为 100%。这表明计算处理及演变过程中主成分（PC）或判别函数（DF）因子很好地覆盖和包含数据集，即所处理样品的有效信息。小麦淀粉与谷蛋白水解物美拉德反应产物 PCA 如图 4.14A 所示，酶解处理组的小麦淀粉偶联物第一象限出现最集中

的样品集。耦合处理组出现在第三象限，无处理组出现在第四象限，这表明 3 种物质的风味存在显著差异。如图 4.14C 所示，大米淀粉与谷蛋白水解物美拉德反应产物 PCA 表明，大米淀粉偶联物的数据集显然是重叠的，在不同的象限中样品集中只有一个单个偶联物样品是分离的。

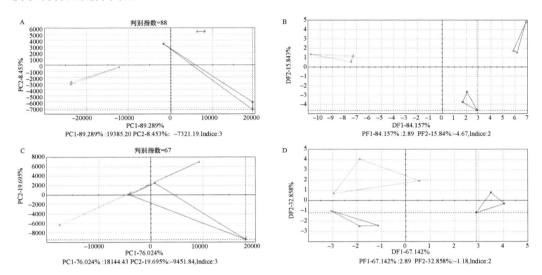

图 4.14 主成分分析和判别函数分析

"■"表示 HGOWS 或 HGORS；"◆"表示 HGEWS 或 HGERS；"▲"表示 HGCWS 或 HGCRS。A 和 B 表示小麦淀粉偶联物的 PCA 和 DFA；C 和 D 表示大米淀粉偶联物的 PCA 和 DFA

表 4.9 美拉德反应产物成分风味聚类分析

产物	参比产物	距离	模式判别指数（%）
HGOWS	HGEWS	10 248.78	28.23
HGOWS	HGCWS	32 328.65	76.13
HGEWS	HGCWS	28 362.75	90.88
HGORS	HGERS	6 837.78	13.29
HGORS	HGCRS	12 989.53	31.2
HGERS	HGCRS	11 301.58	39.48

DFA 数据处理中存在的偶联物数据集虽然具有较宽的间距，但是仍然被完全分离并成功区分。这是因为通过 DFA 方法利用样本的先验信息来最大化各组间的差异合并进行交叉验证。相对香气指数（RAI，%），即不同组间气味的相似比率见表 4.9，它显示了每组间更精确的差异。同组中各样本间比较有相似的气味，而酶解处理组和超声处理组风味相似性最大，无处理组和耦合处理组相似性中等，酶解处理组和无处理组相似性最低，这再次佐证了不同处理条件下的美拉德反应产物性质上的明显差异。小麦淀粉偶联物的 RAI 显著高于大米淀粉偶联物。在本研究中，疏水性氨基酸如 Phe 和 Tyr 在酶解处理组和耦合处理组中含量相似，它们可能代表蛋白质水解物的风味、咸味或鲜味。这可能与酶解处理组和耦合处理组的相似性有关。然而，小麦与大米淀粉偶联物及不同处

理组之间的差异不能简单归因于面筋蛋白水解物的香味。糊化淀粉的风味及偶联物的状态可能是造成这种差异化的原因之一。结果也暗示了酶解处理和耦合处理对小麦淀粉的类似作用。

综上可知，基于多尺度角度，蛋白酶解可以打破面筋的高级结构，使其暴露在 Glu 和 Asp 中，从而改变了其 Zeta 电位，并增加其抗氧化性，进一步证明酶解条件能显著提高面筋蛋白与淀粉间美拉德反应的褐变程度，增加褐变及风味。

4.2.4 耦合加工对蛋白质-多糖互作及其复合物结构和品质功能的影响

采用牛血清白蛋白（BSA）与阿拉伯胶（GA）分别作为内、外层乳化剂，通过层层自组装技术制备双层乳液 BSA/GA-e，并对该双层乳液荷载 β-胡萝卜素的加工稳定性、pH 响应性及消化特性进行研究。结果表明，BSA/GA-e 中荷载的 β-胡萝卜素在水浴恒温加热、微波加热、冻融、紫外光照、强氧化剂作用等过程中都能保持较高的化学稳定性；BSA/GA-e 具有小肠靶向控缓释，保证 β-胡萝卜素在小肠部位被缓慢吸收，提高生物接收度。

4.2.4.1 pH 对 β-胡萝卜素乳液物理化学稳定性的影响

pH 对不同乳液 Z-均回转半径、PDI、Zeta 电位、乳化指数（CI）及 β-胡萝卜素剩余量的影响如图 4.15 所示。物理稳定性方面，BSA/GA-e 在 pH 为 1.0、2.0 或 3.0 时乳滴粒径与 PDI 明显增大，并产生了严重的沉淀现象，且振荡不能缓解该现象；而当 pH＞4.0 时，其粒径与 PDI 变化不大，且不发生分层现象。双层乳液 BSA/GA-e 亦可以在各种 pH 环境中有效保护 β-胡萝卜素。

双层乳液 BSA/GA-e 的乳滴所带电势在 pH 1.0～3.0 范围内与 GA-e 乳滴所带电势相近，在 pH 5.0～7.0 范围内处于 GA-e 与 BSA-e 乳滴所带电势之间，在 pH 7.0～10.0 范围内与 BSA-e 乳滴所带电势相近；另外，BSA/GA-e 的乳滴粒径在 pH 1.0～3.0 范围内与 GA-e 同时发生絮凝现象，而在 pH 7.0～10.0 范围内与 BSA-e 乳滴基本相同（200nm左右）。由此说明，BSA/GA-e 在 pH 为 4.0 时最稳定存在；pH 为 1.0～3.0 时，GA 未从 BSA 形成的膜层上脱附下来且容易发生絮凝现象；pH 为 5.0～7.0 时，GA 逐渐从 BSA 形成的膜层上脱附下来；pH 为 7.0～10.0 时，GA 基本上全部从 BSA 形成的膜层上脱附下来。所以，双层乳液 BSA/GA-e 具有 pH 响应性。

4.2.4.2 体外模拟消化过程对 β-胡萝卜素乳液物理性质的影响

1）模拟胃消化阶段

模拟胃消化时间对不同乳液 Z-均回转半径、PDI 及 Zeta 电位的影响如图 4.16 所示。在模拟胃消化阶段中，BSA/GA-e 的乳滴粒径与 PDI 显著增大，乳滴大量聚集；BSA/GA-e 的膜层致密厚实，GA 此时也未从 BSA 形成的膜层上脱附下来，其乳滴粒径基本不随胃消化时间增加而变化（图 4.16）。

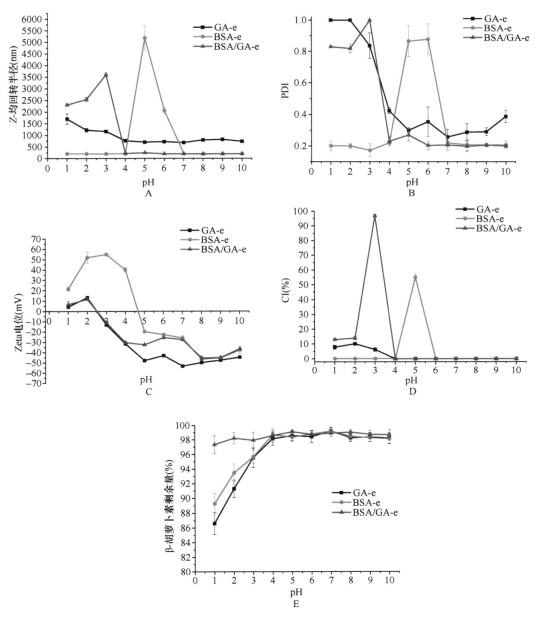

图 4.15　pH 对不同乳液 Z-均回转半径（A）、PDI（B）、Zeta 电位（C）、CI（D）及 β-胡萝卜素
剩余量（E）的影响

2）模拟小肠消化阶段

模拟小肠消化时间对不同乳液 Z-均回转半径、PDI 及 Zeta 电位的影响如图 4.17 所示。在模拟小肠消化阶段中，BSA/GA-e 的乳滴粒径与 PDI 随着小肠消化时间的延长而减小，且 Zeta 电位不断减弱，模拟小肠液的 pH 为 7.0，此时 GA 基本上全部从 BSA 形成的膜层上脱附下来，裸露出来的 BSA 在胰蛋白酶的作用下逐渐被水解，在该过程中，

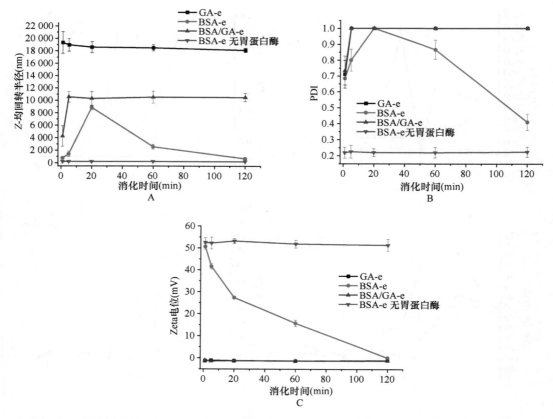

图 4.16　模拟胃消化时间对不同乳液 Z-均回转半径（A）、PDI（B）及 Zeta 电位（C）的影响

乳滴膜层慢慢被破坏，乳滴结构不复存在。最后的粒径与 PDI 数值不是 0，说明可能形成了混合胶束，即油脂经胰脂肪酶水解得到游离脂肪酸（FFA）与单甘油酯，它们在胆酸盐作用下形成混合胶束（Porter et al.，2007），因此消化完成后的粒径、PDI 与 Zeta 电位数值应该都属于该混合胶束或其聚集体的（Donhowe and Kong，2014）。BSA/GA-e 在两个小时的模拟小肠消化过程中，缓慢达到消化终点（粒径为 12 500nm 左右，PDI 为 0.35 左右，Zeta 电位为-20mV 左右），这说明 GA 的脱附及 BSA 的消化水解是缓慢进行的。

4.2.4.3　体外模拟消化过程中游离脂肪酸（FFA）释放率的分析

模拟小肠消化时间对不同乳液游离脂肪酸（FFA）释放率的影响如图 4.18 所示。通过拟合，BSA/GA-e 的 FFA 释放率结果可分为三个阶段，即 BSA/GA-e 中的油相释放速率在开始阶段较小，然后增大，最后减小，且 120min 时也未完全释放，这是因为 BSA/GA-e 在小肠中被消化时需要先脱去外层的 GA。

4.2.4.4　体外模拟消化过程中 β-胡萝卜素生物接收度的分析

模拟小肠消化时间对不同乳液 β-胡萝卜素生物接收度的影响如图 4.19 所示。通过拟合，BSA/GA-e 的结果可分为三个阶段，即 BSA/GA-e 荷载的 β-胡萝卜素的释放速率在开始阶段较小，然后增大，最后减小。在 120min 时，其生物接收度接近 BSA-e（无胃蛋白酶）程度，这些结果与游离脂肪酸（FFA）释放率的结果相对应，由于尚未完全达到消化终点，BSA/GA-e 中的 β-胡萝卜素生物接收度在 120min 时未达到 100%。以上实验结果说明，BSA/GA-e 具有小肠靶向控缓释作用。

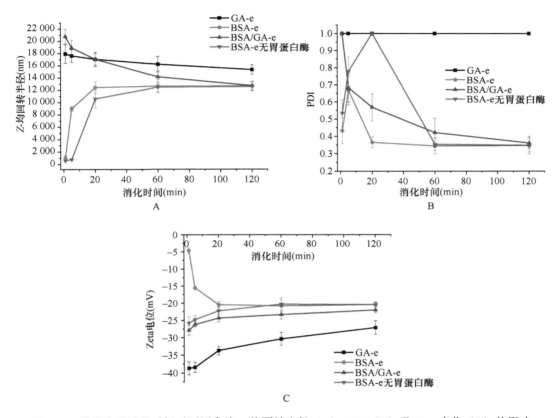

图 4.17　模拟小肠消化时间对不同乳液 Z-均回转半径（A）、PDI（B）及 Zeta 电位（C）的影响

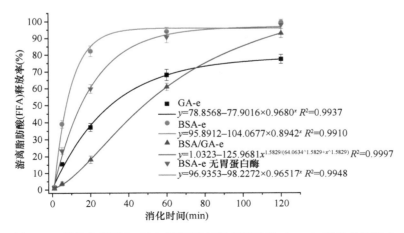

图 4.18　模拟小肠消化时间对不同乳液游离脂肪酸（FFA）释放率的影响

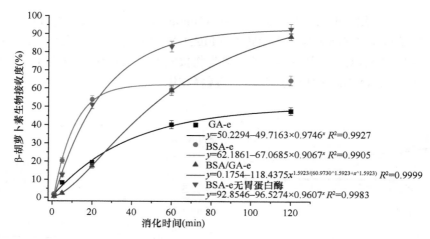

图 4.19　模拟小肠消化时间对不同乳液 β-胡萝卜素生物接收度的影响

4.2.4.5　β-胡萝卜素双层乳液的体外消化模型

　　BSA/GA-e 体外模拟消化模型如图 4.20 所示，BSA/GA-e 在未到达胃部时处于分散的原始状态，而胃中 pH 变为 2.5，此时 BSA/GA-e 的乳滴迅速聚集，且外层 GA 并未脱附，通透性也未明显改变，即 BSA/GA-e 的双层膜结构保持不变，且未被消化。当 BSA/GA-e 到达小肠时，由于小肠中的 pH 为 7.0，聚集状态的 BSA/GA-e 再次变为

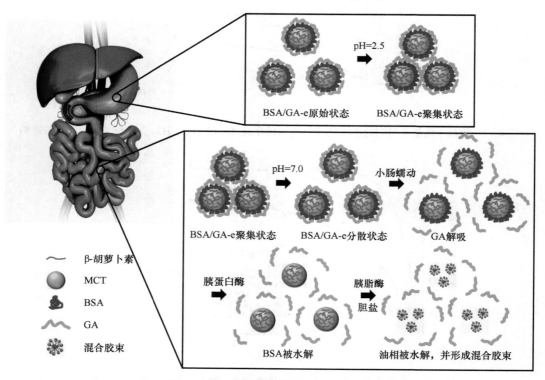

图 4.20　BSA/GA-e 体外模拟消化模型

分散状态，在 pH 与小肠蠕动（磁力搅拌）的共同作用下，BSA/GA-e 外层的 GA 逐渐解除吸附并完全脱去，且 BSA 逐渐被胰蛋白酶水解，从而胰脂肪酶能够接触油相并使其水解，然后释放 β-胡萝卜素。油相水解得到的游离脂肪酸及单甘油酯在胆盐的共同作用下形成混合胶束，从而荷载 β-胡萝卜素，使其成为可以被吸收的状态。

4.3　淀粉-脂质互作及其品质功能调控

4.3.1　蒸煮对淀粉-脂质互作及其复合物结构和品质功能的影响

淀粉与脂质都是食品常见组分，两者很容易发生相互作用。由于分子内氢键作用，淀粉内部非极性区域可以与脂质的碳氢链发生络合作用，最终形成一个内部包含疏水性空腔、外部包含葡萄糖单元羟基的单螺旋淀粉-脂质复合物。淀粉与脂质共混生成复合物时，脂质能改变淀粉的结晶、聚集态及颗粒结构，进而影响淀粉的消化性。油酸甘油酯（MO）是油酸和甘油聚合的产物，常在食品工业中用作表面活性剂、食品稳定剂等。工业生产中常常通过蒸煮的办法对淀粉进行糊化处理。本节基于多尺度研究，介绍了添加油酸甘油酯对淀粉的结晶结构、淀粉颗粒形貌特征及流变学特性的影响，并探讨了油酸甘油酯对淀粉消化特性的影响。

4.3.1.1　淀粉-油酸甘油酯结晶结构特性

根据 X 射线衍射（XRD）图谱结果可知（图 4.21），对淀粉进行蒸煮糊化处理后，直链淀粉和支链淀粉的出峰位置发生了明显变化，意味着糊化处理后，支链淀粉和直链淀粉的晶体构型发生了明显改变。加入油酸甘油酯后，直链淀粉体系中出峰位置出现略微的后移，与直链淀粉-油酸甘油酯复合物的形成有关。在支链淀粉中加入油酸甘油酯后，在 $2\theta=31.9516$ 处出现了新峰，这可能与油酸甘油酯和支链淀粉共混体系中未复合的油酸甘油酯有关。

4.3.1.2　淀粉-油酸甘油酯形貌特征

扫描电镜是观察聚合物的常规技术手段，可以观察聚合物表面的结构状态。根据图 4.22 和图 4.23 扫描电镜结果可知，直链淀粉颗粒分布较为均匀分散，支链淀粉由于黏度相对较大，其颗粒呈现较多的聚集状态；而糊化处理后的直链淀粉和支链淀粉则呈现片状结构，表面出现白色结晶状颗粒，且糊化后的支链淀粉表面出现孔洞结构；添加油酸甘油酯后，与糊化组相比，孔洞结构消失，且表面较原来光滑，直链淀粉与油酸甘油酯复合后，片状结构变得零散，且糊化后的孔洞结构也因为油酸甘油酯的添加而消失。因此，从扫描电镜的结果中可以看出，油酸甘油酯的加入可以改变糊化后淀粉的表面结构，并且使糊化后淀粉表面的孔洞消失，这也与前面所提到的脂质能够进入淀粉的螺旋结构从而与淀粉进行复合结果一致。

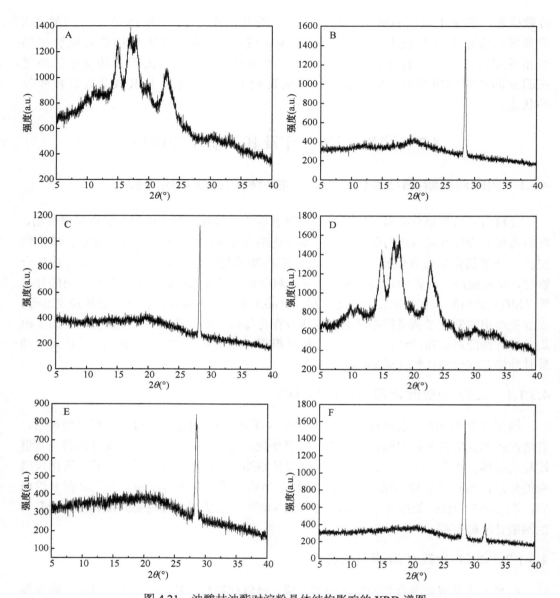

图 4.21　油酸甘油酯对淀粉晶体结构影响的 XRD 谱图

A. 未糊化直链淀粉的 XRD 图谱；B. 糊化后直链淀粉的 XRD 图谱；C. 直链淀粉-油酸甘油酯复合体系的 XRD 图谱；D. 未糊化支链淀粉的 XRD 图谱；E. 糊化后支链淀粉的 XRD 图谱；F. 支链淀粉-油酸甘油酯复合体系的 XRD 图谱

4.3.1.3　淀粉-油酸甘油酯流变学特性

由于有脂质配合体的存在，淀粉糊液黏度降低，透明度增加，淀粉糊液不易凝沉，在降温时大多可形成较软但却更为稳定的凝胶体，复合物的弹性模量与储能模量都降低（Ahmadi-Abhari et al.，2015）。脂质配合体在疏水力作用下进入淀粉链的螺旋结构内部，改变了淀粉的分子构象，淀粉链由双螺旋结构转变为单螺旋结构，这一构象的转变加大了螺旋区域分子间和分子内的聚集，可引起超分子结构的形成，从而降低了直链淀粉分

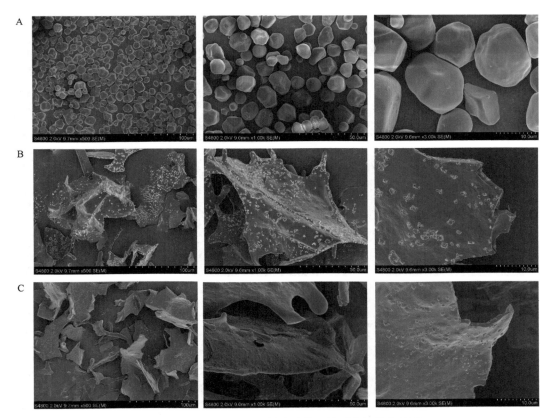

图 4.22　直链淀粉与油酸甘油酯共混体系的扫描电镜图

A. 未糊化的直链淀粉；B. 糊化后的直链淀粉；C. 直链淀粉-油酸甘油酯复合物。每一行从左到右的放大倍数依次为 500
倍、1000 倍、3000 倍

子的流体力学体积（Byars et al.，2009；Wang et al.，2012），而且在淀粉复合物体系中，淀粉链的络合结构也会引起结晶结构的形成，发生体相分离，使淀粉的黏弹性、触变性、储能模量等流变性质发生改变（Raphaelides and Georgiadis，2008）。

　　由图 4.24 可知，支链淀粉（AP）在糊化前后流变性质没有明显变化，并且在添加油酸甘油酯（MO）后，体系黏度降低，但是无论是淀粉体系还是共混体系，对淀粉回溯性没有显著影响。在直链淀粉（AM）体系中，添加油酸甘油酯后体系黏度下降更为显著，但是在直链淀粉和油酸甘油酯共混体系后，淀粉的回溯性显著降低。造成这一现象的主要原因是在直链淀粉体系中，与油酸甘油酯形成的复合物更多，而支链淀粉体系中形成的复合物相对较少。

4.3.1.4　油酸甘油酯对淀粉消化特性的影响

　　淀粉在人体内的消化过程主要包括口腔、胃、小肠和结肠。在口腔中，淀粉会有小部分的消化，在唾液淀粉酶的作用下，淀粉水解为糊精和麦芽糖；而在咽、食道及胃中，淀粉几乎不水解；到达小肠后，在胰腺分泌的胰淀粉酶和葡萄糖苷酶的作用下分解为葡

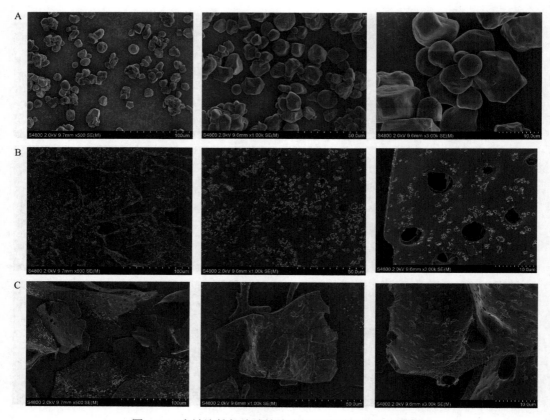

图 4.23　支链淀粉与油酸甘油酯共混体系的扫描电镜图

A. 未糊化的支链淀粉；B. 糊化后的支链淀粉；C. 支链淀粉-油酸甘油酯复合物。每一行从左到右的放大倍数依次为 500 倍、1000 倍、3000 倍

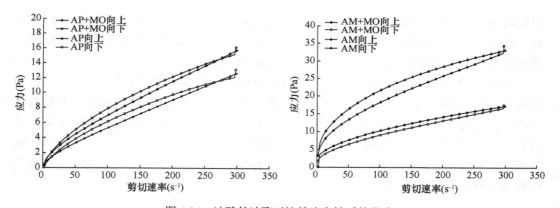

图 4.24　油酸甘油酯对淀粉流变性质的影响

萄糖，被肠黏膜吸收后，为机体提供能量；最后有一部分淀粉在小肠中无法消化吸收，能够到达结肠并且被微生物发酵利用。根据消化时间的不同，淀粉分为快消化淀粉（rapidly digestible starch，RDS）、慢消化淀粉（slowly digestible starch，SDS）及抗性淀粉（resistant starch，RS）。淀粉-脂质复合物的形成会影响淀粉的消化性能，使其对酶的

敏感性降低。主要有以下两个因素影响淀粉-脂质复合物对淀粉酶的敏感性：第一，淀粉-脂质复合物的形成使淀粉的分子结构改变，通过抑制淀粉颗粒的吸水膨胀来限制淀粉酶进入淀粉颗粒内部，降低二者接触的概率；第二，与直链淀粉相比，淀粉-脂质复合物具有更强的抵抗消化酶的能力，且分子排列的有序性越高、结构越致密，抵抗酶的消化性的能力越强。因此，淀粉-脂质复合物的形成会使淀粉的可消化性降低，但是淀粉-脂质复合物对酶的敏感性却比凝沉淀粉高。一般将淀粉-脂质复合物归为抗性淀粉或慢消化淀粉。

本研究在直链淀粉和支链淀粉与油酸甘油酯复合物性质的研究过程中，测定了复合前后淀粉中的快消化淀粉（RDS）、慢消化淀粉（SDS）和抗性淀粉（RS）含量（表 4.10）。

表 4.10　淀粉-油酸甘油酯复合物对淀粉消化性质的影响（%）

样品	RDS	SDS	RS
AM+MO	36.48±0.35	4.08±0.33	59.43±0.75
AM 对照	46.43±0.32	1.65±0.27	51.92±0.28
AM 未处理	20.45±0.26	5.24±0.73	74.31±0.63
AP+MO	47.79±0.21	2.51±0.53	49.7±0.23
AP 对照	51.52±0.47	3.84±0.19	44.64±0.56
AP 未处理	59.15±0.39	0.85±0.66	40.00±0.31

从图 4.25 结果中可以看出，直链淀粉（AM）经过糊化处理后，RDS 含量升高，SDS 和 RS 含量下降，而支链淀粉（AP）在糊化后，则基本呈现与之相反的现象；而在加入了油酸甘油酯（MO）后，直链淀粉与其复合物中 RDS 减少，SDS 和 RS 含量均呈现升高趋势；支链淀粉与油酸甘油酯复合物中，RS 和 SDS 含量下降，RDS 含量升高。这一结果也充分说明了加热直链淀粉和支链淀粉均能够改变淀粉的消化性质，添加油酸甘油酯促进了淀粉中抗性淀粉和慢消化淀粉的生成，这是由于淀粉与油酸甘油酯形成复合物抑制淀粉的酶解，该结果也为复合物平缓餐后血糖奠定了基础。

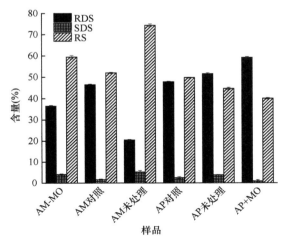

图 4.25　不同复合样品中 SDS、RDS 和 RS 含量的变化

本节基于多尺度角度探究了蒸煮处理对淀粉-油酸甘油酯体系的结晶结构、微观形貌、流变性质及抗消化特性。研究表明，油酸甘油酯与淀粉形成复合物后糊化淀粉的孔洞消失，进一步证明复合物黏度降低、抗消化特性增强均与复合物的形成有关。

4.3.2 微波对淀粉-脂质互作及其复合物结构和品质功能的影响

在我国居民的日常膳食中，大米是最主要的能量来源。消费者对大米进行各类加工制作的过程中，其他食品组分如脂质会同大米中的淀粉相互作用形成复合物。这些复合物会改变淀粉的物理化学性质，从而影响食品体系的消化特性。本节以大米淀粉为主要研究对象，在微波加热的条件下，探讨了淀粉和脂肪酸体系相互作用后形成复合物的机理，并进一步考察了该复合物的多尺度结构与物理化学性质和消化特性之间的关系。

4.3.2.1 微波处理对淀粉-脂质复合物分子结构的影响

从图 4.26 可以看出，淀粉-脂质复合物的红外吸收图谱与原淀粉和未加脂肪酸的样品基本一致，淀粉-油酸复合物在波数为 2854cm^{-1} 和 1706cm^{-1} 处出现了新的特征吸收峰，而淀粉与油酸的物理混合物则在 2855cm^{-1} 和 1709cm^{-1} 处出现了油酸中甲基官能团（2855cm^{-1}）和羧基官能团（1709cm^{-1}）的特征吸收峰。因此，淀粉-脂质复合物中两处吸收峰相对于淀粉和油酸物理混合物存在一定程度的红移。因此微波处理可促进淀粉和脂质内部分子结构发生改变，形成淀粉-脂质复合物。同时也可以看出，虽然采用不同链长和饱和度脂质制备了多种复合物，但是这些复合物的红外吸收图谱基本一致（图 4.26 右）。

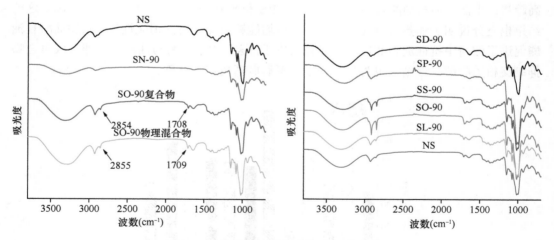

图 4.26 淀粉-脂质复合物红外吸收图谱

NS：原淀粉；SN：未复合脂质的淀粉（对照淀粉）；SD：淀粉-癸酸复合物；SP：淀粉-棕榈酸复合物；SS：淀粉-硬脂酸复合物；SO：淀粉-油酸复合物；SL：淀粉-亚油酸复合物；90 代表制备温度（℃）。下同

对淀粉红外图谱（图 4.27）进行去卷积处理后，波数为 1047cm^{-1} 和 1022cm^{-1} 的吸收变化分别对应淀粉表面结晶区和无定形区的改变程度，这两个数值的比值可在一定程度上反应淀粉的短程有序结构。微波制备的淀粉-脂质复合物 1047cm^{-1}/1022cm^{-1} 值明显

低于原淀粉，预示着微波处理及制备过程会破坏淀粉颗粒表面的短程有序结构，而脂肪酸与淀粉分子结合过程中的氢键作用也会改变其结构。但同时对于饱和脂肪酸来讲，提高微波处理温度会在一定程度上破坏淀粉-脂质复合物的短程有序结构。随着脂肪酸链长的增加，淀粉-脂质复合物的短程有序化也有所降低。而对于不饱和脂肪酸，双键的数量并不会对复合物表面短程有序化产生显著影响。

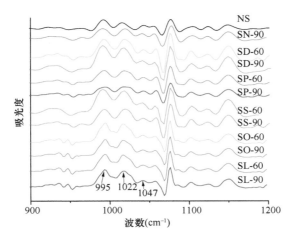

图 4.27　淀粉-脂质复合物红外图谱自去卷积结果图
60、90 代表制备温度（℃）

4.3.2.2　微波处理对淀粉-脂质复合物螺旋结构的影响

进一步采用核磁共振（NMR）探究微波处理对淀粉-脂质复合物结构的影响，发现原淀粉的出峰位置与前人研究一致（图 4.28），94～105ppm 为 C1 信号区，58～65ppm 为 C6 信号区，68～78ppm 的多重峰为 C2、C3、C5 信号区，82ppm 为 C4 信号区，一般研究认为 C1 信号区体现了直链淀粉单螺旋结构和支链淀粉双螺旋结构的含量，而 C4 信号区则体现了无定形区无规则卷曲直链淀粉的含量。而在图 4.28 中，淀粉-脂质复合物不仅有淀粉结构的信号响应，也在 33～35ppm 出现了脂肪酸亚甲基的响应区，130ppm 处出现了不饱和脂肪酸双键的响应区。有研究表明，103ppm 附近是 V 型淀粉单螺旋结构的响应信号，因此可以发现引入脂质后，单螺旋结构明显增加，而微波处理的制备过程会破坏原淀粉的结构，使得无定形区无规则直链淀粉含量（C4 信号区）增加（表 4.11）。随着微波温度的提高及脂质不饱和程度的提高，淀粉-脂质复合物中单螺旋结构信号强度有所降低。而增加脂质的链长和不饱和程度，则会降低复合物单螺旋结构的含量及无定形区无规则卷曲直链淀粉的含量。

4.3.2.3　微波处理对淀粉-脂质复合物结晶结构的影响

XRD 图谱显示大米淀粉呈典型的 A 型结晶结构（图 4.29）。而经微波制备的淀粉-脂质复合物均在衍射角 2θ 为 7.5、13 和 20 处有明显的结晶衍射峰，呈典型的 V 型结构。说明在引入脂质的制备过程中原淀粉的结晶结构遭到破坏，脂肪酸和直链淀粉形成了螺旋结构的 V 型复合物。此外，对于常温下为固态的脂肪酸如棕榈酸和硬脂酸，它们形成的淀粉-脂质复合物在 2θ 为 22 和 24 附近出现了脂肪酸的结晶峰。而脂质链长的增加和微波处理温度的提高并不会进一步改变复合物的晶型。

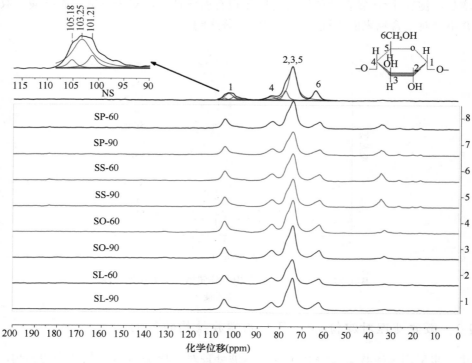

图 4.28　不同淀粉-脂质复合物固体核磁共振图谱

表 4.11　淀粉-脂质复合物单螺旋结构及无定形区的含量变化

样品	C1						C4	
	化学位移（ppm）	峰面积 1（%）	化学位移（ppm）	峰面积 2（%）	化学位移（ppm）	峰面积 3（%）	化学位移（ppm）	峰面积（%）
原淀粉	103.25	11.27	105.16	1.46	101.19	3.20	83.89	7.04
对照	104.44	14.74	—	—	—	—	84.38	11.18
SP-60	104.91	17.33	—	—	—	—	84.01	15.11
SP-90	104.99	15.31	—	—	—	—	83.92	15.14
SS-60	105.02	16.50	—	—	—	—	84.03	15.29
SS-90	104.99	15.05	—	—	—	—	83.92	14.34
SO-60	105.01	16.35	—	—	—	—	83.92	15.23
SO-90	105.00	15.70	—	—	—	—	83.91	14.33
SL-60	105.00	14.99	—	—	—	—	83.96	17.60
SL-90	104.99	15.39	—	—	—	—	83.95	13.78

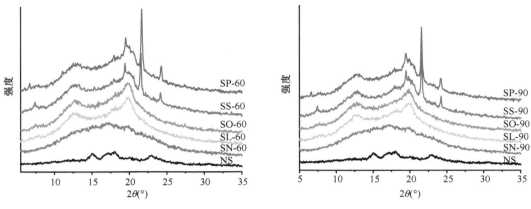

图 4.29　淀粉-脂质复合物 X 射线衍射图谱

通过计算淀粉-脂质复合物的相对结晶度（表 4.12），结合红外去卷积结果分析发现，由于在制备过程中糊化会破坏淀粉的结晶结构，其形成的淀粉-脂质复合物相对结晶度要明显低于原淀粉。提高微波温度能显著提高淀粉脂质复合物的相对结晶度，而对于不饱和脂肪酸，链长的增加也会提高淀粉-脂质复合物的相对结晶度。相对于饱和脂肪酸，双键的数量越多，则淀粉-脂质复合物的相对结晶度越低。

表 4.12　微波处理对淀粉-脂质复合物相对结晶度及短程有序结构的影响

样品	1047cm⁻¹/1022cm⁻¹	相对结晶度（%）
NS	0.613	35.80
SD-90	0.579	18.59
SP-60	0.446	19.40
SP-90	0.431	21.30
SS-60	0.432	23.60
SS-90	0.426	24.90
SO-60	0.334	20.20
SO-90	0.341	21.70
SL-60	0.338	19.80
SL-90	0.336	20.10

4.3.2.4　微波处理对淀粉-脂质复合物颗粒形貌的影响

从扫描电镜图中可以清晰地看到原淀粉颗粒较小，呈典型的不规则大米淀粉颗粒形态，表面光滑（图 4.30）。而淀粉-脂质复合物表面结构则有明显的粗糙感觉，放大数倍后可以看到淀粉-脂质复合物表面有圆柱状的层状结晶，平行排列，有研究报道该结构为折叠状的层状结晶。而微波处理温度的不同及饱和程度的不同不能进一步改变淀粉-脂质复合物的颗粒形貌（图中未显示）。而对于室温下为固态的棕榈酸和硬脂酸，可以看到其形成的复合物颗粒表面更为粗糙、更不规整，推测是因为棕榈酸和硬脂酸附着在淀粉颗粒上（图 4.30 右）。

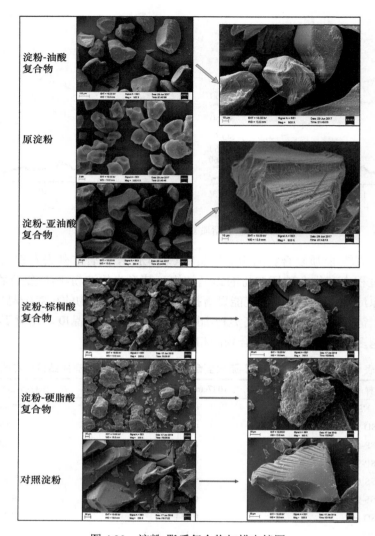

图 4.30　淀粉-脂质复合物扫描电镜图

在采用能与脂质特异性结合的荧光染料对淀粉-脂质复合物染色后,运用激光扫描共聚焦显微镜观察淀粉与脂质的复合情况,图 4.31 显示未复合脂质的淀粉(对照淀粉)颗粒表面没有荧光,而淀粉-脂质复合物随着不饱和程度的增大,荧光强度明显降低,尤其是淀粉-棕榈酸和淀粉-硬脂酸复合物,荧光强度相对于淀粉-油酸和淀粉-亚油酸复合物较为明显。

4.3.2.5　微波处理对淀粉-脂质复合物热性能的影响

淀粉融化温度的高低一定程度上代表了淀粉颗粒内部有序化程度及结晶程度。相较于原淀粉,淀粉与棕榈酸和硬脂酸形成的复合物在 65～70℃及 100～105℃附近出现了 2 个吸热峰(图 4.32),通过前面的 XRD 分析,可以推测一个为脂肪酸结晶的融化峰,一个为淀粉-脂质复合物的融化峰。相对于原淀粉,脂质的引入极大地提高了淀粉的糊化温度（表 4.13）。随着微波温度的提高，淀粉-脂质复合物的糊化起始温度和糊化焓变均有所降低。同时发现，淀粉-脂质复合物的融化焓变也随着链长的增加而增加。

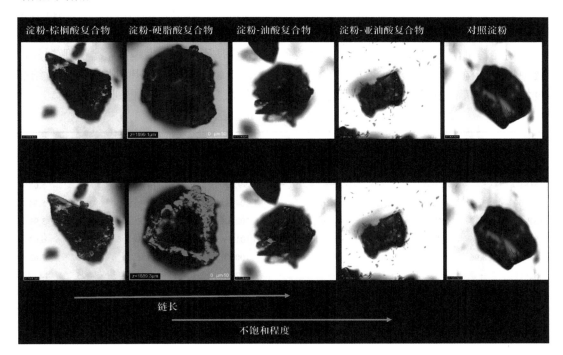

图 4.31　淀粉-脂质复合物激光共扫描聚焦显微镜图

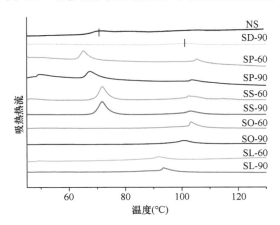

图 4.32　淀粉-脂质复合物差示扫描量热图

4.3.2.6　微波处理对淀粉-脂质复合物消化特性的影响

淀粉及淀粉-脂质复合物消化特性显示：相比于原淀粉，淀粉-脂质复合物的抗消化性得到了显著提高，快消化淀粉含量降低，慢消化淀粉和抗性淀粉含量都有不同程度的上升。淀粉和硬脂酸所形成的复合物在所有样品中的抗消化性最好，其 RDS 含量最低

（31.18%），SDS 和 RS 的含量最高（68.88%）（表 4.14）。比较数据发现，饱和脂肪酸与淀粉形成复合物后的抗消化性要普遍强于不饱和脂肪酸与淀粉形成的复合物。而在相同的微波处理温度下（90℃），饱和脂肪酸链长的增加会进一步促进抗消化性更强的复合物的形成；然而对于相同链长的脂肪酸来讲，其不饱和程度越高，其形成的复合物抗消化性越弱。同时本研究也发现，除了亚油酸，提高微波制备的温度（从 60℃到 90℃）也可以提高淀粉-脂质复合物的抗消化性。微波条件下，脂质不饱和程度越高，淀粉-脂质复合物中螺旋结构、结晶结构均越不完整，而脂肪酸碳链越长，复合物热融熔变与相对结晶度均有所提高，这些特征性的聚集态结构对淀粉-脂质复合物消化性起到重要作用。

表 4.13 淀粉-脂质复合物热力学参数

样品	峰 I					峰 II				
	T_o（℃）	T_p（℃）	T_c（℃）	$\triangle T$（℃）	$\triangle H$ (J/g)	T_o（℃）	T_p（℃）	T_c（℃）	$\triangle T$（℃）	$\triangle H$ (J/g)
SD-90	—	—	—	—	—	99.02	102.00	107.89	8.87	5.68
SP-60	63.14	65.09	68.30	5.16	11.47	104.50	105.31	108.34	3.84	5.54
SP-90	65.10	67.53	72.39	7.29	12.93	102.48	104.08	109.38	6.90	3.91
SS-60	69.36	71.87	74.87	5.51	19.17	101.49	102.40	109.11	7.62	6.63
SS-90	68.96	71.78	74.94	5.98	19.72	100.11	103.16	108.70	8.59	7.63
SO-60	—	—	—	—	—	102.52	103.22	107.27	4.75	14.61
SO-90	—	—	—	—	—	97.33	100.65	105.37	8.04	11.30
SL-60	—	—	—	—	—	90.09	91.31	97.07	6.98	7.37
SL-90	—	—	—	—	—	92.14	93.14	97.96	5.82	5.50

表 4.14 淀粉-脂质复合物消化特性（%）

样品	RDS	SDS	RS
NS	93.12±0.93a	5.12±1.04ef	1.85±0.37g
SD-60	64.36±2.32d	18.26±1.97d	17.38±1.59d
SD-90	46.13±4.26e	29.31±3.08b	24.56±2.34c
SP-60	64.07±1.87d	19.36±1.63d	16.57±1.49d
SP-90	37.87±3.75f	36.21±2.61a	22.57±1.97c
SS-60	50.94±3.22e	19.69±3.17cd	29.37±2.12b
SS-90	31.18±2.64g	32.42±1.65b	36.46±2.86a
SO-60	76.44±3.17c	6.58±1.32e	15.62±1.43d
SO-90	62.38±2.86d	22.69±1.09c	16.92±1.78d
SL-60	75.37±2.31c	4.46±0.53f	11.16±1.32e
SL-90	84.04±3.72b	5.89±0.45e	8.27±2.19f

注：同列不同小写字母表示有显著性差异（$P<0.05$）

4.3.3 水热/高压对淀粉-脂质互作及其复合物结构和品质功能的影响

为了探究水热/高压处理条件下，月桂酸与淀粉形成的复合物的结构性质的变化，将高支链玉米淀粉通过支链淀粉酶凝胶化和脱支，然后在水热和高压处理的协同作用下与月桂酸（LA）复合，研究淀粉的重组过程中结晶结构、聚集态结构和消化率的关联，并将其与单独制备的样品在水热及大气压处理下进行比较。

4.3.3.1 水热/高压处理对淀粉-月桂酸复合物结晶结构的影响

如图 4.33 所示，天然淀粉 G50 显示了典型的 B+V 杂化晶体结构，在 5.51°、16.85°、22.30°和 23.71°（2θ）处具有 B 型峰，在 12.88°和 19.80°（2θ）处具有典型的 V 型峰特征。脱支淀粉 G50 表现出典型的 B 型晶体结构，这归因于淀粉的重新结合。脱支淀粉-月桂酸复合物也表现出典型的 B+V 杂化晶体结构。将脱支淀粉-月桂酸复合物与脱支淀粉 G50 进行比较，结果表明在 16.85°（2θ）处 B 型峰的强度较弱，原因是淀粉复合物可以降低淀粉的凝集作用。通过计算结晶度发现，脱支淀粉 G50 的结晶度为 20.67%，高于天然淀粉 G50，表明糊化和脱支后的淀粉以相对有序的结构重排。与脱支淀粉 G50 相比，脱支淀粉-月桂酸复合物显示出更高的结晶度，范围从 21.46%到 27.59%，这表明在月桂酸存在的情况下，复合物中淀粉重新排列形成了更规则的晶体结构。

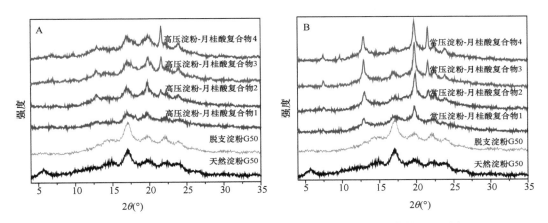

图 4.33　高压及常压处理下 G50 淀粉及淀粉-月桂酸复合物的 XRD 图

此外，常压与高压对月桂酸与淀粉复合体系的结晶结构影响显著，高压下复合物结晶度更高。高压均质化通常可以促进淀粉和脂肪酸之间的 V 型螺旋络合物的形成，但月桂酸对 B 型晶体的形成影响有限。

4.3.3.2 水热/高压处理对淀粉-月桂酸复合物聚集结构的影响

如图 4.34 中 X 射线小角散射（SAXS）部分所示，淀粉-月桂酸复合物的新峰与脱支淀粉 G50 的峰显著不同，表明这两种淀粉的重组结构不同。从 Kratky 图可以看出，天然淀粉 G50 在 $q=0.068\text{Å}^{-1}$ 附近显示出明显的散射峰，而对于脱支淀粉-月桂酸复合物与脱支淀粉 G50，在较低 q 区域观察到了向上的峰，表明脱支淀粉-月桂酸复合物具有更多的聚集体，且聚集体的尺寸较小，这可能与 B 型微晶和 I 型或 II 型淀粉-月桂酸复合物的形成有关。对于高压处理的淀粉-月桂酸复合物，由月桂酸含量变化引起的变化幅度显著，而对大气压处理样品则影响较小。该结果与水热处理和不同压力下淀粉分子的不同重组行为有关。

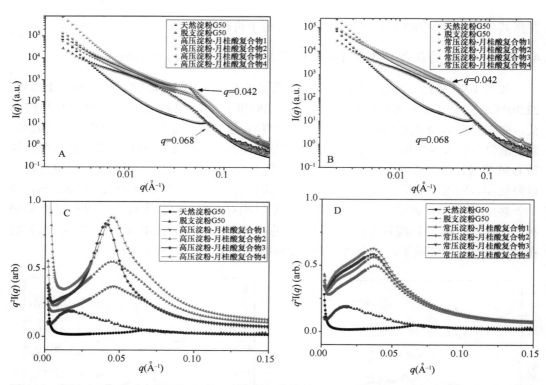

图 4.34　高压（HP）和大气压（AP）处理制备的天然淀粉 G50 和脱支淀粉 G50 及淀粉-月桂酸复合物的双对数 SAXS 谱图（A 和 B）和 Kratky 图（C 和 D）

4.3.3.3　水热/高压处理对淀粉-月桂酸复合物消化特性影响

天然淀粉 G50 的 RDS、SDS 和 RS 含量分别为 83.60%、3.63% 和 12.77%（表 4.15），表示支链淀粉酶脱支后 G50 的 RDS 显著降低，SDS 和 RS 含量增加。在常压和高压条件下制备的淀粉-月桂酸复合物的消化率都发生了显著变化，其中 SDS 和 RS 含量显著增加。此外，与常压处理的淀粉-月桂酸复合物相比，高压处理对酶的作用具有更高的抵抗力，并且显示出更低的 RDS 含量。这表明水热和高压协同处理有利于 SDS 和 RS 组分的形成。高压下可促进淀粉与月桂酸之间的相互作用，并提高淀粉的慢消化和抗消化性能；且随着月桂酸添加量的提高，淀粉的慢消化和抗消化性能逐步增强。淀粉-月桂酸复合物 V 型结构和更为有序的聚集体形成是促进慢消化和抗消化淀粉形成的关键内因。

表 4.15　G50 淀粉及淀粉-月桂酸复合物 RDS、SDS 和 RS 的含量（%）

样品	G50 淀粉	HTP-1/NTP-1	HTP-5/NTP-5	HTP-9/NTP-9
RDS	83.60±2.45	48.28±1.39/57.95±3.09	57.20±1.09/60.91±0.64	32.44±1.45/55.39±2.27
SDS	3.63±0.98	19.17±0.74/5.89±0.80	13.24±0.65/3.55±1.81	30.17±1.12/17.78±0.31
RS	12.77±1.47	32.55±0.65/36.16±2.29	29.56±0.43/35.54±1.17	37.39±0.33/26.83±2.58

注：HTP 代表高压处理；NTP 代表常压处理；1、5、9 代表月桂酸添加水平

4.3.4 酶催化对淀粉-脂质互作及其复合物结构和品质功能的影响

脂溶性营养物质，如多不饱和脂肪酸、姜黄素、脂溶性维生素等，难以直接用于食品中，对氧、光等物理射线敏感。重要的是，氧化和降解会降低它们的功效，甚至产生有害物质。例如，大豆油富含不饱和脂肪酸（约 20%油酸、55%亚油酸和8%亚麻酸），在储存和运输过程中具有较低的氧化稳定性。脂质氧化会产生令人不满意的风味，严重影响产品质量，危害产品的安全性，如超氧化物、自由基活性羰基化合物等。有必要寻找一种方法来提高脂溶性物质在食品中的使用并保持功效。多孔淀粉已经被发现可以促进脂溶性物质的稳定性。淀粉含量丰富且易得，因此通常采用不同的方法对淀粉进行改性以获得不同的性能。多孔淀粉是由 α 淀粉酶和糖化酶混合水解而成的淀粉，具有细胞结构，能通过毛细血管吸收液体和挥发性化合物。此外，多孔淀粉还可以通过防止外界因素的影响来提高其稳定性和生物利用度。然而，有关酶解条件下脂类和多孔淀粉之间相互作用影响的研究仍比较少。酶解的形式及程度会大大改变淀粉的结构，其与脂质的相互作用形式及作用力也随之而改变。本节基于多尺度研究，以多孔淀粉对大豆脂质的吸附作用来体现淀粉与脂质在酶催化条件下的相互作用，探讨酶解条件下多孔淀粉与大豆油的相互作用，并研究在添加绿原酸的情况下被多孔淀粉吸附的大豆油的理化性质、结构特征、微观形貌、过氧化值和流变性质。

4.3.4.1 多孔淀粉的制备方法

α 淀粉酶是一种内切酶，与淀粉颗粒反应时，直接开始攻击淀粉内部的葡萄糖残基，在淀粉分子的内部随机切开 α-1,4-糖苷键，水解最开始的速度很快，随后变得相对缓慢，对于支链淀粉作用较慢，对直链淀粉作用较快。在低于糊化温度的条件下，单独以 α 淀粉酶水解淀粉颗粒，水解由内到外，得到具有锥形孔洞结构的淀粉颗粒。糖化酶是一种内切酶，专一性较低，从连接的 α-D-吡喃葡萄糖基开始水解，从非还原末端外切淀粉α-1,4-糖苷键，生成 β-D-吡喃葡萄糖，然后再缓慢地切开 α-1,6-糖苷键。淀粉颗粒中的小孔是沿着非还原末端作用逐渐产生的，单独使用糖化酶水解淀粉颗粒，孔径会不断加深变大，孔径均匀增大，得到孔径较大但不深的孔洞结构。α 淀粉酶和糖化酶具有协同作用，复合使用能够有效提高酶水解速率，糖化酶从淀粉结构的非还原末端开始水解，随着水解程度的增加，孔洞逐渐加深变大，α 淀粉酶进入淀粉颗粒内部，随机切断淀粉分子中的糖苷键，进而为糖化酶提供更多的非还原末端，α 淀粉酶和糖化酶的作用相辅相成，可以得到具有较大较深孔洞结构的多孔淀粉。

如图 4.35 所示，复合利用淀粉酶和糖化酶制备多孔淀粉，随着酶解时间的延长，淀粉颗粒表面逐渐出现分布不规则的圆形多孔结构，当酶解到 12h 时，淀粉结构发生坍塌，再继续酶解会使淀粉颗粒坍塌裂解，形成颗粒细小的多孔淀粉。这是由于随着淀粉酶和糖化酶对淀粉的不断水解，淀粉颗粒表面逐渐出现较大较深的孔洞结构，但酶解时间过长，淀粉酶和糖化酶会贯穿破坏整个淀粉颗粒，导致淀粉颗粒出现坍塌现象。

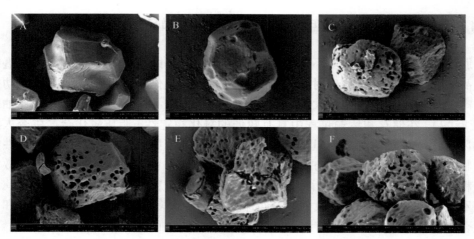

图 4.35　不同时间酶解多孔淀粉结构 SEM 观察

A～F 分别为 0h、2h、4h、8h、12h、14h 酶解时间

　　如图 4.36 所示，复合利用淀粉酶和糖化酶制备的多孔淀粉，表面拥有大量分布不规则、又深又圆的孔洞结构。但利用多孔淀粉吸附大豆油之后，尚能观察到较大且浅的孔洞结构，而且在淀粉颗粒表面伴随少许絮状物，这证明多孔淀粉的孔洞结构中充满了大豆油，少许黏附在淀粉颗粒表面。由于多孔淀粉的孔径不大于 1μm，毛细作用使多孔淀粉的孔洞结构能够吸附大豆油，大面积包裹大豆油免受氧气攻击。

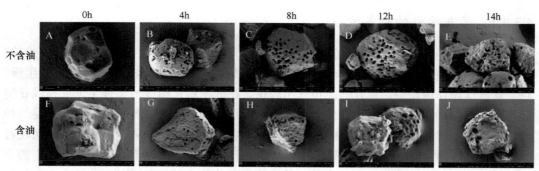

图 4.36　吸附油与没吸附油的多孔淀粉形态观察

4.3.4.2　多孔淀粉的化学及结晶结构分析

　　利用淀粉酶和糖化酶制备多孔淀粉的过程当中，淀粉内部的官能团、化学键及晶型的结构和种类没有太大的变化，保持大米淀粉原有的 A 型结晶，证明淀粉酶和糖化酶在水解淀粉时没有破坏淀粉的基本结构，多孔淀粉还保留着原有的晶型结构和基本的化学官能团组成。此外，为了能够更好地保护油脂，向多孔淀粉中添加不同浓度的绿原酸，绿原酸的加入同样没有破坏淀粉的晶型结构。因此，添加绿原酸能够不破坏淀粉颗粒的基础结构，从而与淀粉结合使大豆油免受氧气攻击。

4.3.4.3　多孔淀粉对油脂的吸附及其过氧化值的影响

　　因为油脂氧化过程中会形成过氧化物，过氧化物再进行加热氧化后会裂解并突然释放大量的挥发性物质,释放出来的挥发性物质溶于去离子水中会增大其电导率,采用油脂氧化稳定性分析仪测定去离子水中电导率的变化情况,从而判断出被测样品的氧化稳定性。吸附有大豆油并含有不同浓度绿原酸的多孔淀粉在油脂氧化稳定性分析仪的加速氧化作用下,逐渐释放出挥发性物质,这些挥发性物质不单源于大豆油被氧化,还来源于多孔淀粉与大豆油在加热过程中相互作用而释放出来的挥发性物质,因此利用释放出挥发性物质的变化可以间接判断多孔淀粉对大豆油的保护作用。

对于酶解 4h 的多孔淀粉,绿原酸浓度增大反而降低多孔淀粉-大豆油复合物的氧化稳定性,这是由于酶解 4h 的多孔淀粉孔洞结构较浅,无法很好地保护油脂,而多酚类物质加热分解后会产生自由基,进而促进大豆油的氧化进程;对于酶解 8h 的多孔淀粉,含有中等浓度的绿原酸能够更好地保护多孔淀粉中的油脂,这可能是由于过少的绿原酸不能很好地保护大豆油,使大豆油在加热和氧气的攻击下快速被氧化,在加热氧化时,挥发性物质被大量释放,这源于形成的过氧化物被大量裂解并释放出来,大豆油此时彻底被破坏。而过多的绿原酸也会因为加热氧化裂解形成自由基促进油脂的氧化进程;对于酶解 12h 的多孔淀粉,中高浓度的绿原酸能够有效地保护多孔淀粉中的大豆油,这是由于酶解 12h 的淀粉虽出现坍塌现象,但是小颗粒的多孔淀粉中依然含有较为丰富的微孔结构,且孔洞较深,绿原酸能够与淀粉的羟基形成氢键作用进入孔洞结构当中,更好地保护进入孔洞结构中的大豆油。综上所述,含有中高浓度绿原酸、酶解 12h 的多孔淀粉能够最好地保护大豆油,使其免受氧化。

本节基于多尺度角度,以多孔淀粉对大豆油的吸附作用来体现淀粉与脂质在酶催化条件下的相互作用,探讨了酶解条件下多孔淀粉与大豆油的相互作用,并研究了在添加绿原酸的情况下被多孔淀粉吸附的大豆油的理化性质、结构特征、微观形貌、过氧化值和流变性质。结果表明,随着酶解时间的增加,多孔淀粉添加绿原酸能够更有效地提高大豆油的氧化稳定性,保护大豆油免受氧化;随着多酚浓度的增加,多孔淀粉和多酚相互作用,能够更好地保护大豆油,拓宽了淀粉在功能食品领域的应用,延伸了大豆油的贮藏方法。

4.4　蛋白质-脂质互作及其品质功能调控

4.4.1　典型化学加工条件下肌原纤维蛋白与磷脂互作及其对食品结构品质的影响

肌原纤维蛋白(myofibrillar protein,MP)是肌肉中含量最高的蛋白质,在肉制品加工过程中,所形成的凝胶直接决定产品的口感。磷脂是肉及肉制品中肌内脂质的主要成分,是形成风味化合物的主要前体。在肉糜制品加工过程中,磷脂与肌原纤维蛋白会发生相互作用并影响肉类的品质。本节介绍了对肌原纤维蛋白进行热诱导形成凝胶前后蛋白质和磷脂之间的互作机制及其对蛋白质功能特性的影响。旨在从宏观性质尺度(溶解度、浊度等)和微观分子结构尺度(分子作用力、光谱学等)并结合盐浓度尺度对肌原纤维蛋白-磷脂互作进行分析,为明确肉类中磷脂对肉制品品质的影响机制,乃至不同磷脂含量肉的加工适性提供理论基础。

4.4.1.1 不同盐浓度条件下肌原纤维蛋白与磷脂互作机制及其对凝胶特性的影响

通过荧光光谱、化学作用力和拉曼光谱分析手段，从微观分子结构尺度结合 NaCl 浓度尺度等探讨不同盐浓度条件下肌原纤维蛋白与磷脂在凝胶体系中的互作机制，并从宏观性质尺度研究添加磷脂对凝胶流变、质地和微观结构等特性的影响，进一步了解肉糜制品组分之间的相互作用。

1）荧光光谱分析

利用肌原纤维蛋白自身内源荧光作为探针，观察磷脂的复合对肌原纤维蛋白内源荧光强度的影响。由图 4.37A 可知，随着磷脂浓度的增加，肌原纤维蛋白的荧光强度逐渐降低，说明磷脂对肌原纤维蛋白的内源荧光产生了强烈的猝灭作用。图 4.37B 为不同温度下以 F_0/F^{-1} 对磷脂浓度[Q]作 Stern-Volmer 曲线拟合，所得相关系数见表 4.16。在 298K、303K 和 313K 温度下，K_{SV} 值分别是 9.77×10^2、9.07×10^2 和 8.39×10^2，随着温度的升高猝灭常数 K_{SV} 值明显减小，说明磷脂对肌原纤维蛋白的荧光猝灭是由于两者之间相互作用形成复合物而导致的静态猝灭过程。

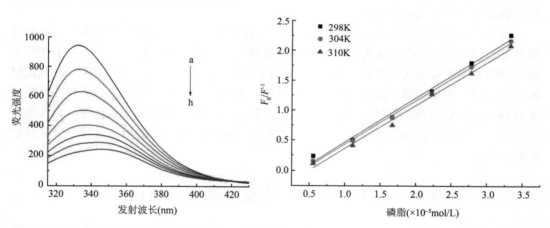

图 4.37 磷脂对肌原纤维蛋白内源荧光的猝灭作用（A）及不同温度下磷脂对肌原纤维蛋白荧光猝灭的 Stern-Volmer 曲线（B）

图 A 中 a→h 代表加入的磷脂浓度为 0mol/L 到 2.5×10^{-4}mol/L

表 4.16 不同温度下的 Stern-Volmer 猝灭常数

样品	温度（K）	猝灭常数 K_{SV}（$\times10^2$）	速率常数 K_q（$\times10^{10}$）	R^2
	298	9.77	9.77	0.9974
MP+PL	303	9.07	9.07	0.9981
	313	8.39	8.39	0.9955

2）化学作用力分析

如图 4.38 所示，通过比较对照组和复合组凝胶中的化学作用力可知，疏水相互作用是维持蛋白凝胶的主要化学作用力，其次是氢键，二硫键有较少的参与。磷脂具有亲水性和疏水性基团，在凝胶形成过程中，磷脂亲水性头部可以通过氢键与水分子结合，而磷脂疏水性脂肪酸链可通过疏水相互作用与蛋白质的疏水区域结合，从而增强凝胶中的氢键和疏水相互作用。

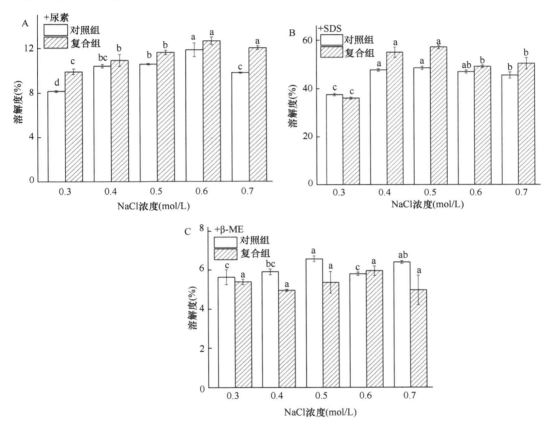

图 4.38　不同 NaCl 浓度下磷脂对肌原纤维蛋白凝胶体系化学作用力的影响

A. 溶于 8mol/L 尿素用以分析氢键；B. 溶于 0.5% SDS 用以分析疏水相互作用；C. 溶于 0.25% β-巯基乙醇（β-ME）用以分析二硫键。不同小写字母表示差异显著（$P<0.05$）

3）拉曼光谱分析

（1）芳香族氨基酸微环境变化

如图 4.39 所示，不同 NaCl 浓度下凝胶的拉曼光谱图基本一致。如表 4.17 所示，随着 NaCl 浓度的增加，对照组中 760cm^{-1} 的相对强度（I_{760}）从 0.43（0.3mol/L）增加到 0.57（0.5mol/L），然后略微降低到 0.49（0.7mol/L），该结果表明体系疏水性增加。此外，复合组凝胶中 I_{760} 高于对照组，这可能是因为添加磷脂后，其疏水性脂肪酸链与蛋白质疏水区域结合，导致凝胶体系的疏水性提高。

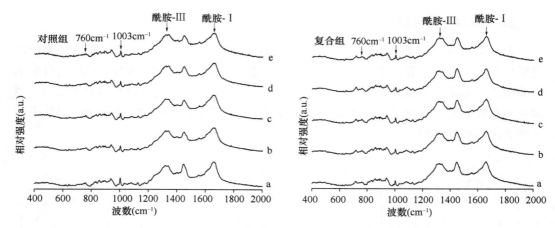

图 4.39 不同 NaCl 浓度下磷脂对肌原纤维蛋白凝胶拉曼光谱的影响（2000～400cm⁻¹）

a～e 分别表示 NaCl 浓度为 0.3mol/L、0.4mol/L、0.5mol/L、0.6mol/L、0.7mol/L

表 4.17 不同 NaCl 浓度下磷脂对肌原纤维蛋白凝胶体系拉曼光谱条带强度的影响

NaCl（mol/L）	I_{760}（a.u.）		I_{850}/I_{830}	
	对照组	复合组	对照组	复合组
0.3	0.43±0.03	0.67±0.04	1.18±0.06	1.27±0.03
0.4	0.52±0.02	0.75±0.00	1.23±0.05	1.31±0.07
0.5	0.57±0.03	0.74±0.01	1.23±0.00	1.32±0.02
0.6	0.53±0.07	0.75±0.03	1.30±0.05	1.35±0.02
0.7	0.49±0.06	0.66±0.02	1.27±0.01	1.26±0.01

（2）蛋白质二级结构分析

如图 4.40 所示，随着 NaCl 浓度的增加，对照组凝胶 α 螺旋结构减少，β 折叠和 β 转角含量增加。随着盐浓度的继续增加，肌原纤维蛋白进一步展开，与对照组相比，复合组中存在更多的无规则卷曲结构，表明添加磷脂可以促进蛋白质在 0.6～0.7mol/L 盐浓度下的解折叠。这可能与磷脂对肌原纤维蛋白脱水的保护作用有关，而磷脂和肌原纤维蛋白形成复合物后，磷脂的亲水性头部可以与盐竞争水分子，肌原纤维蛋白的结构可能会进一步展开。

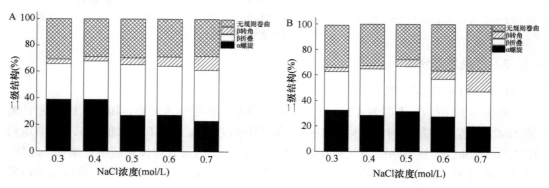

图 4.40 不同 NaCl 浓度下磷脂对肌原纤维蛋白凝胶二级结构的影响

A. 对照组；B. 复合组

4）凝胶体系中肌原纤维蛋白与磷脂的互作机制

如图 4.41 所示，在肌原纤维蛋白热诱导凝胶形成期间，肌球蛋白是热诱导凝胶的主要组成部分。在凝胶体系中磷脂与肌原纤维蛋白主要相互作用力是疏水相互作用和氢键，磷脂亲水性头部可通过氢键与蛋白质结合，可能会抑制肌原纤维蛋白二硫键的形成，而其疏水性脂肪酸链可通过疏水相互作用与肌原纤维蛋白疏水性区域结合，使肌原纤维蛋白凝胶形成更为紧密的网络结构，从而改善肌原纤维蛋白凝胶的凝胶特性。

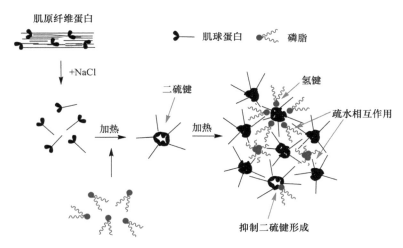

图 4.41　肌原纤维蛋白和磷脂在凝胶形成过程的互作机制

4.4.2　不同盐浓度条件下磷脂与肌原纤维蛋白互作及其对溶液体系理化特性的影响

应用原子力显微镜观察不同盐浓度下溶液中磷脂和肌原纤维蛋白复合物的聚集情况，利用圆二色谱对蛋白质结构进行分析，研究溶液状态下肌原纤维蛋白与磷脂之间的互作规律及其对蛋白质溶解度、粒径、浊度、乳化等理化特性的影响。

4.4.2.1　溶解度和 Zeta 电位

溶液体系下，通过宏观溶解度尺度结合 NaCl 浓度尺度分析磷脂与肌原纤维蛋白互作机制，结果如图 4.42 所示。由图 4.42A 可知，在 0.3～0.6mol/L 盐浓度范围内，随着 NaCl 浓度增加，肌原纤维蛋白的溶解度呈现显著上升趋势（$P<0.05$）。当盐浓度增加到 0.7mol/L 时，溶解度略微下降，这可能与盐析效应有关。由图 4.42B 可知，随着盐浓度增加，Zeta 电位差异不显著，磷脂的添加导致溶液中 Zeta 电位绝对值降低。

4.4.2.2　平均粒径和浊度

溶液体系下，通过宏观性质尺度（粒径、浊度）结合 NaCl 浓度尺度分析磷脂与肌原纤维蛋白互作机制，结果如图 4.43 所示。在盐浓度低于 0.5mol/L 时，肌原纤维蛋白溶液平均粒径和浊度随盐浓度的增加呈现显著下降趋势（$P<0.05$），体系聚集程度下降。随着盐浓度增加，蛋白质聚集作用力降低，溶解度增加，溶液中蛋白质更加分散，浊度也随之降低。在盐浓度大于 0.5mol/L 时，对照组平均粒径不再发生显著变化（$P>0.05$），说明随着盐浓度进一步增加导致的溶解度增加并非蛋白质聚集度变化所致。添加磷脂后，平均粒径和浊度均增加，即体系聚集程度提高，这可能是由于磷脂与肌原纤维蛋白结合生成复合物，蛋白质间聚集程度增加。

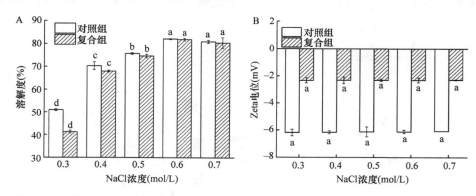

图 4.42 不同 NaCl 浓度下磷脂对肌原纤维蛋白溶解度（A）和 Zeta 电位（B）的影响

不同小写字母表示差异显著（$P<0.05$）

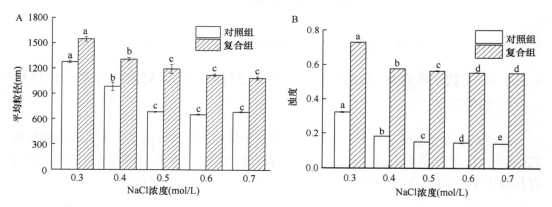

图 4.43 不同 NaCl 浓度下磷脂对肌原纤维蛋白平均粒径（A）和浊度（B）的影响

不同小写字母表示差异显著（$P<0.05$）

4.4.2.3 化学作用力

从微观化学作用力尺度结合 NaCl 浓度尺度分析磷脂与肌原纤维蛋白溶液体系下的互作机制，结果如图 4.44 所示。如图 4.44A 所示，体系的氢键含量随 NaCl 浓度的增加呈现先增加后降低的趋势，这与肌原纤维蛋白的构象变化有关，高盐浓度下氢键含量下降主要是由于高盐浓度下与水的氢键作用被破坏。添加磷脂后，体系的氢键含量增加，磷脂亲水性头部可与水分子或蛋白质的亲水基团形成氢键。特别是在高盐浓度下，复合组氢键含量远远高于对照组，说明高盐时磷脂增强了复合物与水的相互作用，从而抑制盐析作用。

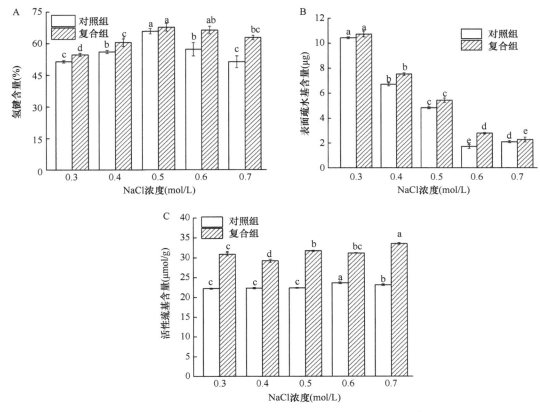

图 4.44　不同 NaCl 浓度下磷脂对肌原纤维蛋白氢键、表面疏水基和活性巯基的影响
不同小写字母表示差异显著（$P<0.05$）

如图 4.44B 所示，肌原纤维蛋白的表面疏水基含量随 NaCl 浓度的增加呈现显著下降的趋势（$P<0.05$）。添加磷脂后，肌原纤维蛋白总体表面疏水性增强，这可能是因为磷脂疏水性尾部促使肌原纤维蛋白结构的展开，从而增加了磷脂与蛋白质之间的疏水相互作用。在盐浓度达到 0.7mol/L 时，复合组表面疏水性继续下降，说明磷脂对盐析效应有抑制作用。

由图 4.44C 可知，随 NaCl 浓度的增加，对照组蛋白质的活性巯基含量呈逐渐上升的趋势。对照组盐浓度越高抑制蛋白质氧化的作用越强，因此活性巯基含量随盐浓度的增加而增加。添加磷脂后，活性巯基含量明显增加，这可能是由于磷脂抑制了巯基的氧化，导致体系二硫键含量降低。

4.4.2.4　溶液体系中肌原纤维蛋白与磷脂的互作机制

如图 4.45 所示，在不同盐浓度的溶液体系中，磷脂与肌原纤维蛋白主要相互作用方式是氢键和疏水相互作用，且磷脂可以抑制二硫键的生成。磷脂的添加导致溶液体系中Zeta 电位绝对值降低，蛋白质聚集程度增加，平均粒径增加。在高盐浓度下，磷脂的添加可以抑制肌原纤维蛋白溶液体系中氢键的减少和疏水作用的增加，同时抑制蛋白质二级结构向无规则卷曲转变，使体系有序性增加。

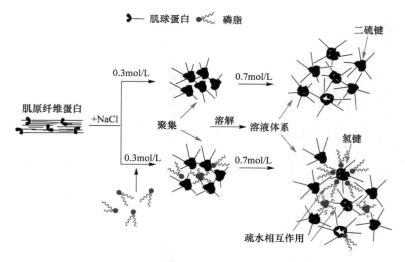

图 4.45 溶液体系中肌原纤维蛋白和磷脂的互作机制

4.5 蛋白质-多酚互作及其品质功能调控

4.5.1 不同离子强度下肌球蛋白与迷迭香蛋白酸互作及其对食品结构品质的影响

在肉制品加工、贮藏等过程中，香辛料常作为辅料添加到肉制品中，一方面赋予肉制品独特的香味和口感，另一方面起着抗氧化、抑菌等作用，其中起主要作用的成分为多酚类化合物（Karre et al.，2013）。近年来，相关人员对于多酚在肉制品中的应用做了大量的研究，主要集中在抑制肉制品脂质氧化和蛋白质氧化两方面。目前，大多数学者都偏向于将氧化多酚直接添加到肉制品中，或者是基于氧化条件下研究多酚与肉类蛋白的相互作用对蛋白质理化特性的影响，这更接近于西式肉糜类制品生产体系，因为其生产过程中多酚逐渐转化为氧化态，进而影响产品特性（Jia et al.，2017b；Zhang et al.，2018）。但是，在有些肉类加工体系，如中式菜肴的生产中，加入香辛料或多酚物质后，经过短暂烹饪即被食用，多酚并不会完全转化为氧化态。因此，将非氧化态多酚与肉类蛋白混合后的互作及在加热过程中逐步氧化的多酚对肉类蛋白加工特性的影响机制也需要研究和阐明。

肌球蛋白是肉及肉制品中最主要的蛋白质之一，约占肌肉总蛋白的三分之一。肌球蛋白在肌肉凝胶的形成中起关键作用，是蛋白质功能特性的主要承担者。迷迭香是肉制品中常见的辅料，经常应用于牛排、鸡肉等料理及烤制品，迷迭香酸（rosmarinic acid，RA）是迷迭香提取物的主要成分之一，一些报道证明迷迭香提取物或 RA 可用于延迟肉类产品中脂肪和蛋白质的氧化（Shi et al.，2018）。在一些菜谱中迷迭香添加量为原料的 0.1%~0.2%，为蛋白质含量的 1%~2%。本节从溶液体系、凝胶体系及从溶液转变为凝胶的热处理体系三个层面，研究不同盐浓度条件下肌球蛋白与 RA 的相互作用及其对肌球蛋白构象和理化特性的影响，并探讨二者的互作对肌球蛋白热诱导凝胶形成过程和凝胶特性的影响机制，旨在从宏观性质尺度（流变、凝胶强度、溶解度等）和微观结构尺度（分子作用力、微观形貌等）来阐明肉类热处理过程中，非氧化态多酚类化合物添加影响肌球蛋白特性的机制，为多酚类化合物在肉制品加工中的科学应用提供理论依据。

4.5.1.1　凝胶体系中肌球蛋白与迷迭香酸的相互作用

1）化学作用力

从微观分子作用力尺度分析肌球蛋白与 RA 的互作机制，并考察 NaCl 浓度尺度的影响，研究结果如图 4.46 所示，随着 NaCl 浓度的增加，肌球蛋白（M）和肌球蛋白-迷迭香酸（M-RA）凝胶中离子键含量无明显区别，而氢键、疏水相互作用和二硫键含量呈显著增加趋势，这可能是因为溶解度的增加利于蛋白质分子间的相互作用，其中疏水相互作用是主要作用力。添加 RA 后，凝胶体系中离子键和二硫键含量降低，而氢键和疏水作用含量变化与 NaCl 浓度有关。与 M 组相比，当 NaCl 浓度为 0.2mol/L 时，M-RA 组氢键和疏水作用含量基本无变化；当 NaCl 浓度为 0.4～1.0mol/L 时，M-RA 组的氢键和疏水作用含量升高，表明中高盐浓度利于这些非共价化学作用力的形成。

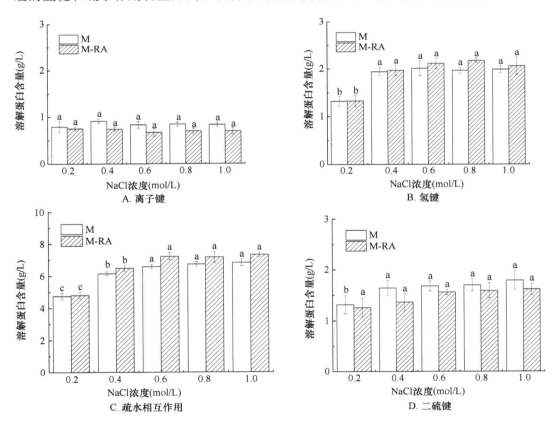

图 4.46　不同 NaCl 浓度下 RA 对肌球蛋白凝胶体系的化学作用力的影响

不同小写字母表示差异显著（$P < 0.05$）

2）拉曼光谱分析

从微观分子结构尺度分析肌球蛋白与 RA 的互作机制，并考察 NaCl 浓度尺度的影响，研究结果如图 4.47 和图 4.48 所示。图 4.47 是 M 和 M-RA 两组凝胶体系的拉曼光谱。两组凝胶在 760cm^{-1} 处的相对强度（I_{760}/I_{1003} 值）随 NaCl 浓度的增加而逐渐降低，表明更多的疏水性色氨酸残基暴露，蛋白质分子间疏水相互作用增强。添加 RA 后，I_{760}/I_{1003} 值降低，表明色氨酸残基的暴露增加，疏水作用增强。830cm^{-1} 和 850cm^{-1} 附近的特征峰代表酪氨酸残基对位取代苯环的振动，与周围环境极性及酚羟基上氢键的形成有关（Zhang et al.，2012）。两组的 I_{850}/I_{830} 值随 NaCl 浓度的增加而逐渐降低，且 I_{850}/I_{830} 值小于 1，说明酪氨酸残基可能包埋于蛋白质网络疏水环境中，可作为氢键供体。添加 RA 后，I_{850}/I_{830} 值增加，表明酪氨酸残基的更多酚羟基暴露或作为氢键受体起作用，增加了蛋白质与水分子间或蛋白质分子间的氢键作用。

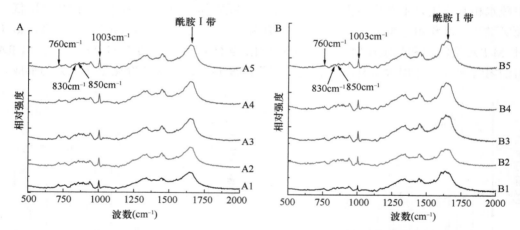

图 4.47　不同 NaCl 浓度下 RA 对肌球蛋白凝胶体系的拉曼光谱的影响
A. M；B. M-RA。1～5 表示 NaCl 浓度为 0.2～1.0mol/L

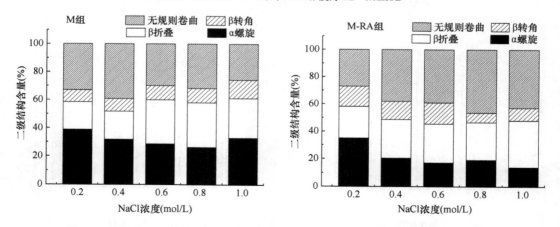

图 4.48　不同 NaCl 浓度下 RA 对肌球蛋白凝胶体系中蛋白质二级结构含量的影响

拉曼光谱中酰胺 I 带通常由 α 螺旋（1658～1650cm^{-1}）、β 折叠（1680～1665cm^{-1}）、 β 转角（1680cm⁻¹ 附近）和无规则卷曲（1665～1660cm⁻¹）组成。如图 4.48 所示，当 NaCl 浓度为 0.2mol/L 时，两组二级结构含量无明显区别，与氢键和疏水相互作用变化趋势一致。当 NaCl 浓度为 0.4～1.0mol/L 时，两组 α 螺旋含量逐渐减少，添加 RA 进一步促进了 α 螺旋含量的减少和无规则卷曲的增加，表明 RA 的添加导致肌球蛋白结构得到展开，使得色氨酸残基和酪氨酸残基暴露出来，从而增强了蛋白质分子间的非共价化学作用力。

3）SDS-PAGE 分析

从宏观电泳尺度分析肌球蛋白与 RA 的互作机制，并考察 NaCl 浓度尺度的影响，研究结果如图 4.49 所示。随 NaCl 浓度的增加，两组电泳条带未发生改变，说明 NaCl 浓度对肌球蛋白电泳条带无明显影响。在非还原条件下（−β-ME），两组浓缩胶顶部存在高分子聚合物。在还原条件下（+β-ME），M 组的高分子聚合物得到分解，肌球蛋白重链（MHC）带明显减少，说明这些聚合物和重链聚集现象由二硫键交联形成；M-RA 组中的这些高分子聚合物未完全分解，MHC 带未完全恢复，且随 NaCl 浓度的增加，高分子聚合物增多，说明 M-RA 组中的聚合物并非完全通过二硫键交联产生。结合凝胶化学作用力的结果，添加 RA 减少了肌球蛋白凝胶二硫键的形成，这可能是因为部分肌球蛋白通过巯基与 RA 进行共价结合，从而阻碍了巯基形成二硫键。由此推断，M-RA 组中高分子聚合物可能是由 RA 与肌球蛋白之间的共价作用交联形成，且中高盐浓度利于这种共价作用。

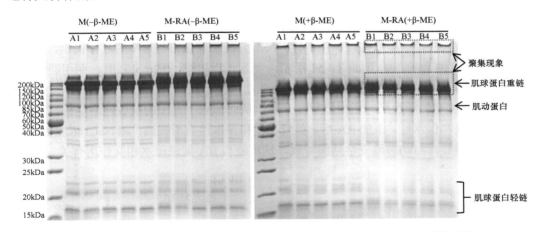

图 4.49　不同 NaCl 浓度下 RA 对肌球蛋白凝胶体系的 SDS-PAGE 图谱的影响
A. M；B. M-RA。1～5 表示 NaCl 浓度为 0.2～1.0mol/L

4）流变特性

从宏观流变性能尺度分析肌球蛋白与 RA 的互作机制，并考察 NaCl 浓度尺度的影响，研究结果如图 4.50 所示。在 M 组中，随加热温度的升高，肌球蛋白头部开始发生变性聚集，形成松散的凝胶结构，储能模量（G'）第一次达到峰值（50～60℃）；进一步升高温度，G' 降低，这是因为肌球蛋白尾部解螺旋增强了蛋白质的流动性；随后 G'

一直上升至达到第二个顶峰，形成了不可逆的凝胶结构（Wu et al.，2009）。然而，M-RA组在 50~60℃时的峰值不明显，这可能是因为 RA 的添加使得肌球蛋白结构部分展开，肌球蛋白头部的聚集转变为以尾部交联为主。随 NaCl 浓度的增加，两组肌球蛋白最终 G' 值也增加，这是因为其溶解度增大，蛋白质分子间相互吸引作用增强，从而形成了稳定的凝胶结构。添加 RA 后，肌球蛋白在加热过程中凝胶形成的起始温度降低，最终 G' 显著提高，且 0.6~1.0mol/L NaCl 条件下 G' 的增加程度更明显，说明 RA 促进了肌球蛋白凝胶的形成并提高了其凝胶性能。

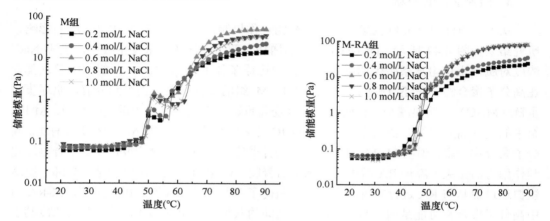

图 4.50　不同 NaCl 浓度下 RA 对肌球蛋白动态流变学特性的影响

5）凝胶强度和保水性

从宏观凝胶性能（凝胶强度、保水性）尺度分析肌球蛋白与 RA 的互作机制，并考察 NaCl 浓度尺度的影响，结果如图 4.51 所示，当 NaCl 浓度为 0.2mol/L 时，两组凝胶呈现较弱的凝胶强度和凝胶保水性，这可能是由低盐浓度下肌球蛋白溶解度低易热变性造成的。NaCl 浓度增加导致肌球蛋白溶解度升高，从而形成了有序的凝胶网络结构，呈现较好的凝胶强度和保水性。添加 RA 后，凝胶强度和保水性有所提高，随 NaCl 浓度的增加，变化趋势越明显，与动态流变学结果一致，这可能与 RA 促进疏水相互作用有关。

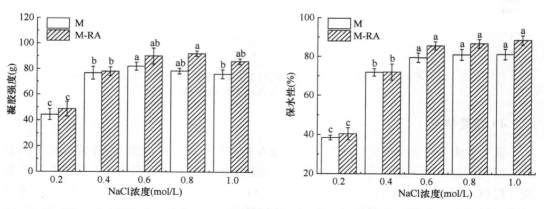

图 4.51　不同 NaCl 浓度下 RA 对肌球蛋白凝胶体系的凝胶强度和保水性的影响
不同小写字母表示差异显著（$P<0.05$）

6）凝胶结构

从微观凝胶形貌尺度分析肌球蛋白与 RA 的互作机制，并考察 NaCl 浓度尺度的影响，结果如图 4.52 所示。当 NaCl 浓度为 0.2mol/L 时，凝胶的微观结构表现为块状堆积，这是因为肌球蛋白以不溶性纤丝形式存在，加热过程中变性蛋白容易随机聚集，以致形成粗糙的凝胶（Shimada et al.，2015）。随着 NaCl 浓度的增加，凝胶呈三维网状结构，这是由肌球蛋白溶解和加热交联形成均一网络结构造成的（Lee et al.，2014）。添加 RA 后，在 0.2mol/L NaCl 条件下，凝胶的微观结构变化不明显；随 NaCl 浓度的增加，凝胶的细丝网状结构消失，呈现多孔性且均一的凝胶网络结构。结合凝胶性能结果，表明这种结构对蛋白凝胶的形成具有积极影响。

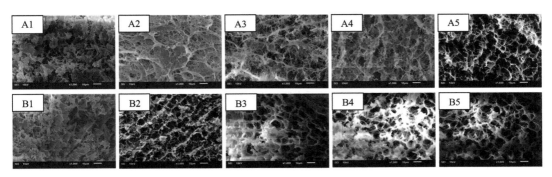

图 4.52　不同 NaCl 浓度下 RA 对肌球蛋白凝胶结构的影响
A. M；B. M-RA。1～5 表示 NaCl 浓度为 0.2～1.0mol/L。放大倍数为 1000 倍

7）肌球蛋白与迷迭香酸的相互作用机制

本研究从宏观性质尺度（流变性、凝胶强度、保水性等）和微观结构尺度（分子作用力、微观形貌等）并结合 NaCl 浓度尺度揭示肌球蛋白与 RA 互作机制。如图 4.53 所示，在凝胶体系中，肌球蛋白与 RA 之间的非共价作用仍以疏水相互作用为主，还包括氢键作用，此外，二者之间还存在共价交联，中高盐浓度利于这些相互作用。肌球蛋白与 RA 之间的互作导致肌球蛋白结构展开，色氨酸残基和酪氨酸残基暴露，从而增强了维持凝胶结构的疏水作用力，提高了肌球蛋白的凝胶特性，并在中高盐浓度下呈现多孔性的凝胶结构。RA 抑制了肌球蛋白间二硫键的生成，这可能与二者之间的共价结合相关。

4.5.1.2　凝胶形成过程中肌球蛋白与迷迭香酸的相互作用

1）溶解度分析

从宏观性能尺度（溶解度）分析凝胶形成过程中肌球蛋白与 RA 的互作机制，并考察 NaCl 浓度和温度尺度的影响，结果如图 4.54 所示。随着温度的升高，两组溶解度均逐渐降低。在 30℃时，溶解度变化与溶液状态下类似，RA 的添加会降低肌球蛋白的溶解度。当温度上升至 50～60℃时，RA 对肌球蛋白溶解度的影响最明显，M-RA 组的溶解度较 M 组明显降低，且在 0.2～0.4mol/L NaCl 下更明显。达到 70℃时，溶解度最低，出现蛋白质聚集沉淀。加热时，肌球蛋白溶解度下降反映凝胶形成过程。50~60℃是凝胶形成的重要阶段，肌球蛋白尾部开始变性展开和聚集，60℃以后，尾部进一步交联形成凝胶网络，而 RA 加快了肌球蛋白凝胶的形成速度。

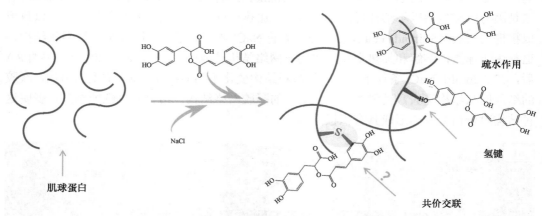

图 4.53　凝胶体系中肌球蛋白与 RA 的互作机制

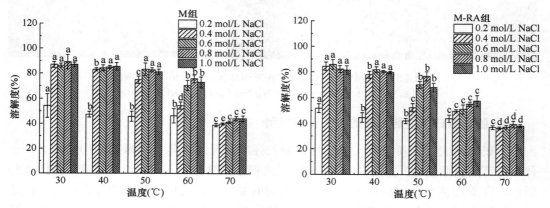

图 4.54　热处理过程中 RA 对肌球蛋白溶解度的影响
不同小写字母表示差异显著（P＜0.05）

2）浊度和粒径分析

从宏观性能尺度（浊度、粒径）分析凝胶形成过程中肌球蛋白与 RA 的互作机制，并考察 NaCl 浓度和温度尺度的影响，结果如图 4.55 所示。随温度的升高，两组浊度（以370nm 处吸光度 A 计）和粒径均逐渐增加。在 30~40℃时，两组的浊度和粒径差异较小。50~60℃时，M-RA 组的浊度和粒径增加幅度明显高于 M 组，与溶解度变化趋势一致，在 0.2~0.4mol/L NaCl 条件下，添加 RA 导致肌球蛋白的浊度和粒径变化更明显。70℃时，M-RA 组的浊度和粒径明显高于 M 组，说明 RA 的添加增加了凝胶体系中蛋白质的聚集程度，利于提高凝胶性能。在热处理过程中，天然状态下的肌球蛋白首先通过头部聚集，随后发生尾部交联，形成三维凝胶网络结构。添加 RA 可能改变了这种聚集模式，结合动态流变学分析，添加 RA 促进了肌球蛋白发生变性聚集，这可能是因为在热处理期间，尤其是在 50～60℃过程中，肌球蛋白除了头部-头部聚集，同时还通过尾部进行结合，并以尾部交联为主，促进了肌球蛋白凝胶的形成。

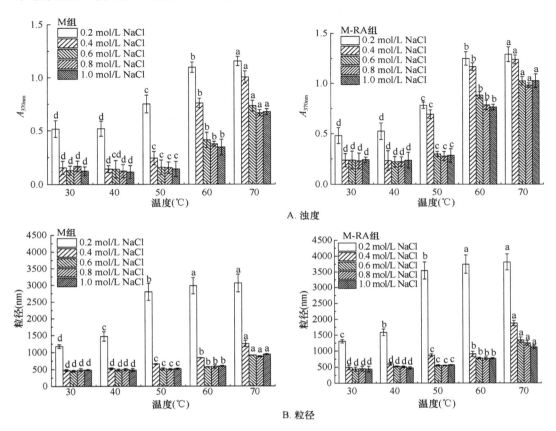

图 4.55　热处理过程中 RA 对肌球蛋白浊度和粒径的影响

不同小写字母表示差异显著（$P<0.05$）

3）蛋白质三级结构分析

从微观分子结构尺度分析凝胶形成过程中肌球蛋白与 RA 的互作机制，并考察 NaCl 浓度和温度尺度的影响，结果如图 4.56 所示。随着温度的升高，M 组肌球蛋白的荧光强度逐渐降低，且峰位置发生红移，从 333nm 附近移至 336nm 附近，而 M-RA 组峰位置从 334nm 附近移至 338nm 附近，这是因为热处理促使蛋白质结构伸展，内部疏水基团暴露。总体而言，添加 RA 使得肌球蛋白发生了更多的红移，促进了肌球蛋白三级结构的展开。对图 4.56 中的数据进行肌球蛋白的变性分数和吉布斯自由能分析，在 40～50℃和 0.2～0.4mol/L NaCl 的条件下，添加 RA 可以明显促进肌球蛋白的变性，这与溶解度的结果一致。随着温度的升高，肌球蛋白的三级结构可以逐渐展开，这与动态流变分析的结果一致。在 0.2～0.4mol/L NaCl 中，加热过程中 M-RA 组中肌球蛋白的自发展开速度快于 M 组，这表明在低盐浓度下，添加 RA 促进了肌球蛋白的变性展开程度，使其更容易发生变性聚集，有利于提高肌球蛋白的凝胶形成能力（Wang et al.，2017）。

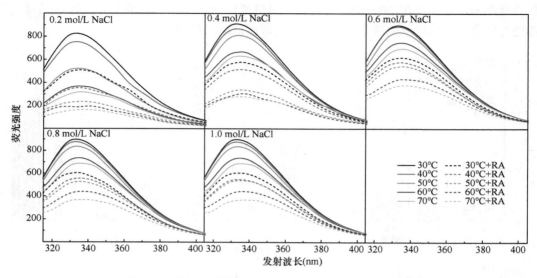

图 4.56　热处理过程中 RA 对肌球蛋白色氨酸荧光的影响

4）表面疏水性分析

从宏观表面疏水性尺度分析凝胶形成过程中肌球蛋白与 RA 的互作机制，并考察 NaCl 浓度和温度尺度的影响，结果如图 4.57 所示。在 30～40℃时，两组表面疏水性变化较小，添加 RA 使得加热初期肌球蛋白的表面疏水性略微升高（图 4.57）。升至 50～60℃时，M-RA 组表面疏水性明显增加，50℃时，添加 RA 促使 0.2～0.4mol/L NaCl 条件下肌球蛋白表面疏水性显著升高，表明蛋白质三级结构开始展开，疏水性基团开始暴露出来，这与荧光数据一致。60℃时，添加 RA 提高了 0.6～1.0mol/L NaCl 条件下的表面疏水性，这归因于 RA 促进了蛋白质的变性展开及疏水相互作用。当温度达到 70℃时，两组表面疏水性均达到最大值，变性展开过程基本完成。

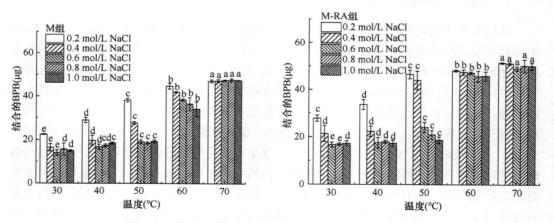

图 4.57　热处理过程中 RA 对肌球蛋白表面疏水性的影响

不同小写字母表示差异显著（$P < 0.05$）。BPB 为溴酚蓝

5）蛋白质二级结构分析

从微观分子结构尺度分析凝胶形成过程中肌球蛋白与 RA 的互作机制，并考察 NaCl 浓度和温度尺度的影响，结果如图 4.58 所示。当 NaCl 浓度一定时，随温度的升高，两组肌球蛋白在 208nm 处的负吸收峰逐渐消失，222nm 处的螺旋负槽也不断衰减，表明螺旋类型的二级结构不断减少。如图 4.58B 所示，随温度的升高，两组 α 螺旋含量呈下降趋势。添加 RA 促进了热处理过程中 α 螺旋含量的降低，二级结构进一步展开。由于 α 螺旋结构与氢键作用密切相关，因此添加 RA 可能破坏了热处理过程中维持多肽链结构稳定的氢键平衡。当温度超过 50℃时，M-RA 组 α 螺旋降低速度明显增加，说明此时 RA 的添加更利于肌球蛋白二级结构的展开。70℃时，M-RA 组 α 螺旋含量明显低于 M 组，表明 RA 增大了肌球蛋白结构的展开程度，导致二级结构发生重排，α 螺旋结构逐渐向无规则卷曲状态转变，与凝胶体系中拉曼光谱结果一致。

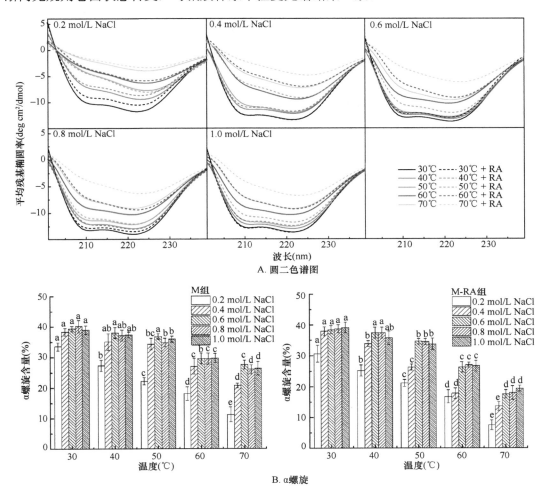

图 4.58　热处理过程中 RA 对肌球蛋白二级结构的影响

不同小写字母表示差异显著（$P < 0.05$）

6）化学作用力分析

从微观分子作用力尺度分析凝胶形成过程中肌球蛋白与 RA 的互作机制,并考察 NaCl浓度和温度尺度的影响,结果如图 4.59 所示。从溶解度角度进行分析,在低温时,两组体系中主要作用力是离子键。随着温度的升高,两组离子键含量逐渐减少,添加 RA 加快了离子键的加热断裂。氢键是维系蛋白质二级结构的主要价键,如图 4.59B 所示,随着温度的升高,两组氢键含量均逐渐降低。在 50℃时两组氢键含量明显降低,这可能是加热促进了肌球蛋白二级结构的展开,与氢键相关的 α 螺旋含量逐渐降低。添加 RA 使得氢键含量降低,对应 α 螺旋含量的降低。疏水相互作用是蛋白质热聚集过程中的主要作用力,如图 4.59C 所示,随着温度的升高,两组疏水相互作用显著增强,加热结束后,疏水相互作用成为两组体系中最主要的非共价作用力。在热处理过程中,0.2mol/L NaCl 条件下,两组疏水相互作用呈现先增加后降低的趋势,这可能是因为变性导致疏水基团的暴露而形成疏水相互作用,温度继续升高则破坏了疏水相互作用。在 0.4～1.0mol/L NaCl 条件下,疏水相互作用在 50℃以后快速增加,RA 增加了疏水相互作用,与表面疏水性的变化趋势一致。50℃时,添加 RA 导致 0.4mol/L NaCl 条件下的疏水相互作用显著增强,这与蛋白质结构变性展开导致疏水性基团暴露有关;60℃时,添加 RA 促使 0.6～1.0mol/L NaCl 条件下疏水相互作用含量的显著升高,这与蛋白质结构变性展开及蛋白质与 RA 之间的相互作用有关。在 0.2～0.4mol/L NaCl 条件下,添加 RA 虽然促进了肌球蛋白的变性展开,但过快地聚集不利于蛋白质分子间形成稳定的疏水相互作用等作用力,从而限制了凝胶性能的提高。如图 4.59D 所示,二硫键是蛋白质形成热诱导凝胶最主要的共价键,随着温度的升高,肌球蛋白逐渐形成了二硫键,其快速形成主要发生在 50～60℃。当温度高于 50℃时,M-RA 组二硫键形成速度明显低于 M 组,说明在这个升温范围内,RA 阻碍了肌球蛋白中二硫键的形成,与凝胶体系中动态流变学结果一致。

7）SDS-PAGE 分析

从宏观电泳尺度分析凝胶形成过程中肌球蛋白与 RA 的互作机制,并考察 NaCl 浓度和温度尺度的影响,结果如图 4.60 所示(只展示了 MHC),在非还原条件下(-β-ME),随 NaCl 浓度的增加,两组 MHC 条带没有显著改变,两组浓缩胶顶部随温度升高逐渐生成高分子聚合物。在还原条件下(+β-ME),MHC 带明显减少,说明这种重链聚集现象由二硫键交联引起;此外,凝胶顶部的高分子聚合物得到分解,说明这些聚合物也由二硫键交联形成,且随温度升高两组逐渐生成了二硫键,与化学作用力结果一致。在 70℃时,明显观察到在还原条件下 M-RA 组出现了 MHC 条带聚集现象,说明肌球蛋白与RA 在加热后期才形成了共价交联,这可能是在高温条件下,肌球蛋白氨基酸暴露程度增加,而 RA 发生部分氧化和裂解,肌球蛋白与 RA 之间易于生成不可逆的化学键(Wildeet al., 2016)。

8）总巯基和游离氨基含量分析

从宏观基团含量尺度分析凝胶形成过程中肌球蛋白与 RA 的互作机制,并考察 NaCl浓度和温度尺度的影响,结果如图 4.61 所示。随温度的升高,两组总巯基含量逐渐减少,

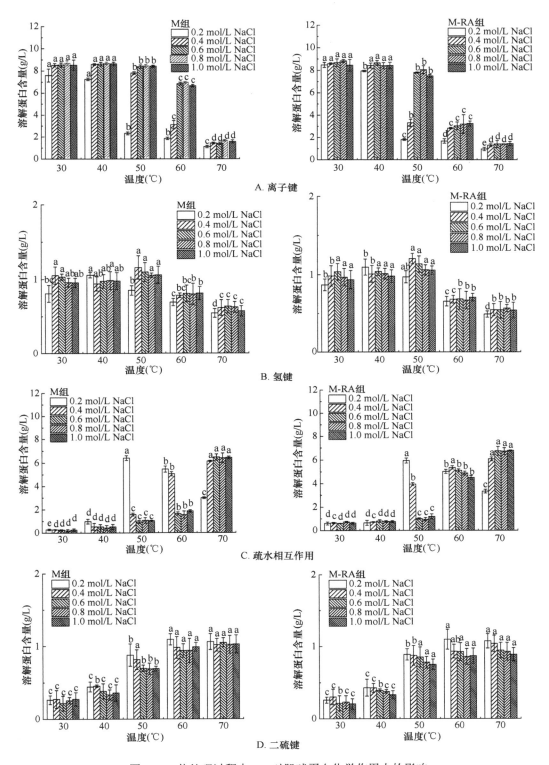

图 4.59　热处理过程中 RA 对肌球蛋白化学作用力的影响

不同小写字母表示差异显著（$P < 0.05$）

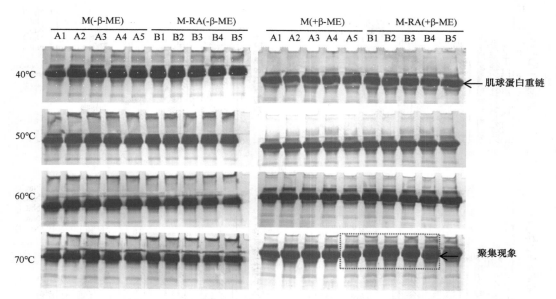

图 4.60　热处理过程中 RA 对肌球蛋白 SDS-PAGE 图谱的影响

A. M；B. M-RA。1～5 表示 NaCl 浓度为 0.2～1.0mol/L

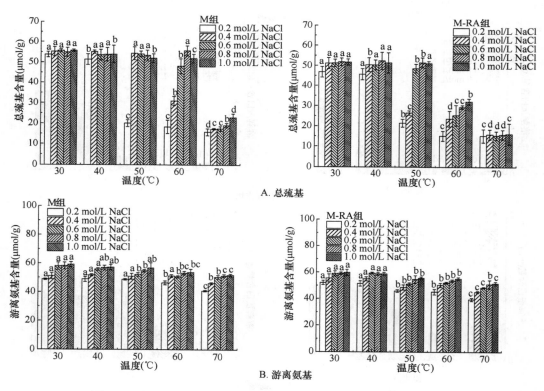

图 4.61　热处理过程中 RA 对肌球蛋白总巯基和游离氨基含量的影响

不同小写字母表示差异显著（$P<0.05$）

M-RA 组的总巯基含量降低趋势更加明显。当温度在 30～40℃时，两组总巯基含量变化较小。当温度升至 50～60℃时，M-RA 组降低程度明显低于 M 组，50℃时，RA 的添加促使 0.4mol/L NaCl 条件下的总巯基含量显著降低，60℃时，RA 的添加促使 0.6～1.0mol/L NaCl 条件下的肌球蛋白总巯基含量显著降低。当温度达到 70℃时，两组总巯基含量达到较小值，添加 RA 促进肌球蛋白总巯基的损失，暗示巯基-醌加成物的形成。如图 4.61B 所示，随温度的增加，两组游离氨基含量整体呈下降趋势，添加 RA 并未明显促进游离氨基的损失，说明氨基-醌加成物难以在热处理过程中形成。化学作用力结果显示，RA 的添加导致肌球蛋白二硫键减少，结合电泳结果，说明损失的总巯基并未全部转换为二硫键，而是生成了巯基-醌加成物，增加了蛋白质分子间的共价结合（Tang et al.，2014）。

9）肌球蛋白凝胶形成过程中与迷迭香酸的相互作用

本研究从宏观性质尺度和微观结构尺度并结合 NaCl 浓度和温度尺度揭示凝胶形成过程中肌球蛋白与 RA 互作机制。如图 4.62 所示，在加热初期，RA 促进了肌球蛋白结构展开，暴露疏水性基团，利于与肌球蛋白发生疏水相互作用；随温度的升高，RA 与肌球蛋白的相互作用得到增强并进一步促进了蛋白质的变性展开，活性基团得到充分暴露，蛋白质分子间通过疏水相互作用而聚集，从而促进了蛋白凝胶的形成；在加热后期，肌球蛋白与 RA 可能形成了巯基-醌加成物，进一步促进了蛋白质分子间的交联，利于提高肌球蛋白的凝胶性能。在低盐浓度下，虽然 RA 促进了蛋白质分子间的交联，但由于蛋白质在热处理过程中过快聚集，难以形成稳定的化学键，故限制了凝胶性能的提高；而中高盐浓度利于蛋白质与 RA 的相互作用，故凝胶性能得到提高。

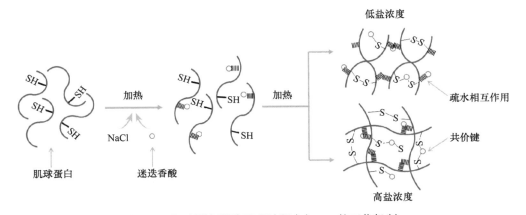

图 4.62　肌球蛋白凝胶形成过程中与 RA 的互作机制

4.5.2　不同 pH、离子强度下玉米醇溶蛋白与阿魏酸互作及其对食品结构品质的影响

蛋白质作为人体必需的物质和食品中的重要组分，是生命活动的主要承担者。多酚作为植物中含量丰富的生物活性物质，由于其健康益处（抗氧化、抗炎等）被广泛关注。两

者在食品加工及人体消化过程中的接触不可避免，并对食品体系、口感、营养价值产生积极或消极的影响，如①在口腔中产生涩味；②导致饮料、啤酒等的浑浊；③影响多酚的含量、活性及生物利用度；④改变蛋白质/多酚的结构、功能及营养性质；⑤赋予蛋白质-多酚复合体系新的功能活性，如稳定 Pickering 乳液、构建生物活性物质的传递系统等。因此，通过探究蛋白质-多酚的相互作用来调控食品品质，提高食品的营养及功能价值，已成为食品学界、医学界及营养学界的研究热点（王丽颖，2018）。玉米醇溶蛋白（zein）是湿法生产淀粉的主要副产物，具有独特的氨基酸组成和溶解性（两亲性），富含脯氨酸，易与多酚结合。阿魏酸（ferulic acid，FA），又名 4-羟基-3-甲氧基肉桂酸，是白色、黄色和紫色玉米种子中主要的酚酸（Trehan et al.，2018），具有良好的抗氧化活性。由于 zein 和 FA 分别是玉米中含量最多的蛋白质和酚酸，在食品加工、贮藏、人体消化吸收过程中都可能会发生相互作用，对食品体系的感官品质、蛋白质/多酚的结构、营养和性质等产生影响。

据报道，现有许多研究者利用 zein 与多酚的相互作用，开发新型功能性复合产品，广泛应用在药物缓释材料、生物活性物质负载、功能因子递送等领域（Zou et al.，2015）。除了对复合体系功能特性的研究，关于蛋白质-多酚相互作用机理的研究也在逐渐深入。zein 与黄酮类化合物的结合过程主要由疏水作用力驱动（Yue et al.，2019），zein 与白藜芦醇的相互作用主要通过氢键介导（Joye et al.，2015a）。另外，共价键也是 zein 与多酚结合的重要方式，刘夫国（2017）通过碱处理制备了共价结合的 zein-EGCG（表没食子儿茶素没食子酸酯）/绿原酸/槲皮万寿菊素复合物。但是由于蛋白质-多酚结合的复杂性，不同植物蛋白单体与多酚单体相互作用的机理并不相同，目前对两者相互作用机理的研究还不深入，对于蛋白质-多酚相互作用的内在和普遍机理还有待研究和探索。蛋白质-多酚相互作用过程不可避免地受很多因素的影响，包括蛋白质/多酚的种类和数量、物理因素（紫外线、温度等）、化学因素（pH、盐、金属离子及其他化学试剂等）。通过调节这些因素来平衡不同的相互作用，被认为是改善复合体系营养和功能性的可行解决方案（邹苑，2018）。为更好地实现蛋白质-多酚复合物在食品工业中的应用，本节介绍玉米中含量最多的蛋白质和多酚，即 zein 和 FA，作为研究对象，探讨两者的相互作用机理，并探索不同的 pH 和 $CaCl_2$ 浓度下 zein 和 FA 相互作用、结构表征及消化特性，以期为蛋白质-多酚功能性复合产品的开发和调控奠定基础。

4.5.2.1 $CaCl_2$ 对玉米醇溶蛋白-阿魏酸互作、结构及理化特性的影响

1）4 种盐（KCl、NaCl、MgCl₂、CaCl₂）对玉米醇溶蛋白-阿魏酸互作的影响

（1）紫外光谱分析

如图 4.63 所示，FA 的结合明显增强了 zein 的紫外吸收；KCl、NaCl、$MgCl_2$ 对 zein 及 zein-FA 的紫外光谱的影响较小，而 $CaCl_2$ 对 zein-FA 的紫外光谱的影响较明显；随着 $CaCl_2$ 盐浓度的增大（0mol/L→0.5mol/L），zein 及 zein-FA 的紫外吸收强度逐渐增大，呈增色效应，说明 $CaCl_2$ 的引入改变了 zein 及 zein-FA 的构象。

（2）荧光光谱分析

如图 4.64 所示，FA 的结合会导致 zein 的荧光强度显著降低，发生荧光猝灭效应；

KCl、NaCl、MgCl$_2$ 对 zein 及 zein-FA 的荧光猝灭效果的影响较小（图 4.69A、B、C），而 CaCl$_2$ 对 zein-FA 的荧光猝灭效果较明显，随着 CaCl$_2$ 的浓度的升高，zein 及 zein-FA 的荧光强度逐渐降低，说明 CaCl$_2$ 的加入会对 zein 及 zein-FA 复合物的构象产生影响（图 4.69D）。

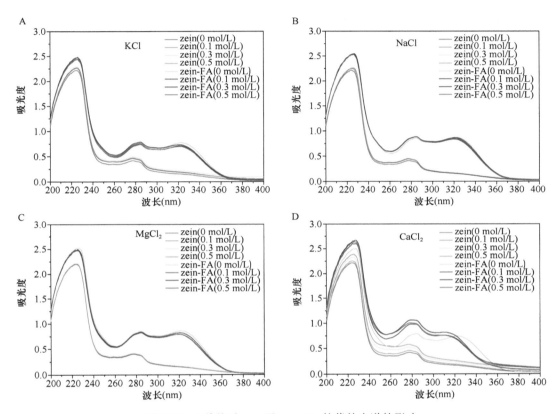

图 4.63　4 种盐对 zein 及 zein-FA 的紫外光谱的影响

2）CaCl$_2$ 对 zein 及 zein-FA 结构和构象的影响

（1）红外光谱分析

如图 4.65 所示，未处理的 zein 在 3390.80cm^{-1}、2962.88cm^{-1}、1645.38cm^{-1}、1547.21cm^{-1} 处的吸收峰分别表示分子结构中的酰胺 A 带的 N—H 伸缩振动和氢键、次甲基对称伸缩振动、酰胺 I 带 C=O 的伸缩振动、酰胺 II 带的 N—H 弯曲振动和 C—N 拉伸振动。

随着 CaCl$_2$ 浓度的升高，对照组 zein 在 3400~3300cm^{-1} 范围内的吸收峰逐渐发生蓝移，分别从 3297.33cm^{-1} 蓝移至 3298.41cm^{-1}、3398.42cm^{-1}、3399.45cm^{-1}，酰胺 I 带的特征峰分别从 1659.31cm^{-1} 红移至 1658.47cm^{-1}、1654.41cm^{-1}、1646.29cm^{-1}；说明 CaCl$_2$ 的加入会改变了 zein 的 N—H、C=O、C—N 结构，且从图可以看出，当 CaCl$_2$ 浓度为 0mol/L、0.1mol/L 时峰位的偏移明显小于 0.3mol/L 和 0.5mol/L 时的位移，说明加入的 CaCl$_2$ 浓度越高，对 zein 及 zein-FA 的结构影响越大。复合组 zein-FA 与对照组 zein 相比，其主要峰位也发生一定的偏移，表明 FA 的引入也会对 zein 的 N—H、C=O、C—N 产生影响。

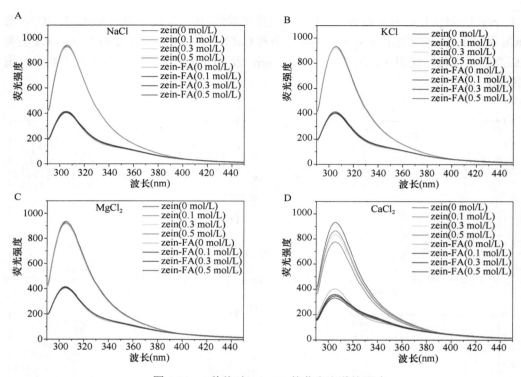

图 4.64　4 种盐对 zein-FA 的荧光光谱的影响

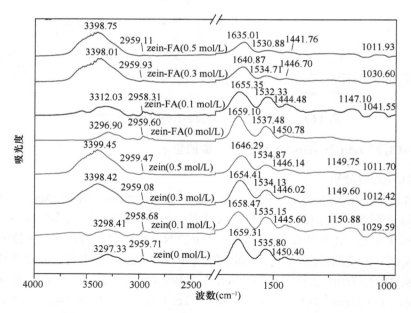

图 4.65　不同 CaCl$_2$ 浓度下 zein 及 zein-FA 的红外光谱

　　酰胺 I 带（1700～1600cm^{-1}）广泛地应用于蛋白质二级结构研究。采用傅里叶自去卷积、二阶导数分析对蛋白质的酰胺 I 带进行二级结构含量分析：1640～1600cm^{-1} 为 β

折叠，1650～1640cm^{-1} 为无规则卷曲，1670～1650cm^{-1} 为 α 螺旋，1685～1680cm^{-1} 为 β 转角，计算得到不同 CaCl$_2$ 浓度下 zein 及 zein-FA 的酰胺Ⅰ带拟合图和二级结构含量图（图 4.66）。

（2）拉曼光谱分析

在拉曼光谱测定中，谱线强度与散射中心（化学键和基团）数目为正比例关系。因此，样品谱线强度变化可作为化学键或基团改变程度的判定依据（王晓君等，2017）。

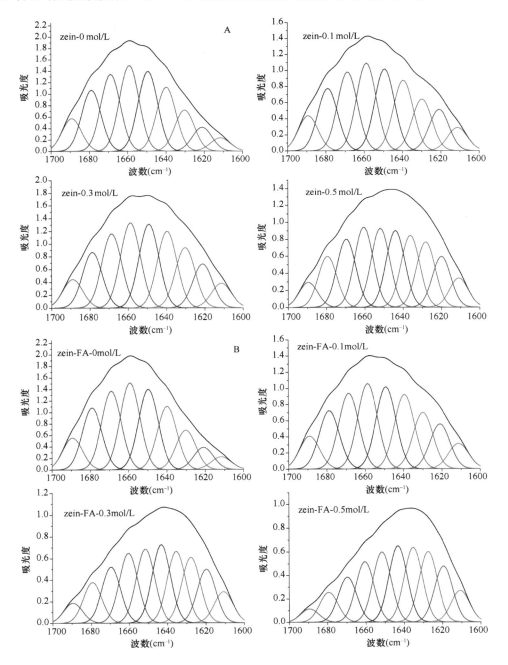

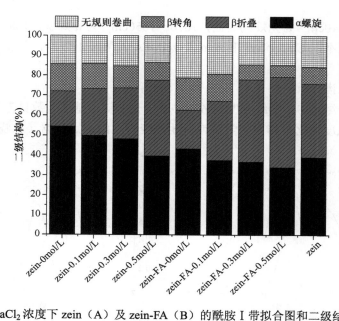

图 4.66　不同 CaCl₂ 浓度下 zein（A）及 zein-FA（B）的酰胺Ⅰ带拟合图和二级结构含量图（C）

如图 4.67 所示，随着 CaCl₂ 浓度的增加，在酰胺Ⅰ带、脂肪酸氨基酸、酰胺Ⅲ带和苯丙氨酸的特征峰强度及峰形发生改变，这种变化先增大后减小，在 CaCl₂ 浓度 0.1mol/L 时最明显，表明 CaCl₂ 改变了 zein 的化学键、特征基团和构象。

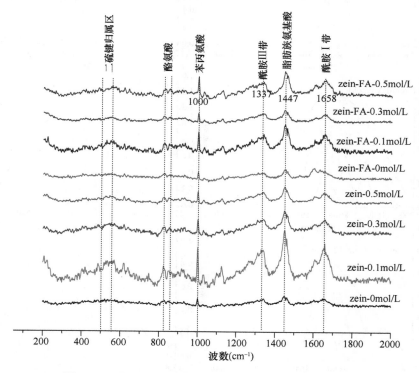

图 4.67　不同 CaCl₂ 浓度下 zein 及 zein-FA 的拉曼光谱图

（3）扫描电镜分析

如图 4.68 所示，样品均呈现球状，样品制备过程中随着乙醇的蒸发，zein 逐渐失去溶解性，自组装形成核并生长成固体球状微粒。横向比较可知，加入 CaCl₂ 后，样品中有更多的小颗粒出现且呈现不规则聚集，这可能是因为 CaCl₂ 的加入对蛋白质结构和自组装过程的影响，在不利的 pH、离子强度下，或者冷冻干燥过程中，zein 会使其失去物理稳定性发生胶体颗粒的聚集（Patel and Velikov，2014）。纵向比较可知，与 zein 相比，zein-FA 的颗粒呈现更紧密的块状聚集，这是由于 FA 的加入使蛋白质的 β 折叠、无规则卷曲增加。

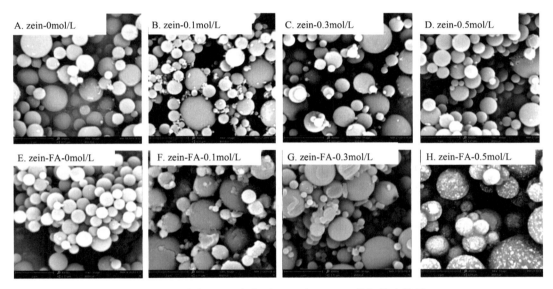

图 4.68　不同 CaCl₂ 浓度下 zein 及 zein-FA 的扫描电镜图

放大倍数为 40 000 倍

（4）CaCl₂ 对 zein 及 zein-FA 体外模拟消化性的影响

采用体外模拟胃肠道两步消化测定 zein 及 zein-FA 的消化率。蛋白质消化率是食物中的蛋白质被消化吸收的部分占总蛋白质含量的百分比（郭蔚波等，2019）。消化率越高，被人体吸收利用的可能性越大，营养价值也越高。

如表 4.18 所示，zein 及 zein-FA 的消化性随着 CaCl₂ 浓度的改变而改变，但是总消化率都较低，这是由于 zein 在水中的溶解性低及耐受胃蛋白酶消化（Zhang et al.，2016）。不管在何种浓度下，zein-FA 的消化率均低于 zein 的消化率，说明 FA 的存在会导致 zein 的消化率下降。类似地，单宁酸的存在导致牛血清白蛋白的消化率下降，这是蛋白质表面的疏水覆盖和胃蛋白酶的空间位阻的结果（Jia et al.，2017a）。随着 CaCl₂ 浓度的升高，zein 及 zein-FA 的消化率都逐渐降低，推测可能是 Ca²⁺ 的存在影响了蛋白质构象进而影响了消化率。

表 4.18　不同 CaCl₂ 浓度下 zein 及 zein-FA 的消化性

样品	酪氨酸（I_{850}/I_{830}）（cm^{-1}）
zein-0mol/L	0.419±0.014g
zein-0.1mol/L	0.436±0.012g
zein-0.3mol/L	0.873±0.012d
zein-0.5mol/L	1.081±0.010b
zein-FA-0mol/L	0.642±0.013f
zein-FA-0.1mol/L	0.800±0.039e
zein-FA-0.3mol/L	1.008±0.017c
zein-FA-0.5mol/L	1.152±0.046a

注：同列不同小写字母表示有显著性差异（$P<0.05$）

4.5.2.2　pH 对玉米醇溶蛋白-阿魏酸互作和结构的影响

1）pH 对 zein-FA 互作的影响

（1）紫外光谱分析

如图 4.69 所示，4 种 pH 下，FA 的加入都使 zein 的紫外吸收强度增大，并且在 225nm、275nm 附近都发生峰位的红移，说明在该 pH 下 FA 与 zein 发生了相互作用，改变了发色氨基酸的微环境。与 FA 结合后，zein-FA 的紫外吸收强度随着 pH 的改变而变化，280nm 附近的吸收强度趋势是 pH 9＞pH 7＞pH 5＞pH 3，说明 zein 与 FA 在 pH 9 时相互作用最强。

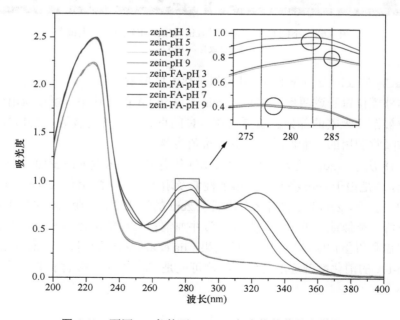

图 4.69　不同 pH 条件下 zein-FA 复合物的紫外光谱图

（2）荧光光谱分析

如图 4.70 所示，zein 在 304nm 处的荧光强度最强，表明三种发色氨基酸中，酪氨酸残基的贡献最大。FA 与 zein 形成复合物后，对 zein 的荧光有猝灭作用，使其荧光强度显著降低，表明 FA 能够与位于 zein 表面的荧光基团发生作用，并使 zein 的最大发射波长向短波长方向移动（蓝移），说明分子内相互作用使蛋白质结构紧密，发色氨基酸处于更加疏水的环境中（贾娜等，2016）。pH 对 zein 及 zein-FA 的荧光强度都有一定的影响，随着 pH 的增加，荧光强度均逐渐降低，推测是由于在接近 zein 等电点（pH=6.2）时，zein 与 FA 的络合最强，所以荧光强度 pH 7＜pH 5＜pH 3，而在 pH 9 时，碱性条件下 FA 易被氧化成醌，与 zein 的氨基酸侧链基团发生加成反应，所以对 zein 的猝灭作用更强。

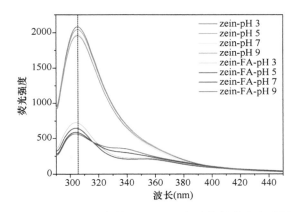

图 4.70　不同 pH 条件下 zein-FA 复合物的荧光光谱图

2）pH 对 zein 及 zein-FA 结构和构象的影响

（1）红外光谱分析

如图 4.71 所示，在不同 pH 下，对照组 zein 和复合组 zein-FA 的红外光谱图的主要峰位对应波数均发生轻微偏移，并且伴随一定的强度变化，表明 pH 条件会改变 zein、zein-FA 的分子构象。复合组 zein-FA 与对照组 zein 相比，复合物的特征峰发生红移或蓝移现象；FTIR 的峰形、位移和（或）强度的微妙变化表明分子间相互作用的发生（孙翠霞，2018）。由于位移主要发生在酰胺 A 带或酰胺Ⅰ、Ⅱ带，说明 zein 与 FA 之间可能存在氢键相互作用和静电相互作用（Dai et al.，2018）。

同样地，采用傅里叶自去卷积对样品的酰胺Ⅰ带的红外谱图进行二阶导数分析，得到酰胺Ⅰ带的拟合图谱（图 4.72A、B），并对谱峰进行指认，得到样品的二级结构含量见图 4.72C。如图 4.72C 所示，随着 pH 的增加，zein 的 α 螺旋含量逐渐增加，β 折叠含量降低，β 转角含量变化不明显，无规则卷曲含量先增加后减少。在含水乙醇中，zein 分子主要以 α 螺旋结构存在，在溶剂蒸发过程中 α 螺旋结构转变成 β 折叠，然后 zein 自组装成球体。在 pH 为 3 时，zein 二级结构的主要存在形式为 β 折叠，说明 zein 在 pH 3 时结构发生变化最大（敬珊珊，2012）。引入 FA 后，蛋白质构象发生了变化，而不同 pH 对 zein-FA 的二级结构影响不明显。α 螺旋主要通过 C═O 和 N—H 之间形成的分子间氢键所维系，而多酚的存在可以干扰这些氢键，因而会对蛋白质的 α 螺旋含量产生影响（Wang et al.，2018）。

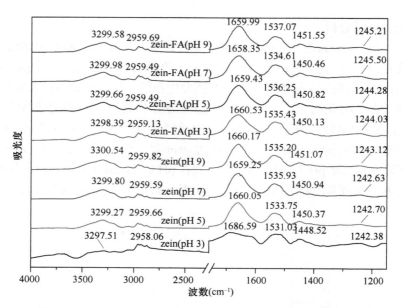

图 4.71　不同 pH 条件下 zein 及 zein-FA 复合物的红外光谱图

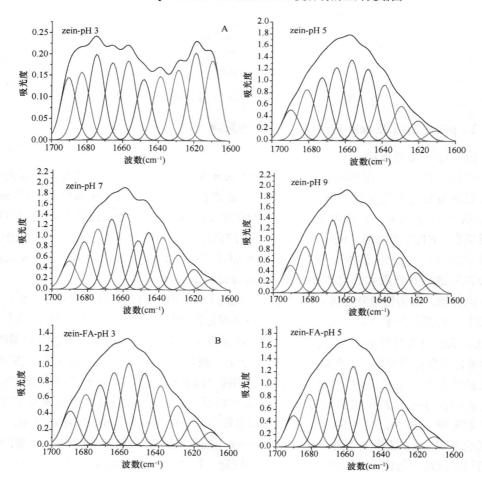

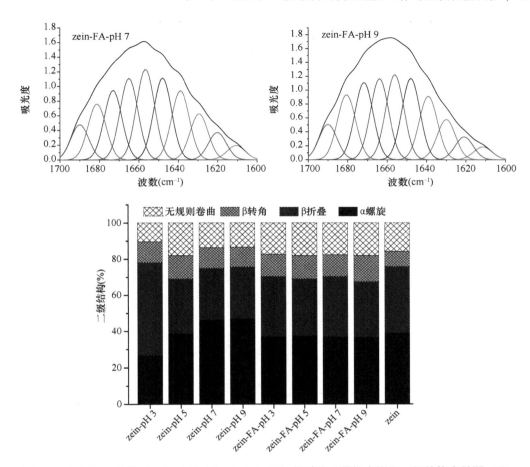

图 4.72　不同 pH 条件下 zein（A）及 zein-FA（B）的酰胺 I 带拟合图和二级结构含量图（C）

（2）拉曼光谱分析

拉曼光谱能够提供分子主侧链构象及羧基、S—S 键、C—S 键构象变化与分子内氢键变化等的信息。如图 4.73 所示，zein 的主要特征峰在 $1605cm^{-1}$（苯丙氨酸）、$1660cm^{-1}$（酰胺 I 带 α 螺旋）、$1447cm^{-1}$（CH_2 和 CH_3 的变形）、$1337cm^{-1}$（CH_2 变形和色氨酸）、$1001cm^{-1}$（苯丙氨酸残基）附近。样品的酰胺 I 带的中心在 $1660cm^{-1}$ 附近，说明 α 螺旋是 zein 及 zein-FA 的主要二级结构（Navdeep et al., 2016）。随着 pH 改变，zein 及 zein-FA 的酰胺 I 带（$1700\sim1600cm^{-1}$）的特征峰的强度发生改变，位置发生一定的偏移。强度增加表明分子更加致密，根据样品在 $1605cm^{-1}$ 附近的峰强度大小，可以说明相比 pH 7 和 pH 9 处理，在 pH 3 和 pH 5 处理下 zein 及 zein-FA 均具有更小的粒子尺寸。位置偏移表明蛋白质分子的构象发生变化，酰胺 I 带又常用来指示蛋白质二级结构，因此可以推测，pH 的改变及 FA 的引入均会影响 zein 的二级结构和构象。

（3）扫描电镜分析

如图 4.74 所示，zein 及 zein-FA 的微观结构都呈球形纳米颗粒，不同 pH 条件下颗粒的粒径和聚集程度不一样，pH、温度、体系黏度、旋蒸速度都会通过干扰 zein 去溶剂化、成核和核生长来影响颗粒性质。pH 3、pH 5、pH 7 条件下，对照组 zein

的颗粒粒径小于实验组 zein-FA 的粒径，说明 FA 的引入使复合物的粒径增大；而在 pH 9 条件下，zein-FA-pH 9 的颗粒略小于 zein-pH 9 的颗粒，颗粒之间更聚集，这可能是由多酚在氧气存在的碱性条件下容易被氧化成醌，由于醌的亲电子性质，使其能够与蛋白质的氨基或疏基基团发生共价反应，引起交联而导致的。比较图 4.74A～D 可以看出，zein 在 pH 7 是时的颗粒粒径最大；同样地，zein-FA 也在 pH 7 时颗粒粒径最大，说明在接近 zein 等电点（pH=6.2）时，由于电荷排斥减少，可能发生聚集和凝结，更容易形成大颗粒。保持 pH 远离 zein 的等电点有益于颗粒在储存中的长期稳定性（Zhang et al.，2016）。

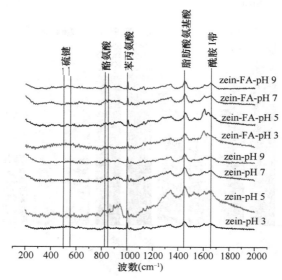

图 4.73　不同 pH 条件下 zein 及 zein-FA 的拉曼光谱图

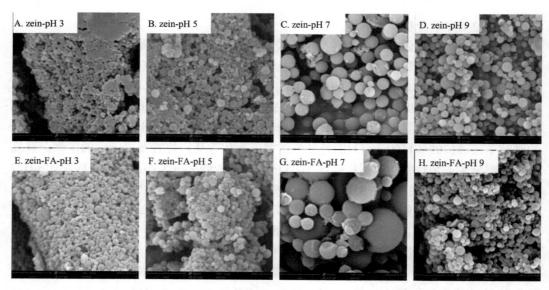

图 4.74　不同 pH 条件下 zein 及 zein-FA 的扫描电镜图

放大倍数为 40 000 倍

（4）pH 对 zein 及 zein-FA 体外模拟消化性的影响

酚类化合物与蛋白质反应会改变蛋白质的氨基酸分布，与水解酶的相互作用会干扰蛋白质在体内的消化与吸收。饮食中蛋白质与多酚的结合将形成可溶或不可溶的复合物，影响它们的生物利用度（刘夫国等，2016）。如表 4.19 所示，zein 及 zein-FA 的消化率都很低（20%～24%），属于难消化的蛋白质，在人类评估的所有膳食蛋白质中消化率最低，这种差的消化率可能是由 zein 的溶解度非常低造成的，也有文献认为与 zein 对消化酶的抗性及耐酸性质有关（Patel and Velikov，2014）。

表 4.19　不同 pH 条件下 zein 及 zein-FA 的消化率（%）

不同 pH	消化率
zein-pH 3	20.16±0.74e
zein-pH 5	23.19±0.29ab
zein-pH 7	23.21±0.45ab
zein-pH 9	23.59±0.80a
zein-FA-pH 3	21.40±0.20cd
zein-FA-pH 5	21.51±0.99cd
zein-FA-pH 7	20.92±0.68de
zein-FA-pH 9	22.37±0.14bc

注：同列不同小写字母表示有显著性差异（$P<0.05$）

与 zein 相比，zein-FA 在 pH 3 时的消化率略高于 zein，但在 pH 5、pH 7、pH 9 时，zein-FA 的消化率低于 zein 的消化率，说明 FA 的加入会影响 zein 的消化率，许多研究表明多酚与蛋白质相互作用会破坏蛋白质的二级结构，从而降低蛋白质的消化率（刘婵等，2015），但是与多酚作用后的蛋白质的水解状况还要受环境 pH、多酚浓度等影响，而且多酚可能与体内的运输蛋白或功能性酶（如胃蛋白酶）产生相互作用，进而影响蛋白质的消化（曹艳芸，2017）。pH 3 时 zein 的消化率低于 pH 5、pH 7、pH 9 时的消化率，而与 zein-FA 的消化率无明显差异。对比前面红外光谱的二级结构含量发现，蛋白质的消化率与 α 螺旋含量呈正相关，而 β 折叠含量则与体外消化率呈负相关。蛋白质三、四级结构中的次级键及蛋白质分子间氢键断裂、二硫键、疏水作用力减弱及离子键减少等都会影响蛋白质的体外消化率（郭蔚波等，2019）。

4.6　结　语

食品加工过程涉及各种物理、化学、生物及其耦合加工等典型过程，在此过程中食品中主要组分的分子链结构、聚集态结构等会发生相应的变化，进而影响食品中蛋白质-多糖相互作用、淀粉-脂质相互作用、蛋白质-脂质相互作用等，从而对健康食品的流变学、质构及消化等加工特性产生显著影响。本研究获得了上述不同加工过程对淀粉分子量及其分布、螺旋结构、结晶结构、无定形结构、纳米晶体和玻璃态、高弹态、黏流态结构和蛋白质结构、聚集、复合及油脂分子链组成、晶体、晶体聚集体、结晶网络等组分多层次结构的影响规律，建立了物理、化学、生物及其耦合手段等对不同来源淀粉、蛋白质和油脂的多层次结构和功能特性的影响关系，揭示了通过可控的现代加工方式及条件，调控淀粉、植物蛋白及油脂等组分品质功能与加工特性的机制。

参 考 文 献

曹艳芸, 2017. 乳清蛋白与多酚在中性 pH 条件下的相互作用对蛋白功能性质的影响研究. 江南大学博士学位论文

郭蔚波, 赵燕, 徐明生, 等. 2019. 不同处理方式下蛋白质结构变化与体外消化性关系研究进展. 食品科学, 40: 327-333

贾娜, 刘丹, 谢振峰. 2016. 植物多酚与食品蛋白质的相互作用. 食品与发酵工业, 42(7): 277-282

敬珊珊. 2012. 膨化和酶解对玉米醇溶蛋白结构及蛋白水解物性质的影响. 齐齐哈尔大学硕士学位论文

刘婵, 何志勇, 秦昉, 等. 2015. 多酚与蛋白质、消化酶相互作用的研究进展. 食品与发酵工业, 41(11): 256-260

刘夫国. 2017. 蛋白质-多酚-碳水化合物共价复合物制备及其对功能因子稳态作用. 中国农业大学博士学位论文

刘夫国, 马翠翠, 王迪, 等. 2016. 蛋白质与多酚相互作用研究进展. 食品与发酵工业, 42(2): 282-288.

刘惠君, 刘维屏, 陈爱平, 等. 2004. 光谱法研究异丙甲草胺及其 S-对映体与脲酶的相互作用机制. 光谱学与光谱分析, 24(2): 166-168

盛良全, 闫向阳, 徐华杰. 等, 2007. 烟碱与牛血清白蛋白相互作用的光谱研究. 光谱学与光谱分析, 27(2): 306-308

孙翠霞. 2018. 基于玉米醇溶蛋白的复合胶体颗粒制备、表征及其应用. 中国农业大学博士学位论文

王丽颖. 2018. 多酚与麦醇溶蛋白复合物的形成机制及结构表征. 西南大学硕士学位论文

王晓君, 谢凤英, 马岩. 2017. 拉曼光谱分析荞麦多酚对米糠蛋白结构的影响. 食品科学, 38(3): 50-54

张曼, 王岸娜, 吴立根, 等. 2015. 蛋白质、多糖和多酚间相互作用及研究方法. 粮食与油脂, 28(4): 46-50

郑文华, 许旭. 2005. 美拉德反应的研究进展. 化学进展, 17(1): 122-129

邹苑. 2018. 玉米醇溶蛋白-单宁酸复合颗粒对界面主导食品体系的调控研究. 华南理工大学博士学位论文

Adebowale K O, Afolabi T A, Oluowolabi B I. 2005. Hydrothermal treatments of Finger millet (*Eleusine coracana*) starch. Food Hydrocolloids, 19(6): 974-983

Ahmadi-Abhari S, Woortman A J J, Hamer R J, et al. 2015. Rheological properties of wheat starch influenced by amylose-lysophosphatidylcholine complexation at different gelation phases. Carbohydrate Polymers, 122: 197-201

Byars J A, Fanta G F, Felker F C. 2009. Rheological properties of dispersions of spherulites from jet-cooked high-amylose corn starch and fatty acids. Cereal Chemistry, 86(1): 76-81

Casanova F, Chapeau A L, Hamonn P, et al. 2018. pH- and ionic strength-dependent interaction between cyanidin-3-*O*-glucoside and sodium caseinate. Food Chemistry, 267: 52-59

Chen G, Ehmke L, Sharma C, et al. 2019. Physicochemical properties and gluten structures of hard wheat flour doughs as affected by salt. Food Chemistry, 275: 569-576

Chen X, He X, Fu X, et al. 2015. *In vitro* digestion and physicochemical properties of wheat starch/flour modified by heat-moisture treatment. Journal of Cereal Science, 63: 109-115

Dai L, Sun C, Wei Y, et al. 2018. Characterization of Pickering emulsion gels stabilized by zein/gum arabic complex colloidal nanoparticles. Food Hydrocolloids, 74: 239-248

Delano W L. 2002. The PyMOL Molecular Graphics System. Proteins Structure Function & Bioinformatics, 30: 442-454

Delcour J A, Joye I J, Pareyt B, et al. 2012. Wheat gluten functionality as a quality determinant in cereal-based food products. Annual Review of Food Science and Technology, 3(1): 469-492

Donhowe E G, Kong F. 2014. Beta-carotene: digestion, microencapsulation, and *in vitro* bioavailability. Food and Bioprocess Technology, 7(2): 338-354

Ferrer E G, Gomez A V, Anon M C, et al. 2011. Structural changes in gluten protein structure after addition of emulsifier. A Raman spectroscopy study. Spectrochimica Acta Part A: Molecular and Biomolecular Spectroscopy, 79(1): 278-281

Ferrero C. 2017. Hydrocolloids in wheat breadmaking: A concise review. Food Hydrocolloids, 68: 15-22

Genkina N K, Wasserman L A, Noda T, et al. 2004. Effects of annealing on the polymorphic structure of starches from sweet potatoes (Ayamurasaki and Sunnyred cultivars) grown at various soil temperatures. Carbohydrate Research, 339(6): 1093-1098

Guerrero P, Kerry J P, De l C K. 2014. FTIR characterization of protein-polysaccharide interactions in extruded blends. Carbohydrate Polymers, 111(6): 598-605

Gunaratne A, Hoover R. 2002. Effect of heat-moisture treatment on the structure and physicochemical properties of tuber and root starches. Carbohydrate Polymers, 49(4): 425-437

Guo X, Wei X, Zhu K. 2017. The impact of protein cross-linking induced by alkali on the quality of buckwheat noodles. Food Chemistry, 221: 1178-1185

Huang G, Sun Y, Xiao J, et al. 2012. Complex coacervation of soybean protein isolate and chitosan. Food Chemistry, 135(2): 534-539

Hyunjung C, Qiang L, Hoover R. 2009. Impact of annealing and heat-moisture treatment on rapidly digestible, slowly digestible and resistant starch levels in native and gelatinized corn, pea and lentil starches. Carbohydrate Polymers, 75(3): 436-447

Jane J, Chen Y Y, Lee L F, et al. 1999. Effects of amylopectin branch chain length and amylose content on the gelatinization and pasting properties of starch. Cereal Chemistry, 76(5): 629-637

Jia J J, Gao X, Hao M H, et al. 2017a. Comparison of binding interaction between beta-lactoglobulin and three common polyphenols using multi-spectroscopy and modeling methods. Food Chemistry, 228: 143-151

Jia N, Wang L, Shao J, et al. 2017b. Changes in the structural and gel properties of pork myofibrillar protein induced by catechin modification. Meat Science, 127: 45-50

Jiang L, Wang Z, Li Y, et al. 2015. Relationship between surface hydrophobicity and structure of soy protein isolate subjected to different ionic strength. International Journal of Food Properties, 18(5): 1059-1074

Johnson W C. 2015. Analyzing protein circular dichroism spectra for accurate secondary structures. Proteins Structure Function & Bioinformatics. 35(3): 307-312

Joye I J, Davidov-Pardo G, Ludescher R D, et al. 2015a. Fluorescence quenching study of resveratrol binding to zein and gliadin: Towards a more rational approach to resveratrol encapsulation using water-insoluble proteins. Food Chemistry, 185: 261-267

Joye I J, Nelis V A, McClements D J. 2015b. Gliadin-based nanoparticles: Fabrication and stability of food-grade colloidal delivery systems. Food Hydrocolloids, 44: 86-93

Karre L, Lopez K, Getty K J K. 2013. Natural antioxidants in meat and poultry products. Meat Science, 94: 220-227

Lai L N, Karim A A, Norziah M H, et al. 2002. Effects of Na_2CO_3 and NaOH on DSC thermal profiles of selected native cereal starches. Food Chemistry, 78(3): 355-362

Lan H, Hoover R, Jayakody L, et al. 2009. Impact of annealing on the molecular structure and physicochemical properties of normal, waxy and high amylose bread wheat starches. Food Chemistry, 111(3): 663-675

Lee H C, Kang I, Chin K B. 2014. Effect of mungbean [*Vigna radiata* (L.) Wilczek] protein isolates on the microbial transglutaminase-mediated porcine myofibrillar protein gels at various salt concentrations. International Journal of Food Science and Technology, 49: 2023-2029

Li K, Yin S, Yin Y, et al. 2013. Preparation of water-soluble antimicrobial zein nanoparticles by a modified antisolvent approach and their characterization. Journal of Food Engineering, 119: 343-352

Li T, Guo X, Zhu K, et al. 2018. Effects of alkali on protein polymerization and textural characteristics of textured wheat protein. Food Chemistry, 239: 579-587

Liu R, Shi C, Song Y, et al. 2018. Impact of oligomeric procyanidins on wheat gluten microstructure and physicochemical properties. Food Chemistry, 260: 37-43

López-Barón N, Gu Y, Vasanthan T, et al. 2017. Plant proteins mitigate *in vitro* wheat starch digestibility. Food Hydrocolloids, 69: 19-27

Matuda T G, Chevallier S, Pessoa Filho P D A, et al. 2008. Impact of guar and xanthan gums on proofing and calorimetric parameters of frozen bread dough. Journal of Cereal Science, 48(3): 741-746

Molina-Ortiz S E, Puppo M C, Wagner J R. 2004. Relationship between structural changes and functional properties of soy protein isolates-carrageenan systems. Food Hydrocolloids, 18(6): 1045-1053

Montero P, Hurtado J L, Pérez-Mateos M. 2000. Microstructural behaviour and gelling characteristics of MyoSystem protein gels interacting with hydrocolloids. Food Hydrocolloids, 14(5): 455-461

Mujaffar S, Sankat C K. 2005. The air drying behaviour of shark fillets. Canadian Biosystems Engineering, 47(3): 11-21

Navdeep, Banipal T S, Kaur G, et al. 2016. Nanoparticle surface specific adsorption of zein and its self-assembled behavior of nanocubes formation in relation to On-Off SERS: Understanding morphology control of protein aggregates. Journal of Agricultural and Food Chemistry, 64: 596-607

Olayinka O O, Adebowale K O, Olu-Owolabi B I. 2008. Effect of heat-moisture treatment on physicochemical properties of white sorghum starch. Food Hydrocolloids, 22(2): 225-230

Patel A R, Heussen P C M, Hazekamp J, et al. 2012. Quercetin loaded biopolymeric colloidal particles prepared by simultaneous precipitation of quercetin with hydrophobic protein in aqueous medium. Food Chemistry, 133: 423-429

Patel A R, Velikov K P. 2014. Zein as a source of functional colloidal nano- and microstructures. Current Opinion in Colloid and Interface Science. 19: 450-458

Pietsch V L, Emin M A, Schuchmann H P. 2016. Process conditions influencing wheat gluten polymerization during high moisture extrusion of meat analog products. Journal of Food Engineering, 198(22): 55-60

Porter C J, Trevaskis N L, Charman W N. 2007. Lipids and lipid-based formulations: optimizing the oral delivery of lipophilic drugs. Nature Reviews Drug Discovery, 6(3): 231-248

Raphaelides S N, Georgiadis N. 2008. Effect of fatty acids on the rheological behaviour of amylomaize starch dispersions during heating. Food Research International, 41(1): 75-88

Razi M A, Wakabayashi R, Tahara Y, et al. 2018. Genipin-stabilized caseinate-chitosan nanoparticles for enhanced stability and anti-cancer activity of curcumin. Colloids and Surfaces B: Biointerfaces, 164: 308-315

Shewry P R, Popineau Y, Lafiandra D, et al. 2000. Wheat glutenin subunits and dough elasticity: Findings of the EUROWHEAT project. Trends in Food Science & Technology, 11(12): 433-441

Shi J, Lei Y T, Shen H X, et al. 2018. Effect of glazing and rosemary (*Rosmarinus officinalis*) extract on preservation of mud shrimp (*Solenocera melantho*) during frozen storage. Food Chemistry, 272: 604-612

Shimada M, Takai E, Ejima D, et al. 2015. Heat-induced formation of myosin oligomer-soluble filament complex in high-salt solution. International Journal of Biological Macromolecules, 73: 17-22

Singh J, Dartois A, Kaur L. 2010. Starch digestibility in food matrix: A review. Trends in Food Science & Technology, 21(4): 168-180

Srichuwong S, Sunarti T C, Mishima T, et al. 2005. Starches from different botanical sources II: Contribution of starch structure to swelling and pasting properties. Carbohydrate Polymers, 62(1): 25-34

Tang C B, Zhang W G, Dai C, et al. 2014. Identification and quantification of adducts between oxidized rosmarinic acid and thiol compounds by UHPLC-LTQ-Orbitrap and MALDI-TOF/TOF tandem mass spectrometry. Journal of Agricultural and Food Chemistry, 63: 902-911

Trehan S, Singh N, Kaur A. 2018. Characteristics of white, yellow, purple corn accessions: Phenolic profile, textural, rheological properties and muffin making potential. Journal of Food Science and Technology, 55: 2334-2343

Wang B, Li D, Wang L J, et al. 2012. Effect of high-pressure homogenization on microstructure and rheological properties of alkali-treated high-amylose maize starch. Journal of Food Engineering, 113(1):

61-68

Wang S, Zhang Y, Chen L, et al. 2017. Dose-dependent effects of rosmarinic acid on formation of oxidatively stressed myofibrillar protein emulsion gel at different NaCl concentrations. Food Chemistry, 243: 50-57

Wang W, Shen M, Liu S, et al. 2018. Gel properties and interactions of *Mesona blumes* polysaccharide-soy protein isolates mixed gel: The effect of salt addition. Carbohydrate Polymers, 192: 193-201

Watcharatewinkul Y, Puttanlek C, Rungsardthong V, et al. 2009. Pasting properties of a heat-moisture treated canna starch in relation to its structural characteristics. Carbohydrate Polymers, 75(3): 505-511

Wilde S C, Keppler J K, Palani K, et al. 2016. β-Lactoglobulin as nanotransporter for allicin: Sensory properties and applicability in food. Food Chemistry, 199: 667-674

Wu M, Xiong Y L, Chen J, et al. 2009. Rheological and microstructural properties of porcine myofibrillar protein-lipid emulsion composite gels. Journal of Food Science, 74(4): E207-E217

Yue Y, Geng S, Shi Y, et al. 2019. Interaction mechanism of flavonoids and zein in ethanol-water solution based on 3D-QSAR and spectrofluorimetry. Food Chemistry, 276: 776-781

Zavareze E D R, Dias A R G. 2011. Impact of heat-moisture treatment and annealing in starches: A review. Carbohydrate Polymers, 83(2): 317-328

Zhang S, Zhang Z, Lin M, et al. 2012. Raman spectroscopic characterization of structural changes in heated whey protein isolate upon soluble complex formation with pectin at near neutral pH. Journal of Agricultural and Food Chemistry, 60(48): 12029-12035

Zhang Y, Cui L, Li F, et al. 2016. Design, fabrication and biomedical applications of zein-based nano/micro-carrier systems. International Journal of Pharmaceutics, 513: 191-210

Zhang Y, Lv Y, Chen L, et al. 2018. Inhibition of epigallocatechin-3-gallate/protein interaction by methyl-β-cyclodextrin in myofibrillar protein emulsion gels under oxidative stress. Journal of Agricultural and Food Chemistry, 66(30): 8094-8103

Zhou Y, Zhao D, Foster T J, et al. 2014. Konjac glucomannan-induced changes in thiol/disulphide exchange and gluten conformation upon dough mixing. Food Chemistry, 143: 163-169

Zhu Y, Wang Y, Li J, et al. 2017. Effects of water-extractable arabinoxylan on the physicochemical properties and structure of wheat gluten by thermal treatment. Journal of Agricultural and Food Chemistry, 65(23): 4728-4735

Zou Y, Guo J, Yin S W, et al. 2015. Pickering emulsion gels prepared by hydrogen-bonded Zein/Tannic acid complex colloidal particles. Journal of Agricultural and Food Chemistry, 63(33): 7405-7414

第 5 章　基于多尺度结构的食品关键结构（域）形成新机制

5.1　食品关键结构域形成与保质减损新机制

5.1.1　大豆油中反式脂肪酸分析与控制

我国是食用油的消费大国，2018 年食用油消费量超过了 3700 万 t，居世界首位，其中大豆油消费量达到 1600 万 t，占食用油消费总量的 43%左右。近年来，由于大量引进先进的技术装备和加工工艺，我国食用油的加工能力和生产技术水平都得到了较大的提升。但是随着对营养和健康越来越重视，人们对食用油的品质提出了更高的要求。有关食用油在日常烹饪过程会产生危害人体健康的反式脂肪酸（TFA）的研究也引发了政府、学者和消费者的高度关注。常用的 TFA 分析方法包括红外光谱法（IR）、气相色谱法（GC）、银离子薄层色谱法（Ag⁺-TLC）和银离子高效液相色谱法（Ag⁺-HPLC）法及上述方法的联用技术，如 Ag⁺-TLC/GC 和 Ag⁺-HPLC/GC 等。GC 在所有 TFA 分析方法中具有较高的分离效率和低检测限，因此应用十分广泛。

5.1.1.1　TFA GC 分析方法建立

1）甲酯化方法的确定

甲酯化是对油脂中的甘油三酯和脂肪酸进行 GC 分析前必要的前处理步骤。本方法以大豆油为样品，分别采用硫酸甲醇、三氟化硼甲醇和氢氧化钾甲醇方法对大豆油样品中各种脂肪酸甲酯进行甲酯化，进行 GC 分析后，以各脂肪酸甲酯的峰面积值为指标，利用 Bonferroni 检验对三种方法的差异性进行两两比较。Bonferroni 检验方法能够对多个处理的均值是否有显著性差异进行检验。在 95%的置信区间下，不同处理间的置信限若包括零，则处理间的差异不显著，否则为显著（以*表示）。由表 5.1 可知，硫酸甲醇法分别与氢氧化钾甲醇法和三氟化硼甲醇法对所有的脂肪酸甲酯峰面积均值差异均显著，且均值差均为负值，说明硫酸甲醇法的甲酯化效果要明显低于两种碱催化法。对氢氧化钾甲醇法和三氟化硼甲醇法的比较发现，这两种方法仅对两种脂肪酸甲酯（C18:1-9c 和 C18:2-9c,12c）有显著差异，其余大部分无显著差异，但多以负值为主，说明氢氧化钾甲醇法的甲酯化效果略低于三氟化硼甲醇法。寇秀颖和于国萍（2005）认为酸催化法适用于甲酯化游离脂肪酸，而碱催化法更适合甘油三酯的甲酯化，大豆油中的脂肪酸主要以甘油三酯的形式存在。此外，氢氧化钾甲醇法的甲酯化效果与三氟化硼甲醇法无极显著差异，且三氟化硼甲醇法需要使用毒性较强的三氟化硼溶剂，而氢氧化钾甲醇法操作简便，重现性好。故选用氢氧化钾甲醇法作为大豆油 GC 的甲酯化方法。

表 5.1　三种甲酯化方法对大豆油样品甲酯化效果的两两比较

脂肪酸甲酯	硫酸甲醇法/氢氧化钾甲醇法		硫酸甲醇法/三氟化硼甲醇法		氢氧化钾甲醇法/三氟化硼甲醇法	
	均值差	95%置信限	均值差	95%置信限	均值差	95%置信限
C14:0	-1 542	-1 720~-1 363*	-1 617	-1 796~-1 439*	-76	-254~102
C16:0	-265 246	-297 045~-233 447*	-289 289	-321 088~-257 490*	-24 042	-55 841~7 757
C16:1	-1 523	-1 681~-1 364*	-1 646	-1 805~-1 488*	-123	-282~35
C18:0	-104 475	-116 557~-92 393*	-112 063	-124 145~-99 981*	-7 588	-19 671~4 494
C18:1t	-1 260	-1 824~-695*	-1 051	-1 616~-486*	209	-356~773
C18:1-9c	-470 223	-525 235~-415 211*	-527 713	-582 725~-472 701*	-57 490	-112 502~-2 478*
C18:2-9c,12t	-12 886	-14 490~-11 281*	-13 774	-15 379~-12 170*	-888	-2 493~716
C18:2-9t,12c	-12 691	-14 184~-11 198*	-13 335	-14 828~-11 841*	-643	-2 136~850
C18:2-9c,12c	-1 222 015	-1 374 804~-1 069 226*	-1 377 886	-1 530 675~-1 225 096*	-155 871	-308 660~-3 081*
C20:0	-7 917	-9 011~-6 824*	-8 667	-9 761~-7 574*	-750	-1 843~343
C18:3-9t,12c,15t	-4 508	-5 288~-3 727*	-4 764	-5 545~-3 984*	-257	-1 038~524
C18:3-9c,12c,15t	-22 046	-24 782~-19 309*	-23 507	-26 244~-20 770*	-1 461	-4 198~1 275
C20:1	-6 488	-7 267~-5 708*	-6 775	-7 555~-5 995*	-287	-1 067~492
C18:3-9t,12c,15c	-20 153	-23 283~-17 023*	-21 349	-24 479~-18 219*	-1 196	-4 326~1 933
C18:3-9c,12c,15c	-155 559	-176 675~-134 443*	-166 577	-187 694~-145 461*	-11 018	-32 134~10 098
C22:0	-8 829	-9 660~-7 999*	-9 539	-10 370~-8 709*	-710	-1 540~120
C24:0	-2 476	-3 019~-1 934*	-2 830	-3 373~-22 876*	-354	-896~189

2）甲酯化方法评价

本研究综合考察了氢氧化钾甲醇法的甲酯化率和检测限。由于天然大豆油中不含十一烷酸甘油三酯，因此以十一烷酸甘油三酯为目标化合物，考察氢氧化钾甲醇法对十一烷酸甘油三酯的甲酯化率。由表 5.2 可知，不同浓度十一烷酸甘油三酯添加量的甲酯化率均达到 90%以上，添加了 2.2mg/L 十一烷酸甘油三酯的大豆油经氢氧化钾甲醇法甲酯化，进行 GC 分析测得实际浓度为 2.070～2.081mg/L，平均甲酯化率为 93.77%；而添加了 100mg/L 十一烷酸甘油三酯的大豆油测得的甲酯化率为 90.61%。由此说明添加浓度越高，甲酯化过程中的损失率也越高，甲酯化率相对要低。虽然不能完全将大豆油中的脂肪酸甲酯化，但可明显减少定量分析误差。氢氧化钾甲醇法结合 GC 分析法能够检出 0.006g/100g 油脂含量的脂肪酸，而定量限达到 0.02g/100g（表 5.3）。由此说明，GC 检测法的检测限远远高于普通红外光谱法（5%）的检测限，更适合于微量 TFA 成分的定量分析。

表 5.2　氢氧化钾甲醇法的甲酯化率

甲酯化方法	添加量（mg/L）（十一烷酸甘油三酯）	实测值（mg/L）（十一烷酸甲酯）			转化系数	平均甲酯化率（%）
十一烷酸	2.2	2.070	2.081	2.081	0.9933	93.77±0.27
	20	18.900	18.200	18.400	0.9933	91.88±1.79
	100	91.582	90.728	89.526	0.9933	90.61±1.03

表 5.3　氢氧化钾甲醇法的方法检测限（g/100g）

顺反不饱和脂肪酸	检出限（信噪比 S/N=3）	最小测定限（S/N=10）
C18:1-9t	0.006	0.020
C18:1-9c	0.006	0.019
C18:2-9t,12t	0.005	0.016
C18:2-9c,12t	0.004	0.013
C18:2-9t,12c	0.004	0.013
C18:2-9c,12c	0.003	0.011
C18:3-9t,12t,15t	0.004	0.014
C18:3-9t,12t,15c/9t,12c,15t	0.005	0.017
C18:3-9c,12t,15t	0.004	0.013
C18:3-9c,12c,15t	0.003	0.011
C18:3-9t,12t,15c	0.004	0.013
C18:3-9t,12c,15c	0.004	0.012
C18:3-9c,12c,15c	0.005	0.015

3）GC 方法的建立

（1）升温程序的确定

根据《动植物油脂 植物油中反式脂肪酸异构体含量测定 气相色谱法》（GB/T 22507—2008）和 ISO 15304:2002 对食用油脂中 TFA 的检测方法建议，100m 的 CP-Sil 88 色谱柱应采用的分离温度在 150~175℃。本方法经初步的条件摸索确定了 160℃ 为顺反异构体的分离温度。但由于大豆油中脂肪酸种类达十几种，碳链范围较宽，要想使各种脂肪酸得到较好的分离效果，必须采用程序升温（图 5.1）。因此色谱柱的初始温度和程序升温速率比较关键。《食品中总脂肪、饱和脂肪（酸）、不饱和脂肪（酸）的测定 水解提取-气相色谱法》（GB/T 22223—2008）对脂肪酸的 GC 分离采用 130℃ 的初始温度。宋志华等（2007）采用 120℃ 的初始柱温，虽然对十八碳的各异构体具有较好的分离效果，但对于低碳数脂肪酸的检出影响很大。刘东敏等（2008）和《食品中反式脂肪酸的测定 气相色谱法》（GB/T 22110—2008）的检测方法中使用更低的初始柱温即 60℃，使不同碳数的脂肪酸均得到了较好的分离效果。本研究以刘东敏等（2008）的研究为基础，并根据 CP-Sil 88 色谱柱最高耐受温度即 225℃ 为依据，选定进样口温度 230℃、进样量 1μL、分流比 10:1。色谱柱初始温度为 60℃，保留 5min 后，以 25℃/min 升温至 160℃，再保留 5min，再以 2℃/min 升温至 225℃，保留 15min。检测器选用氢火焰离子化检测器（FID），检测器温度为 230℃，并确定了升温程序。

（2）方法验证

A. 分离度

由于大豆油中的不饱和脂肪酸成分主要为油酸、亚油酸和亚麻酸，所以本方法重点针对油酸、亚油酸和亚麻酸顺反异构体的分离情况进行考察。由图 5.2 可知，油酸顺反异构体区域与亚油酸顺反异构体区域能彻底分离，亚油酸顺反异构体区域与亚麻酸顺反异构体区域能彻底分离，三个区域互不干扰，且基线平稳、峰形正常。各异构体的保留时间及相邻两峰的分离度如表 5.4 所示。分离度 R 为相邻两峰的保留时间之差与平均峰宽的比值，表示相邻两峰的分离程度。R 越大，表明相邻两组分分离越好。一般来说，

当 $R<1$ 时，两峰有部分重叠；当 $R=1$ 时，分离度可达 98%；当 $R=1.5$ 时，分离度可达 99.7%。通常用 $R=1.5$ 作为相邻两组分已完全分离的标志。当 $R=1$ 时，称为 4σ 分离，即两峰基本分离，裸露峰面积为 95.4%，内侧峰基重叠约 2%。$R=1.5$ 时，称为 6σ 分离，裸露峰面积为 99.7%。$R\geqslant1.5$ 称为完全分离。

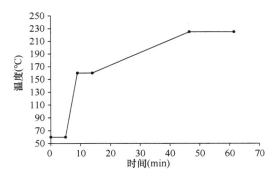

图 5.1　脂肪酸顺反异构体 GC 分离的升温程序图

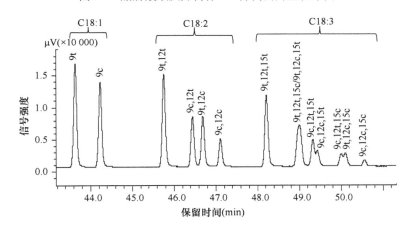

图 5.2　油酸（C18:1）、亚油酸（C18:2）和亚麻酸（C18:3）甲酯顺反异构体的 GC 图

表 5.4　顺反异构体的保留时间和相邻两峰的分离度

顺反异构体	保留时间（min）	分离度 R
C18:1-9t	43.697	1.6
C18:1-9c	44.292	3.6
C18:2-9t,12t	45.812	1.8
C18:2-9c,12t	46.491	0.8
C18:2-9t,12c	46.739	1.1
C18:2-9c,12c	47.149	2.7
C18:3-9t,12t,15t	48.262	2.0
C18:3-9t,12t,15c/9t,12c,15t	49.05	1.1
C18:3-9c,12t,15t	49.364	0.5
C18:3-9c,12c,15t	49.469	2.5
C18:3-9c,12t,15c	50.038	0.5
C18:3-9t,12c,15c	50.135	1.9
C18:3-9c,12c,15c	50.587	

在油酸区域，C18:1-9c 和 C18:1-9t 分离度达 1.6，两峰完全分离。亚油酸区域的双反式异构体 C18:2-9t,12t 与 C18:2-9c,12t 彻底分离（R=1.8）；C18:2-9c,12t 与 C18:2-9t,12c 两峰的 R 为 0.8，两峰在峰底处略有重叠，但 R 值接近 1，总体上基本分离，C18:2-9t,12c 与 C18:2-9c,12c 两峰也有效分离，R>1，分离程度超过 98%。亚麻酸区域共有 8 种顺反异构体，三反式异构体与其他异构体之间完全分开，而两种双反式异构体 C18:3-9t,12t,15c 与 C18:3-9t,12c,15t 的保留时间非常接近，两峰几乎重叠而形成一个较宽的色谱峰，因此在定性定量分析时将两种化合物合并为同一保留时间、同一谱峰进行分析；双反式亚麻酸 C18:3-9c,12t,15t 与单反式亚麻酸 C18:3-9c,12c,15t 的出峰时间也较为相近，但两峰峰尖可辨别，分离度为 0.5，可进行近似的定量分析；另外两种单反式的亚麻酸 C18:3-9c,12t,15c 和 C18:3-9t,12c,15c 与前者情况类似，分离度也为 0.5，在检测时近似定量分析，顺式亚麻酸与其反式异构体的谱峰之间能完全分离，分离度达 1.9。

B. 仪器精密度

仪器精密度是评价色谱分析方法对同一样品测定结果重复性的常用方法，通常用相对标准偏差（RSD）来表示。本方法采用同一色谱分析方法对同一顺反脂肪酸混标溶液分别进行日内（一天内测定 5 次）和日间（连续 5d 测定）精密度考察（表 5.5），发现 2 种顺反油酸甲酯异构体、4 种顺反亚油酸甲酯异构体和 8 种顺反亚麻酸甲酯异构体的日内精密度的 RSD 值都控制在 0.68%～5.43%，日间精密度的 RSD 值控制在 1.82%～7.26%，总体上能满足定量分析的要求。由于仪器长时间的运行过程中基线的偏移，各异构体的日间精密度总体上要低于日内精密度，日间精密度在 95%置信区间的可信限范围也相对较宽。亚麻酸甲酯顺反异构体的日内精密度（RSD：2.39%～5.43%）和日间精密度（RSD：3.47%～7.26%）总体上均要比油酸甲酯顺反异构体（日内精密度 RSD：2.25%～2.64%；日间精密度 RSD：2.91%～3.04%）和亚油酸甲酯顺反异构体（日内精密度 RSD：0.68%～3.40%；日间精密度 RSD：1.82%～3.55%）低，亚麻酸甲酯顺反异构体的分离度较低，这是导致其精密度下降的主要原因。

表 5.5 顺反异构体的仪器日内精密度和日间精密度

顺反不饱和脂肪酸	日内精密度			日间精密度		
	均值	可信限（95%置信区间）	RSD（%）	均值	可信限（95%置信区间）	RSD（%）
C18:1-9t	349 133	339 378～358 888	2.25	348 135	335 544～360 725	2.91
C18:1-9c	286 282	276906～295 658	2.64	283 528	272 819～294 237	3.04
C18:2-9t,12t	312 929	310 306～315 552	0.68	325 815	318 437～333 193	1.82
C18:2-9c,12t	166 565	161 684～171 446	2.36	173 204	165 904～180 504	3.39
C18:2-9t,12c	173 067	167 015～179 119	2.82	177 967	170 115～185 819	3.55
C18:2-9c,12c	89 062	85 298～92 825	3.40	90 125	86 916～93 334	2.87
C18:3-9t,12t,15t	250 356	242 929～257 783	2.39	252 617	241 736～263 497	3.47
C18:3-9t,12t,15c/9t,12c,15t	218 166	211 696～224 634	2.39	215 904	201 381～230 427	5.42
C18:3-9c,12t,15t	96 413	93 483～99 343	2.45	98 691	89 797～107 585	7.26
C18:3-9c,12c,15t	49 716	46 362～53 070	5.43	49 908	46 704～53 112	5.17
C18:3-9c,12t,15c	41 876	39 786～43 965	4.02	43 277	40 433～46 121	5.29
C18:3-9t,12c,15c	46 540	44 496～48 583	3.54	45 272	41 301～49 243	7.06
C18:3-9c,12c,15c	22 336	21 355～23 317	3.54	22 926	21 761～24 092	4.09

C. 仪器检测限

经考察，在所用仪器条件下，油酸甲酯、亚油酸甲酯和亚麻酸甲酯顺反异构体的检测限，分别按信噪比（S/N）=3 计算各异构体的检出限，按 S/N=10 计算各异构体的最小测定限。结果可知，各顺反异构体的检出限在 0.071～0.129mg/L，最小测定限在 0.237～0.432mg/L；其中 C18:2-9c,12c 和 C18:3-9c,12c,15t 的仪器检出限最低，C18:1-9t 的检出限最高（表 5.6）。在现有仪器和所用参数条件下，0.13mg/L 的 14 种顺反脂肪酸甲酯都能够定性检出，0.44mg/L 的 14 种顺反脂肪酸甲酯可以进行定量分析。

表 5.6　顺反异构体的仪器检测限（mg/L）

顺反不饱和脂肪酸	检出限（S/N=3）	最小测定限（S/N=10）
C18:1-9t	0.129	0.432
C18:1-9c	0.127	0.424
C18:2-9t,12t	0.107	0.358
C18:2-9c,12t	0.089	0.296
C18:2-9t,12c	0.084	0.281
C18:2-9c,12c	0.071	0.237
C18:3-9t,12t,15t	0.093	0.310
C18:3-9t,12t,15c/9t,12c,15t	0.113	0.378
C18:3-9c,12t,15t	0.085	0.285
C18:3-9c,12c,15t	0.071	0.238
C18:3-9t,12t,15c	0.085	0.283
C18:3-9t,12c,15c	0.082	0.274
C18:3-9c,12c,15c	0.101	0.337

D. 线性关系

将 14 种顺反不饱和脂肪酸甲酯标准品溶液进行梯度稀释，分别稀释至 2 倍、4 倍、8 倍和 16 倍，然后将各浓度的稀释混标液进行 GC 分析，在所考察的浓度范围内进行线性拟合，得出线性方程和相关系数（表 5.7），在所考察的浓度范围内，各顺反异构体的仪器响应值与浓度呈良好的线性相关，线性关系均高于 0.999，完全满足定量分析的要求。

表 5.7　顺反异构体的浓度与响应值的线性关系

脂肪酸顺反异构体	线性方程	相关系数	浓度范围（mg/L）
C18:1-9t	$y=2263.1x-6388.9$	0.9995	10～160
C18:1-9c	$y=1857.1x-5270.7$	0.9994	10～160
C18:2-9t,12t	$y=3284.3x-5537.8$	0.9995	6.25～100
C18:2-9c,12t	$y=4329.5x-2524.3$	0.9996	2.5～40
C18:2-9t,12c	$y=4548.7x-2660.5$	0.9997	2.5～40
C18:2-9c,12c	$y=4641.8x+189.15$	0.9995	1.25～20
C18:3-9t,12t,15t	$y=4332.8x-4532.3$	0.9994	3.75～60
C18:3-9t,12t,15c/C18:3-9t,12c,15t	$y=3787x-1727.5$	0.9995	3.75～60
C18:3-9c,12t,15t	$y=3349.8x-1595.9$	0.9995	1.875～30
C18:3-9c,12c,15t	$y=3930.9x-987.66$	0.9993	0.875～14
C18:3-9t,12t,15c	$y=3083x-521.35$	0.9994	0.875～14
C18:3-9t,12c,15c	$y=3655.2x-1054$	0.9992	0.875～14
C18:3-9c,12c,15c	$y=2953.2x-169.45$	0.9995	0.5～8

4）方法对比分析

通过 3 种不同的甲酯化方法处理大豆油发现，无论是比较十一烷酸甘油三酯的甲酯化率还是各顺反脂肪酸甲酯的峰面积，酸催化法的甲酯化效果均不如两种碱催化法。三氟化硼甲醇法先用碱中和了游离脂肪酸，又在三氟化硼作用下加速了油脂和甲醇的醇解反应，使油脂的甲酯化比较完全，因此在 3 种方法中甲酯化率最高。

三氟化硼甲醇法和硫酸甲醇法需要冷凝回流装置，与室温甲酯化相比操作复杂，且浓硫酸具有强腐蚀性和毒性，可通过皮肤接触、呼吸等对人体健康造成威胁。综合考虑以上因素，采用氢氧化钾甲醇法进行油脂分析效果较好。

采用 CP-Sil 88（100m×0.25mm×0.2mm）极性毛细管柱可使 14 种顺反异构体基本上达到分离目的，仅亚麻酸的几种反式异构体出峰时间太近而造成谱峰重叠，不能完全分开，因此在定性和定量时采取近似分析法。该方法比 Tsuzuki 等（2008）利用 50m CP-Sil 88 毛细管色谱柱分离油酸甘油三酯、亚油酸甘油三酯和亚麻酸甘油三酯顺反异构体的效果好。仪器的日内精密度和日间精密度的 RSD 值均能控制在 8%以内，这进一步说明建立的 GC 非常适用于 TFA 的定量分析，仪器性能稳定，基线波动在可接受的误差范围内。

5.1.1.2 大豆油不饱和脂肪酸热致异构反式脂肪酸分析

1）ATR-FTIR 分析

首先采用衰减全反射-傅里叶变换红外光谱（ATR-FTIR）对大豆油在 240℃下分别加热 6h 和 12h 后的样品进行分析。大豆油经高温加热后，由于化合物的分解和新物质的生成，红外光谱吸收发生了部分变化（图 5.3）。谱图中 $3013\sim726cm^{-1}$ 中所示的吸收峰代表了大豆油甘油三酯成分的各种基团（表 5.8）。甘油三酯较强的吸收峰在 $2930cm^{-1}$、$1746cm^{-1}$、$1163cm^{-1}$ 和 $726cm^{-1}$ 位置，分别代表分子结构中碳氢伸缩振动、羰基费米共振、碳氧伸缩振动和亚甲基平面摇摆振动。

反式双键的吸收峰在 $966cm^{-1}$ 处，随着加热时间的延长，12h 加热的大豆油在 $966cm^{-1}$ 处的吸收峰要明显高于未加热和 6h 加热的大豆油吸收峰，可以确证大豆油在高温加热后形成了反式产物。Christy（2009）报道亚油酸甘油三酯在 250℃高温加热后形成了共轭亚油酸（CLA），样品中若存在 CLA，不仅会干扰 $966cm^{-1}$ 处非共轭 TFA 的吸收，同时也会在 $987cm^{-1}$ 和 $946cm^{-1}$ 位置有吸收峰。

2）GC-MS 分析

采用已建立的 GC-MS 对大豆油在 240℃下分别加热 0h、6h 和 12h 后样品中的顺反脂肪酸进行分析。油酸、亚油酸和亚麻酸顺反异构体的谱峰分别根据其特征离子碎片峰来鉴定（C18:1：m/z 69、83、97、111 和 264；C18:2：m/z 67、81、95、109、262 和 294；C18:3：m/z 67、79、93、108、263 和 292）。然而特征离子碎片峰并不能将顺式和反式的脂肪酸区分开来，因此仍用保留时间来定性鉴别顺式和反式异构体。在对照样品未加热大豆油中检测到 3 种 TFA，分别是 C18:1-9t、C18:2-9c,12t 和 C18:3-9c,12c,15t（图 5.3）。这些 TFA 可能是在大豆油高温精炼过程中形成的。大豆油经 240℃高温加热后，形成了一系列的反式亚油酸和反式亚麻酸。顺式油酸 C18:1-9c 高温异构化后形成了极少量的 C18:1-9t；顺式亚油酸 C18:2-9c,12c 高温异构化形成了 C18:2-9c,12t、C18:2-9t,12c 和少量的 C18:2-9t,12t；顺式亚麻酸 C18:3-9c,12c,15c 高温异构化后形成了 C18:3-9t,12t,15c、C18:3-9t,12c,15t、C18:3-9c,12c,15t、C18:3-9c,12t,15c 和 C18:3-9t,12c,15c。

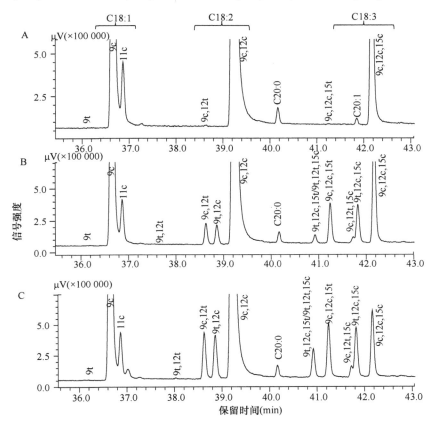

图 5.3　大豆油加热前后脂肪酸的 GC-MS 总离子流色谱图

A. 未加热；B. 240℃加热 6h；C. 240℃加热 12h

表 5.8　大豆油甘油三酯成分的主要红外吸收基团

波数（cm⁻¹）	基团	振动模式
3013	=CH	伸缩
2950	CH(CH₃)	对称伸缩
2930	CH(—CH₂)	对称伸缩
2870	CH(CH₃)	反对称伸缩
2850	CH(—CH₂)	反对称伸缩
1746	—C=O（羰基）	费米共振
1465	—CH(—CH₂—, CH₃)	弯曲
1163	—C—O	伸缩
966	=CH（反式）	伸缩
726	(—CH₂—) n, n>4	平面摇摆

3）大豆油 TFA 含量分析

利用氢氧化钾甲醇法结合 GC 对大豆油在 240℃加热前后的脂肪酸含量进行定量（表 5.9）。因购置的大豆油为三级精炼的大豆油，对照组中含有少量 TFA（0.089g/100g）。该大豆油含有多种饱和与不饱和脂肪酸，其中饱和脂肪酸含量占 14.859g/100g，（顺式）不饱和脂肪酸含量占 82.702g/100g，含量最高的为亚油酸，达 52.928g/100g。大豆油经加热后，各脂肪酸含量都发生了变化。其中顺式脂肪酸含量和 TFA 含量变化最为明显，在经 240℃加热 6h 和 12h 后，顺式脂肪酸含量分别降至 74.360g/100g 和 69.603g/100g；而 TFA 含量则分别增加至 4.466g/100g 和 7.756g/100g。在增加的 TFA 成分中，反式油酸的含量增加较少，在 12h 加热后，含量从原来的 0.023g/100g 仅增加至 0.051g/100g。而反式亚油酸和反式亚麻酸的含量增加较多，总量分别从原来的 0.037g/100g 和 0.028g/100g 增加至 3.166g/100g 和 4.539g/100g，其中含量较高的 TFA 为两种反式亚油酸（C18:2-9c,12t 和 C18:2-9t,12c）和两种反式亚麻酸（C18:3-9c,12c,15t 和 C18:3-9t,12c,15c）。

表 5.9　大豆油 240℃加热前后脂肪酸含量（g/100g）

脂肪酸	加热时间		
	0h	6h	12h
C14:0	0.065±0.001	0.063±0.001	0.062±0.001
C16:0	9.994±0.166	9.996±0.282	9.776±0.050
C16:1	0.066±0.001	0.063±0.004	0.059±0.003
C18:0	4.051±0.067	4.025±0.120	3.899±0.053
C18:1-9t	0.023±0.002	0.033±0.002	0.051±0.003
C18:1-9c	19.461±0.384	19.257±0.648	18.801±0.141
C18:1-11c	1.323±0.040	1.211±0.074	1.245±0.012
C18:2-9t,12t	ND	0.070±0.004	0.084±0.005
C18:2-9c,12t	0.037±0.001	0.759±0.019	1.511±0.028
C18:2-9t,12c	ND	0.756±0.025	1.571±0.035
C18:2	52.928±1.018	50.389±1.865	47.016±0.419
C20:0	0.311±0.010	0.305±0.009	0.293±0.005
C18:3-9t,12t,15c/C18:3-9t,12c,15t	ND	0.307±0.004	0.910±0.014
C18:3-9c,12c,15t	0.028±0.002	1.415±0.040	1.784±0.034
C18:3-9c,12t,15c	ND	0.131±0.004	0.210±0.012
C20:1	0.162±0.002	0.162±0.002	0.162±0.002
C18:3-9t,12c,15c	ND	1.287±0.054	1.635±0.025
C18:3-9c,12c,15c	8.763±0.180	4.488±0.154	2.320±0.026
C22:0	0.329±0.027	0.305±0.013	0.297±0.005
C24:0	0.109±0.007	0.112±0.003	0.110±0.006
ΣTFA	0.089	4.466	7.756
ΣSFA	14.859	16.017	14.437
Σcis-UFA	82.702	74.360	69.603
Σ总脂肪酸	97.650	95.136	91.796

注：ND 表示未检出

　　GC-MS 的分析结果进一步确认各非共轭反式异构体种类，无论是反式亚油酸还是反式亚麻酸，单反式脂肪酸要比双反式脂肪酸含量要高，也说明双反式脂肪酸的形成需先形成单反式异构体，再进一步异构化形成双反式异构体，因此在一定的时间范围内单反式异构体含量明显要高，根据研究结果可以推测出亚油酸和亚麻酸热致异构化的反应模式（图 5.4 和图 5.5）。

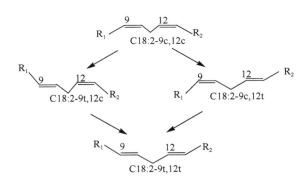

图 5.4　大豆油中亚油酸顺反异构化模式

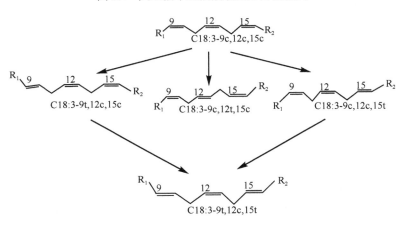

图 5.5　大豆油中亚麻酸顺反异构化模式

　　Liu 等（2007）利用 GC 分析了氢化大豆油中的脂肪酸组成，与氢化大豆油中反式油酸占绝大多数不同，加热大豆油中的 TFA 以反式亚油酸和反式亚麻酸为主，两者的比较如表 5.10 所示。氢化大豆油中反式油酸占 95.348%，而反式多不饱和脂肪酸中只检出反式亚油酸，含量仅为 4.652%；加热大豆油中反式油酸比例很小，仅占 0.66%，而反式亚油酸和反式亚麻酸所占比例分别达到 40.82% 和 58.52%。不同种类的 TFA 可能对人体健康的危害程度不同，因此有必要对大豆油热致异构化的反式产物进行安全性分析。

表 5.10　氢化大豆油和加热大豆油（240℃/12h）中 TFA 分布比较（%）

TFA	氢化大豆油	加热大豆油
反式油酸	95.348	0.66
反式亚油酸	4.652	40.82
反式亚麻酸	0	58.52

5.1.1.3 大豆油反式脂肪酸的细胞毒性与安全性分析

1）大豆油 TFA 对内皮细胞的影响

利用 Annexin V-FITC 双染法综合比较对照大豆油、加热大豆油和氢化大豆油对人脐静脉内皮细胞凋亡率的影响。经不同 TFA 含量的大豆油处理后的内皮细胞，其凋亡情况存在差异（表 5.11 和图 5.6）。对照大豆油中 TFA 含量仅为 0.08%，对内皮细胞凋亡的影响最小，从活细胞数量区域可以看出，对照大豆油处理的内皮细胞活细胞数量最多，达 83.35%。而与对照组相比，6.11% TFA 含量的加热大豆油和 19.26% TFA 含量的氢化大豆油凋亡后期的细胞即死亡细胞数量较多，分别为 4.43% 和 4.22%，这证实了 TFA 的细胞毒性。但是显著性分析表明对照组与其他处理组之间的差异并不显著，因此 TFA 对细胞凋亡的影响有限。

表 5.11 不同 TFA 含量的大豆油处理的人脐静脉内皮细胞凋亡情况

大豆油种类	细胞分布百分比（%）		
	LL（活细胞）	LR（凋亡早期细胞）	UR（凋亡后期细胞）
对照大豆油（TFA 含量为 0.08%）	83.35a	11.86a	3.62a
加热大豆油（TFA 含量为 1.27%）	82.55ab	12.47a	4.05a
加热大豆油（TFA 含量为 6.11%）	81.42b	13.31a	4.43a
氢化大豆油（TFA 含量为 19.26%）	82.11ab	12.91a	4.22a

注：同列不同小写字母表示有显著性差异（$P<0.05$）

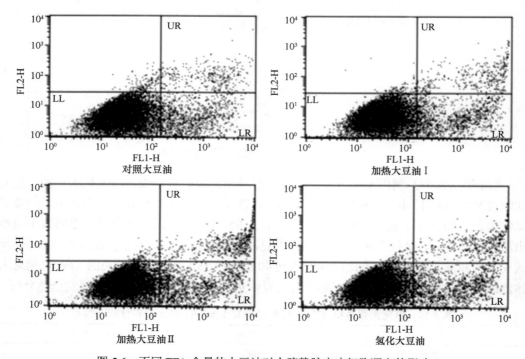

图 5.6 不同 TFA 含量的大豆油对人脐静脉内皮细胞凋亡的影响

2）大豆油 TFA 对 NO 分泌的影响

通过一氧化氮（NO）分泌量和总一氧化氮合酶（NOS）活性考察含不同 TFA 大豆油对人脐静脉内皮细胞的损伤。结果发现，加热大豆油和氢化大豆油实验组的细胞 NOS 酶活力要显著低于对照大豆油组，前者的 NO 分泌量也显著低于后者，说明 TFA 能够干扰人脐静脉内皮细胞的对 NO 的正常分泌。1.27% TFA 含量的加热大豆油 NOS 活性要高于 6.11% TFA 含量的加热大豆油，说明加热大豆油中 TFA 含量越高，对 NOS 活性的抑制作用越强，从而对血管舒张功能的损伤更严重。由表 5.12 和图 5.7 可知，6.11% TFA 含量加热大豆油对人脐静脉内皮细胞 NO 的分泌量明显小于氢化大豆油处理过的人脐静脉内皮细胞。加热大豆油 II 组中 TFA 含量（6.11%）小于氢化大豆油中 TFA 含量（19.26%）。加热大豆油中的 TFA 以多不饱和脂肪酸为主（反式亚油酸和反式亚麻酸），而氢化大豆油中 TFA 主要以反式油酸为主，由此说明反式多不饱和脂肪酸对细胞的 NO 分泌带来的不利影响更大。

表 5.12　不同 TFA 含量的大豆油处理的对人脐静脉内皮细胞 NO 分泌情况

大豆油种类	NO 分泌	
	总 NOS 活性（U/mg Pro）	NO 分泌量（μmol/g Pro）
对照大豆油（TFA 含量为 0.08%）	16.93±2.91a	69.08±10.18a
加热大豆油（TFA 含量为 1.27%）	13.03±1.50b	49.39±3.86b
加热大豆油（TFA 含量为 6.11%）	7.73±0.58c	19.34±3.68d
氢化大豆油（TFA 含量为 19.26%）	9.71±0.75c	35.86±3.82c

注：同列不同小写字母表示有显著性差异（$P < 0.05$）

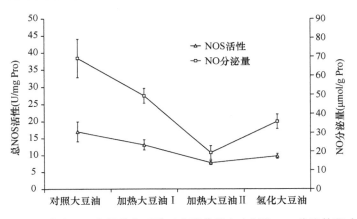

图 5.7　不同 TFA 含量的大豆油对人脐静脉内皮细胞 NO 分泌的影响

3）大豆油 TFA 对 LDH 活性的影响

乳酸脱氢酶（LDH）在细胞代谢过程中发挥着重要作用，其活性增加是内皮细胞受损的标志性指标之一。研究结果表明，加热或氢化处理过的大豆油均能显著影响人脐静脉内皮细胞的 LDH 活性（表 5.13，图 5.8）。其中含有 19.26% TFA 的氢化大豆油对 LDH 活性的影响最为明显，达到 1.10U/mg Pro，而对照组中仅为 0.35U/mg Pro。含有 6.11% TFA

的加热大豆油处理过的内皮细胞 LDH 活性为 0.82U/mg Pro，显著高于对照组，但与氢化大豆油组相比没有显著性差异。可见，即使加热大豆油中 TFA 含量较低，仍能达到与氢化大豆油同样的细胞毒性。

表 5.13　不同 TFA 含量的大豆油处理的人脐静脉内皮细胞 LDH 活性

大豆油种类	LDH 活性（U/mg Pro）
对照大豆油（TFA 含量为 0.08%）	0.35±0.06a
加热大豆油（TFA 含量为 1.27%）	0.52±0.70b
加热大豆油（TFA 含量为 6.11%）	0.82±0.14c
氢化大豆油（TFA 含量为 19.26%）	1.10±0.15c

注：同列不同小写字母表示有显著性差异（P<0.05）

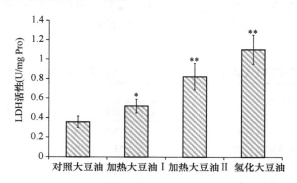

图 5.8　不同 TFA 含量的大豆油对人脐静脉内皮细胞 LDH 活性的影响
*表示 P<0.05；**表示 P<0.01

4）加热大豆油安全指标的分析比较

分析测定了大豆油在 0～60h 的时间范围内分别以 180℃和 230℃加热后的 TFA 含量及其他几个安全指标（酸价、羰基价和极性组分），并比较了不同安全指标对加热的敏感程度（表 5.14、表 5.15）。研究结果表明，在 180℃加热条件下，随着加热时间的延长，各安全指标均有明显的上升趋势。大豆油在 180℃加热 48h 后，TFA 含量达到 2.832g/100g（表 5.14），已超出了丹麦等国规定的限量。而酸价、羰基价和极性组分等指标在 180℃加热 60h 后，均没有超出《食用植物油煎炸过程中的卫生标准》（GB 7102.1—2003）规定的食用植物煎炸油卫生标准限量。可见从限量角度来说，大豆油加热过程中 TFA 含量是最为敏感且容易超标的安全指标。

表 5.14　大豆油在 180℃加热过程中安全指标分析

安全指标	加热时间					
	0h	12h	24h	36h	48h	60h
TFA（g/100g）	0.072±0.003	0.326±0.008	0.636±0.038	1.440±0.044	2.832±0.133	5.837±0.123
酸价（KOH）(mg/g)	0.270±0.080	0.439±0.025	0.731±0.005	1.458±0.048	2.575±0.157	2.884±0.023
羰基价（meq/kg）	13.161±0.567	12.607±0.747	12.449±0.247	10.303±0.622	11.254±0.661	11.537±0.682
极性组分（%）	1.449±0.061	2.622±0.117	3.667±0.204	4.679±0.298	7.190±0.090	8.824±0.443

表 5.15　大豆油在 230℃加热过程中安全指标分析

安全指标	加热时间					
	0h	12h	24h	36h	48	60h
TFA（g/100g）	0.072±0.003	5.691±0.074	11.113±0.293	15.883±0.386	19.323±0.365	17.845±0.442
酸价（KOH）（mg/g）	0.270±0.080	2.495±0.046	3.597±0.139	4.375±0.075	6.138±0.215	9.044±0.245
羰基价（meq/kg）	13.161±0.567	13.998±0.358	15.640±0.974	18.637±0.739	25.355±0.582	45.215±2.966
极性组分（%）	1.449±0.061	7.206±0.430	12.137±0.259	15.500±1.117	23.623±0.710	37.302±1.132

当加热温度为 230℃时，大豆油中各指标增加趋势随加热时间的延长十分显著（表5.15）。以 TFA 为例，大豆油加热 12h 后，TFA 含量就超过了推荐限量 2g/100g，达到了5.691g/100g，而以 180℃加热同样的时间后 TFA 含量仅为 0.326g/100g。酸价、羰基价和极性组分等指标增加量也十分明显，其中酸价在大豆油加热 48h 时达 6.138mg/g，超过了规定限量的 5mg/g，羰基价在大豆油加热 60h 时达 45.215meq/kg，接近了 50meq/kg的规定限量，极性组分含量在大豆油加热 60h 时达到 37.302%，大大超过了 27%的规定限量。对大豆油加热过程中 4 种安全指标随时间的变化情况进行了多项式拟合（图 5.9～图 5.12），得出了每个指标的一元三次拟合方程，拟合系数均达到 0.99 以上。根据多项式拟合方程，可以计算各指标在 230℃加热条件下达到安全限量所需的加热时间。如表5.15 所示，TFA 达到推荐限量仅需 4.5h，而酸价、羰基价和极性组分分别需要 41.9h、59.4h 和 48.5h。由此可见，TFA 含量是大豆油加热过程中最敏感的限量指标，相比酸价、羰基价和极性组分，TFA 含量在较短的加热时间内就积累到限量值。

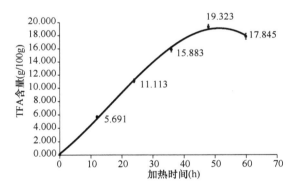

图 5.9　大豆油在 230℃加热过程中 TFA 含量变化

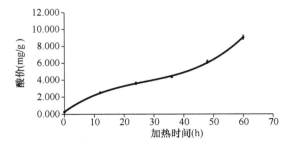

图 5.10　大豆油在 230℃加热过程中酸价变化

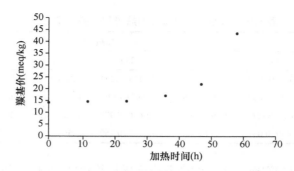

图 5.11　大豆油在 230℃加热过程中羰基价变化

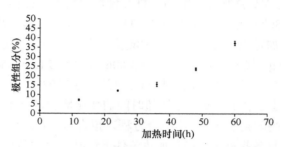

图 5.12　大豆油在 230℃加热过程中极性组分变化

5.1.1.4　大豆油不饱和脂肪酸热致异构反式脂肪酸调控方法

1）温度对 TFA 的影响

大豆油经 160~240℃加热 12h 后，TFA 的种类和含量随温度的增加逐渐提高（表 5.16）。当加热温度增加到 180℃时，TFA 种类增加至 6 种，总含量是对照组的近三倍。当油脂的加热温度达到 210℃以上，共检出 9 种 TFA（其中反式油酸 1 种、反式亚油酸 3 种、反式亚麻酸 5 种）。在 160~240℃范围内，TFA 含量随着温度的增加而增加，趋势十分明显。

图 5.13 显示了在 160~240℃范围内，大豆油中 TFA 含量的变化趋势，对 TFA 含量与加热温度进行线性拟合，得到了指数方程 $y=2\times10^{-5}e^{0.0552x}$，拟合程度较好（$R^2=0.9914$）。即反应速率常数与温度呈指数变化关系，进而说明产物的生成量也呈指数增长的趋势。因此，控制加热温度是降低 TFA 最有效和简单的方法。

2）氮气对 TFA 的影响

为了便于在短时间内观测油脂充氮对 TFA 生成含量的影响，采用 240℃对大豆油进行加热，分别记录 0~15h 内不同加热时间内大豆油中 TFA 的含量（表 5.17）。结果发现，12h 后充氮组和对照组中顺式不饱和脂肪酸含量分别为 69.715g/100g 和 68.080g/100g，说明油脂充氮后，油脂中氧气含量极低，抑制了油脂氧化反应的发生，这在一定程度上增强了油脂的热稳定性，特别是在 3h 加热后，充氮组中 TFA 含量达 4.904g/100g，明显高于对照组中 TFA 含量（2.816g/100g）。这有可能是由于大豆油充氮后，油脂的氧化反应得以抑制，而与其发生竞争反应的油脂异构化在一定程度得到了促进，导致了 TFA 含量的增加。

表 5.16　大豆油经不同温度加热后的 TFA 含量（g/100g）

TFA	加热温度									
	CK	160℃	170℃	180℃	190℃	200℃	210℃	220℃	230℃	240℃
C18:1-9t	0.023±0.002	0.027±0.002	0.026±0.002	0.022±0.001	0.026±0.003	0.029±0.002	0.034±0.001	0.038±0.001	0.042±0.001	0.051±0.003
C18:2-9t,12t	—	—	—	—	—	0.045±0.006	0.045±0.003	0.054±0.003	0.071±0.007	0.084±0.005
C18:2-9c,12t	0.037±0.001	0.050±0.003	0.058±0.005	0.060±0.003	0.078±0.004	0.132±0.002	0.233±0.005	0.412±0.004	0.920±0.020	1.511±0.028
C18:2-9t,12c	—	—	0.023±0.002	0.032±0.002	0.046±0.002	0.107±0.003	0.212±0.007	0.394±0.007	0.934±0.018	1.571±0.035
C18:3-9t,12t,15c/9t,12c,15t	—	—	—	—	—	—	0.039±0.002	0.123±0.004	0.473±0.016	0.910±0.014
C18:3-9c,12c,15t	0.028±0.002	0.036±0.002	0.056±0.002	0.089±0.004	0.152±0.001	0.354±0.001	0.631±0.010	1.022±0.015	1.597±0.040	1.784±0.034
C18:3-9c,12t,15c	—	—	—	—	—	—	0.031±0.002	0.068±0.001	0.145±0.014	0.210±0.012
C18:3-9t,12c,15c	—	—	0.025±0.003	0.058±0.002	0.110±0.002	0.300±0.009	0.570±0.003	0.932±0.022	1.459±0.031	1.635±0.025
∑TFA	0.089	0.113	0.188	0.261	0.412	0.966	1.795	3.044	5.641	7.756

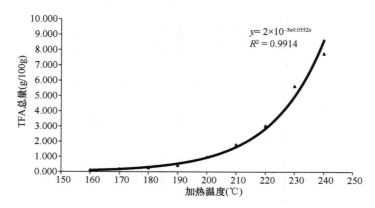

图 5.13　大豆油中 TFA 含量随加热温度的变化情况

　　大豆油充氮前后顺式不饱和脂肪酸和 TFA 含量变化情况分别如图 5.14 和图 5.15 所示，大豆油经 240℃高温加热后，顺式不饱和脂肪酸含量随着加热时间的延长逐渐降低，这是由于在高温条件下，顺式不饱和脂肪酸发生了氧化、聚合、裂解和异构化等反应。但充氮组中顺式不饱和脂肪酸的降低趋势略缓于对照组，对照组和充氮组中的 TFA 含量随着加热时间的延长而明显增多，其中充氮组的增加趋势更为显著。

3）抗氧化剂对 TFA 的影响

　　抗氧化剂是食品工业中应用最为广泛的食品添加剂之一，主要用于防止油脂及富含脂类食品的氧化、酸败等。选取 6 种常用的抗氧化剂，包含丁基羟基茴香醚（BHA）、二丁基羟基甲苯（BHT）、维生素 E、叔丁基对苯二酚（TBHQ）、脂溶性茶多酚（TP）、迷迭香提取物（RE）研究其对大豆油加热过程中 TFA 含量的影响。各抗氧化剂的有效含量按合成抗氧化剂的最大限量 0.02%添加，经 180℃加热 24h。TP 和 RE 提取物对 TFA 的抑制作用为极显著（$P<0.01$）（表 5.18）。与对照大豆油含 0.615g/100g 相比，添加了 TP 和 RE 提取物的大豆油在相同温度和时间加热后 TFA 含量分别为 0.443g/100g 和 0.407g/100g，抑制率分别达到 30%和 35.66%。如图 5.16 所示，添加了不同抗氧化剂后，油脂中的 TFA 含量有差异。与对照组相比，添加了 BHA、BHT 和维生素 E 的大豆油中 TFA 含量之间没有显著性差异，而能明显降低大豆油中 TFA 的抗氧化剂有 3 种，分别为 TBHQ、TP 和 RE。

5.1.2　番茄保质减损

　　番茄是一种季节性较强的易腐蔬菜，仅有少部分用来鲜食，大部分用于加工成不同的番茄制品，包括番茄酱、去皮番茄、番茄汁、番茄干、番茄红素等。尽管我国的番茄产量已经跃居世界第一，但我国番茄制品种类比较单一，附加值偏低，番茄制品加工技术较为传统、加工精度低，原料损失严重，产品在贮藏中容易出现品质劣变等问题。因此，本研究围绕典型加工过程中番茄制品品质功能劣变与保质减损机理开展研究，以明

表 5.17　大豆油充氮前后加热形成的 TFA 含量（g/100g）

TFA	0h	3h 对照	3h 充氮	6h 对照	6h 充氮	9h 对照	9h 充氮	12h 对照	12h 充氮	15h 对照	15h 充氮
C18:1-9t	0.023±0.002	0.033±0.002	0.043±0.004	0.032±0.003	0.043±0.004	0.040±0.001	0.047±0.002	0.051±0.002	0.061±0.003	0.061±0.004	0.075±0.005
C18:1-9c	19.393±0.216	18.982±0.366	19.530±0.214	19.257±0.648	19.409±0.678	18.931±0.213	19.001±0.215	18.786±0.193	19.210±0.426	18.674±0.938	18.896±0.354
C18:2-9t,12t	0.000	0.058±0.005	0.073±0.002	0.072±0.003	0.077±0.008	0.074±0.004	0.081±0.004	0.084±0.005	0.092±0.007	0.096±0.019	0.126±0.009
C18:2-9c,12t	0.037±0.001	0.422±0.010	0.787±0.017	0.759±0.019	0.960±0.021	1.066±0.010	1.238±0.014	1.509±0.030	1.634±0.032	1.826±0.104	2.092±0.016
C18:2-9t,12c	0.000	0.404±0.008	0.792±0.030	0.756±0.026	0.954±0.021	1.093±0.011	1.230±0.013	1.570±0.037	1.692±0.0033	1.901±0.109	2.194±0.014
C18:2-9c,12c	52.743±0.564	50.564±0.925	51.581±0.682	50.389±1.866	50.905±0.271	48.468±0.592	48.761±0.493	46.976±0.521	48.030±1.092	45.595±2.171	46.552±2.761
C18:3-9t,12t,15c/ 9t,12c,15t	0.000	0.094±0.003	0.309±0.052	0.307±0.004	0.387±0.026	0.545±0.003	0.695±0.007	0.910±0.016	0.962±0.032	1.282±0.120	1.297±0.008
C18:3-9c,12c,15t	0.028±0.003	0.898±0.016	1.431±0.097	1.415±0.040	1.552±0.032	1.671±0.016	1.783±0.019	1.783±0.037	1.937±0.068	1.872±0.175	2.061±0.055
C18:3-9c,12t,15c	0.000	0.079±0.002	0.164±0.021	0.132±0.003	0.169±0.003	0.178±0.009	0.218±0.024	0.211±0.012	0.235±0.018	0.260±0.035	0.276±0.011
C18:3-9t,12c,15c	0.000	0.828±0.015	1.306±0.078	1.287±0.054	1.544±0.029	1.522±0.006	1.709±0.010	1.634±0.028	1.729±0.027	1.716±0.113	1.736±0.029
C18:3-9c,12c,15c	8.732±0.107	5.982±0.137	5.751±0.086	4.488±0.154	4.935±0.067	3.410±0.040	3.716±0.048	2.318±0.032	2.475±0.039	1.896±0.103	2.098±0.054
∑TFA	0.088	2.816	4.904	4.761	5.687	6.189	7.000	7.750	8.341	9.014	9.859
∑cis-UFA	80.868	75.527	76.862	74.135	75.249	14.634	71.478	68.080	69.715	66.164	67.546

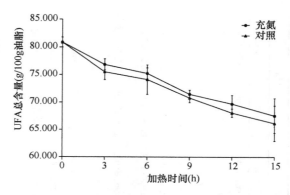

图 5.14　充氮对大豆油加热过程顺式不饱和脂肪酸含量的影响

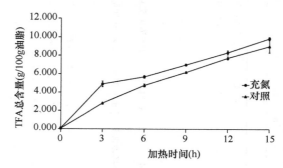

图 5.15　充氮对大豆油加热过程 TFA 含量的影响

确典型加工过程中番茄及其制品关键结构（域）与品质功能劣变和损耗的相关关系，对促进番茄制品多元化及提高番茄制品的品质具有一定的理论指导意义。

5.1.2.1　番茄原料及加工中组分结构变化

1）番茄原料

番茄（*Solanum lycopersicum*）是世界上最受欢迎的蔬菜之一，具有重要的营养价值和经济价值（Giovanelli and Paradiso，2002）。番茄中富含类胡萝卜素（番茄红素、β-胡萝卜素、叶黄素等）、多酚、有机酸、维生素等活性物质，食用番茄及其制品能有效降低乳腺癌、前列腺癌、心血管疾病、肥胖等慢性疾病的发病风险。联合国粮农组织的数据表明，全球番茄的种植面积在每年递增（图 5.17）。番茄的主要生产国包括：中国（$5.64×10^7t$）、美国（$2.61×10^7t$）、印度（$1.84×10^7t$）、土耳其（$1.26×10^7t$）、埃及（$7.94×10^6t$）、意大利（$6.44×10^6t$）、伊朗（$6.37×10^6t$）、西班牙（$4.67×10^6t$）、巴西（$4.17×10^6t$）、墨西哥（$4.05×10^6t$）。截至 2016 年，全球番茄总种植面积约 $4.8×10^6hm^2$，产量约为 $1.8×10^8t$，已成为全球产量第二的大宗蔬菜（https://www.fao.org/faostat/zh/search/tomato）。

番茄是一种季节性较强的蔬菜，仅有少部分用来鲜食，约 80%的番茄被加工成番茄酱、去皮番茄、番茄汁、番茄干、番茄红素等各种番茄制品，以延长贮藏期和提高其附加值。随着人们饮食习惯的改变及对摄入番茄制品带来的健康益处的认识不断提高，未来消费者对高质量番茄制品的需求会不断增加。因此，应充分利用新技术、新设备、新

表 5.18　大豆油添加不同抗氧化剂加热后的 TFA 含量（g/100g）

TFA	对照	抗氧化剂种类					
		0.02% BHA	0.02% BHT	0.02% TBHQ	0.10% TP	0.02%维生素 E	0.04% RE
C18:1-9t	0.025±0.001	0.029±0.004	0.028±0.003	0.023±0.003	0.023±0.002	0.025±0.003	0.014±0.001
C18:2-9c,12t	0.096±0.004	0.096±0.006	0.094±0.006	0.086±0.007	0.078±0.003	0.093±0.010	0.068±0.007
C18:2-9t,12c	0.066±0.004	0.065±0.003	0.069±0.006	0.060±0.005	0.057±0.004	0.063±0.005	0.047±0.004
C18:3-9c,12c,15t	0.235±0.008	0.231±0.008	0.241±0.026	0.199±0.013	0.161±0.007	0.219±0.008	0.159±0.008
C18:3-9c,12t,15c	—	—	0.022±0.006	0.019±0.003	—	0.016±0.012	0.002±0.003
C18:3-9t,12c,15c	0.193±0.022	0.198±0.001	0.201±0.030	0.167±0.014	0.123±0.006	0.197±0.008	0.117±0.006
ΣTFA	0.615±0.038ab	0.618±0.023ab	0.654±0.077a	0.554±0.039b	0.443±0.022c	0.613±0.047ab	0.407±0.029c

注：同行不同小写字母表示有显著性差异（$P < 0.01$）

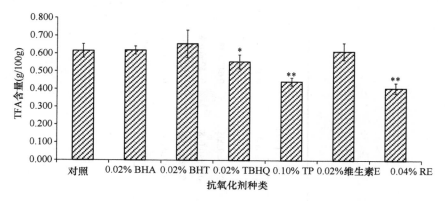

图 5.16　不同抗氧化剂对大豆油加热过程 TFA 含量的影响
*表示 $P<0.05$；**表示 $P<0.01$

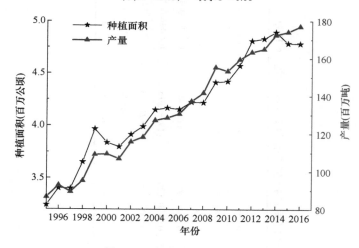

图 5.17　全球番茄的种植面积
资料来源：https://www.fao.org/faostat/zh/search/tomato

方法生产品种丰富、高质量的番茄制品以满足消费者的需求及提高其在国际舞台的竞争力和影响力。

2）去皮番茄制品加工

去皮番茄制品如整个去皮番茄、切块番茄和碎番茄的商品化被认为具有比番茄酱、番茄汁更大的利润空间（Garcia and Barrett，2006a），这些优质产品应该保留高质量的色泽、均匀性及外观，消费者选择该产品最重要的内在属性是色泽（Frez-Muñoz et al.，2016）。因此，如何有效去皮及最大程度保留去皮番茄制品的颜色及其他品质特性，同时减少质量损失是研究番茄去皮所关注的核心问题。

如图 5.18 所示，番茄皮为径向三层排列：红层、果皮层和果肉层，其中果皮由表皮层、单层表皮细胞和 2～4 层壁厚不均匀的皮细胞组成（Lemaire-Chamley et al.，2005）。红层由质细胞组成，质细胞体积明显大于表皮层细胞。番茄皮渣因加工不同的番茄制品而有所不同，如生产去皮罐头的番茄皮渣中不包含番茄籽，但是生产番茄酱的皮渣不仅有皮和籽还有部分果肉，番茄籽约占皮渣干基总重量的 45%（Kaur et al.，2005）。

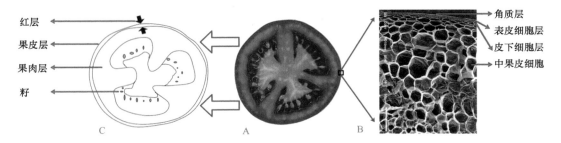

图 5.18　番茄的截面（A）及示意图（B）和外皮皮层结构图（C）（Lu et al.，2019）

工业上生产去皮番茄的主要过程如图 5.19 所示，包括预清洗→清洗→筛选→去皮→皮分离和收集→去皮后产品检验→包装，其中最重要的步骤就是去皮过程。理想的去皮效果应仅去除番茄表皮层（图 5.19），该条件下能得到理想的营养和经济价值，产生的质量损失为 7%～10%（Barringer et al.，1999）。当去皮达到表皮细胞层以下区域时，就会造成富含番茄红素的"红层"不同程度的损失。番茄红素的损失会降低产品的营养价值，番茄红素作为番茄呈现红色的主要色素，其损失会对产品的外观造成不利影响。传统热碱去皮和热烫去皮会造成超过 25% 的质量损失（Lu et al.，2019）。

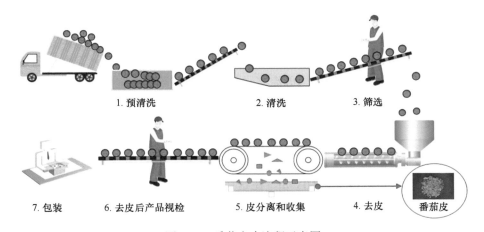

图 5.19　番茄去皮流程示意图

有效的番茄去皮问题在食品工业中备受关注。番茄皮的强度主要来自细胞壁的内在强度（Wang et al.，2014）。当这些复杂的结构暴露在剧烈的环境时，皮的组织会发生破坏性变化。不同的去皮方法和条件对番茄皮的生物力学特性和黏弹性有不同程度的影响，如皮的强度、储能模量和损耗模量等（Vidyarthi et al.，2019b）。去皮的效果受番茄的品种、成熟度、大小及栽培方式和收获地的气候等因素影响。番茄去皮的方法包括热碱去皮、热烫/蒸汽烫漂去皮、红外加热去皮、欧姆加热去皮、功率超声去皮等。其中，最常用的是热碱去皮和热烫/蒸汽烫漂去皮（Ayvaz et al.，2016）。

热烫/蒸汽烫漂去皮。这是指将番茄通过热水或蒸汽浴（≥98℃）处理15～60s后进行去皮。热烫/蒸汽烫漂去皮的机理主要包括以下几方面：番茄皮的角质层发生生物化学改变；化学组分如果胶及其他多糖改变和分解，会影响细胞壁的强度；皮下蒸汽产生的压力导致细胞壁破坏（Garrote et al.，2000）。该去皮方法被认为是一种经济、环境友好的去皮方法。但存在热烫不均匀导致去皮困难和过度热烫导致组织软化使得产品损失较大等缺点（Rock et al.，2012）。有研究报道通，过蒸汽联合压力对番茄进行去皮能达到较好的效果。

热碱去皮。这是将番茄浸入60～100℃的8%～25%（W/V）热碱溶液中处理15～60s后去皮，许多研究中将97℃-10%碱处理45s作为番茄的标准去皮条件（Rock et al.，2012；Garcia and Barrett，2006b）。在热碱去皮的过程中，热碱首先溶解番茄表面的蜡质，进一步扩散到番茄皮中削弱细胞壁中纤维素-半纤维素网络结构（Barreiro et al.，2007），最终的结果是角质层熔融、果胶崩解、细胞壁结构破坏，从而达到去皮的目的（Floros and Chinnan，1990）。该方法能达到较好的去皮效果，但高浓度的碱使用会导致严重的环境污染问题、食品安全问题及对工人产生职业危害等。为了减少Na^+对土壤的破坏，研究者采用KOH和Ca（OH）$_2$来替代NaOH，K^+具有更大的原子半径使得OH^-具有更强的电负性，促使KOH的去皮效果比NaOH和Ca（OH）$_2$好。虽然KOH能作为一种有效的去皮试剂，但成本因素限制了其在工业中的应用（Garcia and Barrett，2006a）。

近年来，为了改善或消除热碱去皮造成的严重环境污染问题及热烫/蒸汽烫漂去皮造成的产品品质劣变等问题，一些新兴加工技术涌现出来，包括欧姆加热去皮、红外加热去皮、功率超声去皮等（Ayvaz et al.，2016）。

欧姆加热去皮。这是将番茄浸入一定浓度的盐溶液中，通过电导率传热进行去皮（Wongsa-Ngasri and Sastry，2016b，2015）。在低频（30Hz和60Hz）下电穿孔效应是欧姆加热导致皮分开的主要原因。当电流穿过角质层到达番茄细胞层内，就会促使细胞壁物质的破坏速率提高，联合电流和热作用能导致皮破裂。另外，热作用导致的内部蒸气压也是导致皮裂开的原因（Wongsa-Ngasri and Sastry，2015）。Wongsa-Ngasri和Sastry（2016b）研究以NaCl溶液为介质的欧姆加热去皮方法，发现电场强度、NaCl浓度、初始温度、料液比等是影响番茄去皮效果的主要因素。欧姆加热的最佳条件为：0.1% NaCl-9680V/m及0.3% NaCl-8060V/m，在这些条件下欧姆加热处理1min能达到与传统热碱去皮类似的去皮效果。在优化的条件下，联合热碱去皮和欧姆加热去皮能改善番茄的品质。Wongsa-Ngasri和Sastry（2016a）研究表明，在50℃和65℃下，欧姆加热的电场促进NaOH在番茄皮中的扩散。同时研究发现，在2020V/m的欧姆电场下，以0.01% NaCl和0.5% KOH混合溶液作为介质对番茄进行去皮时，能缩短破皮时间及提高产品的品质（Wongsa-Ngasri and Sastry，2016b）。该方法的缺点是需要使用盐作为介质，并且要考虑料液比及番茄的大小等因素。

红外加热去皮。这是一种"干去皮"方法，是将番茄直接暴露在红外辐照源下进行处理，该方法不需要任何化学试剂及水，其副产物可以直接应用于活性物质提取或饲料生产等（Li et al.，2014b；Li and Pan，2014a；Pan et al.，2009）。在红外加热过程中，红外能的热辐射对原料表面起作用，随后吸收的辐射能通过热传导作用从外表面传至组织内部，通过破坏果胶而导致外果皮和中果皮间许多细胞层分离，促使皮的强度降低而容易裂开。红外辐照加热具有较高的热传递能力、较快的表面加热速率、在果蔬制品中渗透深度较低（<1mm）、较短的加工时间和较少的能耗，同时能改善产品质量和安全性等优点（Pan et al.，2009）。研究表明，番茄表面温度对红外加热去皮效果有显著性影响，109～115℃为最优的去皮温度（Vidyarthi et al.，2019a）。红外加热去皮能达到和热碱去皮相同的去皮能力，同时具有较小的去皮损失和较好的硬度（Pan et al.，2015）。由于不同大小的番茄会吸收不同量的热能，使得红外发射源与不同大小的番茄表面的距离不同。Pan 等（2015）研究小规模番茄的红外加热去皮，结果表明红外对较小番茄的去皮效果更好；随着红外处理时间的延长，去皮番茄的组织变得更差。并且红外加热去皮不能保证番茄皮全部裂开，为了使番茄皮破裂率达到 100%，需要在红外加热去皮后加装真空裂皮装置。因此，该方法的主要缺陷是需要对番茄进行预先分级，且容易加热过度使得产品损失较大。

3）番茄酱和番茄汁加工

番茄酱的生产过程如图 5.20 所示，主要包括预清洗→清洗→筛选→破碎→加热→去皮、去籽→浓缩→无菌灌装→装瓶→包装等步骤。其中灭酶、浓缩、杀菌是主要的热处理过程，这些热处理过程共同决定着番茄酱的最终品质（Jayathunge et al.，2019）。按照处理温度将灭酶方式分为冷破和热破，对应的番茄酱称为冷破酱和热破酱。热破是指将破碎后的番茄迅速加热到 80～95℃，使果胶甲酯酶（PME）和多聚半乳糖醛酸酶（PG）迅速失活，从而使热破番茄酱具有较高的黏度，但由于加热温度较高导致热破番茄酱风味较差。冷破是指将破碎后的番茄加热到 60～70℃，冷破处导致 PME 和 PG 残留活性较高。残留的酶导致果胶被降解而使得冷破酱的黏度较低，但由于处理温度较低促使冷破酱具有较好的风味（Kelebek et al.，2017）。浓缩阶段通常是在 63～79℃真空条件下进行的，但其类型和时间取决于最终产品对浓度的要求（Koh et al.，2012）。浓缩番茄酱通常用来生产调味酱料、调味汁、番茄汁、番茄红素等产品。

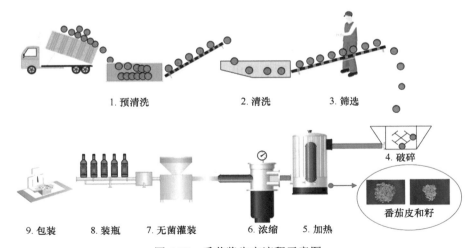

图 5.20　番茄酱生产流程示意图

工业化生产的番茄汁即在上述生产得到的浓缩番茄酱中加水稀释到一定程度后进行均质处理得到，即浓缩还原番茄汁（朱倩等，2018）。按照番茄酱的类型将还原番茄汁分为冷破还原番茄汁和热破还原番茄汁，其黏度、风味和口感等性质主要由番茄酱的生产过程决定。

在传统的番茄酱和番茄汁生产过程中，通常通过一定的高温处理来灭酶、浓缩及杀菌。但热处理在灭酶、浓缩、灭菌的同时也会对番茄酱和番茄汁的色泽、黏度、风味、营养特性等造成不同程度的影响（Jayathunge et al.，2019）。

在热处理过程中，番茄制品的颜色变化与色素降解、美拉德反应及抗坏血酸降解等因素有关（Stratakos et al.，2016）。Shi 等（2008）报道 60～120℃处理番茄酱 1～6h 导致红值和颜色强度降低。Hsu 等（2008）报道番茄汁通过 98℃处理 15min 后，由于番茄红素降解及美拉德反应，其颜色发生褐变。与之相反，Jayathunge 等（2017）报道热处理也能通过失活导致酶促褐变发生的酶而使得颜色得以保留，并通过破坏细胞结构释放番茄红素而使得番茄汁的颜色得以增强。与传统的巴氏消毒相比，高温短时热处理降低了番茄汁的褐变程度，使其具有更好的色泽（Giner et al.，2000）。

黏度是番茄酱和番茄汁最重要的质量属性之一，决定了消费者对番茄制品整体质量的接受程度。番茄制品的黏度受果胶的影响，在传统加工过程中控制果胶的保留程度及 PME 和 PG 的活性对番茄制品的黏度具有重要的意义（Jayathunge et al.，2019）。较低黏度的番茄制品使其颗粒不能很好地悬浮在体系中，导致两相分离。因此，在番茄酱和番茄汁加工中，通常采用热破和冷破的方法来选择性失活 PME 和 PG 的活性。与冷破相比，热破能导致 PME 和 PG 活性损失更大，因此热破制备得到的番茄酱、番茄汁黏度更大（Kelebek et al.，2017）。有研究报道，传统的巴氏消毒会导致番茄酱黏度降低（Verlent et al.，2006；Krebbers et al.，2003）。

温度的升高对番茄中挥发香气成分有不同的影响。Servili 等（2000）报道热处理主要改变新鲜番茄典型的香气组分，包括饱和和不饱和的 C6 醛类、酯类、酮类和类胡萝卜素衍生物。Viljanen 等（2011）报道番茄酱经 60℃处理后 2-甲基-2-丁烯醛和 1-庚烯-3 酮的含量增加，导致了煮熟风味的产生。另外，热处理导致一些重要的香气成分如己醛、E-2-己烯醛、Z-3-己烯醛和 1-戊烯-3-酮的浓度降低（Viljanen et al.，2011；Marković et al.，2007；Min and Zhang，2003）；而一些香气成分如 2-甲基丁酸、1-己烯醇、Z-3-己烯醇等在热处理后未检出。Mirondo 和 Barringer（2015）发现冷破和热破的番茄汁中香气成分不同，热破番茄汁中香气含量较低，并且浓缩阶段也导致大量香气成分损失。

热处理会对番茄酱和番茄汁中活性物质产生影响。番茄及其制品中主要的活性物质是类胡萝卜素、抗坏血酸和多酚类物质，这些活性物质受加工的影响较大。关于热加工对番茄制品中活性物质影响的研究较多，但由于受番茄品种、成熟度、加工过程等因素的影响，文献报道出现不一致甚至互相矛盾的结果（Capanoglu et al.，2010）。许多研究报道热处理对番茄红素的含量没有影响（Georgé et al.，2011；Gupta et al.，2011；Pérez-Conesa et al.，2009）。然而，许多研究报道表明，热处理能分解色质体及导致类胡萝卜素结晶熔融，促进类胡萝卜素的释放，使得热处理的番茄制品中番茄红素含量增加

（D'Evoli et al., 2013; Odriozola-Serrano et al., 2008; Sahlin et al., 2004; Anese et al., 2002）。Roldán-Gutiérrez 和 Luque de Castro（2007）发现，番茄经热处理后具有较高浓度的顺式番茄红素。Kelebek 等（2017）比较热破和冷破对番茄酱中活性组分和抗氧化活性，结果发现冷破酱中类胡萝卜素的含量高于热破酱，但热破酱中番茄红素顺式异构体占比较高。热处理能增加类胡萝卜素的生物利用率和抗氧化活性（Colle et al., 2010a; Chang et al., 2006）。与之相反，许多研究发现热处理导致类胡萝卜素含量降低（Capanoglu et al., 2008; Seybold et al., 2004）。Yan 等（2017）报道番茄汁经 90℃处理 90s 后，总的类胡萝卜素含量没有显著变化，但 β-胡萝卜素含量显著降低。

抗坏血酸是一种热敏性活性组分，热处理能导致番茄制品中抗坏血酸的含量显著降低（Patras et al., 2009; Gahler et al., 2003; Dewanto et al., 2002）。Pérez-Conesa 等（2009）和 Georgé 等（2011）发现经巴氏消毒的番茄酱中抗坏血酸分别降解了 90% 和 80%，而其他报道中的降解率约为 50%（Jayathunge et al., 2015）。热处理的时间和温度是影响抗坏血酸降解的主要因素，抗坏血酸的降解率随着温度升高而增大。

多酚物质是番茄制品中主要的活性物质，文献中关于热处理导致多酚物质变化的结果不一致。Dewanto 等（2002）报道番茄匀浆在 88℃处理 2min、15min、30min 后总酚含量保持不变。Jayathunge 等（2015）报道 95℃下对番茄汁处理 20min 后对总酚含量没有显著性影响。然而，Gahler 等（2003）报道番茄汁在 80℃处理 20min 后多酚从番茄基质中释放而促使总酚含量增加。Georgé 等（2011）发现在番茄酱的生产过程中，红番茄酱和黄番茄酱中总酚含量分别降低 43% 和 28%。Kelebek 等（2017）发现冷破酱中酚酸含量较高，而热破酱中以黄烷醇和黄烷酮为主。

热处理是番茄制品灭菌最常用的方法。热处理对番茄酱和番茄汁中微生物具有影响。与冷破相比，热破处理能更有效地使微生物失活。Hsu 等（2008）发现热破处理（92℃，2min）和之后的 98℃热处理 15min 使得番茄汁中的微生物含量低于检测限（<1log CFU/mL）。Dede 等 2007）报道 80℃处理 1min 能达到类似的结果。Jayathunge 等（2015）证实 95℃处理 20min 能使微生物含量低于检测限（<1log CFU/mL）。尽管传统的热处理是番茄酱和番茄汁制备中最常用的灭酶、浓缩和灭菌的方法，但热处理需要消耗大量的能源，处理时间较长，并且会对番茄制品的感官及营养特性等品质造成不利的影响。因此，利用新兴技术代替或改进番茄制品传统加工技术也成为当前研究的热点。这些技术包括新兴热技术如微波加热、射频加热和欧姆加热等，非热技术包括高压、脉冲电场、超声波等。

（1）新兴热技术在番茄酱和番茄汁加工中的应用

微波加热技术。微波加热最大的优势是能导致热从食物内部产生，具有缩短加工时间和减少能耗等优势而被广泛应用于食品加工中（Guo et al., 2017）。而关于微波加热在番茄制品加工中的研究较少。Kaur 等（1999）报道，与传统的热处理相比，微波加热使番茄汁保留更多的抗坏血酸、总类胡萝卜素。Stratakos 等（2016）研究连续微波加热对番茄汁的影响，发现微波加热能减少加工时间、促进番茄汁具有较高的生物利用度及抗氧化活性。Arjmandi 等（2017）研究微波加热对番茄酱的影响，发现微波处理能降低过氧化物酶（POD）、PME 和 PG 活性的残留。Yu 等（2019）研究表明，微波加热含洋葱和初榨橄榄油的番茄酱能促进番茄红素异构化。微波处理能导致微生物失活从而提高产品的安全性。Lu 等（2011）研究发现，700W 微波处理 10min 能导致圣女果中沙门氏菌减少 1.45log CFU/mL。

射频加热技术。射频加热是指频率为 3kHz～300MHz 的电磁波能够通过离子导电和偶极子旋转产生分子摩擦从而在介质材料内部产热（Orsat et al.，2004）。与微波加热相比，射频加热具有更深的渗透能力和更均匀的场模式（Marra et al.，2009）。Felke 等（2011）发现与传统的热处理相比，射频加热能降低 5-羟甲基糠醛的产生及能更好地保留番茄酱中的抗坏血酸和色泽。文献中已有关于射频加热在其他食物中能有效灭活内源酶、微生物和芽孢的报道（Wei et al.，2020；Gong et al.，2019；Jiao et al.，2019）。但未见关于射频加热对番茄制品中内源酶和微生物失活的报道。因此，需要进一步探究该技术在番茄制品中的应用及作用机制。

欧姆加热技术。欧姆加热是电流直接穿过食物会产生电阻抗，进而对食物产生热作用，在食品加工中有较好的应用前景（Gavahian et al.，2019）。Lee 等（2013）研究 25～40V/cm 的欧姆加热对番茄汁中大肠杆菌 O157:H7、沙门氏菌和单增李斯特菌的灭活作用，结果表明，较高的电场强度和较长的处理时间导致更多致病微生物失活。Boldaji 等（2015）发现 14V/cm 的欧姆加热对番茄酱的色泽没有影响。Makroo 等（2017）研究发现，90℃欧姆加热 1min 能达到 90℃热处理 5min 对 PME 和 PG 失活的效果，欧姆加热得到的番茄酱比传统热处理番茄酱具有更大的黏度和更好的色泽，而番茄红素和抗坏血酸的含量没有显著差异（$P>0.05$）。Kim 等（2017）研究表明，低频脉冲欧姆加热（0.06～0.5kHz）能有效灭活番茄汁中的大肠杆菌 O157:H7、沙门氏菌等致病微生物，但未降低番茄汁的品质。

（2）非热技术在番茄酱和番茄汁加工中的应用

高压技术。关于高压技术在番茄制品加工中应用的研究报道较多，番茄制品通过高压处理不仅能导致微生物及酶失活，并且能更好地保留其理化、感官和营养特性。研究发现，室温下大于 300MPa 的压力能导致蛋白质不可逆的变性，而较低的压力导致蛋白质结构发生可逆变化（Knorr et al.，2006）。因此，番茄制品中与黏度相关的酶失活具有压力依赖性。Porretta 等（1995）证实番茄汁的黏度依赖于压力而与处理时间无关。研究表明，400～600MPa 的高压处理可使番茄汁的黏度增大（Hsu，2008；Krebbers et al.，2003）。Yan 等（2017）报道 99℃下高压均质（246MPa，<1s）能使番茄汁的黏度增大。Porretta 等（1995）报道高压处理的番茄汁中存在大量的己醛，使其具有比热处理番茄汁更好的风味。与热处理番茄酱相比，高压处理的番茄酱中的抗坏血酸含量更高（Patras et al.，2009；Dede et al.，2007）。100～600MPa 的高压处理能增加番茄汁和酱中番茄红素的萃取率（Hsu，2008；Qiu et al.，2006；Krebbers et al.，2003）。高压处理能杀灭果蔬制品中大部分微生物，但孢子对压力（1200MPa）具有抵抗性（Lechowich，1993）。Zimmermann 等（2013）报道压力辅助热杀菌（300～600MPa，50～60℃，15min）能使番茄酱中凝结芽孢杆菌孢子减少 5.7log CFU/mL，且随着压力和温度的升高，对孢子的破坏程度增大。

脉冲电场技术。脉冲电场处理是一种有效失活食品中微生物并对食品质量影响较小的非热技术。与热处理相比，高压脉冲电场能有效地使酶失活并保留番茄汁的色泽、风味及营养物质。Aguiló-Aguayo 等（2008）报道高强度脉冲电场（35kV/cm，1500μs）处理后番茄汁中超过 80% 的 PME、100% 的 POD 和 12% 的 PG 失活，番茄汁的黏度明显增加，具有较高的亮度值和红值。Min 和 Zhang（2003）报道，与热处理相比，高强度脉冲电场（40kV/cm，57μs）处理后能降低番茄汁的非酶促褐变程度，并且能更好地保留番茄汁的香气成分如全反式-2-己烯醛、2-异丁基噻唑、顺式-3-己醇。Odriozola-Serrano 等（2009）研究表明，高强度脉冲电场（35kV/cm，1500μs）能有效改善番茄汁的色泽及提高类胡萝卜素的含量。

超声波技术。超声波技术在果蔬汁加工中应用的研究报道较多，对果蔬汁的理化特性、风味、营养品质等具有不同的影响。而关于超声波技术在番茄酱和番茄汁加工中应用的相关报道较少。超声处理对番茄制品的颜色、流变和营养特性等会产生不同的影响。但超声对番茄制品理化特性及营养特性的影响取决于超声的参数及样品的性质等因素。研究表明，超声能通过促使粒径减小和 PME、PG 失活而加强番茄汁的流变特性，导致其黏度、屈服应力、储能模量、损耗模量增大，而流动指数减小（Terefe et al.，2009；Wu et al.，2008；Raviyan et al.，2005）。Wu 等（2008）报道超声能有效地提高番茄汁的物理稳定性，并使得番茄汁中微生物达到减少 5log CFU/mL 的要求。Zhang 等（2019）报道超声通过破坏细胞壁结构及导致全反式番茄红素异构化，从而使番茄红素的生物利用度提高了 1.76 倍。另外，超声也可能对番茄制品产生不利的影响，Adekunte 等（2010）报道超声（34.4～61.0μm，2～10min，32～45℃）导致番茄汁的亮度值、红值和黄值降低，而总的色差变化增大。Adekunte 等（2010）报道超声（20kHz、30～40℃，2～10min）导致番茄汁中抗坏血酸损失 3%～40%。

（3）番茄制品中番茄红素的热异构化

番茄红素（$C_{40}H_{56}$）是最重要的类胡萝卜素之一，除可作为食用色素外，还具有抗氧化、抗癌及预防心血管疾病等多种功能（Capanoglu et al.，2010；Willcox et al.，2003；Bramley，2000）。根据《中国居民膳食营养素参考摄入量（2013 版）》规定，番茄红素的特定建议值（specific proposed level，SPL）为 18mg/d，其可耐受最高摄入量（tolerable upper intake level，UL）为 70mg/d（中国营养学会，2014）。新鲜植物性食物中的番茄红素主要以全反式构型（80%～97%）存在（Martinez-Hernandez，2016），而动物组织中的超过 50% 属于顺式异构体（*cis*-异构体）（Unlu et al.，2007）。这说明番茄红素在食物加工或者生物体内发生了异构化。研究发现，番茄红素顺式异构体比其全反式构型具有更高的抗氧化活性（Böhm et al.，2001）和生物利用率（Singh and Goyal，2008；Augusti et al.，2007），在食品加工过程中实现番茄红素从全反式到顺式的异构化具有重要的意义。全反式番茄红素可通过光照、加热、氧化、改变 pH、添加表面活性剂等多种方式进行异构化，这些方式在异构化效率、各类食品中的通用性及对食品体系带来的负面影响上各不相同。为有效控制及高效利用热诱导异构化作用提升产品品质，本研究对番茄红素热异构化的机制及其影响因素进行了总结。

番茄红素具有 11 个共轭双键和 2 个非共轭双键（Bramley，2000；Shi and Maguer，

2000）。理论上番茄红素可以形成 1056 种几何（顺式/反式）构型，然而实际上仅有 72 种异构体在结构上是有利的（Srivastava and Srivastava，2013；Zechmeister，1944）。

几何异构化是与旋转受限的官能团结合的基团的相对位置发生相反的化学转化的结果（Honest et al.，2011）。与双键相邻的碳原子上的甲基或氢原子与氢原子基团之间相互重叠，发生 1,4-非键合相互作用，即 1、4 位上的原子相互吸引使分子结构扭转，从而使全反式构型转化为顺式构型（Yeung et al.，2001）。图 5.21 给出了番茄红素中甲基或氢原子和氢原子基团之间相互作用常见的类型。由于相邻氢原子之间或甲基和氢原子基团之间的许多可能的 1,4-非键合相互作用，不是所有顺式异构体都具有相同的稳定性（Chasse et al.，2001）。根据相对基团的大小，甲基和氢原子基团之间的空间相互作用是最不稳定的。对 4 类顺式异构体相对稳定性的研究发现，稳定性顺序为：A'型＞A型＞B 型＞C 型（Chasse et al.，2001）。由于顺式双键导致的空间位阻效应，番茄红素的 11 个共轭双键中只有 7 个为立体化学有效双键，能够在热处理下使番茄红素从全反式构型异构化为单或多顺式构型（Srivastava and Srivastava，2013；Honest et al.，2011）。常见的番茄红素异构化产物是 5-顺式、9-顺式、13-顺式和 15-顺式异构体（也称为 5-*cis*、9-*cis*、13-*cis* 和 15-*cis* 番茄红素）（Colle et al.，2013；Rao and Agarwal，1999）。番茄红素几何构型如图 5.22 所示。

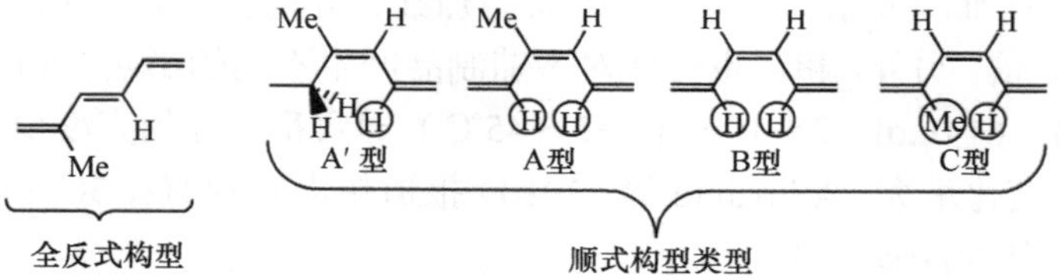

图 5.21　番茄红素中甲基或氢原子和氢原子基团之间相互作用的类型

番茄红素的异构化需要大量的活化能。全反式分子是完全拉伸的平面构型，顺式双键的引入使分子扭转并收缩，由于额外的能量输入，全反式异构体转化为顺式异构体使其有相对较高的能量和活性，并导致其处于不稳定的状态（Shi et al.，2003；Chasse et al.，2001）。番茄红素在热处理中的异构化符合一级动力学反应模型，其异构化反应速率常数随温度升高而升高，食品基质组分对其速率常数也有影响（Takehara et al.，2013；Colle et al.，2013；Colle et al.，2010a；Ax et al.，2003）。番茄红素热异构化的活化能为 4kJ/mol，当有油脂存在时，异构化所需活化能显著增加。

在模拟体系中，当全反式番茄红素溶解于油脂、有机溶剂并随后进行热处理时，顺式异构体的含量显著增加且降解速率较低（Colle et al.，2010b；Hackett et al.，2004）。模拟体系中番茄红素热异构化的动力学方程如式（5.1）（张连富和张环伟，2010）：

$$\ln C = \ln C_0 - kt \tag{5.1}$$

式中，C 是番茄红素异构体含量（μg/g）；C_0 是初始番茄红素异构体含量（μg/g）；k 是反应速率常数（min^{-1}）；t 是反应时间（min）。

番茄红素的异构化在不同的热处理之间以显著不同的方式发生，且具有明显的温度和时间依赖性（Honda et al.，2015；Colle et al.，2010b）。

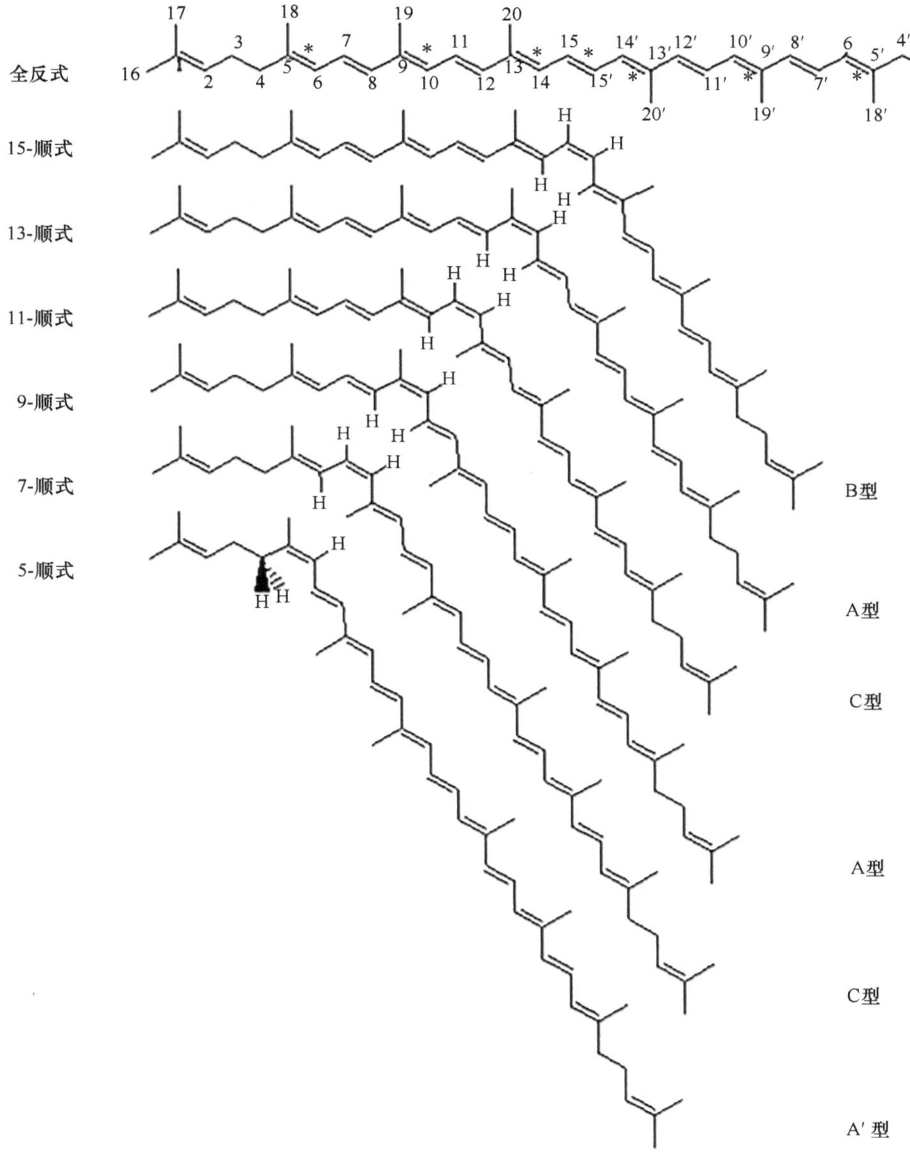

*异构化发生位点

图 5.22　常见的番茄红素几何异构体

　　在油脂模拟体系中，油脂有利于番茄红素的稳定和顺式异构体的积累：一方面，热处理下低氧含量的油脂保护顺式异构体不被氧化（Chen et al.，2009）；另一方面，油脂不同即脂肪酸的类型不同，异构化程度也有较大差异（Honda et al.，2016；Colle et al.，2015）。部分油脂中含有的催化剂降低了异构化所需活化能，而不饱和脂肪酸的双键形成自由基加速番茄红素异构化（Honda et al.，2016；Chakravarthi，2001）。Honda 等（2016）研究不同食用植物油中全反式番茄红素的异构化时发现，紫苏、亚麻籽和葡萄籽油的高碘值加速了番茄红素异构化（表 5.19）。

表 5.19 溶剂种类对模拟体系中顺反番茄红素异构体含量的影响

加工条件	溶剂种类	全反式异构体含量（%）	顺式异构体含量（%）	文献
4℃，24h	苯/CH_2Cl_2/$CHCl_3$/CH_2Br	=/—/—/—	—/↑8.8/↑10.3/↑27.7	Honda et al.，2015
50℃，24h	苯/CH_2Cl_2/$CHCl_3$/CH_2Br	—/—/—/—	↑34.7-38.1/↑77.8/↑48.4/↑75.0	Honda et al.，2015
50℃，96h	己烷	↓75	↑26（5-cis）；↑12%（9-cis）；↑18（13-cis）	Ax et al.，2003
	苯	↓43	↑8（5-cis）；↑10（9-cis）；↑18（13-cis）	
75℃，1h	甲苯	↓78	↑33（5-cis）；↑13（9-cis）；↑13（15-cis）；↑8.5（5,9-cis）	Meléndez-Martínez et al.，2014
100℃，1h	食用植物油	↓44.8-58.8	↑44.8-58.8（总 cis）；↑8.6（芝麻油，5-cis）	Honda et al.，2016

注："—"表示文献未报道该数据；"↑"表示含量增加；"↓"表示含量降低；"="表示含量无显著变化

在有机溶剂模拟体系中，热处理可以加速番茄红素顺式异构体的异构化比例。溶剂效应也影响不同顺式异构体的形成和积累（Takehara et al.，2013）。强溶剂作用的溶剂热处理异构化的速率常数较大，主要产生 5-cis 异构体，而 13-cis 番茄红素在该溶剂中稳定性较差，在弱溶剂效应的溶剂中占优势（Honda et al.，2015）。Honda 等（2015）发现，在 CH_2Cl_2 和 CH_2Br_2 中，热处理主要产生 5-cis 异构体且与温度无关，而 13-cis 异构体优先在其他溶剂中形成。这可能是因为烷基卤化物的碳原子与全反式番茄红素的双键部分缔合，使番茄红素发生异构化和降解。Takehara 等（2013）研究 50℃下己烷和苯中全反式番茄红素的异构化发现，全反式番茄红素在己烷和苯中降低的速率常数分别为 $3.19×10^{-5}s^{-1}$ 和 $3.55×10^{-5}s^{-1}$，且形成 13-cis 番茄红素的反应速率大于其他异构体，这可能是由溶剂效应选择性富集所需的异构体而导致的。

模拟体系中番茄红素的异构化程度也取决于热处理温度（表 5.20）。热处理期间，较低的温度有利于形成顺式异构体，或者说顺式异构体的降解速率在较低的温度下较慢并易于积聚（Shi et al.，2008）。在较高的温度处理下全反式至顺式番茄红素的异构化反应快速，但顺式异构体由于其自身的热不稳定性而发生降解，引起更多番茄红素的损失。有研究发现，不同品种的番茄红素油树脂在 25℃ 和 50℃ 下主要发生氧化降解，而温度升至 75℃ 和 100℃ 时，异构化程度提高。

如表 5.21 所示，番茄红素异构化作用随热处理时间的延长而增加，但时间过长，形成的顺式异构体随之降解，导致总番茄红素含量降低。在热处理过程中，不同顺式异构体异构程度不同，生成顺序也有所差异（Phan-Thi and Waché，2014；Knockaert et al.，2012；Colle et al.，2010b；Guo et al.，2008）。Colle 等（2010a）发现 5-cis 和 9-cis 番茄红素的异构化温度分别低于 100℃ 和 110℃。对不同杀菌方式的温度条件研究发现 9-cis 番茄红素增加最多（8.0 倍），其次是 13-cis 番茄红素（6.4 倍），这可能是因为全反式至 13-cis 番茄红素的转化的旋转屏障小于全反式至 9-cis 番茄红素，热处理前期形成的 13-cis 异构体在后期转化为其他更稳定的形式。

表 5.20　加热温度对模拟体系中顺反番茄红素异构体含量的影响

加工条件	加热温度（℃）	全反式异构体含量（%）	顺式异构体含量（%）	文献
正己烷 240min	50	↓28	13-*cis*↑；9-*cis*↑	Phan-Thi and Waché，2014
	80	↓47	13-*cis*↑；9-*cis*↑	
油树脂	25→50	—	=	Hackett et al.，2004
	75→100	=	↑	
蒸馏水 1～4h	80	=	↑0.1mg/100g$^\Delta$（4h）	Chen et al.，2009
	100	↓10～20（1～2h）；↓30～34（3～4h）	↑0.3mg/100g$^\Delta$（1～2h）；↑0.1mg/100g$^\Delta$（2～4h）	
	120	↓20～35（1～2h）；↓55（3h）；↓70（4h）	↑0.6mg/100g$^\Delta$（1h）；↑0.2～0.5mg/100g$^\Delta$（2-4h）	
	140	↓20（1h）；↓50～65（2～3h）；↓77（4h）	↑0.7mg/100g$^\Delta$（1h）；↑0.3～0.6mg/100g$^\Delta$（2～4h）	
卡诺拉油 1～4h	80	↓20（4h）	↑0.05mg/100g$^\Delta$（4h）	Chen et al.，2009
	100	↓20（4h）	↑0.05mg/100g$^\Delta$（4h）	
	120	↓16（1h）；↓30～40（2～4h）	↑0.5mg/100g$^\Delta$（1～4h）	
	140	↓18（1h）；↓37～48（2～4h）	↑0.6mg/100g$^\Delta$（1～4h）	

注："—"表示文献未报道该数据；"↑"表示含量增加；"↓"表示含量降低；"="表示含量无显著变化；上标"Δ"表示初始值为 0

表 5.21　加热时间对模拟体系中顺反番茄红素异构体含量的影响

加工条件	加热时间（h）	全反式异构体含量（%）	顺式异构体含量（%）	文献
正己烷 80℃	1	—	↑6（9-*cis*）；↑6（13-*cis*）	Phan-Thi and Waché，2014
	4	—	↑16（9-*cis*）；↑22（13-*cis*）	
己烷 50℃	48	↓62	↑20（5-*cis*）；↑10（9-*cis*）；↑22（13-*cis*）	Takehara et al.，2013
	96	↓75	↑26（5-*cis*）；↑12（9-*cis*）；↑18（13-*cis*）	
	192	↓80	↑30（5-*cis*）；↑12（9-*cis*）；↑18（13-*cis*）	
苯 50℃	48	↓40	↑5（5-*cis*）；↑5（9-*cis*）；↑21（3-*cis*）	Takehara et al.，2013
	96	↓43	↑8（5-*cis*）；↑10（9-*cis*）；↑18（13-*cis*）	
食用植物油 100℃	1	—	紫苏油：↑26（总 *cis*），↑0.8（5-*cis*）；芝麻油：↑45（总 *cis*），↑6.8（5-*cis*）	Honda et al.，2016
	3	—	紫苏油：↑6（总 *cis*），↑0.2（5-*cis*）；芝麻油：↑45（总 *cis*），↑9（5-*cis*）	

注："—"表示文献未报道该数据；"↑"表示含量增加；"↓"表示含量降低；"="表示含量无显著变化

　　热处理期间，食物体系中的番茄红素在时间、温度组合作用下经历反式-顺式异构化。异构化时间依赖性可采用分数转换模型[式（5.2）]描述（Colle et al.，2010a）：

$$C = C_f + \left(C_0 - C_f\right)\exp(-kt) \tag{5.2}$$

式中，C 是番茄红素异构体含量（μg/g）；C_f 是平衡状态下番茄红素异构体含量（μg/g）；C_0 是初始番茄红素异构体含量（μg/g）；k 是反应速率常数（min^{-1}）；t 是反应时间（min）。

　　异构化温度依赖性可采用 Arrhenius 方程[式（5.3）]描述（Colle et al.，2010a）：

$$dC = -\left(C - C_{f(T)}\right)k_{\text{ref}}\exp\left[\frac{E_a}{R}\left(\frac{1}{T_{\text{ref}}} - \frac{1}{T_{(t)}}\right)\right]dt \qquad (5.3)$$

式中，C 是番茄红素异构体含量（μg/g）；$C_{f(T)}$ 是平衡中温度依赖性番茄红素含量（μg/g）；k_{ref} 是参考温度 T_{ref}（110℃）下的反应速率常数（min^{-1}）；E_a 是异构化所需活化能（J/mol）；R 是通用气体常数[8.314J/(mol·K)]；T 是热处理温度（℃）；t 是反应时间（min）。

　　食物体系中温度对番茄红素顺反异构化的影响与模拟体系相同（表 5.22）。不同之处在于，较高的热处理温度一定程度上增加了番茄红素的提取率，从而使顺式异构体含量增加。漂白番茄皮比未漂白的番茄皮多诱导产生约 110%的番茄红素含量，这是由于果皮的高番茄红素含量与热处理诱导的番茄红素提取能力增加，且部分全反式番茄红素异构化为顺式构型，并未达到降解的程度（Urbonaviciene and Viskelis，2017）。此外有研究表明，在不同番茄产品中，超过 130℃的强热处理诱导总番茄红素降解并发生显著的异构化（Colle et al.，2010b；Chen et al.，2009；Dewanto et al.，2002）。

表 5.22 加热温度对食物体系中顺反番茄红素异构体含量的影响

加工条件	加热温度（℃）	全反式异构体含量（%）	顺式异构体含量（%）	文献
番茄酱，30min	<130	=	=（x-*cis*）；=（5-*cis*）	Colle et al.，2010b
	130~140	↓28~31	↑82%（x-*cis*）；↓37~44%（5-*cis*）	
番茄酱，1~6h	90	↓24（4h）；↓58（6h）	↑0.175mg/100g$^\Delta$（2h）	Honest et al.，2011
	110	↓34（4h）；↓81（6h）	↑0.125mg/100g$^\Delta$（1~2h）	
	120	↓40（4h）；↓89（6h）	↑0.1mg/100g$^\Delta$（1h）	
	150	↓67（4h）；↓100（6h）	↑0.065mg/100g$^\Delta$（1h）	
胡萝卜浆，30min	100/130/140	↓13/↓54/↓63	↑40%/↑300%/↑470%	Mayer-Miebach et al.，2005
	100/130/140	↓19/↓59/↓63	↑145%/↑400%/↑445%	
番茄酱，1~6h	60/80	=/—	↑18.8~23.3%/↑35.4%（2h）	Shi et al.，2008
	100/120	↑/—	=/↑18.2%（1h）	
含5%橄榄油高压均质番茄酱	60	=	=	Guo et al.，2008
	90	↓14.34	↑84.08%（总 *cis*）；↑416.75%（13-*cis*）；↑68.59%（9-*cis*）；↑17.12%（5-*cis*）；↑26.27%（x-*cis*）	

　　注："—"表示文献未报道该数据；"↑"表示含量增加；"↓"表示含量降低；"="表示含量无显著变化；上标"Δ"表示初始值为0；x-*cis* 表示不能准确定型的其他顺式异构体总和

　　食物体系中加热时间对番茄红素顺反异构化的影响也与模拟体系相同（表 5.23）。Shi 等（2003）报道在 90℃热处理 2h 后，番茄红素的总顺式异构体从 0 增加到约 1.75mg/kg 番茄纯品。且顺式异构体含量仅在加热的第一小时增加，2h 后减少。因此工业热处理不会导致番茄红素的广泛异构化，长时间和非常高的温度如罐装、灭菌、糊状物和番茄酱生产等热处理才能显著增加顺式异构体含量（Srivastava and Srivastava，2013）。新鲜番茄或番茄匀浆、番茄肉的番茄红素含量不受短时间沸腾或热烫（85℃、4min）的影响（Sahlin et al.，2004；Thompson et al.，2000）。微波（约 1000W）番茄浆料 60s 之后仅减少了 35% 的番茄红素（Mayeaux et al.，2006）。而对番茄（完整、粉碎或切碎）的热处理（90℃、5～10min）和冷处理（60～80℃、2～2.5min）没有改变番茄红素含量，也没有观察到异构化（Gupta et al.，2010；Capanoglu et al.，2008；Abushita et al.，2000）。

表 5.23　加热时间对食物体系中顺反番茄红素异构体含量的影响

加工条件	时间变化（min）	全反式异构体含量（%）	顺式异构体含量（%）	文献
番茄酱，88℃	2/15/30	↑55/↑165/↑171	↑6/↑17/↑35	Dewanto et al.，2002
番茄酱，130℃	20/35/50/95	↓22/—/—	x-cis：↓12.5/↑70/↑50/↑75	Colle et al.，2010a
含 5%橄榄油高压均质番茄酱	F_0=1.5min	↓38.04	↑223.06（总 cis）；↑450.25（13-cis）；↑558.84（9-cis）；=（5-cis）；↑181.18（x-cis）	Knockaert et al.，2012
	F_0=3min	↓47.24	↑277.01（总 cis）；↑537.06（13-cis）；↑692.42（9-cis）；=（5-cis）；↑223.73（x-cis）	

注："—"表示文献未报道该数据；"↑"表示含量增加；"↓"表示含量降低；"="表示含量无显著变化；x-cis 表示不能准确定型的其他顺式异构体总和；F_0 为标准灭菌时间

食物基质组分对番茄红素异构化作用影响较大。番茄红素在植物基质中以类胡萝卜素-蛋白质复合物或衍生自质体的膜结合半结晶结构而存在（Shi and Maguer，2000）。该基质的保护使番茄红素以稳定构型存在于结晶体中，不易溶解，对降解和异构化具有抗性（Lambelet et al.，2009）。即使在加工的红番茄产品中，番茄红素也呈现特异性的结晶状态，这表明番茄红素的物理形式可以提供几何热稳定性（Gupta et al.，2011；Nguyen and Schwartz，1998）。Nguyen 等（2001）报道了全反式番茄红素在典型热处理下不会从反式异构转化为顺式。然而，溶解的番茄红素易发生异构化和降解，且由于水基的高传热效率和高极性，水基中的番茄红素比油基中产生更多的顺式异构体，但油基的保护作用使得顺式异构体在热处理后保持较高的含量（Singh and Goyal，2008）。有研究发现，由于橘色番茄中的番茄红素溶解于脂质液滴中，这种非结晶状态使得番茄红素极易发生异构化和降解。此外脂肪酸的类型是加热致番茄红素顺式异构化的重要因素（Colle et al.，2015），Colle 等（2010b）发现，90℃ 下在 10min 内用质量分数为 5% 的橄榄油热处理番茄酱后，13-cis 番茄红素含量显著增加，而其他异构体的变化不明显。Ax 等（2003）报道，在对无氧条件、25～90℃ 下含有番茄红素的水包油乳液的热效应的研究中，在 90℃ 温育期间，乳液中 9-cis 番茄红素的初始含量在 7h 内升至 150%，而 50% 的 13-cis 番茄红素发生了降解。

近年来番茄红素的顺反异构化已被证实能够提高番茄红素的生物利用率，其可通过食品加工异构化为更具有生物可利用性的顺式异构体形式。然而，目前就热加工对番茄红素异构化作用的影响仍存在较大的争议。综合评价当前的研究状况，番茄红素异构化的研究有待从以下几个方面加强：①目前的研究对象大多是番茄、胡萝卜中的番茄红素，对其他种类番茄红素热异构化研究很少；②研究发现不同异构体热异构化程度不同，这种区别值得深入研究；③可以基于番茄红素生物功能性如提高抗氧化性的加工工艺的优化研究，提高真实食品体系中番茄红素的异构化，从而增加富含番茄红素食品的营养价值和功效。

5.1.2.2　改善去皮番茄品质的超声波-热碱去皮技术及机制

去皮是番茄加工业尤其是生产罐装去皮番茄制品的基本操作单元，去皮操作也会影响最终产品的品质（Li et al.，2014b）。去皮番茄制品如整个去皮番茄、切块番茄和碎番茄的商品化被认为具有比番茄酱更大的利润空间（Garcia and Barrett，2006a）。热碱去皮和热烫/蒸汽烫漂去皮是番茄加工企业当前常用的去皮方法，其中热碱去皮是最常用的方法，其生产的去皮番茄制品具有更高的去皮率及较好的产品质量（Garcia and Barrett，2006b）。与热烫/蒸汽烫漂去皮相比，热碱去皮方法最大的缺点在于：高浓度碱溶液所产生的废液会导致严重的环境污染问题及使工人面临较大的职业风险（Phinney et al.，2016；Wongsa-Ngasri and Sastry，2015）。因此，需要研究新的方法来减少碱的使用量甚至消除碱的使用，同时还能保持甚至改善去皮番茄的品质。

1）番茄原料去皮技术

原料预处理：新鲜番茄（屯河 8 号）按照美国农业部（USDA）成熟度分类的标准进行人工采摘（Li et al.，2014b），挑选无外伤的番茄作为实验原料。番茄的可溶性固形物含量为 4.78°Brix±0.02°Brix，硬度为 11.53N±1.01N。采摘的番茄运输至实验室后贮藏于 9~10℃（Wang et al.，2014）。去皮操作前，将番茄从冷库取出，于室温 22℃±1℃放置至少 2h，清洗番茄并滤干水分。

去皮步骤：将每组 27 个番茄分别放置于带有 9 个隔室的 3 个不锈钢提篮中。将装有番茄的提篮浸入 4%~12%（W/V）的 97℃±3℃的热碱溶液中处理 10~30s，期间轻微晃动提篮。将装有番茄的提篮转移至盛有 36L 热水（70℃）的超声波清洗机中，于 1500~3000W 的额定功率下处理 30~50s。超声波的内径为 500mm×400mm×350mm，频率为 25kHz。为了阻止余热对产品质量造成不利的影响，将处理后的番茄在自来水流下冲 30s 使其温度快速降至室温。通过用手轻微转动摩擦使松弛的番茄皮脱落。

体积功率测定：在超声过程中，设备的额定功率通常与超声过程中的实际耗散功率是不对等的，因此推荐使用体积功率（W/L）来表达超声强度（Vinatoru，2015）。根据 Margulis 和 Margulis（2003）的方法测定实际耗散功率（P，W）及功率强度（U_V，W/L）：

$$P = mC_p \frac{dT}{dt} \tag{5.4}$$

$$U_V = \frac{P}{V} \tag{5.5}$$

式中，P 为超声实际耗散功率（W）；m 是水的质量（kg）；C_p 是水的比热容[$4.2×10^3$J/(kg·℃)]；dT/dt 是温度升高的速率（℃/s）；U_V 是功率强度（W/L）；V 是水的体积（L）。

本研究中选择的额定输出功率分别为 1500W、1800W、2100W、2400W、2700W 和 3000W，经测定其实际功率强度分别为 19.13W/L、25.08W/L、31.97W/L、45.38W/L 和 51.92W/L。

各种去皮方法的效果通常用去皮率和去皮得率进行评价。去皮率（peelability）是用来评价皮的去除程度，定义为去除皮的面积与番茄的总面积的比值；去皮得率（peeling yield）是指去皮后番茄的质量与去皮前番茄质量的百分比（Li et al.，2014c）。

番茄皮面积测定方法：将剥下的番茄皮修剪后平整粘贴于 A4 纸上，通过扫描仪扫描 A4 纸，将获得的图像存储为.JPG 格式并用 Photoshop 软件（CS6）抠除背景。将彩色图像导入 ImageJ 软件中，转化为 8 位灰度图像（图 5.23）后准确测定番茄皮的面积（cm²）。

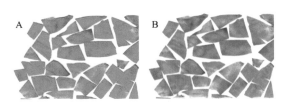

图 5.23　番茄皮的彩色图（A）与黑白二值图（B）

番茄皮总面积预测模型的建立：将 672 个三个不同品种、不同大小的番茄（屯河 8 号番茄 347 个、红丹 6 号小番茄 195 个、京丹 1 号樱桃番茄 130 个）称重后置于沸水中烫漂 1min 后，手工将皮剥下并刮除果肉，采用上述 ImageJ 软件测量番茄皮面积的方法准确测定其总面积，对所有番茄的质量与总面积建立相关性模型。

番茄皮总面积预测模型的验证：通过 ImageJ 软件测量番茄皮面积的方法准确测定 510 个三个品种番茄（屯河 8 号番茄 265 个、红丹 6 号小番茄 145 个、京丹 1 号樱桃番茄 100 个）的总面积，并通过上述建立的模型得到模型预测表面积，验证模型的准确性。

由表 5.24 可知，去皮效果的评价方法通常采用两点评分法（Barrett et al.，2010）、三点评分法（Hart，1974）、五点评分法（Wongsa-Ngasri and Sastry，2016b；Rock et al.，2010；Bayindirli，1994；Mohr，1990）和十点评分法（Santos et al.，2014）。显然，这些评价方法通常被认为是定性及主观性的，其准确性很大程度取决于评审人员的主观判断。因此，有必要建立客观和准确定量的方法来评价番茄的去皮效果。

表 5.24　去皮效果的传统评价方法

去皮评价方法	方法描述
两点评分法	残留在番茄表面的皮：≤5%（去皮），>5%（未去皮）； 残留在番茄表面的皮：<1cm²（去皮），≥1cm²（未去皮）
三点评分法	去皮难易程度：较好、一般、较差； 去皮的程度：没有皮残留（完全去皮），≥50%皮去除（部分去皮），≥50%皮未去除（不能去皮）
五点评分法	皮移除的难易度：5～1 分，连续量化，较高分代表较容易除去； 皮去除程度观察：>98%（非常好去皮），>75%（好去皮），>50%（一般难度），>25%（难去皮） 去皮程度观察：5～1 分，1 代表未去皮；5 代表完全去皮，没有皮黏附在番茄上； 去皮难易程度：5～1 分，5 代表去皮没有任何困难；4 代表需要用一点力；3 代表能去皮但局部存在困难；2 代表大部分区域较困难；1 代表非常困难，大量果肉残留在皮上
十点评分法	0～10 分：0 代表没有皮移除；7 代表 30%皮未去除；10 代表皮 100%去除
标准网格法	通过去除皮面积/总面积来表示去皮率（%）；将揭下的番茄皮铺展于标准网格上，通过拼凑来填满网格，读取面积

　　本研究发现，番茄的总面积能够通过其质量大小来准确预测（图 5.24）。番茄的质量大小（m，g）和表面积（A，cm^2）之间具有较好的线性相关性（R^2=0.965），其方程为 A=0.810m+11.5。该方程表明番茄的总面积可以通过其质量大小进行预测。该模型的验证选用质量大小范围为 7.321～130.76g 的 510 个三个品种的番茄进行。番茄皮的实际总面积通过 ImageJ 软件进行准确测定。由图 5.25 的模型验证结果可知，番茄表面积的实际测定值与上述方程得到的预测值具有较好的吻合性（R^2=0.931）。番茄皮总面积通过上述模型进行计算，通过 ImageJ 软件测量去除或残留的皮即可以准确地表征去皮率大小。

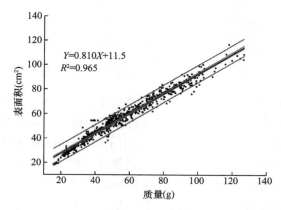

图 5.24　番茄表面积与质量大小的线性相关性

黑线代表回归线；两条红线代表回归线的 95%置信带；两条蓝线代表 Y 值的 95%预测带

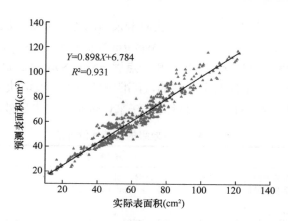

图 5.25　番茄表面积预测值与实测值的线性相关性

　　选取质量范围为 30～40g、50～60g、70～80g 的三组屯河 8 号番茄，每组 27 个进行研究。选择的去皮条件为：97℃-10%碱处理 45s，比较番茄的去皮率和去皮得率。由图 5.26 可知，不同质量大小的番茄对去皮效果没有显著性影响（P>0.05），因此，在随后的去皮实验中不需要对番茄进行预先分级。

　　由图 5.27 可知，在对照组中，包括没有碱液处理的 A1 和 B1 及没有超声处理的 A2

和 B2。比较 31.97W/L-70℃-30s 超声处理→97℃-20s 热烫处理（A1）和 70℃-30s 热烫处理→10%（W/V）-97℃-20s 碱液处理（A2）之间及 97℃-20s 热烫处理→31.97W/L-70℃-30s 超声处理（B1）和 10%-97℃-20s 碱液处理→70℃-30s 热烫处理（B2），结果显示，碱处理后番茄的去皮率显著高于超声处理后的去皮率（P＜0.05）。由结果可知，A 处理得到的去皮率为 63.39%，显著高于 A1 处理的去皮率（11.75%）和 A2 处理的去皮率（30.31%）；B 处理得到的去皮率为 95.44%，显著高于 B1 处理的去皮率（10.72%）和 B2 处理的去皮率（34.10%）。这说明在任何处理过程中，碱液-超声联合处理（A 和 B）得到的去皮率不仅高于单独的超声处理（A1 和 B1）和单独的碱处理（A2 和 B2），并且高于其简单的加和作用。该结果充分表明，碱液和超声处理对番茄去皮具有协同作用。更为重要的是，对于两种碱液-超声联合处理的方式（A 和 B）来说，碱预处理→超声处理方式（B）得到的去皮效果优于超声预处理→碱液处理方式（A）得到的去皮效果。在这种碱液预处理→超声处理的去皮过程中，碱起主要作用，超声起辅助作用，但二者之间具有明显的协同作用。因此本研究采用碱液预处理→超声处理的两步去皮方式来对番茄进行去皮。

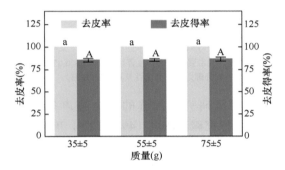

图 5.26　番茄大小对去皮率和去皮得率的影响

相同小写字母表示去皮率没有显著性差异（P＞0.05）；相同大写字母表示去皮得率没有显著差异（P＞0.05）

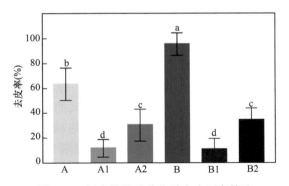

图 5.27　超声辅助番茄热碱去皮顺序筛选

不同小写字母表示有显著性差异（P＜0.05）。A 的处理条件为 31.97W/L-70℃-30s 超声处理→10%-97℃-20s 碱液处理；A1 的处理条件为 31.97W/L-70℃-30s 超声处理→97℃-20s 热烫处理；A2 的处理条件为 70℃-30s 热烫处理→10%-97℃-20s 碱液处理；B 的处理条件为 10%-97℃-20s 碱液处理→31.97W/L-70℃-30s 超声处理；B1 为 97℃-20s 热烫处理→31.97W/L-70℃-30s 超声处理；B2 的处理条件为 10%-97℃-20s 碱液处理→70℃-30s 热烫处理

2）超声辅助热碱去皮对番茄去皮得率及品质的影响

为了使碱液-超声两步去皮过程中最大限度地降低碱的使用量，首先对超声的参数进行优化，并在此基础上对碱的参数进行优化。由图 5.28 的结果可知，在固定碱处理条件（6%-97℃-20s）的基础上，超声处理时间为 40s 和 50s 时，去皮率达到最大值 100%，而超声处理时间为 30s 时，最大的去皮率为 95.6%。尤其是在较低的超声体积功率范围内（19.13～38.73W/L），去皮率随着超声时间的延长显著性增加。

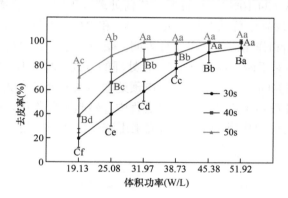

图 5.28　超声体积功率和时间对番茄去皮率的影响

不同小写字母表示同一超声时间下不同超声功率强度之间有显著性差异（$P<0.05$）；不同大写字母表示相同功率下不同时间处理之间有显著性差异（$P<0.05$）

基于上述超声功率及时间研究中筛选的两个超声条件（31.97W/L-70℃-50s 和 45.38W/L-70℃-40s），进一步探究碱液浓度（4%～12%，W/V）和碱处理时间（10～30s）对番茄去皮率的影响。由表 5.25 的结果可知，当仅通过给定的超声条件处理番茄时，番茄的去皮率为 0。这可以通过 Fava 等（2017）研究超声对樱桃番茄表面去污时的发现来解释，当超声时间小于 5min 时，番茄皮的表面蜡质、角质层、表皮和皮下细胞层没有显著性变化，且番茄皮的机械性能没有显著性变化。这一事实进一步证实了碱处理起主要作用，而超声起辅助作用。

当超声参数和碱液浓度固定时，番茄的去皮率随着碱处理时间的延长而增大，且基本在 30s 内达到 100% 的去皮率。随着碱液浓度的升高，达到 100% 去皮率的碱液处理时间逐渐缩短。在预先设定的碱处理时间下，碱液浓度的提高极大地促进番茄去皮率的提高，尤其是当碱液浓度从 4% 增加至 6% 的条件下去皮率变化最大。类似的报道中，Floros 等（1987）研究表明，在胡椒的热碱去皮过程中，当碱液浓度从 4%（m/V）增大至 9%（m/V）的过程中，去皮效率显著性提高，且去皮时间由 3min 缩短至 2min。

从表 5.25 的结果也可知，碱液浓度和碱处理时间对去皮率的影响具有交互作用。一般而言，为了达到完全去皮的效果，需要较高浓度的碱及较短的处理时间，反之亦然。Garrote 等（2006）在土豆的热碱去皮研究中得到类似的结论。然而，学者在碱液浓度和碱处理时间交互模型研究中发现，其交互呈现指数模型而非线性模型（Bayindirli, 1994）。另外，在欧姆加热联合碱-盐研究番茄去皮时发现，提高碱液浓度可缩短碱处理时间

（Wongsa-Ngasri and Sastry，2016a）。碱液浓度和处理时间的协同作用主要归结于二者联合促进碱液在表皮角质层的扩散系数（Chavez et al.，1996）。

表 5.25　碱浓度及处理时间对番茄去皮率的影响

超声条件	碱处理时间（s）	去皮率（%）（n=27）				
		4%碱	6%碱	8%碱	10%碱	12%碱
31.97W/L 70℃ 50s	0	0	0	0	0	0
	10	20.11±5.23dE	75.49±6.20cC	81.97±5.51bC	88.15±8.22aB	91.69±6.52aB
	15	30.38±5.65cD	89.26±8.88bB	91.78±6.46bB	100.00±0.00aA	100.00±0.00aA
	20	49.10±9.31bC	100.00±0.00aA	100.00±0.00aA	—	—
	25	77.44±6.59B				
	30	100.00±0.00A	—	—	—	—
45.38W/L 70℃ 40s	0	0	0	0	0	0
	10	20.43±6.51dE	72.08±4.90cC	77.69±4.55bC	89.44±7.77aB	91.44±6.68aB
	15	36.26±6.58dD	84.03±3.54cB[*]	91.94±7.27bB	100.00±0.00aA	100.00±0.00aA
	20	54.40±6.8bC	100.00±0.0aA	100.00±0.0aA		
	25	80.48±4.70B[*]				
	30	100.00±0.00A	—	—	—	—

注：同行不同小写字母表示有显著性差异（$P<0.05$）；同列不同大写字母表示有显著性差异（$P<0.05$）。*表示与 31.97W/L 超声功率下相同的碱浓度、时间处理组具有显著性差异（$P<0.05$）；"—"表示未检测

对于两个超声功率条件下，当碱液浓度为 4%（W/V）时，仅在碱处理时间为 25s 时二者的去皮率有显著性差异（$P<0.05$）。鉴于能源节约与环境保护方面的考虑，两步超声辅助番茄碱液的最优条件为：4%（W/V）-97℃-30s 的碱处理→31.97W/L-70℃-50s 超声处理。在该处理条件下，番茄的去皮率可得达到 100%，其对于改善传统热碱去皮带来的环境污染问题是有益的。

对上述研究中去皮率达到 100%的所有条件下的去皮得率及去皮番茄的色泽、硬度和番茄红素含量进行评价。由于传统热碱去皮[10%（W/V）-97℃-45s]能达到 100%的去皮率，因此将该条件设为对照处理组。由表 5.26 可知，在选择的所有去皮率达到 100%的超声辅助热碱去皮条件下，番茄的去皮得率为（92.12～94.12g/100g），显著性高于传统热碱去皮得到的去皮得率（82.77g/100g）。超声辅助热碱去皮所产生的质量损失为 5.88%～7.88%，这与报道的手工去皮方法导致的质量损失（7%～10%）相当。超声辅助热碱去皮所产生的质量损失显著低于传统热碱去皮导致的质量损失（17.23%）和机械去皮方法导致的质量损失（25%～28%）（Garcia and Barrett，2006b；Barringer et al.，1999）。关于超声辅助热碱去皮方法得到的去皮得率明显高于传统热碱去皮方法得到的去皮率，这主要是由于在去皮过程中富含番茄红素的红层损失程度不同。在传统的碱液处理后，去皮番茄表面有大量的黄色维管束暴露，表明大量红层遭到破坏（图 5.29C），而超声辅助热碱去皮所得到的去皮番茄表面覆盖着红层而没有黄色维管束暴露（图 5.29F）。文献报道结果表明，较高碱浓度长时间处理通常会导致红层大量损失并使得产品得率降低

（Garcia and Barrett，2006b；Barringer et al.，1999）。与传统热碱去皮方法相比，超声辅助热碱去皮能通过减少碱处理对红层的侵蚀而起到保护色泽的作用。

表 5.26 去皮参数对去皮番茄的得率和质量的影响

去皮方法[e]		去皮得率（g/100g）	去皮番茄主要的质量参数[g]		
碱处理参数	超声参数		Hue^o（n=27）	硬度（N）（n=27）	番茄红素含量（mg/100g 质量分数）（n=3）
新鲜番茄		—	—	—	11.19±1.20b
传统热碱去皮（10%-97℃-45s）		82.77±4.71b	43.22±2.27a	9.49±0.65d	8.70±0.62b
4%-30s-97℃	31.97W/L-50s-70℃	92.80±3.64a	35.02±1.88b	9.74±0.72d	16.71±0.95a
6%-20s-97℃	31.97W/L-50s-70℃	92.94±2.69a	35.70±1.55b	10.07±1.23cd	16.06±1.15a
8%-20s-97℃	31.97W/L-50s-70℃	94.12±2.22a	36.09±1.54b	10.73±0.98abc	15.70±1.30a
10%-15s-97℃	31.97W/L-50s-70℃	93.21±2.43a	35.13±1.95b	10.77±1.04abc	15.89±1.86a
12%-15s-97℃	31.97W/L-50s-70℃	92.16±2.35a	35.77±1.75b	11.11±1.02ab	15.71±1.60a
4%-30s-97℃	45.38W/L-40s-70℃	93.97±2.94a	35.63±1.69b	9.93±13.31cd	16.78±0.80a
6%-20s-97℃	45.38W/L-40s-70℃	93.94±2.74a	36.46±1.47b	10.38±0.91bcd	15.54±1.09a
8%-20s-97℃	45.38W/L-40s-70℃	93.96±2.06a	34.06±1.64b	11.05±1.48ab	15.68±1.45a
10%-15s-97℃	45.38W/L-40s-70℃	92.27±2.72a	36.22±2.13b	10.03±1.19cd	15.60±1.29a
12%-15s-97℃	45.38W/L-40s-70℃	92.12±2.34a	36.70±1.48b	11.50±1.13a	15.52±1.73a

注：不同小写字母表示有显著性差异（$P<0.05$）；e 表示传统热碱去皮的条件为 10%（W/V）-97℃-45s；碱处理参数为浓度（W/V）-温度-时间，超声处理参数为体积功率-时间-温度；"—"表示未检测；g 硬度为 27 个番茄在刺穿实验中峰值力的平均值，Hue^o=$\tan^{-1}(b^*/a^*)$

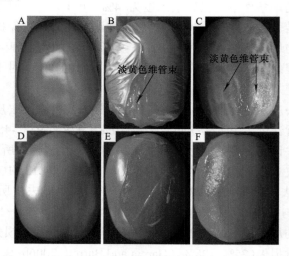

图 5.29 传统热碱去皮与超声辅助热碱去皮的番茄图片

A 为新鲜番茄；B 为传统碱液 10%（W/V）-97℃-45s 处理后的番茄；C 为传统碱液处理后并去除皮后的番茄；D 为 4%（W/V）-97℃-30s 碱处理后的番茄；E 为碱处理后再通过 31.97W/L-70℃-50s 超声处理后的番茄；F 为 E 处理之后去皮的番茄

传统碱液处理后的去皮番茄中番茄红素含量为 8.7mg/100g，新鲜番茄中番茄红素含量（11.19mg/100g），这些值都显著低于超声辅助热碱去皮得到的去皮番茄中的番茄红素含量（15.52～16.78mg/100g）。此外，超声辅助热碱去皮后番茄的硬度接近甚至高于传统热碱去皮后番茄的硬度。

3）超声辅助热碱去皮的机制

从理论上来说，无论是化学去皮还是物理去皮，实际上都是对果皮结构的完整性产生破坏的过程。本研究将从探究结构的角度，通过水溶性染料渗透证据、结构证据、细胞壁物质降解证据、生物机械性能证据来解析超声辅助热碱去皮的机制。

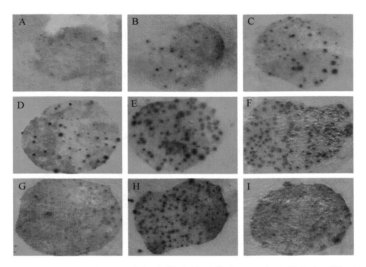

图 5.30　水溶性染料（亮绿）在超声辅助热碱去皮处理中番茄皮表面的渗透程度

A 为新鲜番茄皮；B 为 4%-97℃-10s 碱液处理后的番茄皮；C 为 4%-97℃-15s 碱液处理后的番茄皮；D 为 4%-97℃-20s 碱液处理后的番茄皮；E 为 4%-97℃-25s 碱液处理后的番茄皮；F 为 4%-97℃-30s 碱液处理后的番茄皮；G 为 4%-97℃-30s 碱液处理后经 31.97W/L-70℃-30s 超声处理后的番茄皮；H 为 4%-97℃-30s 碱液处理后经 31.97W/L-70℃-40s 超声处理的番茄皮；I 为 4%-97℃-30s 碱液处理后经 31.97W/L-70℃-50s 超声处理后的番茄皮

关于热碱去皮的机理，可通过水溶性染料在处理前后番茄皮中的渗透实验揭示。由图 5.30 可知，对于未经处理的番茄皮而言，几乎没有染料渗透到皮下（图 5.30A）。这与番茄皮表面有一层连续、半透明的蜡质壳有关，蜡质壳中的蜡质具有较强的亲脂性，从而可以阻止亲水性物质渗透至皮下。因此，完整的蜡质能阻碍水溶性染料渗入果皮中。随着 4%（W/V）-97℃碱处理时间从 10s 延长至 30s（图 5.30B～F），渗入的水溶性染料显著性增加，这是由于表面蜡质壳与角质层及角化层中蜡质被溶解导致（图 5.31），且蜡质被溶解的程度随着碱处理时间延长而增加（Wongsa-Ngasri and Sastry，2016a）。随着角质的不断破坏，碱穿过角质层及角化层持续渗入，并与表皮细胞层及皮下细胞层接触，碱渗入的量随着破坏程度加强而增加。

更为有趣的是，与预期的结果不同，碱液在番茄皮中的渗透是通过点状扩散模型而不是均匀扩散模型。这可以通过番茄皮中表皮细胞的结构特性来解释。由图 5.32 可知，通过三维显微镜观察到番茄表皮细胞呈现多边形，中心区域呈现内凹陷，周围边界突出并高于表皮层面，这与文献报道结果一致。基于这一描述，番茄皮表面的蜡质被溶解以后，水溶性染料或碱溶液通过表皮细胞的内凹区域扩散至内部组织。

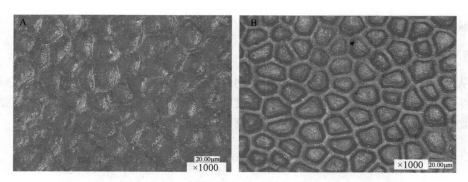

图 5.31　碱处理对番茄皮表面蜡质的影响

A 为碱处理前番茄皮表面；B 为碱处理后番茄皮表面

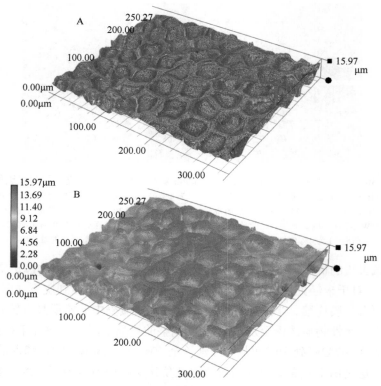

图 5.32　新鲜番茄外表皮的显微图像（A）及三维图像（B）

　　当渗入的碱到达表皮细胞层和皮下细胞层（红层）的边界时，胞间层的果胶物质被降解，从而触发去皮过程。当番茄经过 4%碱液处理 30s 后通过 31.97W/L 进行超声处理时，渗透的染料随着超声时间从 30s（图 5.30G）延长至 50s（图 5.30I）而逐渐增加。在去皮的过程中，超声波清洗机的底部可以看出有一些黄色的颗粒物质，这证明超声的空穴效应使得已经被碱破坏的角质层进一步受到破坏。超声处理会激发表皮细胞发生质壁分离、外果皮压缩及纤维素聚集状态改变及其纳米结构破坏（Fava et al.，2017）。

显然，水溶性染料渗透实验为碱和超声处理共同对番茄皮的超微结构造成严重破坏提供了可靠的证据。另外，除了这些微观结构的变化，超声处理以后导致番茄皮的表面裂开，且裂痕的数量和长度随着超声时间延长而增加。这些破裂是由超声波导致的物理剪切及轰击造成的，也与水气化导致的内压有关（Wongsa-Ngasri and Sastry，2016b；Li et al.，2014d）。这些裂痕的出现显然使得后续的去皮更加容易进行。

番茄皮结构观察：通过电镜观察番茄皮表面及横截面，参考 Li 等（2014d）的方法并加以修改。用剃须刀片沿赤道中心位置取约 30mm×30mm 的番茄表皮及 1cm^3 的立方体。将切取的样品置入 2.5%戊二醛溶液中于 4℃固定 24h。将样品取出后浸入 0.1mol/L pH 7.0 的磷酸氢二钾-磷酸二氢钾缓冲溶液中清洗，每 15min 换一次缓冲液。随后，将样品通过浓度为 30%、50%、70%、80%、90%、95%和 100%梯度的乙醇溶液中进行脱水处理，每个浓度中处理 15min。最后，将脱水后的样品置于乙酸异戊酯中置换。冷冻干燥后将样品置于干燥皿中待测。对样品表面进行喷金处理后进行表面及横截面结构的电镜观察，放大倍数为 200 倍和 500 倍。三维显微镜观察：将上述处理的番茄表皮样品置于三维显微镜下观察，放大倍数为 500 倍和 1000 倍。

在优化的去皮条件下，仅用碱处理（4%-97℃-30s）的番茄表皮没有出现裂痕（图 5.29D），而进一步通过超声处理（31.97W/L-70℃-50s）后，番茄的表皮出现了明显的裂痕（图 5.29E）。但遗憾的是，如图 5.33 所示，通过电子显微镜观察未经处理及经过各种处理后的番茄皮表面，没有观察到显著的变化。

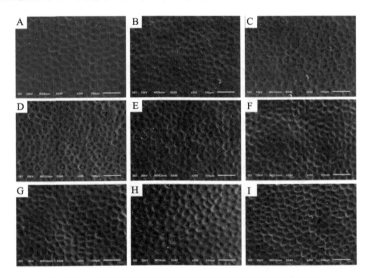

图 5.33　不同处理条件下番茄皮外表皮微观结构图像

A 为新鲜番茄皮；B 为 4%-97℃-10s 碱液处理后的番茄皮；C 为 4%-97℃-15s 碱液处理后的番茄皮；D 为 4%-97℃-20s 碱液处理后的番茄皮；E 为 4%-97℃-25s 碱液处理后的番茄皮；F 为 4%-97℃-30s 碱液处理后的番茄皮；G 为 4%-97℃-30s 碱液处理后经 31.97W/L-70℃-30s 超声处理后的番茄皮；H 为 4%-97℃-30s 碱液处理后经 31.97W/L-70℃-40s 超声处理后的番茄皮；I 为 4%-97℃-30s 碱液处理后经 31.97W/L-70℃-50s 超声处理后的番茄皮

为了观察碱和超声处理对番茄果皮径向的影响，通过扫描电子显微镜对番茄皮的截面进行观察，结果如图 5.34 所示。结合以前的研究报道可将番茄的果皮分为三层，即外果皮、中果皮和内果皮（Wang et al.，2014）。其中，外果皮主要包括由蜡质层、角质层和角化层组成的角皮层、1 层表皮细胞层、2～4 层具有厚壁的皮下细胞层；中果皮主要由薄壁细胞组成，中果皮的细胞远大于外果皮细胞（图 5.34）。

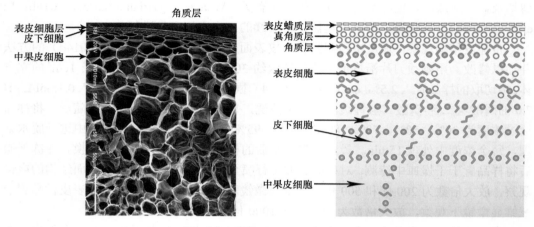

图 5.34　番茄果皮各皮层的组成

　　显然，4%碱处理 10s（图 5.35B）和 15s 时（图 5.35C），番茄的果皮截面结构没有 发生明显变化；当碱处理时间延长至 20s（图 5.35D）和 25s 时（图 5.35E），表皮细胞和皮下细胞层发生明显坍塌；当碱处理时间延长至 30s 时（图 5.35F），外果皮细胞坍塌，并且在表皮细胞和皮下细胞层之间出现缝隙。当番茄经过碱处理 30s 后，再通过

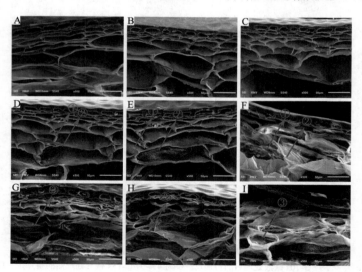

图 5.35　不同处理条件下番茄果皮横截面的微观结构图像

A 为新鲜番茄皮横截面；B 为 4%-97℃-10s 碱液处理后的番茄皮横截面；C 为 4%-97℃-15s 碱液处理后的番茄皮；D 为 4%-97℃-20s 碱液处理后的番茄皮横截面；E 为 4%-97℃-25s 碱液处理后的番茄皮横截面；F 为 4%-97℃-30s 碱液处理后的番茄皮横截面；G 为 4%-97℃-30s 碱液处理后经 31.97W/L-70℃-30s 超声处理后的番茄皮横截面；H 为 4%-97℃-30s 碱液处理后经 31.97W/L-70℃-40s 超声处理后的番茄皮横截面；I 为 4%-97℃-30s 碱液处理后经 31.97W/L-70℃-50s 超声处理后的番茄皮横截面

31.97W/L 的超声处理一定时间（30～50s），表皮细胞层和皮下细胞层之间的缝隙随着超声时间的延长而逐渐增大（图 5.35G～I）。尤其是当超声处理时间为 50s 时（图 5.35I），表皮细胞层几乎从与皮下细胞层完全分离。关于碱处理导致细胞坍塌及缝隙产生，主要是由表皮细胞和皮下细胞间的胞间层的细胞壁物质被渗透的碱降解而造成的（Wongsa-Ngasri and Sastry，2016a；Das and Barringer，2010）。超声导致表皮细胞层和皮下细胞层的缝隙逐渐增大，这可能是由超声空泡效应使胞间层受到强烈的剪切作用及超声导致细胞壁物质变化所导致（Rock et al.，2010）。为了证实这些解释，将对碱和超声处理对细胞壁物质的降解做进一步探究。

由图 5.36 可知，在碱液处理中施加超声波对番茄中果胶物质没有显著性影响。这可能是由于超声处理的效果取决于体积功率、处理时间、果蔬组织的特性及样品类型的不同（纯的果胶分散液和存在于结构组织中的果胶）。

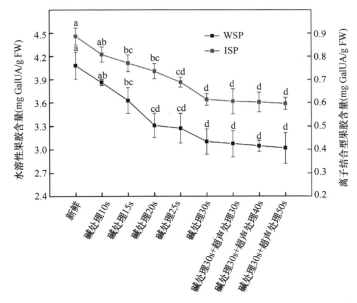

图 5.36　不同处理条件对番茄皮下组织中水溶性和非水溶性果胶物质的影响
碱处理条件为 4%（*W/V*）-97℃；超声条件为 31.97W/L-70℃；不同小写字母表示有显著性差异（*P*＜0.05）

番茄皮的机械性能在其裂开的过程中起主要的作用（Hetzroni et al.，2011）。番茄皮作为一个弹性材料，具有不可忽视的塑性/流变学区域，因此杨氏模量被认为是一个较好的评价番茄皮机械性能的指标。在 Matas 等（2004）的报道中，完整的番茄皮的杨氏模量范围为 5～50MPa，当前研究中未处理番茄皮的杨氏模量为 9.23MPa。由图 5.37 可知，当番茄仅用碱处理时（4%-97℃），番茄皮的杨氏模量随着碱处理时间延长（10～30s）而增加。当番茄经 4%碱处理 30s 后，再通过 31.97W/L 的超声处理 50s 后，番茄皮的杨氏模量增加至 26.14MPa。根据 Bargel 和 Neinhuis（2005）的报道，这些结果表明碱和超声处理都能明显导致番茄皮的刚度增加，赋予了番茄皮在施加应力时具有较小的形变能力及较大的脆性。

杨氏模量是由测试皮的组分和结构共同决定的。以前的研究报道显示角皮层和表皮细胞壁的纤维素网络结构是决定番茄皮机械性能的主要物质及结构域（Bargel and Neinhuis，2005；Matas et al.，2004）。就这一点而言，碱和超声导致番茄皮杨氏模量的增加可以通过如下机理解释：①碱导致角皮层从皮中移除，这一点被 Floros 等（1987）证实；②一些起到塑性作用的水溶性物质通过超声的固液萃取的方式被移除；③热导致表皮细胞中细胞壁多糖发生改变（Li et al.，2014d）。

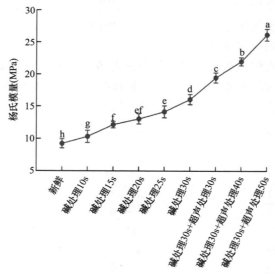

图 5.37　不同处理条件对番茄皮杨氏模量的影响

碱处理条件为 4%（W/V）-97℃；超声条件为 31.97W/L-70℃；不同小写字母表示有显著性差异（P<0.05）

　　两步超声辅助热碱去皮的机理可采用图 5.38 进行总结。首先，热碱溶解蜡质层及角质层中的蜡质（图 5.38A）；其次，碱溶液以点状扩散模式扩散穿过脱蜡的角质层（图 5.38B）；然后，渗透的碱降解表皮细胞和皮下细胞的胞间层细胞壁物质，使得两层之间产生缝隙（图 5.38C）；超声导致表皮细胞层和皮下细胞层间的缝隙增大，并使得皮裂开，最终导致表皮细胞层从番茄上分离（图 5.38D）。

5.1.2.3　改善鲜榨番茄汁品质的冷超声加工技术及其机制

　　当前，新鲜果蔬汁主要以餐饮现场制作及家庭制作形式呈现（Bhat，2016）。与热加工制品相比，目前市场现制的全果果汁在销售和消费过程中存在两个主要的问题：一是安全性问题。已报到的许多食源性疾病的发生与摄入污染了大肠杆菌 O157:H7 和沙门氏菌的果蔬汁有关（Patil，2009；Cook et al.，1998；Besser et al.，1993）。二是稳定性问题。与工业生产的产品相比，鲜榨果蔬汁由于加工精度较低，较大的悬浮颗粒导致果汁的物理稳定性差，在销售和消费过程中容易发生两相分离，感官品质严重下降。基于此，研究者致力于采用一些新技术来改善鲜榨果蔬汁的安全性和稳定性问题。本研究采用冷超声（cold ultrasound treatment，CUT，10℃）对鲜榨番茄汁的物理稳定性、营养特性及安全性的影响进行研究，并对其中的机制进行深入探讨。

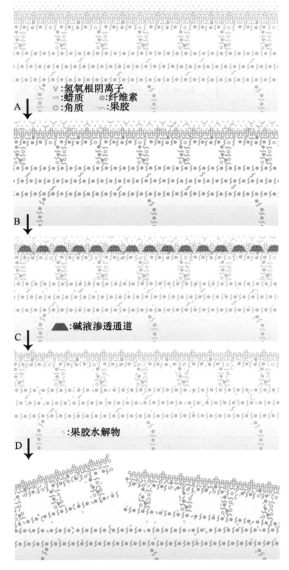

图 5.38　超声辅助热碱去皮机制的示意图
各皮层的组成参考图 5.34

1）鲜榨番茄汁的冷超声处理

番茄汁制备及冷超声处理：实验材料为红宝石番茄，材料要求大小均匀、成熟度一致，可溶性固形物含量为 4.22°Brix±0.01°Brix，可滴定酸度为 0.47g/100g±0.01g/100g。将番茄于 4℃冰箱中放置 12h，以确保番茄在加工前达到完全冷却的状态。为了保证冷处理效果，所有制汁操作过程均在冰浴环境中进行。将所有盛放番茄、番茄汁的玻璃器具通过高压灭菌锅灭菌，所有金属器具均用 75%乙醇消毒后放在无菌的超净工作台中备用，超声探头通过 75%乙醇消毒后使用。

将完全冷却的番茄用自来水清洗后滤干表面水分。将番茄切成丁，用打浆机打浆2min，随后，通过 60 目的筛子过滤以去除皮和籽。为了防止超声过程中泡沫的产生，将制得的番茄汁于 0.09MPa 的真空条件下脱气 3min。将 100mL 已脱气的番茄汁倒入100mL 已灭菌的高脚烧杯中，将烧杯置于与恒温槽连接的双层夹套玻璃杯中。为了维持10℃的超声温度，向恒温槽中倒入 30%的乙醇溶液，将温度设为−5℃，通过循环并调节流速来控制超声温度。将 6mm 已消毒的超声探头插入番茄汁中，深度为 15mm。超声频率为 20~25kHz，设定超声功率为 500W，脉冲时间为 2s 开 2s 关。根据 Margulis 和Margulis（2003）的方法测得超声强度为 87.52W/cm²。将对照样品和超声处理后的样品装入灭菌的玻璃瓶中密封保存于 4℃冰箱中待测。

冷超声处理对鲜榨番茄汁整理质量的影响包括可溶性固形物含量、pH、可滴定酸度和色泽变化（△E）（表 5.27）。无论是否进行超声处理，番茄汁的 pH、可溶性固形物含量和可滴定酸度均没有显著性变化（P＞0.05），分别保持在 4.3、4.2°Brix 和 0.46g/100g左右。

表 5.27　冷超声对鲜榨番茄汁整体质量的影响

性质	CUT-0min	CUT-5min	CUT-10min	CUT-15min	CUT-20min	CUT-30min
可性固形物含量（°Brix）	4.22±0.01a	4.20±0.05a	4.20±0.01a	4.21±0.03a	4.21±0.02a	4.23±0.07a
pH	4.37±0.01a	4.34±0.03a	4.34±0.02a	4.38±0.01a	4.35±0.01a	4.36±0.00a
可滴定酸度（g/100g）	0.47±0.01a	0.46±0.01a	0.46±0.00a	0.47±0.01a	0.47±0.02a	0.46±0.00a
亮度值（L^*）	34.43±1.01b	34.87±1.08b	35.83±0.83a	35.86±0.78a	36.39±0.70a	36.46±1.16a
红值（a^*）	13.73±0.52a	13.43±0.30b	13.43±0.38b	13.38±0.24b	13.34±0.46b	13.32±0.25b
黄值（b^*）	5.64±0.44a	5.52±0.40a	5.48±0.55a	5.44±0.44a	5.41±0.55a	5.23±0.51a
色泽变化（△E）	—	1.32±0.31b	1.87±0.57ab	1.94±0.24ab	2.25±0.34a	2.55±0.21a

注：同行不同小写字母表示有显著性差异（P＜0.05）；"—"表示未检测

从冷超声处理对鲜榨番茄汁颜色的影响来看（图 5.39），超声处理未引起番茄汁的颜色发生显著变化，随着超声时间从 5min 增加到 30min，总的色泽变化（△E）从 1.32增加到 2.55，但都小于 3。

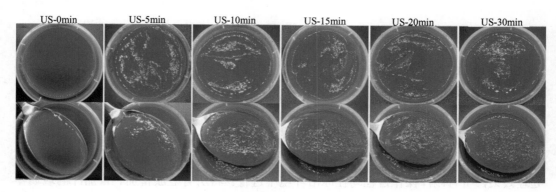

图 5.39　冷超声处理前后鲜榨番茄汁图片

2）冷超声处理对鲜榨番茄汁物理稳定性的影响

　　果蔬浊汁中的颗粒容易快速发生沉降从而导致上清相和颗粒相分离，而番茄汁呈现的红色会对肉眼观察两相分离情况产生干扰。由图 5.40 可知，未经超声处理的番茄汁离心后上清液体积比为 68.56%，经超声处理后上清液体积比降为 55.99% 到 34.69%。这表明在相同的离心条件下，超声促使番茄汁具有更强的抵抗两相分离的能力。在超声处理的前 10min 内，上清液体积比大幅下降；当超声时间从 10min 增加至 15min 时，上清液体积比下降幅度较小，随后基本保持不变。这表明在前 15min，超声使鲜榨番茄汁的稳定性大幅提高，随后稳定性基本保持不变。

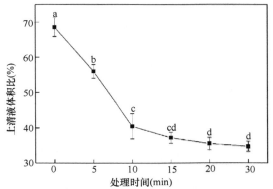

图 5.40　冷超声处理对鲜榨番茄汁悬浮稳定性的影响

不同小写字母表示有显著性差异（$P<0.05$）；稳定性表示为离心后上清液体积占全汁体积的百分比（%）

　　由图 5.41 可知，表观黏度的变化趋势与悬浮稳定性变化趋势不同。随着超声时间的延长，鲜榨番茄汁的表观黏度逐渐增加，在 15min 达到最大值，随后呈现降低趋势。为了揭开这些现象背后的机制，将进一步对颗粒相的显微结构、粒径分布及上清相中可溶性果胶物质的分子结构进行解析。

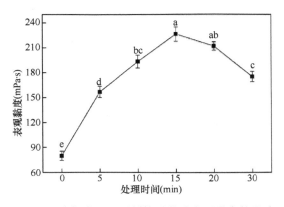

图 5.41　冷超声处理对鲜榨番茄汁表观黏度的影响

不同小写字母表示有显著性差异（$P<0.05$）

（1）冷超声处理影响鲜榨番茄汁悬浮稳定性的微观结构证据

从图 5.42 可知，未经超声处理的番茄汁中还有完整的细胞壁、一些褶皱的细胞壁及细胞壁碎片存在。当超声时间达到 5min 时，已经没有完整的细胞壁出现，但存在较大的细胞壁碎片。随着超声时间延长到 10min，较大的细胞壁碎片被破碎为絮状的细胞壁碎片。超声时间从 10min 延长到 20min 的过程中，可见的絮状细胞壁碎片的大小和数量都明显降低。随着超声时间从 20min 延长到 30min，番茄汁的微观结构没有明显差别。

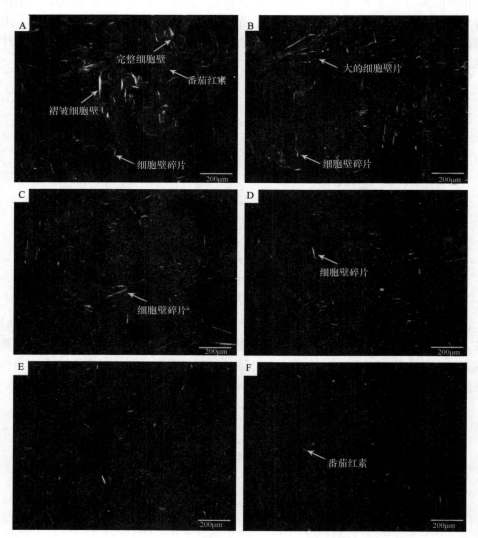

图 5.42　冷超声处理对鲜榨番茄汁微观结构的影响

　　由图 5.43 可知，未经超声处理的番茄汁的粒径分布呈"单峰状"，且粒径峰值约在 400μm。与之相对应的，经超声处理的番茄汁的粒径分布呈"双峰状"，两个粒径峰值分别在 400μm 和 800μm 左右。随着超声时间从 5min 增加到 15min，400μm 左右的峰逐渐减小，而 800μm 左右的峰逐渐增大。而超声 20min 和 30min 的粒径分布曲线几乎重叠。由图 5.44 的超声对粒径大小影响的结果来看，冷超声处理导致 $D_{[4,3]}$ 减小的幅度明

显大于 $D_{[3,2]}$ 减小的幅度。由于 $D_{[4,3]}$ 主要受大颗粒影响，而 $D_{[3,2]}$ 主要受小颗粒影响（Rojas et al.，2016），由此可得出冷超声处理对大颗粒的结构破坏程度大于对小颗粒结构的破坏程度。因此，冷超声对鲜榨番茄汁具有均质作用。

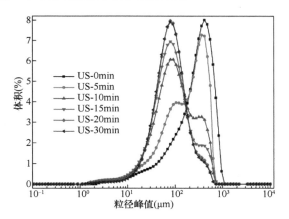

图 5.43　冷超声处理对鲜榨番茄汁粒径分布的影响

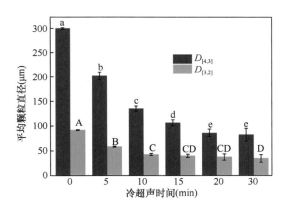

图 5.44　冷超声处理对鲜榨番茄汁粒径大小的影响

不同小写字母表示不同处理样品的 $D_{[4,3]}$ 有显著性差异（$P<0.05$）；不同大写字母表示不同处理样品的 $D_{[3,2]}$ 有显著性差异（$P<0.05$）

　　根据 Stokes 定律，将颗粒的沉降速率表示为 $v=2(\rho_p-\rho_f)gR^2/9\mu$，其中 ρ_p 和 ρ_f 分别代表粒子和流体的密度，g 为质量，R 为颗粒的直径，μ 为流体的黏度。鉴于冷超声处理对粒子密度（ρ_p）和流体密度（ρ_f）的影响可以忽略，可得出沉降速率随着粒子直径的减小而减小。这可以解释随着冷超声时间延长尤其是 ≤15min，番茄汁的悬浮稳定性得到大幅改善的原因。然而，随着超声时间延长至 20～30min，番茄汁呈现相近的粒径分布和不同的黏度变化趋势，而它们的悬浮稳定性没有显著性差异（$P>0.05$）。根据 Stokes 定律，当粒子直径一定时，颗粒沉降速率随着体系黏度的降低而增加，即颗粒更容易沉降，体系稳定性降低。因此，本研究中冷超声处理后鲜榨番茄汁的悬浮稳定性和表观黏度值的变化不符合常规的 Stokes 定律，其潜在的原因将进一步通过冷超声处理对鲜榨番茄汁流变学特性的影响来探究。

（2）冷超声处理影响鲜榨番茄汁悬浮稳定性的流变学证据

由图 5.45 可知，番茄汁的表观黏度随着剪切速率的增大而减小，这表明番茄汁是一种非牛顿流体，具有剪切变稀特性（Tan and Kerr，2015），且超声处理不改变番茄汁的这种性质。将图 5.45 的数据通过 Herschel-Bulkley 模型拟合后得到表 5.28 的参数，拟合结果较好（$R^2 > 0.98$）。对照样品和超声处理番茄汁的流动指数 $n < 0.5$，这进一步表明番茄汁属于有剪切变稀的非牛顿流体，且超声不改变这一性质。当冷超声处于第一阶段时（≤15min）时，番茄汁的屈服应力（τ_0）、稠度系数（K）和触变环面积（D_t）均随着超声时间的延长而逐渐增加；而当冷超声处于第二阶段（≥20min）时，这些值随着超声时间延长而逐渐降低。相反，流动指数（n）随着超声时间延长而逐渐减小，当冷超声时间为 15min 时达到最小值（0.31），随后呈增加趋势。这些结果表明，在冷超声的第一阶段（超声时间≤15min），番茄汁网络结构的完整性即类固体性质得到加强，同时对剪切的敏感性逐渐增加。而当冷超声处理到达第二阶段（≥20min）时，其对番茄汁结构的完整性具有不利的影响，但番茄汁抵抗剪切变稀的能力得到提高。

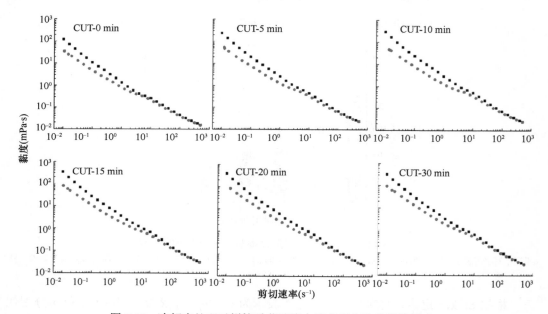

图 5.45　冷超声处理对鲜榨番茄汁稳态流变学变化曲线的影响

表 5.28　冷超声处理番茄汁的稳态流变曲线幂律方程拟合参数

参数	CUT-0min	CUT-5min	CUT-10min	CUT-15min	CUT-20min	CUT-30min
τ_0（Pa）	0.65±0.20d	1.87±0.25c	2.32±0.26abc	2.91±0.28a	2.54±0.24ab	2.31±0.43bc
K（Pa·s^n）	0.53±0.09d	1.22±0.11c	1.60±0.17b	2.00±0.20a	1.77±0.09ab	1.62±0.11b
n	0.42±0.048a	0.34±0.012b	0.33±0.03b	0.31±0.026b	0.35±0.026b	0.35±0.025b
D_t（Pa/s）	0.79±0.13b	1.09±0.23a	1.20±0.07a	1.21±0.11a	1.18±0.07a	1.04±0.03a
R^2	0.99	0.99	0.99	0.99	0.99	0.98

注：同行不同小写字母表示有显著性差异（$P < 0.05$）

　　通过频率扫描可得到超声对鲜榨番茄汁黏弹性的影响，通过这些实验可以进一步研究鲜榨番茄汁在消费过程中的物理稳定性。由图 5.46 可知，未经超声处理的番茄汁其储能模量（G'）和损耗模量（G''）都显著低于超声处理的样品。在冷超声处理的第一阶段（≤15min），G' 和 G'' 都随着时间的延长而增大；而在第二阶段（≥20min），G' 和 G'' 均呈现降低趋势。这表明，在超声时间为 15min 时，G' 和 G'' 都达到最大值，这也进一步证实了番茄汁稳态剪切中该处理阶段呈现较高黏度。不难看出，无论是否经超声处理的番茄汁，其 G' 和 G'' 都随频率的增大而增大，这表明番茄汁是一种弱凝胶体系（Augusto et al.，2013）。由表 5.29 可知，体现频率依赖性的 $n''>n'$，即 G'' 比 G' 具有更高的频率依赖性，这表明振荡频率增加的过程中，黏性增加大于弹性增加（Augusto et al.，2013）。对于所有的番茄汁，其损耗角（tanδ）随着频率增大而增大，这与稳态剪切测试中的剪切变稀的结果是一致的。在冷超声的第一阶段（≤15min），n' 和 n'' 都随着超声时间的延长而增大，但在第二阶段（≥20min）逐渐降低。从这个意义上来说，冷超声处理 15min 使得番茄汁在微振荡过程中具有最大的剪切变稀行为。因此，当冷超声处理时间达到 20～30min 时，尽管鲜榨番茄汁的表观黏度降低，但较强的抵抗剪切变稀的能力使番茄汁具有较好的物理稳定性。

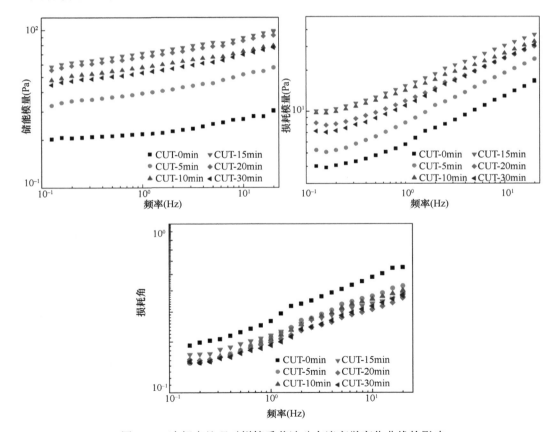

图 5.46　冷超声处理对鲜榨番茄汁动态流变学变化曲线的影响

表 5.29　冷超声处理番茄汁的动态流变曲线幂律方程拟合参数

参数	CUT-0min	CUT-5min	CUT-10min	CUT-15min	CUT-20min	CUT-30min
k'	19.87±2.21d	40.20±4.50c	58.30±6.43ab	62.22±11.19a	60.24±7.39ab	48.18±8.79bc
n'	0.08±0.00c	0.11±0.09a	0.10±0.00a	0.10±0.00a	0.10±0.00a	0.09±0.00a
R^2	0.95	0.97	0.99	0.99	0.99	0.99
k''	5.76±0.43c	9.41±0.88b	12.56±2.00ab	13.56±2.07a	12.16±2.0ab	11.22±1.95ab
n''	0.28±0.07a	0.30±0.02a	0.31±0.03a	0.36±0.02a	0.28±0.07a	0.30±0.03a
R^2	0.99	0.99	0.99	0.99	0.99	0.99

注：k' 和 k'' 表示初始测量时的模量值；n' 和 n'' 分别表示储能模量、损耗模量的频率依赖性。同行不同小写字母表示有显著性差异（$P<0.05$）

番茄汁是由两相组成的，包括含有植物组织的不溶性颗粒相和含有可溶性果胶、糖、酸等可溶物质的上清相（Anthon et al.，2008）。冷超声处理对鲜榨番茄汁流变特性影响的机制较为复杂，受到包括不溶性颗粒的大小、结构、分布和大分子物质尤其是果胶物质的理化性质等因素的影响（Huang et al.，2018）。

对于冷超声的第一阶段（≤15min），随着超声时间的延长，鲜榨番茄汁具有较高的结构完整性和假塑性的特征的原因归结为以下因素。首先，超声导致番茄汁的平均粒径逐渐减小，使得颗粒产生较大的表面积和较短的颗粒间距离，从而促使颗粒间的相互作用加强（Genovese et al.，2010；Wu et al.，2008）。许多研究报道高压均质通过减小粒径，促进颗粒聚集形成新的网络结构，从而导致体系具有更强的触变性（Zhou et al.，2017；Augusto et al.，2012）。其次，冷超声促进细胞壁物质尤其是果胶物质从颗粒相释放到上清相中（Bi et al.，2015；Wu et al.，2008）。结果是冷超声明显地增加上清液中的果胶物质含量，促使番茄汁通过氢键和疏水相互作用形成三维网络结构（Anese et al.，2013）。另外，与较大的母粒子相比，超声导致番茄汁形成较小颗粒，从而能更好地嵌入上清液果胶网络结构中（Vercet et al.，2002）。然而，关于超声第二阶段（≥20min）超声促使番茄汁产生剪切变稀抵抗的机制没有得到合理的解释。

（3）冷超声处理影响鲜榨番茄汁悬浮稳定性的分子结构证据

本研究为了解释冷超声第二阶段（≥20min）促使番茄汁产生剪切变稀抵抗的原因，将进一步探究冷超声处理对上清相中果胶物质分子结构变化的影响。重均分子量（weight-average molecular weight，M_w）的测定方法：准确称取 1mg 果胶物质及葡聚糖标准品（分子量分别为 0.5kDa、5kDa、15kDa、67kDa 和 110kDa 的 β-葡聚糖）溶解于 1mL 的超纯水中，配制浓度为 1mg/mL 的溶液。溶液过 0.45μm 滤膜后待测。果胶的重均分子量由尺寸排阻色谱-高效液相色谱法（SEC-HPLC）测定，参考 Huang 等（2018）的方法并做修改。色谱柱：7.8mm×300mm TSK G4000 PWXL-SEC（Tosoh，日本）；示差检测器 RID-10A（Shimadzu，日本）；柱温：40℃；流动相：0.02%（m/V）NaN₃ 溶液；流速：0.7mL/min；进样量：20μL。以保留时间为横坐标，以 $\log M_w$ 为纵坐标作图。图 5.47 为 β-葡聚糖标准品的重均分子量标准曲线和回归方程。

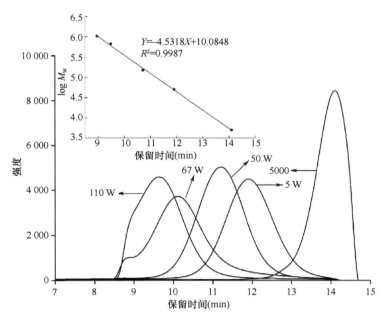

图 5.47　重均分子量测定的标准曲线（重均分子量单位：g/mol）

单糖组分测定方法：采用 1-苯基-3-甲基-5-吡唑啉酮（PMP）柱前紫外衍生化-反相高效液相色谱法测定果胶的单糖组分，利用乳糖作为内标进行定量分析。仪器为 LC-20A 高效液相色谱仪（Shimadzu，日本）、二极管阵列检测器（PDA），色谱柱为 Thermo BDS-C18 柱（内径为 250mm×4.6mm，粒径 5μm），柱温为 35℃，检测波长为 245nm，进样体积为 10μL，流速为 0.7mL/min。流动相 A 相为 15%（V/V）乙腈+0.05mol/L 磷酸盐缓冲液（KH_2PO_4-NaOH，pH 7.1），B 相为 40%（V/V）乙腈+0.05mol/L 磷酸盐缓冲液（KH_2PO_4-NaOH，pH 7.1）。洗脱条件为梯度洗脱，B 相的体积百分比变化为 0～10%（0～10min）→10%～40%（10～40min）→40%～0（40～50min）→0（50～60min）。图 5.48 为单糖标品色谱图。

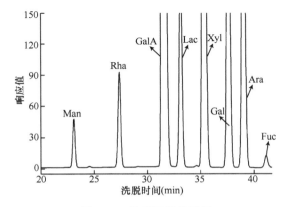

图 5.48　单糖标品色谱图

Man、Rha、GalA、Lac、Xyl、Gal、Ara、Fuc 分别为甘露糖、鼠李糖、半乳糖醛酸、乳糖、木糖、半乳糖、阿拉伯糖、岩藻糖

由表 5.30 可知,冷超声处理对鲜榨番茄汁上清液中果胶物质的甲氧基化度(DM)没有显著性影响($P>0.05$)。在超声处理的第一阶段(≤15min),超声对果胶物质的重均分子量没有显著性影响($P>0.05$),而进入第二阶段(≥20min)后,果胶物质的重均分子量显著性降低($P<0.05$)。这证实了冷超声处理具有降解番茄果胶的能力。由表 5.30 可知,冷超声处理对鲜榨番茄汁上清液果胶物质单糖的组成类型没有影响。随着超声时间的延长,尤其是在第二阶段(≥20min),GalA 和 Rha 的含量逐渐降低,Gal、Xyl 和 Ara 逐渐增加,而 Fuc 的含量没有显著性变化。与此同时,果胶分子的主链长从 3.43 逐渐降低至 1.83,而侧链长从 5.18 逐渐增加至 11.34。

表 5.30 冷超声处理对鲜榨番茄汁上清液中果胶物质物理化学性质的影响

特性	CUT-0min	CUT-5min	CUT-10min	CUT-15mn	CUT-20min	CUT-30min
GalA(mol%)	77.75±1.73a	74.69±1.73b	73.77±1.58bc	71.11±0.62c	67.92±2.29d	64.37±0.28e
Fuc(mol%)	0.30±0.06a	0.29±0.07a	0.29±0.02a	0.30±0.03a	0.32±0.03a	0.33±0.04a
Rha(mol%)	1.63±0.17a	1.52±0.10ab	1.40±0.06b	1.36±0.10bc	1.17±0.07cd	1.13±0.14d
Gal(mol%)	6.26±0.57d	6.58±0.56cd	7.02±0.50cd	7.57±0.22bc	8.42±0.37ab	9.26±0.42a
Xyl(mol%)	11.36±0.83e	13.85±1.51b	14.33±0.94cd	16.29±0.51b	18.70±2.16b	21.07±0.71a
Ara(mol%)	2.19±0.28c	2.58±0.14bc	2.71±0.17bc	2.89±0.18b	3.06±0.23ab	3.48±0.24a
Man(mol%)	0.51±0.01a	0.49±0.02a	0.47±0.02ab	0.47±0.04ab	0.41±0.04bc	0.36±0.03c
主链长	3.43±0.10a	3.02±0.29ab	2.87±0.23bc	2.50±0.07cd	2.16±0.23de	1.83±0.02e
侧链长	5.18±0.15e	6.06±0.38de	6.94±0.18cd	7.71±0.56c	9.85±0.61b	11.34±1.22a
DM(%)	26.88±2.98c	27.24±2.88c	27.56±3.14c	28.01±1.71c	28.61±3.81c	29.19±3.91c
M_w	316.36±11.2c	309.82±23.4c	305.31±31.4c	280.55±39.8c	225.17±2.4d	183.70±18.3d

注:同行不同小写字母表示有显著性差异($P<0.05$)。果胶分子的主链长表示为 GalA/(Fuc+Rha+Ara+Gal+Xyl);侧链长表示为(Ara+Gal)/Rha。Man、Rha、GalA、Xyl、Gal、Ara、Fuc 分别为甘露糖、鼠李糖、半乳糖醛酸、木糖、半乳糖、阿拉伯糖、岩藻糖

从果胶分子结构的角度看,本研究中冷超声处理导致 Rha 降低,这表明鼠李半乳糖醛酸聚糖 I(RG-I)骨架被超声劈开。Gal 和 Ara 增加,可以得出 RG-I 的劈开主要发生在具有较少侧链或短链的区域。但值得注意的是,Rha 的减少显著低于 GalA 的减少,这表明同型半乳糖醛酸聚糖(HG)骨架同时发生了裂开,并且大于鼠李半乳糖醛酸聚糖 II(RG-II)骨架裂开的程度。而 Xyl 的增加意味着木糖半乳糖醛酸聚糖(xylogalacturonan,XG)和芹半乳糖醛酸聚糖(apiogalacturonan,APG)子域的变化可以忽略不计。本研究中冷超声导致鲜榨番茄汁上清液中果胶变化主要发生在 HG 子域和含有较少侧链或短链的 RG-I 骨架的平滑区域。换言之,冷超声导致果胶分子降解主要发生在主链。当超声时间从 15min 增到 20min 时,粒径大小 $D_{[4,3]}$ 和果胶 M_w 都发生显著性降低。

显然,对于番茄汁的黏度而言,粒径的减小对黏度增大的贡献不能抵消果胶降解对黏度减小的贡献。因此,黏度具有降低的趋势。当超声时间为 20~30min 时,粒径分布曲线几乎完全重叠,而上清液中果胶的分子量和主链显著性降低。因此,本研究中番茄

汁黏度的降低是果胶分子量和果胶形状发生变化联合作用的结果。基于上述描述可知，冷超声的第二阶段（≥20min）中鲜榨番茄汁出现剪切变稀抵抗主要是由果胶分子的主链降解造成的。

3）冷超声处理对鲜榨番茄汁营养特性的影响

抗坏血酸是番茄中最重要的营养素之一，其含量范围为 7.7～59.4mg/100mL（Sánchez-Moreno et al.，2006）。由图 5.49 可知，未经超声处理的番茄汁中抗坏血酸的含量为 13.76mg/100mL。超声时间达到 5min 时，抗坏血酸的含量从 13.76mg/100mL 增加至 15.84mg/100mL，随后基本保持稳定（16.54～16.80mg/100mL）。由于抗坏血酸的降解速率具有温度依赖性，低温有助于抑制抗坏血酸的降解。因此本研究采用冷超声（10℃）对抑制抗坏血酸降解是有利的。

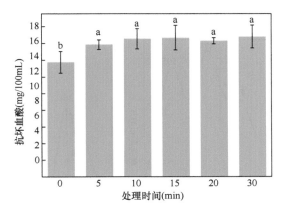

图 5.49　冷超声处理对鲜榨番茄汁中抗坏血酸含量的影响

不同小写字母表示有显著性差异（$P < 0.05$）

冷超声处理对鲜榨番茄汁中总酚含量的影响见图 5.50。与抗坏血酸的变化趋势不同，随着超声时间从 0min 延长至 30min 的过程中，番茄汁中总酚含量由 17.32mg GAE/100g

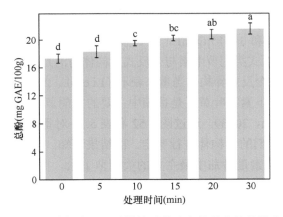

图 5.50　冷超声处理对鲜榨番茄汁中总酚含量的影响

不同小写字母表示有显著性差异（$P < 0.05$）

持续增加至 21.60mg GAE/100g。大量研究报道了超声导致果汁中多酚含量增加，包括草莓汁（Bhat and Goh，2017）、仙人掌汁（Zafra-Rojas et al.，2013）、胡萝卜-葡萄汁（Nadeem et al.，2018）、酸柑汁（Bhat et al.，2011）等。多酚物质以游离态和与细胞壁物质如果胶、纤维素、半纤维素等结合的状态存在（Escarpa and González，2001）。超声通过空穴作用使细胞壁破碎释放多酚从而使测定的多酚含量增加。

　　冷超声处理对鲜榨番茄汁中类胡萝卜素含量的影响见图 5.51。由于类胡萝卜素顺式异构体没有商品化的标准品，故本研究参考近年来文献中报道的最常用的方法来进行类胡萝卜素异构体的鉴定。不同的类胡萝卜素的顺式异构体除了具有全反式构型的最大吸收波长外，在 330～360nm 处还有一个特征吸收峰，通常称为"顺式峰"，将这个顺式峰与最大波长吸收峰高度的比值称为 Q 值（Q 值=b/a，见图 5.51）。结合不同的 Q 值和峰的特征吸收光谱可对不同顺反构型的类胡萝卜素进行鉴定（Sun et al.，2015a；Li et al.，2012a；Liu et al.，2009；Lin and Chen，2003）。

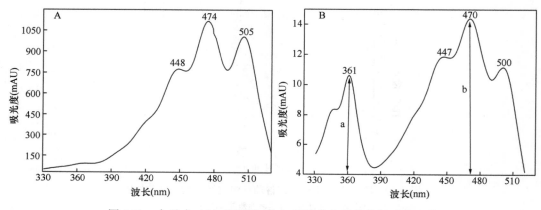

图 5.51　全反式（A）和顺式（B）类胡萝卜素的特征吸收光谱

　　类胡萝卜素的定量方法：番茄汁中番茄红素、β-胡萝卜素和叶黄素的含量采用外标法进行测定。由于高浓度和低浓度的类胡萝卜素的标准曲线相差很大，都需要分别配制。番茄红素的标准曲线浓度分别为 0.5～20μg/mL 和 30～100μg/mL，β-胡萝卜素的标准曲线浓度分别为 0.3～2μg/mL 和 1～15μg/mL，叶黄素的标准曲线浓度分别为 0.01～0.15μg/mL 和 1～15μg/mL。由于顺式类胡萝卜素与全反式异构体的消光系数相同，因此顺式类胡萝卜素的含量通过相应的全反式异构体当量来表示（Li et al.，2012b；Lin and Chen，2003）。

　　番茄红素、β-胡萝卜素和叶黄素是番茄中主要的类胡萝卜素，也是番茄中最主要的活性物质（Lin and Chen，2003）。通过图 5.52 和表 5.31 对番茄汁中全反式番茄红素、β-胡萝卜素、叶黄素及它们的异构体进行鉴定。由结果可知，全反式番茄红素、全反式β-胡萝卜素和全反式叶黄素是番茄中最主要的类胡萝卜素，同时鉴定出包括顺式叶黄素/顺式叶黄素-5,8-环氧化物、13-顺式叶黄素、15-顺式-β-胡萝卜素、双-顺式-β-胡萝卜素、13-顺式-β-胡萝卜素、15-顺式番茄红素、13-顺式番茄红素、9,13-双-顺式番茄红素、9-顺式番茄红素、9′-顺式番茄红素、5,9-顺式番茄红素、5-顺式番茄红素、5′-顺式番茄红素等 13 种顺式构型的类胡萝卜素。

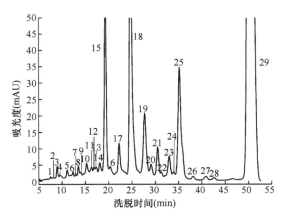

图 5.52　番茄汁中类胡萝卜素的液相色谱图

表 5.31　番茄汁中全反式和顺式类胡萝卜素的鉴定

编号[h]	保留时间（min）	组分	测定的 λ^a（nm）	报道的 λ（nm）	测定的 Q^f	报道的 Q
1[b]	7.520	顺式叶黄素/顺式叶黄素-5,8-环氧化物	342 400 425 447	339 405 423 453	0.57	0.53
3[c]	8.926	全反式叶黄素	427 447 473	422 446 476	—[g]	—
4	9.562	13-顺式叶黄素	331 422 442 468	332 416 440 468	0.51	0.39
10	15.270	15-顺式-β-胡萝卜素	345 422 448 471	344 422 446 476	0.39	0.37
14[d]	17.320	双-顺式-β-胡萝卜素	363 405 426 465	350 404 422 458	0.64	0.68
15	19.301	全反式-β-胡萝卜素	458 480	458 482	—	—
16	20.314	13-顺式-β-胡萝卜素	348 428 453 480	344 422 458 476	0.19	0.20
17	22.217	15-顺式番茄红素	361 446 471 501	362 446 470 500	0.69	0.61
18	24.734	13-顺式番茄红素	361 441 467 497	362 440 470 500	0.55	0.55
19	27.745	9,13-双-顺式番茄红素	432 459 489	434 464 494	—	—
21	30.511	9-顺式番茄红素	365 436 463 494	362 446 470 500	0.12	0.12
22	31.283	9′-顺式番茄红素	362 440 463 495	362 443 469 503	0.23	0.28
23[e]	32.980	5,9-顺式番茄红素	362 443 469 499	361 440 467 496	0.19	0.19
25	39.179	5-顺式番茄红素	363 447 473 505	362 446 475 503	0.10	0.11
28	42.661	5′-顺式番茄红素	363 442 471 501	362 442 467 500	0.32	0.35
29	50.397	全反式番茄红素	446 471 503	452 476 506	—	—

注：a. 流动相 A 相为乙腈：正丁醇（80：20，V/V），B 相为二氯甲烷：溶剂 A（20：80，V/V）；b. 流动相 A 相为甲醇：甲基叔丁基醚：水（81：14：5，V/V/V），B 相为甲醇：甲基叔丁基醚：水（90：5：5，V/V/V）；c. 流动相 A 相为正丁醇：乙腈（30：70，V/V），B 相为二氯甲烷，d. 流动相 A 相为甲醇：乙腈：水（84：14：2，V/V/V），B 相为二氯甲烷（80：20 或 45：55，V/V）；e. 流动相 A 相为甲醇：乙腈（25：75，V/V），B 相为甲基叔丁基醚；f. 定义为类胡萝卜素紫外吸收峰的顺式峰高与全反式峰高的比值；g. 未获取到相应的数据；h. 其中 2、5～9、11～13、20、24、26 和 27 号峰在当前测试方法中为未知物质

　　由表 5.32 可知，番茄汁中番茄红素的含量是 9017.8μg/100g，占总类胡萝卜素的 85.13%，是番茄中最主要的类胡萝卜素（Li et al.，2012b）。其中 5-、9-、13-和 15-顺式构型是最主要的顺式番茄红素异构体（Fröhlich et al.，2007）。冷超声时间增加至 10min 的过程中，总类胡萝卜素、总番茄红素、总 β-胡萝卜素和总叶黄素含量持续增加，并达到最大值，随后随着超声时间的延长呈现降低趋势。在所有的 16 种顺反构型中，有 13

表5.32 冷超声处理对鲜榨番茄汁中类胡萝卜素含量的影响（μg/100g）

编号	组分	CUT-0min	CUT-5min	CUT-10min	CUT-15min	CUT-20min	CUT-30min
1	顺式叶黄素/顺式叶黄素-5,8-环氧化物	12.66±2.61b	13.88±0.83ab	16.34±0.95a	12.32±0.91b	12.33±1.00b	12.70±0.51b
3	全反式叶黄素	271.1±0.67d	286.1±3.82ab	291.0±2.57a	282.5±6.26b	280.1±4.26bc	274.4±4.81cd
4	13-顺式叶黄素	13.40±0.72b	15.38±1.16ab	18.54±1.27a	14.08±2.02b	11.96±1.41bc	8.68±0.98c
	总叶黄素	297.2±3.81cd	315.4±3.45ab	325.9±4.43a	308.9±5.93bc	304.4±4.42bcd	295.8±3.82d
10	15-顺式-β-胡萝卜素	83.59±3.63bc	97.15±5.88a	100.53±18.14a	81.30±3.35bc	76.33±7.12cd	61.43±3.15d
14	双-顺式-β-胡萝卜素	98.52±7.68c	109.25±11.35abc	116.71±4.02a	114.49±4.02a	111.97±5.58ab	100.51±7.68bc
15	全反式-β-胡萝卜素	1046.5±17.5b	1212.8±72.9a	1219.0±47.6a	1191.0±47.6a	1186.3±10.2ab	1120.0±87.3a
16	13-顺式-β-胡萝卜素	48.79±4.81b	59.30±4.51a	63.57±3.58a	58.42±3.56a	55.59±5.97ab	48.95±3.66b
	总β-胡萝卜素	1277.4±31.9b	1478.5±57.4a	1499.8±52.7a	1445.2±17.7a	1430.2±19.5a	1330.9±83.2b
17	15-顺式番茄红素	107.0±9.4b	102.8±7.4bc	124.4±7.8a	100.6±5.3bc	93.39±3.82cd	85.51±7.26d
18	13-顺式番茄红素	689.5±56.5ab	713.7±35.9a	748.6±10.4a	690.2±56.5ab	629.9±43.4b	568.3±18.9c
19	9,13-双-顺式番茄红素	57.45±2.02a	57.58±7.86a	57.58±1.45a	56.95±1.54a	56.05±3.68a	56.35±3.92a
21	9-顺式番茄红素	88.37±4.30bc	93.99±4.30b	109.4±0.5a	86.04±3.02bc	82.82±4.64bc	76.06±5.22c
22	9-顺式番茄红素	25.92±0.37a	28.68±1.81a	26.68±0.71a	27.68±0.51a	25.00±0.61a	27.25±0.80a
23	5,9-顺式番茄红素	94.14±5.39bc	103.8±9.88b	116.0±2.75a	96.21±7.21bc	90.48±5.28c	87.63±7.63c
25	5-顺式番茄红素	155±7.1b	190.0±8.5a	187.1±8.8a	192±4.5a	191.4±5.3a	191.1±8.7a
28	5-顺式番茄红素	25.98±0.32a	22.84±0.60b	22.51±0.37b	23.83±1.44b	23.12±0.68b	25.26±0.56a
29	全反式番茄红素	7773.6±182.6ab	7930.4±192.5ab	8218.5±135.4a	7815.5±234.7ab	7799.5±492.2ab	7495.4±253.1b
	总番茄红素	9017.8±235.6bc	9243.8±227.5ab	9610.8±127.2a	9089.0±232.3bc	8991.7±469.9bc	8612.8±239.8c
	总类胡萝卜素	10592.4±229.3c	11037.7±266.8ab	11436.5±81.2a	10843.1±248.7b	10726.3±452.9bc	10239.5±288.9c

注：同行不同小写字母表示有显著性差异（P<0.05）

种的变化趋势与上述变化趋势一致，而全反式 β-胡萝卜素和 5-顺式番茄红素在超声时间为 5min 时达到峰值，在随后的超过过程中保持恒定，9,13-双-顺式番茄红素和 9′-顺式番茄红素在超声处理的整个过程中都保存恒定。而 5′-顺式番茄红素在超声前 5min 降低，超声时间增至 20min 的过程中保持恒定，而当超声时间达到 30min 又恢复至与未经超声处理样品中的含量相当。值得注意的是，番茄汁中类胡萝卜素的稳定性具有单体特异性。在所有的异构体中，13-顺式叶黄素是对冷超声处理最敏感的，当超声时间延长至 10min 时增加至对照组的 1.38 倍，而超声时间延长至 30min 时减少至对照组的 65%。有研究报道超声通过破坏细胞结构能使苹果汁中类胡萝卜素含量增加（Abid et al.，2014a），而也有研究报道超声导致番石榴汁中类胡萝卜素发生降解而导致其含量降低（Campoli et al.，2018）。尽管全反式类胡萝卜素的生物活性低于顺式构型的类胡萝卜素（Richelle et al.，2011），但本研究中类胡萝卜素没有发生构型由全反式向顺式转化。这可能是由于本研究中采用的冷超声温度低于类胡萝卜素构型转化的温度。Colle 等（2013）研究表明，只有萃取温度达到 60℃或更高的温度时全反式番茄红素才能转化为顺式番茄红素。

冷超声处理对鲜榨番茄汁中类胡萝卜素体外生物利用度的影响见表 5.33。在鉴定出的 16 种类胡萝卜中，仅有 12 种在消化物的上清液中检测到，而顺式叶黄素/顺式叶黄素-5,8-环氧化物、13-顺式叶黄素、9′-顺式番茄红素和 5′-顺式番茄红素这 4 种单体由于在番茄汁中含量较低，未在消化物上清液中检测到。全反式叶黄素的体外生物利用度（18.7%～28.44%）大于全反式-β-胡萝卜素（7.73%～16.50%）和全反式番茄红素（8.09%～17.82%）的体外生物利用度。这是由于类胡萝卜素的生物利用度与其性质有关，叶黄素类由于具有比其他类胡萝卜素更强的极性而促进其转移至食物胶束中（O'Connell et al.，2007；Goñi et al.，2006）。由结果来看，顺式构型类胡萝卜素的体外生物利用度均大于其对应的全反式类胡萝卜素的体外生物利用度，这是由于与全反式构型相比，顺式构型的类胡萝卜素不易结晶和聚集，从而导致其在食物胶束中的溶解性增大（Boileau et al.，1999）。与番茄汁中类胡萝卜素变化趋势不同，所有类胡萝卜素单体的体外生物利用度都随着冷超声处理时间的延长而增加，随后达到稳定。对于总类胡萝卜素而言，当冷超声处理时间达到 15min 时，达到稳定的平台期。对于其单体而言，全反式叶黄素、9-顺式番茄红素、5,9-顺式番茄红素、5-顺式番茄红素和全反式番茄红素在内的这 5 种单体的生物利用度在超声时间为 15min 时达到稳定的平台期，而其他单体的生物利用度的平台期达到时间为 20min。当冷超声时间达到 30min 时，所有类胡萝卜素单体的体外生物利用度增加 1.52～2.33 倍。这些结果表明，冷超声处理能大幅提高鲜榨番茄汁中类胡萝卜素的生物利用度。文献报道证实超声能提高番石榴汁（Campoli et al.，2018）和芒果-木瓜汁（Buniowska et al.，2017）中类胡萝卜素的体外生物利用度。

冷超声处理对鲜榨番茄汁抗氧化活性的影响见表 5.34。随着超声时间的延长，亲水性抗氧化活性呈现一直增加的趋势，而亲脂性抗氧化活性在超声时间延长至 10min 的过程中呈现增加趋势，随后降低。鲜榨番茄汁的抗氧化活性变化与其内源的活性物质密不可分，亲水性抗氧化活性与抗坏血酸和多酚的变化趋势一致，亲脂性抗氧化活性与类胡萝卜素变化趋势一致。并且由亲水性抗氧化活性（HAA）和亲脂性抗氧化活性（LAA）的测定方法来看，其强度主要取决于可萃取出的相应的水溶性和脂溶性物质。

表 5.33　冷超声处理对鲜榨番茄汁中类胡萝卜素体外生物利用度的影响（%）

编号	组分	CUT-0min	CUT-5min	CUT-10min	CUT-15min	CUT-20min	CUT-30min
1	顺式叶黄素/顺式叶黄素-5,8-环氧化物	—	—	—	—	—	—
3	全反式叶黄素	18.70±0.6c	19.91±0.39c	24.96±1.10b	26.32±1.27ab	26.94±1.50ab	28.44±2.50a
4	13-顺式叶黄素	—	—	—	—	—	—
10	15-顺式-β-胡萝卜素	12.34±0.33e	15.44±0.78d	20.74±1.96c	22.24±0.70bc	23.93±1.24ab	25.58±1.18a
14	双-顺式-β-胡萝卜素	10.69±0.53c	12.68±0.60c	16.65±0.35b	17.99±0.40b	22.38±2.29a	24.25±1.54a
15	全反式-β-胡萝卜素	7.73±1.07d	8.82±0.37d	11.98±1.47c	13.95±0.67b	15.85±0.78a	16.50±1.41a
16	13-顺式-β-胡萝卜素	13.18±0.60d	16.421.35c	19.980.79b	21.311.28b	23.792.09a	24.321.47a
17	15-顺式番茄红素	13.12±0.29c	18.35±0.78b	24.00±2.20a	24.81±0.32a	25.99±1.18a	27.01±1.81a
18	13-顺式番茄红素	12.42±0.78d	16.72±1.52c	20.00±1.21b	21.03±1.68ab	22.04±1.30ab	23.64±2.19a
19	9,13-双-顺式番茄红素	15.46±1.36d	18.15±0.87d	24.04±2.03c	25.13±1.03bc	27.61±3.21ab	28.95±1.58a
21	9-顺式番茄红素	13.91±0.85d	17.78±2.19c	23.23±0.88b	24.70±2.48ab	25.58±0.90ab	26.68±0.66a
22	9′-顺式番茄红素	—	—	—	—	—	—
23	5,9-顺式番茄红素	11.11±0.76d	15.45±1.17c	20.91±1.32b	23.39±1.10ab	24.92±1.22a	25.91±1.04a
25	5-顺式番茄红素	12.30±1.69d	15.29±0.69cd	20.65±1.93bc	22.51±0.94ab	24.53±2.32ab	26.63±3.24a
28	5′-顺式番茄红素	—	—	—	—	—	—
29	全反式番茄红素	8.09±0.45d	11.54±1.14c	13.72±0.37b	16.19±1.40a	17.15±1.44a	17.82±1.39a
	总类胡萝卜素	8.95±0.25d	12.11±0.66c	14.77±0.05b	16.94±0.95ab	18.04±0.99a	18.81±1.21a

注：同行不同小写字母表示有显著性差异（$P<0.05$）；体外生物利用度定义为消化后上清液中类胡萝卜素的浓度与未消化样品中类胡萝卜素的浓度的比值；"—"表示未测定。

表 5.34　冷超声处理对鲜榨番茄汁抗氧化活性的影响（μmol TE/100g）

处理条件	亲水部分		亲脂部分	
	DPPH	ABTS	DPPH	ABTS
CUT-0min	37.77±1.33c	111.63±5.15d	27.55±1.87b	64.71±3.73e
CUT-5min	40.47±1.47c	126.06±3.82c	30.53±1.58b	75.73±4.08d
CUT-10min	46.17±2.36b	139.58±4.22b	42.05±4.63a	100.51±2.87a
CUT-15min	50.50±3.72ab	147.17±3.15a	41.34±3.91a	92.52±2.36b
CUT-20min	51.31±2.78ab	151.77±5.18a	40.70±2.80a	86.49±2.49bc
CUT-30min	52.05±4.35a	154.98±3.61a	36.80±1.90a	84.22±7.00c

注：同行不同小写字母表示有显著性差异（$P<0.05$）。DPPH 为 1，1-二苯基-2-三硝基苯肼；ABTS 为 2，2′-联氨-二（3-乙基-苯并噻唑-6-磺酸）二铵盐

4）冷超声处理对鲜榨番茄汁安全特性的影响

冷超声处理对鲜榨番茄汁中菌落总数的影响见图 5.53。原番茄汁中菌落总数约为 4.18log CFU/mL，与文献报道的巴西梅汁原汁中菌落总数的结果一致（Oliveira et al.，2018）。随着超声时间延长至 30min，鲜榨番茄汁中菌落总数减少至 3.07log CFU/mL。结果表明，冷超声处理具有潜在的减少即食非巴氏杀菌原果汁中微生物的功能。当前，美国食品和药物管理局（FDA）规定果汁加工要达到对特定的致病菌减少 5log CFU/mL 的要求，但对于菌落总数没有特定的规定。尽管如此，菌落总数的减少对于消费者的安全是有利的。事实上，本研究中的冷超声处理导致鲜榨番茄汁中菌落总数减少的程度较低，这可能是由冷超声的操作参数和原料本身的化学性质导致的，如冷超声处理的低温操作及原料富含类胡萝卜素及其抗氧化活性的性质。这些因素都对超声致使微生物失活的效果是不利的。文献报道的超声导致钙添加的橙汁中菌落总数减少 1.38log CFU/mL（Gómez-López et al.，2010），橙汁中菌落总数减少 1.08log CFU/mL（Valero et al.，2007），这与本研究的结果相近。

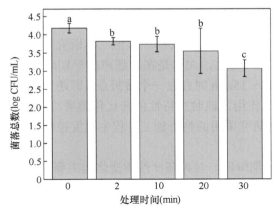

图 5.53　冷超声对鲜榨番茄汁中菌落总数的影响
不同小写字母表示有显著性差异（$P<0.05$）

5）冷超声影响鲜榨番茄汁稳定性及营养特性的时空机制

冷超声处理（10℃，0～30min）对鲜榨番茄汁物理稳定性、营养特性及安全性影响研究的有关结果表明，超声时间延长至 10～15min 的过程中，番茄汁的物理稳定性、营养价值和安全性得以持续改善。这对于增加各种原果蔬汁在观光农场、农贸市场、汁吧、餐厅及家庭中的消费具有重要意义。这些变化主要是超声的空穴效应导致番茄汁的多尺度结构发生变化的结果。研究表明，冷超声对鲜榨番茄汁的物理稳定性和营养特性的影响呈现一定的时空特性。在第一阶段（≤15min），超声主要对颗粒相起作用，超声通过空穴效应使细胞壁结构破坏，导致粒径逐渐减小，并伴随可溶性物质释放到上清相；在第二阶段（≥20min），超声的机械场和化学场主要对上清相起作用，导致果胶和类胡萝卜素降解。当前研究初步证实冷超声对两相作用的转折点，即当番茄汁中粒径约为 160μm 的颗粒被超声完全破坏时就由超声主要对颗粒相起作用转变为主要对上清相起作用。

空穴效应是超声波工作的实质所在，当超声波穿过液体介质时会产生压缩和稀疏区域。当超声功率超过稀疏区域某一特定的最小值时，液体分子会产生充满气态或液态的空隙、气泡或空穴。在超声循环的过程中，这些空泡可能会发生突然、强烈地坍塌，在局部区域释放大量的能量，从而产生局部短暂的高温（5000℃）和高压（100MPa）的热点（Gogate and Prajapat，2015）。基于空穴作用，在热点位置或邻近的地方可以引起三个作用于原料的应力场：第一，热场作用；第二，由液体高速剪切和相关联的冲击波激发的空泡坍塌而形成的剪切力，该剪切力产生的机械场；第三，超声过程中 H_2O 被分解产生的自由基和过氧化氢形成的化学作用。

本研究中冷超声在鲜榨番茄汁中的工作机制通过进一步讨论使其合理化。除流变参数外，将上述研究中其余测定的指标基于其来源可分为三个类型，即颗粒相、上清相及两相的相互作用的产物。这些参数值随着冷超声时间的延长产生的变化通过图 5.54 的热图来展示。从空间的视角来看，番茄汁是非均相体系，可以被认为是一种由果肉颗粒（固态弹性相）分散在汁的上清液（液态黏性相）构成的混杂两相体系。前者主要由果肉组织细胞及其碎片、细胞壁和其关联的不溶性聚合物组成，而后者主要由可溶的多糖、单糖、盐、酸等组成（Anthon et al.，2008）。显然，本研究采用的冷超声处理对番茄汁的作用具有明显的时间-空间特性，尤其是在冷超声的早期阶段主要对固相即颗粒相起作用，而当时间延长至 10～15min 时存在一个转折点，即超声从主要作用于颗粒相转为主要对液态相即上清相起作用。该时空特性的转化伴随着冷超声处理以机械-化学作用为主的作用方式。由于本研究采用的整个加工过程中温度控制在 10℃，因此热场作用不作为主要考虑的因素。

在冷超声处理的初期阶段，对番茄汁性质变化起主要作用的是超声产生的机械场，主要表现为超声导致细胞壁破坏从而使得固体颗粒粒径减小及其相关联的变化。在这个阶段，上清相中主要的多糖物质（果胶）没有显著性变化。这主要归结于空泡在邻近的相界面发生快速的坍塌。在均相的液态介质中，超声波产生的空泡在其径向运动过程中基本维持球形。而对于非均相体系，鉴于体系中存在颗粒，由于当空泡接近颗粒会变为不对称的径向运动，因此其对称径向运动将受到阻碍。与此同时，空泡周围的压力逐渐发生变化，其球形会受到严重损害，从而导致其更容易发生坍塌。这就意味着在冷超声处理的早期阶段，大部分空泡在接近固体颗粒时会发生内破坍塌，并驱动固体颗粒高速移动。空泡坍塌导致高速剪切作用的同时，高速运动的颗粒间相互碰撞导致细胞壁破坏，从而导致颗粒粒径显著性降低。该阶段发生的抗坏血酸、总酚和类胡萝卜素增加就属于粒径减小带来的结果。

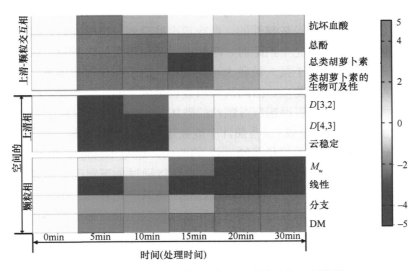

图 5.54　冷超声对鲜榨番茄汁影响的时空机制热图

超声处理进入第二阶段，番茄汁的变化主要集中在上清相的分子水平变化。主要的依据是在该阶段颗粒粒径大小没有显著性变化，而上清相中果胶物质的 M_w 和类胡萝卜素显著降低。然而，在这一阶段很难明确超声的机械场和化学场各自的贡献。超声导致多糖降解是由机械场作用（剪切作用导致聚合物键断裂）和化学场作用（自由基导致共价键裂开）共同导致。前者是由于空穴作用导致的剪切力劈开了大分子物质，而后者主要是由在空穴作用过程中水分子被分解为自由基所导致。相比之下，机械解聚作用优先作用于链的中点，而化学作用是随机的。根据上清液中果胶结构变化的结果来看，本研究推断机械作用是解聚发生的主要机制。而关于超声导致类胡萝卜素的降解已被大量文献报道所证实（Sun et al., 2010）。但遗憾的是，对于类胡萝卜素的降解而言，无论对于模拟体系或真实的食品体系，上述的三种作用场的贡献都是不明确的。所有的研究都表明超声处理过程中水产生的自由基（O·、OH·、HO₂·）和 H_2O_2 能导致类胡萝卜素降解。这也是当前冷超声处理导致番茄汁中类胡萝卜素降解的最可能的原因。在冷超声处理的第一阶段，累积了大量的自由基而导致在第二阶段中类胡萝卜素更快的降解。同时，由于低温抑制酶活性及类胡萝卜素的降解消耗大量的自由基，从而使得抗坏血酸、多酚物质免受酶促降解及自由基导致的氧化降解。第二阶段中抗坏血酸保持恒定也进一步支持这一说法。另外，冷超声处理第二阶段导致总酚含量增加可能是由于内源多酚在对位和邻位发生羟基化所导致（Ashokkumar et al., 2008）。类胡萝卜素-蛋白质复合物的分解和色质体的破坏是该阶段类胡萝卜素体外生物利用度得以改善的主要原因（Saini and Keum，2018）。

明确超声处理对两相作用转折的触发点是非常重要并且有意义的。由此，从未经冷超声处理及冷超声处理的番茄汁的粒径分布结果来观察，未经冷超声处理的番茄汁仅存在一个峰值为 400μm 左右的大峰，而对于冷超声处理的番茄汁而言，400μm 左右的大峰逐渐减小，并且在更低的粒径范围内出现一个新的峰。对于经冷超声处理的番茄汁而言，无论超声时间如何变化，新产生峰的峰值均位于 80μm 左右。因此，我们假定上述提及的转折点是具有颗粒粒径依赖性的，当冷超声处理到一定时间时，超声通过空穴效应导致能被破坏的最大颗粒完全消除时，即超声对两相作用的转折点。而该假设成立的前提条件是超声不能破坏小于某一粒径大小的颗粒。由于在任何环境下，超声均不能完全消除果汁悬浮液中的颗粒物质，由此认为该假设是成立的。为了确定能被超声处理破坏的颗粒的最大粒径，我们假设超声对颗粒的破坏是均匀的，即母粒子被超声破坏为两个相同的子粒子。如果该假设成立，番茄汁中能被超声破坏的颗粒最大粒径应为 160μm，即最终被超声破坏产生微粒的粒径（80μm）的两倍。这与 Doktycz 和 Suslick（1990）发表于 Science 的文章中提到的 150μm 接近。这可以通过如下原因来解释：为了产生使空泡发生非对称坍塌的压力梯度，固体颗粒边界应该具有足够的大小；当颗粒是小于能被超声空穴作用破坏的最大颗粒时，就不会导致颗粒发生非对称的径向运动（Moholkar et al.，2012）。

5.1.2.4 内源酶控制与番茄酱产品品质的关联机制

近年来，寻求传统热加工的替代或辅助加工技术一直是研究的热点。超声是一种有效促使果蔬汁中酶失活的非热技术，与此同时，超声通过破坏细胞壁结构导致粒径减小，能改善果蔬汁的理化特性，如能提高体系的黏度及悬浮稳定性（Gao et al.，2019；Adekunte et al.，2010）。与热处理相比，超声处理能最大限度地保留活性物质甚至促进活性物质释放，进而提高果蔬制品的营养价值（Ojha et al.，2018）。因此，我们假设与传统番茄酱生产过程中的冷破和热破灭酶处理方式相比，超声辅助冷破处理能达到甚至超过冷破处理的灭酶效果，并且使番茄酱黏度能达到甚至超过热破酱，同时能提高番茄酱的流变学特性和营养特性，并改善番茄酱的风味。本研究采用 4 种灭酶方式，即冷破（cold break，CB）、热破（hot break，HB）、超破（ultrasound break，UB）和超声辅助冷破（cold ultrasound break，CUB）制备得到冷破酱（cold break paste，CBP）、热破酱（hot break paste，HBP）、超破酱（ultrasound break paste，UBP）和超声辅助冷破酱（cold ultrasound break paste，CUBP），研究其流变性质的差异及其机制，并进一步探究超声辅助冷破处理对番茄酱中主要的活性物质含量及生物活性的影响。以期得到一种新型的能提高番茄酱黏度和改善营养价值的超声辅助冷破灭酶技术，为生产高质量番茄酱提供依据。

1）番茄酱加工中内源酶失活方式

番茄酱的制备参照 Capanoglu 等（2008）的方法并加以修改（图 5.55）。挑选大小均匀、成熟度一致的雷克斯番茄（产地重庆市璧山区）进行实验，番茄的可溶性固形物含量为 4.20°Brix±0.02°Brix，可滴定酸度为 0.46g/100g±0.02g/100g。将番茄清洗后滤干表面水分，切成丁后用打浆机打浆 2min，于 0.09MPa 的真空条件下脱气 3min，对所得的含皮和籽的番茄酱进行不同的灭酶处理。

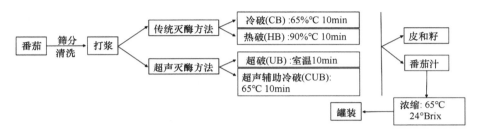

图 5.55　番茄酱的制备流程图

冷破：将装有 1000mL 番茄酱的烧杯置于沸水浴中并不断搅拌，待预热至 65℃时将烧杯转移至 65℃的水浴锅中进行保温处理 10min，随后立即放入冰浴中冷却。

热破：参照王佳佳（2019）的方法进行热破处理。将装有 1000mL 番茄酱的烧杯置于沸水浴中并不断搅拌，待预热至 90℃时将烧杯转移至 90℃的水浴锅中进行保温处理 10min，随后立即放入冰浴中冷却。

超破：将 100mL 已脱气的番茄酱倒入 100mL 的高脚烧杯中，将 6mm 的超声探头插入烧杯中，深度为 15mm。设定超声功率为 500W，频率为 20～25kHz，脉冲时间为 2s 开 2s 关，室温为 22℃±2℃，超声过程中番茄酱的温度≤30℃。

超声辅助冷破：将 100mL 预热到 65℃的番茄酱倒入 100mL 的高脚烧杯中，将烧杯置于与恒温槽连接的装有纯水的双层夹套中。为了维持超声温度为 65℃，将恒温槽温度设为 60℃，通过循环并调节流速来控制温度。将 6mm 的超声探头插入烧杯中，深度为 15mm。在 65℃下 500W 超声处理 10min，随后立即放入冰浴中冷却。根据 Margulis 和 Margulis（2003）的方法测得超声强度为 87.52W/cm^2。

将上述不同灭酶处理后的番茄酱过 60 目筛以除去皮和籽后得到番茄汁。将 700mL 番茄汁装入 1L 的梨形瓶中，于 65℃下 0.09MPa 真空浓缩至 24.00°Brix±0.20°Brix，将番茄酱于超净工作台中转移至已灭菌的玻璃瓶中，密封保存于 4℃待测。将一部分灭酶后并去除皮和籽的番茄汁及浓缩后番茄酱冻干，即干样，用来测定活性成分。

大量研究表明，PME 和 PG 是番茄细胞壁中存在的对果胶起重要作用的两种内源酶，决定了冷破、热破番茄酱的最终黏度。选择合适的灭酶条件使两种酶不同程度的失活尤为重要。

由图 5.56 可知，冷破（CB）、热破（HB）、超破（UB）和超声辅助冷破（CUB）处理后的冷破番茄汁（CBJ）、热破番茄汁（HBJ）、超破番茄汁（UBJ）和超声辅助冷破番茄汁（CUBJ）中 PME 活性分别减小 37.26%、100%、8.28%和 76.70%，PG 活性分别减小 22.44%、100%、5.16%和 63.96%。从传统的热处理灭酶方式来看，HB 导致番茄汁中 PME 和 PG 完全失活，而 CB 处理后有 62.74%的 PME 活性和 77.56%的 PG 活性残留。这表明，热破是一种比冷破更有效的灭酶方式。酶的失活程度与热处理的温度和时间相关，随着温度的升高，PME 的失活速率也提高（Raviyan et al.，2005；Crelier et al.，2001）。关于不同热处理导致两种酶失活的研究报道较多，Wu 等（2008）报道在 60℃、65℃ 和 70℃ 热处理条件下，使番茄汁中 PME 活性降低 90% 需要的时间分别为 90.1min、23.5min 和 3.5min。Hsu（2008）报道冷破处理导致 PME 和 PG 活性分别降低 30% 和 12%。Andreou 等（2016）报道 Alamanda 品种的番茄汁在 55℃ 处理 60min 后，PME 活性仍有 50% 残留。这些不同的灭酶效果与番茄的品种、成熟度、预热速率及实验方法有关。从超声辅助灭酶方式来看，UB 处理对番茄汁中 PME 和 PG 活性影响显著低于 CUB 处理（$P<0.05$），这是由于超声对酶活性的影响具有时间和温度依赖性，超声仅在和热或压力等联合作用时才能使酶大量失活（Abid et al.，2014b）。Terefe 等（2009）研究频率为 20kHz、振幅为 65μm 的超声处理对番茄汁中 PME 和 PG 失活的影响，发现温度为 50～75℃ 的声热能加强 PME 和 PG 的失活速率，其中 PME 失活速率增加 1.5～6 倍，PG 失活速率增加 2.3～4 倍。Wu 等（2008）研究表明 22mm 探头-24kHz-400W 的超声在 60℃、65℃、70℃ 处理条件下，使番茄汁中 PME 活性降低 90% 需要的时间分别为 60min、65min 和 70min，最佳的温度范围为 60～65℃。在超声过程中，由于温度升高会抑制自由基的产生，由此可推断在 CUB 处理中热作用及超声空穴效应产生的机械作用是导致酶失活的主要因素，酶的结构能被热和机械作用所破坏（Abid et al.，2014b；Tiwari et al.，2009b；Wu et al.，2008；Vercet et al.，2002）。在 CB、UB 和 CUB 这三种灭酶方式处理后，番茄汁中残留的 PG 活性均高于 PME 活性，这是由于 PG 对热和机械处理具有更强的抵抗性（Hsu，2008；Rodrigo et al.，2006；Fachin et al.，2003；De et al.，1995）。与 CB 相比，CUB 导致酶的失活效果更好（Wu et al.，2008），这表明在番茄酱生产过程中，超声辅助冷破是一种比冷破更为有效的灭酶方式。

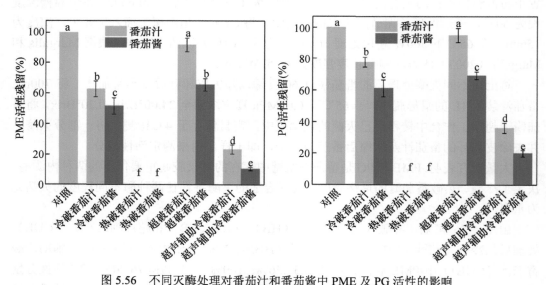

图 5.56　不同灭酶处理对番茄汁和番茄酱中 PME 及 PG 活性的影响

不同小写字母表示有显著性差异（$P<0.05$）

番茄汁经浓缩后得到的冷破番茄酱（CBP）、热破番茄酱（HBP）、超破番茄酱（UBP）

和超声辅助冷破番茄酱（CUBP）中 PME 活性分别残留 62.45%、0、67.68%和 9.78%，而 PG 活性分别残留 61.18%、0、69.03%和 20.00%。与浓缩前相比，浓缩虽然导致 PME 活性降低 48.29%～58.01%、PG 活性降低 21.12%～44.51%，但长时间浓缩过程并未导致酶完全失活，残留的酶活性可能对番茄酱在贮藏过程中的品质产生影响。

2）灭酶处理对番茄酱上清相中果胶性质的影响

番茄酱是由颗粒相和上清相组成的悬浮体系，尽管有报道表明上清相对悬浮液的流变性质影响较小，但上清相是悬浮液结构的重要组成部分，会影响粒子间的相互作用（Moelants et al.，2014a，2014b，2013），可溶的果胶与颗粒相的相互作用也十分重要。这些都会对悬浮液的结构及理化性质有重要影响（Kyomugasho et al.，2015a，2015b；Moelants et al.，2014b；Christiaens et al.，2012a）。因此，对加工过程中上清相中果胶理化性质的研究对解释悬浮体系的理化性质改变具有重要的意义。

灭酶处理对番茄酱上清相中果胶含量的影响见图 5.57。未处理的番茄汁上清相中果胶的含量为 10.91mg/g，与王佳佳（2019）报道的 9 个品种的番茄汁上清相中果胶含量为 10～15mg/g 的结果一致。CBP 和 HBP 上清相中果胶含量均高于对照样品，这表明冷处理和热处理对番茄酱中果胶溶出具有促进作用。HBP 上清相中果胶含量是 CBP 上清相中果胶含量的 1.56 倍。这可以归结为以下几个方面的原因：随着处理温度的升高，果胶的热溶解性增大；高温可能导致 β 消除解聚细胞内部果胶而使得部分果胶溶出；热破导致 PME 和 PG 完全失活，HBP 中果胶没有受到酶的降解（Ciruelos et al.，2001；Chou and Kokini，1987）。Lin 等（2005b）报道热破酱上清相中水溶性果胶的得率是冷破酱得率的 2 倍。Chou 和 Kokini（1987）报道热破酱上清相中水溶性果胶的得率是 7%，冷破酱的得率是 2.9%。不同报道中番茄酱水溶性果胶得率不同，这可能是由不同品种、不同处理条件等因素导致。

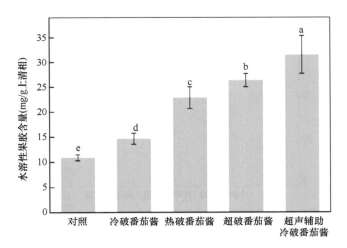

图 5.57　不同灭酶处理对番茄酱上清相中果胶含量的影响

不同小写字母表示有显著性差异（$P < 0.05$）

尽管 UB 和 CUB 处理后残留的酶会导致果胶发生降解，但 UBP 和 CUBP 上清相中果胶含量分别为 CBP 中的 1.80 倍和 2.15 倍，是 HBP 中的 1.15 倍和 1.38 倍。这是由于超声通过空穴效应导致细胞破坏，使得细胞内的果胶释放到上清相中（Grassino et al.，2016）。UBP 中果胶含量大于 HBP 中的含量，这是由于与热处理相比，超声对果胶的萃取作用大于热处理导致的增溶作用。UBP 中的水溶性果胶含量比 CUBP 中低，这是由于 CUB 处理的冷和超声对细胞结构破坏具有协同作用，并且 CUB 导致酶失活程度大于UB，从而也减小了对果胶的降解作用。

灭酶处理对番茄酱上清相中水溶性果胶甲氧基化度的影响见图 5.58。甲氧基化度（DM）是评价果胶性能的一个重要指标，与果胶的凝胶特、流变特、稳定等特性密切相关（Mu et al.，2017）。由图 5.58 可知，番茄汁上清相中水溶性果胶属于低甲氧基果胶，DM 大小为 34.38%，这与 Labarthe 等（2010）和 Santiago 等（2016）报道的结果一致（13.5%～35.9%）。果蔬及其制品中果胶的 DM 受加工过程中内源 PME、PG 及不同的加工条件的影响。PME 能导致果胶发生去甲酯化，并转化为较低甲氧基果胶或果胶酸（Giner et al.，2000），PG 能进一步水解聚半乳糖醛酸链上的 α-1,4-糖苷键，进而导致果胶发生解聚（Houben et al.，2014；Tibäck et al.，2009；Raviyan et al.，2005；Giner et al.，2000）。与未处理番茄汁上清相中水溶性果胶相比，由于 HB 导致 PME 和 PG 酶完全失活，热作用对果胶的甲氧基化度没有显著性影响（$P>0.05$）。而 CB、UB 和 CUB 这三种灭酶方式处理后残留的酶会对果胶进行去甲酯化，导致 CBP、UBP 和 CUBP 中水溶性果胶的 DM 显著降低，低于 HBP 中果胶相应的值（Santiago et al.，2017）。CUB 处理后残留的 PME 活性显著低于 CB 和 UB 处理，由此可知 CUBP 中果胶的 DM 大于 CBP 和 UBP上清中果胶的甲氧基化度。尽管 CB 对 PME 失活程度大于 UB，但 CBP 和 UBP 上清中果胶的 DM 没有显著性差异（$P>0.05$），这可能是由于超声导致细胞壁受到破坏而使得酶释放，释放出来的酶由于没有细胞结构的保护作用而在浓缩过程中失活速率较高。

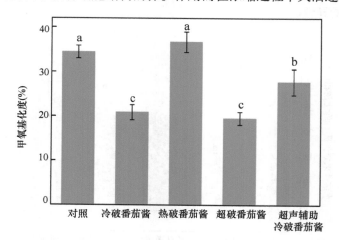

图 5.58　不同灭酶处理对番茄酱上清相中果胶甲氧基化度的影响
不同小写字母表示有显著性差异（$P<0.05$）

不同灭酶处理得到的番茄酱上清相中水溶性果胶的重均分子量如图 5.59 所示。与对照相比，所有灭酶处理都导致番茄酱上清中水溶性果胶的分子量发生不同程度的降低。

HB 处理虽然导致酶完全失活，但 HBP 中水溶性果胶的 M_w 比对照低 17.78%，这意味着果胶在热处理过程中发生了降解。Cámara Hurtado 等（2002）报道热破酱中水溶性果胶分子量降低（Santiago et al.，2017；Houben et al.，2014；Lin et al.，2005b），并将原因归结于果胶除了受酶的影响外，也受热降解作用形成低分子量的聚半乳糖醛酸。大量研究表明内源酶的存在会解聚果胶从而导致果胶分子量降低。CBP、UBP 和 CUBP 上清中水溶性果胶的 M_w 分别为 67.27kDa、74.09kDa、131.38kDa，都低于 HBP（161.23kDa）。这说明残留的酶导致了果胶发生降解，同时也反映出酶对果胶的降解作用大于热降解作用。CB 和 UB 处理后残留的酶活性高于 CUB 处理，导致 CBP 和 UBP 中果胶的降解程度更大。UBP 与 CBP 中水溶性果胶 M_w 没有显著性差异，这一方面可能是由于 UB 处理时没有热的作用；另一方面超声导致细胞结构破坏促进酶的释放，释放出来的酶由于没有细胞结构的保护作用而在浓缩过程中失活速率较高。

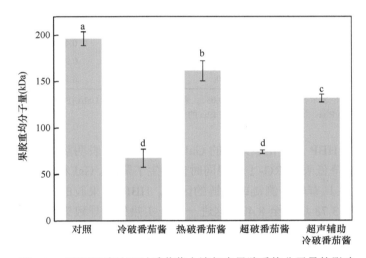

图 5.59　不同灭酶处理对番茄酱上清相中果胶重均分子量的影响

不同小写字母表示有显著性差异（$P<0.05$）

灭酶处理对番茄酱上清相中果胶单糖组分的影响见表 5.35。番茄酱上清相中果胶的单糖组成包括半乳糖醛酸（GalA）、岩藻糖（Fuc）、鼠李糖（Rha）、半乳糖（Gal）、木糖（Xyl）、阿拉伯糖（Ara）、甘露糖（Man），其中 GalA 的含量是最高的，其次是 Gal、Xyl、Rha、Ara、Man、Fuc，这与文献报道的结果一致（Santiago et al.，2016）。半乳糖醛酸通常用来表达果胶含量（Houben et al.，2014）。此外，甘露糖主要源于存在于果胶物质中的非果胶多糖（Santiago et al.，2018）。不同的灭酶处理对番茄酱中果胶物质单糖的组成类型没有影响，但单糖组分发生变化。

从果胶分子结构角度看，果胶包括光滑区和毛糙区两个区域，它们的糖组分和结合方式不同。其中光滑区主要是由同型半乳糖醛酸聚糖（homogalacturonan，HG）子域组成，毛糙区域由鼠李半乳糖醛酸聚糖Ⅰ（rhamnogalacturonan Ⅰ，RG-Ⅰ）、鼠李半乳糖醛酸聚糖Ⅱ（rhamnogalacturonan Ⅱ，RG-Ⅱ）、木糖半乳糖醛酸聚糖（xylogalacturonan，XG）、芹半乳糖醛酸聚糖（apiogalacturonan，APG）等子域组成。HG 拥有由 α-1,4-糖苷键连接的半乳糖醛酸聚合体组成的线性骨架，其中不同比例的半乳糖醛酸作为酯基，酯化的半乳糖醛酸与总的半乳糖醛酸的比例即酯化度。而 RG-Ⅰ 是一个具有侧链区域的骨架，由(1,4)-α-GalA-(1,2)-α-Rha 构成。在两种骨架中，GalA 残基不与侧链相连，Ara 和 Gal 主要构成 RG-Ⅰ 的侧链，而 Fuc 和 Xyl 主要存在于 RG-Ⅱ、XG 和 APG 的侧链。

表 5.35   不同灭酶处理对番茄酱上清相中果胶物质物理化学性质的影响

特性	对照	CBP	HBP	UBP	CUBP
GalA（mol%）	81.42±0.85a	49.22±0.59d	69.74±2.20b	49.59±1.01d	59.66±0.56c
Fuc（mol%）	0.37±0.02c	0.65±0.03a	0.40±0.04c	0.66±0.05a	0.52±0.03b
Rha（mol%）	3.00±0.29c	5.47±0.31a	2.46±0.22c	5.72±0.24a	4.09±0.22b
Gal（mol%）	8.36±0.76d（2.79）	26.83±1.02a（4.92）	15.44±0.20c（6.27）	26.73±1.44a（4.67）	21.15±0.20b（5.18）
Xyl（mol%）	3.25±0.20c（1.09）	8.44±0.31a（1.55）	6.11±0.39b（2.49）	8.17±0.40a（1.43）	6.67±0.30b（1.63）
Ara（mol%）	2.96±0.22d（0.99）	8.93±0.24a（1.63）	5.27±0.28c（2.15）	8.67±0.56a（1.51）	7.45±0.30b（1.82）
Man（mol%）	0.64±0.03a	0.47±0.01c	0.57±0.01b	0.47±0.02c	0.47±0.01c
主链长	4.55±0.26a	0.98±0.02d	2.36±0.26b	0.99±0.44d	1.50±0.04c
侧链长	3.78±0.31d	6.56±0.50c	8.42±0.10a	6.18±0.23c	7.00±0.12b

注：同行不同小写字母表示有显著性差异（$P<0.05$）。果胶分子的主链长为 GalA/(Fuc+Rha+Ara+Gal+Xyl)，与 RG-Ⅰ 相连的侧链长为(Ara+Gal)/Rha；括号内表示各单糖与 Rha 的比值

与对照相比，HBP 上清相中果胶的 GalA 比例降低，表明热处理导致果胶的 HG 骨架发生降解，Rha 降低表明 RG-Ⅰ 骨架同时也发生了降解。Gal 和 Ara 增加，表明 RG-Ⅰ 的降解主要发生在具有较少侧链或短链的区域。HBP 中果胶的主链长从 4.55 降低至 2.36，而侧链长从 3.78 增加至 8.42，这进一步证实热处理导致果胶的主链发生降解（谢蔓莉，2019）。HBP 和 CBP 果胶中 GalA 摩尔比分别为 69.74% 和 49.22%，中性糖摩尔比分别为 30.26% 和 50.78%，这表明 HBP 上清果胶富含半乳糖醛酸，而 CBP 上清果胶富含中性糖，这与 Lin 等（2005b）报道的结果一致。这是由于在 CB 处理后残留的 PG 能水解聚半乳糖醛酸链上的 α-1,4-糖苷键，促使果胶发生解聚，从而使得果胶主链的长度降低（Houben et al.，2014；Tibäck et al.，2009）。比较中性糖与 Rha 的比例可得，CBP 果胶中的 Ara/Rha、Xyl/Rha 和 Gal/Rha 比 HBP 果胶中相应的比值低，这表明酶对果胶的降解发生在聚半乳糖醛酸区域，该区域一些中性糖（Ara、Xyl 和 Gal）也分布在侧链（Hwang et al.，1993）。这与 CBP 上清相果胶的侧链（6.56）比 HBP 上清相果胶侧链（8.42）短的结果一致。由于受酶的降解程度较低，CUBP 上清相中果胶的 GalA 比例大于 CBP 和 UBP 上清相中果胶的 GalA 比例。CBP 和 UBP 中果胶的 GalA 和中性糖的比例没有显著性差异（$P>0.05$），这一方面可能是由于在 UB 处理过程中没有热的作用；另一方面超声导致细胞破坏促使酶释放，释放出来的酶由于没有细胞结构的保护作用而在浓缩过程中失活速率较高。

3）内源酶失活方式对番茄酱物理稳定性的影响

对番茄酱粒径大小的影响。由图 5.60 粒径分布分析结果可知，传统灭酶处理得到的

CBP 和 HBP 的粒径分布与未处理番茄汁的粒径分布都呈"单峰状"，粒径峰值约在
400μm，这与文献报道的番茄细胞平均大小（300～1000μm）的结果是一致的。传统的
热处理灭酶对番茄酱的粒径分布形状没有显著性影响，没有出现新的峰，热处理导致
400μm 左右的峰有所减小，而 10～200μm 范围内的小粒子占比有所增大。经超声辅助
灭酶得到的 CBP 和 CUBP 的粒径分布呈"双峰状"，两个粒径峰值分别在 400μm 和 80μm
左右。CUBP 在 400μm 左右的峰比 UBP 小，而 80μm 左右的峰比 UBP 大。不同灭酶方
式对番茄酱粒径大小影响的结果见图 5.61。从传统热处理灭酶方式来看，CBP 和 HBP
的 $D_{[4,3]}$ 与对照没有显著性差异（$P>0.05$），而 $D_{[3,2]}$ 显著低于对照（$P<0.05$），CBP 的
$D_{[3,2]}$ 显著高于 HBP。这表明，HBP 比 CBP 具有更大的小粒子占比。与 Wu 等（2008）
报道的热破和冷破对番茄汁的 $D_{[4,3]}$ 没有显著性影响，而热破番茄汁的 $D_{[3,2]}$ 比冷破番茄
汁小的结果一致。$D_{[4,3]}$ 主要受大粒子影响，而 $D_{[3,2]}$ 主要受小粒子影响（Rojas et al., 2016），
由此可得出热处理对小粒子的影响更大，且温度越高影响越大。从超声辅助灭酶的角度
来看，由于超声的空穴效应能破坏细胞结构、加强粒子间的碰撞及侵蚀大粒子，

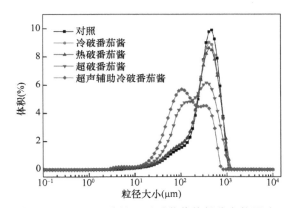

图 5.60　不同灭酶处理对番茄酱粒径分布的影响

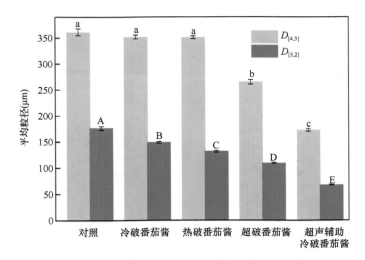

图 5.61　不同的灭酶处理对番茄酱粒径大小的影响
不同小写字母表示不同番茄酱的 $D_{[4,3]}$ 有显著性差异（$P<0.05$）；不同大写字母表示番茄酱的 $D_{[3,2]}$ 有显著性差异（$P<0.05$）

导致粒子大幅减小（Wu et al.，2008），且破坏程度大于热处理，因此可得出 UBP 和 CUBP 的 $D_{[4,3]}$ 和 $D_{[3,2]}$ 都显著低于 CBP 和 HBP 相应的值。超声导致粒径减小在其他果蔬制品如番茄汁（Wu et al.，2008）、鳄梨酱（Bi et al.，2015）中得到广泛的证实。与热处理不同，超声导致 $D_{[4,3]}$ 减小的幅度明显大于 $D_{[3,2]}$ 减小的幅度，这表明超声处理对大粒子的结构破坏大于对小粒子的结构破坏（Gao et al.，2019）。UBP 的 $D_{[4,3]}$ 和 $D_{[3,2]}$ 都显著高于 CUBP，这是由于 CUB 处理中超声和热对番茄汁粒子的破坏具有协同作用。

对番茄酱黏度特性的影响。黏度是番茄制品最重要的质量参数之一，受上清相中果胶和颗粒相中细胞壁聚合物的浓度、类型、理化性质等因素影响（Illera et al.，2018；Hsu，2008）。图 5.62 展示了 4 种灭酶方式得到的番茄酱的图片。4 种番茄酱的黏度结果见图 5.63，黏度大小为 CUBP＞UBP＞HBP＞CBP。其中，HBP 的黏度为 CBP 黏度的 2.24 倍，这是由于番茄制品的黏度随着灭酶阶段温度的提高而增大（Goodman et al.，2002；Caradec and Nelson，1985；Luh and Daoud，1971）。UBP 和 CUBP 的黏度分别是 CBP 黏度的 2.93 倍和 4.08 倍，是 HBP 黏度的 1.30 倍和 1.82 倍。这表明与热处理相比，超声辅助灭酶是一种有效提高番茄酱黏度的处理方式。许多研究报道超声能导致鳄梨酱（Bi et al.，2015）、番茄汁（Anese et al.，2013；Vercet et al.，2002）、芒果果茶（Huang et al.，2018）等果蔬制品的黏度增大，并将原因归结于细胞结构破坏导致颗粒间相互作用加强及细胞壁物质的溶出等因素。CUBP 的黏度是 UBP 黏度的 1.40 倍，这表明超声和冷处理对提高番茄酱的黏度具有协同作用。

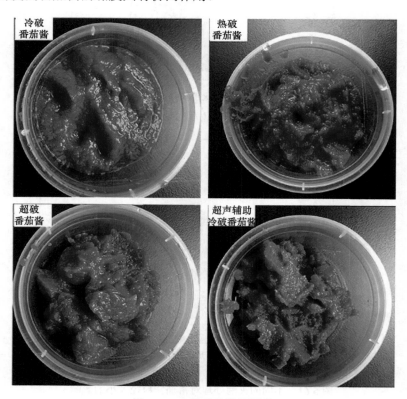

图 5.62 4 种番茄酱的图片

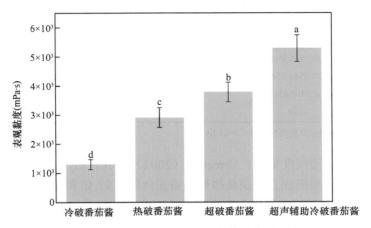

图 5.63　不同灭酶处理对番茄酱黏度的影响

不同小写字母表示有显著性差异（$P<0.05$）

不同灭酶处理对番茄酱稳态流变学特性的影响。由图 5.64 可知，番茄酱的表观黏度随着剪切速率的增大而减小，这表明番茄酱是一种非牛顿流体，具有剪切变稀特性（Duvarci et al.，2017），且不同的灭酶处理不改这一性质。将图 5.64 的数据通过 Herschel-Bulkley 模型拟合后得到表 5.36 的参数，拟合结果较好（$R^2=0.99$）。不同灭酶方式处理得到的番茄酱的流动指数 $n \leqslant 0.5$，这进一步表明番茄酱属于有剪切变稀的假塑性非牛顿流体，且这一性质不受热和超声处理影响。CBP、HBP、UBP 和 CUBP 的流动指数 n 分别为 0.50、0.45、0.34 和 0.27，由此可知，在灭酶阶段提高处理温度及辅以超声都能导致番茄酱的流动性发生改变，流动指数越小表明样品假塑性越强，越接近类固体性质（Sharoba et al.，2005）。稠度系数（K）和屈服应力（τ_0）具有相同的变化趋势，即 CUBP＞UBP＞HBP＞CBP。这与 Fito 等（1983）报道的结果一致，他们的研究表明热破酱具有比冷破酱更高的稠度系数、屈服应力和较低的流动指数，并将原因归结于热

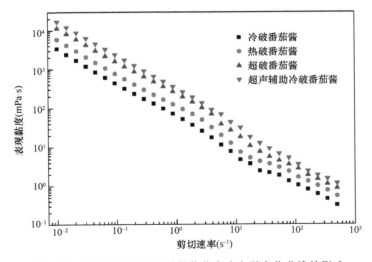

图 5.64　不同灭酶处理对番茄酱稳态流变学变化曲线的影响

表 5.36　不同灭酶处理对番茄酱的稳态流变曲线幂律方程拟合参数

参数	CBP	HBP	UBP	CUBP
τ_0（Pa）	33.50±5.08d	58.31±7.16c	85.41±7.16b	110.72±10.24a
K（Pa·s^n）	39.25±3.33d	70.70±9.23c	152.30±17.71b	194.00±12.58a
n	0.50±0.02a	0.45±0.01b	0.34±0.02c	0.27±0.03d
R^2	0.99	0.99	0.99	0.99

注：同行不同小写字母表示有显著性差异（$P<0.05$）

破比冷破导致酶的失活程度更大。Vercet 等（2002）研究表明，超声联合冷处理得到的番茄汁其表观黏度和屈服应力分别是热处理番茄汁的 2.77 倍和 1.89 倍，而流动指数减小 40%。超声灭酶对番茄酱的稳态流变特性的影响具有温度依赖性，CUBP 的 K 和 τ_0 比 UBP 大，而流动指数 n 比 UBP 小。

不同灭酶处理对番茄酱结构恢复能力的影响（图 5.65）。触变性是描述材料在剪切力作用下导致结构发生破坏及剪切力移除后结构的恢复情况（Mewis and Wagner，2009）。番茄酱的网络结构重组能力通过三段触变测试（3ITT）来确定。实验可得，首先在线性黏弹区范围内选取 0.1%的应变条件，并在该条件下得到稳定的 G' 和 G''（第一段），随后在非线性黏弹区范围内 100%的大应变条件下破坏番茄酱的结构（第二段），最后又在 0.1%的应变条件下评价 G' 的恢复情况（第三段）。结果可得，在 300s 的恢复时间内，CBP、HBP、UBP 和 CUBP 的结构重构能力分别为 62.84%、65.05%、67.62%、68.96%，它们之间没有显著性差异（$P>0.05$）。番茄酱的结构重构能力可能与灭酶和浓缩过程中颗粒大小、颗粒压缩、形变、颗粒间的相互作用、上清相果胶的变化及两相所组成的三维网络结构有关；同时也受结构破坏阶段对凝胶结构造成不可逆的破坏及剪切诱导形成新的网络结构等复杂因素影响。尽管 CBP 上清相中果胶含量及三维网络结构强度均比 HBP 低，但其结构重构能力（62.84%）与 HBP 的重构能力（65.05%）相当，这可能与不同结构的果胶性质有关。富含中性糖的 CBP 中果胶比富含半乳糖醛酸的 HBP 中果胶具有更好的柔韧性（Lin et al.，2005a），这可能会促进番茄酱结构重构。经超声辅助灭酶得到的番茄酱具有与传统灭酶得到的番茄酱相当的结构重构能力，这表明超声是一种辅助制备番茄酱的较好的技术选择。

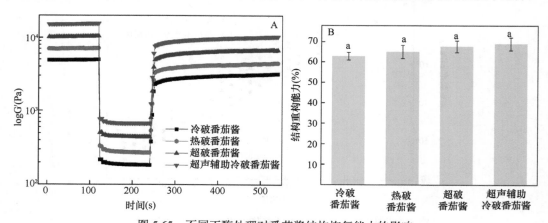

图 5.65　不同灭酶处理对番茄酱结构恢复能力的影响

A 为 4 种番茄酱的 3ITT 曲线图；B 为番茄酱的结构恢复百分比图。相同小写字母表示没有显著性差异（$P>0.05$）

　　不同灭酶处理对番茄酱线性黏弹性的影响。通过对番茄酱施加动态应变扫描，研究不同灭酶方式对其线性黏弹性的影响。由图 5.66 可知，当应变幅度 $\gamma_0 \leqslant 1\%$，4 种番茄酱的 G' 和 G'' 不随应变幅度变化而改变，说明样品处于线性黏弹区；在该线性黏弹范围内 $G' > G''$，表明在线性黏弹区范围内番茄酱呈现类固体性质。当应变幅度 $\gamma_0 > 1\%$ 后，4 种番茄酱结构发生破坏，出现应变软化现象，G' 直接随应变幅度增大而降低，G'' 在应变幅度为 10% 左右与 G' 出现交叉，随后呈现下降趋势。该区域为试样的非线性黏弹区，在此区域内 $G' < G''$，说明试样呈现类液体性质，在大应变条件下发生流动方向的层滑动而导致应变稀化（Sim et al.，2003）。因此，线性黏弹区反应样品在静置或低剪切条件下的性质，非线性黏弹区则反应样品在高剪切下的性质。由结果可知，4 种灭酶方式得到的番茄酱随应变幅度的变化趋势是一致的。在线性黏弹区范围内，G' 的大小为 CUBP＞UBP＞HBP＞CBP。

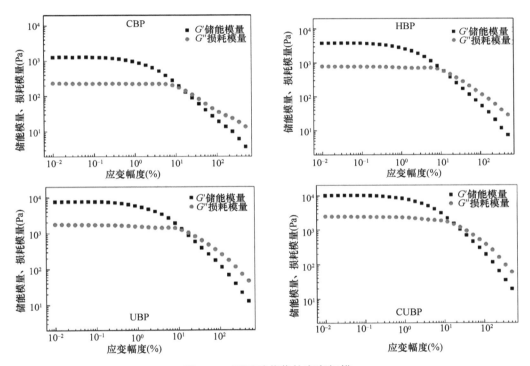

图 5.66　不同番茄酱的应变扫描

　　不同灭酶方式对番茄酱非线性黏弹性的影响。动态振荡测试是使材料受到正弦形变并测定机械响应作为时间函数。振荡剪切测试分为两类：小振幅剪切振荡流变（SAOS）和大振幅剪切振荡流变（LAOS）。对番茄酱施加正弦周期的振荡剪切应变，当应变幅度较小时，番茄酱在线性区有正弦周期的应力响应值；当应变幅度较大时，样品将偏离线性黏弹区，表现为非正弦的应力响应。由图 5.67 中蓝色曲线图可知，对应变扫描图中应力响应函数 $\sigma(t)$ 进行傅里叶变换。在应变幅度 $\leqslant 1\%$ 时，傅里叶变换图谱上只出现 1 次谐波，说明番茄酱的应力变化是正弦函数，符合线性黏弹性条件。而在应变幅度 $> 1\%$ 后，随着应变幅度的增大，相继出现了 3、5、7 次谐波，说明番茄酱的应力变化是非正弦函数，此时番茄酱呈现非线性黏弹性（Hyun et al.，2011）。

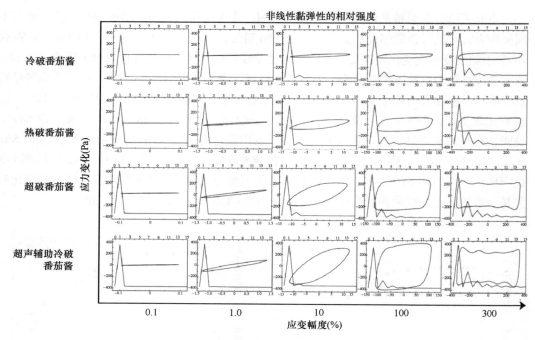

图 5.67　不同番茄酱 Lissajous 曲线及傅里叶转换流变图谱

黑色表示 Lissajous 曲线，蓝色表示傅里叶转换流变曲线

为了表征体系的非线性黏弹性的程度，通常采用 3 次谐波幅度与 1 次谐波幅度的比值表示非线性黏弹性的相对强度（$I_{3/1}$）（Hyun et al.，2011）。图 5.68 是 4 种番茄酱的 $I_{3/1}$ 与应变幅度的变化曲线。四种番茄酱的 $I_{3/1}$ 都随着应变增大而逐渐增大，这表明番茄酱的非线性黏弹性随着应变增大而增大。这可能是由于番茄酱的微观结构在大应变范围内发生形变，导致黏性行为发生永久形变和流动变化等的改变。当结构发生永久变形时，番茄酱的弹性行为将转变为以黏性为主的行为（Anvari et al.，2018）。在 10%～300%的应变幅度范围内，$I_{3/1}$ 的大小顺序为 CUBP＞UBP＞HBP＞CBP，与线性黏弹区内 G' 的变化趋势一致。由此可知，线性黏弹区内模量越大的番茄酱，其非线性黏弹性更为显著。

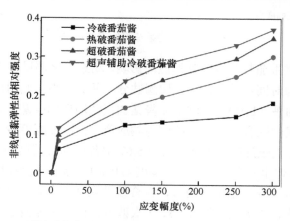

图 5.68　不同番茄酱 3 次谐波相对强度（$I_{3/1}$）与应变幅度的关系

除了利用傅里叶变换流变曲线图来研究体系的非线性黏弹行为，利用 Lissajous 曲线也能较为直观的反应体系的非线性黏弹行为。当 Lissajous 曲线图呈现接近一条直线至椭圆形时，表明体系具有以弹性为主的行为；而非线性黏弹性会导致椭圆形发生扭曲变性，朝着方形发展，表明体系具有以黏性为主的行为。这与样品不同的微观结构、剪切诱导形成的结构和其他结构响应有关（Fuongfuchat et al.，2012）。Lissajous 曲线的椭圆形发生变形是由高次谐波的出现所导致（Fuongfuchat et al.，2012）。图 5.67 是 4 种番茄酱的弹性 Lissajous 曲线图，各番茄酱随着应变幅度的增大呈现相同的趋势，在 0.1%～1% 的应变范围内，Lissajous 曲线围成的图形分别为近似一条直线和椭圆形，这表明该应变范围内 4 种番茄酱都体现线性黏弹行为，以弹性为主；随着应变幅度增大，4 种番茄酱的 Lissajous 曲线围成的图形开始发生形变，逐渐由椭圆朝着矩形方向发展，这表明番茄酱在应变幅度＞1% 的条件下呈现非线性黏弹性。当 Lissajous 曲线从椭圆变为四边形，表明黏性耗散增加，以及样品从以弹性行为为主转为以黏性行为为主（Joyner and Meldrum，2016；Fuongfuchat et al.，2012）。

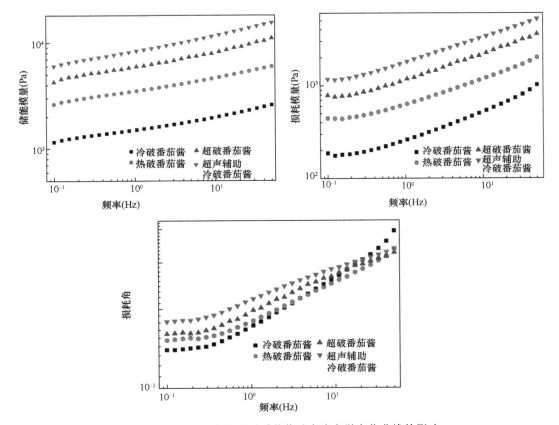

图 5.69　不同灭酶处理对番茄酱动态流变学变化曲线的影响

不同灭酶方式对番茄酱动态流变学特性的影响。通过线性黏弹区范围内的频率扫描得到不同灭酶方式对番茄酱黏弹性的影响，由图 5.69 可知，4 种番茄酱的 G' 和 G'' 都随频率的增大而增大，这表明番茄酱属于一种弱凝胶体系（Rao and Cooley，2010）。而从

表 5.37 结果可知，体现频率依赖性的 $n''>n'$，即 G'' 比 G' 具有更高的频率依赖性，这表明在振荡频率增加的过程中，番茄酱的黏性增加大于弹性增加（Rao and Cooley，2010；Sánchez et al.，2002）。4 种番茄酱的 n'' 和 n' 大小为 CUBP＞UBP＞HBP＞CBP，这表明 CUBP 具有最大的剪切变稀行为，且在振荡过程中具有最好的稳定性。对于 4 种番茄酱，其损耗角（$\tan\delta$）都随着频率的增大而增大，这与稳态剪切测试中番茄酱具有剪切变稀特性的结果是一致的。在同一频率下，4 种番茄酱的 G' 和 G'' 的大小顺序为 CUBP＞UBP＞HBP＞CBP，这与应变扫描中线性黏弹区内的结果一致。HBP 的 G' 和 G'' 高于 CBP，这表明热破酱具有比冷破酱更强的弹性和黏性行为，这与 Sánchez 等（2002）报道的结果一致。CUBP 和 UBP 的 G' 和 G'' 高于 HBP 和 CBP，这表明 CUBP 和 UBP 具有比 HBP 和 CBP 更强的弹性和黏性行为。这与文献报道的超声导致果蔬制品具有更大的 G' 和 G'' 的结果是一致的（Huang et al.，2018；Bi et al.，2015）。超声对番茄酱动态流变特性的影响具有温度依赖性，超声和冷对 G' 和 G'' 的增加具有协同作用。

表 5.37　不同番茄酱的动态流变曲线幂律方程拟合参数

参数	CBP	HBP	UBP	CUBP
k'	1060.61+124.74d	2563.55+388.36c	4368.68+281.58b	6355.94+87.34a
n'	0.11+0.01c	0.13+0.01b	0.14+0.01ab	0.15+0.01a
R^2	0.98	0.99	0.99	0.99
k''	105.23+14.18d	390.12+47.29c	648.61+46.03b	1062.95+87.27a
n''	0.23+0.02c	0.27+0.02b	0.30+0.02a	0.34+0.02a
R^2	0.99	0.99	0.99	0.99

注：同行不同小写字母表示有显著性差异（$P<0.05$）

番茄酱是由上清相和颗粒相所构成复杂悬浮体系，其流变性质受颗粒的大小、形变、浓度、颗粒间相互作用等的影响，也受上清相中的水溶性多糖尤其是果胶含量及其理化性质的影响（Anthon et al.，2008）。4 种番茄酱的黏度和流变学特性中屈服应力、稠度系数、线性黏弹性、非线性黏弹性和假塑性（即类固体性）的变化趋势均为 CUBP＞UBP＞HBP＞CBP。结合不同灭酶方式对酶活性、果胶理化性质及颗粒粒径影响的结果来看，可以将这些变化归结为以下因素：从不同处理对颗粒相影响的角度看，热处理和超声处理都导致颗粒相中的细胞壁结构受到破坏，且超声对细胞壁结构破坏程度大于热处理，超声和热对细胞壁结构的破坏具有协同作用，4 种番茄酱的粒径大小为 CUBP＜UBP＜HBP＜CBP。颗粒粒径的降低能促使颗粒间产生更大的接触面积，导致颗粒间形成更大的相互作用（Wu et al.，2008），同时较小的颗粒也能更好地嵌入果胶的网络结构中，提高体系的黏度、增强体系的网络结构（Wu et al.，2008；Vercet et al.，2002）。从不同处理对番茄酱上清相中果胶含量及理化性质影响的角度看，4 种番茄酱上清相中果胶含量为 CUBP＞UBP＞HBP＞CBP；果胶受内源酶降解，且降解程度与酶活性呈正比，果胶降解会导致体系黏度降低（Houben et al.，2014；Tibäck et al.，2009；Raviyan et al.，2005；Giner et al.，2000），4 种番茄酱上清相中果胶受酶的降解程度为 HBP＜CUBP＜UB≈CUB；酶对果胶的降解主要发生在 HG 子域和含有侧链的 RG-Ⅰ骨架，4 种番茄酱中代表主链的半乳糖醛酸比例为 HBP＞CUBP＞UBP≈CBP；由于富含主链的果胶比富含侧链的果胶具有更大的黏度及更强的分子间相互作用，能形成更强的三维网络结构，促进体系黏度增大，由此推断 4 种番茄酱上清相中果胶的黏度及形成的三维网络结构强度为 HBP＞CUBP＞UBP≈CBP。关于 4 种番茄酱的结构破坏后恢复能力没有显著性差异，需要进一步通过探究 LAOS 阶段对剪切诱导形成的网络结构的剪切增稠/变稀、剪切硬化/软化等机制来进一步解释。

4）内源酶失活方式对番茄酱营养特性的影响

抗坏血酸是番茄中关键的亲水性抗氧化物质，但由于抗坏血酸对热、氧等较为敏感，因此研究在不同的加工过程中抗坏血酸的变化具有重要的意义（Capanoglu et al.，2008）。由图 5.70 可知，未经处理的番茄汁中抗坏血酸含量为 209.80mg/100g DW，经传统灭酶方式处理后，冷破番茄汁（CBJ）和热破番茄汁（HBJ）中抗坏血酸含量分别降至166.34mg/100g DW 和 119.45mg/100g DW，即抗坏血酸损失达到 20.71%和 43.06%。尽管热处理能导致细胞壁物质受到破坏从而释放生物活性物质如多酚类物质（Kelebeket al.，2017；Vallverdú-Queralt et al.，2011），但由于抗坏血酸在热处理尤其是高温条件下更容易发生氧化降解，从而使得含量大幅降低。超破番茄汁（UBJ）中抗坏血酸含量为 262.88mg/100g DW，比对照高 25.30%，这是由于超声的空穴效应导致细胞壁破坏促使抗坏血酸释放，且低温条件下抗坏血酸降解程度低（Souza et al.，2019）。超声辅助冷破番茄汁（CUBJ）中抗坏血酸含量比对照低 13.87%，但比 CBJ 高 17.60%。这表明，CUB 处理过程中超声的萃取作用与抗坏血酸的降解同时发生，且萃取作用大于降解作用。温度与超声协同作用会导致抗坏血酸降解，这与抗坏血酸在超声处理过程中的稳定性具有温度和时间依赖性有关（Souza et al.，2019）。与浓缩前的番茄汁相比，浓缩过程中长时间高温导致抗坏血酸发生降解，进而使得番茄酱中的抗坏血酸含量降低。CBP、

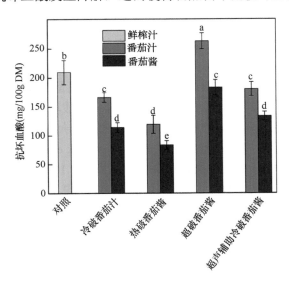

图 5.70　不同灭酶处理对番茄汁和番茄酱中抗坏血酸的影响

不同小写字母表示有显著性差异（$P<0.05$）

HBP、UBP 和 CUBP 中抗坏血酸含量分别为 113.93mg/100g DW、83.52mg/100g DW、183.25mg/100g DW、133.98mg/100g DW，这表明超声辅助冷破灭酶制备番茄酱是一种有效的保留抗坏血酸的方式。

对多酚类物质含量的影响。多酚单体的测定方法：仪器为 LC-20A 高效液相色谱仪（Shimadzu，日本），M20-A 检测器，色谱柱为 Thermo BDS-C18 柱（内径为 250mm×4.6mm，粒径 5μm），柱温为 40℃，检测波长为 280nm，进样体积为 20μL，流速为 0.4mL/min。流动相 A 相为 0.1%磷酸（V/V），B 相为甲醇。梯度洗脱：B 相的体积百分比变化为 15%～60%（0～30min）→60%～80%（30～35min）→80%～90%（35～40min）→90%～15%（40～50min）→15%（50～60min）。图 5.71 为多酚单体的混标图。

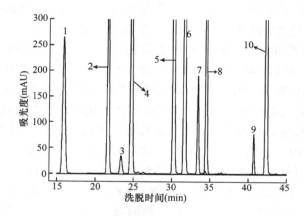

图 5.71 多酚标品色谱图

1. 原儿茶酸；2. 绿原酸；3. 龙胆酸；4. 咖啡酸；5. 对香豆酸；6. 阿魏酸；7. 芦丁；8. 柚皮素-7-O-葡萄糖苷；9. 槲皮素；10. 柚皮素

番茄被认为是一种较好的多酚物质的来源。由表 5.38 可知，番茄中主要的黄酮类物质包括芦丁、槲皮素、柚皮素、柚皮素-7-O-葡萄糖苷，其中含量最多的是芦丁，其次是柚皮素、槲皮素。酚酸主要包括绿原酸、龙胆酸、对香豆酸、咖啡酸、阿魏酸、原儿茶酸。与未处理的番茄汁相比，所有灭酶处理都提高了番茄汁中包括多酚单体及总多酚的含量，其中 CBJ 和 HBJ 中总酚酸增加 29.37%和 9.52%，黄酮类物质含量分别增加 11.74%和 25.63%。Kelebek 等（2017）研究表明，冷破酱中酚酸增加比例较大，而热破酱中黄酮类物质增加比例较大。多酚类物质的增加是由热处理导致细胞壁受到破坏，促使多酚类物质的释放，且随着温度升高释放量也增加（Kelebek et al.，2017；Vallverdú-Queralt et al.，2011）。UBJ、CUBJ 中黄酮类物质含量分别为 412.15μg/g DW 和 384.93μg/g DW，酚酸含量分别为 127.15μg/g DW 和 111.10μg/g DW，均显著高于 CBJ 和 HBJ 中的含量（P<0.05）。这主要是由超声的空穴效应导致细胞组织破碎，使得多酚类物质释放所导致（Rojas et al.，2016；Zafra-Rojas et al.，2013），且超声对细胞壁的破坏程度大于热处理。UBJ 中酚酸和黄酮类物质的含量增加了 66.25%和 34.81%，而经 CUBJ 中酚酸和黄酮类物质的含量增加了 45.27%和 25.91%。这是由于超声温度的提高会导致多酚类物质发生降解。

表 5.38　不同灭酶处理对番茄汁和番茄酱中多酚含量的影响（μg/g DM）

多酚单体	对照	CBJ	CBP	HBJ	HBP	UBJ	UBP	CUBJ	CUBP
芦丁	185.22±15.1g	228.48±4.00cd	196.35±10.86fg	243.27±5.68bc	204.01±10.18ef	266.51±7.39a	221.38±14.86de	254.17±4.72ab	209.41±10.77ef
槲皮素	18.99±0.80e	24.28±0.21d	20.75±0.90e	27.62±1.29bc	25.63±0.45cd	33.71±0.71a	27.64±1.78bc	28.54±1.66b	26.37±2.23bcd
柚皮素	79.43±3.03e	86.28±1.58de	95.77±9.01bcd	97.13±10.39bcd	111.93±7.57a	104.59±7.77ab	114.41±4.15a	90.73±4.56cde	99.85±7.01bc
柚皮素-7-O-葡萄糖苷	22.08±0.69cd	22.40±0.39cd	21.17±1.22d	27.65±0.97b	22.73±0.88cd	32.03±1.56a	24.05±2.77c	30.72±1.21a	23.87±0.80c
总黄酮类	305.72±13.72f	341.61±3.67de	331.39±10.17e	384.09±3.25bc	366.29±12.52c	412.15±15.05a	393.54±20.43ab	384.93±9.44bc	361.67±16.47cd
原儿茶酸	2.33±0.13g	3.55±0.15de	3.04±0.08ef	2.94±0.12efg	2.57±0.14fg	5.54±0.97a	4.22±0.12bc	4.72±0.25b	3.89±0.27cd
阿魏酸	11.03±0.06f	14.71±0.63bc	13.87±1.08cd	12.66±0.73de	12.11±0.23ef	18.03±1.21a	15.74±0.54b	15.72±1.07b	14.55±0.36bc
咖啡酸	13.76±0.91f	18.09±0.74c	16.9±0.62cd	16.07±0.67ef	14.74±0.71ef	22.88±1.02a	17.91±0.50c	20.27±1.05b	18.53±1.29c
对香豆酸	13.94±1.25f	16.08±0.35cd	14.88±0.63de	15.14±0.48de	13.41±0.22ef	20.41±0.53a	16.87±0.25bc	17.39±0.71b	16.71±1.03bc
龙胆酸	16.92±0.24e	22.87±1.00c	20.26±0.52d	18.72±0.74de	17.61±1.30e	29.90±1.29a	20.41±1.85d	25.32±1.65b	20.82±2.10cd
绿原酸	17.22±1.88d	25.36±4.14bc	19.41±1.18d	18.23±1.42d	17.58±0.92d	30.38±3.62a	25.52±2.13b	27.69±2.45ab	20.75±1.46cd
总酚酸	76.48±1.18g	98.94±4.55cd	88.37±0.89e	83.76±0.79f	78.01±1.20g	127.15±4.39a	100.69±0.52c	111.10±2.77b	94.88±0.47d
总酚含量	382.20±13.25f	440.55±1.52de	419.76±10.80e	467.84±3.99c	444.30±13.61cde	539.30±19.03a	494.23±20.27b	496.03±12.03b	456.55±16.58cd

注：同行不同小写字母表示有显著性差异（$P<0.05$）

番茄汁经浓缩后得到的番茄酱中除柚皮素外，其余的多酚单体含量均降低，这是由长时间的高温浓缩促使多酚物质发生降解导致（Kelebek et al.，2017）。与浓缩前相比，番茄酱中柚皮素的含量增加了 9.38%～15.24%，这可能是由番茄中柚皮素查耳酮在高温长时间的浓缩条件下转化为柚皮素所导致（Tomas et al.，2017；Capanoglu et al.，2008）。Tomas 等（2017）研究报道柚皮素查耳酮仅在鲜番茄中检出，而柚皮素在番茄沙司中含量显著增加。尽管不同处理的番茄酱中多酚含量比未浓缩番茄汁中含量低，但 CBP、HBP、UBP、CUBP 中的多酚类物质含量比对照高 9.83%、16.25%、29.31%和 19.45%。这表明，热处理和机械作用都能促进多酚类物质释放，从而提高其生物利用度（Martínez-Huélamo et al.，2015；Bugianesi et al.，2004）。CBP、HBP、UBP 和 CUBP 中总酚类物质的含量分别为 419.76μg/g DW、444.30μg/g DW、494.23μg/g DW 和 456.55μg/g DW。这表明，超声辅助灭酶是一种有效提高番茄酱中多酚类物质含量的处理方式。

番茄红素、β-胡萝卜素和叶黄素是番茄中主要的类胡萝卜素，也是番茄中最主要的活性物质（Lin and Chen，2003）。由表 5.39 可知，未处理番茄汁中番茄红素的含量是 123.74mg/100g DW，占总类胡萝卜素的 82.42%，是番茄中最主要的类胡萝卜素（Li et al.，2012b）。其中 5-、9-、13-和 15-顺式构型是最主要的顺式番茄红素异构体。与对照相比，CBJ、HBJ、UBJ 和 CUBJ 中各单体及总的类胡萝卜素含量有所增加，总叶黄素分别增加 2.89%、12.22%、23.11%、16.67%，总 β-胡萝卜素分别增加 9.09%、23.52%、42.33%、39.77%，总番茄红素分别增加 5.14%、9.72%、18.82%、12.14%。由结果可知，热处理和超声处理都能导致细胞结构受到破坏，从而促进类胡萝卜素含量增加。超声对细胞结构破坏程度大于热处理，但超声和冷具联合作用时会导致类胡萝卜素发生降解（D'Evoli et al.，2013；Hwang et al.，2012；Odriozola-Serrano et al.，2008；Dewanto et al.，2002；Anese et al.，2002）。Dewanto 等（2002）报道原番茄中含有 2.01mg/g 的全反式番茄红素，在 88℃下热处理 2～30min，全反式番茄红素增加到 3～5.32mg/g，总的顺式番茄红素也随着热处理时间的延长而增多。与对照相比，各类胡萝卜素异构体所占比例没有显著性差异（$P>0.05$），这表明短时间的热处理和超声处理没有导致番茄汁中类胡萝卜素发生异构化。

与浓缩前的番茄汁相比，番茄酱中总类胡萝卜素含量降低 8.11%～21.2%，这是由持续长时间热处理导致全反式类胡萝卜素发生氧化或异构化所导致（Murakami et al.，2018；Shi et al.，2008）。与全反式类胡萝卜素的变化趋势相反，顺式类胡萝卜素含量呈增加趋势。未处理番茄汁中顺式类胡萝卜素含量为 18.10mg/100g DW，而 CBP、HBP、UBP 和 CUBP 中顺式类胡萝卜素含量分别增加至 21.15mg/100g DW、23.64mg/100g DW、25.31mg/100g DW 和 25.73mg/100g DW。这是由于长时间热处理导致全反式类胡萝卜素异构化为顺式类胡萝卜素（Hwang et al.，2012；Dewanto et al.，2002）。Dewanto 等（2002）报道总的顺式番茄红素在 88℃热处理时随着处理时间的延长而增多，热处理能增加番茄的营养价值和总的抗氧化能力。CBP、HBP、UBP 和 CUBP 中总类胡萝卜素含量分别为 138.08mg/100g DW、132.28mg/100g DW、153.13mg/100g DW、153.38mg/100g DW。这表明超声辅助灭酶能有保留番茄酱中类胡萝卜素，且使得最终的番茄酱的生物活性更高。

表 5.39　不同灭酶处理对番茄汁和番茄酱中类胡萝卜素含量的影响（mg/100g DW）

编号	组分	对照	CBJ	CBP	HBJ	HBP	UBJ	UBP	CUBJ	CUBP
1	顺式叶黄素/顺式叶黄素-5,8-环氧化物	0.21±0.01cd	0.22±0.02bc	0.16±0.01de	0.23±0.02bc	0.15±0.01e	0.27±0.02a	0.22±0.02bc	0.24±0.02ab	0.18±0.02de
3	全反式叶黄素	4.07±0.15b	4.15±0.28b	3.36±0.13c	4.54±0.27ab	3.30±0.44c	4.96±0.23a	3.51±0.31c	4.72±0.14a	4.15±0.15b
4	13-顺式叶黄素	0.22±0.02e	0.25±0.01de	0.34±0.04ab	0.28±0.03cd	0.32±0.04bc	0.31±0.02bc	0.38±0.04a	0.29±0.03bcd	0.33±0.02ab
	总叶黄素	4.50±0.16de	4.63±0.25d	3.86±0.12f	5.05±0.31bc	3.77±0.45f	5.54±0.23a	4.11±0.29ef	5.25±0.14ab	4.67±0.18cd
10	15-顺式-β-胡萝卜素	1.41±0.14d	1.61±0.10c	1.87±0.08b	1.73±0.14bc	1.84±0.14b	1.92±0.05b	2.12±0.03a	1.77±0.10bc	1.87±0.16b
14	双-顺式-β-胡萝卜素	1.55±0.09d	1.62±0.23d	1.84±0.09bc	1.79±0.18bcd	1.89±0.14ab	1.85±0.06bc	2.02±0.16ab	1.87±0.10bc	2.13±0.09a
15	全反式-β-胡萝卜素	18.08±1.71d	19.75±0.61cd	18.06±0.92d	22.45±2.22b	18.00±1.65d	26.12±4.61a	20.76±0.86bc	25.76±2.13a	20.35±0.89bcd
16	13-顺式-β-胡萝卜素	0.85±0.07d	0.90±0.04cd	1.10±0.03bc	1.08±0.12bcd	1.45±0.21a	1.28±0.13ab	1.43±0.20a	1.20±0.09ab	1.38±0.14a
	总 β-胡萝卜素	21.90±1.57d	23.89±0.76cd	22.87±0.99d	27.05±2.18b	23.18±1.45d	31.17±0.58a	26.33±0.94bc	30.61±2.09a	25.73±0.84bc
17	15-顺式番茄红素	1.71±0.08e	1.77±0.02de	1.93±0.11cde	1.86±0.09cde	1.99±0.17cd	2.24±0.18ab	2.36±0.19ab	2.11±0.13bc	2.47±0.18a
18	13-顺式番茄红素	4.25±0.18e	4.51±0.20de	4.70±0.17cde	4.84±0.57bcd	5.16±0.20bc	5.20±0.17bc	5.41±0.23b	5.05±0.06bcd	5.96±0.58a
19	9,13-双-顺式番茄红素	1.03±0.11f	1.17±0.08ef	1.32±0.08de	1.39±0.10cde	1.61±0.22bc	1.64±0.21ab	1.68±0.06ab	1.54±0.06bcd	1.87±0.14a
21	9-顺式番茄红素	1.88±0.01d	2.03±0.21c	2.23±0.13c	2.41±0.22bc	2.73±0.25ab	2.67±0.27ab	2.79±0.13a	2.33±0.11abc	2.65±0.20ab
22	9-顺式番茄红素	0.32±0.03ab	0.35±0.04a	0.29±0.00bc	0.25±0.01d	0.29±0.00bc	0.27±0.01cd	0.29±0.01bc	0.27±0.03cd	0.30±0.03bc
23	5,9-顺式番茄红素	1.20±0.18e	1.23±0.02e	1.34±0.05de	1.45±0.14cd	1.54±0.05c	1.89±0.06ab	1.92±0.06a	1.73±0.11b	1.94±0.11a
25	5-顺式番茄红素	3.13±0.16c	3.48±0.07bc	3.64±0.24b	3.65±0.24b	4.29±0.26a	4.11±0.22a	4.22±0.31a	3.89±0.32b	4.19±0.11a
28	5-顺式番茄红素	0.34±0.02c	0.37±0.03c	0.39±0.02bc	0.38±0.04bc	0.38±0.03bc	0.45±0.02a	0.47±0.04a	0.43±0.02ab	0.46±0.03a
29	全反式番茄红素	109.89±2.91bc	115.20±8.75bc	95.52±5.91de	119.53±6.14de	87.34±4.63e	128.55±3.46a	103.56±6.85cd	121.42±3.41ab	103.14±11.62cd
	总番茄红素	123.74±2.78c	130.10±8.79bc	111.36±6.08de	135.77±6.07ab	105.33±5.12e	147.03±3.57a	122.69±6.93cd	138.76±3.68ab	122.98±11.89cd
	总类胡萝卜素	150.13±4.19c	150.26±4.4c	138.08±5.28d	167.87±8.38b	132.28±6.89d	183.74±3.11a	153.13±5.92c	174.62±5.53ab	153.38±11.4c

注：同行不同小写字母表示有显著性差异（$P<0.05$）

5.2 食品关键结构域形成与品质提升新机制

5.2.1 高压微射流制备 Pickering 乳液

5.2.1.1 花生蛋白-多糖共混体系理化特性与结构变化规律

1）花生蛋白-多糖共混体系

花生蛋白常被应用于食品配方中以增强食品体系的营养功效和品质功能。研究表明，花生蛋白花具有良好的乳化性、起泡性和持水性等（Arya et al.，2016）。然而有时仅通过花生蛋白是难以满整个食品体系对于功能品质的要求，这时需要通过添加多糖等方法，利用蛋白质-多糖间的相互作用来调节食品结构、质地并增强食品体系的稳定性（Evans et al.，2013；Turgeon et al.，2007）。

流变学手段是研究蛋白质-多糖在共混体系中相互作用的重要手段，通过测定共混体系的连续剪切黏度随温度和剪切速率的变化、振荡流变特性（储能和损耗模量）随频率、温度的变化等，可以研究蛋白质-多糖在不同条件下相互作用的变化规律（Chen et al.，2016；Li et al.，2014a，2006，2012b；Ould Eleya et al.，2006；Vu Dang et al.，2009）。目前在花生蛋白-多糖相互作用方面的研究相对较少，Chen 等（2016）研究了亚麻籽胶对于花生分离蛋白分散液性质及凝胶性质的影响，结果表明，随着亚麻籽胶添加量的增加，共混体系的表观黏度增加且其剪切黏度特性符合 Herschel-Bulkley 模型。然而对花生蛋白-多糖共混体系中的相互作用仍缺乏系统的研究，带电多糖（如带正电荷的壳聚糖和带负电荷的黄原胶）和中性多糖（如瓜尔豆胶）对花生蛋白性质的影响仍没有确切结论。

高压均质是食品工业中常见的加工手段，通过高压均质处理可以提高食品体系的均匀程度及稳定性（Betoret et al.，2015），通过高压均质手段还可以对凝胶进行破碎从而达到制备微凝胶颗粒的目的。高压均质可能会抑制或促进蛋白质-多糖间的相互作用，从而影响食品的最终品质，然而有关花生蛋白-多糖共混体系在高压均质处理后的理化特性及结构变化规律还未见报道。

2）理化特性

（1）花生分离蛋白基本指标测定

分析原料组成是开展研究的基础，通过碱溶酸沉法提取的花生分离蛋白（PPI）组成见表 5.40，经冷冻干燥后 PPI 的水分含量为 2.14%±0.02%，粗脂肪含量为 0.30%±0.05%（湿基），粗蛋白含量为 89.40%±0.89%（湿基），成分组成与龚魁杰（2016）和林伟静（2015）报道的基本一致。碱溶酸沉提取工艺利用蛋白质在不同 pH 下于水中的溶解性，较好地除去了花生蛋白粉中的非蛋白质组分，得到了蛋白质含量较高的 PPI（王强，2012，2013）。通过差示扫描量热法（DSC）实验可知花生球蛋白和花生伴球蛋白的变性温度分别是 101.85℃±0.47℃ 和 89.68℃±0.28℃，花生球蛋白的变性温度高于花生伴球蛋白的变性温度，与封小龙（2014）报道的结果相近。从 SDS-PAGE 图谱（图 5.72）可以看出，PPI 的主要蛋白亚基组成为 67.63kDa、44.76kDa、41.61kDa、37.30kDa、22.72kDa 和 21.66kDa。

通过测定花生分离蛋白的 Zeta 电位随 pH 的变化可知（图 5.73），PPI 的等电点约为 pH 4.5，此时由氨基提供的正电荷与羧基提供的负电荷相抵消，蛋白质表面的总电荷为零；当 pH 低于 4.5 时，由于氨基基团的质子化，PPI 带正电荷；当 pH 高于 4.5 时，由于羧基基团的去质子化，PPI 带负电荷。当 pH≥7 后，蛋白质的 Zeta 电位进入平台区域，这是因为羧基的去质子化接近完全。对 pH<3 的点未进行实验，因为在此酸性条件下的应用意义不大，但可以推测随着氨基基团质子化接近完全，在酸性条件下理论上也同样会出现平台期，整体 Zeta 电位随 pH 的变化曲线呈 S 形。

表 5.40　花生分离蛋白水分、粗脂肪、粗蛋白含量及变性温度

项目		测定结果
水分		2.14%±0.02%
粗脂肪		0.30%±0.05%
粗蛋白		89.40%±0.89%
变性温度	花生球蛋白	101.85℃±0.47℃
	花生伴球蛋白	89.68℃±0.28℃

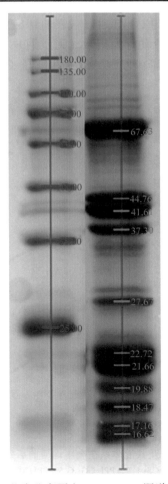

图 5.72　花生分离蛋白 SDS-PAGE 图谱（kDa）

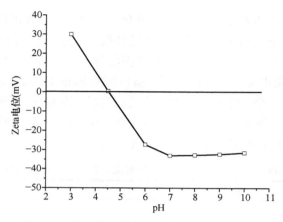

图 5.73　花生分离蛋白 Zeta 电位随 pH 的变化

（2）高压均质对花生蛋白-多糖共混体系连续剪切特性的影响

高压均质处理和未处理样品的黏度随剪切速率的变化如图 5.74 所示。为了更好地描述连续剪切下蛋白质或多糖的单一体系及蛋白质-多糖共混体系剪切特性的变化，应用幂律方程 $\tau=K\gamma^n$ 对各曲线进行了拟合，其中 τ 代表剪切应力（Pa），K 代表稠度系数（Pa·s^n），γ 代表剪切速率（s^{-1}），n 代表流动行为指数（无量纲）。K、n 和拟合度（R^2）的数值如表 5.41 所示，所有样品参数对幂律方程的拟合性良好（$R^2 \geqslant 0.992$）。

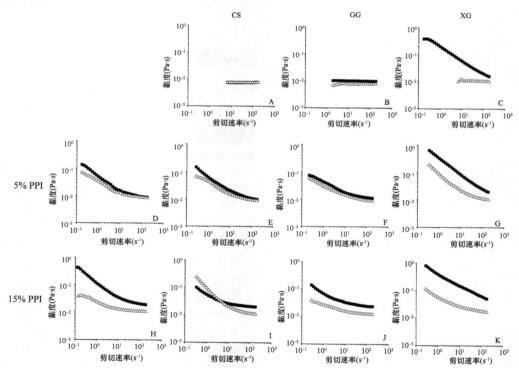

图 5.74　PPI、多糖单一及共混体系在高压均质前后黏度随剪切速率变化曲线

A. CS；B. GG；C. XG；D. 5% PPI；E. 5% PPI+CS；F. 5% PPI+GG；G. 5% PPI+XG；H. 15% PPI；I. 15% PPI+CS；J. 15% PPI+GG；K. 15% PPI+XG。CS 为壳聚糖；GG 为瓜尔豆胶；XG 为黄原胶。实心方形代表未均质的样品；空心三角形代表均质后的样品

表 5.41　花生分离蛋白（PPI）、壳聚糖（CS）、瓜尔豆胶（GG）及黄原胶（XG）单一及共混体系在高压均质前后的幂律模型参数

样品	幂律模型参数		
	K（$\times 10^{-3}$ Pa·s^n）	n（无量纲）	R^2
0.1%CS UH	6.58±0.12j	1.02±0.00a	0.999
0.1%CS H	7.07±0.14j	1.01±0.00ab	0.999
0.1%GG UH	10.34±0.07ij	0.99±0.00abc	0.999
0.1%GG H	6.93±0.08j	1.01±0.00a	0.999
0.1%XG UH	165.36±3.15c	0.54±0.00l	0.997
0.1%XG H	13.43±1.65hij	0.95±0.02bcd	0.999
5%PPI UH	20.11±0.37fghij	0.84±0.00hij	0.997
5%PPI H	20.74±6.53efghij	0.84±0.06hij	0.995
15%PPI UH	39.79±6.78d	0.85±0.03fghi	0.998
15%PPI H	18.41±5.31ghij	0.90±0.05def	0.997
0.1%CS+5%PPI UH	27.64±4.10defgh	0.79±0.03ij	0.996
0.1%CS+5%PPI H	19.99±0.65fghij	0.84±0.00hij	0.998
0.1%GG+5%PPI UH	20.62±1.84fghij	0.88±0.02efgh	0.999
0.1%GG+5%PPI H	19.66±1.56fghij	0.84±0.01ghij	0.999
0.1%XG+5%PPI UH	283.87±18.74b	0.48±0.01l	0.993
0.1%XG+5%PPI H	31.41±3.84defg	0.78±0.02j	0.992
0.1%CS+15%PPI UH	26.45±0.30defghi	0.94±0.00cde	0.999
0.1%CS+15%PPI H	22.18±1.68efghij	0.85±0.01fghi	0.999
0.1%GG+15%PPI UH	36.85±0.35de	0.90±0.00defg	0.999
0.1%GG+15%PPI H	19.15±2.29fghij	0.91±0.02def	0.999
0.1%XG+15%PPI UH	337.93±11.87a	0.63±0.00k	0.999
0.1%XG+15%PPI H	34.96±0.21def	0.85±0.00fghi	0.999

注：UH 表示高压均质前；H 表示高压均质后。同列不同小写字母表示有显著性差异（$P<0.05$）

随着剪切速率的增加，壳聚糖和瓜尔豆胶的黏度几乎没有变化（图 5.74A、B），高压均质处理并没有改变两种多糖的黏度和流体行为。两类多糖体系的 n 值非常接近 1，说明两类多糖溶液接近牛顿流体。另一方面，黄原胶在高压均质前具有剪切变稀的特性，而经过高压均质处理后该特性消失（图 5.74C），K 值下降（从 165.36×10^{-3} Pa·s^n±3.15×10^{-3} Pa·s^n 下降至 13.43×10^{-3} Pa·s^n±1.65×10^{-3} Pa·s^n），n 值显著增加（从 0.54±0.00～0.95±0.02），Harte 和 Venegas（2010）也在研究黄原胶流变特性时也发现了相似的结果，Wang 等（2011）使用高压（50～90MPa）处理亚麻籽胶后，也发现了剪切稀化的行为。高压均质提供的剪切、湍动和空穴效应破坏了多糖的分子链，使分子链产生由有序化向无序化构象转变，进一步打开了分子结构。在本研究中，600bar[①]的均质压力已足以改变黄原胶的连续剪切黏度特性。

在 5%和 15%蛋白质体系中，低浓度和高浓度样品组均表现出较弱的剪切稀化行

---

① 1bar=10^5Pa

为（图 5.74D 和图 5.162H），n 值从 0.84 增加到 0.90。然而高浓度样品组的黏度显著降低，K 值从 $39.79 \times 10^{-3} Pa \cdot s^n$ 降至 $18.41 \times 10^{-3} Pa \cdot s^n$，在低浓度样品组的 K 值在高压均质处理前后别为 $20.11 \times 10^{-3} Pa \cdot s^n$ 和 $20.74 \times 10^{-3} Pa \cdot s^n$。这可能是因为在高浓度悬浮液中，蛋白质分子之间的空间小，高压均质提供的机械力作用效率高，使蛋白质间相互作用更加剧烈。

在 PPI+CS 混合体系中，壳聚糖几乎不影响低浓度下 PPI 的连续剪切黏度特性（图 5.74E）。但在 15%的 PPI+CS 混合体系中，黏度在低剪切速率区域内增加，同时 n 值在处理后增加（表 5.41）。在中性条件下，PPI 带负电荷（图 5.73），机械力破坏了 PPI 或（和）CS 的结构，使其暴露更多的带电基团并增强这两种不同电荷物质之间的静电相互作用。然而静电相互作用形成的网络结构非常脆弱，随着剪切速率的增加易发生断裂，最终表现出更强的剪切稀化行为，因此高压均质后样品的黏度要低于高压均质前的样品终黏度。

在 PPI+GG 混合体系中，高压均质处理几乎不改变低浓度 PPI（5%）混合体系的连续剪切特性（图 5.74F）。而当体系中 PPI 浓度较高（15%）时，混合体系黏度显著下降（$P < 0.05$）（图 5.74J）。高压均质处理通过切割分子链使 PPI 和 GG 的分子链变短，蛋白质与多糖分子间的纠缠程度降低，最终导致了黏度下降。PPI+GG 体系样品在高压均质处理前后变化规律与纯 PPI 体系一致，GG 不能影响共混体系的连续剪切特性。

相较于 PPI 单一体系，PPI+XG 体系剪切稀释特性和黏度均有所增强（图 5.74G 和图 5.74K），这是由于 XG 和 PPI 形成了更强的分子网络结构。类似的现象也被发现存在于 PPI+亚麻籽胶混合体系中（Chen et al.，2016）。

（3）高压均质对花生蛋白-多糖共混体系黏弹性的影响

花生蛋白单一体系及花生蛋白-多糖共混体系中 G' 随频率的变化见图 5.75。由于壳聚糖和瓜尔豆胶的 G' 低于仪器检测的极限，因此单一多糖体系并不在本研究的测试范围内。

本研究所有的样品均表现出频率依赖性，表明体系形成的是不稳定的弱凝胶结构（Rao，2014）。然而无论是在 PPI 单一体系还是 PPI 与多糖共混体系中，均没有发现明显的浓度依赖性，频率依赖性在低 PPI 浓度或高 PPI 浓度体系中的趋势几乎相同。

在 PPI 单一体系中，体系 G' 在高压均质处理前后没有发生显著的变化（图 5.75A、E），表明高压均质处理不能改变纯 PPI 的弹性特征。当壳聚糖被加入 PPI 悬浮液中后，G' 增大（图 5.75B），这可能是由于壳聚糖和 PPI 相互作用形成了更强的网络结构。然而这种现象仅发生在低角频率区域（大于 0.1~0.2rad/s）内。与 PPI+CS 体系相反的是，GG 的添加几乎不影响体系在高压均质处理前后的 G'，PPI+GG 体系的 G' 随着角频率的变化趋势与单一 PPI 体系几乎相同（图 5.75C、G）。在 PPI+XG 体系中，相对于 PPI 单一体系，黄原胶的加入明显增加了体系的 G'。体系在经过高压均质处理后，由于 PPI 和黄原胶分子链的缩短且带正电的蛋白质与带负点的多糖间静电排斥作用（中性条件下 PPI 带负电荷，图 5.73），最终导致体系网络强度降低。

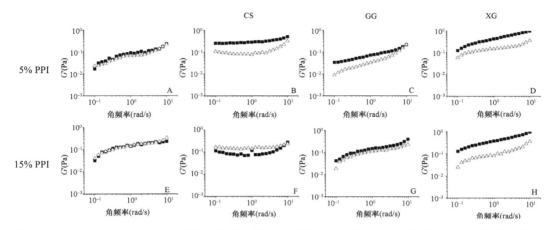

图 5.75 PPI 单一体系及 PPI-多糖共混体系在高压均质前后储能模量（G'）随剪切角频率的变化曲线
A. 5% PPI；B. 5% PPI+CS；C. 5% PPI+GG；D. 5% PPI+XG；E. 15% PPI；F. 15% PPI+CS；G. 15% PPI+GG；H. 15% PPI+XG。
CS 为壳聚糖；GG 为瓜尔豆胶；XG 为黄原胶。实心方形代表未均质的样品；空心三角形代表均质后的样品

（4）温度对高压均质前后共混凝胶的形成及凝胶强度的影响

在热诱导凝胶形成实验（95℃加热 30min，4℃冷却过夜）中，所有低浓度 PPI 样品均没有形成固体凝胶（表 5.42），即使添加了多糖也不能改变上述结果，这是由于蛋白质浓度（5%）没有达到最低胶凝浓度。基于上述结果，本研究仅选择高 PPI 浓度（15%）混合物以在恒定振荡条件下进行温度斜坡实验来评估凝胶性质。

表 5.42　PPI 及 PPI-多糖共混体系的热诱导凝胶形成实验

样品		PPI	PPI+CS	PPI+GG	PPI+XG
0.5% PPI	H	–	–	–	–
	NH	–	–	–	–
1% PPI	H	–	–	–	–
	NH	–	–	–	–
5% PPI	H	–	–	–	–
	NH	–	–	–	–
15% PPI	H	+	+	+	+
	NH	+	+	+	+

注："+"表示生成凝胶；"–"表示未生成凝胶

单一及共混体系的加热初期可定义为"凝胶形成期"（Visessanguan et al.，2000）。在 PPI 单一体系中出现了 G' 和 G'' 的交叉点（图 5.76A），这表明体系形成了凝胶状网络结构，交叉点对应的温度和时间分别是凝胶温度和凝胶时间（Chen et al.，2006）。从图 5.76A 还可以看出，高压均质处理推迟了 G' 与 G'' 交叉点的出现时间，即延缓了体系的胶凝时间，这是由机械力破坏了凝胶网络的分子链所致，同样的现象也存在于 PPI+CS 体系中。在 PPI+GG 系统中，凝胶形成得非常早，高压均质处理几乎不影响胶凝时间。而在 PPI+XG 系统中，G' 总是高于 G''，表明在加热开始前就已形成了一定的凝胶网络结构，这可能是由氢键和范德瓦耳斯力共同作用的结果。然而在高压均质处理后，PPI+XG

体系出现了 G' 和 G'' 的交点（图 5.76D），使得凝胶需要在热处理条件下形成，这是因为高压均质处理使蛋白质-多糖分子链变短从而难以自发形成三维网络结构。

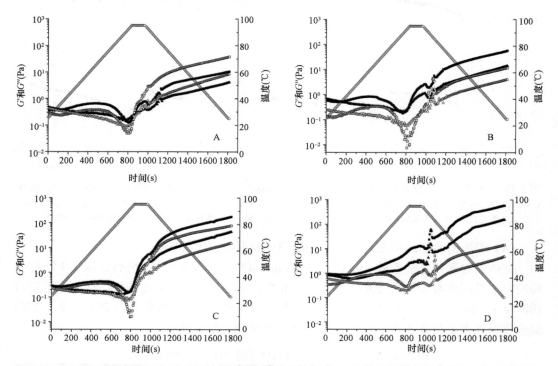

图 5.76　PPI 单一体系及 PPI-多糖共混体系在高压均质前后储能模量（G'）和损耗模量（G''）随着温度的变化

A. 15% PPI；B. 15% PPI+CS；C. 15% PPI+GG；D. 15%PPI+XG。CS 为壳聚糖；GG 为瓜尔豆胶；XG 为黄原胶。圆形代表温度，方形代表 G'，三角形代表 G''；实心代表高压均质前，空心代表高压均质后

随着温度进一步升高，PPI 单一体系呈现"低谷"状曲线，G' 开始不断下降，甚至低于 G''，这种现象被定义为"凝胶弱化"（Visessanguan et al.，2000）。出现这种现象的原因是初期形成弱凝胶网络结构容易被较高的温度所破坏。一些学者在鸡乳腺肌球蛋白体系中也发现了类似的 G' 下降趋势，其原因是肌球蛋白的螺旋结构向卷曲结构转化，导致亚凝胶的流动性增加，从而破坏已经形成的蛋白质网络结构（Sano et al.，1988）。当温度达到 95℃ 左右时，G' 急剧上升，这种现象被定义为"凝胶加强"（Visessanguan et al.，2000）。在凝胶加强阶段可以形成较强的凝胶网络结构，其原理是高温使 PPI 变性并暴露了更多的疏水基团，随着蛋白质分子的热运动加剧，分子间碰撞的概率增加，因此分子间通过疏水相互作用结合的强度也更强（Puppo and Anon，1998）。在 PPI+CS 和 PPI+GG 体系中也观察到相同的规律，然而两个体系在经过高压均质处理后，与单一 PPI 体系相比在升温初期"低谷"中谷底 G' 的值要比 G'' 更低，从而形成的是弱凝胶。非常有意思的是，未经过高压均质处理的 PPI+XG 体系中没有发现低谷现象，但在高压均质处理下该现象出现。这是因为黄原胶的添加加强了 PPI+XG 体系初始形成的凝胶网络强度，这种网络并没有被逐渐升高的温度所破坏，而高压均质处理破坏了 PPI 和黄原胶的分子结

构，使该体系在没有进一步热处理的条件下不能形成更强的凝胶。

在冷却阶段开始时，所有体系中的 G' 和 G'' 均略有下降，这表明分子热力学运动是体系升温期凝胶强化的重要原因，一旦高温热能暂停输入，凝胶的强度立即下降。然而，随着温度逐渐下降，G' 在短时间内迅速开始回升并持续增加，由于氢键的主导作用，凝胶得到强化。这种随着温度的下降 G' 不断增加的现象被发现在不同蛋白质体系中存在（Ould Eleya and Gunasekaran，2002；Ould Eleya and Turgeon，2000），包括氢键和范德瓦耳斯力在内的分子间引力使凝胶网络结构变得更加坚固（Ould Eleya et al.，2006）。

5.2.1.2　花生蛋白-多糖复合体系复合 Pickering 乳液的制备及表征

1）花生蛋白-多糖复合体系复合 Pickering 乳液

近年来，食品级 Pickering 乳液逐渐受到科研人员的重视，一系列使用蛋白质、多糖、油脂及复合物稳定的 Pickering 乳液相继被开发出来，极大丰富了制备食品级 Pickering 乳液的原材料，扩充了食品级 Pickering 乳液配方的调整幅度。同时蛋白质和多糖在 Pickering 乳液中得以应用也提高了这些物质的综合利用价值。

一些蛋白质、多糖等食品天然材料并不具备直接作为 Pickering 颗粒乳化剂的特征，需要通过各种修饰手段加以改性，蛋白质-多糖复合物可以以天然绿色的方式来实现优势互补，最终达到稳定 Pickering 乳液的目的。蛋白质-多糖复合颗粒可以通过静电相互作用的方式进行制备，如壳聚糖带正电荷的 NH_3^+ 可以通过静电结合的方式与带负电荷的酪蛋白磷酸肽进行静电结合最终制备得到纳米复合物（Hu et al.，2012，2011）。另外也可以通过层层静电作用制备得到蛋白质内核和涂有多糖外层的纳米颗粒（Jones and Mcclements，2010）。近年来，已经有多个使用蛋白质-多糖复合颗粒稳定 Pickering 乳液的报道，如乳铁蛋白-多糖复合颗粒（David-Birman et al.，2013；Shimoni et al.，2013）、玉米醇溶蛋白-壳聚糖复合颗粒（Wang et al.，2015a，2015b）、玉米醇溶蛋白-甜菜果胶复合颗粒等（王丽娟，2014）。

2）性质表征

（1）微凝胶颗粒的制备及表征

A. 颗粒性质表征

本研究使用凝胶破碎法将经过谷氨酰胺转氨酶（TG 酶）交联形成的 PPI 凝胶及 PPI-多糖复合凝胶进行高速剪切、高压均质破碎，得到微尺度的凝胶颗粒分散液，期望使用所得颗粒来稳定 Pickering 乳液。将分散液在室温下放置 1d 后的外观图片（图 5.77），PPI 及 PPI-多糖复合颗粒分散液均呈不透明的、均一的浅灰色外观，瓶底未见颗粒沉淀。这说明 PPI 及 PPI-多糖复合凝胶经过高速剪切结合高压均质剪切、撞击、湍流和空穴等作用力的共同作用，可以达到较小的尺寸，其重力在分散体系中可以被忽略，能够形成均一的颗粒分散液。表 5.43 中的粒径结果证实了上述分析，粒径结果为 174.57nm±1.19nm、198.60nm±3.04nm 和 195.9nm±0.75nm，其中 CS 与 PPI 复合颗粒粒径最小，其原因可能是阳离子 CS 与 PPI 之间的静电吸引作用形成了结构更紧实的颗粒。所有样品的 Zeta 电位在(−)35.57±0.67 到(−)43.50±0.92，其中 XG 与 PPI 复合颗粒的 Zeta 电位绝对值最大，颗粒间的静电斥力维持了 4 种分散液体系稳定。

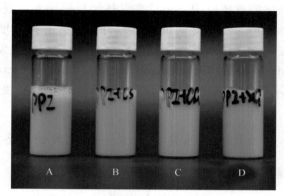

图 5.77　微凝胶颗粒分散液照片

照片拍摄于制备 1d 后。A. PPI 颗粒；B. PPI+CS 复合颗粒；C. PPI+GG 复合颗粒；D. PPI+XG 复合颗粒

表 5.43　微凝胶颗粒 Zeta 电位与粒径

颗粒	Zeta 电位	平均粒径（nm）
PPI	(−)35.57±0.67	195.73±1.59
PPI+CS	(−)36.63±0.51	174.57±1.19
PPI+GG	(−)35.73±0.97	198.60±3.04
PPI+XG	(−)43.50±0.92	195.90±0.75

B. 颗粒微观结构表征

通过凝胶破碎法所制备的 PPI 和 PPI-多糖复合微凝胶颗粒可以使用冷冻扫描电子显微镜（Cryo-SEM）直观、准确地表征颗粒在水溶液中的微观结构。如图 5.78 所示，所有颗粒均呈不规则球状和不规则棒状结构，其形状结构并不均一。这是因为凝胶是一种软物质，高速剪切、高压均质在作用于凝胶时对于凝胶的破碎具有一定的随机性，因此得到的微凝胶也具有不均一的形态。Guo 等（2016）通过凝胶破碎法制备得到了大豆蛋白微凝胶，通过 SEM 表征同样发现了不均一的外观。然而一些纤维素类的颗粒由于其自身结构特性，外观比较稳定，通过研磨、漂白、酸水解等步骤，依然可以呈现较为均一的棒状或纤维状结构（Capron and Cathala，2013；Irina et al.，2011；Kalashnikova et al.，2013）。PPI+GG 和 PPI+XG 复合颗粒在不规则球状和棒状结构的基础上还附着有细长的线状物（图 5.78C、D），这些线状物很可能来自两类食品胶。此类结构有别于使用反溶剂法制备的醇溶蛋白-多糖颗粒，王丽娟（2014）使用反溶剂法制备了甜菜多糖和玉米醇溶蛋白的复合颗粒，SEM 结果显示该颗粒具有表面粗糙的球形结构。通过 Cryo-SEM 的表征结果证实了 PPI 及多糖通过 TG 交联、高速剪切、高压均质等一系列步骤，可以制备得到 PPI 及 PPI 与多糖复合微凝胶颗粒，下一步将应用这些颗粒尝试稳定 Pickering 乳液。

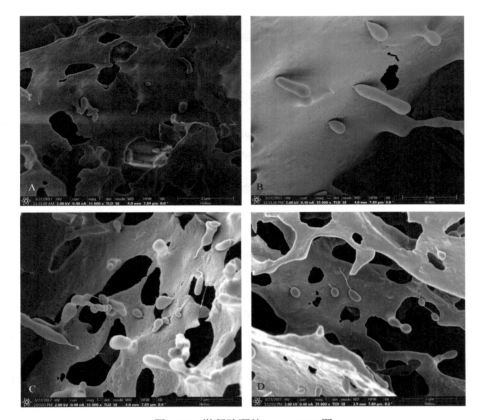

图 5.78　微凝胶颗粒 Cryo-SEM 图

颗粒浓度 5%。A. PPI；B. PPI+CS；C. PPI+GG；D. PPI+XG

（2）Pickering 乳液的性质表征

A. Pickering 乳液的制备及颗粒浓度对 Pickering 乳液稳定性的影响

使用制备得到的 PPI 颗粒初步制备了 Pickering 乳液，并探究颗粒浓度对 Pickering 乳液稳定性的影响。如图 5.79 所示，固定油相质量分数为 0.5，依次以 0.2%、0.6%、1.0%、1.4%、1.8%的颗粒浓度制备 Pickering 乳液，制备完毕的乳液在放置一段时间后乳化层便会上浮，乳液整体出现分层，所以对新鲜制备的 Pickering 乳液进行拍照时，在制备完最后一个样品后，最先制备的样品已经分层，如图 5.79 所示 0.2%颗粒浓度稳定的乳液已经发生明显的分层。

将乳液在室温下放置 2d，整个乳液体系已经基本趋于动力学稳定。取 1.8%浓度稳定的 Pickering 乳液的乳化层进行显微观察，发现油滴与油滴间彼此相近，液滴与液滴间界面上吸附的颗粒之间及与连续相中过剩的颗粒发生相互作用，使颗粒发生絮凝而不聚结。液滴间的桥联结构使密度较低的乳化层上浮并保持稳定。

从图 5.79 中可以看出，在室温下放置 8d 后，0.2%浓度的 PPI 颗粒稳定的乳液在宏观上出现了析油。析油现象的发生是由于乳液液滴聚结变大，最终上浮所导致。王丽娟（2014）在研究壳聚糖-玉米醇溶蛋白复合颗粒稳定的 Pickering 乳液时也发现了类似的现象，在对比了 0.5%～3.5%的颗粒稳定的 Pickering 乳液时发现玉米醇溶蛋白的浓度为

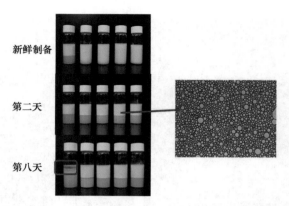

图 5.79　不同颗粒浓度稳定的 Pickering 乳液的稳定性及其内部结构光学显微镜表征
颗粒浓度从左至右依次为 0.2%、0.6%、1.0%、1.4%、1.8%，油相质量分数为 0.5

0.5%时，乳液贮藏一周后就发生了析油现象。稳定 Pickering 乳液需要颗粒吸附在液滴表面并形成致密的界面膜，如希望油滴被完全覆盖则需要足够数量的颗粒来实现，当颗粒浓度不足以完全包覆液滴时，液滴会发生聚并导致粒径逐渐增大最终失稳油析，当颗粒浓度足够时，界面膜致密有效阻止了液滴与液滴之间的聚并，且相同乳化能量输入下乳液粒径会小，乳液体系更加稳定。Binks（2002a）研究发现，颗粒浓度每增加 10 倍，乳液粒径就会减小约 1/8，但颗粒浓度与粒径及稳定性不呈线性关系。另一方面，当颗粒浓度超过完全包裹界面需要的量时，过量颗粒在连续相中增加了连续相的黏度，或者形成三维网络凝胶结构来有效缓冲液滴与液滴间的接触，防止液滴间的聚并失稳。

B. Pickering 乳液油相质量分数与乳析指数的相关性

由 PPI 微凝胶颗粒和 PPI-多糖复合颗粒稳定的 Pickering 乳液的外观形貌见图 5.80 至图 5.83，4 种乳液油相质量分数（Φ）在 0.1～0.7 时，随着质量分数的增加，乳化层的高度逐渐增加。类似的现象也发生在大豆蛋白纳米颗粒聚集体稳定的 Pickering 乳液上（Liu and Tang，2013）。油相质量分数的增加，表明可被分散的油相增加，乳化层相应增高，由于 Pickering 乳液桥联絮凝的特性，乳液在放置一段时间后会发生分层，形成均一外观的乳液需提高其油相质量分数。当乳液 Φ=0.7 时，乳液呈现均一黏稠的膏状，具有凝胶网络结构，这是因为随着油相质量分数的增加，比表面积增大，更多的蛋白质微凝胶颗粒吸附在了界面上，颗粒间的强相互作用致使乳液形成了这种结构。Arditty 等（2004）认为凝胶网络结构主要是由颗粒间的强相互作用导致的界面弹性决定，Reger 等（2012）的研究也证明了油相比例增加将有利于形成凝胶网络结构。以室温下放置 1d 后的 PPI 微凝胶颗粒和 PPI-多糖复合颗粒稳定的 Pickering 乳液的乳析指数（表 5.44）为纵坐标，以油相质量分数为横坐标作图，可知 PPI、PPI+CS、PPI+GG、PPI+XG 微凝胶颗粒稳定的 Pickering 乳液的油相质量分数与乳析指数的相关性指数分别为 0.9886、0.9933、0.9986 和 0.9987（图 5.84）。

当 Φ=0.8 时乳液体系发生相转变，由 O/W 型乳液转变为 W/O 型，乳化相的密度大于连续相的密度，乳化相在乳液整体的下层。发生相转变的原因与颗粒的润湿性、尺寸、浓度相关，当 Φ 处于高内相乳液的范围时，其比表面积增大，低浓度颗粒不足以完全包裹油滴，整体需要向更稳定的、比表面积更小的乳液类型转变，所以乳液在此实质上是内相为水且质量分数为 0.2 的 W/O 型乳液。

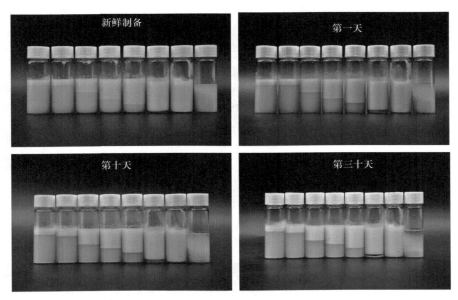

图 5.80　PPI 颗粒稳定的 Pickering 乳液照片
从左至右油相占乳液的质量分数分别为 0.1、0.2、0.3、0.4、0.5、0.6、0.7、0.8

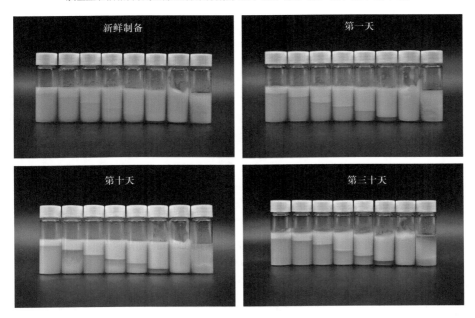

图 5.81　PPI+CS 复合颗粒稳定的 Pickering 乳液照片
从左至右油相占乳液的质量分数分别为 0.1、0.2、0.3、0.4、0.5、0.6、0.7、0.8

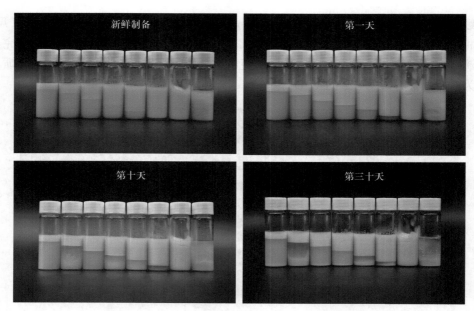

图 5.82   PPI+GG 复合颗粒稳定的 Pickering 乳液照片
从左至右油相占乳液的质量分数分别为 0.1、0.2、0.3、0.4、0.5、0.6、0.7、0.8

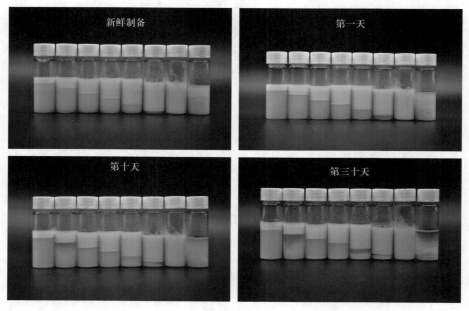

图 5.83   PPI+XG 复合颗粒稳定的 Pickering 乳液照片
从左至右油相占乳液的质量分数分别为 0.1、0.2、0.3、0.4、0.5、0.6、0.7、0.8

C. Pickering 乳液的稳定性

将乳液在室温下加盖密封储存 0d、1d、10d、30d，通过宏观观察、测定其乳析指数及乳液液滴粒径的方式来考察乳液的稳定性。由于新鲜制备的乳液还没有最终稳定，制备时加载在乳液体系上的机械力还没有被完全平衡，因此没有测定其乳析指数和乳液液滴粒径。

表 5.44　单一 PPI 颗粒和 PPI 与多糖复合颗粒稳定的 Pickering 乳液在贮藏
1d、10d、30d 后的乳析指数

样品	贮藏天数	乳析指数（%）						
		$\Phi=0.1$	$\Phi=0.2$	$\Phi=0.3$	$\Phi=0.4$	$\Phi=0.5$	$\Phi=0.6$	$\Phi=0.7$
PPI	1d	83.57±0.71	77.86±0.71	57.14±2.86	43.35±0.93	27.84±3.59	7.91±1.46	0
	10d	82.14±0.71	77.14±0.00	55.71±1.43	43.30±0.45	30.42±1.01	7.00±2.09	0
	30d	85.50±0.21	78.57±0.00	57.94±2.06	42.64±0.22	30.11±1.32	8.66±0.72	0
PPI+CS	1d	82.86±0.00	74.29±2.86	61.43±1.43	42.86±0.00	27.92±0.65	11.72±0.78	0
	10d	82.86±1.43	74.29±2.86	61.43±1.43	43.57±0.71	29.67±1.10	15.07±0.55	0
	30d	84.31±0.98	74.29±2.86	60.71±3.57	42.86±2.86	31.58±0.24	17.91±3.63	0
PPI+GG	1d	82.86±0.00	70.00±0.00	54.29±0.00	42.64±0.22	29.41±0.00	12.51±0.39	0
	10d	81.18±1.18	71.43±0.00	56.51±0.63	44.96±2.10	29.86±0.45	14.07±0.22	0
	30d	84.08±1.22	70.00±1.43	57.86±2.14	44.91±2.06	31.06±0.76	13.85±0.21	0
PPI+XG	1d	82.27±0.58	68.57±0.00	54.29±0.00	42.86±0.00	28.99±0.42	12.50±0.00	0
	10d	84.14±0.71	70.00±1.43	58.93±1.36	44.92±0.80	30.69±2.12	16.41±0.78	0
	30d	84.29±1.43	70.71±0.71	57.98±0.84	45.71±0.00	32.09±0.27	13.59±0.69	0

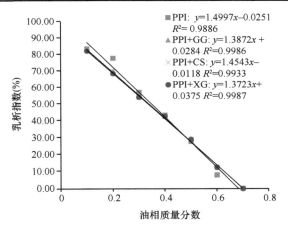

图 5.84　油相质量分数与乳析指数相关性分析

贮藏 10d 后，单一 PPI 颗粒和 PPI 与多糖复合颗粒稳定的 O/W（Φ：0.1～0.7）Pickering 乳液的乳化层高度几乎不变（表 5.44），没有观察到析油的现象（图 5.80），说明乳液在宏观上可以在 10d 内保持稳定。

PPI 微凝胶稳定的 Pickering 乳液的粒径在贮藏 10d 时的变化如图 5.85 所示，除 $\Phi=0.7$ 的膏状乳液外，0.1～0.6 的粒径均基本没有发生变化，说明乳液体系稳定，1% 的颗粒浓度可以完全包裹住液滴，使得乳液的抗聚结能力增强，没有发生液滴与液滴间的融合致使液滴粒径增大。$\Phi=0.7$ 时，液滴粒径由 73.30μm±0.92μm 增加到 99.70μm±1.51μm，出现粒径增长的原因可能有两点：一是 $\Phi=0.7$ 时乳液界面的比表面积大，需要包裹液滴界面的颗粒数量大，1% 的浓度可能不能完全包裹住所有液滴，发生了颈状聚结，致使最终的液滴粒径升高；另一种可能是 $\Phi=0.7$ 时乳液已经非常接近于高内相乳液，液滴与液滴间相互挤压、相连紧密，测定时通过搅拌分散可能会不完全，另外光散射法测定时假设测定液滴为球形，没有准确描述乳液液滴的真实形态。

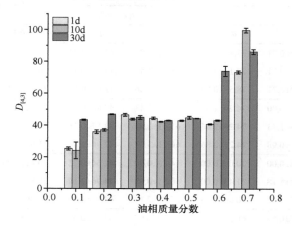

图 5.85　PPI 颗粒稳定的 Pickering 乳液在储存 1d、10d、30d 后的粒径变化

PPI+CS 微凝胶颗粒稳定的 Pickering 乳液在贮藏 10d 时的粒径变化趋势与 PPI 微凝胶稳定的 Pickering 乳液类似（图 5.86），只有样品 $\Phi=0.6$ 时液滴粒径变小，这可能是由于体系黏度大，在贮藏 1d 后体系没有完全稳定；另一个原因可能是 PPI+CS 的复合颗粒在界面上形成了更多桥接絮凝，颗粒暴露出的带负电荷的 PPI 颗粒与另一个界面上暴露出的带正电荷的壳聚糖端通过静电相互作用桥接，形成一些液滴簇，不易被分散，因此在稳定 1d 后粒径较大，在贮藏 10d 后，由于液滴在乳化层的稳定分布而使一些静电力结合的液滴簇受到另外的液滴间的力平衡，所以液滴簇在测定时易被分散，粒径减小。PPI+GG 复合颗粒稳定的 Pickering 乳液粒径在室温下贮藏 10d 的变化趋势如图 5.87 所示，$\Phi=0.1$ 时乳液粒径由于液滴聚结而尺寸增加。$\Phi=0.2$、0.3、0.4 的样品组乳液粒径均在 10d 时减小，原因可能是瓜尔豆胶的加入导致了液滴间黏度增大，液滴间容易形成粘连的液滴簇，导致在贮藏 1d 时液滴粒径增大。PPI+XG 粒径在贮藏 1d 后，$\Phi=0.1$ 的样品粒径增加，这可能是液滴聚结的结果，其他内相质量分数的样品在贮藏 1d 后基本保持稳定，粒径变化不大（图 5.88）。

贮藏 30d 后，无论是 PPI 微凝胶颗粒还是 PPI-多糖复合微凝胶颗粒稳定的乳液，绝大部分样品的乳析指数均有所增加，意味着乳化层高度降低，这种现象在 $\Phi=0.1$ 样品组中较为突出。PPI 微凝胶颗粒稳定的 Pickering 乳液在贮藏 30d 后，乳析指数由贮藏 1d 时的 83.57%±0.71% 增加到 85.50%±0.21%。由于油水界面少，吸附颗粒少，一些在乳化时存在于液滴孔隙连续相中的颗粒随着贮藏时间的延长通过布朗运动扩散到下层水相当中，又由于重力的作用沉降到底水相底部，从图 5.81 中可以看到 $\Phi=0.1\sim0.5$ 的样品组中，样品瓶底部有一层颗粒沉淀；另一方面，从粒径分布图中可以看出 $\Phi=0.1$ 的乳液在储存 30d 时粒径增加，液滴与液滴间发生聚结，小液滴聚结成大液滴。基于上述两条原因，乳化相整体体积受到压缩，进而乳化相高度降低。PPI+CS 微凝胶颗粒稳定的

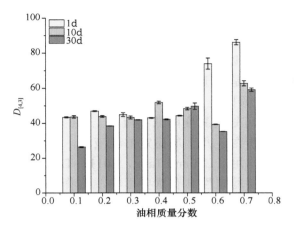

图 5.86　PPI+CS 复合颗粒稳定的 Pickering 乳液在储存 1d、10d、30d 后的粒径变化

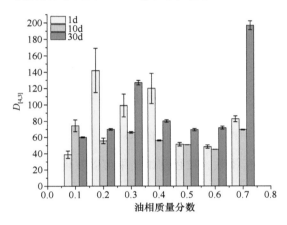

图 5.87　PPI+GG 复合颗粒稳定的 Pickering 乳液在储存 1d、10d、30d 后的粒径变化

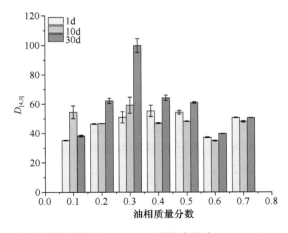

图 5.88　PPI+XG 复合颗粒稳定的 Pickering 乳液在储存 1d、10d、30d 后的粒径变化

Pickering 乳液在储存 30d 后，乳液粒径基本不变或减小，乳液体系保持稳定。
PPI+GG 和 PPI+XG 体系在 $\varPhi=0.3$、0.4 的样品中均出现少量油脂上浮，具有油脂上浮乳液失稳的趋势，但是其乳析指数并未明显增高，但从图 5.87、图 5.88 中可以看出，PPI+GG 和 PPI+XG 体系在 Φ=0.3、0.4 的样品中粒径变化较大，具有失稳的趋势。从图 5.87 中可以看出，Φ=0.7 的样品在贮藏过程中粒径明显增大，但是乳液并未出现失稳，这是由于液滴间颗粒的强相互作用形成的凝胶网络结构所致（刘付，2015），另一原因是 Φ=0.7 时，乳液液滴受到挤压变形（图 5.89），黏度极高，由 Stokes 定律可知高黏度降低了液滴上浮的速率，保证了体系的稳定。已有研究报道，在乳清蛋白、几丁质稳定的乳液中，凝胶网络结构对抑制乳液液滴的上浮起到了重要的作用（Liu and Tang，2011；Tzoumaki et al.，2011）。油相质量分数对乳液的抗分层稳定性具有重要影响，随着油相体积的增加，油滴间空隙缩小，相互连接的程度增大，乳液的剪切黏度和弹性模量增大，乳液的抗分层稳定性提高。有研究表明，提高油相的体积分数能够提升乳液液滴的堆积程度，从而增大了乳液的剪切黏度。

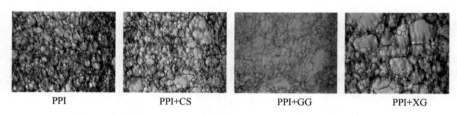

| PPI | PPI+CS | PPI+GG | PPI+XG |

图 5.89   油相质量分数 0.7 的 Pickering 乳液的微观结构表征

综合乳液的外观、乳析指数、粒径测试结果可以发现，乳液具有较高的抗聚结稳定性，符合 Pickering 乳液的典型特征，此类特征常见于大豆蛋白聚集体（Liu and Tang，2013）、淀粉颗粒（Rayner et al.，2012）、几丁质颗粒（Tzoumaki et al.，2011，2013）、无机硅颗粒（Binks，2002b）等稳定的 Pickering 乳液中。

D. 乳液微观结构表征

通过对乳液微观结构的表征可以清晰直观地揭示微观尺度下乳液的形态、液滴的形貌及颗粒的排布。本研究使用了先进的 Cryo-SEM 技术实时、准确地表征了 PPI 及 PPI-多糖复合凝胶颗粒稳定的 Pickering 乳液的微观结构。Cryo-SEM 技术的超低温快速冷冻制样步骤可以使样品中的水分呈玻璃态，减少了冰晶对样品本身结构的破坏，且其制样过程简便快速，不需要对样品进行脱水干燥处理，仅需利用超低温快速冷冻介质（如液氮）对样品进行固态化（肖媛等，2015），因此可以准确地反映样品的实时状态，Cryo-SEM 是表征乳液界面结构的最先进技术之一（Mikula and Munoz，2000；Binks，2002b）。

由图 5.90 Cryo-SEM 图像可以看出，4 类微凝胶颗粒稳定的 Pickering 乳液周围附着有 PPI 微凝胶颗粒，直观上证明了该乳液是通过微凝胶颗粒吸附在油滴表面实现了乳液的稳定。另外，颗粒在连续相中形成了钢筋状三维网络结构，通过物理阻隔防止液滴间的接触，从而进一步避免了液滴的聚结。Xiao 等（2016）同样使用 Cryo-SEM 技术观察了高粱醇溶蛋白稳定的 Pickering 乳液的界面结构，直观观测到颗粒聚集体存在于液滴表面。由于颗粒在界面上的吸附是不可逆的，当同一微凝胶颗粒同时吸附于在两个液滴上时，颗粒不仅仅起到空间阻隔防止乳液失稳的作用，还会像钢筋一样桥接牵拉住两个液滴，以连浮桥的形式"握手"，最终实现上浮并形成致密的空间结构。这也解释了为什么图 5.80 至图 5.83 中看到的 Pickering 乳液外观上看会分层、乳析。另外，当一个液滴受到两个不同的液滴上吸附的微凝胶颗粒牵拉时，液滴会发生形变，液滴的受力不均致使乳液在贮藏过程中是个动态稳定的过程，液滴受到吸附在液滴上的颗粒、连续相中的颗粒等不同来源的力的作用，使乳液最终表现出抗聚结稳定性且具有一定的交错网络结构。

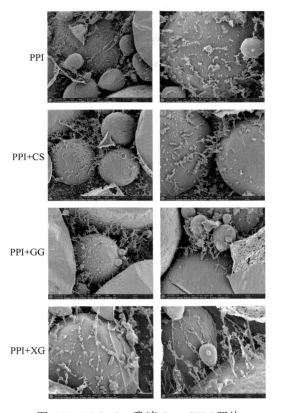

图 5.90　Pickering 乳液 Cryo-SEM 照片

为了进一步证明由本研究所制备的 Pickering 乳液是由吸附在表面的颗粒及存在于连续相中的过剩颗粒所稳定的，使用激光扫描共聚焦显微镜（CLSM）技术对乳液进行进一步的表征。采用尼罗蓝和尼罗红分别对蛋白质和油相进行染色，油相信号设为绿色、蛋白质信号设为红色。由图 5.91 中的 CLSM 图像可以非常清楚地看到 PPI 颗粒（红色）在油相（绿色）界面上的吸附，然而红色的信号强度并不相同，这可能是由微凝胶颗粒的多分散性所导致。与此同时，乳液连续相中分布着过剩的胶体颗粒（红色），其结论与 Cryo-SEM 图像所得结果一致。同时图中可以看到油滴共用凝胶颗粒的现象，桥联絮凝的方式在空间上阻隔了液滴的聚集，从而保证了乳液的稳定性。

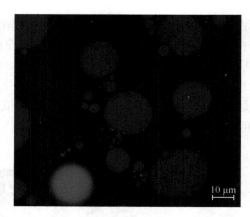

图 5.91　PPI 微凝胶颗粒稳定的 Pickering 乳液 CLSM 图像

5.2.1.3　花生蛋白颗粒稳定的高内相 Pickering 乳液的制备及表征

1）高内相 Pickering 乳液

提高 Pickering 乳液的内相比例将赋予乳液更多的功能特性，并且可以增大乳液配方的调整幅度。在 Pickering 乳液研究领域如何使用较低浓度的颗粒稳定更高内相比例的乳液是对颗粒功能性质的一种挑战，一些学者对此进行了尝试（Ikem et al.，2008；Li et al.，2009b）。在上一节中已经使用蛋白质及蛋白质-多糖复合颗粒对油相质量分数 0.1～0.7 的 Pickering 乳液进行了稳定，所得的蛋白基颗粒到底能够稳定多高内相的乳液是值得探究的问题。

当乳液体积分数达到 0.74 时，所形成的高度浓缩的乳液被称为高内相乳液（Butler et al.，2001）。使用这种颗粒稳定的高内相乳液被称为高内相 Pickering 乳液（HIPPE）。液滴表面形成的颗粒层具有极强的抗聚结和奥氏熟化作用（Binks，2002b；Capron and Cathala，2013；Horozov and Binks，2006）。高内相 Pickering 乳液常用作模板制备多孔材料，具有多种应用价值（Butler et al.，2001；Ikem et al.，2008，2010b；Li et al.，2009b；Silverstein，2014）。目前大多数关于 Pickering 乳液的研究仍集中在相对较低的内相领域，关于 HIPPE 的较少（Wu and Ma，2016）。Akartuna 等（2008）制备了内相体积分数在 72%～78%的乳液，但需要较高的颗粒浓度来实现稳定（35vol%）。Arditty 等（2003）报道了使用硅烷修饰的硅颗粒稳定的 HIPPE，其内相体积分数可达 90%。然而此类材料的生物安全性、生物相容性及生物可降解性极大限制了它们在医药领域的应用。与此同时，食品领域对于 Pickering 乳液的需求是不容忽视的（Linke and Drusch，2017）。由于消费者对非食品级添加剂的顾虑，无机及合成材料在食品领域的应用受到了限制。

近年来食品领域对于 Pickering 乳液的关注持续升温，但是同传统 Pickering 乳液（无机、有机合成颗粒稳定的 Pickeirng 乳液）类似，仅有少量有关食品级 HIPPE 的报道。Zeng 等（2017）报道了小麦醇溶蛋白-壳聚糖复合颗粒稳定的内相体积分数为 83%的 HIPPE。然而这些颗粒或乳液的制备过程中都存在有机溶剂和对人体有害的试剂的引入（如丙酮、乙醇和戊二醛），试剂残留限制了 HIPPE 在食品领域的应用。因此急需寻求通过食品级材料和食品领域的加工方式来制备 HIPPE 的方法。

2）制备与表征

（1）PPI 微凝胶颗粒的制备及性质表征

A. 高压均质压力对 PPI 微凝胶颗粒性质的影响

PPI 微凝胶颗粒的制备主要分为两步：①转谷氨酰胺酶（TG）酶交联形成凝胶块；②凝胶粉碎成微尺度凝胶颗粒。由于高内相乳液具有较大的比表面积，颗粒间的排布也具有尺寸效应，假设颗粒数量一定，理论上需要粒径更小的颗粒以满足较高的液滴表面覆盖率，而液滴覆盖率是影响 Pickering 乳液稳定性的重要因素。在 HIPPE 制备过程中，由于油相所占百分比高，整体乳液的颗粒浓度存在上限，所以以减小颗粒尺寸是首先尝试的方法。理论上随着高压均质压力的增高，颗粒粒径减小，从而可以实现颗粒在液滴表面的紧密包裹。而多分散性指数（PDI）反映了颗粒的多分散性，随着压力的增高，大粒径的微凝胶颗粒减少，需要的小粒径的颗粒便会增多，而 Zeta 电位则反映了液滴表面的带电能力，直接影响乳液的稳定。基于上述原因，本节研究了 1100～1400bar 对于颗粒粒径、PDI、Zeta 电位的影响。结果表明，随着均质压力的增高，颗粒粒径和 PDI 均减小，但减小的幅度十分有限（表 5.45），这可能是因为高压均质处理对于颗粒尺寸的改变已接近极限，所以并不能将颗粒粒径减少至纳米材料级别。均质压力对于颗粒的 Zeta 电位几乎无影响，这可能是由于颗粒破碎尺度变化不大，并不能影响颗粒暴露的带电基团数量。

表 5.45　PPI 微凝胶颗粒粒径、PDI、Zeta 电位随高压均质压力的变化

均质压力（bar）	粒径（nm）	PDI	Zeta 电位（mV）
1100	240.40±2.55	0.452±0.013	−43.17±0.64
1200	238.35±3.61	0.443±0.013	−44.17±0.15
1300	224.40±1.70	0.422±0.006	−42.73±0.81
1400	220.92±5.87	0.405±0.023	−44.07±1.01

B. 离子强度对 PPI 微凝胶颗粒性质的影响

通过盐离子静电屏蔽作用对颗粒的聚集程度进行调节，本节对 PPI 微凝胶颗粒 Zeta 电位随离子强度的变化进行了研究，并使用 PPI 悬浮液作对照。通过图 5.92 可以发现，当离子强度为 0mmol/L 时 PPI 的 Zeta 电位为−34.3mV±2.1mV，PPI 微凝胶颗粒的 Zeta 电位为−37.7mV，两者均带有较多的负电荷，这使得 PPI 和 PPI 微凝胶颗粒因静电排斥作用分散在水溶液中。随着离子强度的增加，Zeta 电位绝对值迅速降低。当离子强度增加到 100mmol/L 时 PPI 的 Zeta 电位降至−12.9mV±0.9mV，PPI 微凝胶颗粒的 Zeta 电位降至−17.5mV±2.2mV，盐离子的静电屏蔽效应导致了这种现象的发生，当离子强度达到 400mmol/L 后，Zeta 电位的变化幅度不大（PPI 在−7mV 左右，和 PPI 微凝胶在−10mV

左右），说明离子强度导致的静电屏蔽效果已接近极限。刘付（2015）在研究离子强度对热诱导大豆分离蛋白纳米聚集体的影响时也发现提高离子强度可以大幅度降低颗粒表面的电位，Zeta 电位由–25mV 降至–8mV。Li 等（2009a）在研究离子强度对于大豆蛋白聚集体 Zeta 电位的影响时也得到了类似的趋势，离子强度由 0mmol/L 提升到500mmol/L 可使聚集体 Zeta 电位由–40.65mV±1.1mV 降至–18.7mV±0.7mV。从图 5.92中可以看出，对照组 PPI 悬浮液的 Zeta 电位趋势与 PPI 微凝胶颗粒的变化趋势接近，PPI在经过热处理、酶交联、机械力破碎处理造粒后，粒子周围电荷受到屏蔽的效果依然主要受离子强度控制。

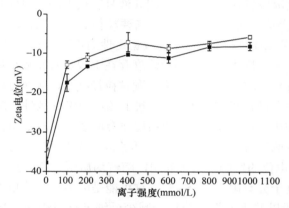

图 5.92　PPI 微凝胶颗粒（实心方形）和 PPI 悬浮液（空心方形）
Zeta 电位随离子强度的变化（浓度 0.5wt%）

　　PPI 微凝胶颗粒粒径和 PDI 随离子强度的变化如图 5.93 所示，同样使用 PPI 悬浮液作对照。对照组 PPI 悬浮液随着离子强度的增加其粒径逐渐增加，PPI 周围的电荷受到盐离子屏蔽，PPI 发生聚集导致粒径增大。400mmol/L 后粒径变化不大，原因是此离子强度后静电屏蔽的效果已接近上限（图 5.92）。PDI 随着离子强度的增加基本呈现逐渐下降的趋势，随着静电屏蔽作用的加强，大尺寸颗粒占据主导，小尺寸颗粒逐渐消失，多分散性下降，PDI 逐渐下降。PPI 微凝胶颗粒的变化基本与 PPI 一致，但是在 400mmol/L 时粒径迅速增加，在 600mmol/L 时急剧降低又趋于稳定，这可能是盐溶现象所致。随着盐离子浓度的增加颗粒尺寸相应增加的现象也在文献中所报道，Liu 和 Tang（2013）研究发现当离子强度从 0mmol/L 增至 50mmol/L 时，由于盐溶作用大豆分离蛋白热聚集体的粒径略有下降，当离子强度从 50mmol/L 增至300mmol/L 时，大豆分离蛋白热聚集体的粒径从 87nm 增至 102nm。Li 等（2009a）研究发现盐诱导大豆蛋白聚集体的粒径也随着离子强度的增加而显著增加（0mmol/L时为 28.8nm，500mmol/L 时为 143.3nm）。类似的通过提升离子强度产生的静电屏蔽致使颗粒聚集的现象也被发现在动物源蛋白中，如乳清蛋白和 β-乳球蛋白（Pouzot et al.，2005）。此类颗粒聚集体在吸附到乳液界面上时会由于其内部作用力的不同而发生变化，从而影响乳液的性质（刘付，2015）。

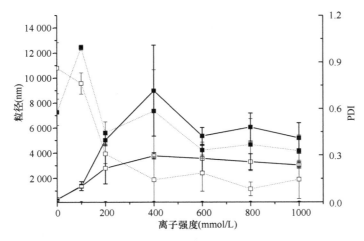

图 5.93　PPI 微凝胶颗粒（实心方形）和 PPI 悬浮液（空心方形）、粒径（实线）、
PDI（虚线）随离子强度的变化（浓度 0.5wt%）

C. pH 对 PPI 微凝胶颗粒性质的影响

由于 PPI 微凝胶颗粒的主要成分是蛋白质，理论上存在等电点且对 pH 敏感，可以通过调节环境的 pH 来实现对颗粒结构及性质的调节。PPI 微凝胶颗粒和 PPI 悬浮液 Zeta 电位随离子强度的变化如图 5.94 所示，蛋白基 PPI 微凝胶颗粒同 PPI 一样表现出两性电解质的性质，其 Zeta 电位随着 pH 的变化而变化。PPI 微凝胶颗粒和 PPI 悬浮液的等电点相近，都在 pH 4.0～4.5。pH 低于等电点时，由于氨基的质子化，PPI 微凝胶颗粒带正电荷；pH 高于等电点时，由于羧基的去质子化，PPI 微凝胶颗粒带负电荷。这种电荷变化是由于花生蛋白侧链的羧基和氨基的电荷与 pH 之间的平衡而产生的，PPI 微凝胶颗粒的等电点略低于 PPI 的等电点。

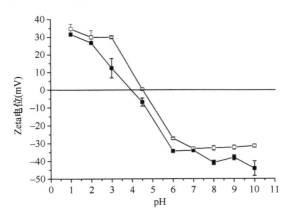

图 5.94　PPI 微凝胶颗粒（实心方形）和 PPI 悬浮液（空心方形）Zeta 电位随 pH 的变化（浓度 0.5wt%）

PPI 微凝胶颗粒的粒径随 pH 的变化如图 5.95A 所示，pH 在 6～9 时，PPI 微凝胶颗粒的粒径为 200～300nm。由于在 pH 3.0 和 4.5 条件下，PPI 微凝胶颗粒分散液形成了肉眼可见的聚集体，无法通过光散射法确定它们的尺寸，所以使用光学显微镜图像对聚集

体进行了观测（图 5.96），聚集体长度在 pH 3.0 时为 10～30μm，在 pH 4.5 时为 10～60μm。随着 pH 的进一步升高，PPI 微凝胶颗粒的尺寸逐渐增大，这是因为随着 pH 远离等电点，PPI 的溶解度和分散性增加，PPI 微凝胶颗粒亲水性增强导致颗粒膨胀变大。

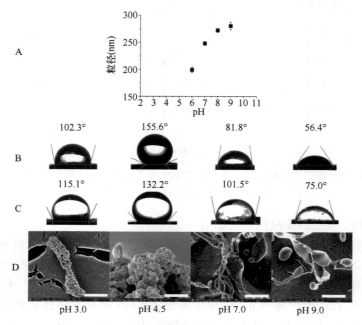

图 5.95　PPI 微凝胶颗粒的表征

A. 不同 pH 条件下的粒径；B. 低温压榨花生油中水滴在颗粒层基底的三相接触角；C. 正己烷中水滴在颗粒层基底的三相接触角；D. 不同 pH 下 1wt%蛋白颗粒的分散液的 Cryo-SEM 图像

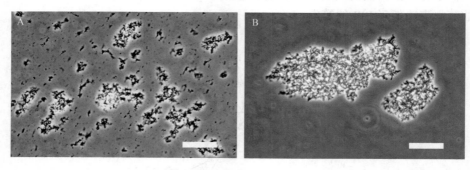

图 5.96　pH 3.0（A）和 pH 4.5（B）时 PPI 微凝胶颗粒聚集体水溶液的光学显微镜图像（浓度 0.5wt%）

比例尺=10μm

　　颗粒材料的三相接触角可以反映材料的润湿性，实验选取 pH 3.0、4.5、7.0、9.0 四个点测定了颗粒分别在低温压榨花生油和正己烷为油相时的三相接触角。从图 5.95B、C 中可以看出，在等电点附近（pH 4.5）时，PPI 微凝胶颗粒的三相接触角达到最高（食用油为 155.6°，正己烷为 132.2°），这说明 PPI 微凝胶颗粒在此 pH 条件下更容易被油相润湿。随着 pH 远离等电点，接触角分别减小，PPI 微凝胶颗粒的油相润湿性也降低，可以看出在 pH 9.0 时颗粒最容易被水相润湿。

使用 Cryo-SEM 观测了 PPI 微凝胶颗粒的在不同 pH 条件下的形态（图 5.95D），可以发现颗粒是直径 40～150nm 的圆球形，在不同 pH 条件下，PPI 微凝胶颗粒处于不同的聚集状态，且其聚集程度取决于 pH。在 pH 4.5 左右时，可以观察到相对较大的聚集体，其现象与此时 Zeta 电位接近 0 有关，由于颗粒之间的静电排斥力的降低，范德华引力导致颗粒聚集。当 pH 降低到 3.0 时，PPI 微凝胶颗粒带电量增加，微凝胶聚集体伸展，如 Cryo-SEM 图像中所看到的，聚集体由排列成长条状的球形颗粒组成。pH 在等电点以上时聚集体呈线形，并可在图中找到一些椭圆体结构的聚集体（大约是 1μm 是大直径）。在 pH 9.0 时，所有颗粒都融合在一起形成结构均一的微凝胶。

由透射电镜（TEM）图像获得的结果与 Cryo-SEM 的结果一致（图 5.97）。但是 PPI 微凝胶颗粒的尺寸较小，这是因为颗粒在 TEM 制样的干燥步骤中发生收缩致使体积减小。从 Cryo-SEM 和 TEM 图像中我们还可以得出一个结论，光散射（图 5.95A）得到的粒径结果是指聚集体的尺寸而不是单个的 PPI 微凝胶颗粒的尺寸。

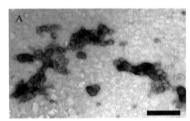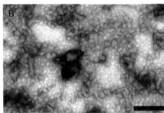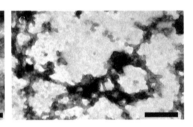

图 5.97 pH 3（A）、pH 7（B）和 pH 9（C）时聚集的 PPI 微凝胶颗粒（0.05wt%）的 TEM 图像
比例尺=200nm

（2）低温压榨花生油内相的 HIPPE 的制备与表征

食品级高内相乳液因其外观与人造奶油等油胶状物类似，近年来开始受到人们的关注，但相关研究仍然非常少（Zeng et al.，2017；胡亚琼，2016）。在高内相乳液研究中，如何以更少量的颗粒稳定更高内相的乳液是研究者关注的焦点（Ikem et al.，2008；Li et al.，2009b）。本研究使用低温压榨花生油为内相，以 PPI 微凝胶颗粒为乳化稳定剂，以期获得内相质量分数较高的乳液。

实验发现，通过提高均质压力和改变颗粒的离子强度都不能稳定内相质量分数为 85% 的低温压榨花生油的 HIPPE，这可能是因为在实验条件下颗粒的尺寸、形貌等条件并没有满足稳定高内相乳液的要求。因此后续研究主要针对不同 pH 颗粒分散液稳定的 HIPPE 来进行。

通过调节颗粒的 pH 可以获得不同聚集程度的微凝胶聚集体。研究发现，颗粒分散液的 pH 在 3.0 和 9.0 时可以制备得到内相质量分数为 85% 的 HIPPE，而在 pH 4.5 或 pH 7.0 下却不能制备成功（图 5.98），这表明 HIPPE 对 pH 敏感。乳液的 pH 响应性可以分成以下的情况来解释：在 pH 3.0 时，条状聚集体可以附着到水-油界面并形成可以捕获油滴的黏弹性膜；在 pH 4.5 时，聚集体是最疏水的（图 5.95B），O/W 界面倾向于向水相弯曲，此外较大尺寸的聚集体因其体积因素不能完全覆盖住 O/W HIPPE 所需的巨大比表面积，因此最终形成具有较低比表面积的 W/O 型乳液（内相质量分数为 15%）。在

pH 7 时，可以形成具有高内相体积分数的 O/W 型乳液，然而在 HIPPE 周围却存在过量的没有被包裹在 HIPPE 中的油脂。pH 9 时，颗粒体积随着颗粒亲水性的增加而溶胀（图5.95），聚集体发生形变并融合成覆盖在油滴表面的弹性界面膜（Brugger et al.，2009；Tan et al.，2014）。类似的在蛋白质等电点乳化特性降低的现象也在豌豆分离蛋白稳定的乳液中出现（Liang and Tang，2013），相较于在中性和碱性环境下，豌豆分离蛋白在酸性条件下的乳化能力更强，但在靠近等电点（pH 5.0）时，其稳定的乳液的抗分层和抗聚结能力最差。在动物源蛋白中也存在相似的结论，Destribats 等（2014）研究乳清蛋白微凝胶颗粒稳定的乳液液滴随 pH 变化时发现，pH 分别在低于等电点（pH 4.7）的点 pH 3.0 和高于等电点的点 pH 7.0 时，液滴尺寸小，液滴间出现絮凝；在等电点 pH 4.7 时液滴尺寸变大，液滴以离散的状态存在。

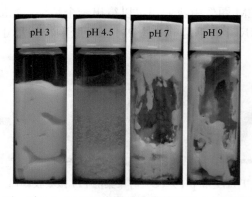

图 5.98　不同 pH 下，以 1.5wt% PPI 微凝胶颗粒稳定的内相质量分数 85%低温压榨花生油的 HIPPE 照片

图片于乳液制备后 2h 拍摄。乳液类型在 pH 3、pH 7 和 pH 9 下为 O/W，在 pH 4.5 下为 W/O

图 5.99A 和图 5.99B 分别显示了 pH 3.0 和 9.0 的 PPI 微凝胶颗粒稳定的 HIPPE 外观，由图可见两种 HIPPE 均具有类似奶油的外观，且结构细腻、均一，在外观上判断与人造奶油类似。从 Cryo-SEM 图可以明显地看到颗粒在油滴表面紧密排列（图 5.99C、D），符合 Pickering 乳液的定义。除此特征外，油滴还被 PPI 微凝胶颗粒在连续相中形成的三维网状结构所包裹（图 5.99C、D），与二氧化硅等无机颗粒不同，PPI 微凝胶颗粒是一种软颗粒，这种软颗粒为液滴的聚结提供了空间上的阻隔及一定的韧性，最大程度上为乳液的失稳提供了缓冲。

pH 3.0 和 pH 9.0 的颗粒所稳定的 HIPPE 有所不同，在 pH 3.0 时 HIPPE 的液滴尺寸（5～50μm，图 5.99C、E）比在 pH 9.0 时（1～20μm，图 5.99D、F）更大，这是因为在 pH 3.0 时，乳化前水相中的 PPI 微凝胶颗粒聚集程度更高（图 5.97），能够吸附的总比表面积更小，理论上乳化参数相同时，油相被分散的尺寸一定，在乳化过程中形成的较小液滴会在乳化能量停止输入后很快发生有限的聚结（Arditty et al.，2003），最终导致了较大尺寸的液滴的形成。而 PPI 微凝胶颗粒聚集体在 pH 9.0 时的直径约为270nm（图 5.95A），因此可以覆盖更大的界面面积，最终导致较小液滴尺寸的 HIPPE 形成。另一个非常大的区别是液滴在 pH 3.0 时的变形程度（图 5.99C、E）要

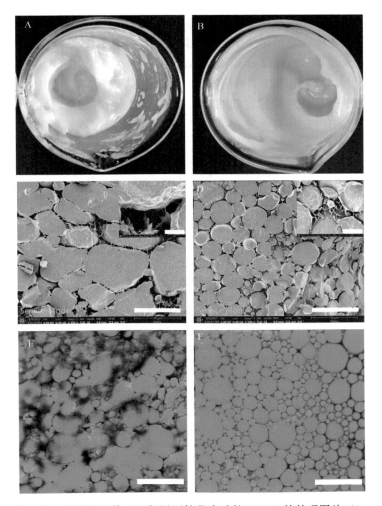

图 5.99 1.5wt%稳定的内相质量分数 85%低温压榨花生油的 HIPPE 的外观图片（A、B）、Cryo-SEM
图片（C、D）及 CLSM 图片（E、F）

C、D 中的插图是红色框的局部放大图。图 A、C 和 E 的 pH 为 3.0；B、D 和 F 的 pH 为 9.0；E、F 的绿色为油相，红色
为 PPI 微凝胶颗粒。C~F 中的比例尺=30μm，C、D 中插图的比例尺=4μm

高于 pH 9.0 时（图 5.99D、F），这种差异影响了乳液的黏稠度及可塑性，出现这种差异
的原因是当覆盖所有液滴表面所需的 PPI 微凝胶颗粒的数量不足时，相邻液滴之间的 PPI
微凝胶颗粒以桥接的形式实现颗粒的共享（Ashby et al.，2004），乳液发生高度絮凝而不
聚结。

在 pH 9.0 条件下，本研究对 PPI 微凝胶颗粒能够稳定内相质量分数的上限，结果表
明可以最高稳定 87%油相质量分数的 HIPPE，该质量分数目前在食品级颗粒稳定的
Pickering 乳液中是最高的。

（3）HIPPE 模板法制备多孔材料

通过 Pickering 乳液模板法可制备得到多孔材料，该法在组织工程、生物催化等多
个领域具有潜在的应用前景。将 Pickering 乳液中内外相液体分别除去即可得到以颗粒

为主要架构的材料，除掉占比例最高的高内相的方法主要有聚合法、提取法及溶剂蒸发法。其中溶剂蒸发法步骤简单、操作简便、耗时短，是以 HIPPE 制备多孔材料时最容易实现的方法（Binks，2002a；Li et al.，2009b）。

　　基于上述原因，本研究选取了易蒸发的正己烷作为内相，在内相体积比例为 85%时，成功制备了以 PPI 微凝胶颗粒稳定的 HIPPE。pH 3.0 及 pH 9.0 时乳液的外观分别如图 5.100A、B 所示，HIPPE 具有一定的可塑性，其宏观状态可以被调节。

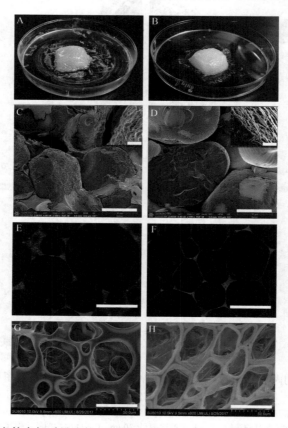

图 5.100　以 1.5wt%稳定的内相质量分数 85%正己烷的 HIPPE 的外观图片（A、B）、Cryo-SEM 图片（C、D）、CLSM 图像（E、F）及由 HIPPE 模板制备的多孔材料的 SEM 图像（G、H）

C、D 中的插图是红色框的局部放大图；图 A、C、E 和 G 的 pH 为 3.0，B、D、F 和 H 的 pH 为 9.0；E、F 中红色是 PPI 微凝胶颗粒；C、D 中比例尺=30μm、插图比例尺=1μm，E～H 中比例尺=50μm

　　pH 3.0 和 9.0 的 PPI 微凝胶颗粒稳定的以正己烷为内相的 HIPPE 同样使用了 Cryo-SEM 和 CLSM（图 5.100C～F）来表征其微观结构。在两种不同 pH 的颗粒乳化剂稳定的乳液中，都可以观察到致密的 PPI 微凝胶颗粒层（图 5.100C、D 中的插图），颗粒不可逆地吸附在变形的液滴表面以维持乳液的动力学稳定（Ikem et al.，2008）。将乳液中连续相的水分和分散相的正己烷在空气中开盖放置过夜，正己烷蒸发产生了大量的孔隙，从 SEM 图像（图 5.100G、H）可以看出，其中在界面上吸附的及在连续相中过量的 PPI 微凝胶颗粒形成了材料壁（Li et al.，2009b），而 PPI 微凝胶颗粒在溶剂蒸发过程中融合形成的材料壁结构均匀（图 5.101）。通过 HIPPE 获得的多孔材料的孔径比液滴前体的尺寸稍小，这是由干燥时颗粒融合所致（图 5.102）。此外，材料壁的厚度和韧性可以通过改变 PPI 微凝胶颗粒的浓度来改变（图 5.103）。多孔材料的壁在低颗粒浓度（0.83wt%和 1.17wt%）时发生了收缩和断裂（图 5.103A、B），多孔隙结构几乎崩塌。当颗粒浓度增加时，可以获得材料壁相对均匀的多孔材料（图 5.103C、D，1.5wt%和

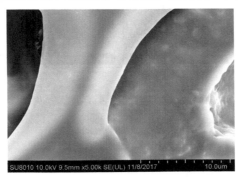

图 5.101 多孔材料壁的微观结构

PPI 微凝胶颗粒浓度 1.5wt%，pH=3，正己烷内相体积分数为 85%；比例尺=10μm

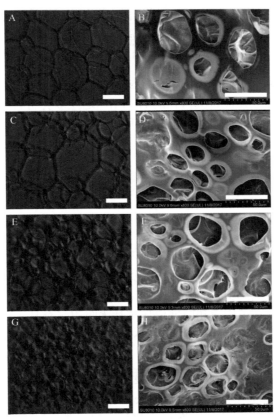

图 5.102 不同正己烷内相体积分数制备的 HIPPE 及多孔材料的微结构

pH=3 时，正己烷体积分数分别为 76%（A）、79%（C）、82%（E）和 85%（G）HIPPE 的光学显微镜图像（颗粒浓度为 1.5wt%）；B、D、F 和 H 是在室温下在过夜干燥相对应的 HIPPE 后获得的多孔材料的 SEM 图像。所有图像的比例尺=50μm

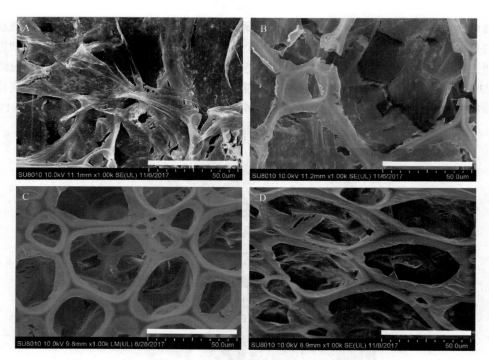

图 5.103　不同 PPI 颗粒浓度条件下制备的多孔材料的微观结构

A～D 颗粒浓度分别为 0.83wt%、1.17wt%、1.5wt% 和 1.83wt%；正己烷内相体积分数为 79%。比例尺=50μm

1.83wt%）。对以正己烷为内相时 HIPPE 的内相体积分数上限也进行了测试，pH 9.0 的 PPI 微凝胶颗粒可以稳定具有 88% 内相的 HIPPE。这些多孔材料在应用于催化剂载体、荷载功能活性物质及作为组织工程的支架时具有巨大的潜力。由于天然产物的巨大优势，与以前的研究相比（Ikem et al.，2010b；Li et al.，2009b），生物毒性将不会成为应用中的问题。

5.2.2　高静压处理果胶与蛋白质

5.2.2.1　高静压（HHP）简介

在过去的几年中，食品工业专家一直在努力寻找新型食品加工技术，进一步提高食品安全性，以满足消费者对具有高营养价值、不含化学防腐剂和口感新鲜产品的需求。γ 辐射、高静压加工、高压均质和脉冲电场等技术吸引了食品工业的兴趣。与其他新型食品加工技术相比，高静压加工具有良好的消费者感知能力，这对加压产品商业化的成功有很大的贡献。同时依据帕斯卡定律，在 HHP 处理过程中，压力能够迅速、均匀地施加在产品上，与产品的形状及尺寸无关，更有利于生产规模的扩大（Jung et al.，2011）。HHP 加工食品最早可以追溯到 1895 年，Hite 首次报道了 HHP 具有一定的灭菌效果，并于 1899 年报道了 HHP 能够在一定程度上延长牛奶的货架期。1914 年，美国物理学家 Bridgman 首次发现了 HHP 能够将蛋白质变性和凝固。虽然之后关于 HHP 技术的相关研究一直没有间断，但是并没有将 HHP 技术广泛应用到食品加工中。直到 1986 年，日本农学博士林力凡教授发表了关于 HHP 加工食品的报告，HHP 技术在食品中的应用才得以有长足的发展（何月娥，1993）。

采用 HHP 技术加工食品，通常压力不低于 100MPa。工业规模中大多数压力水平在 200～600MPa，压力的选择主要取决于食品原料；对于实验室规模，压力可以达到 1000MPa。目前国外实验室和商用 HHP 设备的制造厂家主要有美国的 Harwood Engineering 公司、西班牙的 NC Hyperbaric 公司、德国的 Uhde 公司及日本的三菱重工公司等；我国 HHP 设备起步较晚（1990 年），但是经过多年的发展，成功开发了具有自主知识产权的系列高压装备，目前主要是包头科发新型高技术食品机械有限责任公司。HHP 处理食品，主要有两种体系：第一种体系用于处理可以泵入容器的产品，这个过程不使用压力传输介质，其主要缺点是处理后需要进行无菌包装；第二种体系是目前常用的体系，也是食品工业首选的体系，即在 HHP 处理食品前，先预先对食品进行包装（常用真空包装），利用液体（常用水）作为压力传输介质，对食品进行压力处理。

高压加工技术有可能解决食品工业面临的许多新挑战。它有利于便利性和收益性食品的生产。HHP 已经成为一种商业实现的技术，起源于日本，自 2000 年以来，全世界的使用率几乎呈指数式增长。HHP 可用于多种不同的食物，包括果汁和饮料、水果和蔬菜、肉类产品（煮熟的火腿和干火腿等）、鱼和预煮的菜肴，其中肉类和蔬菜是最受欢迎的食品。2009 年 9 月，Preshafood 公司凭借其加压果汁在德国 Drinktec 国际展期间举行的饮料创新奖上获得了"最佳新果汁"和"最佳新饮料概念"两项大奖，从而使 HHP 技术在国际上获得了其在果汁应用方面的认可。近年来，以番茄为主的沙拉扩大了蔬菜 HHP 食品的种类，不含防腐剂的酱汁由新鲜香料和香草制成，可在冷藏条件下保存 1～3 个月并保持新鲜的风味。最大的 HHP 肉类生产商是美国的 Hormel Foods 公司，他们从 2001 年开始使用这项技术来加工火腿以消除李斯特菌，2006 年他们推出了几款天然肉片，深受消费者欢迎。对于不含防腐剂、艺术风味、颜色、硝酸盐或亚硝酸盐的肉类熟食产品，应用 600MPa 的加压几分钟，可使其在冷藏条件下的保质期从 60 天延长到 90 天（Jung et al.，2011）。国内由于对 HHP 技术的应用起步晚，因此对比欧美和日本 HHP 的商业化有很大的差距，但是也有一些企业利用国内的 HHP 设备加工果汁、泡椒凤爪、蒜蓉等食品（董鹏等，2016）。目前，HHP 技术已经广泛应用在海产品、果蔬产品、肉制品等领域。据估计，2009 年全球高压处理食品的总产量为 25 万吨/年。水果和蔬菜产品（包括果汁）估计占全球 HHP 食品产量的 42%，肉制品占 37%，海产品占 15%，其他（乳制品和未定义产品）占 6%（Jung et al.，2011）。HHP 技术是一种非热的物理加工技术，因此不影响食品中的一些小分子呈味物质和营养成分，因此可以最大限度地保存食品的营养成分及感官品质。HHP 的加工原则是基于这样一个假设，即在容器中经历 HHP 的食物无论其大小或形状如何，都遵循均衡规则。均衡规则规定，无论样品与压力介质直接接触还是密封在一个柔性包装内，压力都是瞬间均匀地传递到整个样品上。因此，与热处理相比，HHP 所需的时间应与样品大小无关。HHP 对食品化学和微生物学的影响受勒夏特列原理的支配，即当一个处于平衡状态的系统受到干扰时，系统的响应方式往往会使干扰最小化。换言之，HHP 刺激一些伴随着体积减小的现象（如相变、化学反应、分子构型变化、化学反应），但反对涉及体积增大的反应。压力对蛋白质稳定性的影响也受这一原理的支配，即随着压力的增加，体积的负变化导致平衡向键的形成转变。与此同时，HHP 也会增强离子的断裂，因为这导致了由水的电致伸缩而导致的体积减小。一般认为压力不会影响共价键（Jolie et al.，2012）。

HHP 技术作为食品加工产业中的一种新型的加工技术，对比传统加工技术，不仅能够显著提高食品的安全性，而且能够避免热加工及化学试剂的添加对食品品质的影响。目前国外尤其是日本、欧美处在世界领先水平，而国内相对滞后，但是随着我国经济水平的提高，越来越多的消费者关注食品安全与健康问题，HHP 加工食品逐渐引起人们的关注。相信随着市场要求的驱动，我国对 HHP 技术的研究与产业化应用会逐步缩小与发达国家的差距，进一步推动国内食品加工产业的发展。

5.2.2.2　高静压处理对食品中蛋白质和果胶类生物大分子作用机制

1）高静压处理对食品中蛋白质分子结构与功能的影响

蛋白质的变性可由不同的因素引起：热量、化学物质和压力。温度和（或）化学物质会导致蛋白质分子的共价键断裂和（或）聚集，从而使蛋白质变性，通常会不可逆地使完整的蛋白质展开。

蛋白质内部的共价键较为稳定，不易受高静压处理的影响，而非共价键（如氢键、离子键和疏水键等）在受到高静压处理时容易被破坏，从而对蛋白质的高级结构造成影响，从而改变蛋白质的性质和功能，甚至影响肉制品的品质。因此，由压力引起的蛋白质变性机理与温度或化学物质导致的蛋白质变性机理不同。

对于任何化学反应，根据等式（5.6），平衡常数 K 与吉布斯自由能 $\triangle G$ 相关：

$$\triangle G = -RT \ln K \tag{5.6}$$

式中，R 为理想气体常数；T 为绝对温度。

吉布斯自由能的压力依赖性 P（MPa）由以下公式给出：

$$[\delta(\triangle G)/\triangle P]_T = \triangle V \tag{5.7}$$

式中，$\triangle V$ 是系统的反应体积变化，以 cm^3/mol 为单位。

$$\triangle V = V_{产物} - V_{反应物} \tag{5.8}$$

这些体积包括两个部分：内在的（范德瓦耳斯体积）和溶剂化的（溶剂化壳的收缩及空腔体积的变化）。因此：

$$(\delta(\triangle G)/\delta P)_T = \triangle V/RT \tag{5.9}$$

因此，压力的主要作用是将平衡移向体积最小的状态（Rivalain et al.，2010）。

高静压通过热力学原因造成蛋白质构象的改变，使蛋白质变性。高静压对蛋白质中主要由非共价键连接和维持的高级结构有很大的影响。高静压能降低蛋白质的变性温度，在压力（100～1200MPa）存在时，一般在 25℃即能发生变性，而在常压下（0.1MPa）时，热变性温度为 40～80℃。压力诱导蛋白质变性的主要原因是蛋白质的柔顺性和可压缩性，蛋白质三维构象的内部虽然排列紧密，但是仍然存在一些空隙，这为蛋白质的可压缩性提供了可能。根据勒夏特列原理，高静压会增强与体积减小有关的构象变化或相位变化（Chen et al.，2018a）。蛋白质可通过改变四级、三级和二级结构使其体积减小 1.0%，从而导致不同程度的解离、展开、变性、聚集、沉淀和凝胶化（de Oliveira et al.，2017）。球状蛋白在压力下不稳定，造成蛋白质伸展而使空隙不复存在，同时非极性氨基酸残基因蛋白质的伸展而暴露，产生水合作用，这使得蛋白质会因压力作用而产生变性。

不同类型的蛋白质对压力的敏感性不同。例如，伴球蛋白的分子伴侣在 150MPa 时变性，而花生球蛋白在 200MPa 时仍能保持其构象；豇豆蛋白在 200MPa 时开始变性（变性程度为 41%），在 400~600MPa 时变性程度达到 66%，显示出比大多数蛋白质更高的耐压能力；苋菜蛋白最敏感的部分（白蛋白和球蛋白 7S）在 200MPa 时展开，而使其他部分（球蛋白 11S、球蛋白 P 和谷蛋白）展开则需要 400MPa 以上的压力（Queirós et al.，2017）。此外，高静压对蛋白质结构的影响还取决于蛋白质的来源、蛋白质的浓度、蛋白质体系的离子条件（如 pH、离子强度等）和高静压条件（压力强度、加压梯度、持续时间、温度、压力/温度和应用顺序）等，这些因素都可能产生不同的分子灵活性和可压缩性，导致不同的压力敏感性。

（1）高静压对蛋白质一级结构的影响

蛋白质的一级结构指的是其氨基酸序列，氨基酸残基之间通过肽键进行连接。肽键属于对压力不敏感的共价键，其离解能大于过程中传递的离解能（离解 O—H 350kJ/mol，C—C 470kJ/mol 和肽 330~400kJ/mol）（de Oliveira et al.，2017）。一般来说，低于 2000MPa 的压力不会对肽键产生影响，有些蛋白质中的肽键甚至需要在更高的压力下才会断裂，因为共价键的可压缩性通常可以忽略不计（Queirós et al.，2017）。目前食品加工中所使用的处理压力大多数在 2000MPa 以内，不足以改变蛋白质的一级结构。

（2）高静压对蛋白质二级结构的影响

蛋白质的二级结构指的是多肽链主链本身的盘绕、折叠而形成的空间结构。蛋白质的二级结构主要是通过氢键维持的（其中，α 螺旋通过肽链内部的氢键稳定，β 折叠依赖于肽链之间的氢键连接）。通常，与 α 螺旋相比，β 折叠区域不易变形，因此对压力较为不敏感。高静压对蛋白质二级结构的影响取决于蛋白质的类型、浓度和环境条件，还取决于压缩率和二级结构重排的程度，二级结构水平的变化通常会导致蛋白质的不可逆变性（Queirós et al.，2017）。氢键在压力下较为稳定（氢键键能为 8~40kJ/mol），通常较高的压力（大于 300MPa）才能影响蛋白质的二级结构。高静压处理通过改变蛋白质构象，破坏肽链内部和肽链之间原有的氢键进而引起蛋白质二级结构的改变，通常，当某个二级结构元件（α 螺旋、β 折叠、β 转角和无规则卷曲等）减少时，会伴随着另一个二级结构元件的增加，反之亦然，也就是说经常存在从一个二级构象异构体到另一个二级构象异构体的转化，如高静压处理花生致敏性蛋白 Ara h 1，其二级结构的变化如图 5.104。未经处理的天然的 Ara h 1 蛋白的二级结构包含 24.3% α 螺旋、43.1% β 折叠、7.6% β 转角和 25.0% 无规则卷曲。200MPa 压力处理后二级结构的含量基本上没有变化。在图

5.104B 中可以观察到，在 400MPa 压力下，随着保压时间的增加，其 β 折叠的含量开始减少，β 转角和无规则卷曲开始增加，且 α 螺旋基本保持不变，当保压时间为 1200s 时，β 折叠减少了 20.7%，β 转角和无规则卷曲分别增加 10.6% 和 9.4%。在 600MPa 压力下（图 5.104C），蛋白质二级结构的含量并不随着保压时间的增长而有明显的变化，在 150s 时基本保持稳定，与 400MPa 压力条件下类似，β 折叠减少而 β 转角和无规则卷曲都增加了，但其 α 螺旋的含量降低了 4.1%。图 5.104D 表示的是 Ara h 1 蛋白的二级结构在不同的压力下保压 1200s 之间的差异，相较于 400MPa，600MPa 压力下 β 折叠增多而 β 转角减少，同时 α 螺旋也减少了。

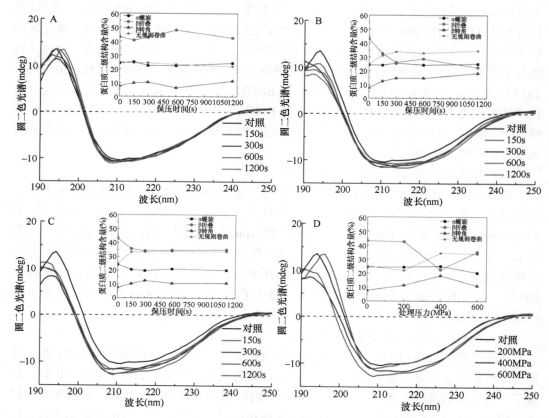

图 5.104　超高压处理对 Ara h 1 蛋白圆二色谱及蛋白质二级结构含量的影响
A. 200MPa 下不同保压时间；B. 400MPa 下不同保压时间；C. 600MPa 下不同保压时间；D. 保压 1200s 不同处理压力

（3）高静压对蛋白质三级结构的影响

蛋白质的三级结构是指多肽链进一步弯曲或折叠形成的紧密而具一定刚性的三维结构，由分子内的共价相互作用（二硫键）和非共价相互作用[氢键、范德瓦耳斯力、盐键（离子键）、疏水作用等]维持。在一定的压力水平下，氢键和二硫键表现出相对的稳定性；静电和疏水相互作用的离解能较低，对高静压更加敏感，而体积减小也会增加不稳定性；疏水相互作用因水分子与疏水基团的接近而不稳定（de Oliveira et al.，2017）。因此 200MPa 的压力就能对蛋白质的三级结构产生影响。

　　高静压处理能使水分子渗透到蛋白质内部并通过影响分子内或分子间的相互作用（如氢键、疏水作用等）来修饰蛋白质构象（Chen et al.，2018a），从而破坏蛋白质的结构，导致蛋白质的结构从折叠变为展开，并且随着处理压力的增加蛋白质的解折叠程度逐渐增加，这使更多原先被埋藏在蛋白质分子内部的疏水基团和巯基基团暴露到蛋白质分子的表面。疏水作用的增强能缩短蛋白质分子间的巯基之间的距离，当有氧气存在时，更多的反应性巯基基团和更短的距离导致二硫键的形成，有助于蛋白质聚集（Zhang et al.，2015a）。

　　简言之，高静压处理可能对蛋白质的三级结构造成两种不同的影响：一是高静压处理诱导蛋白质分子的解折叠，从而暴露原先埋藏在蛋白质内部的疏水性残基和巯基基团，如高静压处理花生致敏性蛋白 Ara h 1，其游离巯基含量变化（图 5.105）和疏水性变化（图 5.106）。如图 5.105 所示，未处理的 Ara h 1 蛋白的游离巯基含量为 5.3μmol/g 蛋白质，其含量在 200MPa 压力下没有明显的变化（$P>0.05$）；相比之下，在 400MPa 和 600MPa 压力处理后，Ara h 1 蛋白的游离巯基含量明显增加（$P<0.05$），除了保压时间 150s，其他保压时间下 400MPa 的游离巯基含量均大于 600MPa。在 400MPa 压力下，Ara h 1 蛋白的游离巯基含量随着保压时间的增大而增大，在保压 1200s 时，其游离巯基含量为 40.7μmol/g。而在 600MPa 压力下，随着保压时间的增大，Ara h 1 蛋白游离巯基的含量变化不大。如图 5.106A，200MPa 压力处理后 Ara h 1 蛋白的荧光强度与未处理的没有明显的差异；而在 400MPa 下（图 5.106B），当保压时间为 600s 时，荧光强度有所增加，保压 1200s 时明显增大；当压力达到 600MPa 时，保压 150s 其荧光强度显著增加（图 5.106C），且明显高于 400MPa 下的荧光强度，随着保压时间的增大荧光强度不断增大，当保压时间为 1200s 时，其荧光强度达到最大。不同压力间的荧光强度差异可以在图 5.106D 更加直观地观察到。这些结果表明，超高压能够显著增大 Ara h 1 蛋白的表面疏水性，在超高压（≥400MPa）处理后，Ara h 1 蛋白结构展开，埋在其内部的疏水基团暴露于蛋白质表面，蛋白质的三级结构发生改变。另外，高静压增强了蛋白质之间的相互作用，促使蛋白质聚集并且生成较大的不溶性蛋白聚集体，使得疏水性残基和巯基基团的暴露减少（Ikeuchi et al.，1992）。

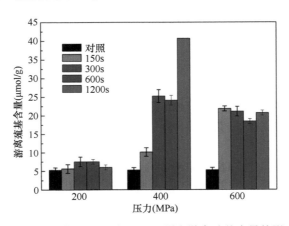

图 5.105　超高压处理对 Ara h 1 蛋白游离巯基含量的影响

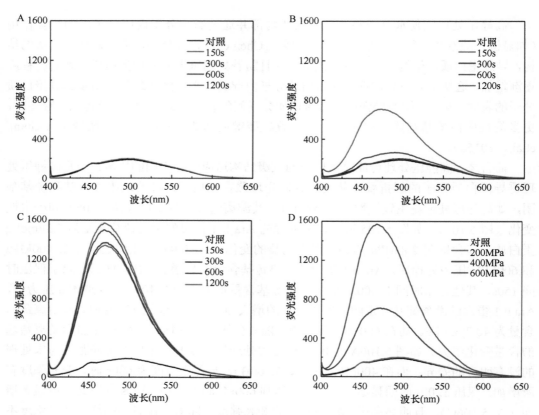

图 5.106　未处理与超高压处理后的 Ara h 1 蛋白的荧光光谱图

A. 200MPa 下不同保压时间；B. 400MPa 下不同保压时间；C. 600MPa 下不同保压时间；D. 保压 1200s 不同处理压力

（4）高静压对蛋白质四级结构的影响

蛋白质的四级结构是由多个亚基聚合而成的，这些亚基是具有三级结构的肽链。亚基之间通过非共价相互作用（疏水作用、氢键、离子键、范德瓦耳斯力等）维持其稳定性，其中疏水作用起到主要作用。低于 150MPa 的压力主要影响蛋白质的四级结构，可使一些低聚肽解离。

2）高静压处理下食品中蛋白质功能的变化

蛋白质的功能性质与其特有的三维结构密切相关，受到蛋白质-蛋白质之间和蛋白质-水之间的相互作用的影响，而蛋白质构象的变化会影响这些相互作用，进而影响蛋白质的功能性质。影响蛋白质构象的因素有很多，如蛋白质浓度、pH、温度、压力、离子强度、盐的种类和体系中的其他成分等。

（1）水合性质

蛋白质的水合性质与蛋白质构象及其与溶剂（水）相互作用的能力直接相关。一般而言，蛋白质-蛋白质相互作用越强，蛋白质的水合作用和溶胀越小。蛋白质经不同压力处理后会发生不同程度的变性和聚集，一方面结合很紧密的蛋白质在适当的压力处理后发生解离和伸展，原来被遮掩的肽键和极性侧链暴露到表面，从而提高了其结合水的能力；另一方面蛋白质-蛋白质相互作用的增强导致了蛋白质的聚集，这会减少蛋白质的表面面积和极性氨基酸的暴露，因此降低了变性后聚集的蛋白质结合水的能力。

（2）溶解性

蛋白质的溶解性与蛋白质的氨基酸组成、蛋白质的结构及氢键、疏水键和二硫键等密切相关，其中，蛋白质中氨基酸残基的平均疏水性越小和电荷频率越大，蛋白质的溶解度越大。蛋白质表面的亲水性和疏水性对蛋白质溶解度也有着很大的影响，即蛋白质表面的疏水小区域的数目越少，蛋白质的溶解度越大。在较低的压力下，蛋白质的部分展开会导致蛋白质与溶剂之间的相互作用增加，这时疏水相互作用很弱，水合作用和空间排斥作用使蛋白质仍然保持溶解状态分散在水中，从而增加了蛋白质在水中的溶解度；较高的压力（>400MPa）会降低多种来源的蛋白质的溶解度，这是由于高静压能使稳定蛋白质高级结构的键断裂，导致蛋白质分子的结构逐步展开，暴露出更多蛋白质内部的疏水基团，这增强了蛋白质与蛋白质之间的相互作用，甚至形成不溶性大聚集体，使蛋白质在水中的溶解度降低。

（3）表面性质

蛋白质的表面性质不仅与蛋白质的内在因素（如氨基酸的组成、结构、立体构象、分子中极性和非极性残基的分布与比例及分子的大小、形状和柔顺性等）有关，而且与能影响蛋白质构象和亲水性与疏水性的外界因素（如 pH、温度、压力、离子强度、界面的组成、蛋白质浓度和糖类等）甚至加工操作有关。以蛋白质的乳化性和起泡性为例，蛋白质的某些结构和功能特性与蛋白质乳液（或泡沫）的乳化（或起泡）能力和稳定性直接相关。高静压可以在不同水平上改变蛋白质的结构、流体力学体积和表面疏水性/亲水性，从而改变它们的溶解性、吸附在界面上的倾向及与它们自身或与介质的其他成分相互作用的可用性。表面疏水性、溶解度及降低界面张力的能力对于乳液的形成至关重要。分子的灵活性、部分变性能力、吸附能力及在界面上的相互作用的能力对乳液和泡沫的稳定性起着决定性的作用。例如，高静压处理使大分子蛋白质解聚，形成粒径更小的蛋白质分子，这有利于蛋白质分子吸附在空气-水界面上，减小界面张力，提高蛋白质分子的灵活性，从而改善了蛋白质的起泡性；高静压处理通过增强蛋白质分子的亲水性（蛋白质分子伸展，暴露出更多的极性基团或离子基团）和亲油性（暴露出蛋白质分子内部的疏水基团），使两者达到较好的平衡，由此提高乳化性能（Queirós et al., 2017）。

（4）黏度

蛋白质黏度的一个主要影响因素是分子或颗粒的表观直径，其取决于蛋白质分子的固有特性（如相对分子质量、大小、形状、体积、结构、电荷和对称性等）和环境因素（如 pH、离子强度和温度等）。蛋白质-溶剂的相互作用影响溶胀、溶解度和分子的流体力学体积，以及在水合状态下分子的柔顺性，蛋白质-蛋白质相互作用决定了聚集体的大小。当蛋白质溶于水时，吸水并溶胀，此时水合分子的体积比原有分子的体积增大许多，这将对溶液的流动特性产生影响。

（5）胶凝作用

一般认为，蛋白凝胶网络的形成是蛋白质之间和蛋白质与溶剂之间相互作用及多肽链之间的吸引和排斥共同作用的结果，与氢键、疏水相互作用、静电相互作用和二硫键有关。因此，蛋白质分子的结构和性质会影响凝胶结构的形成，如高含量的巯基基团和二硫键有利于分子间网状结构的形成，高含量的疏水基团倾向于形成坚固的网络结构等。在某些条件下，高静压处理可引起蛋白质结构的变化，导致蛋白质展开和聚合结构的解离更易暴露出蛋白质的反应基团（尤其是包埋在球蛋白内部的疏水基团），有利于增强蛋白质之间的疏水相互作用、氢键和静电相互作用，并诱导蛋白质发生聚集，因此相对分子质量大和疏水氨基酸含量高的蛋白质容易形成稳固的三维网络结构。高静压处理还可使蛋白质内部的巯基暴露出来，有利于二硫键的形成或交换，而大量的巯基和二硫键的存在可使分子间的网络得到加强，有利于形成不可逆的凝胶。

（6）风味结合

挥发性的风味物质与水合蛋白之间是通过疏水相互作用结合的，因此，任何能影响蛋白质疏水相互作用或表面疏水作用和改变蛋白质构象的因素都会影响蛋白质与风味物质的结合，如水活性、pH、盐、化学试剂、变性及温度等。低聚物解离成为亚单位可降低非极性挥发物的结合，因为原来分子间的疏水区随着单体构象的改变易变成被埋藏的结构。

（7）免疫反应性

许多研究开始探索高压对过敏性食物过敏原的影响，已有相关的文献报道指出 HHP 能够在一定程度上降低食品过敏原的致敏性。降低过敏性的机制包括通过蛋白质变性诱导蛋白质构象变化、提取过敏原和促进酶法水解改变过敏原。总的来说，HHP 有降低蛋白致敏性的可能，这与 HHP 的处理条件（压力、保压时间和温度）及蛋白质自身的结构性质有很大的关系。截至 2019 年，世界卫生组织及国际免疫联合委员会过敏原命名小组已经确认花生中 17 种过敏蛋白，Ara h 1 因其在花生中含量较高且过敏性较强被认为是主要的花生过敏原之一。图 5.107 展现了超高压处理对 Ara h 1 蛋白免疫反应性的影响。与未处理的 Ara h 1 蛋白（免疫反应性为 100%）相比，超高压处理的 Ara h 1 蛋白在400MPa 和 600MPa 压力下的免疫反应性明显降低（$P<0.01$），而在 200MPa 下没有明显的变化（$P>0.05$）。在 400MPa 下，Ara h 1 蛋白的免疫反应性随着保压时间的增长而降低（$P<0.05$），降低了 32.1%～50.9%；在压力为 600MPa、保压时间为 300s 和 600s 时其免疫反应性无显著差异（$P>0.05$），保压 1200s 时 Ara h 1 蛋白的免疫反应性最低，降低了 74.7%。超高压处理对 Ara h 1 蛋白结构与免疫反应性的影响机制如图 5.108 所示。较低的压力（≤200MPa）对 Ara h 1 蛋白的天然结构没有明显的改变，且其免疫反应性也没有降低，然而较高的压力（≥400MPa）可以改变 Ara h 1 蛋白的构象并显著降低Ara h 1 的免疫反应性。当压力为 400MPa 时，Ara h 1 蛋白的氨基酸残基暴露出来，游离巯基含量增多，表面疏水性增大，三级结构的改变使得蛋白质聚集形成多聚体，同时二级结构也发生了改变（β 折叠减少，无规则卷曲增大），这些蛋白质构象的变化最终使得其免疫反应性降低。而当压力为 600MPa 时，Ara h 1 蛋白的氨基酸残基与游离巯基含量相较于 400MPa 时减少了，但其表面疏水性继续增大同样使得蛋白质聚集形成多聚体，暴露的氨基酸残基与游离巯基再次被包埋在蛋白质中，且其二级结构 α 螺旋也转化成无规则卷曲，致使 Ara h 1 蛋白的免疫反应性进一步降低。

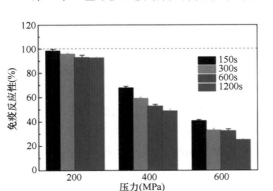

图 5.107　超高压处理对 Ara h 1 蛋白免疫反应性的影响

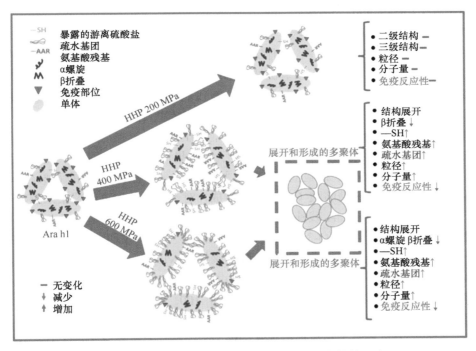

图 5.108　超高压处理对 Ara h 1 蛋白免疫反应性的影响

3）高静压处理对食品中果胶的结构与功能的影响

（1）果胶的结构与功能

果胶是一类广泛存在于植物细胞壁的初生壁和细胞中间片层的杂多糖。通常，双子叶植物中原代细胞壁的聚合物由大约 35%的果胶、30%的纤维素、30%的半纤维素和 5%的蛋白质组成，草本植物中含有 2%～10%的果胶，木材组织中含有 5%的果胶。在某些水果和蔬菜的细胞壁中，果胶的含量可能较高，而蛋白质的含量较低。目前工业上提取果胶的主要来源是苹果汁生产的压榨干饼（含 10%～15%可提取果胶的干苹果渣），以及提取柑橘汁后获得的湿的或干的果皮和碎渣（湿的或干的柑橘渣，其中含有 20%～30%的可提取果胶）。酸提取是工业上提取果胶的主要方法，萃取条件一般在

pH 1.5～3.0、60～100℃和 0.5～6h，根据所需的凝胶能力和甲基化程度优化相应的萃取条件；萃取之后通过离心和过滤相结合，将黏性的萃取物分离出来，通过乙醇或异丙醇从提取物中回收果胶（醇沉法是国外普遍使用且最早工业化的方法），最后对沉淀物质进行清洗，去除重金属、酸、糖、多酚、色素和其他醇溶性物质。悬浮在乙醇中的果胶非常适合进一步改性。通过异丙醇中的酸处理，果胶可以在 pH 较低且温度不超过 50℃的条件下皂化为所需的干物质。该处理可以产生干物质值在 55%～75%范围内的高甲氧基化果胶（酯化度＞50%）或干物质值在 20%～45%范围内的低甲氧基化果胶（酯化度＜50%）。在乙醇悬浮液中用氨处理也可以得到低酯果胶。在这些条件下，甲氧基部分被皂化，部分被酰胺基取代，得到酰胺化果胶。果胶的酯化度是果胶的一个非常重要的参数，其大小、分布及种类影响着果胶的功能特性（溶解性、凝胶性和乳化稳定性）（Alba et al.，2018）。

多糖的结构可分为一级、二级、三级和四级（沿用了蛋白质的分类方法）。一级结构：单糖残基的构成、排列顺序、糖苷键、异头物的构型及糖链有无分支、分支的位置和长短等；二级结构：骨架链间以氢键结合形成的各种聚合体，关系到多糖分子中主链的构象，不涉及侧链的空间排布；三级结构：糖残基中的羟基、羧基、氨基及硫酸基之间的非共价相互作用，导致有序的二级结构空间形成有规则而粗大的构象；四级结构：多糖链间非共价键结合形成的聚集体（王强等，2011）。多年来，研究者对果胶的一级结构表征进行了大量的分析工作，已经描述了许多果胶结构域。同型半乳糖醛酸聚糖（homogalacturonan，HG）是细胞壁中果胶的主要类型，约占果胶总量的 60%。HG 由线性(1→4)连接的 α-D-半乳糖醛酸（D-GalA）组成，对于柑橘、甜菜和苹果果胶其残基的最短长度为 72～100 个 GalA 残基，同时该骨架上的部分 GalA 残基可以在 C-6 处被甲氧基酯化和（或）在 O-2 和 O-3 上被乙酰化。也有一些研究发现，HG 中 GalA 残基的 O-3 或 O-4 被木糖取代，形成木糖半乳糖醛酸聚糖（xylogalacturonan，XG）。鼠李半乳糖醛酸聚糖 I（rhamnogalacturonan I，RG-I）是由鼠李糖（Rha）和半乳糖醛酸[α-(1→2)-D-半乳糖-α-(1→4)-L-Rha]n 交替单元组成，n 常高于 100。Rha 残基通常在由半乳糖和阿拉伯糖组成的 Rha 的 O-4 和（或）O-3 位置携带分支，这些支链可分为 3 种多聚体：阿拉伯聚糖、阿拉伯半乳聚糖 I 和阿拉伯半乳聚糖 II。阿拉伯半乳聚糖 I 由(1,4)-α-D-Gal-(1,5)-α-L-Ara 组成，通过(1,4)-α-L-Ara 与主链相连；阿拉伯半乳聚糖 II 是高度分支的半乳聚糖，侧链的主链由(1,3)-α-D-Gal 组成，该主链被(1,6)-α-D-Gal 取代成分支，而该分支则被(1,3)-α-L-Ara 取代，同时在某些果胶中也发现蛋白质部分。鼠李半乳糖醛酸聚糖 II（rhamnogalacturonan II，RG-II）的结构非常复杂，由至少 12 种单糖以多于 20 种的键合方式连接，其骨架是带有 4 个不同侧链的短而伸长的 HG。通常，果胶主链被认为是由 HG 和 RG-I 的核心组成。有两种模型常被用来描述果胶的一级结构：一种认为 HG 是主要的果胶主链；一种认为 RG-I 是主要的果胶主链，而 HG 和 RG-II 形成侧链（Voragen et al.，2009）。

果胶在溶液中的构象对于理解其理化和生物学特性及其工业应用非常重要。静、动态光散射，小角度 X 射线衍射，特性黏度法，尺寸排阻色谱和原子力显微镜等方法常被用来测定多糖分子质量、链尺寸和构象（石磊等，2012）。

A. 静、动态光散射

动态光散射测定流力学半径（R_h）；静态光散射测定回旋半径（R_g），依据式（5.10）进行构象判断：

$$\rho = R_g/R_h \tag{5.10}$$

式中，ρ：0.77～1.0 为球形，1.0～1.1 为松散的高度分支的链或聚集体，1.5～1.8 为无规则线圈，>2 为刚性杆。

B. 小角度 X 射线衍射

小角度 X 射线衍射是依靠原光束附近很小角度内电子对 X 射线的漫散射现象，可用于测量 1～100nm 尺度范围的分子结构，能够有效测定多糖溶液从稀到浓或固态多糖的链构象。

C. 特性黏度法

可以根据稀聚合物溶液的理论研究溶液中（特别是水溶液中）多糖的构象。特性黏度[η]是多糖溶液的特性，是一个反应多糖构象的重要参数，它与高聚物分子量、分子形态、分支度、高聚物与溶剂分子间的相互作用及分子链在溶液中的穿流行为有关，其在不同条件下的变化可反映出它在溶液中的构象转变。

D. 尺寸排阻色谱

一般常用高效液相色谱联用多角度激光散射，测定出 M_w 和 R_g 之间的关系，通过式（5.11）进行构象判断：

$$R_g = kM_w^{\alpha} \tag{5.11}$$

式中，k 和 α 是一定温度一定溶剂中聚合物的常数，一般来说 α=0.33 为球形构象，0.5～0.6 为随机线圈，0.6～1 为刚性杆。

E. 原子力显微镜（AFM）

AFM 超越了光和电子波长对显微镜分辨率的限制，可以立体地观察多糖分子链的形貌和尺寸，可以在接近生理环境条件下，用特殊的原子探针对多糖的形态和构象进行直接观察。

与大多数商业化多糖相似，果胶主链结构中的简单重复序列决定其功能性，但是这些规整的序列能够被一些不规整的结构中断或通过一些糖残基的取代而被掩盖。鼠李半乳糖醛酸聚糖或插有鼠李糖和带有中性糖侧链，会影响果胶主链的重复序列结构。组成糖单元的相对取向决定整个多糖分子的构象。溶液中单个分子链的构象取决于短程和长程的相互作用。短程相互作用发生在相邻单元间，因为位阻效应限制了分子围绕化学键的运动，使分子链局部变得刚性。这种相互作用也可以由静电相互作用引起。果胶中半乳糖醛酸残基之间的键是轴向-轴向的，限制了构象的变化，使得聚半乳糖缩醛骨架较刚性。长程相互作用则发生在分子链上距离较远但是可以彼此靠近的单体中，由体积排除作用控制。实际上长程相互作用使分子链体积膨胀，超过其无扰尺寸。一般来说，这种相互作用很难分析，且无法用多糖的分子模型来解释（仇雯漪，2019）。一般而言富含 HG 结构域的果胶是半流动的大分子。随着 RG-I 结构域的增加，由于鼠李糖的存在所赋予的灵活性，链获得了更大的构象自由度；随果胶酯化度的增加，链的柔韧性增加；高酯果胶的分形维数低于低酯果胶的分形维数。果胶的构象主要与链结构（侧链、分子质量和甲酯基含量等）和外界条件（溶液的成分、金属离子、温度、pH、物理场和化学法）的影响有关。表 5.46 为果胶在不同条件下构象的变化。

表 5.46　果胶在不同条件下构象的变化

果胶种类	条件	构象方法	结论
柑橘果胶	烷基化修饰（不同的取代度，不同的烷基化取代链）	静、动态光散射 高效液相色谱联用多角度激光散射	具有最低取代基和最短烷基链的原始果胶和烷基化果胶具有无规则卷曲构象 具有较大取代基和更长烷基链的链的烷基化果胶在 0.1mol/L NaCl 中具有球形构象（Liu et al.，2017a）
柑橘果胶	不同酯化度	特性黏度法 尺寸排阻色谱-多角度激光散射	随着酯化度的增加，链的刚性逐渐增加（Morris et al.，2000）
柑橘果胶	不同酯化度	特性黏度法 高效液相色谱联用多角度激光散射	半乳糖醛酸含量（>65%）的柑橘果胶可能具有半刚性线圈构象（Morris et al.，2008）
苹果果胶 柑橘果胶		特性黏度法	苹果果胶，柑橘果胶为随机线圈结构（Chou and Kokini，1987）
苹果果胶	微波处理	特性黏度法 尺寸排阻色谱-多角度激光散射 静、动态光散射法	微波处理小于 20min 的果胶链构象为无规则线圈，当处理时间延长到 30min 后，果胶的链构象变为刚性棒状（王日思等，2018）
柑橘果胶	酯化度 pH 温度 浓度	小角度 X 射线衍射 原子力显微镜 分子动力学	链的柔韧性随着酯化度和酸性 pH 的增加而增加，氢键是形成团簇的主要热力学驱动力（Alba et al.，2018）

　　许多植物性食品的质量特性，特别是质地和流变特性，在很大程度上取决于果胶含量和成分，以及采后处理工艺和（或）所采用的（预处理）步骤的类型。果胶精细结构的表征已经取得了很大进展。然而，其组成成分与具有特定生物学和工业功能的系统之间的相互作用尚不完全清楚。果胶对于任何应用的适用性取决于其结构特征，如摩尔质量、中性糖含量、光滑和毛发区域的比例、阿魏酸取代、甲氧基和乙酰基酯的量及酯基在聚合物上的分布。任何能够修改分子参数的过程都可能导致功能特性发生重大变化。另外，果胶的独特特性提供了一个有趣的相互作用空间，其中氢键、疏水相互作用、聚电解行为、特定的离子相互作用甚至共价偶联都可以在确定保持基质的功能特性方面发挥可能的作用。

　　果胶是受联合国粮农组织（FAO）和世界卫生组织（WHO）食品添加剂联合专家委员会推荐的公认安全的食品添加剂，其使用量可依照"最佳生产需要"进行添加。果胶常被用作许多食品应用中的成分，如果酱、果冻、酸奶等，是形成凝胶的主要成分。系统的流变特性（如黏度或黏弹性）会根据果胶的来源和环境条件以微妙的方式变化。高甲氧基果胶（HMP）在 pH≤3.5 且糖含量超过 55%的情况下通过疏水作用和氢键形成凝胶。低甲氧基果胶（LMP）通常在低糖产品中使用，这是由于它们的凝胶形成特性，不含或仅含少量糖，并且存在 Ca^{2+}。据报道，在 pH 3 的 Ca^{2+} 和 60%蔗糖存在下，HMP/LMP 混合凝胶的流变特性具有很强的协同作用。近年来，甜菜果胶被认为是食品中潜在的乳化剂，其乳化特性主要基于高乙酰基含量、阿魏酸的存在或共价结合的蛋白质，另外，侧链还显示出对乳化能力和稳定性的作用，这表明与具有线性骨架的果胶相比，含 RG-I 的果胶可以改善乳化特性。随着对果胶研究的不断深入，果胶在医学、环境和材料领域具有潜在的应用价值。在医学领域，研究发现果胶具有抗菌、止血、解毒及防辐射等作用，同时能够降低胆固醇、抑制心脏病、预防高血压、调节肠道、抑制细胞迁移、调节免疫和抑制肿瘤等功能，以其作为来源的果胶寡糖，是一种益生元的参选物；在环境领域，果胶具有一定的阳离子交换能力，可用于净化含金属的工业废水及从人血中清除重金属（铅、汞、砷和其他有毒金属）；在材料领域，由于果胶的绿色、天然及可降解性，果胶有被用来制造保鲜膜和饮料吸管等。

果胶展现出一系列功能特性，这些特性对于食品技术、营养保健品和制药应用至关重要。这取决于其结构变化及加工或处理过程中涉及的状态转变。这些参数与系统条件（pH、溶解的固体、特定的金属离子、离子强度、温度等）之间的关系强烈影响了果胶功能。

（2）高静压处理下食品中果胶分子空间结构的变化

超高压会造成生物大分子空间结构（构象）的变化，当这一变形（能量）足够大时，对分子间（内）的结合形式可能有影响，导致键的破坏或重组，从而使其功能性质发生变化。一般而言超高压对分子质量相对较低、分子呈直线形的多糖的水溶液中的结构状态无明显影响。多数研究认为超高压对非共价键的影响主要遵循以下规则（表 5.47）。李汴生等（2001）发现多糖胶体在超高压作用下，分子内的弱作用受到一定程度的破坏，分子由卷曲状态变成伸展舒张的状态，另一方面，这些大分子的溶剂化层增厚，导致分子进一步舒展扩张，溶液的黏度变大。在超高压处理对果胶溶液构象的影响方面研究较少，多数研究是通过原子力显微镜观察超高压对果胶溶液构象的影响。例如，超高压处理来自马铃薯皮废料的果胶，未处理的果胶中主要包含 4 个纳米结构：聚合物（P）、线性链（LS）、单分支（BR）和多个分支（MBR），链宽主要集中在 15～50nm 的范围内；HHP 处理后，主要有三个纳米结构：聚合物（P）、线性链（LS）、单分支（BR），链宽主要集中在 10～30nm 的范围内（图 5.109）（Xie et al.，2018）。

表 5.47　超高压技术对分子间相互作用力的影响

分子间相互作用类型	高压的作用	原因
氢键	增强	体积压缩效应
疏水相互作用	减弱	疏水基团附近的水分子的紧密排列
离子键	减弱	电致伸缩效应

分子动力学（molecular dynamics，MD）模拟可以通过计算机数值求解分子体系经典力学运动方程的方法得到体系的相轨迹，并统计体系的结构特征与性质，弥补了实验方法的局限性。分子动力学模拟可以通过调整系统的体积来控制系统的压强。HMP 分子由一个未酯化的半乳糖醛酸（图 5.110A）和两个甲酯化的半乳糖醛酸（图 5.110B）通过 α-1,4-糖苷键连接而成的三聚糖（图 5.110C）近似代替，酯化度为 66.7%；蔗糖分子结构模型如图 5.110D 所示，按照真实比例建立 HMP 的溶液模型（5% HMP+95%水）和溶/凝胶模型（2% HMP+50%蔗糖+48%水）。各模型体系的模拟在 0.1MPa、200MPa、400MPa 和 600MPa 的压强和 298.15K 的恒定温度下进行。

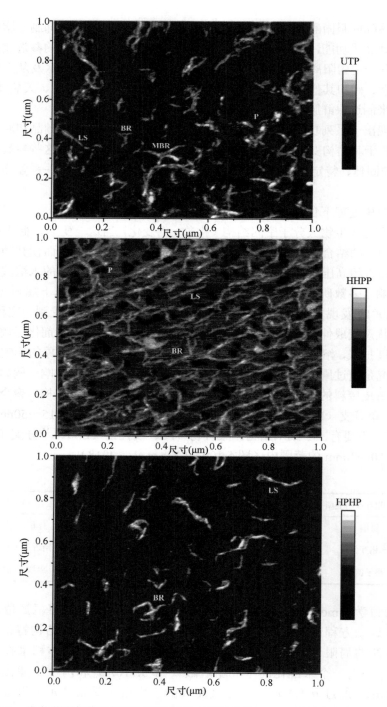

图 5.109　马铃薯皮废料中经或不经高压处理的果胶的 AFM 图像（Xie et al.，2018）

UTP：不经过处理；HHPP：高静压处理；HPHP：高压均质处理

平衡后的溶液体系和溶/凝胶体系的结构快照如图 5.111 所示。所有模拟体系中均只放置了一个简化的 HMP 分子，未考虑不同 HMP 分子之间的结合或分离构型。

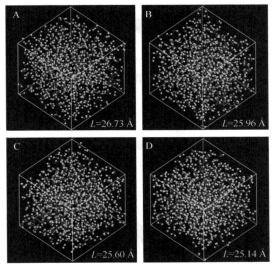

图 5.110　模拟体系中各组分的分子结构模型
A. 半乳糖醛酸；B. 半乳糖醛酸甲酯；C. 三聚半乳糖醛酸甲酯（HMP 简化模型）；D. 蔗糖

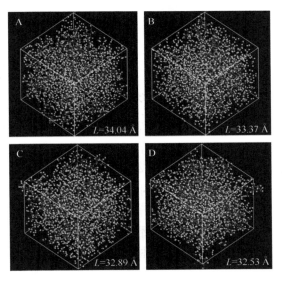

图 5.111　不同压强下溶液体系的结构快照
A. 0.1MPa；B. 200MPa；C. 400MPa；D. 600MPa

　　分子动力学模拟和实验数据的结合，在一定程度上阐述了超高压技术对果胶分子空间结构变化的作用机制（图 5.112）。HMP 的二级结构（又称远程结构）主要是指单个 HMP 分子的构象和相对分子质量及其分布。从 HMP 酯化度的略微增加可以推测其分子链在 HHP 处理后更为伸展；凝胶体系中的 HMP 分子链在 HHP 处理后更具刚性；同时引起 HMP 分子之间的无规则聚集。HHP 的作用主要体现在对 HMP 三级结构（又称聚集态结构）的影响上，而 HHP 的作用效果也因 HMP 聚集方式的不同而不同。下面分别从溶液体系和凝胶体系进行阐述。

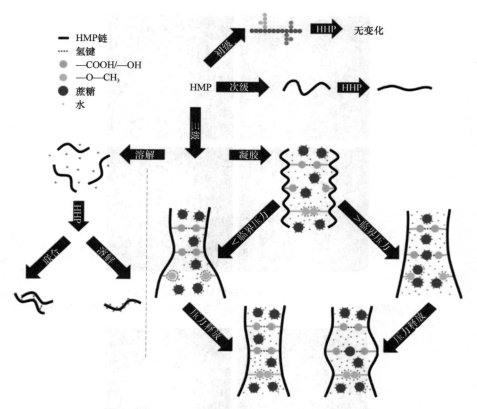

图 5.112 HHP 对 HMP 多级结构的作用机理示意图

在溶液体系中，HHP 的作用主要体现在两个方面：一是促使 HMP 分子的缔合及溶剂化作用。高压会引起 HMP 周围水分子的排布方式发生改变。其中游离羧基和羟基周围的水分子在相对较低的压强（200MPa 和 400MPa）下与 HMP 形成了更多的氢键键和，这类稳定的水化层在卸压后仍能保持一段时间。二是高压诱导的溶剂化作用会导致HMP的流体力学体积增大，从而使溶液的黏度增加；此外，溶剂化作用是提高溶液稳定性的主要贡献者，而过高的压强（600MPa）则不利于溶剂化层的形成，从而为 HMP 分子间的聚集提供了有利条件，导致溶液的稳定性下降。聚集在甲酯基周围的水分子在高压下形成了更加密集的疏水水化层，从而抑制了甲酯基之间的疏水相互作用。与结合在游离羧基和羟基周围的水化层不同，疏水性基团周围的水分子在卸压后会迅速回到常压时的平衡状态，因此疏水水化层对溶液性质的影响仅体现在保压阶段。

在凝胶体系中，HMP 分子之间已形成了大量稳定的交联区域。由于蔗糖的存在，凝胶体系中的分子间相互作用比溶液体系更为复杂，其中与凝胶性质相关的相互作用类型主要包括 HMP-HMP、HMP-水及 HMP-蔗糖之间的相互作用。HHP 主要通过调控这些相互作用的主次关系来改变凝胶的性能。在较高压强（高于临界压强）下，体系已经无法为蔗糖分子提供自由移动的空间，而是使其以类似水分子的方式向 HMP 分子聚拢。由于蔗糖的体积更大，原本聚集在 HMP 周围的水分子被排挤到外围，蔗糖代替水分子在 HMP 周围形成了更厚的隔离层，这就意味着 HMP-HMP 分子间氢键有更大概率被

HMP-蔗糖氢键所代替。此外，几乎所有的疏水交联区在高压下被破坏。仅存的 HMP-HMP 相互作用不足以克服凝胶化的熵障碍，导致 HMP 凝胶在高压下熔化。卸压后，需要经历漫长的时间使各分子之间的相互作用达到新的平衡状态。由于与 HMP 形成氢键键和的蔗糖分子的位阻效应，400MPa 和 600MPa 处理后凝胶网络的平均孔径较 200MPa 的更大。而 400MPa 处理后的样品中交联区的数量、类型和分布较为适宜，因此具备更高的力学性能指标和更优的持水能力。600MPa 处理的样品由于相邻结合位点间隔太远而导致力学性能指标和持水能力有所下降。

在较低压强（低于临界压强）下，已通过氢键形成的交联区域仍保持稳定，而部分未形成氢键的游离羧基和羟基在压强的作用下彼此靠近，从而有机会形成新的结合位点；然而，相对较低的压强同时会促进羧基和羟基周围的溶剂化层及甲酯基周围的疏水水化层的形成，从而对 HMP 分子间的交联起一定的抑制作用。但水化层对 HMP 交联区的破坏作用极为有限，因此体系仍保持凝胶态。此外，水化层会对原交联区进行重排，因此卸压后重建的 HMP 凝胶具有密集且均匀的网络结构。

（3）高静压处理下食品中果胶功能的变化

果胶在分子结构上自然展现出广泛的多样性，并且容易发生化学和酶促转化。具体而言，果胶的精细结构揭示了许多官能团，这些官能团取决于环境条件，能够诱导特定的聚合物功能。因此，果胶分子结构的选择性改变可以使聚合物适合多种应用。相应地，在水果和蔬菜的加工过程中，果胶通过超分子组装的形成或解体，在控制植物性食品的结构和流变特性方面起着重要的作用。原位定向技术可改变果胶的结构工程可以实现天然"健康"食品，如优化类胡萝卜素生物可及性和植物加工食品的生物利用度。另一方面，提取的天然或量身定制的聚合物被广泛用作成分，赋予加工食品特定的质地和流变特性。简言之，果胶凝胶化使聚合物适合用作稳定剂、凝胶剂或增稠剂，其乳化性能可能促使其用作乳化剂和（或）乳液稳定剂。

A. 稳定性

在饮料和乳制品中，果胶添加量一般在 0.05%～5%，其主要起到增稠和稳定的作用，同时能够增强饮料的口感，调节奶制品的质构性质，由于饮料和乳制品中含有一定量的钙离子，所以高甲氧基果胶常被用来作为稳定剂和增稠剂。大多数研究表明，果胶表现出假塑性流体的"剪切稀化"行为，即溶液的黏度随剪切速率的增加而减小。出现这种现象的原因目前认为是剪切速率使果胶的构象发生变化，果胶分子的构象在不同剪切速率下发生重排。Herschel-Bulkley 流变模型[式（5.12）]常用来对流变曲线进行拟合，以获得相应的流变性能参数：

$$\tau = \tau_0 + K\gamma^n \qquad (5.12)$$

式中，τ_0 为屈服应力（Pa），τ_0 代表驱使样品开始流动所需的最小应力，其值越大，越适合作为稳定剂应用。τ 为剪切应力（Pa）；K 为稠度系数（Pa·s^n），其值越大，说明流体越黏稠；γ 代表剪切速率（s^{-1}）；n 为流动行为指数（无量纲），$n=1$ 为牛顿流体。

以超高压处理高甲氧基苹果果胶（5%）为例，阐述超高压技术对果胶溶液的影响。HHP 处理的高甲氧基苹果果胶也表现假塑性流体的"剪切稀化"行为（图 5.113）。与未处理的果胶相比，200MPa 的流变参数无显著性差异；400MPa 只有 K 值有显著性的增加，n 值却有显著性降低；600MPa 的 n 值没有显著性增加，也没有显著性降低，而 τ_0 和 K 都有显著性增加（表 5.48）。压力只有高于某一界定值（一般认为是 200MPa）时，才能引起果胶溶液构象的不可逆变化，提高果胶溶液的稠度和稳定性。

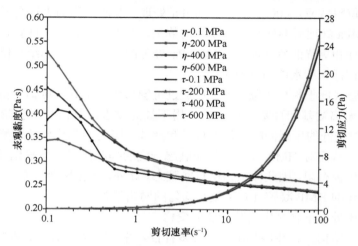

图 5.113　HHP 处理对高甲氧基苹果果胶溶液黏度的影响

果胶浓度为 0.05g/mL；保压时间为 30min

表 5.48　HHP 处理对 HMP 溶液流变学参数的影响

压强（MPa）	τ_0（Pa）	K（Pa·s^n）	n	R^2
对照	0.0017±0.0023a	0.2749±0.0004a	0.9672±0.0003b	1.0000±0.0000
200	0.0021±0.0020a	0.2770±0.0046a	0.9683±0.0009b	1.0000±0.0000
400	0.0056±0.0034a	0.3028±0.0059b	0.9632±0.0010a	1.0000±0.0000
600	0.0126±0.0017b	0.2973±0.0043b	0.9670±0.0009b	1.0000±0.0000

注：同列不同小写字母表示有显著性差异（$P<0.05$）

B. 凝胶性

高甲氧基果胶是在果酱中起交联作用的主要成分，果酱的质构特性和持水性等关键品质均受高甲氧基果胶性质的直接影响。以高甲氧基苹果果胶为例，阐述超高压处理对果胶凝胶（混合体系中 HMP 和蔗糖的质量分数分别为 2% 和 50%）的影响。果胶凝胶经不同压强处理后发生了不同程度的形变，这是由于在重力的作用下被高压流态化的果胶凝胶在硅油中向下流动，继而在卸压之后形成了长条状的凝胶，而压强越高，这种流态化现象越明显。说明压强高于某一临界值时，HHP 处理可使 HMP 凝胶转化为溶胶，而在卸压后，体系又可在一段时间内恢复凝胶态（图 5.114）。"落球法"是一种操作简单的方法，能够初步探究压力临界值。从小球的位置情况可以看出，对于所研究的 HMP 凝胶体系，临界压强介于 200～220MPa（图 5.115）。Doi 等（1991）在研究中发现了类似的现象：卵清蛋白的热致凝胶在 20℃下用 600MPa 的压强处理 20min 后完全"熔化"，随后在常压下再次凝胶化；然而，大豆球蛋白热致凝胶及明胶和琼脂糖的冷凝胶在 20℃及 400～700MPa 的压强下处理 20min 后仍未出现熔化现象。Gekko（1994）发现明胶和琼脂糖凝胶的熔化温度随着压强的增大而升高；相反，卡拉胶及大豆蛋白和卵清蛋白的热致凝胶在高压下变得不稳定。这表明不同凝胶体系对 HHP 的响应相差甚远，最合理的解释是这些凝胶体系具有截然不同的凝胶机制，而 HHP 对不同机制的作用可能是促进的，也可能是抑制的。

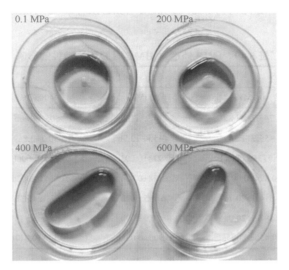

图 5.114　不同压强下处理的 HMP 凝胶的外观

相同形状的凝胶置于硅油中再进行 HHP 处理所得到的凝胶

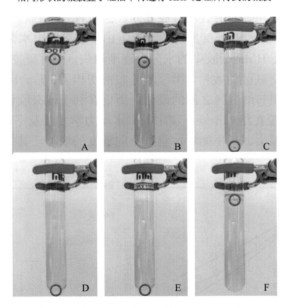

图 5.115　落球法观察 HMP 凝胶的熔化现象

A. 0.1MPa；B. 200MPa；C. 220MPa；D. 400MPa；E. 600MPa；F. 80℃

　　质构特性是决定消费者对食品接受程度的关键感官因素之一。HHP 处理后样品的硬度显著增加，此外，HHP 处理后的样品同时具有更高的凝聚性、胶着性、咀嚼性和回复性，这些参数在一定程度上可能是正相关的。凝胶样品的硬度、凝聚性、胶着性、咀嚼性和回复性与凝胶内部聚合物的交联程度和交联区的分布方式有关。而黏性为样品的表面性质，其在食品领域可以解释为黏牙性口感。样品的黏性在 200MPa 处理后有所减弱，而在 600MPa 处理后显著增强，弹性具有相似的性质。这说明尽管在超过临界值的压力处理下，果胶凝胶有"熔化"再凝胶的现象，但是在各压力对凝胶质构特性上的改变差异不大（表 5.49）。

表 5.49 HHP 处理对 HMP 凝胶质构特性的影响

质构特性	压强			
	0.1MPa	200MPa	400MPa	600MPa
硬度（g）	745.7±23.8a	814.9±11.2b	805.1±9.0b	816.3±15.9b
黏性（cgs）	−56.7±1.3ab	−45.8±13.9b	−50.2±2.8a b	−68.3±5.5a
弹性	0.973±0.000a b	0.978±0.003c	0.974±0.000bc	0.969±0.001a
凝聚性	0.824±0.001a	0.828±0.004a	0.834±0.003ab	0.842±0.007b
胶着性（g）	614.3±20.7a	674.5±9.2b	671.2±5.3b	687.4±8.9b
咀嚼性（g）	597.6±20.0a	659.9±8.9b	653.9±5.3b	666.1±8.8b
回复性	0.455±0.005a	0.505±0.031b	0.523±0.017b	0.531±0.009b

注：同列不同小写字母表示有显著性差异（$P<0.05$）

HMP 凝胶的持水能力主要来自凝胶网络结构对水分子的空间限制及凝胶中的亲水基团与水分子的结合作用。而所有水凝胶体系，包括 HMP 凝胶，都是亚稳态分散体系。由于脱水收缩作用，即在没有外部压强的情况下由于水凝胶中水分的自发释放而导致的体积收缩现象，固定在 HMP 凝胶中的水分会逐渐流失，这对凝胶的储存是极为不利的。水凝胶的持水能力与交联区的数量、类型和分布密切相关。结合区间距太长或太短都将不利于水分的保持，相邻结合区之间的最佳距离更有利于使凝胶包含大量的结构水。图 5.116 显示了 HMP 凝胶在绝对干燥环境中的失水动力学曲线及平衡含水量。表明高压处理后的凝胶失水速率减慢，且平衡含水量有不同程度的增加，其中 400MPa 处理的样品持水性能最好。

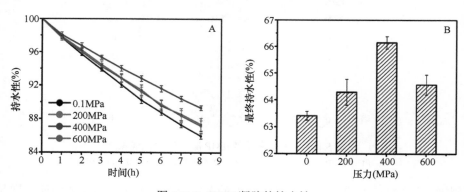

图 5.116 HMP 凝胶的持水性

A. 失水动力学曲线；B. 平衡含水量

C. 乳化性

早在 1927 年，果胶就被认为是食品应用中潜在的乳化剂。乳化剂的关键特性包括：①它们能够迅速降低新形成的油/水界面的界面张力，其疏水部分会强烈吸附到界面上，而其亲水部分会延伸到水相中；②被吸附的聚合物通过形成有效地防止絮凝或聚结的保护层来提供稳定作用的能力。果胶的乳化活性（能力促进油滴形成）与其蛋白质部分有关，而乳液稳定的潜力（限制或阻止乳液不稳定性的能力）主要归因于碳水化合物部分的结构特征和构象。另外，果胶在乳化过程中促进细小液滴形成和保留的能力部分归因于乙酰基和阿魏酸酯的疏水性。

迄今为止，果胶的乳化机理尚无明确的定论。Leroux 等（2003）提出了"环和尾"吸附模型。此外，该模型还包括通过 Ca^{2+} 交联非甲酯基取代的半乳糖醛酸残基进行链二聚的可能性，特别是对于高分子聚合物。由于甜菜果胶的蛋白质含量高，并且随着表面覆盖率的增加，观察到的吸附层厚度增加，由于带正电荷的蛋白质部分和带负电荷的碳水化合物部分残基之间的静电络合作用，在油水界面形成了一个多层吸附模型。此外，果胶可与其他生物聚合物结合使用，通过逐层乳化法生产多层乳液（Ngouémazong et al.，2015）。

一般来说，果胶简单乳液的物理稳定性（具 O/W）是通过空间和（或）静电稳定实现的。此外，果胶增加乳液黏度或形成凝胶网络的能力（积极或消极）有助于（简单）乳剂和基于乳剂的食品（如乳制品和其他饮料、低脂蛋黄酱和调味品、低脂酱和乳化肉制品）的稳定性。乳液中静电排斥的产生归因于带电表面的产生。胶体系统中的表面由于离子乳化剂（如表面活性剂）的吸附和（或）乳化剂的官能团的电离而带电。对于多糖和蛋白质，通常会观察到后一种情况，其中的羧基（—COOH）和氨基（—NH_2）电离会导致形成羧酸根阴离子（—COO^-）和铵阳离子（—NH_3^+）。乳液液滴的电荷的大小和符号不仅取决于所用乳化剂的类型，还取决于环境条件，如 pH、温度和离子强度。因此，取决于液滴上电荷的符号，静电相互作用可以是吸引的或排斥的。

乳化剂（如蛋白质、多糖）的构象与其稳定乳液的能力之间有很强的关系。通常，乳化剂倾向于在界面处采用该构象，该构象使系统的自由能最小化。界面处的构象排列受多种因素控制，包括聚合物的柔韧性，沿其主链的单体类型和顺序及极性和非极性基团的分布。因此，聚合物采用的构型可最大程度减少与液体介质的不良相互作用。

Kpodo 等（2018）在酸性条件下抑制了果胶电荷电离，因此果胶的构型影响了乳化稳定性。低含量的 RG-I 的秋葵果胶乳化液的稳定性高于高含量的，这主要是由于 RG-I 区段赋予果胶链更大的柔性，与 RG-I 含量较低的那些相比，链的额外柔韧性使液滴之间的分离距离更短，从而导致无效的空间稳定性。此外，较高的柔韧性可能使果胶更易于从界面上解吸，因为秋葵果胶不会在界面上形成高度相互连接和弹性的网状结构，这在纯蛋白质稳定化的界面中经常会观察到，从而降低了乳液在老化过程中的整体稳定性。

甜菜果胶的乳化特性通常被归因于高乙酰含量、阿魏酸的存在或共价结合蛋白。此外，侧链也被证明对乳化能力和稳定性有作用，这表明含有果胶的 RG-I 可以改善乳化性能，而不是具有线性骨架的果胶。因此，柑橘类和苹果类果胶因其蛋白质和乙酰基含量低、缺乏延伸支链而未被认为是有用的乳化剂。超高压能够改变果胶溶液构象和蛋白质的高级结构，从而改变果胶的乳化作用。以甜菜果胶为例，不同超高压处理前后甜菜果胶乳化液的液滴均呈较为规则的圆形，与未加压处理的相比，加压处理的果胶乳化液的液滴更加细密，以 350MPa 的甜菜果胶乳化液的液滴最细小，说明此时乳化活性相对较高，总之超高压处理能在一定程度上改善甜菜果胶的乳化性能，推测其原因可能是超高压处理使甜菜果胶链展开，包裹在内部的乙酰基暴露，同时包裹在甜菜果胶链内部的蛋白质外露。

5.2.2.3 高静压处理对食品中生物分子之间相互作用的影响

食品在化学意义上是指由多种化学物质成分构成的混合物，同一种成分在不同的食品中的含量及不同的食品其组成成分均存在差异，因此食品可以说是不同比例的食品成分的组合，即食品成分具有可组合性，由此产生了不同食品的内在差别。

一般可以将食品成分划分为内源性物质成分和外源性物质成分两类。其中，从食品与营养角度来说，内源性物质成分是指食品本身所具有的成分，是食品的主要成分，包括无机物和有机物两类，其中无机物成分为水和无机盐（矿物质），而有机物成分包括蛋白质和氨基酸、碳水化合物、脂质、维生素、核酸、酶、激素、乙醇、生物碱、色素成分、香气成分、呈味成分和有毒成分；外源性物质成分则是指食品在加工到摄食的过程中额外添加或引入的成分，包括食品添加剂和污染物质两类，一般在食品中含量很少。

在食品的成分中，蛋白质、脂肪、碳水化合物、无机盐（矿物质）、维生素、水和纤维素统称为维持人体正常生命活动及提供生长、发育和劳动所需的七大营养素，其中，蛋白质更是食物中提供能量的三大营养物质之一，是许多食品不可或缺的重要组成成分。同时由于蛋白质与其他物质之间的相互作用有着改变蛋白质本身的性质和功能、改变食品的品质及改变蛋白质在生命体循环系统中运输和沉积小分子的能力等，目前蛋白质与其他分子之间相互作用已在医药、生命科学、毒理学、食品、营养学等领域获得了越来越广泛的研究，如甘露糖蛋白可以通过与黄酮醇和人唾液蛋白的相互作用来影响人的涩味感知，进而减轻葡萄酒的涩味；当 pH 为 6.3 时 β-乳球蛋白与矢车菊素-3-O-葡萄糖苷的相互作用随着预热温度的升高而增加，可用于生产加工中天然花青素的保护；风味化合物与基质蛋白之间的相互作用会影响整体的风味感知；邻苯二甲酸酯增塑剂与人血清白蛋白的相互作用的研究为增塑剂对人体的危害提供一定的理论依据；一些小分子（如华法林、对乙酰氨基酚和咖啡因）可能会与抗精神病药物三氟拉嗪竞争其在血清白蛋白上的结合位点，从而增加血浆中游离三氟拉嗪的浓度，导致患者产生不良副作用等。

食品是一个复杂的系统，食品基质中各成分之间的相互作用对食品的感官品质（质地、风味、色泽和外观等）、功能性质及营养价值等均有影响。

食品的质地、风味、色泽和外观等感官品质很大程度上影响着消费者对食品的选择，是评价食品质量的主要依据之一。食品的感官品质是各种食品原料中各成分之间相互作用的结果，在这些成分中，蛋白质起到的作用尤为重要。例如，在焙烤食品中，其质地和外观与小麦面筋蛋白质的黏弹性和面团形成特性密切相关；一些甜食（如蛋糕）的风味、质地、色泽和形态等性质与原料（如蛋清蛋白）的热胶凝性、起泡性、吸水性、乳化性、黏弹性和褐变等多种功能性特性有关；酪蛋白胶束独特的胶体性质影响着乳制品的质地和凝乳形成性质；肉制品的质地和多汁性则主要取决于肌肉蛋白质（肌动蛋白、肌球蛋白、肌动球蛋白和某些水溶性肉类蛋白质）的性质。

蛋白质与其他物质之间的相互作用与蛋白质自身的性质和结构密切相关。例如，乳清蛋白热变性后，其结构的变化增强了其与胭脂素的结合亲和力；适度的高静压处理破坏了金线鱼肌球蛋白的结构，导致其与魔芋葡甘露聚糖之间的氢键和疏水相互作用增强等。因此，本节主要讨论高静压处理对食品中蛋白质等成分之间相互作用的影响。

1）高静压处理对食品中蛋白质和碳水化合物相互作用的影响

在食品生产加工中，胶凝作用通常由是蛋白质或多糖引起的，而多糖和蛋白质之间的相互作用决定了食品的整体结构和特性，因此蛋白质与多糖相互作用对于设计消费者需要的和可接受的产品来说十分重要。在凝胶化过程中存在不同类型的生物聚合物（如不同类型的蛋白质、不同类型的多糖或蛋白质和多糖）时，凝胶网络最终的性能会受到分子之间相互作用的影响。诸如 pH、离子强度、温度和压力等物理化学条件及多糖的组成、分布、物理状态和体积分数等都会对蛋白质与多糖之间的相互作用产生很大影响，从而赋予这些生物聚合物某些独特的胶凝特性（Li et al.，2020）。大多数人认为，高静压通过改善混合物中多糖和蛋白质之间的相容性并增强两者之间的相互作用，从而降低高静压期间或之后的蛋白质聚集及改善多糖-蛋白质混合物的性质（Queirós et al.，2017），如酪蛋白-卡拉胶混合物的凝胶化的改善，肌球蛋白-卡拉胶混合物和盐溶性肉类蛋白-刺槐豆胶混合物的持水性能的改善，以及甘薯蛋白-瓜尔豆胶混合物和低酯果胶-胶束酪蛋白混合物的黏度的改善等。

此外，蔗糖等小分子糖也是常用的食品添加剂之一，用于改善食品的风味和口感，但过多的摄入将对人体构成多种健康危害（如心血管疾病、肥胖症、龋齿等）。因此，越来越多的人开始在食品加工中使用半乳糖低聚糖、低聚果糖、壳聚糖低聚糖、低聚木糖等功能性低聚糖来代替传统的糖类添加剂，这不仅可以缓解健康问题，而且可以使食品具有某些功能。其中，低聚木糖是一种功能性聚合糖，具有抗癌、免疫调节、抗氧化等功能，目前在一些食品的生产中已被用来代替传统的糖类添加剂。接下来以低聚木糖和肌动球蛋白之间的相互作用为例。肌动球蛋白和低聚木糖之间的相互作用能促进蛋白质聚集，高静压处理通过破坏蛋白质结构，暴露出更多的结合位点，使得低聚木糖更容易与蛋白质发生相互作用，有利于增强两者间的相互作用。但当压力过高时，由于蛋白质过度变性而导致蛋白质聚集，生成不溶性蛋白质聚集体，导致低聚木糖的结合位点被屏蔽，使得两者的结合亲和力下降。根据热力学参数[焓变（$\triangle H$）和熵变（$\triangle S$）]的大小和符号，可将非共价相互作用分为 4 种类型：①$\triangle H > 0$ 和$\triangle S > 0$，疏水相互作用力；②$\triangle H > 0$ 且$\triangle S < 0$，静电力和疏水相互作用力；③$\triangle H < 0$ 和$\triangle S < 0$，氢键和范德瓦耳斯力；④$\triangle H < 0$ 和$\triangle S > 0$，静电力（其中$\triangle H$ 通常非常小，几乎为零）。由肌动球蛋白和低聚木糖之间的相互作用的焓变和熵变可得，氢键和范德瓦耳斯力在肌动球蛋白与低聚木糖的相互作用中起到主要作用，并且高静压处理不会改变肌动球蛋白和低聚木糖之间的主要相互作用力类型。

2）高静压处理对食品中蛋白质和脂肪酸相互作用的影响

亚油酸是一种人体不能自主合成的必需不饱和脂肪酸，其营养价值高，具有降低胆固醇、降血压、预防动脉硬化等作用。亚油酸及高静压对原肌球蛋白的二级、三级结构均会造成影响。在常压下，亚油酸与原肌球蛋白的结合亲和力较小，且低压（300MPa 以下）对亚油酸与原肌球蛋白之间的相互作用的影响不显著，而更高的压力（300～500MPa）会改变原肌球蛋白的极性环境，进而破坏原肌球蛋白的三级结构，增强两者的结合亲和力，即加强了两者间的相互作用。亚油酸与原肌球蛋白之间的相互作用主要由范德瓦耳斯力和氢键主导，高静压处理不会改变相互作用力的类型。

二十二碳六烯酸（DHA）是一种对人体非常重要的不饱和脂肪酸，在人体大脑皮层中含量高达 20%，在眼睛视网膜中所占比例约 50%，并且对婴儿的智力和视力发育至关重要。对于 DHA 和肌动球蛋白来说，高静压处理使蛋白质的结构展开，暴露出了更多的结合位点和疏水基团，因此增强了肌动球蛋白和 DHA 之间的结合亲和力。根据热力学参数可得氢键和范德瓦耳斯力在肌动球蛋白与 DHA 的相互作用中起主要作用，并且超高压处理不会改变肌动球蛋白和 DHA 之间的主要相互作用力类型。

3）高静压处理对食品中蛋白质和其他成分相互作用的影响

矿物质与蛋白质的相互作用取决于其浓度、环境的 pH、蛋白质的类型和压力水平。Pedrosa 和 Ferreira（1994）率先对此进行了研究，他们发现盐（即 LiCl、KCl 或 NaCl）和甘油的存在抑制了高静压诱导的豌豆球蛋白的解离，这是由于溶剂从蛋白质溶剂化层中被排除和表面张力的增加，和（或）因为离子影响水在蛋白质的极性基团周围的分布，改变游离亚基的化学势。蛋白质的溶解度与蛋白质在溶液中的分子间相互作用有很强的相关性，当蛋白质-蛋白质相互作用的排斥性降低时，蛋白质的溶解度预计会降低。盐对蛋白质溶解度的影响是复杂的，具体取决于几个因素，包括盐的类型和浓度及 pH。通常，阴离子的作用比阳离子更大，根据阴离子/阳离子的不同，我们可以发现蛋白质溶解度的降低（盐析效应）或增加（盐溶效应）。高静压处理可以通过改变蛋白质结构并影响蛋白质之间的相互作用，从而部分抵消由盐（如某些浓度的 $CaCl_2$、$MgCl_2$ 和 $FeSO_4$）的存在而导致的蛋白质溶解度降低（尤其是在较高的压力和较低的盐浓度下），如高静压处理增加了添加阳离子的大豆蛋白的溶解度和（或）改变了高静压诱导的不溶性聚集体的结构，减小了其大小，从而提高了添加阳离子的大豆蛋白分散液的稳定性。

风味感知是食品可接受性的主要决定因素，并受风味化合物与食物中非挥发性基质成分之间相互作用的影响。特别是，风味化合物与基质蛋白之间相互作用的性质和强度会极大地影响整体风味感知。目前，大多数人认为，蛋白质上存在着风味化合物的结合位点，同时风味化合物和蛋白质的初始结合会导致蛋白质发生构象变化，从而展露出新的结合位点（Damodaran and Kinsella，1980）。蛋白质和风味化合物之间的结合有可逆结合和不可逆结合两类，其类型取决于蛋白质和风味化合物的性质。一方面，大多数芳香化合物本质上都是疏水性的，因此疏水性结合和可逆性结合占主导地位；另一方面，某些风味化合物（如醛）可与蛋白质形成共价键，这些包括酰胺和酯的形成、醛类与氨基的缩合（"席夫碱"的形成）、醛类与巯基的缩合及蛋白质与不饱和风味化合物的加成反应等。蛋白质与风味化合物的相互作用与蛋白质的构象状态密切相关。因此，影响蛋白质构象的因素如 pH、温度和高静压等均会对蛋白质风味化合物的结合产生显著影响。蛋白质分子的展开可以通过暴露先前埋藏在蛋白质内部的疏水结合位点来增加风味化合物的结合，也可以通过改变风味化合物特定的结合位点来减少风味化合物的结合。蛋白质分子的聚集可能掩盖了部分疏水结合位点，导致风味化合物结合的减少。高静压处理对蛋白质和风味化合物的相互作用的影响还取决于风味化合物的结构，如乳清分离蛋白经高静压处理后，与 2-壬酮的结合减少，而与 1-壬醛的结合保持不变，同时对反式-2-壬醛的亲和力迅速增加（Kuhn et al.，2008）。

维生素、抗菌剂、抗氧化剂、调味剂和着色剂等营养素是许多食品产品的重要组成部分，有些甚至可用于改善人类健康状况，因此人们对将营养素掺入食品中非常感兴趣。这些营养素具有不同的分子特性，如极性、分子量和物理状态（固体、液体和气体）等，并且其中某些营养成分由于它们的溶解度低或令人不愉快的味道而无法直接食用，因此需要将其掺入胶体输送系统，通过乳化剂（如蛋白质、多糖、磷脂或表面活性剂）使其稳定并能分散到水基食品和饮料产品中。蛋白质与小分子量分子之间的相互作用与蛋白质的结构密切相关。与处于初始构象状态的蛋白质相比，蛋白质变性后其配体的结合位点数增多，因此，蛋白质的结构及其与营养素的结合特性高度依赖于环境条件和食品制备过程中涉及的其他因素（Relkin et al.，2014）。目前，基于天然成分和添加剂的营养素输送系统已在保护不稳定的化合物免受化学降解方面起到了重要的作用。

5.2.2.4　高静压处理对食品品质的影响

对于食品而言，消费者根据食物的感官和营养特征（如质地、味道、香气、形状和颜色、卡路里含量、维生素等）来判断食物的质量，这些特征和保质期一起决定了一个人对特定产品的偏好。食品加工的一个重要目的，就是改变食品的质构，对食品质构的研究是食品工程不可缺少的基础理论之一。高压加工是一种食品加工方法，在食品工业中已显示出巨大的潜力。尽管使用压力引起的食物变化与使用热处理的食物不同，但这些变化是不可忽略的。事实上，这种变化是可变的，并且响应于勒夏特列原理，这意味着伴随着体积减小的反应会被压力增强。压力影响大分子的构象、脂类和水的转变温度及许多化学反应。根据各种因素，如加工参数或产品配方，这些影响可能有益或有害虽然往往是间接的，但却能显著影响消费者对食品质量的感知。

食品是一个复杂的体系，其中包含有大分子的物质（如蛋白质和多糖），也含有大量的小分子物质（如多酚、脂肪酸等）。在高压下，食物中的小分子（如水分子）的间隙变窄，而由大分子组成的物质（如蛋白质分子）则保持球形。小分子产生渗透和填充的效果，并附着在大分子（如蛋白质）分子内部的环境中，导致大分子链（如蛋白质链）

在超高压降低到正常压力后被延长。这种延长是由加工压力的改变引起的，这意味着大分子链的三维结构部分或全部被破坏，改变了食品中大分子物质的结构，从而改变食品的品性和质量。目前，多数认为压力对酶失活的主要贡献是高压下蛋白质的结构重排，如伴随其他分子内非共价相互作用的水化变化；对细菌的灭杀主要是因为高压能破坏任何微生物的组织，使其他分子进入微生物的膜，通过破坏微生物膜的结构而导致细菌的繁殖。

蛋白质是 HHP 修饰的关键分子，其结构变化间接影响食品的品性，如致敏性蛋白的二、三、四级结构对其消化稳定性、过敏原性引起的免疫应答起到至关重要的作用。蛋白折叠方式亦会影响它们在肠胃道中的吸收能力，因此能在合理范围内改变食品蛋白质结构和性质，降低易感人群的过敏识别度，又不会引起较强的蛋白质变性。高压变性蛋白质依赖于蛋白质类型、加工条件和施加的压力。鱼类具有很高的营养价值，特别是高生物价值的蛋白质和脂质，在世界各地都有销售和消费。HHP 对蛋白质的影响是影响质构的关键因素，目前多数认为 HHP 对鱼肉蛋白二级结构的变化是影响其质构的主要原因。通过研究超高压对鳗鱼鱼丸制品、鱼糜、乌鳢鱼丸质构特性的影响，发现在 400～600MPa 压力处理时，鳗鱼丸的质构（硬度、弹性、咀嚼性和黏结性）显著增加（$P<0.05$）。至 400MPa 时达到最大，硬度、弹性、咀嚼性和黏结性分别提高了 99.82%、36.47%、51.31% 和 317.18%。而鳗鱼鱼糜的质构变化趋势与鱼丸相类似，在 400MPa 时质构特性达到最大。相比较下，鱼糜的质构参数比鱼丸的质构参数值更小，主要是因为鱼丸在成型过程中添加了马铃薯淀粉，而马铃薯淀粉有利于增强鱼糜的凝胶网络结构，从而提高鱼糜的质构特性。400MPa 处理的乌鳢鱼丸的大部分质构属性都达到最佳值。与对照组相比，在 400MPa 处理的乌鳢鱼丸的硬度、弹性、咀嚼性和黏结性分别是原先的 3.00 倍、1.61 倍、5.96 倍和 1.23 倍（表 5.50）。

表 5.50　HHP 处理对不同鱼肉质构特性的影响

种类	压力（MPa）	咀嚼性	弹性	硬度	黏结性
鳗鱼鱼丸	对照	0.421±0.04	0.532±0.03	437.46±69.33	96.5±14.78
	400	0.637±0.02	0.726±0.04	874.14±262.29	402.58±112.90
鳗鱼鱼糜	对照	0.236±0.03	0.309±0.04	236.20±46.21	45.54±6.98
	400	0.366±0.08	0.599±0.06	629.66±71.25	265.25±49.32
乌鳢鱼丸	对照	19.50±1.46	0.540±0.06	74.600±5.94	0.486±0.013
	400	116.15±8.13	0.87±0.01	223.70±13.15	0.597±0.001

为了进一步探究超高压影响鱼肉质构特性的机制，不同蛋白质的二级结构与质构参数之间的相关性是被分析地。鳗鱼丸的 4 个质构参数均与原肌球蛋白 α 螺旋和 β 折叠含量呈负相关，表明当 α 螺旋和 β 折叠含量减少时，鳗鱼丸的质构参数增加。然而，β 转角和无规则卷曲含量与 4 个质构参数之间存在正相关关系，表明鳗鱼丸的质构参数随着 β 转角和无规则卷曲增加而增加（表 5.51）。鱼糜的全质构参数与肌原纤维蛋白 α 螺旋和 β 折叠结构存在负相关关系，表明 α 螺旋结构的含量随着鱼糜全质构参数的增加而降低。β 转角与无规则卷曲含量和鱼糜全质构参数之间存在正相关关系，表明 β

转角和无规则卷曲含量随着鱼糜的全质构参数的增加而增加（表 5.52）。鳗鱼鱼糜与鱼糜制成的鱼丸，尽管从鱼糜中提取的蛋白种类不一样，但其质构与蛋白的二级结构的相关性系数呈现相似的结论。有研究表明，适度的超高压处理会诱导蛋白质变性，从而有利于其溶解和解折叠，蛋白质结构的展开有利于重新缔合以形成具有截留水的三维凝胶网络，此外，蛋白质构象的变化增强了其交联能力，如蛋白质-蛋白质相互作用、蛋白质-溶剂相互作用，这导致了更紧凑的凝胶网络的生成，从而获得具有更好的质构性质的凝胶产品。Xu 等（2010）的研究表明，经过热处理的猪肉硬度与 β 折叠、β 转角和无规则卷曲呈正相关，而与 α 螺旋呈负相关。但在本实验中观察到，β 折叠含量与硬度呈负相关关系。另外，Herrero 等（2008）发现经酶处理的猪肉硬度与 β 折叠和 α 螺旋呈负相关，而与 β 转角呈正相关。不同的加工方式及肉制品种类的不同都能影响其相关性的结果，但都说明了肉制品的质构特性与其含有的蛋白质的二级结构有很大的相关性。

表 5.51　原肌球蛋白的二级结构与鳗鱼鱼丸质构参数的相关系数

压力（MPa）	质构参数	二级结构			
		α 螺旋	β 折叠	β 转角	无规则卷曲
100	咀嚼性	−0.879	−0.992	0.902	0.952
	硬度	−0.962	−0.945	0.946	0.928
	弹性	−0.833	−0.839	0.960	0.754
	黏聚性	−0.96	−0.959	0.837	0.989
200	咀嚼性	−0.727	−0.752	0.886	0.651
	硬度	−0.917	−0.912	0.911	0.932
	弹性	−0.933	−0.955	0.950	0.953
	黏聚性	−0.833	−0.956	0.937	0.870
300	咀嚼性	−0.863	−0.962	0.951	0.893
	硬度	−0.96	−0.900	0.902	0.957
	弹性	−0.968	−0.833	0.960	0.868
	黏聚性	−0.968	−0.885	0.941	0.913
400	咀嚼性	−0.969	−0.920	0.928	0.946
	硬度	−0.983	−0.930	0.925	0.982
	弹性	−0.898	−0.914	0.917	0.890
	黏聚性	−0.952	−0.992	0.993	0.943
500	咀嚼性	−0.961	−0.989	0.990	0.953
	硬度	−0.938	−0.974	0.913	0.919
	弹性	−0.984	−0.891	0.778	0.980
	黏聚性	−0.846	−0.970	0.997	0.780
600	咀嚼性	−0.976	−0.863	0.717	0.994
	硬度	−0.855	−0.596	0.702	0.690
	弹性	−0.819	−0.695	0.797	0.737
	黏聚性	−0.923	−0.712	0.807	0.791

表 5.52　不同压力下肌原纤维蛋白二级结构与鱼糜相关性系数

压力（MPa）		硬度	弹性	黏聚性	咀嚼性
100	α 螺旋	−0.990	−0.958	−0.890	−0.775
	β 折叠	−0.684	−0.866	−0.941	−0.991
	β 转角	0.969	0.990	0.975	0.906
	无规则卷曲	0.990	0.989	0.946	0.858
200	α 螺旋	−0.97	−0.893	−0.990	−0.965
	β 折叠	−0.963	−0.906	−0.999	−0.956
	β 转角	0.793	0.998	0.914	0.779
	无规则卷曲	0.900	0.966	0.977	0.890
300	α 螺旋	−0.98	−0.859	−0.753	−0.912
	β 折叠	−0.946	−0.785	−0.661	−0.851
	β 转角	0.871	0.659	0.513	0.741
	无规则卷曲	0.897	0.700	0.560	0.777
400	α 螺旋	−0.807	−0.987	−0.782	−0.767
	β 折叠	−0.990	−0.792	−0.984	−0.980
	β 转角	0.965	0.863	0.953	0.946
	无规则卷曲	0.940	0.902	0.925	0.916
500	α 螺旋	−0.937	−0.999	−0.949	−0.876
	β 折叠	−0.999	−0.912	−0.998	−0.993
	β 转角	0.668	0.904	0.693	0.552
	无规则卷曲	0.986	0.843	0.979	0.998
600	α 螺旋	−0.611	−0.971	−0.98	−0.998
	β 折叠	−0.784	−0.829	−0.851	−0.959
	β 转角	0.718	0.995	0.998	0.978
	无规则卷曲	0.914	0.942	0.955	0.999

　　在果蔬加工的条件下，细胞壁果胶会发生大量的酶促和非酶促转化反应，这些反应与最终产品的结构相关的质量特征（如质地、黏度、云状稳定性）有关，并反映出来。许多植物性食品中果胶的转化决定其相关质量特性（质地、流变性和云状稳定性），HHP能够在一定程度和一定方向上影响果胶转化，从而对植物基食品的结构质量产生影响。

　　超高压对果汁的云状稳定性研究的相对较多，HHP 处理是被作为传统热巴氏灭菌的替代方法来失活果胶甲酯酶。总之，中等温度下的 HHP 可导致某些果胶甲酯酶（来源如胡萝卜、柑橘的特定亚型）的快速不可逆失活，但不能作为其他一些来源（如番茄）热失活的有效替代方法。尤其重要的是观察到耐热的果胶甲酯酶亚型也具有耐压性，使得在巴氏灭菌条件下完全消除果胶甲酯酶活性成为不可能。尽管如此，HHP 处理可以成功地生产出云状稳定的橙汁。猕猴桃果胶甲酯酶亚型在酸性 pH 下的显著压力稳定性构成了 HHP 对果汁云状稳定作用的另一个维度，它支持 HHP 高酸性食品系统中添加果胶甲酯酶亚型可以抑制残留的不需要的果胶甲酯酶。环境温度下的 HHP 也允许果胶裂解酶失活，其失活的压力水平明显低于果胶甲酯酶，选择性剔除果胶裂解酶（甚至在特定的 HHP 预处理步骤中）在番茄制品的质地和黏度工程方面提供了宝贵的可能性。剩余的果胶甲酯酶活性确实可以通过离子交联增强果胶网络，减少消除反应，而果胶裂解酶的失活可以防止酶促果胶破碎。因此可以提升质构或黏度，尽管根据处理温度可能会出现一些其他流变质量缺陷（如脱水、形成果冻状半透明结构）。

在中等压力/中等温度的范围内（限定在 500MPa 和 60℃左右），由于果胶甲酯酶活性的提升，加速了果胶脱甲酯的反应，随之而来的离子交联果胶复合物形成的增加，可以进一步增强植物食品的质构特性。HHP 预处理（有或没有适度加热）可以替代低温热烫，以减少植物性食品（如胡萝卜、甜椒、西兰花）在随后的热处理过程中的热软化。除盐桥形成外，在降低酯化度的加热步骤中，果胶降解和增溶的速率和程度降低，从而产生了额外的质构保存效果。此外，通过 HHP 预处理（结合 Ca^{2+} 浸泡）刺激内源性果胶甲酯酶活性也显示了控制冷冻水果和蔬菜的质地质量的潜力。

国际市场上提供的一系列高压加工产品（日本的果汁、米糕、生鱿鱼，法国和葡萄牙的橙汁和苹果汁，美国的鳄梨酱和牡蛎）表明了这项技术的未来潜力。在未来的几年里，HHP 可能会在基础科学及其全部潜力被全面理解之前被用于商业用途。在不改变感官和营养特性的情况下，低温或中温条件下微生物的破坏和酶的失活表明高压技术有潜力用于开发新一代的高附加值食品。但是 HHP 不太可能取代传统的处理方法。它可以补充这些方法或最终的利基应用。尽管如此，它们新颖的物理化学和感官特性为工业提供了令人兴奋的机会。将 HHP 与其他处理方法（如加热、γ 辐射、超声波、二氧化碳和抗菌肽）相结合，可以降低所需的压力。例如，HHP 与二氧化碳结合，对番茄汁的酸值、总酸含量和可溶性固形物含量均无显著的影响，色泽（图 5.117）和黏度（图 5.118）能

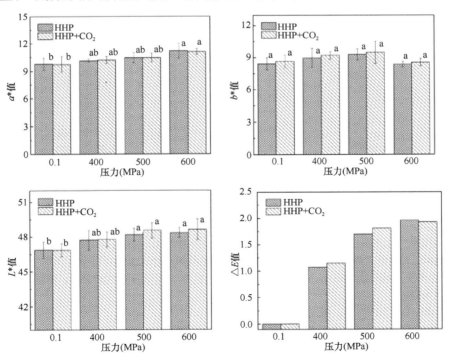

图 5.117　HHP 和 HHP+CO_2 对番茄汁色泽的影响

不同小写字母表示有显著性差异（$P<0.05$）

够进一步的提升，同时超高压协同二氧化碳能够进一步的降低果胶甲酯酶和局半乳糖醛酸酶的活性（图5.119）。同时该工艺可与其他工艺集成，如热烫、脱水、渗透脱水、再水化、油炸、提取、凝胶化、冷冻和解冻。较高的资本支出可能会在一定程度上限制其应用，但这将被较低的运营成本所抵消，因为用于加压的能量小于用于热处理的能量及产品创新方面的其他效益。随着技术的进一步发展和商品化，预计在不久的将来，设备的成本将下降，高压加工的安全营养产品将以可承受的成本提供给所有消费者。

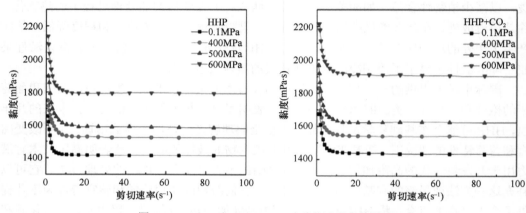

图5.118　HHP和HHP+CO_2对番茄汁黏度的影响

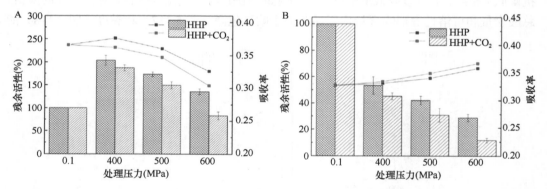

图5.119　HHP和HHP+CO_2对番茄汁果胶甲酯基酶（A）和聚半乳糖醛酸酶（B）活性的影响

参 考 文 献

别小妹, 岳喜庆, 孟宪军. 1998. 蒜泥变绿变褐的原因及控制方法. 饮料工业, 1(3): 22-24

蔡立志. 1994. 天然色素辣椒红提取工艺研究. 中国粮油学报, 9(2): 23-25

陈炳华, 陈前火, 刘剑秋. 2004. 吕宋荚蒾果红色素的提取、纯化及其性质分析. 福建师范大学学报, 20(4): 85-89

陈长水. 2009. 有机化学. 第二版. 北京: 科学出版社

陈楚文. 1998. 食品中合成色素反相液相色谱分析. 中国国境卫生检疫杂志, 21(2): 97-98

陈功, 王莉. 2003. 大蒜保鲜贮藏与深加工技术. 北京: 中国轻工业出版社

陈能煜, 陈丽, 伍睿, 等. 1998. 大蒜的检测方法进展. 食品技术, (12): 16-19

陈晓红. 2005. 高效液相色谱-质谱联用法测定饮料中人工合成色素的研究. 中国卫生检验杂志, 8(15):

941-942

陈耀祖, 涂亚平. 2001. 有机质谱原理及应用. 北京: 科学出版社

陈永久, 熊绿芸, 何照范. 1995. 芸豆色素的光谱分析及结构初探. 贵州农学院学报, 14(4): 70-72

丁文平, 王月慧, 夏文水. 2005. 米线生产中原粮选择指标的确定. 食品工业, 25(5): 16-18

董鹏, 张良, 陈芳, 等. 2016. 食品超高压技术研究进展与应用现状. 农产品加工, 6: 28-29

樊治成, 高兆波, 李建友. 2004. 我国葱蒜类蔬菜种质资源和育种研究现状. 中国蔬菜, (6): 38-41

封小龙. 2014. 花生蛋白组分制备、改性及应用研究. 中国农业科学院硕士学位论文

冯金城. 2003. 有机化合物结构分析与鉴定. 北京: 国防工业出版社

冯作山, 陈计峦, 孙高峰, 等. 2004. 枸杞色素的提取及纯化技术. 食品与发酵工业, 30(12): 141-144

龚魁杰. 2016. 花生纳米肽制备与吸收转运机制研究. 中国农业科学院博士学位论文

郭蔼光. 2009. 基础生物化学. 第二版. 北京: 高等教育出版社

郭克琳, 史作清, 何炳林, 等. 1996. 栀子黄色素的分离与提纯. 中国食品添加剂, (2): 4-7

何财安, 张珍, 王丽静, 等. 2017. 磨粉方式对苦荞粉质特性及体外消化特性的影响. 中国粮油学报, 32(5): 19-25+49.

何丽. 2000. 平面色谱方法及应用. 北京: 化学工业出版社

何月娥. 1993. 国外食品加工中高压处理技术的现状与动向. 食品与机械, (1): 38-40

洪筱坤, 王智华, 曾一. 1981. 层析理论与应用. 上海: 上海科学技术出版社

胡军, 周跃华. 2002. 大孔吸附树脂在中药成分精制纯化中的应用. 中成药, 24(2): 127-130

胡亚琼. 2016. 小麦醇溶蛋白胶体颗粒稳定的 Pickering 乳液、高内相乳液的制备及特性. 华南理工大学硕士学位论文

黄红霞, 戚向阳, 肖俊松, 等. 2004. 大孔吸附树脂对苹果原花青素吸附分离的特性. 食品与发酵工业, 30(9): 132-134

黄延春. 2005. 天然食用红木色素的分离纯化与结构表征. 天然产物研究与开发, 17(6): 681-684

贾江滨. 1999. 大蒜化学成分研究进展. 广东药学, 9(1): 1-5

贾江滨. 2000. 大蒜中含硫氨酸研究进展. 中草药, 31(6): 468-470

江英, 胡小松, 廖小军. 2002. 有关蒜泥绿色素形成的反应. 食品科学, 23(6): 31-35

江英, 胡小松, 廖小军, 等. 2002. γ-谷氨酰转肽酶与蒜泥绿变的关系. 食品科学, 23(5): 38-40

江英, 胡小松, 辛力, 等. 2001. 防止蒜泥绿变方法的研究. 食品科学, 22(4): 55-56

江英, 胡小松, 辛力, 等. 2003. 蒜泥绿变机理的研究. 中国食品学报, (1): 41-47

金鸣, 高子淳, 李金荣, 等. 2004. 大孔树脂柱色谱法制备红花黄色素和羟基红花黄色素 A. 中草药, 35(1): 25-28

金绍黑. 2004. 大蒜的保健作用与开发利用. 果蔬加工, 6: 37-38

孔垂华. 2003. 有机物的分离和结构鉴定. 北京: 化学工业出版社

寇秀颖, 于国萍. 2005. 脂肪和脂肪酸甲酯化方法的研究. 食品研究与开发, (2): 46-47

李保民, 郑菊花, 孟凡勇, 等. 2004. 黄玉米中天然色素的提取、分离和分析. 实验室研究与探索, 23(10): 54-55

李汴生, 曾庆孝, 芮汉明, 等. 2001. 高压对食品胶溶液流变特性的影响. 高压物理学报, (1): 64-69

李鸿英. 1992. 食用天然色素. 南京: 南京大学出版社

李纪村, 吴瑞清. 1990. 大蒜的药用价值. 江西医药, 25(6): 373-374

李进, 腾云, 孙建, 等. 2002. 鸡冠花色素的提取与分离方法的初步研究. 新疆师范大学学报, 21(3): 41-44

李蕾. 2005. 大蒜绿变机理初探. 中国农业大学硕士学位论文

李严巍, 徐伯洪, 胡京平. 1990. 黑加仑天然色素的研制. 食品与发酵工业, (2): 34-36

梁静娟, 庞宗文. 1997. 螺旋藻 β-胡萝卜素的分离提纯研究. 工业微生物, 27(2): 21-24

林伟静. 2015. 糖基化改性对花生蛋白膜性能的影响及其作用机理研究. 中国农业科学院博士学位论文

蔺定运. 1976. 食用色素的识别与应用. 北京: 科学出版社

蔺新英, 梅行, 赵秀兰, 等. 1995. 大蒜抑制寄生曲霉生长及其产生黄曲霉毒素之初步研究. 营养学报, 17(4): 428-430

刘东敏. 2008. 食物中反式脂肪酸异构体的分析及我国居民反式脂肪酸摄入量的调查. 南昌大学硕士学位论文

刘东敏, 邓泽元, 李静, 等. 2008. Ag$^+$-TLC/GC 分析食品中的反式脂肪酸. 分析试验室, 27(12): 6-10

刘付. 2015. 大豆蛋白皮克林稳定剂的构建、表征及应用. 华南理工大学博士学位论文

刘莉萍, 张秀玲, 王继红, 等. 1996. 东北天蚕茧层绿色素研究: HPLC 法分离东北天蚕茧层绿色素. 大连轻工业学院学报, 15(1): 30-34

刘萍. 1998. 大蒜的药理作用及临床应用. 天津药学, 11(4): 18

刘小玲, 许时婴, 王璋. 2003. 火龙果色素的基本性质及结构鉴定. 无锡轻工大学学报, 22(3): 62-75

刘绣华, 陈伯森, 汪汉青. 1997. 皂苷分离和结构鉴定研究进展. 化学研究, 8(3): 28-34

刘昱, 岳振峰, 彭岩, 等, 2005. 高效液相色谱法快速测定辣椒制品中苏丹色素的含量. 中国国境卫生检验杂志, 28(2): 110-111

卢锦花. 2001. 银杏叶黄酮类化合物提取分离研究(树脂法). 西北工业大学硕士学位论文

马慕英. 1992. 大蒜的抗真菌作用. 中国调味品, 6: 9-10

马文科, 张旸, 那小琳, 等. 1996. 高效液相色谱法分离、分析人工合成食用色素方法的探讨. 哈尔滨医科大学学报, 30(2): 135-137

马银海. 1999. X-5 树脂吸附和分离甘蓝红色素. 食品科学, (1): 32-34

马自超, 庞业珍. 1994. 天然食用色素化学及生产工艺学. 北京: 中国林业出版社

麦克, 徐涉英. 1989. 对蒜泥变绿因素的研究. 食品科学, (11): 37-38

梅行, 王美岭, 李天岭, 等. 1985. 大蒜与胃癌 II: 大蒜对胃液硝酸盐还原菌生长及产生亚硝酸盐的抑制作用. 营养学报, 7(3): 173-177

楠丁呼思勒, 王丹, 陈芳, 等. 2007. 吡咯基氨基酸化合物在大蒜绿变中的作用研究. 食品工业科技, 28(11): 121-122

倪元颖, 李丽梅, 李景明, 等 2004. 洋葱的风味形成机理及其生理功效. 食品工业科技, (10): 136-138

宁正祥. 2013. 食品生物化学. 第三版. 广州: 华南理工大学出版社

彭军鹏, 陈浩, 乔艳秋, 等. 1996. 大蒜中两种新的甾体皂苷成分及其对血液凝聚性的影响. 药学学报, 31(8): 607-612

彭小燕, 木泰华, 孙红男, 等. 2015. 超高压处理对甜菜果胶结构及乳化特性的影响. 中国农业科学, 48(7): 1405-1414

蒲华寅. 2013. 等离子体作用对淀粉结构及性质影响的研究. 华南理工大学博士学位论文

卿明义, 林莹. 2020. 米粉凝胶强度与米粉品质指标的相关性研究. 保鲜与加工, 20(1): 103-108

仇雯漪. 2019. 超声作用过程中超声强度对果胶溶液构象的变化、机理及对功能特性的影响. 江苏大学硕士学位论文

盛龙生, 苏焕华, 郭丹滨. 2006. 色谱质谱联用技术. 北京: 化学工业出版社

师玉忠. 1999. 绿蒜生产工艺研究. 中国调味品, 6: 20-22

施红林, 王保兴, 刘巍, 等. 2003. 固相萃取-高效液相色谱法测定烟草样品中植物色素的研究. 中国烟草学报, 9(2): 1-5

石磊, 韩龙, 刘超, 等. 2012. 多糖的构象研究方法综述. 曲阜师范大学学报(自然科学版), 38(3): 78-84

宋志华. 2007. 反式脂肪酸气相色谱分析方法的研究及应用. 江南大学硕士学位论文

宋志华, 李云飞, 汤楠. 2007. 食品中反式脂肪酸的分析方法研究进展. 上海交通大学学报(农业科学版), (1): 80-85

苏德森, 林虬, 陈涵贞. 2010. 加热对油茶籽油中反式脂肪酸形成的影响. 中国油脂, (12): 62-66

孙东平. 1997. 食用紫菌红色素纯化及光谱分析. 曲阜师范大学学报, 23(4): 71-74

孙世萍, 代斌, 洪成林. 2006 高效液相色谱法测定甜菜红色素. 食品科学, 27(2): 215-217

谭仁祥. 2002. 植物成分分析. 北京: 科学出版社

陶华堂. 2013. 发酵大米理化特性变化与米粉品质形成机理. 河南工业大学硕士学位论文

汪程远, 张浩, 孟莉, 等. 2003. 大孔吸附树脂分离纯化生地黄中苷类与糖类. 中草药, 26(3): 202-204

汪茂田. 2004. 天然有机化合物分离提取与结构鉴定, 北京: 化学工业出版社

王春芳, 鲁静. 1997. 高效液相色谱法测定栀子中藏红花素的含量. 药物分析杂志, 17(5): 321-323

王海棠, 王忠东, 陈海涛, 等. 2004. 丹参红色素的研究(Ⅰ): 化学成分及提取工艺. 食品科学, 25(5): 87-91

王佳佳. 2019. 番茄上清相和固相对其流变特性的影响. 西南大学硕士学位论文

王镜岩. 2006. 生物化学. 第三版. 北京: 高等教育出版社

王丽娟. 2014. 玉米醇溶蛋白胶体颗粒的制备及应用研究. 华南理工大学博士学位论文

王丽娟, 宋思圆, 姜鹏, 等. 2017. 不同去皮方法对番茄去皮效果和品质的影响. 食品科学, 38(5): 26-31

王强. 2012. 花生生物活性物质概论. 北京: 中国农业大学出版社

王强. 2013. 花生加工品质学. 北京: 中国农业出版社

王强, 刘红芝, 钟葵. 2011. 多糖分子链构象变化与生物活性关系研究进展. 生物技术进展, (5): 318-326

王日思, 王淑洁, 贺小红, 等. 2018. 微波处理对果胶构象的影响. 食品工业科技, (24): 46-50

王霞, 高云. 2004. 黑甜玉米中黑色素提取及纯化工艺研究, 食品科学, 25(11): 198-120

王学华. 2011. 米粉稻品种筛选及配套栽培技术研究. 湖南农业大学博士学位论文

王岩, 乔旭光. 2005. 大蒜绿变机理的研究进展. 中国食物与营养, 11: 23-24

王岩, 乔旭光. 2006a. 大蒜绿变物质的提取及其分离. 食品发酵与工业, 32(3): 106-108

王岩, 乔旭光. 2006b. 大蒜绿变物质提取及其分离纯化方法的初步研究. 食品工业科技, 27(4): 115-117

王永辉, 张业辉, 张名位, 等. 2013. 不同水稻品种大米直链淀粉含量对加工米粉丝的影响. 中国农业科学, 46(1): 109-120

魏明, 向仲朝. 2006. ODS 液相色谱柱分离食品样品中色素的最佳试验条件的探讨. 食品工业科技, 27(4): 175-176

魏永慧, 王艳茹, 丰利. 2002. 大孔吸附树脂分离槭叶草有效成分. 特产研究, (1): 35-36

吴大康, 阴晓伟. 1997. 大蒜素稳定性的研究. 食品科学, 18(5): 34-36

吴冬青, 李彩霞, 张勇, 等. 2002. 大蒜皮红色素理化性质研究. 食品工业科技, 22(2): 22-24

吴海民, 陆领倩, 袁勤生. 2005. 大孔吸附树脂对紫草籽黄酮的吸附分离特性研究. 中国生化药物杂志, 26(3): 148-150

吴娜娜, 彭国泰, 谭斌, 等. 2019. 干法、半干法和湿法磨粉工艺制备的糙米米线品质研究. 中国粮油学报, 34(12): 1-7

吴志行, 侯喜林. 2005. 我国蔬菜产业的发展方向. 长江蔬菜, (1): 6-8

萧伟祥. 1999. 应用树脂吸附分离制取茶多酚. 天然产物研究与开发, (11): 44-49

肖媛, 李婷婷, 周芳, 等. 2015. 冷冻扫描电镜及其在生命科学研究中的应用. 电子显微学报, (5): 447-451

谢笔钧. 2011. 食品化学. 第三版. 北京: 科学出版社

谢蔓莉. 2019. 烫漂方式对热风干燥苹果片理化特性的影响. 西南大学硕士毕业论文

张连富, 张环伟. 2010. Cosmosil Cholester-HPLC 法分离番茄红素异构体的研究. 食品与生物技术学报, 29(5): 698-703

中国营养学会. 2014. 中国居民膳食营养素参考摄入量(2013 版). 北京: 科学出版社

周显青, 吴芳, 张玉荣, 等. 2018. 半干法制粉工艺对糯米粉品质及特性的影响. 河南工业大学学报(自然科学版), 39(6): 1-7, 28

朱倩. 2019. 浓缩番茄汁褐变进程及其影响因素研究. 西南大学硕士毕业论文

朱倩, 高瑞萍, 雷琳, 等. 2018. 番茄红素热异构化机制及其影响因素研究进展. 食品科学, 39(15): 320-325

朱文昌, 丁文平, 庄坤, 等. 2018. 制粉方式对糯米粉品质的影响. 食品科技, 43(3): 131-136.

Aadil R M, Zeng X A, Han Z, et al. 2013. Effects of ultrasound treatments on quality of grapefruit juice. Food Chemistry, 141(3): 3201-3206

Aadil R M, Zeng X A, Sun D W, et al. 2015a. Combined effects of sonication and pulsed electric field on selected quality parameters of grapefruit juice. LWT-Food Science and Technology, 62(1): 890-893

Aadil R M, Zeng X A, Zhang Z H, et al. 2015b. Thermosonication: A potential technique that influences the quality of grapefruit juice. International Journal of Food Science and Technology, 50(5): 1275-1282

Abid M, Jabbar S, Hu B, et al. 2014a. Thermosonication as a potential quality enhancement technique of apple juice. Ultrasonics Sonochemistry, 21(3): 984-990

Abid M, Jabbar S, Wu T, et al. 2013. Effect of ultrasound on different quality parameters of apple juice. Ultrasonics Sonochemistry, 20(5): 1182-1187

Abid M, Jabbar S, Wu T, et al. 2014b. Sonication enhances polyphenolic compounds, sugars, carotenoids and mineral elements of apple juice. Ultrasonics Sonochemistry, 21(1): 93-97

Abushita A A, Daood H G, Biacs P A. 2000. Change in carotenoids and antioxidant vitamins in tomato as a function of varietal and technological factors. Journal of Agricultural and Food Chemistry, 48 (6): 2075-2081

Aday M S, Temizkan R, Büyükcan M B, et al. 2013. An innovative technique for extending shelf life of strawberry: Ultrasound. LWT-Food Science and Technology, 52(2): 93-101

Adekunte A O, Tiwari B K, Cullen P J, et al. 2010. Effect of sonication on colour, ascorbic acid and yeast inactivation in tomato juice. Food Chemistry, 122(3): 500-507

Agüero M V, Ansorena M R, Roura S I, et al. 2008. Thermal inactivation of peroxidase during blanching of butternut squash. LWT-Food Science and Technology, 41(3): 401-407

Aguilar K, Garvín A, Ibarz A, et al. 2017. Ascorbic acid stability in fruit juices during thermosonication. Ultrasonics Sonochemistry, 37: 375-381

Aguiló-Aguayo I, Soliva-Fortuny R, Martín-Belloso O. 2008. Comparative study on color, viscosity and related enzymes of tomato juice treated by high-intensity pulsed electric fields or heat. European Food Research and Technology, 227(2): 599-606

Ainsworth P, Ibanoglu S, Plunkett A, et al. 2007. Effect of brewers spent grain addition and screw speed on the selected physical and nutritional properties of an extruded snack. Journal of Food Engineering, 81(4): 702-709

Akartuna I, Studart A R, Tervoort E, et al. 2008. Macroporous ceramics from particle-stabilized emulsions. Advanced Materials, 20(24): 4714-4718

Alba K, Bingham R J, Gunnning P A, et al. 2018. Pectin conformation in solution. Journal of Physical Chemistry B, 122: 7286-7294

Alba K, Katerina M. 2015. Isolation, characterization and functional properties of okra pectin. anticancer research, 1(2): 4601-4606

Alexandre E M C, Brandão T R S, Silva C L M. 2012. Efficacy of non-thermal technologies and sanitizer solutions on microbial load reduction and quality retention of strawberries. Journal of Food Engineering, 108(3): 417-426

Al-Zubaidy M M I, Khalil R A. 2007. Kinetic and prediction studies of ascorbic acid degradation in normal and concentrate local lemon juice during storage. Food Chemistry, 101(1): 254-259

Andreou V, Dimopoulos G, Katsaros G, et al. 2016. Comparison of the application of high pressure and pulsed electric fields technologies on the selective inactivation of endogenous enzymes in tomato products. Innovative Food Science & Emerging Technologies, 38: 349-355

Anese M, Falcone P, Fogliano V, et al. 2002. Effect of equivalent thermal treatments on the color and the antioxidant activity of tomato puree. Journal of Food Science, 67(9): 3442-3446

Anese M, Mirolo G, Beraldo P, et al. 2013. Effect of ultrasound treatments of tomato pulp on microstructure and lycopene *in vitro* bioaccessibility. Food Chemistry, 136(2): 458-463

Anthon G E, Diaz J V, Barrett D M. 2008. Changes in pectins and product consistency during the concentration of tomato juice to paste. Journal of Agricultural and Food Chemistry, 56(16): 7100-7105

Anthon G E, Sekine Y, Watanabe N, et al. 2002. Thermal inactivation of pectin methylesterase, polygalacturonase, and peroxidase in tomato juice. Journal of Agricultural and Food Chemistry, 50(21): 6153-6159

Anvari M, Tabarsa M, Joyner H S. 2018. Large amplitude oscillatory shear behavior and tribological properties of gum extracted from *Alyssum homolocarpum* seed. Food Hydrocolloids, 77: 669-676

Arditty S, Schmitt V, Giermanska-Kahn J, et al. 2004. Materials based on solid-stabilized emulsions. Journal of Colloid & Interface Science, 275(2): 659

Arditty S, Whitby C P, Binks B P, et al. 2003. Some general features of limited coalescence in solid-stabilized emulsions. The European Physical Journal E, Soft matter, 11(3): 273-281

Arjmandi M, Otón M, Artés F, et al. 2017. Microwave flow and conventional heating effects on the physicochemical properties, bioactive compounds and enzymatic activity of tomato puree. Journal of the Science of Food and Agriculture, 97(3): 984-990

Arribas C, Cabellos B, Sanchez C, et al. 2017. The impact of extrusion on the nutritional composition, dietary fiber and *in vitro* digestibility of gluten-free snacks based on rice, pea and carob flour blends. Food & Function, 8(10): 3654-3663

Arya S S, Salve A R, Chauhan S. 2016. Peanuts as functional food: A review. Journal of Food Science and Technology, 53(1): 31-41

Ashby N P, Binks B P, Paunov V N. 2004. Bridging interaction between a water drop stabilized by solid particles and a planar oil/water interface. Chemical Communications, 4(4): 436-437

Ashkar A, Laufer S, Rosen-Kligvasser J, et al. 2019. Impact of different oil gelators and oleogelation mechanisms on digestive lipolysis of canola oil oleogels. Food Hydrocolloids, 97: 105218

Ashokkumar M. 2015. Applications of ultrasound in food and bioprocessing. Ultrasonics Sonochemistry, 25: 17-23

Ashokkumar M, Sunartio D, Kentish S, et al. 2008. Modification of food ingredients by ultrasound to improve functionality: A preliminary study on a model system. Innovative Food Science & Emerging Technologies, 9(2): 155-160

Augusti P R, Conterato G M M, Somacal S, et al. 2007. Effect of lycopene on nephrotoxicity induced by mercuric chloride in rats. Basic & Clinical Pharmacology & Toxicology, 100(6): 398-402

Augusto P E D, Ibarz A, Cristianini M. 2012. Effect of high pressure homogenization (HPH) on the rheological properties of tomato juice: Time-dependent and steady-state shear. Journal of Food Engineering, 111(4): 570-579

Augusto P E D, Ibarz A, Cristianini M. 2013. Effect of high pressure homogenization (HPH) on the rheological properties of tomato juice: Viscoelastic properties and the Cox-Merz rule. Journal of Food Engineering, 114(1): 57-63

Awad T S, Moharram H A, Shaltout O E, et al. 2012. Applications of ultrasound in analysis, processing and quality control of food: A review. Food Research International, 48(2): 410-427

Ax K, Mayer-Miebach E, Link B, et al. 2003. Stability of lycopene in oil-in-water emulsions. Engineering in Life Sciences, 3(4): 199-201

Ayvaz H, Santos A M, Rodriguez-Saona L E. 2016. Understanding tomato peelability. Comprehensive Reviews in Food Science and Food Safety, 15(3): 619-632

Baltacıoğlu H, Bayındırlı A, Severcan F. 2017. Secondary structure and conformational change of mushroom polyphenol oxidase during thermosonication treatment by using FTIR spectroscopy. Food Chemistry, 214: 507-514

Bargel H, Neinhuis C. 2005. Tomato (*Lycopersicon esculentum* Mill.) fruit growth and ripening as related to the biomechanical properties of fruit skin and isolated cuticle. Journal of Experimental Botany, 56(413): 1049-1060

Barreiro J A, Sandoval A J, Rivas D, et al. 2007. Application of a mathematical model for chemical peeling of peaches (*Prunus persica* L.) variety Amarillo Jarillo. LWT-Food Science and Technology, 40(4): 574-578

Barrett D M, Garcia E, Miyao G. 2010. Defects and peelability of processing tomatoes. Journal of Food Processing & Preservation, 30(1): 37-45

Barringer S A, Bennett M A, Bash W D. 1999. Effect of fruit maturity and nitrogen fertilizer levels on tomato peeling efficiency. Journal of Vegetable Crop Production, 5(1): 3-11

Başlar M, Ertugay M F. 2013. The effect of ultrasound and photosonication treatment on polyphenoloxidase (PPO) activity, total phenolic component and colour of apple juice. International Journal of Food Science and Technology, 48(4): 886-892

Batista A P, Niccolai A, Fradinho P, et al. 2017. Microalgae biomass as an alternative ingredient in cookies: Sensory, physical and chemical properties, antioxidant activity and *in vitro* digestibility, Algal Research, 26: 161-171

Bayar N, Bouallegue T, Achour M, et al. 2017. Ultrasonic extraction of pectin from *Opuntia ficus* indica cladodes after mucilage removal: Optimization of experimental conditions and evaluation of chemical and functional properties. Food Chemistry, 235: 275-282

Bayindirli L. 1994. Mathematical analysis of lye peeling of tomatoes. Journal of Food Engineering, 23(2): 225-231

Bermúdez-Aguirre D, Barbosa-Cánovas G V. 2012. Inactivation of Saccharomyces cerevisiae in pineapple, grape and cranberry juices under pulsed and continuous thermo-sonication treatments. Journal of Food Engineering, 108(3): 383-392

Besser R E, Lett S M, Weber J T, et al. 1993. An outbreak of diarrhea and hemolytic uremic syndrome from Escherichia coli O157: H7 in fresh-pressed apple cider. JAMA, 269(17): 2217-2220

Betoret E, Betoret N, Rocculi P, et al. 2015. Strategies to improve food functionality: Structure-property relationships on high pressures homogenization, vacuum impregnation and drying technologies. Trends in Food Science & Technology, 46(1): 1-12

Bhat R. 2016. Impact of ultraviolet radiation treatments on the quality of freshly prepared tomato (*Solanum lycopersicum*) juice. Food Chemistry, 213: 635-640

Bhat R, Goh K M. 2017. Sonication treatment convalesce the overall quality of hand-pressed strawberry juice. Food Chemistry, 215: 470-476

Bhat R, Nor Shuaidda Bt Che Kamaruddin, Liong M-T, et al. 2011. Sonication improves kasturi lime (*Citrus microcarpa*) juice quality. Ultrasonics Sonochemistry, 18(6): 1295-1300

Bi X, Hemar Y, Balaban M O, et al. 2015. The effect of ultrasound on particle size, color, viscosity and polyphenol oxidase activity of diluted avocado puree. Ultrasonics Sonochemistry, 27: 567-575

Binks B P. 2002a. Macroporous silica from solid-stabilized emulsion templates. Advanced Materials, 14(24): 1824-1827

Binks B P. 2002b. Particles as surfactants: similarities and differences. Current Opinion in Colloid and Interface Science, 7(1): 21-41

Birmpa A, Sfika V, Vantarakis A. 2013. Ultraviolet light and Ultrasound as non-thermal treatments for the inactivation of microorganisms in fresh ready-to-eat foods. International Journal of Food Microbiology, 167(1): 96-102

Böhm V, Puspitasari-Nienaber N L, Ferruzzi M G, et al. 2001. Trolox equivalent antioxidant capacity of different geometrical isomers of α-carotene, β-carotene, lycopene, zeaxanthin. Journal of Agricultural and Food Chemistry, 50(1): 221-226

Boileau A C, Merchen N R, Wasson K, et al. 1999. *Cis*-lycopene is more bioavailable than *trans*-lycopene *in vitro* and *in vivo* in lymph-cannulated ferrets. The Journal of Nutrition, 129(6): 1176

Boldaji M T, Borghei A M, Beheshti B, et al. 2015. The process of producing tomato paste by ohmic heating method. Journal of Food Science and Technology, 52(6): 3598-3606

Bot F, Calligaris S, Cortella G, et al. 2017. Effect of high pressure homogenization and high power ultrasound on some physical properties of tomato juices with different concentration levels. Journal of Food Engineering, 213: 10-17

Bozkir H, Rayman Ergün A, Serdar E, et al. 2019. Influence of ultrasound and osmotic dehydration pretreatments on drying and quality properties of persimmon fruit. Ultrasonics Sonochemistry, 54: 135-141

Bramley P M. 2000. Is lycopene beneficial to human health? Phytochemistry, 54(3): 233-236

Brilhante São José J F, Dantas Vanetti M C. 2012. Effect of ultrasound and commercial sanitizers in removing natural contaminants and *Salmonella enterica* Typhimurium on cherry tomatoes. Food Control, 24(1): 95-99

Brotchie A, Grieser F, Ashokkumar M. 2009. Effect of power and frequency on bubble-size distributions in acoustic cavitation. Physical Review Letters, 102(8): 084302

Brugger B, Rütten S, Phan K H, et al. 2009. The colloidal suprastructure of smart microgels at oil-water interfaces. Angewandte Chemie, 48(22): 3978

Bugianesi R, Salucci M, Leonardi C, et al. 2004. Effect of domestic cooking on human bioavailability of naringenin, chlorogenic acid, lycopene and β-carotene in cherry tomatoes. European Journal of Nutrition, 43(6): 360-366

Buniowska M, Carbonell-Capella J M, Frigola A, et al. 2017. Bioaccessibility of bioactive compounds after non-thermal processing of an exotic fruit juice blend sweetened with *Stevia rebaudiana*. Food Chemistry, 221: 1834-1842

Burdurlu H S, Koca N, Karadeniz F. 2006. Degradation of vitamin C in citrus juice concentrates during storage. Journal of Food Engineering, 74(2): 211-216

Butler R, Davies C M, Cooper A I. 2001. Emulsion templating using high internal phase supercritical fluid emulsions. Advanced Materials, 13(19): 1459-1463

Camacho F, Macedo A, Malcata F. 2019. Potential industrial applications and commercialization of microalgae in the functional food and feed industries: A short review. Marine Drugs, 17: 312

Cámara Hurtado M, Greve L C, Labavitch J M. 2002. Changes in cell wall pectins accompanying tomato (*Lycopersicon esculentum* Mill.) paste manufacture. Journal of Agricultural and Food Chemistry, 50(2): 273-278

Campoli S S, Rojas M L, do Amaral J E P G, et al. 2018. Ultrasound processing of guava juice: Effect on structure, physical properties and lycopene *in vitro* accessibility. Food Chemistry, 268: 594-601

Cao S F, Hu Z C, Pang B, et al. 2010. Effect of ultrasound treatment on fruit decay and quality maintenance in strawberry after harvest. Food Control, 21(4): 529-532

Cao X M, Cai C F, Wang Y L, et al. 2018. The inactivation kinetics of polyphenol oxidase and peroxidase in bayberry juice during thermal and ultrasound treatments. Innovative Food Science & Emerging Technologies, 45: 169-178

Capanoglu E, Beekwilder J, Boyacioglu D, et al. 2008. Changes in antioxidant and metabolite profiles during production of tomato paste. Journal of Agricultural and Food Chemistry, 56(3): 964-973

Capanoglu E, Beekwilder J, Boyacioglu D, et al. 2010. The effect of industrial food processing on potentially health-beneficial tomato antioxidants. Critical Reviews in Food Science and Nutrition, 50(10): 919-930

Capelo-Martínez J L. 2009. Ultrasound in chemistry: Analytical applications. Weinheim: Wiley-VCH Verlag

Capron I, Cathala B. 2013. Surfactant-free high internal phase emulsions stabilized by cellulose nanocrystals. Biomacromolecules, 14(2): 291-296

Caradec P L, Nelson P E. 1985. Effect of temperature on the serum viscosity of tomato juice. Journal of Food Science, 50(5): 1497-1498

Cárcel J A, García-Pérez J V, Benedito J, et al. 2012. Food process innovation through new technologies: Use of ultrasound. Journal of Food Engineering, 110(2): 200-207

Chakravarthi S. 2001. The physical and biological factors that influence the isomerization of lycopene. Chemosphere, 41(7): 1007-1010

Champagne E T, Bett K L, Vinyard B T, et al. 1999. Correlation between cooked rice texture and rapid visco analyser measurements. Cereal Chemistry, 76(5): 764-771

Chanforan C, Loonis M, Mora N, et al. 2012. The impact of industrial processing on health-beneficial tomato microconstituents. Food Chemistry, 134(4): 1786-1795

Chang C H, Lin H Y, Chang C Y, et al. 2006. Comparisons on the antioxidant properties of fresh, freeze-dried and hot-air-dried tomatoes. Journal of Food Engineering, 77(3): 478-485

Charoux C M G, Ojha K S, O'Donnell C P, et al. 2017. Applications of airborne ultrasonic technology in the food industry. Journal of Food Engineering, 208: 28-36

Chasse G A, Mak M L, Deretey E, et al. 2001. An *ab initio* computational study on selected lycopene isomers. Journal of Molecular Structure: THEOCHEM, 571(1-3): 27-37

Chavez M S, Luna J A, Garrote R L. 1996. Apparent diffusion coefficient determination of sodium hydroxide through potato skin and flesh under different temperatures and concentration conditions. Journal of Food Engineering, 30(3): 377-388

Chemat F, Huma Z, Khan M K. 2011a. Applications of ultrasound in food technology: Processing, preservation and extraction. Ultrasonics Sonochemistry, 18(4): 813-835

Chemat F, Rombaut N, Sicaire A G, et al. 2017. Ultrasound assisted extraction of food and natural products. Mechanisms, techniques, combinations, protocols and applications. A review. Ultrasonics Sonochemistry, 34: 540-560

Chemat F, Zill-e-Huma, Khan M K. 2011b. Applications of ultrasound in food technology: Processing, preservation and extraction. Ultrasonics Sonochemistry, 18(4): 813-835

Chemat S, Lagha A, AitAmar H, et al. 2004. Comparison of conventional and ultrasound-assisted extraction of carvone and limonene from caraway seeds. Flavour and Fragrance Journal, 19(3): 188-195

Chen C, Huang X, Wang L J, et al. 2016. Effect of flaxseed gum on the rheological properties of peanut protein isolate dispersions and gels. LWT-Food Science and Technology, 74: 528-533

Chen G J, Bu F, Chen X H, et al. 2018b. Ultrasonic extraction, structural characterization, physicochemical properties and antioxidant activities of polysaccharides from bamboo shoots (*Chimonobambusa quadrangularis*) processing by-products. International Journal of Biological Macromolecules, 112: 656-666

Chen H H, Xu S Y, Wang Z. 2006. Gelation properties of flaxseed gum. Journal of Food Engineering, 77(2): 295-303

Chen J, Shi J, Xue S J, et al. 2009. Comparison of lycopene stability in water- and oil-based food model systems under thermal- and light-irradiation treatments. LWT-Food Science and Technology, 42(3): 740-747

Chen S S, Zeng Z, Hu N, et al. 2018c. Simultaneous optimization of the ultrasound-assisted extraction for phenolic compounds content and antioxidant activity of *Lycium ruthenicum* Murr. fruit using response surface methodology. Food Chemistry, 242: 1-8

Chen X, Tume R K, Xiong Y, et al. 2018a. Structural modification of myofibrillar proteins by high-pressure processing for functionally improved, value-added and healthy muscle gelled foods. Critical Reviews in Food Science and Nutrition, 58(2): 2981-3003

Cheng L H, Soh C Y, Liew S C, et al. 2007. Effects of sonication and carbonation on guava juice quality. Food Chemistry, 104(4): 1396-1401

Cheng X F, Zhang M, Adhikari B. 2013. The inactivation kinetics of polyphenol oxidase in mushroom (*Agaricus bisporus*) during thermal and thermosonic treatments. Ultrasonics Sonochemistry, 20(2): 674-679

Cheng X F, Zhang M, Xu B G, et al. 2015. The principles of ultrasound and its application in freezing related processes of food materials: A review. Ultrasonics Sonochemistry, 27: 576-585

Chou C, Yen T, Li C, 2014. Effects of different cooking methods and particle size on resistant starch content and degree of gelatinization of a high amylose rice cultivar in Taiwan. Journal of Food Agriculture & Environment, 12(2): 6-10

Chou T D, Kokini J L. 1987. Rheological properties and conformation of tomato paste pectins, citrus and apple pectins. Journal of Food Science, 52(6): 1658-1664

Christiaens S, Mbong V B, Van Buggenhout S, et al. 2012a. Influence of processing on the pectin structure-function relationship in broccoli purée. Innovative Food Science & Emerging Technologies, 15: 57-65

Christiaens S, Van Buggenhout S, Houben K, et al. 2012b. Unravelling process-induced pectin changes in the tomato cell wall: An integrated approach. Food Chemistry, 132(3): 1534-1543

Christy A. 2009. Thermally induced isomerization of trilinolein and trilinoelaidin at 250℃: Analysis of products by gas chromatography and infrared spectroscopy. Lipids, 44: 1105-1112

Ciruelos A, González C, Latorre A, et al. 2001. Effect of heat treatment on the pectins of tomatoes during tomato paste manufacturing. Acta Horticulturae, 542: 181-186

Colle I J P, Lemmens L, Knockaert G, et al. 2015. Carotene degradation and isomerization during thermal processing: a review on the kinetic aspects. Critical Reviews in Food Science and Nutrition, 56(11): 1844-1855

Colle I J P, Lemmens L, Tolesa G N, et al. 2010b. Lycopene degradation and isomerization kinetics during thermal processing of an olive oil/tomato emulsion. Journal of Agricultural and Food Chemistry, 58(24): 12784-12789

Colle I J P, Lemmens L, Van Buggenhout S, et al. 2013. Modeling lycopene degradation and isomerization in the presence of lipids. Food and Bioprocess Technology, 6(4): 909-918

Colle I, Lemmens L, Van Buggenhout S, et al. 2010a. Effect of thermal processing on the degradation, isomerization, and bioaccessibility of lycopene in tomato pulp. Journal of Food Science, 75(9): 753-759

Colle I, Van Buggenhout S, Van Loey A, et al. 2010c. High pressure homogenization followed by thermal processing of tomato pulp: influence on microstructure and lycopene *in vitro* bioaccessibility. Food Research International, 43(8): 2193-2200

Comandini P, Blanda G, Soto-Caballero M C, et al. 2013. Effects of power ultrasound on immersion freezing parameters of potatoes. Innovative Food Science & Emerging Technologies, 18: 120-125

Cook K A, Dobbs T E, Hlady W G, et al. 1998. Outbreak of *Salmonella* serotype Hartford infections associated with unpasteurized orange juice. Jama the Journal of the American Medical Association, 280(17): 1504-1509

Cooperstone J L, Francis D M, Schwartz S J. 2016. Thermal processing differentially affects lycopene and other carotenoids in *cis*-lycopene containing, tangerine tomatoes. Food Chemistry, 210: 466-472

Costa M G M, Fonteles T V, de Jesus A L T, et al. 2013. High-Intensity ultrasound processing of pineapple juice. Food and Bioprocess Technology, 6(4): 997-1006

Crelier S, Robert MCl, Claude J, et al. 2001. Tomato (*Lycopersicon esculentum*) pectin methylesterase and polygalacturonase behaviors regarding heat- and pressure-induced inactivation. Journal of Agricultural and Food Chemistry, 49(11): 5566-5575

Cruz-Cansino N, Ramírez-Moreno E, León-Rivera J E, et al. 2015. Shelf life, physicochemical, microbiological and antioxidant properties of purple cactus pear (*Opuntia ficus indica*) juice after thermoultrasound treatment. Ultrasonics Sonochemistry, 27: 277-286

Cuccolini S, Aldini A, Visai L, et al. 2013. Environmentally friendly lycopene purification from tomato peel waste: Enzymatic assisted aqueous extraction. Journal of Agricultural and Food Chemistry, 61(8): 1646-1651

Czank C, Simmer K, Hartmann P E. 2010. Simultaneous pasteurization and homogenization of human milk by combining heat and ultrasound: Effect on milk quality. Journal of Dairy Research, 77(2): 183-189

D'Evoli L, Lombardi-Boccia G, Lucarini M. 2013. Influence of heat treatments on carotenoid content of cherry tomatoes. Foods (Basel, Switzerland), 2(3): 352-363

Dalbhagat C G, Mahato D K, Mishra H N. 2019. Effect of extrusion processing on physicochemical, functional and nutritional characteristics of rice and rice-based products: A review. Trends in Food Science & Technology, 85: 226-240

Damodaran S, Kinsella J E. 1980. Flavor protein interactions. Binding of carbonyls to bovine serum albumin: thermodynamic and conformational effects. Journal of Agricultural and Food Chemistry, 28(3): 567-571

Das D J, Barringer S A. 2007. Use of organic solvents for improving peelability of tomatoes. Journal of Food Processing and Preservation, 23(3): 193-202

Das D J, Barringer S A. 2010. Potassium hydroxide replacement for lye (sodium hydroxide) in tomato peeling. Journal of Food Processing & Preservation, 30(1): 15-19

Daundasekera W A M, Liyanage G L S G, Wijerathne R Y, et al. 2015. Preharvest calcium chloride application improves postharvest keeping quality of tomato (*Lycopersicon esculentum* Mill.). Ceylon Journal of Science (Biological Sciences), 44(1): 55-60

David-Birman T, Mackie A, Lesmes U. 2013. Impact of dietary fibers on the properties and proteolytic digestibility of lactoferrin nano-particles. Food Hydrocolloids, 31(1): 33-41

De La Hera E, Gomez M, Rosell C M, 2013. Particle size distribution of rice flour affecting the starch enzymatic hydrolysis and hydration properties. Carbohydrate Polymers, 98(1): 421-427

de Oliveira F A, Neto O C, Santos L M R, et al. 2017. Effect of high pressure on fish meat quality: a review. Trends in Food Science & Technology, 66, 1-19

De Sio F, Dipollina G, Villari G, et al. 1995. Thermal resistance of pectin methylesterase in tomato juice. Food Chemistry, 52(2): 135-138

Dede S, Alpas H, Bayındırlı A. 2007. High hydrostatic pressure treatment and storage of carrot and tomato juices: Antioxidant activity and microbial safety. Journal of the Science of Food and Agriculture, 87(5): 773-782

Del Giudice R, Raiola A, Tenore G C, et al. 2015. Antioxidant bioactive compounds in tomato fruits at different ripening stages and their effects on normal and cancer cells. Journal of Functional Foods, 18: 83-94

Deng Y, Bi H, Yin H, et al. 2018. Influence of ultrasound assisted thermal processing on the physicochemical and sensorial properties of beer. Ultrasonics Sonochemistry, 40: 166-173

Destribats M, Rouvet M, Gehin-Delval C, et al. 2014. Emulsions stabilized by whey protein microgel particles: towards food-grade Pickering emulsions. Soft matter, 10(36): 6941-6954

Dewanto V, Wu X, Adom K K, et al. 2002. Thermal processing enhances the nutritional value of tomatoes by increasing total antioxidant activity. Journal of Agricultural and Food Chemistry, 50(10): 3010-3014

Dhital S, Shrestha A K, Gidley M J. 2010. Relationship between granule size and *in vitro* digestibility of maize and potato starches. Carbohydrate Polymers, 82(2): 480-488

Dhital S, Warren F J, Butterworth P J, et al. 2017. Mechanisms of starch digestion by α-amylase—Structural basis for kinetic properties. C R C Critical Reviews in Food Technology, 57(5): 875-892

Dias D R C, Pimenta Barros Z M, Oliveira de Carvalho C B, et al. 2015. Effect of sonication on soursop juice quality. LWT-Food Science and Technology, 62(1, Part 2): 883-889

do Amaral Souza F C, Gomes Sanders Moura L, de Oliveira Bezerra K, et al. 2019. Thermosonication applied on camu-camu nectars processing: Effect on bioactive compounds and quality parameters. Food and Bioproducts Processing, 116: 212-218

Doi E, Shimizu A, Oe H, et al. 1991. Melting of heat-induced ovalbumin gel by pressure. Food Hydrocolloids, 5(5): 409-425

Doktycz S J, Suslick K S. 1990. Interparticle collisions driven by ultrasound. Science, 247(4946): 1067-1069

Dolan H L, Bastarrachea L J, Tikekar R V. 2018. Inactivation of Listeria innocua by a combined treatment of low-frequency ultrasound and zinc oxide. LWT, 88: 146-151

Dolas R, Saravanan C, Kaur B P. 2019. Emergence and era of ultrasonic's in fruit juice preservation: A review. Ultrasonics Sonochemistry, 58: 104609

Duvarci O C, Yazar G, Kokini J L. 2017. The SAOS, MAOS and LAOS behavior of a concentrated suspension of tomato paste and its prediction using the Bird-Carreau (SAOS) and Giesekus models (MAOS-LAOS). Journal of Food Engineering, 208: 77-88

Ertugay M F, Başlar M. 2014. The effect of ultrasonic treatments on cloudy quality-related quality parameters in apple juice. Innovative Food Science & Emerging Technologies, 26: 226-231

Escarpa A, González M C. 2001. Approach to the content of total extractable phenolic compounds from different food samples by comparison of chromatographic and spectrophotometric methods. Analytica Chimica Acta, 427(1): 119-127

Esclapez M D, García-Pérez J V, Mulet A, et al. 2011. Ultrasound-assisted extraction of natural products. Food Engineering Reviews, 3(2): 108

Esclapez M D, Sáez V, Milán-Yáñez D, et al. 2010. Sonoelectrochemical treatment of water polluted with trichloroacetic acid: From sonovoltammetry to pre-pilot plant scale. Ultrasonics Sonochemistry, 17(6): 1010-1020

Evans M, Ratcliffe I, Williams P A. 2013. Emulsion stabilisation using polysaccharide-protein complexes. Current Opinion in Colloid and Interface Science, 18(4): 272-282

Fachin D, Van Loey A M, Nguyen B L, et al. 2003. Inactivation kinetics of polygalacturonase in tomato juice. Innovative Food Science & Emerging Technologies, 4(2): 135-142

Fan K, Zhang M, Jiang F J. 2019. Ultrasound treatment to modified atmospheric packaged fresh-cut cucumber: Influence on microbial inhibition and storage quality. Ultrasonics Sonochemistry, 54: 162-170

Faraj A, Vasanthan T, Hoover R. 2003. The effect of extrusion cooking on resistant starch formation in waxy and regular barley flours. Food Research International, 37(5): 517-525

Farkas J, Mohácsi-Farkas C. 2011. History and future of food irradiation. Trends in Food Science & Technology, 22(2): 121-126

Fava J, Nieto A, Hodara K, et al. 2017. A study on structure (micro, ultra, nano), mechanical, and color changes of *Solanum lycopersicum* L. (cherry tomato) fruits induced by hydrogen peroxide and ultrasound. Food and Bioprocess Technology, 10(7): 1324-1336

Felke K, Pfeiffer T, Eisner P, et al. 2011. Radio-frequency heating A new method for improved nutritional quality of tomato puree. Agro Food Industry Hi-Tech, 22: 29-32

Fito P J, Clemente G, Sanz F J. 1983. Rheological behaviour of tomato concentrate (hot break and cold break). Journal of Food Engineering, 2(1): 51-62

Floros J D, Chinnan M S. 1989. Determining the diffusivity of sodium hydroxide through tomato and capsicum skins. Journal of Food Engineering, 9(2): 129-141

Floros J D, Chinnan M S. 1990. Diffusion phenomena during chemical (NaOH) peeling of tomatoes. Journal of Food Science, 55(2): 552-553

Floros J D, Wetzstein H Y, Chinnan M S. 1987. Chemical (NaOH) peeling as viewed by scanning electron microscopy: Pimiento peppers as a case study. Journal of Food Science, 52(5): 1312-1316

Fonteles T V, Costa M G M, de Jesus A L T, et al. 2012. Power ultrasound processing of cantaloupe melon juice: Effects on quality parameters. Food Research International, 48(1): 41-48

Freeman G G. 1975. Distribution of flavour components in onion (*Allium cepa* L.), leek (*Allium porrum*) and garlic (*Allium sativum*). Journal of the Science of Food and Agriculture, 26(4): 471-481

Frez-Muñoz L, Steenbekkers B, Fogliano V. 2016. The choice of canned whole peeled tomatoes is driven by different key quality attributes perceived by consumers having different familiarity with the product. Journal of Food Science, 81(12): S2988-S2996

Fröhlich K, Conrad J, Schmid A, et al. 2007. Isolation and structural elucidation of different geometrical isomers of lycopene. International Journal for Vitamin and Nutrition Research, 77(6): 369-375

Fuongfuchat A, Seetapan N, Makmoon T, et al. 2012. Linear and non-linear viscoelastic behaviors of crosslinked tapioca starch/polysaccharide systems. Journal of Food Engineering, 109(3): 571-578

Gabaldón-Leyva C A, Quintero-Ramos A, Barnard J, et al. 2007. Effect of ultrasound on the mass transfer and physical changes in brine bell pepper at different temperatures. Journal of Food Engineering, 81(2): 374-379

Gabriel A A. 2014. Inactivation behaviors of foodborne microorganisms in multi-frequency power ultrasound-treated orange juice. Food Control, 46: 189-196

Gahler S, Otto K, Böhm V. 2003. Alterations of vitamin C, total phenolics, and antioxidant capacity as affected by processing tomatoes to different products. Journal of Agricultural and Food Chemistry, 51(27): 7962-7968

Gamboa-Santos J, Montilla A, Cárcel J A, et al. 2014. Air-borne ultrasound application in the convective drying of strawberry. Journal of Food Engineering, 128: 132-139

Gao R P, Ye F Y, Lu Z Q, et al. 2018. A novel two-step ultrasound post-assisted lye peeling regime for tomatoes: Reducing pollution while improving product yield and quality. Ultrasonics Sonochemistry, 45: 267-278

Gao R P, Ye F Y, Wang Y L, et al. 2019. The spatial-temporal working pattern of cold ultrasound treatment in improving the sensory, nutritional and safe quality of unpasteurized raw tomato juice. Ultrasonics Sonochemistry, 56: 240-253

Gaquere-Parker A, Taylor T, Hutson R, et al. 2018. Low frequency ultrasonic-assisted hydrolysis of starch in the presence of α-amylase. Ultrasonics Sonochemistry, 41: 404-409

Garcia E, Barrett D M. 2006a. Evaluation of processing tomatoes from two consecutive growing seasons: Quality attributes, peelability and yield. Journal of Food Processing & Preservation, 30(1): 20-36

Garcia E, Barrett D M. 2006b. Peelability and yield of processing tomatoes by steam or lye. Journal of Food Processing & Preservation, 30(1): 3-14

Garrote R L, Coutaz V R, Luna J A., et al. 2006. Optimizing processing conditions for chemical peeling of potatoes using response surface methodology. Journal of Food Science, 58(4): 821-826

Garrote R L, Silva E R, Bertone R A. 2000. Effect of thermal treatment on steam peeled potatoes. Journal of Food Engineering, 45(2): 67-76

Gärtner C, Stahl W, Sies H. 1997. Lycopene is more bioavailable from tomato paste than fresh tomatoes. The American Journal of Clinical Nutrition, 66: 116-122

Garud S R, Priyanka B S, Negi P S, et al. 2017. Effect of thermosonication on bacterial count in artificially inoculated model system and natural microflora of sugarcane juice. Journal of Food Processing and Preservation, 41(2): e12813

Gavahian M, Tiwari B K., Chu Y-H, et al. 2019. Food texture as affected by ohmic heating: Mechanisms involved, recent findings, benefits, and limitations. Trends in Food Science & Technology, 86: 328-339

Gekko K.1994. The Sol-Gel Transition of food macromolecules under high pressure//Nishinari K, Doi E. Food Hydrocolloids: Structures, Properties, and Functions. New York: Springer

Genovese D B, Lozano J E. 2006. Contribution of colloidal forces to the viscosity and stability of cloudy apple juice. Food Hydrocolloids, 20(6): 767-773

Genovese D B, Lozano J E, Rao M A. 2010. The rheology of colloidal and noncolloidal food dispersions. Journal of Food Science, 72(2): R11-R20

Georgé S, Tourniaire F, Gautier H, et al. 2011. Changes in the contents of carotenoids, phenolic compounds and vitamin C during technical processing and lyophilisation of red and yellow tomatoes. Food Chemistry, 124(4): 1603-1611

Ghavipour M, Sotoudeh G, Ghorbani M. 2015. Tomato juice consumption improves blood antioxidative biomarkers in overweight and obese females. Clinical Nutrition, 34(5): 805-809

Giner J, Gimeno V, Espachs A, et al. 2000. Inhibition of tomato (*Licopersicon esculentum* Mill.) pectin methylesterase by pulsed electric fields. Innovative Food Science & Emerging Technologies, 1(1): 57-67

Giner M J., Hizarci Õ, Martí N, et al. 2013. Novel approaches to reduce brown pigment formation and color changes in thermal pasteurized tomato juice. European Food Research and Technology, 236(3): 507-515

Giovanelli G, Paradiso A. 2002. Stability of dried and intermediate moisture tomato pulp during storage. Journal of Agricultural and Food Chemistry, 50(25): 7277-7281

Gogate P R, Prajapat A L. 2015. Depolymerization using sonochemical reactors: A critical review. Ultrasonics Sonochemistry, 27: 480-494

Gómez-López V M, Orsolani L, Martínez-Yépez A, et al. 2010. Microbiological and sensory quality of sonicated calcium-added orange juice. LWT-Food Science and Technology, 43(5): 808-813

Gong C, Zhao Y, Zhang H, et al. 2019. Investigation of radio frequency heating as a dry-blanching method for carrot cubes. Journal of Food Engineering, 245: 53-56

Goñi I, Serrano J, Saura-Calixto F. 2006. Bioaccessibility of β-carotene, lutein, and lycopene from fruits and vegetables. Journal of Agricultural and Food Chemistry, 54(15): 5382-5387

Goodman C L, Fawcett S, Barringer S A. 2002. Flavor, viscosity, and color analyses of hot and cold break tomato juices. Journal of Food Science, 67(1): 404-408

Grassino A N, Brnčić M, Vikić-Topić D, et al. 2016. Ultrasound assisted extraction and characterization of pectin from tomato waste. Food Chemistry, 198: 93-100

Grönroos A, Pirkonen P, Ruppert O. 2004. Ultrasonic depolymerization of aqueous carboxymethylcellulose.

Ultrasonics Sonochemistry, 11(1): 9-12

Guo J, Zhou Q, Liu Y-C, et al. 2016. Preparation of soy protein-based microgel particles using a hydrogel homogenizing strategy and their interfacial properties. Food Hydrocolloids, 58: 324-334

Guo Q, Sun D W, Cheng J H, et al. 2017. Microwave processing techniques and their recent applications in the food industry. Trends in Food Science & Technology, 67: 236-247

Guo W-H, Tu C-Y, Hu C-H. 2008. *Cis-trans* isomerizations of β-carotene and lycopene: a theoretical study. The Journal of Physical Chemistry B, 112(38): 12158-12167

Gupta R, Balasubramaniam V M, Schwartz S J, et al. 2010. Storage stability of lycopene in tomato juice subjected to combined pressure-heat treatments. Journal of Agricultural and Food Chemistry, 58(14): 8305-8313

Gupta R, Kopec R E, Schwartz S J, et al. 2011. Combined pressure-temperature effects on carotenoid retention and bioaccessibility in tomato juice. Journal of Agricultural and Food Chemistry, 59(14): 7808-7817

Hackett M M, Lee J H, Francis D, et al. 2004. Thermal stability and isomerization of lycopene in tomato oleoresins from different varieties. Journal of Food Science, 69(7): 536-541

Hadley C W, Miller E C, Schwartz S J, et al. 2002. Tomatoes, lycopene, and prostate cancer: progress and promise. Experimental Biology and Medicine, 227(10): 869-880

Han J. 1998. A spectrophotometric method for quantitative determination of allicin and total garlic thiosulfinates. Analytical Biochemistry, 265: 317-325

Harder M N C, Arthur V, Arthur P B. 2016. Irradiation of foods: processing technology and effects on nutrients: effect of ionizing radiation on food components// Caballero B, Finglas P M, Toldrá F. Encyclopedia of Food and Health. Oxford: Academic Press: 476-481

Hart M R, Graham R P, Williams G S, et al. 1974. Lye peeling of tomatoes using rotating rubber discs. Food Technology, 28(12): 38+42-44+46+48

Harte F, Venegas R. 2010. A model for viscosity reduction in polysaccharides subjected to high-pressure homogenization. Journal of Texture Studies, 41(1): 49-61

He X P, Zhu C L, Liu L L, et al. 2010. Difference of amylopectin structure among rice varieties differing in grain quality and its correlations with starch physicochemical properties. Acta Agronomica Sinica, 36(2): 276-284

Heo S, Lee S M, Shim J H, et al. 2013. Effect of dry- and wet-milled rice flours on the quality attributes of gluten-free dough and noodles. Journal of Food Engineering, 116(1): 213-217

Herrero A M, Cambero M I, Ordonez J A, et al. 2008. Raman spectroscopy study of the structural effect of microbial transglutaminase on meat systems and its relationship with textural characteristics. Food Chemistry, 109(1): 25-32

Hetzroni A, Vana A, Mizrach A. 2011. Biomechanical characteristics of tomato fruit peels. Postharvest Biology and Technology, 59(1): 80-84

Honda M, Horiuchi I, Hiramatsu H, et al. 2016. Vegetable oil-mediated thermal isomerization of (all-*E*)-lycopene: facile and efficient production of *Z*-isomers. European Journal of Lipid Science and Technology, 118(10): 1588-1592

Honda M, Takahashi N, Kuwa T, et al. 2015. Spectral characterisation of *Z*-isomers of lycopene formed during heat treatment and solvent effects on the *E/Z* isomerisation process. Food Chemistry, 171: 323-329

Honest K N, Zhang H W, Zhang L. 2011. Lycopene: isomerization effects on bioavailability and bioactivity properties. Food Reviews International, 27(3): 248-258

Horozov T S, Binks B P. 2006. Particle-stabilized emulsions: A bilayer or a bridging monolayer. Angewandte Chemie, 118(5): 787-790

Houben K, Christiaens S, Ngouémazong D E., et al. 2014. The effect of endogenous pectinases on the consistency of tomato-carrot purée mixes. Food and Bioprocess Technology, 7(9): 2570-2580

Houben K, Jolie R P, Fraeye I, et al. 2011. Comparative study of the cell wall composition of broccoli, carrot, and tomato: Structural characterization of the extractable pectins and hemicelluloses. Carbohydrate

Research, 346(9): 1105-1111

Hsu K-C. 2008. Evaluation of processing qualities of tomato juice induced by thermal and pressure processing. LWT-Food Science and Technology, 41(3): 450-459

Hsu K-C, Tan F-J, Chi H-Y. 2008. Evaluation of microbial inactivation and physicochemical properties of pressurized tomato juice during refrigerated storage. LWT-Food Science and Technology, 41(3): 367-375

Hu B, Ting Y, Zeng X, et al. 2012. Cellular uptake and cytotoxicity of chitosan-caseinophosphopeptides nanocomplexes loaded with epigallocatechin gallate. Carbohydrate polymers, 89(2): 362-370

Hu B, Wang S S, Li J, et al. 2011. Assembly of bioactive peptide-chitosan nanocomplexes. Journal of Physical Chemistry B, 115(23): 7515

Huang B, Zhao K, Zhang Z, et al. 2018. Changes on the rheological properties of pectin-enriched mango nectar by high intensity ultrasound. LWT, 91: 414-422

Huang H, Hsu C, Yang B B, et al. 2014. Potential utility of high-pressure processing to address the risk of food allergen concerns. Comprehensive Reviews in Food Science and Food Safety, 13(1): 78-90

Huang T S, Xu C, Walker K, et al. 2006a. Decontamination efficacy of combined chlorine dioxide with ultrasonication on apples and lettuce. Journal of Food Science, 71(4): M134-M139

Huang Z, Wang B, Pace R, et al. 2006b. *Trans* fatty acid content of selected foods in an African-American community. Journal of Food Science, 71(6): 322-327

Hwang E S, Stacewicz-Sapuntzakis M, Bowen P E. 2012. Effects of heat treatment on the carotenoid and tocopherol composition of tomato. Journal of Food Science, 77(10): C1109-C1114

Hwang J, Pyun Y R, Kokini J L. 1993. Sidechains of pectins: some thoughts on their role in plant cell walls and foods. Food Hydrocolloids, 7(1): 39-53

Hyun K, Wilhelm M, Klein C O., et al. 2011. A review of nonlinear oscillatory shear tests: Analysis and application of large amplitude oscillatory shear (LAOS). Progress in Polymer Science, 36(12): 1697-1753

Ikem V O, Menner A, Bismarck A. 2008. High internal phase emulsions stabilized solely by functionalized silica particles. Angewandte Chemie International Edition, 47(43): 8277-8279

Ikem V O, Menner A, Bismarck A. 2010a. High-porosity macroporous polymers sythesized from titania-particle-stabilized medium and high internal phase emulsions. Langmuir the ACS Journal of Surfaces & Colloids, 26(11): 8836-8841

Ikem V O, Menner A, Horozov T S, et al. 2010b. Highly permeable macroporous polymers synthesized from pickering medium and high internal phase emulsion templates. Advanced Materials, 22(32): 3588-3592

Ikeuchi Y, Tanji H, Kim K, et al. 1992. Mechanism of heat-induced gelation of pressurized actomyosin: pressure-induced changes in actin and myosin in actomyosin. Journal of Agricultural. Food Chemistry, 40(10): 1756-1761

Illera A E, Sanz M T, Trigueros E, et al. 2018. Effect of high pressure carbon dioxide on tomato juice: Inactivation kinetics of pectin methylesterase and polygalacturonase and determination of other quality parameters. Journal of Food Engineering, 239: 64-71

Imai S, Akita K, Tomotake M, et al. 2006a. Identification of two novel pigment precursors and a reddish-purple pigment involved in the blue-green discoloration of onion and garlic. Journal of Agricultural and Food Chemistry, 54: 843-847

Imai S, Akita K, Tomotake M, et al. 2006b. Model studies on precursor system generating blue pigment in onion and garlic. Journal of Agricultural and Food Chemistry, 54: 848-852

Irina K, Hervé B, Bernard C, et al. 2011. New Pickering emulsions stabilized by bacterial cellulose nanocrystals. Langmuir, 27(12): 7471-7479

Isa L, Lucas F, Wepf R, et al. 2011. Measuring single-nanoparticle wetting properties by freeze-fracture shadow-casting cryo-scanning electron microscopy. Nature Communications, 2(1): 73-86

Islam M N, Zhang M, Adhikari B. 2014a. The inactivation of enzymes by ultrasound: a review of potential mechanisms. Food Reviews International, 30(1): 1-21

Islam M N, Zhang M, Adhikari B, et al. 2014b. The effect of ultrasound-assisted immersion freezing on selected physicochemical properties of mushrooms. International Journal of Refrigeration, 42: 121-133

Islam M N, Zhang M, Adhikari B. 2017. Ultrasound-assisted freezing of fruits and vegetables: Design, development, and applications//Barbosa-Cánovas G V, María Pastore G, Candoğan K, et al. Global Food Security and Wellness. New York: Springer: 457-487

Islam M N, Zhang M, Liu H, et al. 2015. Effects of ultrasound on glass transition temperature of freeze-dried pear (*Pyrus pyrifolia*) using DMA thermal analysis. Food and Bioproducts Processing, 94: 229-238

ISO 15304: 2002. Animal and vegetable fats and oils: Determination of the content of *trans* fatty acid isomers of vegetable fats and oils. Gas chromatographic method. https://www.iso.org/standard/35454.html

Jabbar S, Abid M, Hu B, et al. 2015. Exploring the potential of thermosonication in carrot juice processing. Journal of Food Science and Technology, 52(11): 7002-7013

Jambrak A R, Šimunek M, Petrović M, et al. 2017. Aromatic profile and sensory characterisation of ultrasound treated cranberry juice and nectar. Ultrasonics Sonochemistry, 38: 783-793

Jane E. 1991. Metabolism of γ-glutamyl peptides during development, storage and sprouting of onion bulbs. Phytochemistry, 30(9): 2857-2859

Jayathunge K G L R, Grant I R, Linton M, et al. 2015. Impact of long-term storage at ambient temperatures on the total quality and stability of high-pressure processed tomato juice. Innovative Food Science & Emerging Technologies, 32: 1-8

Jayathunge K G L R, Stratakos A C, Cregenzán-Albertia O, et al. 2017. Enhancing the lycopene *in vitro* bioaccessibility of tomato juice synergistically applying thermal and non-thermal processing technologies. Food Chemistry, 221: 698-705

Jayathunge K G L R, Stratakos A C, Delgado-Pando G, et al. 2019. Thermal and non-thermal processing technologies on intrinsic and extrinsic quality factors of tomato products: A review. Journal of Food Processing and Preservation, 43(3): e13901

Jazaeri S, Mohammadi A, Kermani A M P, et al. 2018. Characterization of lycopene hydrocolloidal structure induced by tomato processing. Food Chemistry, 245: 958-965

Jiao S, Zhang H, Hu S, et al. 2019. Radio frequency inactivation kinetics of *Bacillus cereus* spores in red pepper powder with different initial water activity. Food Control, 105: 174-179

Jolie R P, Christiaens S, Roeck A D, et al. 2012. Pectin conversions under high pressure: Implications for the structure-related quality characteristics of plant-based foods. Trends in Food Science & Technology, 24(2): 103-118

Jones O G, Mcclements D J. 2010. Biopolymer nanoparticles from heat-treated electrostatic protein-polysaccharide complexes: factors affecting particle characteristics. Journal of food science, 75(2): N36

Joslyn M A, Peterson R G. 1958. Reddening of white onion bulb purees. Journal of Agricultural and Food Chemistry, 6: 754-765

Joslyn M A, Peterson R G. 1960. Reddening of white onion tissue. Journal of Agricultural and Food Chemistry, 8: 72-76

Joslyn M A, Sano T. 1956. The formation and decomposition of green pigment in crushed garlic tissue. Journal of Food Science, 21(2): 170-183

Joyner H S, Meldrum A. 2016. Rheological study of different mashed potato preparations using large amplitude oscillatory shear and confocal microscopy. Journal of Food Engineering, 169: 326-337

Jung H, Kim C, Shin C S. 2005. Enhanced photostability of monascus pigment derived with various amino acids via fermentation. Journal of Agricultural and Food Chemistry, 53(18): 7108-7114

Jung S, Samson C, Lamballerie M D. 2011. High hydrostatic pressure food processing. RSC Green Chemistry, 254-306

Juven B, Samish Z, Ludin A. 1969. Investigation into the peeling of tomatoes for canning. Israel Journal of Technology, 7: 247-250

Kalashnikova I, Bizot H, Bertoncini P, et al. 2013. Cellulosic nanorods of various aspect ratios for oil in water Pickering emulsions. Soft Matter, 9(3): 952-959

Kate A E, Sutar P P. 2018. Development and optimization of novel infrared dry peeling method for ginger

(*Zingiber officinale* Roscoe) rhizome. Innovative Food Science & Emerging Technologies, 48: 111-121

Kaur C, Khurdiya D S, Pal R K, et al. 1999. Effect of microwave heating and conventional processing on the nutritional qualities of tomato juice. Journal of Food Science and Technology, 36: 331-333

Kaur D, Sogi D S, Garg S K, et al. 2005. Flotation-cum-sedimentation system for skin and seed separation from tomato pomace. Journal of Food Engineering, 71(4): 341-344

Kelebek H, Selli S, Kadiroğlu P, et al. 2017. Bioactive compounds and antioxidant potential in tomato pastes as affected by hot and cold break process. Food Chemistry, 220: 31-41

Kentish S, Feng H. 2014. Applications of power ultrasound in food processing. Annual Review of Food Science and Technology, 5(1): 263-284

Khandpur P, Gogate P R. 2016. Evaluation of ultrasound based sterilization approaches in terms of shelf life and quality parameters of fruit and vegetable juices. Ultrasonics Sonochemistry, 29: 337-353

Kiang W-S, Bhat R, Rosma A, et al. 2013. Effects of thermosonication on the fate of *Escherichia coli* O157: H7 and Salmonella Enteritidis in mango juice. Letters in Applied Microbiology, 56(4): 251-257

Kim J H, Tanhehco E J, Ng P K W. 2005. Effect of extrusion conditions on resistant starch formation from pastry wheat flour. Food Chemistry, 99(4): 718-723

Kim S-S, Choi W, Kang D-H. 2017. Application of low frequency pulsed ohmic heating for inactivation of foodborne pathogens and MS-2 phage in buffered peptone water and tomato juice. Food microbiology, 63: 22-27

Knockaert G, Pulissery S K, Colle I, et al. 2012. Lycopene degradation, isomerization and *in vitro* bioaccessibility in high pressure homogenized tomato puree containing oil: effect of additional thermal and high pressure processing. Food Chemistry, 135(3): 1290-1297

Knorr D, Heinz V, Buckow R. 2006. High pressure application for food biopolymers. Biochimica et Biophysica Acta (BBA)-Proteins and Proteomics, 1764(3): 619-631

Knox J P. 1992. Cell adhesion, cell separation and plant morphogenesis. The Plant Journal, 2(2): 137-141

Knudsen K E B, Lærke H N, Steenfeldt S, et al. 2006. *In vivo* methods to study the digestion of starch in pigs and poultry. Animal Feed Science and Technology, 130(1): 114-135

Koe B K, Zechmeister L. 1952. *In vitro* conversion of phytofluene and phytoene into carotenoid pigments. Archives of Biochemistry and Biophysics, 41(1): 236-238

Koh E, Charoenprasert S, Mitchell A E. 2012. Effects of industrial tomato paste processing on ascorbic acid, flavonoids and carotenoids and their stability over one-year storage. Journal of the Science of Food and Agriculture, 92(1): 23-28

Konopacka D, Cybulska J, Zdunek A, et al. 2017. The combined effect of ultrasound and enzymatic treatment on the nanostructure, carotenoid retention and sensory properties of ready-to-eat carrot chips. LWT-Food Science and Technology, 85: 427-433

Koshani R, Ziaee E, Niakousari M, et al. 2015. Optimization of thermal and thermosonication treatments on pectin methyl esterase inactivation of sour orange juice (*Citrus aurantium*). Journal of Food Processing and Preservation, 39(6): 567-573

Kpodo F M, Agbenorhevi J K, Alba K, et al. 2018. Structure-function relationships in pectin emulsification. Food biophysics, 13(1): 71-79

Krebbers B, Matser Ae M, Hoogerwerf S W, et al. 2003. Combined high-pressure and thermal treatments for processing of tomato puree: evaluation of microbial inactivation and quality parameters. Innovative Food Science & Emerging Technologies, 4(4): 377-385

Krest L, Glodek J, Keusgen M. 2000. Cysteine sulfoxides and alliinase activity of some *Allium* species. Journal of Agricultural and Food Chemistry, 48(8): 3753-3760

Kubo M T K, Augusto P E D, Cristianini M. 2013. Effect of high pressure homogenization (HPH) on the physical stability of tomato juice. Food Research International, 51(1): 170-179

Kuhn J, Considine T, Singh H. 2008. Binding of flavor compounds and whey protein isolate as affected by heat and high pressure treatments. Journal of Agricultural and Food Chemistry, 56(21): 10218-10224

Kumari B, Tiwari B K, Hossain M B, et al. 2018. Recent advances on application of ultrasound and pulsed electric field technologies in the extraction of bioactives from agro-industrial by-products. Food and

Bioprocess Technology, 11(2): 223-241

Kyomugasho C, Christiaens S, Shpigelman A, et al. 2015a. FT-IR spectroscopy, a reliable method for routine analysis of the degree of methylesterification of pectin in different fruit- and vegetable-based matrices. Food Chemistry, 176: 82-90

Kyomugasho C, Willemsen K L D D, Christiaens S, et al. 2015b. Pectin-interactions and *in vitro* bioaccessibility of calcium and iron in particulated tomato-based suspensions. Food Hydrocolloids, 49: 164-175

Labarthe F, Blasco H, Maillot F. 2010. Mechanical and thermal pretreatments of crushed tomatoes: Effects on consistency and *in vitro* accessibility of lycopene. Journal of Food Science, 74(7): E386-E395

Lafarga T, Mayre E, Echeverria G, et al. 2019. Potential of the microalgae *Nannochloropsis* and *Tetraselmis* for being used as innovative ingredients in baked goods. LWT, 115: 108439

Lambelet P, Richelle M, Bortlik K, et al. 2009. Improving the stability of lycopene *Z*-isomers in isomerised tomato extracts. Food Chemistry, 112(1): 156-161

Lancaster J E, Shaw M L. 1989. γ-Glutamyl-transferase peptides in the biosynthesis of *S*-alk (en) yl-*L*-cysteine sulphoxides in *Allium*. Phytochemistry, 28(2): 455-460

Lechowich R V. 1993. Food safety implications of high hydrostatic pressure as a food processing method. Food Technology, 47: 170-172

Lee C H, Parkin K L. 1998. Relationship between thiosulfinates and pink discoloration in onion extracts, as influenced by pH. Food Chemistry, 61(3): 345-350

Lee E J, Cho J E, Kim J H, et al. 2007. Green pigment in crushed garlic (*Allium sativum* L.) clove: Purification and partial characterization. Food Chemistry, 101(4): 1677-1686

Lee H, Kim H, Cadwallader K R, et al. 2013. Sonication in combination with heat and low pressure as an alternative pasteurization treatment—Effect on *Escherichia coli* K12 inactivation and quality of apple cider. Ultrasonics Sonochemistry, 20(4): 1131-1138

Lee M T, Chen B H. 2002. Stability of lycopene during heating and illumination in a model system. Food Chemistry, 78(4): 425-432

Lee S Y, Ryu S, Kang D H. 2012. Effect of frequency and waveform on inactivation of *Escherichia coli* O157: H7 and *Salmonella enterica* serovar Typhimurium in salsa by ohmic heating. Applied and Environmental Microbiology, 79(1): 10-17

Lemaire-Chamley M, Petit J, Garcia V, et al. 2005. Changes in transcriptional profiles are associated with early fruit tissue specialization in tomato. Plant Physiology, 139(2): 750-769

Leong T, Ashokkumar M, Kentish S. 2011. The fundamentals of power ultrasound: A review. Acoustics Australia, 39(2): 54-63

Leroux J, Langendorff V, Schick G, et al. 2003. Emulsion stabilizing properties of pectin. Food Hydrocolloids, 17(4): 455-462

Li C, Li Y, Sun P, et al. 2014a. Starch nanocrystals as particle stabilisers of oil-in-water emulsions. Journal of the science of food and agriculture, 94(9): 1802-1807

Li C, Sun P, Yang C. 2012a. Emulsion stabilized by starch nanocrystals. Starch-Stärke, 64(6): 497-502

Li H, Den Z, Liu R, et al. 2012b. Ultra-performance liquid chromatographic separation of geometric isomers of carotenoids and antioxidant activities of 20 tomato cultivars and breeding lines. Food Chemistry, 132(1): 508-517

Li H, Pordesimo L, Weiss J. 2004. High intensity ultrasound-assisted extraction of oil from soybeans. Food Research International, 37(7): 731-738

Li J, Ouldeleya M, Gunasekaran S. 2006. Gelation of whey protein and xanthan mixture: Effect of heating rate on rheological properties. Food Hydrocolloids, 20(5): 678-686

Li X Y, He X Y, Mao L K, et al. 2020. Modification of the structural and rheological properties of β-lactoglobulin/κ-carrageenan mixed gels induced by high pressure processing. Journal of Food Engineering, 274: 109851

Li X, Cheng Y, Yi C, et al. 2009a. Effect of ionic strength on the heat-induced soy protein aggregation and the phase separation of soy protein aggregate/dextran mixtures. Food Hydrocolloids, 23(3): 1015-1023

Li X, Pan Z, Atungulu G G, et al. 2014b. Peeling mechanism of tomato under infrared heating: Peel loosening and cracking. Journal of Food Engineering, 128: 79-87

Li X, Pan Z, Atungulu G G, et al. 2014c. Peeling of tomatoes using novel infrared radiation heating technology. Innovative Food Science & Emerging Technologies, 21: 123-130

Li X, Pan Z. 2014a. Dry-peeling of tomato by infrared radiative heating: Part I. Model development. Food and Bioprocess Technology, 7(7): 1996-2004

Li X, Pan Z. 2014b. Dry Peeling of tomato by infrared radiative heating: Part II. Model validation and sensitivity analysis. Food and Bioprocess Technology, 7(7): 2005-2013

Li X, Zhang A, Atungulu G G, et al. 2014d. Effects of infrared radiation heating on peeling performance and quality attributes of clingstone peaches. LWT-Food Science and Technology, 55(1): 34-42

Li Z, Ming T, Wang J, et al. 2009b. High internal phase emulsions stabilized solely by microgel particles. Angewandte Chemie International Edition, 48(45): 8490-8493

Liang H N, Tang C H. 2013. pH-dependent emulsifying properties of pea [*Pisum sativum* (L.)] proteins. Food Hydrocolloids, 33(2): 309-319

Lin C H, Chen B H. 2003. Determination of carotenoids in tomato juice by liquid chromatography. Journal of Chromatography A, 1012(1): 103-109

Lin H J, Aizawa K, Inakuma T, et al. 2005a. Physical properties of water-soluble pectins in hot- and cold-break tomato pastes. Food Chemistry, 93(3): 403-408

Lin H J, Qin X M, Aizawa K, et al. 2005b. Chemical properties of water-soluble pectins in hot- and cold-break tomato pastes. Food Chemistry, 93(3): 409-415

Linke C, Drusch S. 2017. Pickering emulsions in foods—opportunities and limitations. Critical Reviews in Food Science and Nutrition, 58(12): 1971-1985

Liu C M, Guo X J, Liang R H, et al. 2017a. Alkylated pectin: Molecular characterization, conformational change and gel property. Food Hydrocolloids, 69(8): 341-349

Liu C, Cao Z, He S, et al. 2018. The effects and mechanism of phycocyanin removal from water by high-frequency ultrasound treatment. Ultrasonics Sonochemistry, 41: 303-309

Liu F, Tang C H. 2011. Cold, gel-like whey protein emulsions by microfluidisation emulsification: Rheological properties and microstructures. Food Chemistry, 127(4): 1641-1647

Liu F, Tang C H. 2013. Soy protein nanoparticle aggregates as pickering stabilizers for oil-in-water emulsions. Journal of Agricultural and Food Chemistry, 61(37): 8888-8898

Liu J, Wen C, Wang M, et al. 2019. Enhancing the hardness of potato slices after boiling by combined treatment with lactic acid and calcium chloride: Mechanism and optimization. Food Chemistry, 308: 124832

Liu S-C, Lin, J-T, Yang D-J. 2009. Determination of *cis*- and *trans*- α- and β-carotenoids in Taiwanese sweet potatoes (*Ipomoea batatas* (L.) Lam.) harvested at various times. Food Chemistry, 116(3): 605-610

Liu W H, Inbaraj B S, Chen B H. 2007. Analysis and formation of *trans* fatty acids in hydrogenated soybean oil during heating. Food Chemistry, 104(4): 1740-1749

Liu W, Yan H, Gu Z B, et al. 2017b. In structure and *in-vitro* digestibility of waxy corn starch debranched by pullulanase. Food Hydrocolloids, 67: 104-110

Liu X, Zhang C, Zhang Z Q, et al. 2017c. The role of ultrasound in hydrogen removal and microstructure refinement by ultrasonic argon degassing process. Ultrasonics Sonochemistry, 38: 455-462

Lorimer J P, Mason T J. 1987. Sonochemistry. Part 1: The physical aspects. Chemical Society Reviews, 16: 239-274

Lu Y, Turley A, Dong X, et al. 2011. Reduction of *Salmonella enterica* on grape tomatoes using microwave heating. International Journal of Food Microbiology, 145(1): 349-352

Lu Z H, Sasaki T, Kobayashi N, et al. 2009. Elucidation of fermentation effect on rice noodles using combined dynamic viscoelasticity and thermal analyses. Cereal Chemistry, 86(1): 70-75

Lu Z Q, Wang J J, Gao R P, et al. 2019. Sustainable valorisation of tomato pomace: A comprehensive review. Trends in Food Science & Technology, 86: 172-187

Luengo E, Condón-Abanto S, Condón S, et al. 2014. Improving the extraction of carotenoids from tomato waste by application of ultrasound under pressure. Separation and Purification Technology, 136: 130-136

Luh B S, Daoud H N. 1971. Effects of break temperature and holding time on pectin and pectin enzyme in tomato pulp Journal of Food Science, 36(7): 1039-1043

Lukes T M. 1986. Factors governing the greening of garlic puree. Journal of Food Science, 51: 1577-1582

Lukes T M. 1959. Pinking of onions during dehydration. Food Technology, 13(7): 391-393

Luo D, Pang X, Xu X, et al. 2018. Identification of cooked off-flavor components and analysis of their formation mechanisms in melon juice during thermal processing. Journal of Agricultural and Food Chemistry, 66(22): 5612-5620

Lyu J, Bi J, Liu X, et al. 2019. Characterization of water status and water soluble pectin from peaches under the combined drying processing. International Journal of Biological Macromolecules, 123: 1172-1179

Magalhães M L, Cartaxo S J M, Gallão M I, et al. 2017. Drying intensification combining ultrasound pre-treatment and ultrasound-assisted air drying. Journal of Food Engineering, 215: 72-77

Mahasukhonthachat K, Sopade P A, Gidley M J. 2010. Kinetics of starch digestion and functional properties of twin-screw extruded sorghum. Journal of Cereal Science, 51(3): 392-401

Makroo H A, Rastogi N K, Srivastava B. 2017. Enzyme inactivation of tomato juice by ohmic heating and its effects on physico-chemical characteristics of concentrated tomato paste. Journal of Food Process Engineering, 40(3): e12464

Margulis M A, Margulis I M. 2003. Calorimetric method for measurement of acoustic power absorbed in a volume of a liquid. Ultrasonics Sonochemistry, 10(6): 343-345

Marković K, Vahčić N, Kovačević Ganić K, et al. 2007. Aroma volatiles of tomatoes and tomato products evaluated by solid-phase microextraction. Flavour and Fragrance Journal, 22(5): 395-400

Marra F, Zhang L, Lyng J G. 2009. Radio frequency treatment of foods: Review of recent advances. Journal of Food Engineering, 91(4): 497-508

Marti A, Pagani M A, Seetharaman K. 2010. Understanding starch organisation in gluten-free pasta from rice flour. Carbohydrate Polymers, 84(3): 1069-1074

Martínez-Flores H E, Garnica-Romo M G, Bermúdez-Aguirre D, et al. 2015. Physico-chemical parameters, bioactive compounds and microbial quality of thermo-sonicated carrot juice during storage. Food Chemistry 172: 650-656

Martinez-Hernandez G, Boluda-Aguilar M, Taboada-Rodriguez A, et al. 2016. Processing, packaging, and storage of tomato products: influence on the lycopene content. Food Engineering Reviews, 8(1): 52-75

Martínez-Huélamo M, Tulipani S, Estruch R, et al. 2015. The tomato sauce making process affects the bioaccessibility and bioavailability of tomato phenolics: A pharmacokinetic study. Food Chemistry, 173: 864-872

Martins P L G, de Rosso V V. 2016. Thermal and light stabilities and antioxidant activity of carotenoids from tomatoes extracted using an ultrasound-assisted completely solvent-free method, 82: 156-164

Marx G, Moody A, Bermúdez-Aguirre D. 2011. A comparative study on the structure of *Saccharomyces cerevisiae* under nonthermal technologies: High hydrostatic pressure, pulsed electric fields and thermo-sonication. International Journal of Food Microbiology, 151(3): 327-337

Mason T J, Lorimer J P. 2002. General principles//Mason T J, Lorimer J P. Applied Sonochemistry: Uses of Power Ultrasound in Chemistry and Processing. Weinheim: Wiley-VCH Verlag: 25-74

Matas A J, Cobb E D, Bartsch J A, et al. 2004. Biomechanics and anatomy of *Lycopersicon esculentm* fruit peels and enzyme-treated samples. American Journal of Botany, 91(3): 352-360

Mayeaux M, Xu Z, King J M, et al. 2006. Effects of cooking conditions on the lycopene content in tomatoes. Journal of Food Science, 71(8): C461-C464

Mayer-Miebach, E, D Behsnilian, M Regier, et al. 2005. Thermal processing of carrots: Lycopene stability and isomerisation with regard to antioxidant potential. Food Research International 38 (8-9): 1103-1108.

Mayeux P. 1998. The pharmacological effects of allicin, a constituent of garlic oil. Agents Actions, 25: 182-190

Meléndez-Martínez A J, Paulino M, Stinco C M, et al. 2014. Study of the time-course of *cis/trans* (*Z/E*) isomerization of lycopene, phytoene, phytofluene from tomato. Journal of Agricultural and Food Chemistry, 62(51): 12399-12406

Mewis J, Wagner N J. 2009. Thixotropy. Advances in Colloid and Interface Science, 147-148: 214-227

Miano A C, Rojas M L, Augusto P E D. 2019. Structural changes caused by ultrasound pretreatment: Direct and indirect demonstration in potato cylinders. Ultrasonics Sonochemistry, 52: 176-183

Michalska A, Wojdyło A, Honke J, et al. 2018. Drying-induced physico-chemical changes in cranberry products. Food Chemistry, 240: 448-455

Mikula R J, Munoz V A. 2000. Characterization of emulsions and suspensions in the petroleum industry using cryo-SEM and CLSM. Colloids & Surfaces A Physicochemical & Engineering Aspects, 174(1): 23-36

Millan-Sango D, Garroni E, Farrugia C, et al. 2016. Determination of the efficacy of ultrasound combined with essential oils on the decontamination of *Salmonella* inoculated lettuce leaves. LWT, 73: 80-87

Min S, Zhang Q H. 2003. Effects of commercial-scale pulsed electric field processing on flavor and color of tomato juice. Journal of Food Science, 68(5): 1600-1606

Minekus M, Alminger M, Alvito P, et al. 2014. A standardised static *in vitro* digestion method suitable for food—an international consensus. Food & Function, 5(6): 1113-1124

Mintz-Oron S, Mandel T, Rogachev I, et al. 2008. Gene expression and metabolism in tomato fruit surface tissues. Plant Physiology, 147(2): 823

Mirondo R, Barringer S. 2015. Improvement of flavor and viscosity in hot and cold break tomato juice and sauce by peel removal. Journal of Food Science, 80(1): S171-S179

Moelants K R N, Cardinaels R, Jolie R P, et al. 2014a. Rheology of concentrated tomato-derived suspensions: Effects of particle characteristics. Food and Bioprocess Technology, 7(1): 248-264

Moelants K R N, Cardinaels R, Van Buggenhout S, et al. 2014b. A review on the relationships between processing, food structure, and rheological properties of plant-tissue-based food suspensions. Comprehensive Reviews in Food Science and Food Safety, 13(3): 241-260

Moelants K R N, Jolie R P, Palmers S K J, et al. 2013. The effects of process-induced pectin changes on the viscosity of carrot and tomato sera. Food and Bioprocess Technology, 6(10): 2870-2883

Moholkar V S, Sivasankar T, Nalajala V S. 2012. Mechanistic aspects of ultrasound-enhanced physical and chemical processes//Chen D, Sharma S K, Mudhoo A. Handbook on Applications of Ultrasound Sonochemistry for Sustainability. Boca Raton: CRC Press: 501-533

Mohr W P. 1990. The influence of fruit anatomy on ease of peeling of tomatoes for canning. International Journal of Food Science and Technology, 25(4): 449-457

Montes I F, Burger U. 1996. The cyanide catalyzed isomerization of enol esters derived from cyclic 1, 3-diketones. Tetrahedron Letters, 37(7): 1007-1010

Moraru C, Lee T-C. 2005. Kinetic studies of lycopene isomerization in a tributyrin model system at gastric pH. Journal of Agricultural and Food Chemistry, 53(23): 8997-9004

Morris G A, Foster T J, Harding S E. 2000. The effect of the degree of esterification on the hydrodynamic properties of citrus pectin. Food Hydrocolloids, 14(3): 227-235

Morris G A, Torre J G D A, Ortega A, et al. 2008. Molecular flexibility of citrus pectins by combined sedimentation and viscosity analysis. Food Hydrocolloids, 22(8): 1435-1442

Mothibe K J, Zhang M, Nsor-atindana J, et al. 2011. Use of ultrasound pretreatment in drying of fruits: Drying rates, quality attributes, and shelf life extension. Drying Technology, 29(14): 1611-1621

Mu Q, Huang Z, Chakrabarti M, et al. 2017. Fruit weight is controlled by cell size regulator encoding a novel protein that i expressed in maturing tomato fruits. PLoS Genetics, 13(8): e1006930

Murakami K, Honda M, Takemura R, et al. 2018. Effect of thermal treatment and light irradiation on the stability of lycopene with high *Z*-isomers content. Food Chemistry, 250: 253-258

Nadeem M, Ubaid N, Qureshi T M, et al. 2018. Effect of ultrasound and chemical treatment on total phenol, flavonoids and antioxidant properties on carrot-grape juice blend during storage. Ultrasonics Sonochemistry, 45: 1-6

Neto L, Millan-Sango D, Brincat J-P, et al. 2019. Impact of ultrasound decontamination on the microbial and sensory quality of fresh produce. Food Control, 104: 262-268

Ngouémazong E D, Christiaens S, Shpigelman A, et al. 2015. The emulsifying and emulsion-stabilizing properties of pectin: A review. Comprehensive Reviews in Food Science & Food Safety, 14(6): 705-718

Nguyen M, Francis D, Schwartz S. 2001. Thermal isomerisation susceptibility of carotenoids in different tomato varieties. Journal of the Science of Food and Agriculture, 81(9): 910-917

Nguyen M L, Schwartz S J. 1998. Lycopene stability during food processing. Experimental Biology and Medicine, 218(2): 101-105

O'Connell O F, Ryan L, O'Brien N M. 2007. Xanthophyll carotenoids are more bioaccessible from fruits than dark green vegetables. Nutrition Research, 27(5): 258-264

Odriozola-Serrano I, Soliva-Fortuny R, Hernández-Jover T, et al. 2009. Carotenoid and phenolic profile of tomato juices processed by high intensity pulsed electric fields compared with conventional thermal treatments. Food Chemistry, 112(1): 258-266

Odriozola-Serrano I, Soliva-Fortuny R, Martín-Belloso O. 2008. Changes of health-related compounds throughout cold storage of tomato juice stabilized by thermal or high intensity pulsed electric field treatments. Innovative Food Science & Emerging Technologies, 9(3): 272-279

Ogutu F O, Mu T H. 2017. Ultrasonic degradation of sweet potato pectin and its antioxidant activity. Ultrasonics Sonochemistry, 38: 726-734

Ojha K S, Tiwari B K, O'Donnell C P. 2018. Effect of ultrasound technology on food and nutritional quality//Fidel T. Advances in Food and Nutrition Research, 84. New York: Academic Press: 207-240

Oliveira A F A, Mar J M, Santos S F, et al. 2018. Non-thermal combined treatments in the processing of açai (*Euterpe oleracea*) juice. Food Chemistry, 265: 57-63

Oliveira V S, Rodrigues S, Fernandes F A N. 2015. Effect of high power low frequency ultrasound processing on the stability of lycopene. Ultrasonics Sonochemistry, 27: 586-591

Oms-Oliu G, Soliva-Fortuny R, Martín-Belloso O. 2008. Edible coatings with antibrowning agents to maintain sensory quality and antioxidant properties of fresh-cut pears. Postharvest Biology and Technology, 50(1): 87-94

Orsat V, Bai L, Raghavan V, et al. 2004. Radio-frequency heating of HAM to enhance shelf-life in vacuum packaging. Journal of Food Process Engineering, 27: 267-283

Ould Eleya M M, Gunasekaran S. 2002. Gelling properties of egg white produced using a conventional and a low-shear reverse osmosis process. Journal of food science, 67(2): 725-729

Ould Eleya M M, Leng X J, Turgeon S L. 2006. Shear effects on the rheology of β-lactoglobulin/β-carrageenan mixed gels. Food Hydrocolloids, 20(6): 946-951

Ould Eleya M M, Turgeon S L. 2000. The effects of pH on the rheology of β-lactoglobulin/κ-carrageenan mixed gels. Food Hydrocolloids, 14(3): 245-251

Pan Z, Li X, Bingol G, et al. 2009. Development of infrared radiation heating method for sustainable tomato peeling. Applied Engineering in Agriculture, 25(6): 935-941

Pan Z, Li X, Khir R, et al. 2015. A pilot scale electrical infrared dry-peeling system for tomatoes: Design and performance evaluation. Biosystems Engineering, 137: 1-8

Patil S, Bourke P, Kelly B, et al. 2009. The effects of acid adaptation on *Escherichia coli* inactivation using power ultrasound. Innovative Food Science & Emerging Technologies, 10(4): 486-490

Patras A, Brunton N, Da Pieve S, et al. 2009. Effect of thermal and high pressure processing on antioxidant activity and instrumental colour of tomato and carrot purées. Innovative Food Science & Emerging Technologies, 10(1): 16-22

Pedrosa C, Ferreira S T. 1994. Deterministic pressure-induced dissociation of vicilin, the 7S storage globulin from pea seeds: effects of pH and cosolvents on oligomer stability. Biochemistry, 33(13): 4046-4055

Pereira R N, Vicente A A. 2010. Environmental impact of novel thermal and non-thermal technologies in food processing. Food Research International, 43(7): 1936-1943

Pérez-Conesa D, García-Alonso J, García-Valverde V, et al. 2009. Changes in bioactive compounds and antioxidant activity during homogenization and thermal processing of tomato puree. Innovative Food

Science & Emerging Technologies, 10(2): 179-188

Phan-Thi H, WachéY. 2014. Isomerization and increase in the antioxidant properties of lycopene from *Momordica cochinchinensis* (gac) by moderate heat treatment with UV-Vis spectra as a marker. Food Chemistry, 156: 58-63

Phinney D M, Frelka J C, Heldman D R. 2016. Modelling the chemical free neutralization of caustic peeled tomato slurry as a continuously stirred tank. Food and Bioproducts Processing, 100: 545-550

Pieczywek P M, Kozioł A, Konopacka D, et al. 2017. Changes in cell wall stiffness and microstructure in ultrasonically treated apple. Journal of Food Engineering, 197: 1-8

Pingret D, Fabiano-Tixier A S, Chemat F. 2013. Degradation during application of ultrasound in food processing: A review. Food Control, 31(2): 593-606

Pinheiro J, Alegria C, Abreu M, et al. 2013. Kinetics of changes in the physical quality parameters of fresh tomato fruits (*Solanum lycopersicum*, cv. 'Zinac') during storage. Journal of Food Engineering, 114(3): 338-345

Pinheiro J, Alegria C, Abreu M, et al. 2015. Influence of postharvest ultrasounds treatments on tomato (*Solanum lycopersicum*, cv. Zinac) quality and microbial load during storage. Ultrasonics Sonochemistry, 27: 552-559

Porretta S, Birzi A, Ghizzoni C, et al. 1995. Effects of ultra-high hydrostatic pressure treatments on the quality of tomato juice. Food Chemistry, 52(1): 35-41

Pouzot M, Nicolai T, Visschers R W, et al. 2005. X-ray and light scattering study of the structure of large protein aggregates at neutral pH. Food Hydrocolloids, 19(2): 231-238

Puppo M C, Anon M C. 1998. Structural properties of heat-induced soy protein gels as affected by ionic strength and pH. Journal of Agricultural and Food Chemistry, 46(9): 3583-3589

Qi X, Tester R F. 2016. Effect of native starch granule size on susceptibility to amylase hydrolysis. Starch-Starke, 68(9-10): 807-810

Qiao L, Ye X, Sun Y, et al. 2013. Sonochemical effects on free phenolic acids under ultrasound treatment in a model system. Ultrasonics Sonochemistry, 20(4): 1017-1025

Qiu W, Jiang H, Wang H, et al. 2006. Effect of high hydrostatic pressure on lycopene stability. Food Chemistry, 97(3): 516-523

Queirós R P, Saraiva J A, da Silva J A L. 2017. Tailoring structure and technological properties of plant proteins using high hydrostatic pressure. Critical Reviews in Food Science and Nutrition, 58(9): 1538-1556

Rao A V, Agarwal S. 1999. Role of lycopene as antioxidant carotenoid in the prevention of chronic diseases: a review. Nutrition Research, 19(2): 305-323

Rao M A. 2014. Rheology of Fluid and Semisolid Foods: Principles and Applications, 3rd Edition. New York: Springer

Rao M A, Cooley H J. 2010. Rheological behavior of tomato paste in steady and dynamic shear. Journal of Texture Studies, 23(4): 415-425

Raso J, Mañas P, Pagán R, et al. 1999. Influence of different factors on the output power transferred into medium by ultrasound. Ultrasonics Sonochemistry, 5(4): 157-162

Rastogi N K. 2011. Opportunities and challenges in application of ultrasound in food processing. Critical Reviews in Food Science and Nutrition, 51(8): 705-722

Raviyan P, Zhang Z, Feng H. 2005. Ultrasonication for tomato pectinmethylesterase inactivation: Effect of cavitation intensity and temperature on inactivation. Journal of Food Engineering, 70(2): 189-196

Rawson A, Tiwari B K, Patras A, et al. 2011a. Effect of thermosonication on bioactive compounds in watermelon juice. Food Research International, 44(5): 1168-1173

Rawson A, Tiwari B K, Tuohy M G, et al. 2011b. Effect of ultrasound and blanching pretreatments on polyacetylene and carotenoid content of hot air and freeze dried carrot discs. Ultrasonics Sonochemistry, 18(5): 1172-1179

Rayner M, Sjöö M, Timgren A, et al. 2012. Quinoa starch granules as stabilizing particles for production of Pickering emulsions. Faraday Discussions, 158(35): 139

Reboredo-Rodríguez P, Rey-Salgueiro L, Regueiro J, et al. 2014. Ultrasound-assisted emulsification-microextraction for the determination of phenolic compounds in olive oils. Food Chemistry, 150: 128-136

Reger M, Sekine T, Hoffmann H. 2012. Pickering emulsions stabilized by amphiphile covered clays. Colloids & Surfaces A Physicochemical & Engineering Aspects, 413(413): 25-32

Relkin P, Shukat R, Moulin G. 2014. Encapsulation of labile compounds in heat- and high-pressure treated protein and lipid nanoparticles. Food Research International, 63: 9-15

Richelle M, Lambelet P, Rytz A, et al. 2011. The proportion of lycopene isomers in human plasma is modulated by lycopene isomer profile in the meal but not by lycopene preparation. British Journal of Nutrition, 107(10): 1482-1488

Riesz P, Kondo T. 1992. Free radical formation induced by ultrasound and its biological implications. Free Radical Biology and Medicine, 13(3): 247-270

Rigano M M, Raiola A, Tenore G C, et al. 2014. Quantitative trait loci pyramiding can improve the nutritional potential of tomato (Solanum lycopersicum) fruits. Journal of Agricultural and Food Chemistry, 62(47): 11519-11527

Rivalain N, Roquain J, Gérard D. 2010. Development of high hydrostatic pressure in biosciences: Pressure effect on biological structures and potential applications in biotechnologies. Biotechnology Advances, 28(6): 659-672

Rock C, Yang W, Goodrich-Schneider R, et al. 2012. Conventional and alternative methods for tomato peeling. Food Engineering Reviews, 4(1): 1-15

Rock C, Yang W, Nooji J, et al. 2010. Evaluation of Roma tomatoes (Solanum lycopersicum) peeling methods: Conventional vs. power ultrasound. Proceedings of the Florida State Horticultural Society, 123: 241-245

Rodrigo D, Cortés C, Clynen E, et al. 2006. Thermal and high-pressure stability of purified polygalacturonase and pectinmethylesterase from four different tomato processing varieties. Food Research International, 39(4): 440-448

Rodrigues D B, Mariutti L R, Mercadante A Z. 2016. An in vitro digestion method adapted for carotenoids and carotenoid esters: moving forward towards standardization. Food & Function, 7(12): 4992-5001

Rojas M L, Leite T S, Cristianini M, et al. 2016. Peach juice processed by the ultrasound technology: Changes in its microstructure improve its physical properties and stability. Food Research International, 82: 22-33

Rojas M L, Trevilin J H, dos Santos Funcia E, et al. 2017. Using ultrasound technology for the inactivation and thermal sensitization of peroxidase in green coconut water. Ultrasonics Sonochemistry, 36: 173-181

Roldán-Gutiérrez J M, Luque de Castro M D. 2007. Lycopene: The need for better methods for characterization and determination. TrAC Trends in Analytical Chemistry, 26(2): 163-170

Rossner J, Kubec R, Velisek J, et al. 2002. Formation of aldehydes from S-alk(e)ylcysteines and their sulfoxides. European Food Research and Technology, 215(2): 124-130

Ryu J-H, Lee S, You S, et al. 2012. Effects of barley and oat β-glucan structures on their rheological and thermal characteristics. Carbohydrate Polymers, 89(4): 1238-1243

Saclier M, Peczalski R, Andrieu J. 2010. A theoretical model for ice primary nucleation induced by acoustic cavitation. Ultrasonics Sonochemistry, 17(1): 98-105

Saeeduddin M, Abid M, Jabbar S, et al. 2015. Quality assessment of pear juice under ultrasound and commercial pasteurization processing conditions. LWT-Food Science and Technology, 64(1): 452-458

Sahlin E, Savage G P, Lister C E. 2004. Investigation of the antioxidant properties of tomatoes after processing. Journal of Food Composition and Analysis, 17(5): 635-647

Saini R K, Keum Y-S. 2018. Carotenoid extraction methods: A review of recent developments. Food Chemistry, 240: 90-103

Sala F J, Burgos J, Condón S, et al. 1995. Effect of heat and ultrasound on microorganisms and enzymes//Gould G W. New Methods of Food Preservation. Boston: Springer: 176-204

Salvia-Trujillo L, McClements D J. 2016. Enhancement of lycopene bioaccessibility from tomato juice using excipient emulsions: Influence of lipid droplet size. Food Chemistry, 210: 295-304

Sánchez M C, Valencia C, Gallegos C, et al. 2002. Influence of processing on the rheological properties of tomato paste. Journal of the Science of Food and Agriculture, 82(9): 990-997

Sánchez-Moreno C, Plaza L, de Ancos B, et al. 2006. Nutritional characterisation of commercial traditional pasteurised tomato juices: carotenoids, vitamin C and radical-scavenging capacity. Food Chemistry, 98(4): 749-756

Sánchez-Rubio M, Taboada-Rodríguez A, Cava-Roda R, et al. 2016. Combined use of thermo-ultrasound and cinnamon leaf essential oil to inactivate *Saccharomyces cerevisiae* in natural orange and pomegranate juices. LWT, 73: 140-146

Sano T, Noguchi S F, Tsuchiya T, et al. 1988. Dynamic viscoelastic behavior of natural actomyosin and myosin during thermal gelation. Journal of food science, 53(53): 924-928

Santiago J S J, Christiaens S, Van Loey A M, et al. 2016. Deliberate processing of carrot purées entails tailored serum pectin structures. Innovative Food Science & Emerging Technologies, 33: 515-523

Santiago J S J, Kermani Z J, Xu F, et al. 2017. The effect of high pressure homogenization and endogenous pectin-related enzymes on tomato purée consistency and serum pectin structure. Innovative Food Science & Emerging Technologies, 43: 35-44

Santiago J S J, Kyomugasho C, Maheshwari S, et al. 2018. Unravelling the structure of serum pectin originating from thermally and mechanically processed carrot-based suspensions. Food Hydrocolloids, 77: 482-493

Santos A M, St‐Pierre N R, Francis D, et al. 2014. Feasibility of predicting ease of peeling of tomato fruits by using a handheld infrared spectrometer. Journal of Food Processing & Preservation, 38(3): 1010-1017

São José J F B, Andrade N J, Ramos A M, et al. 2014. Decontamination by ultrasound application in fresh fruits and vegetables. Food Control, 45: 36-50

Savaş Bahçeci K, Akıllıoğlu H G, Gökmen V. 2015. Osmotic and membrane distillation for the concentration of tomato juice: Effects on quality and safety characteristics. Innovative Food Science & Emerging Technologies, 31: 131-138

Schössler K, Jäger H, Knorr D. 2012. Novel contact ultrasound system for the accelerated freeze-drying of vegetables. Innovative Food Science & Emerging Technologies, 16: 113-120

Servili M, Selvaggini R, Taticchi A, et al. 2000. Relationships between the volatile compounds evaluated by solid phase microextraction and the thermal treatment of tomato juice: Optimization of the blanching parameters. Food Chemistry, 71(3): 407-415

Seybold C, Fröhlich K, Bitsch R, et al. 2004. Changes in contents of carotenoids and vitamin E during tomato processing. Journal of Agricultural and Food Chemistry, 52(23): 7005-7010

Seymour I J, Burfoot D, Smith R L, et al. 2002. Ultrasound decontamination of minimally processed fruits and vegetables. International Journal of Food Science and Technology, 37(5): 547-557

Sharma S K, Le Maguer M. 1996. Kinetics of lycopene degradation in tomato pulp solids under different processing and storage conditions. Food Research International, 29(3): 309-315

Sharoba A M, Senge B, El-Mansy H A, et al. 2005. Chemical, sensory and rheological properties of some commercial German and Egyptian tomato ketchups. European Food Research and Technology, 220: 142-151

Shaw M L, Lancaster J E, Lane G A. 1989. Quantitative analysis of the major γ-glutamyl peptides in onion bulbs. Journal of the Science of Food and Agriculture, 48(4): 459-467

Shi J, Dai Y, Kakuda Y, et al. 2008. Effect of heating and exposure to light on the stability of lycopene in tomato purée. Food Control, 19(5): 514-520

Shi J, Maguer M L. 2000. Lycopene in tomatoes: chemical and physical properties affected by food processing. Critical Reviews in Food Science and Nutrition, 40(1): 1-42

Shi J, Maguer M, Bryan M, et al. 2003. Kinetics of lycopene degradation in tomato puree by heat and light irradiation. Journal of Food Process Engineering, 25(6): 485-498

Shimoni G, Shani Levi C, Levi Tal S, et al. 2013. Emulsions stabilization by lactoferrin nano-particles under *in vitro* digestion conditions. Food Hydrocolloids, 33(2): 264-272

Silverstein M S. 2014. PolyHIPEs: Recent advances in emulsion-templated porous polymers. Progress in Polymer Science, 39(1): 199-234

Sim H G, Ahn K H, Lee S J. 2003. Large amplitude oscillatory shear behavior of complex fluids investigated by a network model: A guideline for classification. Journal of Non-Newtonian Fluid Mechanics, 112(2): 237-250

Singh P, Goyal G K. 2008. Dietary lycopene: its properties and anticarcinogenic effects. Comprehensive Reviews in Food Science and Food Safety, 7(3): 255-270

Siwach R, Kumar M. 2012. Comparative study of thermosonication and thermal treatments on pectin methylesterase inactivation in mosambi juice. Journal of Dairying Foods & Home Sciences, 3(4): 290-296

Smith R.1984. High-performance liquid chromatography: advances and perspectives. Journal of Pharmaceutical and Biomedical Analysis, 2(3-4): 567

Sobral M M C, Cunha S C, Faria M A, et al. 2019. Influence of oven and microwave cooking with the addition of herbs on the exposure to multi-mycotoxins from chicken breast muscle. Food Chemistry, 276: 274-284

Song J F, Li D J, Pang H L, et al. 2015. Effect of ultrasonic waves on the stability of all-*trans* lutein and its degradation kinetics. Ultrasonics Sonochemistry, 27: 602-608

Soria A C, Villamiel M. 2010. Effect of ultrasound on the technological properties and bioactivity of food: A review. Trends in Food Science & Technology, 21(7): 323-331

Souza da Silva E, Rupert Brandão S C, Lopes da Silva A, et al. 2019. Ultrasound-assisted vacuum drying of nectarine. Journal of Food Engineering, 246: 119-124

Srivastava S, Srivastava A K. 2013. Lycopene：chemistry, biosynthesis, metabolism and degradation under various abiotic parameters. Journal of Food Science and Technology, 52(1): 41-53

Stahl W, Sies H. 1992. Uptake of lycopene and its geometrical isomers is greater from heat-processed than from unprocessed tomato juice in humans. The Journal of Nutrition, 122(11): 2161-2166

Stratakos A Ch, Delgado-Pando G, Linton M, et al. 2016. Industrial scale microwave processing of tomato juice using a novel continuous microwave system. Food Chemistry, 190: 622-628

Su Y, Ma G, Ye X, et al. 2010. Stability of all-*trans*-β-carotene under ultrasound treatment in a model system: Effects of different factors, kinetics and newly formed compounds. Ultrasonics Sonochemistry, 17(4): 654-661

Sun D W, Li B. 2003. Microstructural change of potato tissues frozen by ultrasound-assisted immersion freezing. Journal of Food Engineering, 57(4): 337-345

Sun J, Chu Y F, Wu X, et al. 2002. Antioxidant and antiproliferative activities of common fruits. Journal of Agricultural and Food Chemistry, 50(23): 7449-7454

Sun J, Hou C, Zhang S. 2008. Effect of protein on the rheological properties of rice flour. Journal of Food Processing & Preservation, 32(6): 987-1001

Sun Q, Yang C, Li J, et al. 2015a. Highly efficient *trans-cis* isomerization of lycopene catalyzed by iodine-doped TiO$_2$ nanoparticles. RSC Advances, 6(3): 1885-1893

Sun Y, Liu D, Chen J, et al. 2011. Effects of different factors of ultrasound treatment on the extraction yield of the all-*trans*-β-carotene from citrus peels. Ultrasonics Sonochemistry, 18(1): 243-249

Sun Y, Zhong L, Cao L, et al. 2015b. Sonication inhibited browning but decreased polyphenols contents and antioxidant activity of fresh apple (*Malus pumila* Mill, cv. Red Fuji) juice. Journal of Food Science and Technology, 52(12): 8336-8342

Suslick K S, Price G J. 1999. Application of ultrasound to materials chemistry. Annual Review of Materials Science, 29(1): 295-326

Takehara M, Nishimura M, Kuwa T, et al. 2013. Characterization and thermal isomerization of (all-*E*)-lycopene. Journal of Agricultural and Food Chemistry, 62(1): 264-269

Tan H, Sun G, Lin W, et al. 2014. Gelatin particle-stabilized high internal phase emulsions as nutraceutical containers. ACS applied materials & interfaces, 6(16): 13977-13984

Tan J, Kerr W L. 2015. Rheological properties and microstructure of tomato puree subject to continuous high pressure homogenization. Journal of Food Engineering, 166: 45-54

Terefe N S, Gamage M, Vilkhu K, et al. 2009. The kinetics of inactivation of pectin methylesterase and polygalacturonase in tomato juice by thermosonication. Food Chemistry, 117(1): 20-27

Thompson K A, Marshall M R, Sims C A, et al. 2000. Cultivar, maturity, heat treatment on lycopene content in tomatoes. Journal of Food Science, 65(5): 791-795

Tibäck E A, Svelander C A, Colle I J P, et al. 2009. Mechanical and thermal pretreatments of crushed tomatoes: Effects on consistency and *in vitro* accessibility of lycopene. Journal of Food Science, 74(7): E386-E395

Tiwari B K, Muthukumarappan K, O'Donnell C P, et al. 2008. Colour degradation and quality parameters of sonicated orange juice using response surface methodology. LWT-Food Science and Technology, 41(10): 1876-1883

Tiwari B K, Muthukumarappan K, O'Donnell C P, et al. 2009a. Inactivation kinetics of pectin methylesterase and cloud retention in sonicated orange juice. Innovative Food Science & Emerging Technologies, 10(2): 166-171

Tiwari B K, O'Donnell C P, Muthukumarappan K, et al. 2009b. Effect of low temperature sonication on orange juice quality parameters using response surface methodology. Food and Bioprocess Technology, 2(1): 109-114

Toker O S, Karasu S, Yilmaz M T, et al. 2015. Three interval thixotropy test (3ITT) in food applications: A novel technique to determine structural regeneration of mayonnaise under different shear conditions. Food Research International, 70: 125-133

Toma M, Vinatoru M, Paniwnyk L, et al. 2001. Investigation of the effects of ultrasound on vegetal tissues during solvent extraction. Ultrasonics Sonochemistry, 8(2): 137-142

Tomas M, Beekwilder J, Hall R D, et al. 2017. Industrial processing versus home processing of tomato sauce: Effects on phenolics, flavonoids and *in vitro* bioaccessibility of antioxidants. Food Chemistry, 220: 51-58

Tong L T, Zhu R, Zhou X, et al. 2017. Soaking time of rice in semidry flour milling was shortened by increasing the grains cracks. Journal of Cereal Science, 74: 121-126

Torkamani A E, Juliano P, Fagan P, et al. 2016. Effect of ultrasound-enhanced fat separation on whey powder phospholipid composition and stability. Journal of Dairy Science, 99(6): 4169-4177

Torkian Boldaji M, Borghei A M, Beheshti B, et al. 2015. The process of producing tomato paste by ohmic heating method. Journal of Food Science and Technology, 52(6): 3598-3606

Tsuzuki W, Nagata R, Yunoki R, et al. 2008. *cis/trans*-Isomerisation of triolein, trilinolein and trilinolenin induced by heat treatment. Food Chemistry, 108(1): 75-78

Turgeon S L, Schmitt C, Sanchez C. 2007. Protein-polysaccharide complexes and coacervates. Current Opinion in Colloid & Interface Science, 12(4-5): 166-178

Tzoumaki M V, Moschakis T, Kiosseoglou V, et al. 2011. Oil-in-water emulsions stabilized by chitin nanocrystal particles. Food Hydrocolloids, 25(6): 1521-1529

Tzoumaki M V, Moschakis T, Scholten E, et al. 2013. *In vitro* lipid digestion of chitin nanocrystal stabilized o/w emulsions. Food & Function, 4(1): 121-129

Unlu N Z, Bohn T, Francis D M, et al. 2007. Lycopene from heat-induced *cis*-isomer-rich tomato sauce is more bioavailable than from all-*trans*-rich tomato sauce in human subjects. British Journal of Nutrition, 98(1): 140-146

Urbonaviciene D, Viskelis P. 2017. The *cis*-lycopene isomers composition in supercritical CO_2 extracted tomato by-products. LWT-Food Science and Technology, 85: 517-523

Valero M, Recrosio N, Saura D, et al. 2007. Effects of ultrasonic treatments in orange juice processing. Journal of Food Engineering, 80(2): 509-516

Vallverdú-Queralt A, Medina-Remón A, Andres-Lacueva C, et al. 2011. Changes in phenolic profile and antioxidant activity during production of diced tomatoes. Food Chemistry, 126(4): 1700-1707

Vallverdú-Queralt A, Medina-Remón A, Casals-Ribes I, et al. 2012. Effect of tomato industrial processing on phenolic profile and hydrophilic antioxidant capacity. LWT-Food Science and Technology, 47(1):

154-160

Vercet A, Sánchez C, Burgos J, et al. 2002. The effects of manothermosonication on tomato pectic enzymes and tomato paste rheological properties. Journal of Food Engineering, 53(3): 273-278

Verlent I, Hendrickx M, Rovere P, et al. 2006. Rheological properties of tomato-based products after thermal and high-pressure treatment. Journal of Food Science, 71(3): S243-S248

Vicente A R, Powell A, Greve L C, et al. 2007. Cell wall disassembly events in boysenberry (*Rubus idaeus* L. × *Rubus ursinus* Cham. & Schldl.) fruit development. Functional Plant Biology, 34(7): 614-623

Vidyarthi S K, El-Mashad H M, Khir R, et al. 2019a. A mathematical model of heat transfer during tomato peeling using selected electric infrared emitters. Biosystems Engineering, 186: 106-117

Vidyarthi S K, El-Mashad H M, Khir R, et al. 2019b. Tomato peeling performance under pilot scale catalytic infrared heating. Journal of Food Engineering, 246: 224-231

Vidyarthi S K, El-Mashad H M, Khir R, et al. 2019c. Evaluation of selected electric infrared emitters for tomato peeling. Biosystems Engineering, 184: 90-100

Vidyarthi S K, El-Mashad H M, Khir R, et al. 2019d. Quasi-static mechanical properties of tomato peels produced from catalytic infrared and lye peeling. Journal of Food Engineering, 254: 10-16

Vieira da Silva Júnior E, Lins de Melo L, Batista de Medeiros R A, et al. 2018. Influence of ultrasound and vacuum assisted drying on papaya quality parameters. LWT, 97: 317-322

Viljanen K, Lille M, Heiniö R-L, et al. 2011. Effect of high-pressure processing on volatile composition and odour of cherry tomato purée. Food Chemistry, 129(4): 1759-1765

Vilkhu K, Manasseh R, Mawson R, et al. 2011. Ultrasonic recovery and modification of food ingredients//Feng H, Barbosa-Canovas G, Weiss J. Ultrasound Technologies for Food and Bioprocessing. New York: Springer: 345-368

Vinatoru M. 2001. An overview of the ultrasonically assisted extraction of bioactive principles from herbs. Ultrasonics Sonochemistry, 8(3): 303-313

Vinatoru M. 2015. Ultrasonically assisted extraction (UAE) of natural products some guidelines for good practice and reporting. Ultrasonics Sonochemistry, 25: 94-95

Visessanguan W, Ogawa M, Nakai S, et al. 2000. Physicochemical changes and mechanism of heat-induced gelation of arrowtooth flounder myosin. Journal of Agricultural and Food Chemistry, 48(4): 1016-1023

Von Borries-Medrano E, Jaime-Fonseca M R, Aguilar-Méndez M A. 2016. Starch-guar gum extrudates: Microstructure, physicochemical properties and *in-vitro* digestion. Food Chemistry, 194: 891-899

Voragen A G J, Coenen G J, Verhoef R P, et al. 2009. Pectin, a versatile polysaccharide present in plant cell walls. Structural Chemistry, 20(2): 263-275

Vu Dang H, Loisel C, Desrumaux A, et al. 2009. Rheology and microstructure of cross-linked waxy maize starch/whey protein suspensions. Food Hydrocolloids, 23(7): 1678-1686

Wang C Y, Huang H W, Hsu C P, et al. 2016a. Recent advances in food processing using high hydrostatic pressure technology. Critical Reviews in Food Science and Nutrition, 56: 527-540

Wang J, Fan L. 2019. Effect of ultrasound treatment on microbial inhibition and quality maintenance of green asparagus during cold storage. Ultrasonics Sonochemistry, 58: 104631

Wang J, Vanga S K, Raghavan V. 2019a. High-intensity ultrasound processing of kiwifruit juice: Effects on the ascorbic acid, total phenolics, flavonoids and antioxidant capacity. LWT, 107: 299-307

Wang J, Wang J, Ye J, et al. 2019b. Influence of high-intensity ultrasound on bioactive compounds of strawberry juice: Profiles of ascorbic acid, phenolics, antioxidant activity and microstructure. Food Control, 96: 128-136

Wang L J, Hu Y Q, Yin S W, et al. 2015a. Fabrication and characterization of antioxidant pickering emulsions stabilized by zein/chitosan complex particles (ZCPs). Journal of Agricultural and Food Chemistry, 63(9): 2514-2524

Wang L, Duan W, Zhou S M, et al. 2016b. Effects of extrusion conditions on the extrusion responses and the quality of brown rice pasta. Food Chemistry, 204: 320-325

Wang P, Fu Y, Wang L J, et al. 2017. Effect of enrichment with stabilized rice bran and extrusion process on gelatinization and retrogradation properties of rice starch. Starch-Stärke, 69(7-8): 1600201

Wang W, Ma X, Xu Y, et al. 2015b. Ultrasound-assisted heating extraction of pectin from grapefruit peel: Optimization and comparison with the conventional method. Food Chemistry, 178: 106-114

Wang W, Wang L, Feng Y, et al. 2018. Ultrasound-assisted lye peeling of peach and comparison with conventional methods. Innovative Food Science & Emerging Technologies, 47: 204-213

Wang X, Chen L, Li X, et al. 2010. Thermal and rheological properties of breadfruit starch. Journal of Food ence, 76(1): 55-61

Wang Y, Li D, Wang L-J, et al. 2011. Effects of high pressure homogenization on rheological properties of flaxseed gum. Carbohydrate Polymers, 83(2): 489-494

Wang Y, Li X, Sun G, et al. 2014. A comparison of dynamic mechanical properties of processing-tomato peel as affected by hot lye and infrared radiation heating for peeling. Journal of Food Engineering, 126: 27-34

Wani A A, Singh P, Shah M A, et al. 2013. Physico-chemical, thermal and rheological properties of starches isolated from newly released rice cultivars grown in Indian temperate climates. LWT-Food Science and Technology, 53(1): 176-183

Waramboi J G, Gidley M J, Sopade P A, 2014. Influence of extrusion on expansion, functional and digestibility properties of whole sweetpotato flour. LWT-Food Science and Technology, 59(2): 1136-1145

Waterschoot J, Gomand S V, Willebrords J K, et al. 2014. Pasting properties of blends of potato, rice and maize starches. Food Hydrocolloids, 41: 298-308

Wei X, Chen M, Xiao J, et al. 2010. Composition and bioactivity of tea flower polysaccharides obtained by different methods. Carbohydrate Polymers, 79(2): 418-422

Wei X, Lau S K, Reddy B S, et al. 2020. A microbial challenge study for validating continuous radio-frequency assisted thermal processing pasteurization of egg white powder. Food Microbiology, 85: 103306

Willcox J K, Catignani G L, Lazarus S. 2003. Tomatoes and cardiovascular health. Critical Reviews in Food Science and Nutrition, 43(1): 1-18

Wilson L A, Sterling C. 1976. Studies on the cuticle of tomato fruit: I. Fine structure of the cuticle. Zeitschrift für Pflanzenphysiologie, 77(4): 359-371

Wongsa-Ngasri P, Sastry S K. 2015. Effect of ohmic heating on tomato peeling. LWT-Food Science and Technology, 61(2): 269-274

Wongsa-Ngasri P, Sastry S K. 2016a. Tomato peeling by ohmic heating with lye-salt combinations: Effects of operational parameters on peeling time and skin diffusivity. Journal of Food Engineering, 186: 10-16

Wongsa-Ngasri P, Sastry S K. 2016b. Tomato peeling by ohmic heating: Effects of lye-salt combinations and post-treatments on weight loss, peeling quality and firmness. Innovative Food Science & Emerging Technologies, 34: 148-153

Wu B, Patel B K, Fei X, et al. 2018. Variations in physical-chemical properties of tomato suspensions from industrial processing. LWT, 93: 281-286

Wu J, Gamage T V, Vilkhu K S, et al. 2008. Effect of thermosonication on quality improvement of tomato juice. Innovative Food Science & Emerging Technologies, 9(2): 186-195

Wu J, Ma G H. 2016. Recent studies of pickering emulsions: particles make the difference. Small, 12(34): 4633-4648

Wu X, Joyce E M, Mason T J. 2011. The effects of ultrasound on cyanobacteria. Harmful Algae, 10(6): 738-743

Xiao J, Wang X, Perez Gonzalez A J, et al. 2016. Kafirin nanoparticles-stabilized Pickering emulsions: Microstructure and rheological behavior. Food Hydrocolloids, 54: 30-39

Xie F, Yu L, Su B, et al. 2009. Rheological properties of starches with different amylose/amylopectin ratios. Journal of Cereal Science, 49(3): 371-377

Xie F, Zhang W, Lan X, et al. 2018. Effects of high hydrostatic pressure and high pressure homogenization processing on characteristics of potato peel waste pectin. Carbohydrate Polymers, 196: 474-482

Xin Y, Zhang M, Adhikari B. 2014a. The effects of ultrasound-assisted freezing on the freezing time and quality of broccoli (Brassica oleracea L. var. botrytis L.) during immersion freezing. International

Journal of Refrigeration, 41: 82-91

Xin Y, Zhang M, Adhikari B. 2014b. Ultrasound assisted immersion freezing of broccoli (*Brassica oleracea* L. var. *botrytis* L.). Ultrasonics Sonochemistry, 21(5): 1728-1735

Xu B G, Zhang M, Bhandari B, et al. 2015. Effect of ultrasound-assisted freezing on the physico-chemical properties and volatile compounds of red radish. Ultrasonics Sonochemistry, 27: 316-324

Xu Y, Xia W, Fang Y, et al. 2010. Protein molecular interactions involved in the gel network formation of fermented silver carp mince inoculated with *Pediococcus pentosaceus*. Food Chemistry, 120(3): 717-723

Yan B, Martínez-Monteagudo S I, Cooperstone J L, et al. 2017. Impact of thermal and pressure-based technologies on carotenoid retention and quality attributes in tomato juice. Food and Bioprocess Technology, 10(5): 808-818

Yeung J C Y, Chasse G A, Frondozo E J, et al. 2001. Cationic intermediates in *trans-* to *cis-* isomerization reactions of allylic systems. An exploratory *ab initio* study. Journal of Molecular Structure: THEOCHEM, 546(1-3): 143-162

Yi J, Kebede B, Kristiani K, et al. 2018. Minimizing quality changes of cloudy apple juice: The use of kiwifruit puree and high pressure homogenization. Food Chemistry, 249: 202-212

Yildiz H, Baysal T. 2007. Color and lycopene content of tomato puree affected by electroplasmolysis. International Journal of Food Properties, 10(3): 489-495

Yu J, Gleize B, Zhang L, et al. 2019. Microwave heating of tomato puree in the presence of onion and EVOO: the effect on lycopene isomerization and transfer into oil. LWT-Food Science & Technology, 113: 108284

Zafra-Rojas Q Y, Cruz-Cansino N, Ramírez-Moreno E, et al. 2013. Effects of ultrasound treatment in purple cactus pear (*Opuntia ficus-indica*) juice. Ultrasonics Sonochemistry, 20(5): 1283-1288

Zechmeister L. 1944. *Cis-trans* isomerization and stereochemistry of carotenoids and diphenyl-polyenes. Chemical Reviews, 34(2): 267-344

Zeng T, Wu Z L, Zhu J Y, et al. 2017. Development of antioxidant Pickering high internal phase emulsions (HIPEs) stabilized by protein/polysaccharide hybrid particles as potential alternative for PHOs. Food Chemistry, 231: 122-130

Zhan X, Sun D W, Zhu Z, et al. 2018. Improving the quality and safety of frozen muscle foods by emerging freezing technologies: A review. Critical Reviews in Food Science and Nutrition, 58(17): 2925-2938

Zhang H F, Yang X H, Zhao L D, et al. 2009a. Ultrasonic-assisted extraction of epimedin C from fresh leaves of *Epimedium* and extraction mechanism. Innovative Food Science & Emerging Technologies, 10(1): 54-60

Zhang L F, Zhang X Z, Liu D H, et al. 2015a. Effect of degradation methods on the structural properties of citrus pectin. LWT-Food Science and Technology, 61(2): 630-637

Zhang L, Liao L, Qiao Y, et al. 2019. Effects of ultrahigh pressure and ultrasound pretreatments on properties of strawberry chips prepared by vacuum-freeze drying. Food Chemistry: 125386

Zhang L, Ye X, Ding T, et al. 2013a. Ultrasound effects on the degradation kinetics, structure and rheological properties of apple pectin. Ultrasonics Sonochemistry, 20(1): 222-231

Zhang L, Ye X, Xue S J, et al. 2013b. Effect of high-intensity ultrasound on the physicochemical properties and nanostructure of citrus pectin. Journal of the Science of Food and Agriculture, 93(8): 2028-2036

Zhang L, Zhao S, Lai S, et al. 2018. Combined effects of ultrasound and calcium on the chelate-soluble pectin and quality of strawberries during storage. Carbohydrate Polymers, 200: 427-435

Zhang Q A, Zhang Z Q, Yue X F, et al. 2009b. Response surface optimization of ultrasound-assisted oil extraction from autoclaved almond powder. Food Chemistry, 116(2): 513-518

Zhang Y J, Liu W, Liu C M, et al. 2014. Retrogradation behaviour of high-amylose rice starch prepared by improved extrusion cooking technology. Food Chemistry, 158: 255-261

Zhang Z Y, Yang Y L, Tang X Z, et al. 2015b. Chemical forces and water holding capacity study of heat-induced myofibrillar protein gel as affected by high pressure. Food Chemistry, 188: 111-118

Zheng L, Sun D W. 2006. Innovative applications of power ultrasound during food freezing processes: A review. Trends in Food Science & Technology, 17(1): 16-23

Zhou L, Guan Y, Bi J, et al. 2017. Change of the rheological properties of mango juice by high pressure homogenization. LWT-Food Science and Technology, 82: 121-130

Zhou Z, Robards K, Helliwell S, et al. 2003. Effect of rice storage on pasting properties of rice flour. Food Research International, 36(6): 625-634

Zhu Z, Zhang P, Sun D W. 2020. Effects of multi-frequency ultrasound on freezing rates and quality attributes of potatoes. Ultrasonics Sonochemistry, 60: 104733

Zimmermann M, Schaffner D W, Aragão G M F. 2013. Modeling the inactivation kinetics of *Bacillus coagulans* spores in tomato pulp from the combined effect of high pressure and moderate temperature. LWT-Food Science and Technology, 53(1): 107-112

附 录

附表 1 不同品种小麦基础指标相关性分析

项目	水分	蛋白质	灰分	籽粒硬度	容重	千粒重	淀粉	湿面筋	降落数值	蔗糖 SRC	碳酸钠 SRC	水 SRC	乳酸 SRC	黄色素	面粉 L*	面粉 a*	面粉 b*
水分	1	-0.408*	-0.490**	-0.224	-0.352	0.041	-0.087	-0.032	0.020	-0.277	-0.383*	-0.128	-0.443*	-0.075	0.634**	-0.612**	-0.292
蛋白质	-0.408*	1	0.480**	0.511**	0.382*	0.099	0.007	0.672**	-0.029	0.453*	0.480**	0.401*	0.499**	0.437*	-0.656**	0.634**	0.678**
灰分	-0.490**	0.480**	1	0.700**	0.449*	-0.199	0.075	0.288	0.102	0.440*	0.382*	0.447*	0.399*	0.416*	-0.723**	0.815**	0.614**
籽粒硬度	-0.224	0.511**	0.700**	1	0.208	0.039	0.227	0.424*	-0.116	0.360	0.347	0.476**	0.214	0.375*	-0.650**	0.590**	0.557**
容重	-0.352	0.382*	0.449*	0.208	1	-0.089	-0.170	0.266	0.422*	0.453*	0.265	0.245	0.496**	0.162	-0.413*	0.601**	0.233
千粒重	0.041	0.099	-0.199	0.039	-0.089	1	0.285	0.142	0.073	-0.094	0.110	0.047	0.004	0.148	0.027	-0.070	0.028
淀粉	-0.087	0.007	0.075	0.227	-0.170	0.285	1	0.176	-0.373*	0.085	0.331	0.249	0.141	-0.251	-0.276	0.206	-0.105
湿面筋	-0.032	0.672**	0.288	0.424*	0.266	0.142	0.176	1	-0.126	0.308	0.318	0.374*	0.406*	0.097	-0.341	0.430*	0.425*
降落数值	0.020	-0.029	0.102	-0.116	0.422*	0.073	-0.373*	-0.126	1	0.059	-0.138	-0.121	-0.075	0.354	0.168	-0.010	0.184
蔗糖 SRC	-0.277	0.453*	0.440*	0.360	0.453*	-0.094	0.085	0.308	0.059	1	0.704**	0.688**	0.678**	0.279	-0.373*	0.485**	0.259
碳酸钠 SRC	-0.383*	0.480**	0.382*	0.347	0.265	0.110	0.331	0.318	-0.138	0.704**	1	0.612**	0.540**	0.234	-0.556**	0.568**	0.378*
水 SRC	-0.128	0.401*	0.447*	0.476**	0.245	0.047	0.249	0.374*	-0.121	0.688**	0.612**	1	0.492**	0.029	-0.452*	0.548**	0.276
乳酸 SRC	-0.443*	0.499**	0.399*	0.214	0.496**	0.004	0.141	0.406*	-0.075	0.678**	0.540**	0.492**	1	0.140	-0.457*	0.563**	0.320
黄色素	-0.075	0.437*	0.416*	0.375*	0.162	0.148	-0.251	0.097	0.354	0.279	0.234	0.029	0.140	1	-0.290	0.226	0.696**
面粉 L*	0.634**	-0.656**	-0.723**	-0.650**	-0.413*	0.027	-0.276	-0.341	0.168	-0.373*	-0.556**	-0.452*	-0.457*	-0.290	1	-0.894**	-0.636**
面粉 a*	-0.612**	0.634**	0.815**	0.590**	0.601**	-0.070	0.206	0.430*	-0.010	0.485**	0.568**	0.548**	0.563**	0.226	-0.894**	1	0.604**
面粉 b*	-0.292	0.678**	0.614**	0.557**	0.233	0.028	-0.105	0.425*	0.184	0.259	0.378*	0.276	0.320	0.696**	-0.636**	0.604**	1

注：*表示在 0.05 水平上的相关显著性，**表示在 0.01 水平上的相关显著性

附表 2　不同品种小麦热机械学特性和糊化特性相关性分析

项目	峰值黏度	保持强度	衰减度	最终黏度	回复值黏度	峰值时间	糊化温度	吸水率	形成时间	稳定时间
峰值黏度	1	0.932**	0.696**	0.939**	0.916**	0.763**	0.239	−0.424*	−0.228	−0.271
保持强度	0.932**	1	0.389*	0.994**	0.941**	0.901**	0.105	−0.433*	−0.097	−0.339
衰减度	0.696**	0.389*	1	0.419*	0.466**	0.153	0.399*	−0.218	−0.388*	−0.017
最终黏度	0.939**	0.994**	0.419*	1	0.972**	0.873**	0.059	−0.398*	−0.099	−0.307
回复值黏度	0.916**	0.941**	0.466**	0.972**	1	0.779**	−0.042	−0.305	−0.101	−0.225
峰值时间	0.763**	0.901**	0.153	0.873**	0.779**	1	0.129	−0.497**	−0.065	−0.413*
糊化温度	0.239	0.105	0.399*	0.059	−0.042	0.129	1	−0.356	−0.165	−0.283
吸水率	−0.424*	−0.433*	−0.218	−0.398*	−0.305	−0.497**	−0.356	1	0.319	0.323
形成时间	−0.228	−0.097	−0.388*	−0.099	−0.101	−0.065	−0.165	0.319	1	0.425*
稳定时间	−0.271	−0.339	−0.017	−0.307	−0.225	−0.413*	−0.283	0.323	0.425*	1

注：*表示在 0.05 水平上的相关显著性，**表示在 0.01 水平上的相关显著性

附表 3　不同品种小麦粉基础理化指标与热机械学特性相关性分析

	吸水率	形成时间	稳定时间	蛋白质含量	湿面筋	蔗糖 SRC	碳酸钠 SRC	水 SRC	乳酸 SRC
吸水率	1	0.319	0.323	0.354	0.292	0.346	0.325	0.553**	0.290
形成时间	0.319	1	0.425*	0.399*	0.289	0.345	0.405*	0.234	0.375*
稳定时间	0.323	0.425*	1	0.468**	0.289	0.498**	0.525**	0.537**	0.319
蛋白质含量	0.354	0.399*	0.468**	1	0.672**	0.453*	0.480**	0.401*	0.499**
湿面筋	0.292	0.289	0.289	0.672**	1	0.308	0.318	0.374*	0.406*
蔗糖 SRC	0.346	0.345	0.498**	0.453*	0.308	1	0.704**	0.688**	0.678**
碳酸钠 SRC	0.325	0.405*	0.525**	0.480**	0.318	0.704**	1	0.612**	0.540**
水 SRC	0.553**	0.234	0.537**	0.401*	0.374*	0.688**	0.612**	1	0.492**
乳酸 SRC	0.290	0.375*	0.319	0.499**	0.406*	0.678**	0.540**	0.492**	1

注：*表示在 0.05 水平上的相关显著性，**表示在 0.01 水平上的相关显著性

附表 4　不同品种小麦鲜湿面条品质相关性分析

项目	面粉 L*	面粉 a*	面条 b*	黄色素	吸水率	损失率	TPA 硬度	弹性	黏聚性	胶着度	咀嚼度	回复性	硬度	剪切力	拉伸力	拉伸距离
面条 L*	0.563**	-0.763**	-0.117	-0.290	0.439*	-0.158	-0.170	-0.062	-0.021	-0.492**	-0.309	-0.001	-0.331	-0.353	-0.377*	0.170
面条 a*	-0.373*	0.770**	0.147	0.226	-0.508**	0.041	0.290	-0.030	-0.013	0.499**	0.228	0.028	0.418*	0.391*	0.470**	-0.114
面条 b*	-0.230	0.468**	0.714**	0.696**	-0.403*	0.148	0.205	0.263	-0.274	0.267	0.491**	-0.261	0.293	0.327	0.235	-0.249
黄色素	-0.205	0.375*	0.707**	1	-0.161	0.306	-0.086	0.345	-0.058	0.013	0.452*	-0.087	-0.120	-0.003	-0.176	-0.167
吸水率	0.210	-0.353	-0.194	-0.161	1	0.119	-0.538**	-0.154	0.014	-0.436**	-0.323	0.163	-0.593**	-0.602**	-0.529**	-0.120
损失率	-0.059	0.108	0.078	0.306	0.119	1	-0.317	0.100	0.019	-0.039	0.246	-0.079	-0.360	-0.334	-0.252	0.072
TPA 硬度	-0.012	0.176	0.204	-0.086	-0.538**	-0.317	1	0.088	-0.196	0.570**	0.231	-0.274	0.826**	0.719**	0.654**	-0.021
弹性	-0.034	0.093	0.390*	0.345	-0.154	0.100	0.088	1	0.015	0.347	0.895**	-0.093	0.127	0.013	-0.020	0.065
黏聚性	-0.306	0.139	-0.281	-0.058	0.014	0.019	-0.196	0.015	1	0.011	-0.004	0.909**	0.006	-0.016	0.045	0.543**
胶着度	-0.301	0.535**	0.196	0.013	-0.436**	-0.039	0.570**	0.347	0.011	1	0.565**	-0.075	0.680**	0.608**	0.557**	0.107
咀嚼度	-0.143	0.295	0.495*	0.452*	-0.323	0.246	0.231	0.895**	-0.004	0.565**	1	-0.100	0.275	0.210	0.152	0.068
回复性	-0.148	0.087	-0.344	-0.087	0.163	-0.079	-0.274	-0.093	0.909**	-0.075	-0.100	1	-0.058	-0.053	0.035	0.488**
硬度	-0.196	0.337	0.228	-0.120	-0.593**	-0.360	0.826**	0.127	0.006	0.680**	0.275	-0.058	1	0.840**	0.793**	0.161
剪切力	-0.209	0.251	0.121	-0.003	-0.602**	-0.334	0.719**	0.013	-0.016	0.608**	0.210	-0.053	0.840**	1	0.820**	0.269
拉伸力	-0.217	0.254	0.033	-0.176	-0.529**	-0.252	0.654**	-0.020	0.045	0.557**	0.152	0.035	0.793**	0.820**	1	0.396*
拉伸距离	-0.101	-0.126	-0.192	-0.167	-0.120	0.072	-0.021	0.065	0.543**	0.107	0.068	0.488**	0.161	0.269	0.396*	1

注：*表示在 0.05 水平上的相关显著性，**表示在 0.01 水平上的相关显著性

附表 5　不同品种小麦鲜湿面条质构指标标准化值

项目	X_1	X_2	X_3	X_4	X_5	X_6	X_7	X_8	X_9	X_{10}	X_{11}	X_{12}	X_{13}	X_{14}
陕农 33	−1.82	1.29	1.25	−0.66	−0.23	−0.24	1.06	−0.93	−0.46	0.51	1.03	−0.54	0.28	0.17
农麦 88	−0.62	2.12	−0.32	−2.36	1.40	−0.19	0.43	1.48	0.24	0.38	1.70	−0.01	2.45	1.94
明麦 133	0.02	1.30	−0.51	1.78	−1.65	−0.32	0.12	1.17	0.00	1.02	−0.11	−0.27	−0.75	−1.01
瑞华麦 520	−0.78	1.02	1.89	−0.29	0.26	−0.19	−1.21	0.33	−0.05	−1.01	0.18	−1.72	0.45	0.21
陕农 139	−0.92	0.44	0.10	−1.52	2.51	−0.14	−0.13	2.07	0.41	0.01	3.25	1.27	3.08	3.17
镇麦 12 号	0.60	0.98	−0.73	0.17	0.04	−0.26	−0.67	0.00	−0.25	−0.72	−0.62	−1.55	−1.39	−0.36
郑麦 9023	0.21	−0.40	−0.91	−0.81	1.79	−0.24	−0.49	1.30	0.07	−0.41	2.61	1.73	1.08	1.61
泰科麦 33	−0.26	−0.06	−0.31	0.53	0.74	−0.32	−0.29	0.96	−0.12	−0.24	0.81	−0.33	0.73	0.80
江麦 23	−0.73	0.84	1.79	−1.27	0.47	2.28	−1.28	−0.14	1.76	−1.56	−0.24	−0.05	−0.05	−0.34
西农 511	−0.74	1.22	1.49	−0.46	−0.20	−0.15	−0.68	0.88	1.29	−0.56	−0.07	−0.16	−0.04	0.07
徐麦 33	0.61	0.57	1.05	−1.73	0.65	−0.15	0.02	0.66	0.41	0.16	−0.41	−0.27	0.05	−0.01
邯 6172	0.29	−0.74	0.88	0.39	0.05	−0.37	0.74	−0.82	−0.61	0.30	−0.49	0.14	0.03	−0.19
鲁原 502	1.54	−1.17	0.45	0.30	0.46	−0.55	−1.17	−0.31	−0.76	−1.48	−0.80	−1.02	0.12	0.59
偃展 4110	−0.87	0.53	0.46	0.81	0.60	−0.06	0.92	0.65	0.07	0.75	−0.65	−0.57	0.36	0.35
济麦 22 号	−0.13	−0.04	0.78	1.36	0.39	−0.38	−1.18	−0.14	−0.44	−0.93	−0.15	0.03	0.34	0.65
保麦 6 号	0.02	0.07	−0.27	−0.24	−0.40	−0.35	−0.72	−0.57	−0.52	−0.73	−1.02	−1.37	−0.03	−0.44
淮麦 26	0.63	−0.35	1.44	−0.41	0.15	2.78	0.57	0.41	3.37	0.44	0.25	0.48	0.23	0.68
苏麦 11	0.10	−0.14	0.14	0.32	−0.17	3.55	1.01	1.79	2.43	0.66	−0.45	0.49	0.45	−0.41
临麦 4 号	1.16	−1.66	−0.52	1.09	0.91	−0.28	−0.29	−1.15	−0.61	−0.52	−0.38	−0.48	−0.50	−1.15
山农 22 号	1.87	−1.97	−1.34	−1.14	0.21	−0.35	−0.42	0.02	−0.37	−0.48	−0.11	−0.27	0.08	−0.03
山农 30 号	−0.31	0.09	−0.30	0.44	−0.02	−0.23	−0.50	−0.19	−0.30	−0.64	−0.21	−1.06	−0.05	−1.32
泰农 18	0.93	−1.35	−1.56	−0.37	−0.88	−0.39	−1.52	−1.27	−0.74	−1.03	−0.15	−0.66	−0.74	0.21
杨辐麦 4 号	−0.66	1.06	−0.46	−0.19	−0.25	−0.04	0.95	0.21	−0.01	0.02	−0.60	0.82	−0.22	−0.87
华麦 1028	1.56	−0.63	−1.44	0.95	0.03	−0.78	1.95	−1.53	−1.09	2.94	−0.20	0.47	−0.02	−0.66
烟农 1212	0.72	−0.60	0.26	0.61	0.14	−0.36	−1.32	−0.39	−0.49	−0.92	−0.68	−0.31	−0.58	−0.79
杨麦 16 号	−1.54	0.04	−1.21	0.86	−1.18	−0.34	0.42	−0.78	−0.56	0.07	−1.08	−0.09	−0.96	−0.85
烟农 24 号	1.23	−1.55	0.62	1.07	−1.96	−0.38	−0.18	−1.64	−0.82	−0.15	−0.50	0.95	−1.37	−1.47
杨麦 23	−1.88	0.01	−1.26	0.15	−1.27	−0.47	1.85	−0.38	−0.32	1.24	−0.80	0.19	−1.56	−0.55
农麦 126	−1.04	0.14	−0.61	−0.76	−0.72	−0.75	2.09	−0.13	−0.77	2.14	0.45	3.14	−0.02	0.64
宁麦 13	0.79	−1.07	−0.86	1.39	−1.86	−0.34	−0.08	−1.55	−0.76	0.73	−0.59	1.03	−1.45	−0.62

注：面条 $L*$：X_1；面条 $a*$：X_2；面条 $b*$：X_3；面条吸水率：X_4；TPA 硬度：X_5；弹性：X_6；黏聚性：X_7；胶着度：X_8；咀嚼性：X_9；回复性：X_{10}；拉伸力：X_{11}；拉伸距离：X_{12}；剪切硬度：X_{13}；剪切力：X_{14}